铝电池原理与技术

焦树强　宋维力　编著

科学出版社

北　京

内 容 简 介

铝电池由于负极成本低、电池安全性高、循环寿命长、宽温性能优异、无记忆效应等优点而广受关注。本书主要从铝电池发展历程、研究进展、面临的问题等方面进行全面梳理，并从热力学与动力学、原位表征、多尺度结构设计等方面进行机理与性能的分析，力求在电池电化学性能和结构兼容性方面取得突破，并为高性能可充电铝电池的发展提供新见解。

本书适合从事电池基础研发的研究人员，以及电池应用与电源设计的工程技术人员阅读和参考。

图书在版编目(CIP)数据

铝电池原理与技术/焦树强，宋维力编著. —北京：科学出版社，2023.5
ISBN 978-7-03-072924-8

Ⅰ. ①铝⋯　Ⅱ. ①焦⋯　②宋⋯　Ⅲ. ①铝-电池-研究　Ⅳ. ①TM911

中国版本图书馆 CIP 数据核字(2022) 第 150686 号

责任编辑：周　涵　田轶静 / 责任校对：彭珍珍
责任印制：吴兆东 / 封面设计：无极书装

科学出版社 出版
北京东黄城根北街 16 号
邮政编码：100717
http://www.sciencep.com
北京建宏印刷有限公司印刷

科学出版社发行　各地新华书店经销
*
2023 年 5 月第 一 版　开本：720×1000　B5
2025 年 1 月第二次印刷　印张：30 1/2
字数：612 000
定价：258.00 元
(如有印装质量问题，我社负责调换)

前　　言

铝最早于 19 世纪 50 年代被用于原电池的研究，由于受到当时技术水平和研究条件的限制，铝电池研究并未引起人们广泛关注。直到 20 世纪 60—90 年代，铝电池研究领域迎来新的发展，包括一次电池和二次离子电池均有研究报道和进展。2021 年，中央财经委员会第九次会议提出了"我国力争 2030 年前实现碳达峰，2060 年前实现碳中和"的"双碳"目标，迫切需要发展可再生能源大规模利用及相应储能技术。作为一种电化学储能系统，低成本、高比容量、安全的铝电池在当前大背景下再次获得全球储能与能源领域的广泛关注。近年来，铝电池性能提升与新材料研发已有重大突破和进展。我国是全球最大的铝生产、加工及消费国。着眼于"双碳"战略，推动铝电池技术研究和实用化有助于我国大规模储能技术发展，同时提升我国铝工业产品附加值，为产能结构升级发展提供重要支持。

"十四五"规划提出"推动能源清洁低碳安全高效利用"；国家发展改革委、国家能源局接连出台促进储能产业发展的政策，发布《关于加快推动新型储能发展的指导意见》，明确加快推进储能技术产业发展的原则和目标。可见，我国政府对储能技术的发展给予了高度的重视。自日本索尼公司 1991 年生产出第一块商业化的锂离子电池，以石墨为负极、钴酸锂为正极的锂离子电池得到了空前的发展和应用。锂离子电池的快速发展必然会导致锂、钴资源的短缺，因此，开发新一代综合性能优异的新型电池是能源领域的研究热点。由于铝金属具有自然资源丰富、成本低、能量密度高、安全性高和无毒等一系列特性，在可充电二次电池中，被认为是缓解锂离子电池部分资源紧缺的潜在候选材料。近年来，通过开发各种新型的铝电池电极材料及电解质体系，铝电池的研究取得了突破性的进展。从最初的一次电池，到目前循环上万圈的突破，铝电池实现商业化指日可待。同时，随着新能源电动汽车、电子通信、工业储能系统和特种装备对安全性高、稳定性好、宽温性能优异的新能源体系的迫切需求，我国铝电池技术的开发终会迈向新台阶，最终实现产业化，提升我国在能源领域的竞争力与影响力。此外，从续航能力、轻量化、环保性等方面来看，一旦铝-空气电池 (AAB) 的瓶颈问题得到解决，铝-空气电池在新能源汽车领域的应用将迎来爆发。

北京科技大学电化学冶金团队自 2013 年以来致力于低成本、高安全性、高稳定性铝电池的研究开发，已在核心技术方面获得专利授权 9 项 (部分专利已申请国际保护)。开发出的具有自主知识产权的铝-碳电池，由于其长循环寿命、宽温稳定性和大倍率快速充放电特性，将在大规模储能、动力等领域和各种极端环境下具有广泛的应用潜力。基于电化学和铝电池领域丰富的研究积累，研发了系列碳质材料、硫族单质及其化合物、磷基化合物、有机材料等铝电池正极材料，并阐明了不同正极的储能机制；进一步研究了铝配离子的形成过程以及电解质离子传导率等物理化学性能，设计开发出性能优异的新型电解质体系 (包括离子液体、高温熔融盐、半固态与固态电解质等)；同时，针对铝枝晶和集流体稳定性问题，改进材料制备工艺，分别研制出石墨、金属、合金负极以及非金属集流体等。前期在铝电池领域的大量积累与探究，加之安时级电芯装配方面积累的诸多经验，将为铝电池产业化发展提供坚实的理论基础和有力保障。

围绕铝电池原理与技术开发，根据科学研究和行业发展需求，作者汇集了团队近十年在铝电池基础研究和工程实践领域的系列学术研究成果，吸收了国内外科研工作者在铝电池科学技术领域取得的众多优秀成果，组织编写了本书，本书内容丰富，是团队集体智慧的结晶。本书旨在全面总结铝电池的历史发展进程和最新研究现状，深入分析铝电池存在的关键瓶颈问题，同时对未来高性能铝电池的发展方向提出独特的见解。北京科技大学电化学冶金团队与北京理工大学先进结构技术研究院师生在资料收集、数据整理和撰写修改等过程中付出了大量心血，做出贡献的众多老师和研究生分别是：铝–空气电池部分为刘轩、雷海萍、陈丽丽、李世杰、崔晴晴；水系铝电池部分为王伟、王京秀、李刚勇、韩雪、朱勇、郭玉玺、石皓天、郭轲；非水系铝电池部分为涂继国、罗乙娲、余智静、张雪峰、黄峥、吕艾静、关伟。在此，对他们的辛勤工作表示诚挚的谢意！衷心感谢国家自然科学基金 (51725401, 51874019, 52074036)，中央高校基本科研业务费项目 (FRF-TP-17-002C2)，北京理工大学"特立青年学者"人才支持计划等对铝电池研究的大力资助和支持。特别感谢科学出版社周涵编辑与田轶静编辑在本书出版过程中给予的耐心指导和大力帮助。

铝电池技术涉及的学科领域知识广泛，新发现、新概念、新技术、新方法、新机理、新材料的涌现不断拓展了该领域的边界，因作者水平有限，难免挂一漏万，如果有疏漏与不妥之处，敬请各位专家、学者批评指正。

2023 年 4 月

目　　录

第三部分　水系铝电池

第一部分
概　　述

第 1 章　铝电池简介

1.1　背景与发展需求

随着现代科技的发展，温室气体的急剧排放，化石能源的持续消耗，以及 $PM_{2.5}$ 的弥漫等一系列环境问题的增加，化石燃料如石油、煤炭等传统不可再生能源已经不能满足人类未来百年的需求。为此，寻求和发展风能、太阳能等可再生绿色新能源成为人们最迫切的目标。太阳能、风能、潮汐能、生物能等绿色清洁能源由于其可再生持续性和循环性而得到了广泛关注。但是，使用时间不连续、使用产地限制等因素在某种程度上限制了它们的大规模应用，通常需要与高效率的能源存储装置配套使用 [1]。2009 年 12 月召开的哥本哈根世界气候大会就以"全球气候变化"为议题展开磋商，达成了要发展"清洁能源""低碳经济"的共识。因此，如何改变传统能源结构及其利用方式，以及开发新的能源，成为世界各国相关专家学者的重大研究课题。

在从传统化石能源向新兴可再生能源变革性转变中，储能技术发挥着至关重要的作用。储能是将光、风、电、热等间歇式、波动性可再生能源进行跨时空、分布式、高效化利用的重要支撑。"十三五"期间国家基于顶层设计，发布多项政策性指导文件，如《"十三五"国家战略性新兴产业发展规划》《可再生能源发展"十三五"规划》《能源发展"十三五"规划》《能源技术创新"十三五"规划》《关于促进储能技术与产业发展的指导意见》，从多能互补、能源互联网示范工程等方面推动储能技术应用和成本下降。2016 年国家发展改革委、国家能源局共同发布《能源技术革命创新行动计划 (2016—2030 年)》《能源生产和消费革命战略 (2016—2030)》，明确指出加强先进储能技术创新，全面建设"互联网 +"智慧能源，推动互联网与分布式能源技术、先进电网技术与储能技术深度融合。近年来，我国储能呈现多元发展的良好态势，储能技术总体上已经初步具备了产业化的基础。其中，锂离子电池 (lithium ion battery, LIB) 由于具有电压高、能量密度大、体积小、重量轻、绿色环保等特点，其发展已是世界各国的总趋势。我国政府鼓励发展以锂离子电池为主的绿色电源存储技术，并制定了相应的投资倾斜的政策。

早在 20 世纪 70 年代，研究学者已经开始了以金属锂为负极的锂二次电池的研究。自 20 世纪 80 年代初，Goodenough 研究出了 Li_xMO_2(M=Co、Ni、Mn) 作为锂二次电池的正极材料 [2-4]，此后锂离子电池的研究进入一个崭新的阶段。日本索尼公司在 1991 年生产出第一块商业化的锂离子电池 [5]。从此，以石墨为负极、钴酸锂为正极的锂离子电池得到了空前的发展和应用 [6]。经过几十年的应用发展，锂离子电池已经相当成熟，它被广泛应用于人们的日常生活中，如便携式电子产品、新能源电动汽车和新能源存储系统等。

　　然而地球上的锂资源比较贫乏，同时现在最常用的正极材料 $LiCoO_2$ 中 Co 资源的价格也是居高不下，高昂的成本越发成为锂离子电池发展的限制因素。从可持续发展战略高度来看，利用地球储量更丰富的元素发展低成本、高安全性、长循环寿命和高能量密度的化学电源体系势在必行。在这些非锂体系中，钠、镁、铝、钾、钙、锰、铁、镍、铜、锌基电池被认为是有前途的候选品 [7-16]。相对于锂元素，钠和镁在地壳中的储量更加丰富。因此，基于钠或镁的二次电池成为人们研究的新热点，特别是由于钠离子具有与锂离子接近的电化学性质 [17,18]，许多锂离子电池的成功经验可以成为钠离子电池技术的有效借鉴，因此钠离子电池被人们寄予了很高的期望。但是就目前的研究，不管是钠离子电池还是镁离子电池，它们的充放电比容量和循环性能都还无法与锂离子电池形成有效的竞争。

　　表 1.1 对不同金属负极的阳离子半径、电负性、标准电势、比容量、密度、丰度和成本进行了详细的比较。金属中铝的电负性较高，表明反应性较低，因此即使暴露在潮湿空气中也很安全。此外，还发现 Al^{3+} 的离子半径 (0.535 Å) 是金属阳离子中最小的，表明铝可能是最有潜力的嵌入机制候选者。铝的电势为负，在中性及酸性介质中为 −1.66 V，在碱性介质中为 −2.35 V；同时，一个铝离子能转移三个电子，所以铝的比容量高。以质量比容量计算，铝的质量比容量为

表 1.1　Li、Na、Mg、Al、K、Ca、Mn、Fe、Ni、Cu 和 Zn 金属的物化性质对比 [7,11,12,19-24]

金属	相对原子质量	阳离子半径/Å	电负性	标准电势/(V *vs.* SHE)	理论质量比容量/(mA·h·g^{-1})	理论体积比容量/(mA·h·cm^{-3})	密度/(g·cm^{-3})	丰度/ppm*	价格/(USD·kg^{-1})
Li	6.941	0.76	0.98	−3.042	3861	2042	0.53	65	19.2
Na	22.990	1.02	0.93	−2.71	1166	1050	0.97	22700	3.1
Mg	24.305	0.72	1.31	−2.37	2205	3868	1.74	23000	2.2
Al	26.982	0.535	1.61	−1.66	2980	8046	2.70	82000	1.9
K	39.098	1.38	0.82	−2.925	685	609	0.86	18400	13.1
Ca	40.078	1.00	1.00	−2.87	1340	2061	1.55	41000	2.4
Mn	54.94	0.645	1.55	−1.18	976	7250	7.44	1000	2.0
Fe	55.845	0.645	1.83	−0.44	960	7558	7.8	47500	0.06
Ni	58.69	0.69	1.91	−0.257	913	8133	8.90	80	15.1
Cu	63.546	0.73	1.90	0.34	843	7558	8.96	47	6.5
Zn	65.409	0.74	1.65	−0.763	820	5857	7.14	76	2.4

* ppm=10^{-6}。

$2.980 \ A \cdot h \cdot g^{-1}$，仅次于锂的 $3.861 \ A \cdot h \cdot g^{-1}$；以体积比容量计算，铝的体积比容量为 $8.046 \ A \cdot h \cdot cm^{-3}$，位居所有金属前列 [19-24]。

作为地壳中最丰富的金属和第三丰富的元素，铝金属是低成本可充电电池电极材料的首选。自被发现以来，铝在电池电化学领域中的应用并没有被忽视，主要的电池有铝–空气电池、$Al-MnO_2$、$Al-H_2O_2$、$Al-S$、$Al-Ni$ 和 $Al-KMnO_4$ 等，这些一次电池已经被广泛用于特殊领域，包括机动车辆、无人水下航行器和鱼雷动力系统等 [25-27]。由于这些电池是不可充电电池，铝电池的发展在一定程度上受到了限制。然而，由于三个重要的因素，研究者们没有放弃对铝电池的研究。首先，铝材料由于表面形成的氧化膜呈惰性，在空气中极易处理，相对于锂、钠金属来说，安全性较高。其次，每个铝阳离子可以交换 3 个氧化还原电子，这意味着还原一个 Al^{3+} 相当于还原 3 个 Li^+ 或 Na^+。而且，Al^{3+} 和 Li^+ 的离子半径相似，分别为：$0.535 \ Å$、$0.76 \ Å$。再次，Li、Na、Mg、K、Ca 金属的密度没有 Al 金属高，同时这些金属不能转移 3 个电子 [19-24]。而且以体积比容量计算，铝的体积比容量排在第二位，如图 1.1 所示 [24]。极高的比容量使铝电池在最小尺寸的储能装置或系统中具有明显的吸引力。

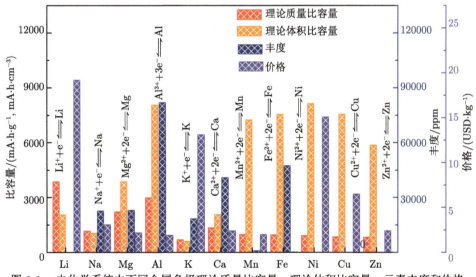

图 1.1 电化学系统中不同金属负极理论质量比容量、理论体积比容量、元素丰度和价格的比较 [24]

由此来看，由于铝具有成本低、理论比容量高、安全性好等系列优点，在电化学储能系统中采用铝作为电荷载体是一种合理的选择。开发具有巨大潜能的新型铝二次电池，不但有助于解决金属铝的过剩问题，并且对未来的储能系统有重要意义。

1.2 铝电池的发展历史

1.2.1 铝–空气电池发展历史

自 1962 年以来, Zaromb[28] 首次报道了铝–空气电池的可行性, 并指出其高比能量、高比功率的特性, 具有良好的应用前景。随后铝–空气电池备受关注, 并应用于应急电源、电动汽车及潜艇等领域。比如, 加拿大铝业开发了专门用于铝–空气电池的负极材料 (EB50V® 等), 应用于备用电源 [29,30]。20 世纪 80 年代末至 90 年代初, 重庆西南铝业 (集团) 有限责任公司、哈尔滨工业大学、中南大学、天津大学、北京航空航天大学及武汉大学等单位对铝–空气电池电极材料、电池结构等方面进行了相关研究。2014 年, 美国铝业公司与以色列 Phinergy 公司联合研制了一台搭载铝–空气电池组的增程电动车, 所用空气电池包含 50 块铝板, 共 100 kg, 行驶过程只需加 2 次水, 其续航里程可达到 1600 km。铝–空气电池在长达半世纪的研究中, 其开发和应用取得了一定进展。

铝–空气电池是一种利用空气将金属铝的化学能转换为电能的电化学能源体系。金属铝因其较高的电化学活性、地壳丰度中仅次于氧和硅以及理论比容量和比能量仅次于锂 (分别为 2980 $A·h·kg^{-1}$ 和 8100 $W·h·kg^{-1}$), 是一种理想的能源储存载体。已有研究表明, 铝–空气电池的循环燃料效率已经达到了与内燃机汽油发动机相当的燃料效率 (15%)[31]。更重要的是, 与大多数其他电池相比, 铝–空气电池不储存活性阴极材料 (氧气), 而是利用特殊构造多孔电极从环境中吸收氧气并在电极表面将氧气催化还原以大幅节省电池体积和重量。当前, 铝–空气电池实际比能量可达到 500 $W·h·kg^{-1}$, 无危害有毒气体排放, 且工业铝生产、回收及再生循环体系成熟度较高, 因此, 就成本效益和安全问题而言, 铝–空气电池可作为当下主流锂离子电池的续航备份 [32]。然而, 由于铝负极存在自腐蚀后能量利用率较低、表面钝化膜降低电池比能量以及空气电极催化剂昂贵且氧还原动力学较慢等问题, 铝–空气电池仍处于实验室研发和工业化实验阶段, 仍需要进一步努力解决铝–空气电池存在的主要问题。

1.2.2 水系铝电池发展历史

水系铝电池的发展可追溯到 19 世纪 50 年代。早在 1855 年, Hulot 报道了一种以锌汞齐为负极、铝金属为正极、稀硫酸为电解液的铝金属电池 [33]。1857 年, 铝金属首次被用作 $Al/HNO_3/C$ 原电池的负极 [34]。1893 年, Brown 开发了一种以铝/锌合金为负极, 碳为正极的铝基原电池 [35]。1948 年, Heise 等报道了一种以铝或混合铝作为耐用型 Al/Cl_2 去极化铝电池的负极, 其开路电压高达 2.45 V, 在 6.5 $mA·cm^{-2}$ 电流密度下放电电压可达 2.3~2.0 V[36]。20 世纪 60 年代, Zaromb[28] 和 Trevethan 等 [37] 报道了基于水系电解液的铝–空气电池。他们发现添加了氧化锌或某些有机物抑制剂 (如烷基二甲基苄基铵盐) 的电解液能显著降低铝金属在 10 M[①] NaOH 或 KOH 溶液中的腐蚀。然而，这些早期的研究并没有使铝金属在任何商业电池产品中得到成功应用。这主要是由于铝金属表面的氧化膜导致可逆电极电势降低，使电池电压远低于理论值。当然，铝金属表面的氧化膜可以在浓碱溶液中溶解或通过汞齐化来去除。然而，以这种方式在负极电势中的任何增益都伴随着腐蚀的加速和稳定性的降低[38]。这些困难和其他相关因素长期限制着令人满意的水系铝电池的发展。

近年来，新型电解液的成功研发和对固体电解质界面 (SEI) 的基本认识引发了可充电水系铝电池的发展，这可能带来更多的机遇和挑战。理想状态下，以金属铝为阳极，以允许 Al^{3+} 充分可逆嵌入/脱出的材料为阴极的水系铝电池将在降低储能装置成本和实现长期可持续性方面取得巨大成功。然而，水系铝电池的发展仍处于起步阶段，同时面临着诸多问题。首先，由于铝金属的电化学沉积/剥离电势 (-1.66 V $vs.$ NHE) 低于析氢反应的电化学电势 (0 V $vs.$ NHE)，这意味着在电化学 Al^{3+} 还原过程中，析氢反应发生在铝电化学沉积之前[39,40]。这种本征的析氢副反应使铝金属不适合在水系电解液中用作阳极。其次，水系铝电池所用的电解液 ($AlCl_3$、$Al(NO_3)_3$、$Al_2(SO_4)_3$ 等) 是高度酸性的，这增强了活性物质的溶解和电池部件的腐蚀。同时，铝金属在水系环境中存在钝化膜的形成和金属腐蚀等致命缺点。虽然用铝箔作为锂离子电池正极的集流体时，由于电子隧穿效应有助于导电，这种钝化膜显示出优势，但是在水系环境下，钝化膜给铝的溶剂化和 Al^{3+} 的迁移带来了障碍。OH^- 能够消除铝金属表面钝化膜的形成，因此早期铝金属原电池采用碱性电解质，如 $Al-MnO_2$ 电池[41]、铝–空气电池[28,37] 等，但是这种碱性电解质使 Al^{3+} 的电化学沉积过程受到限制。另外，Al^{3+} 较高的电荷/体积比使 Al^{3+} 与宿主材料晶格之间存在较强的库仑相互作用，导致 Al^{3+} 在晶格内的固态扩散动力学相当缓慢[42]。由于这些问题的限制，目前还没有任何材料显示出足够好的循环稳定性以用作水系铝电池的高压电极材料。

1.2.3 非水系铝电池发展历史

非水系铝电池的发展历程如图 1.2 所示。20 世纪 70 年代，铝的可逆沉积/剥离行为在 250 ℃ 以下的 $AlCl_3$/NaCl 和 $AlCl_3$/KCl/NaCl 熔盐电解质中被证明了，这为组装可充电铝电池系统提供了基本依据[43,44]。1972 年，Holleck 证实了在熔融的 $AlCl_3$/KCl/NaCl 中可充电 $Al-Cl_2$ 电池的反应过程，认为其在高的极化电势下，速率控制步骤发生在 Cl_2 与 Cl^- 的相互转化之间[45]。1980 年，Koura 试图在 180~300 ℃ 温度范围内对 $Al/AlCl_3$-NaCl/FeS_2 二次电池进行初步探索[46]。在 FeS_2 电极中添加 CoS、CuS 或石墨的情况下，其显示出改进的放电平台

---

① 1 M=1 mol·L^{-1}。

和容量，其中添加石墨后电压和比容量的提升更显著。1988 年，Gifford 等尝试将一种基于 $AlCl_3$/1,2-二甲基-3-丙基咪唑氯化物 (DMPrICl) 的室温离子液体电解质用于铝–石墨电池，其摩尔比为 1.5[47]。该电池的平均放电电压为 1.7 V，放电比容量为 35~40 $mA·h·g^{-1}$，在 100% 放电深度 (DOD) 下循环超过 150 次。然而，该电池的反应机理被认为与 $Al-Cl_2$ 电池相似，在充电过程中出现了石墨–氯插层的形成。从 20 世纪 80 年代开始，美国联信公司、美国康奈尔大学、美国橡树岭国家实验室、美国桑迪亚国家实验室、印度理工学院等科研院所皆陆续投入力量进行铝电池的开发，以石墨、氟化石墨、金属氧化物、导电高分子等材料作为正极，但皆未得到理想的放电电压 (<1.7 V) 与足够的充放电循环 (<100 次)。

图 1.2　非水系铝电池的发展历程

直到 2010 年，Paranthaman 等提出了在摩尔比为 2 的 $AlCl_3$/1-乙基-3-甲基咪唑氯化物 (EMIC) 室温离子液体中使用尖晶石 ($λ-Mn_2O_4$) 作为合适的正极材料的二次铝电池概念，但在初始实验中没有获得嵌入容量[48]。一年后，Archer 及其同事提供了新的证据，证实了使用 V_2O_5 作为可充电铝电池正极材料具有稳定的电化学行为[49]。然而，由于放电电压低、循环寿命短和能量密度低，该可充电铝电池的发展受到了严重限制。

重要的突破发生在 2015 年，北京科技大学焦树强团队和斯坦福大学戴宏杰团队几乎同时开发了以石墨为正极、铝为负极的新型可充电铝电池，其高压接近 2 V，安全性高、成本低[50,51]。自那时起，这种可充电铝电池受到了全球研究者的高度重视。随后，对正极、负极和电解质的研究进行了深入的报道，并在提高铝电池电化学存储能力方面取得了一些突破性进展。2017 年，有报道发现在 120 ℃ 以上酸性 $AlCl_3$/NaCl 熔盐电解质中实现了可充电铝–石墨电池[52,53]。$AlCl_3$/NaCl 熔体中阴离子种类随摩尔比的变化对液态电解质的性能有很大影响，会进一步影响电池的电化学性能[53]。此外，在 $AlCl_3$ 和尿素组成的离子液体电解质中，戴宏杰团队研制了一种铝–石墨电池, 具有成本低、经济性好等优点[54]。该电池的库仑效率高达 ~99.7%, 并具有相当好的倍率能力, 在 $100\ mA\cdot g^{-1}$ 电流密度下放电比容量为 $73\ mA\cdot h\cdot g^{-1}$。考虑到铝负极的腐蚀问题, 2018 年焦树强团队开发了一种基于双石墨结构的新型可充电铝电池[55]。在 $20\ mA\cdot g^{-1}$ 电流密度下, 600 次循环后仍表现出优异的循环性能, 放电比容量稳定在 $\sim 70\ mA\cdot h\cdot g^{-1}$, 库仑效率高达 98.5%, 并具有很好的倍率能力。另一方面, 在当前的液体电解质系统中, 关键问题是机械变形和气体的产生以及使用多孔厚玻璃纤维隔膜而导致的内部界面不稳定、液体电解质的利用不足等关键问题。为了解决这类问题, 采用 $AlCl_3$、EMIC、丙烯酰胺、二氯甲烷 (DCM) 和 $2,2'$-偶氮二异丁腈 (AIBN) 组成的凝胶聚合物电解质, 2019 年建立了一种柔性半固态铝–石墨电池[56]。该半固态电池充放电性能良好, 电流密度为 $60\ mA\cdot g^{-1}$ 时, 循环 100 圈后, 比容量还保有 $110\ mA\cdot h\cdot g^{-1}$ 左右 (放电电压平台 2.15 V)。在 0 ℃ 和 -10 ℃ 温度环境中分别可保有大于 65% ($80\ mA\cdot h\cdot g^{-1}$) 和 60% ($72\ mA\cdot h\cdot g^{-1}$) 的常温比容量, 且在温度不断改变的条件下体系依然稳定。经历机械弯曲变形后, 该半固态铝电池的充放电受到的影响非常小, 证明了所制备的凝胶电解质具有良好的柔韧性来缓解弯曲应力。

如上所述, 2010 年后, 非水系可充电电池在提高电压、比容量、循环稳定性和安全性, 以及降低成本等方面取得了迅速的发展。非水系可充电电池的反应主要以 $AlCl_4^-$ 或 Al^{3+} 为客体。当 $AlCl_4^-$ 作为客体时, $AlCl_4^-$ 嵌入正极材料中, 在充电过程中正极的价态不变。当 Al^{3+} 作为客体时, 它在原正极材料和转化的新相之间是可逆的, 并伴随着价态的变化。无论是用 $AlCl_4^-$ 还是 Al^{3+} 作客体, 在充电时都会发生 $Al_2Cl_7^-$ 的还原, 从而在负极一侧生成金属 Al。由于一系列新型正极材料、电解质、负极材料和集流体的重大突破, 非水系可充电铝电池取得了长足的进展。

1.3 铝电池的应用前景

近年来, 铝电池成为电化学储能电池领域的研究热点, 欧、美、日、韩、澳等科技发达国家或地区皆有研究团队从事相关研究工作。在国内, 包括北京科技大学焦树强教授、浙江大学高超教授、山东科技大学林孟昌教授等研究团队也陆续在 2015 年后启动相关方向的研究工作。这些工作支撑了铝电池在科学与工程上的发展优势。非水系铝电池的优势在于安全性高、稳定性好、宽温性能优异, 因此非水系铝电池的未来应用领域主要是储能系统、特种装备等。

参 考 文 献

[1] 刘玉平，李彦光. 二次化学电池家族的新成员——铝离子电池. 科学通报，2015，60(18)：1723-1724.

[2] Mizushima K, Jones P, Wiseman P, et al. $Li_x CoO_2$ ($0<x<1$): a new cathode material for batteries of high energy density. Solid State Ionics, 1981, 3: 171-174.

[3] Thackeray M M, David W I F, Bruce P G, et al. Lithium insertion into manganese spinels. Materials Research Bulletin, 1983, 18: 461-472.

[4] Thomas M, David W, Goodenough J B, et al. Synthesis and structural characterization of the normal spinel $Li[Ni_2]O_4$. Materials Research Bulletin, 1985, 20(10): 1137-1146.

[5] Ohzuku T, Brodd R J. An overview of positive-electrode materials for advanced lithium-ion batteries. Journal of Power Sources, 2007, 174: 449-456.

[6] Tarascon J M, Armand M. Issues and challenges facing rechargeable lithium batteries. Nature, 2001, 414: 359-367.

[7] Yabuuchi N, Kubota K, Dahbi M, et al. Research development on sodium-ion batteries. Chemical Reviews, 2014, 114: 11636-11682.

[8] Sun X, Duffort V, Mehdi B L, et al. Investigation of the mechanism of Mg insertion in birnessite in nonaqueous and aqueous rechargeable Mg-ion batteries. Chemistry of Materials, 2016: 44-49.

[9] Wang F, Wu X, Li C, et al. Nanostructured positive electrode materials for post-lithium ion batteries. Energy & Environmental Science, 2016, 9: 3570-3611.

[10] Kim H, Kim J C, Bianchini M, et al. Recent progress and perspective in electrode materials for K-ion batteries. Advanced Energy Materials, 2017: 1702384.

[11] Gummow R J, Vamvounis G, Kannan M B, et al. Calcium-ion batteries: current state-of-the-art and future perspectives. Advanced Materials, 2018, 30(39): 1801702.1-1801702.14.

[12] Wu X, Markir A, Xu Y, et al. A rechargeable battery with an iron metal anode. Advanced Functional Materials, 2019, 29: 1900911.

[13] Xu C, Chen Y, Shi S, et al. Secondary batteries with multivalent ions for energy storage. Scientific Reports, 2015, 5: 14120.

[14] Verma V, Kumar S, Manalastas W, et al. Progress in rechargeable aqueous zinc- and aluminum-ion battery electrodes: challenges and outlook. Advanced Sustainable Systems, 2019, 3: 1800111.

[15] Liu S, Wang P, Liu C, et al. Nanomanufacturing of RGO-CNT hybrid film for flexible aqueous Al-ion batteries. Small, 2020, 16: 2002856.

[16] Zong L, Wu W, Liu S, et al. Metal-free, active nitrogen-enriched, efficient bifunctional oxygen electrocatalyst for ultrastable zinc-air batteries. Energy Storage Materials, 2020, 27: 514-521.

[17] Yabuuchi N, Kubota K, Dahbi M, et al. Research development on sodium-ion batteries. Chemical Reviews, 2014, 114: 11636-11682.

[18] 王兆文, 李延祥, 李庆峰, 等. 铝电池阳极材料的开发与应用. 有色金属, 2002, 54(1): 19-23.

[19] Elia G A, Marquardt K, Hoeppner K, et al. An overview and future perspectives of aluminum batteries. Advanced Materials, 2016, 28: 7564-7579.

[20] Ambroz F, Macdonald T J, Nann T. Trends in aluminium-based intercalation batteries. Advanced Energy Materials, 2017, 7: 1602093.

[21] Zafar Z A, Imtiaz S, Razaq R, et al. Cathode materials for rechargeable aluminum batteries: current status and progress. Journal of Materials Chemistry A, 2017, 5(12): 5646-5660.

[22] Das S K, Mahapatra S, Lahan H. Aluminium-ion batteries: developments and challenges. Journal of Materials Chemistry A, 2017, 5(14): 6347-6367.

[23] Zhang Y, Liu S, Ji Y, et al. Emerging nonaqueous aluminum-ion batteries: challenges, status, and perspectives. Advanced Materials, 2018, 30(38): 1706310.

[24] Tu J, Song W L, Lei H, et al. Nonaqueous rechargeable aluminum batteries: progresses, challenges, and perspectives. Chemical Reviews, 2021, 121: 4903-4961.

[25] Egan D R, Leoen C P D, Wood R, et al. Developments in electrode materials and electrolytes for aluminium-air batteries. Journal of Power Sources, 2013, 236(15): 293-310.

[26] Hasvold Ø, Størkersen N. Electrochemical power sources for unmanned underwater vehicles used in deep sea survaer operations. Journal of Power Sources, 2001, 96: 252-258.

[27] Hunter J A, Scamans G M, O'Callaghan W B. Aluminum batteries. U. S. Patent, 4942100, 1990.

[28] Zaromb S. The use and behavior of aluminum anodes in alkaline primary batteries. Journal of the Electrochemical Society, 1962, 109(12): 1125.

[29] Doche M L, Novel-Cattin F, Durand R, et al. Characterization of different grades of aluminum anodes for aluminum/air batteries. Journal of Power Sources, 1997, 65(1): 197-205.

[30] Hunter J A, Scamans G M, O'Callaghan W B, et al. Aluminium batteries. U. S. Patent, 5004654, 1991.

[31] Yang S, Knickle H. Design and analysis of aluminum/air battery system for electric vehicles. Journal of Power Sources, 2002, 112(1): 162-173.

[32] Lyu P, Liu X, Qu J, et al. Recent advances of thermal safety of lithium ion battery for energy storage. Energy Storage Materials, 2020, 31: 195-220.

[33] Hulot M. Comptes rendus hebdomadaires des séances de l'academie des sciences. Compt. Rend., 1855, 40: 148.

[34] Tommasi D. Traité Des Piles Électriques. Paris: Georges Carré, 1889: 131.

[35] Brown C H. Galvanic battery. U. S. Patent, 503567, 1893.

[36] Heise G W, Schumacher E A, Cahoon N C. A heavy duty chlorine-depolarized cell. Journal of the Electrochemical Society, 1948, 94(3): 99.

[37] Bockstie L, Trevethan D, Zaromb S. Control of Al corrosion in caustic solutions. Journal of the Electrochemical Society, 1963, 110(4): 267.

[38] Li Q, Bjerrum N J. Aluminum as anode for energy storage and conversion: a review. Journal of Power Sources, 2002, 110(1): 1-10.

[39] Yuan D, Zhao J, Manalastas J W, et al. Emerging rechargeable aqueous aluminum ion battery: status, challenges, and outlooks. Nano Materials Science, 2020, 2(3): 248-263.

[40] Wu C, Gu S, Zhang Q, et al. Electrochemically activated spinel manganese oxide for rechargeable aqueous aluminum battery. Nature Communications, 2019, 10: 73.

[41] Sargent D E. Voltaic cell. U. S. Patent, 2554447, 1951.

[42] VahidMohammadi A, Hadjikhani A, Shahbazmohamadi S, et al. Two-dimensional vanadium carbide (MXene) as a high-capacity cathode material for rechargeable aluminum batteries. ACS Nano, 2017, 11(11): 11135-11144.

[43] Del Duca B S. Electrochemical behavior of the aluminum electrode in molten salt electrolytes. Journal of the Electrochemical Society, 1971, 118: 405-411.

[44] Rolland P, Mamantov G. Electrochemical reduction of $Al_2Cl_7^-$ ions in chloroaluminate melts. Journal of the Electrochemical Society, 1976, 123: 1299-1303.

[45] Holleck G L. The reduction of chlorine on carbon in $AlCl_3$-KCl-NaCl melts. Journal of the Electrochemical Society, 1972, 119: 1158-1161.

[46] Koura N A. Preliminary investigation for an Al/$AlCl_3$-NaCl/FeS_2 secondary cell. Journal of the Electrochemical Society, 1980, 127: 1529-1531.

[47] Gifford P R, Palmisano J B. An aluminum/chlorine rechargeable cell employing a room temperature molten salt electrolyte. Journal of the Electrochemical Society, 1988, 135: 650-654.

[48] Paranthaman M P, Brown G M, Sun X, et al. High energy density, secondary aluminum ion battery. ECS Meeting Abstracts, 2010, MA2010-02: 314.

[49] Jayaprakash N, Das S K, Archer L A. The rechargeable aluminum-ion battery. Chemical Communications, 2011, 47: 12610-12612.

[50] Jiao S, Sun H, Wang W, et al. A new aluminium-ion battery with high voltage, high safety and low cost. Chemical Communications, 2015, 51(59): 11892-11895.

[51] Lin M, Gong M, Lu B, et al. An ultrafast rechargeable aluminium-ion battery. Nature, 2015, 520: 324-328.

[52] Song Y, Jiao S, Tu J, et al. A long-life rechargeable Al ion battery based on molten salts. Journal of Materials Chemistry A, 2017, 5: 1282-1291.

[53] Tu J, Wang S, Li S, et al. The effects of anions behaviors on electrochemical properties of Al/graphite rechargeable aluminum-ion battery *via* molten $AlCl_3$-NaCl liquid electrolyte. Journal of the Electrochemical Society, 2017, 164: A3292-A3302.

[54] Angell M, Pan C J, Rong Y, et al. High coulombic efficiency aluminum-ion battery using an $AlCl_3$-urea ionic liquid analog electrolyte. Proceedings of the National Academy of Sciences of the United States of America, 2017, 114: 834-839.

[55] Wang S, Jiao S, Song W L, et al. A novel dual-graphite aluminum-ion battery. Energy Storage Materials, 2018, 12: 119-127.

[56] Yu Z, Jiao S, Li S, et al. Flexible stable solid-state Al-ion batteries. Advanced Functional Materials, 2019, 29(1): 1806799.

第二部分
铝-空气电池

第 2 章　铝–空气电池基础与原理

2.1　铝–空气电池概述

近年来,已有一些综述和专著章节对铝–空气电池的电极材料、电解质和电池结构等方面的发展以及存在的问题、挑战和潜在方向进行了概述 [1-5]。本章将全面概述近年来铝–空气电池研究领域 (图 2.1) 的最新进展、存在问题和挑战,重点介绍电极材料加工、微观结构与电极性能之间的关系,为未来铝–空气电池的研究和实际应用提供一些参考。

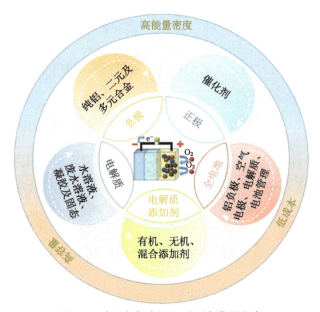

图 2.1　铝–空气电池主要研究发展方向

2.2　铝–空气电池结构与电化学

铝–空气电池由金属铝负极、空气电极和电解质组成 (图 2.2[6])。一般地,按电解质类型可将铝–空气电池分为水系和非水系铝–空气电池两类,其中水系铝–空气电池还包含全固态电解质电池。目前,绝大多数有关铝–空气电池的研究主要集中于水系铝–空气电池。因此，本节主要从水系电解质角度对铝–空气电池基本原理与电化学进行阐述。

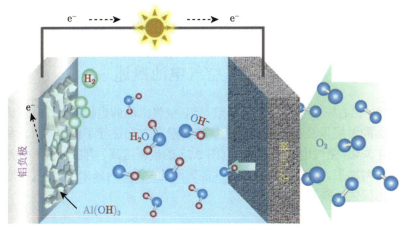

图 2.2　铝–空气电池示意图

铝–空气电池运转过程，金属铝负极电极反应为铝氧化半反应 (参比电极为 Hg/HgO)，如式 (2-1) 所示

$$\text{Al} \longrightarrow \text{Al}^{3+} + 3e^-, \quad E^\ominus = -1.774 \text{ V } vs. \text{ Hg/HgO} \tag{2-1}$$

当电解质为碱性溶液时，铝离子与氢氧根结合形成铝酸根离子，如式 (2-2) 所示

$$\text{Al} + 4\text{OH}^- \longrightarrow \text{Al(OH)}_4^- + 3e^-, \quad E^\ominus = -2.35 \text{ V } vs. \text{ Hg/HgO} \tag{2-2}$$

当电解质为中性溶液时，铝离子与氢氧根结合形成氢氧化铝沉淀，如式 (2-3) 所示

$$\text{Al}^{3+} + 3\text{OH}^- \longrightarrow \text{Al(OH)}_3 \tag{2-3}$$

正极是一个空气或气体扩散电极，通常包含多孔碳基负载氧还原催化剂材料，使氧气在电极表面催化还原，并通过电解质传输参与电极反应，如式 (2-4) 所示

$$\text{O}_2 + 2\text{H}_2\text{O} + 4e^- \longrightarrow 4\text{OH}^-, \quad E^\ominus = +0.4 \text{ V } vs. \text{ Hg/HgO} \tag{2-4}$$

理想的铝–空气电池全反应如式 (2-5) 所示 [6]

$$4\text{Al} + 3\text{O}_2 + 6\text{H}_2\text{O} + 4(\text{OH})^- \longrightarrow 4\text{Al(OH)}_4^-, \quad E^\ominus = 2.75 \text{ V} \tag{2-5}$$

因此，铝–空气电池的理论工作电压是 2.75 V，但实际上，铝–空气电池的工作电压通常在 1.0~2.0 V 的范围内。铝–空气电池工作电压远低于理论值的原因主要归结为以下两点。

(1) 金属铝负极严重的析氢副反应 (水分解)，如式 (2-6) 所示

$$H_2O + e^- \longrightarrow 0.5H_2 + OH^-, \quad E^\ominus = -0.93 \text{ V } vs. \text{ Hg/HgO} \tag{2-6}$$

(2) 金属铝氧化过程中表面形成钝化层，且因铝酸根离子浓度过饱和形成氢氧化铝沉淀，导致电解质电导率下降，最终增加电池内阻，如式 (2-7) 所示

$$Al(OH)_4^- \longrightarrow Al(OH)_3 + OH^- \tag{2-7}$$

由上可知，铝负极电极反应 (2-2) 与水解副反应 (2-6) 竞争机制导致铝–空气电池实际工作电压远远低于理论值。并且，随着铝负极消耗殆尽，铝–空气电池反应也会中断 [4,7,8]。因此，碱性水溶液铝–空气电池通常不可循环充电，可通过机械式更换铝负极进行充电。

2.3 铝–空气电池性能与应用前景

铝–空气电池因其性能优异，具有广泛的应用前景。碱性铝–空气电池实际比能量密度和比功率密度分别可达 400 $W\cdot h\cdot kg^{-1}$ 和 175 $W\cdot kg^{-1}$，而使用中性电解质的铝–空气电池则可以提供 220 $W\cdot h\cdot kg^{-1}$ 的比能量密度和 30 $W\cdot kg^{-1}$ 的功率密度。因此根据能量和功率特性，不同类型铝–空气电池应用于不同领域。由于析氢自腐蚀速率较低且能量密度低，中性铝–空气电池在低功率和长时效工作场景具有巨大应用潜力，如便携式设备、固定电源、海洋浮标和盐水电池等。对于碱性铝–空气电池系统，碱性溶液拥有较高的电导率和 $Al(OH)_3$ 溶解度，因此具有高功率密度，适用于备用电池、战场动力装置、无人水下航行器 (包括无人潜艇、扫雷装置、远程鱼雷)、电动汽车等大功率应用领域。早前美国镁铝 Alcoa 和以色列 Phinergy 的铝–空气电池增程电动车报道，表明铝–空气电池在经济和市场上可拥有广阔的应用前景，但目前尚未见进一步应用推广报道。不过以锂离子电池为主要动力源辅以铝–空气电池增程对未来动力电动车的发展仍具有一定的吸引力。

参 考 文 献

[1] Mokhtar M, Talib M Z M, Majlan E H, et al. Recent developments in materials for aluminum-air batteries: a review. Journal of Industrial and Engineering Chemistry, 2015, 32: 1-20.

[2] Liu Y, Sun Q, Li W, et al. A comprehensive review on recent progress in aluminum-air batteries. Green Energy & Environment, 2017, 2(3): 246-277.

[3] Wang H F, Xu Q. Materials design for rechargeable metal-air batteries. Matter, 2019, 1(3): 565-595.

[4] Rahman M A, Wang X, Wen C. High energy density metal-air batteries: a review. Journal of the Electrochemical Society, 2013, 160(10): 1759.

[5] Ryu J, Park M, Cho J. Advanced technologies for high-energy aluminum-air batteries. Advanced Materials, 2019, 31(20): 1804784.

[6] Pino M, Chacón J, Fatás E, et al. Performance of commercial aluminium alloys as anodes in gelled electrolyte aluminium-air batteries. Journal of Power Sources, 2015, 299: 195-201.

[7] Zaromb S. The use and behavior of aluminum anodes in alkaline primary batteries. Journal of the Electrochemical Society, 1962, 109(12): 1125.

[8] Yang S, Knickle H. Design and analysis of aluminum/air battery system for electric vehicles. Journal of Power Sources, 2002, 112(1): 162-173.

第 3 章　空气电极电化学过程

　　空气电极，一种氧还原催化薄膜电极，是铝–空气电池获得空气中氧的核心技术器件。因此，空气电极性能是提升铝–空气电池放电性能的关键。一方面，空气电极需具备高催化活性，能够在气、固、液三相界面促进氧还原反应，从而提高电池放电性能；另一方面，空气电极内部的气体扩散层能够有效地促进氧气扩散，同时也防止电解液渗漏，提高电池的使用寿命。目前空气电极还存在诸多问题：一是氧还原催化剂成本高、寿命短、效率低；二是电极极化问题，受电池副反应影响，反应产物堆积会覆盖电极表面反应活性位点，降低反应速率；三是空气电极的渗液问题，空气电极长时间工作后电极微观结构会发生变化，内部电解液受浓度梯度和电毛细迁移的影响发生渗透，造成空气电极的使用寿命低、电极失效。由此可见，提高空气电极性能及使用寿命是目前铝–空气电池大规模应用亟须解决的问题。

3.1　空气电极类型与结构

3.1.1　空气电极类型

　　常见的空气电极类型有三种[1]：

　　1) 直接利用电解质溶液中溶解氧的空气电极

　　该类型空气电极是利用电解液中溶解氧作为电池正极的氧化剂，利用浓度差使氧从电解液中扩散到空气电极。由于其传质效率低、电极极化大且氧溶解量有限等缺点，该结构受到了限制。

　　2) 采用钟罩式传氧装置的空气电极

　　该空气电极中电极被一个倒立的钟罩覆盖。空气或氧气通过导气管进入到钟罩的下端，经电极利用后由钟罩上端出口排出。但是该装置复杂、耗氧量大，还需外加供氧装置，使电池重量增加，电池比能量降低。

　　3) 利用扩散传氧的固、液、气三相空气电极

　　该电极由催化层、导电集流体层和防水透气层组成。空气电极一侧与电解液相接触，而另一侧与空气接触。空气中的氧会沿电极表面扩散到电极内部，然后在催化剂的催化作用下发生氧气的还原反应，其结构示意如图 3.1 所示。由于结构简单、传氧效率高，这种类型的空气电极被普遍研究。但是它也有一些缺点，如

空气正极的氧气会通过溶解到电解液中,进而扩散到铝负极,使其发生极化,导致整个电池的电动势降低。后文介绍的空气电极结构以利用扩散传氧的固、液、气三相空气电极为主。

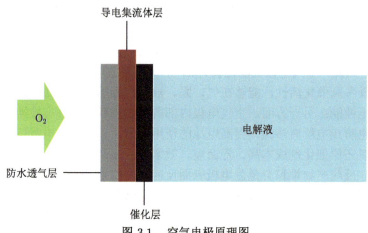

图 3.1 空气电极原理图

3.1.2 空气电极结构与设计

铝–空气电池的空气电极是一种可导电、防水且透气、有催化作用的薄膜,其结构主要由三部分组成:集流体 (导电集流体层)、催化活性层 (催化层)、气体扩散层 (防水透气层)。其中集流体主要起汇集电流、导电引流的作用,一般使用镍网或者泡沫镍,因为金属镍在电池碱性电解液体系中能保持稳定的化学性质,并且成本较低。催化活性层是空气电极实现氧还原反应的核心组件,氧气在电解液一侧与催化层上的反应活性位点结合,发生氧的还原反应;气体扩散层又称为防水透气层,顾名思义,它是空气电极的传输者,通常由碳和疏水性黏结剂 (如聚四氟乙烯 (polytetrafluoroethylene,PTFE)) 组成,其含有大量微小气孔,可实现防水透气功能,外界的氧气得以进入电极内部参与氧还原反应,同时,气体扩散层还需要防止电解液从内部向外渗漏,淹没传输气体的通道。

空气电极氧还原反应主要发生在催化活性层,为了保证氧还原反应顺利进行,催化层中必须存在大量的气/液/固三相反应界面,因此制备空气电极很重要的一个环节是尽可能增加三相界面的数量和面积。目前空气电极的结构形式主要包括三种:微孔毛细结构、微孔隔膜结构、疏水透气结构[2,3]。

1) 微孔毛细结构

该种电极两侧分别为电解液和气体,并且在靠近电解液一侧为亲水材料,电解液在毛细作用下会向电极内部渗透。使用该种电极结构必须保证气体的压力适当，否则电解液会从电极内部渗透，严重时甚至会流入气体侧，淹没整个空气电极，从而使得液体充满整个电极。只有当气体的压力在合适条件下，气体和液体才会共同充满微孔，进而在微孔的内表面形成气液连通的薄液膜，以此增加催化层中三相界面的面积，从而有利于反应进行。

2) 微孔隔膜结构

这种电极结构比较特殊，其由微孔隔膜和催化剂所构成，并且电极内部的微孔的孔径大于隔膜内部的微孔的孔径。加入电解液后，首先浸润隔膜，然后电极才得到浸润，在电解液压力和疏水材料含量适当的情况下，可以保持电极半干半湿的状态，这有利于大面积薄液膜形成，同时具有一定的气孔。此电极的优点是易于制备，催化剂利用率更高，漏气或者漏液情况不会发生，但在电极工作时，电解液量必须被严格控制，否则"淹没"和"干涸"现象会发生，当两侧气室压力不平衡时，可能出现一侧催化层淹没，而另一侧催化层干涸。

3) 疏水透气结构

疏水性和亲水性物质一起制备多孔结构，能在其表面形成局部的湿润及局部不湿润，连续或者不连续液孔和气孔，在两者比例适当并且所造的孔径合适的时候，会形成和电池的电解液相互连通的大量薄液膜。工作气体不用加压就能进行工作，这是疏水透气结构的优点，目前金属-空气电池多采用该结构。液体表面张力影响其湿润角，对于液体，其表面张力随温度的降低而增大，随浓度的降低而减小。7 M 的 KOH 溶液与聚四氟乙烯的接触角为 145°，因此聚四氟乙烯具有很好的疏水性。亲水性的碳和催化剂与疏水性的聚四氟乙烯结合利于大量的薄膜层和三相界面在多孔催化层的微孔中形成。目前聚四氟乙烯作为疏水材料已得到了广泛的应用。

3.1.3 空气电极布局与结构

空气电极中催化层、集流体和防水透气层的排布可以按以下几种形式，如图 3.2 所示。

1) 防水透气层-集流体-催化层

此结构被称为集流体嵌入式，在防水透气层与催化层的交界面处是空气电极的反应区域，如图 3.2(a) 所示，此排列方式可以及时补充反应过程中所需要的电子。另外，集流体在两层之间可以减少电解液对其的腐蚀。

2) 集流体-防水透气层-催化层

如图 3.2(b) 所示，此种结构能有效降低电解液对集流体的腐蚀，另外，催化层与防水透气层在压力的作用下接触好，空气电极的防渗、防漏能力得到了增强。

3) 防水透气层-催化层-集流体

此结构适用于二次铝-空气电池的空气电极，集流体直接与电解液接触，如

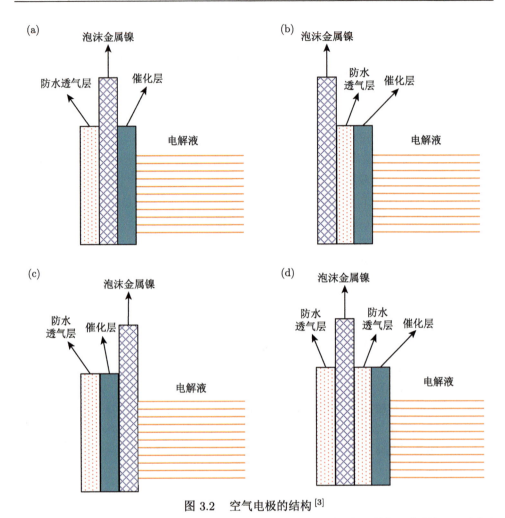

图 3.2 空气电极的结构 [3]

(a) 防水透气层–集流体–催化层；(b) 集流体–防水透气层–催化层；(c) 防水透气层–催化层–集流体；(d) 防水透气层–集流体–防水透气层–催化层

图 3.2(c) 所示，能够将液相析氧反应的电子迅速传出外电路，从而有效地降低了电子传输造成的电阻极化。

4) 防水透气层–集流体–防水透气层–催化层

该结构中 (图 3.2(d))，催化层与集流体之间的防水透气层减小了气体扩散阻力，同时也使得催化层与防水透气层交界面处的气体分布得到改善，但此种空气电极制备工艺复杂。

铝–空气电池的空气电极排布方式以 "防水透气层–集流体–催化层" 为主，通常做法是：催化层将催化剂、黏结剂和导电剂混合后压制成片，黏结剂一般采用聚四氟乙烯，导电剂选用乙炔黑或者活性炭；扩散层是将导电剂与聚四氟乙烯混合，因为聚四氟乙烯是疏水性较强的物质，所以为了防止电解液淹没气体通道，扩散层中的聚四氟乙烯用量会高于催化层，同时会加入少量的造孔剂，用来形成孔道结构，之后采用同样的工艺压制成片；最后，再将热处理后的催化层、防水透气层与集流体压合成完整的空气电极[4]。

由于氧还原反应受到很多因素的影响，包括氧气传输的控制、电解液中氢氧根离子的迁移、催化层的反应活性位点等，调节空气电极薄层的厚度、孔隙率等优化空气电极的结构措施及制作工艺，对铝–空气电池性能有重要意义。此外，由于空气中的二氧化碳也会经由气体通道进入电池内部，与碱性电解液反应生成碳酸盐沉淀，严重时会造成空气电极性能下降。

Kumano 等[5]对空气电极催化层中裂纹的出现进行了研究，他们发现催化层在电池工作过程中其裂纹的产生与催化剂在其中的均匀性有很大关系，分散性好的催化剂在催化剂层中产生均匀的催化剂颗粒/碳和黏结剂分布，而具有团聚体结构的催化剂则产生具有小原生孔隙的致密聚集体，产生高干燥应力，导致应力集中的部位很高的开裂风险。

Lee 等[6]研究了催化层的制备方法对空气电极性能的影响，他们对比了传统涂布法、丝网涂刷法以及喷涂法三种方法获得的催化层形貌，如图 3.3 所示。从图中可以看出传统涂布法制得的催化层表面都存在大量的裂纹；丝网涂刷法制得的催化层也有网格状的裂纹，这些裂纹都会导致电解液的过度渗透，使得其耐用性大大降低；而喷涂法制备的电极的孔道结构更利于传质，同时给

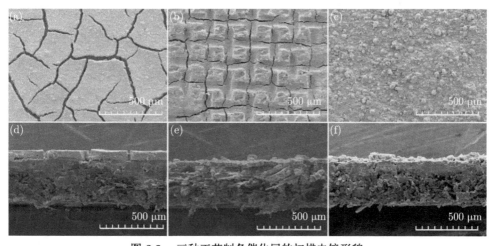

图 3.3　三种工艺制备催化层的扫描电镜形貌

(a)，(d) 传统涂布法；(b)，(e) 丝网涂刷法；(c)，(f) 喷涂法

出的其他数据包括孔隙率、电极性能等，都显示出采用喷涂法制备的催化层效果更好。

在空气电极研究中，常常会设计不同结构的空气电极，如双功能空气电极、梯度孔隙率的空气电极等。这些不同的电极结构在多孔介质微观层面的材料厚度、孔隙率等方面的变化都会影响电极的性能。考虑到多孔介质十分复杂的结构，越来越多的人选择模拟仿真的方法，如建立空气电极模型，通过数值模拟来研究电极内部气液传输的特性和规律。

最开始建立的空气电极结构模型为零维模型[7]，这种空间集中的空气电极模型通常不考虑电极内部的电势、浓度或温度梯度。与多维模型相比，这使物质运输过程的仿真在计算上更简单且成本更低。这种模型忽略了空气电极内部的分布，主要用于一般级别或者系统级别的流程交互。早期的金属空气电池模型基于空气电极孔体积预测了电池容量。Mao 等[8]对空气电极的非线性频率响应进行了建模，以确定包含电化学吸附或化学吸附步骤的多步氧还原机制是否可以更好地重现实验数据。这里考虑了沿着电极的流动通道的氧分压的梯度，并且采用了相对简单的对流传输机制。然而，沿通道模型大多是二维的，因此需要从平面竖直和水平方向来分别说明两个方向上的反应物梯度。当建立空气电极的二维模型时，一般考虑气体、电解质和催化剂的三相反应界面，这种三相界面一般不能采用简单的孔弯月面来表示。最早选择在孔壁上添加液体薄膜来延长弯液面，这种方法也被用在碱性电解质中的空气电极。Will[9]通过一种拓扑网格的方法，将电极表面的显微照片进行了网格划分，根据表观上空孔结构的大小分为亲水孔和疏水孔，然后通过数值模拟的方法，模拟出三相界面边界变化的过程，如图 3.4 所示。

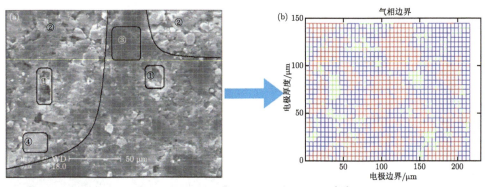

图 3.4　拓扑网格模拟三相界面过程图[10]

(a) 空气电极扫描电镜图像区域划分图 (①大孔，②主要孔隙区，③排水区，④泡沫镍骨架)；(b) 空气电极扫描电镜图像变换的拓扑网格模型

3.1.4 空气电极存在的问题

从理论上讲，空气电极作为电池能量转化器，在放电时，不会有所损耗，可连续使用，但空气电极寿命有限，在被使用多次后，催化剂变形导致其性能下降。高性能的空气电极可以提高铝–空气电池性能，增大输出功率，降低电池成本。具体有以下特点：催化性能好，价格低廉；透气性好且电解液能浸润催化层但不漏液；导电性良好；性能稳定，能够长期循环使用，避免频繁更换。

事实上，空气电极处于强氧化性和碱性环境中，极容易受到破坏从而导致性能下降。研究表明，经过较长时间的放电之后，电极的基体有较大的腐蚀，电极出现裂缝，且电极疏水性能下降。空气电极对 CO_2 较为敏感，因为 CO_2 能和渗入电极内部的碱性电解液形成不溶的碱式碳酸盐堵塞电极中的微孔，使三相反应区面积减少，从而使电极性能下降。目前为止空气电极仍然存在以下几个方面的问题[2]。

(1) 空气电极的寿命短。

(2) 极化现象十分严重。在大电流情况下工作时，空气电极极化过大是因为氧扩散困难，为此需要优化空气电极的结构，使得氧气的气相传质速度有所提高。防水透气层的许多性质比如孔径长度、孔的曲折度等，即防水透气层的配方和工艺制造过程会显著影响氧气扩散的难易程度。

(3) 催化剂性能不稳定，且很难在大电流下放电。亟需催化活性高效、价格低廉并且无污染的催化剂，以此提高空气电极的实用化。

(4) 漏液现象，完善防水透气层的制备工艺以避免电解液渗漏。

作为铝–空气电池的正极，空气电极是氧还原反应的核心区域，电极过电势是引起电压损失的重要原因。另外，由于碱性水系电解液的特殊性，空气电极还承担着电池体系防水透气的作用。因此对于空气电极的研究不仅仅包括高效催化剂的开发，还应注意优化空气电极结构，提高氧气传输与扩散速度，以及相关材料使役性能，如聚四氟乙烯的降解、二氧化碳与电解液副反应及电极反应沉淀物，以此保证长时间工作状态下防水透气功能的实现。目前空气电极研究的重点主要集中于催化剂选择设计与合成制备，尤其是催化剂的高效性和稳定性近年来受到了广泛的关注。有关催化剂的研究进展将于本章 3.3 节进行详细阐述。

3.2 空气电极氧还原与析出过程

铝–空气电池空气电极的关键反应为氧电极的还原与析出反应。一般而言，电池放电过程对应着负极铝发生氧化反应失去电子；产生的电子通过外电路传输到正极使得氧气在空气电极催化剂的作用下 O=O 双键 (498 kJ·mol^{-1}) 发生断裂，即对应着氧还原反应 (oxygen reductive reaction, ORR)；电池充电过程中 (二次铝–空气电池),电解质中的氢氧根离子 (OH^-) 在催化剂的催化下发生 O—H 键的断裂,失去电子生成氧气,即为氧析出反应 (oxygen evolution reaction, OER)。上述的氧还原以及氧析出反应均包含着多个电化学反应路径,其中部分较大反应活化能的反应造成大量的能量和效率损失[11]。

氧电极过程与许多实际电化学体系有着密切的联系,是一个非常复杂的电极过程。与聚合物电解质水电解和燃料电池相类似,降低空气电极氧析出和还原反应 (OER/ ORR) 的活化或动力学过电势对于提高铝–空气电池能量转化效率至关重要[12]。因此,研究氧电极还原与析出反应过程具有重要意义。

3.2.1　氧还原基本过程

与氢–氧燃料电池和氢–空气燃料电池体系使用氧作为正极的活性物质类似,一次铝–空气电池空气电极总是发生氧的还原过程,总反应如式 (2-4) 所示。由于负极铝氧化动力学远大于氧还原动力学,因此氧还原往往在较高过电势下才能成功进行,其过程十分复杂,涉及电子和质子的转移及 O—O 键断裂,其中间产物复杂,同时涉及多个电化学反应过程[12]。

一般地,氧还原具体过程包括氧气吸附、电荷转移、O—O 化学键断裂和产物脱附解离等步骤,属于典型的多电子还原反应。通常认为,在碱性介质中存在两种还原分子氧的典型途径[13]。

(1) 四电子反应过程是指空气中氧气扩散溶解在气体扩散层的气液两相界面,随后溶解的氧气分子扩散至催化剂活性层并在其表面被还原成 OH^-,该反应过程无过渡态产物生成,并且电池效率高、速度快,是一种理想的途径。

(2) 二电子反应过程则须经两步反应,并涉及中间还原产物的生成。首先,氧气得到两个电子变成中间还原产物,并且这个过程是可逆的,反应也比较容易进行,然后中间体进一步被还原成 OH^-。第一类中间产物为 H_2O_2 或 HO_2^-,第二类中间产物为表面吸附氧或氧化物。

3.2.2　氧析出基本过程

二次铝–空气电池空气电极还有氧析出反应发生。氧析出反应及其反应过程在不同的电解液中的表现有所不同:

碱性溶液中氧析出的总反应式为

$$4OH^- \rightleftharpoons O_2 + 2H_2O + 4e^- \tag{3-1}$$

酸性溶液中氧析出的总反应式为

$$2H_2O \rightleftharpoons O_2 + 4H^+ + 4e^- \tag{3-2}$$

这些反应过程中可能包含着复杂的中间过程。对于含氧酸的浓溶液，在较高的电流密度下，可能有含氧阴离子直接参与氧的析出反应。例如，在硫酸溶液中，可能按照下述步骤发生氧的析出反应，即

$$2SO_4^{2-} \rightleftharpoons 2SO_3 + O_2 + 4e^- \tag{3-3}$$

$$2SO_3 + 2H_2O \rightleftharpoons 2SO_4^{2-} + 4H^+ \tag{3-4}$$

而在中性盐溶液中，可以由 OH^- 和水分子两种放电形式来析出氧。而最终以哪一种形式为主要根据在给定的具体条件下哪一种放电形式所需的能量较低而定。

3.2.3 氧析出与还原过程的可能机理

讨论氧析出与还原过程的机理也就是要讨论各反应步骤及关键控制步骤。这是由于在氧析出与还原反应中涉及 4 个电子，可包含多个电化学步骤，同时还要考虑氧原子的复合或电化学解吸步骤以及在过程进行中金属的不稳定中间氧化物的形成与分解等步骤。因此，析氧反应过程步骤要比析氢过程步骤多，而且每一个步骤都可能成为控制步骤。需要根据某些实验事实和一些合理的假设，进行反应机理可能性的讨论。

图 3.5 所示为氧还原与析出反应过程的详细步骤。由图可知，氧气在催化剂表面被吸附，O—O 键断开，被吸附的 O_{ads} 在催化剂表界面处被连续还原为 OH_{ads} 的过程就是氧还原反应过程；相反地，该反应逆过程即氧析出反应过程。其中还涉及反应中间体 OOH_{ads} 参与反应。具体来看，氧还原过程，OOH_{ads} 通过分解成为 O_{ads} 和 OH_{ads}，而氧析出过程，O_{ads} 和 OH_{ads} 反应生成 OOH_{ads}。由此可知，反应中间体的吸附和脱附，以及电子传输在氧还原和析出过程中起到重要作用。因此，催化剂表界面的吸脱附能对于氧反应过程的进行十分重要。

氧还原过程机理可分为解离机理和吸附机理。其中，解离机理包含 O—O 键的断裂和 OH^- 或 H_2O 合成的质子化过程，而吸附机理则涉及氧吸附以及 OOH 和 O_2 表面电子/质子传递过程。此外，氧还原电子转移路径与催化机制及催化剂的电子结构亦有一定的相关性，如 s* 轨道与金属-O 共价的程度决定着氧还原过程中 O_2^{2-}/OH^- 取代和 OH^- 再生的反应速率。氧析出过程反应途径和催化机制相比于氧还原过程较为复杂。目前，普遍认为 OH^- 在催化剂表面失去质子的主要反应途径如下 (* 代表着催化的活性反应点)：

$$* + H_2O \longrightarrow *OH + H^+ + e^- \tag{3-5}$$

$$*OH \longrightarrow O* + H^+ + e^- \tag{3-6}$$

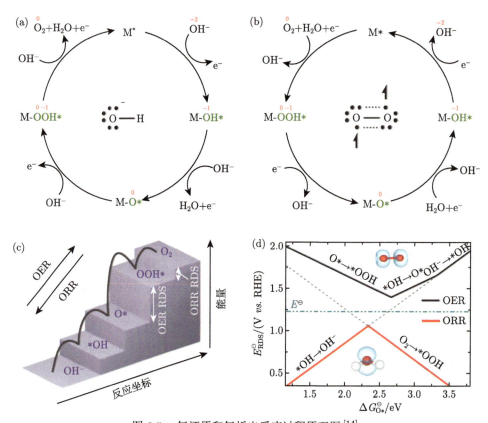

图 3.5   氧还原和氧析出反应过程原理图[14]

(a) 氧析出循环反应机理；(b) 氧还原循环反应机理；(c) 催化剂势能图；(d) 氧还原和氧析出活性火山图

$$O* + H_2O \longrightarrow *OOH + H^+ + e^- \tag{3-7}$$

$$*OOH \longrightarrow O_2 + H^+ + e^- \tag{3-8}$$

反应的中间产物比如 $*OOH$、$O*$ 或者 $*OH$，在反应过程中失去质子，而被氧化并产生氧气的过程中，对应的反应中间产物的 O 与活性反应点的键合作用可能是决定氧还原和氧析出反应快慢的关键。一般来说，氧析出产生的氧气往往不是直接从金属表面产生，而是从金属氧化相催化而来。因此，其阳离子特性 (如位置、种类) 以及材料形貌的差异均会造成其反应机制的不同。但是，氧析出过程取决于阳离子和氧中间产物的相互作用，而氧中间产物的形成需要改变价电子态；因此过渡金属离子的价态特性与氧析出活性相关。其中，氧的吸附能由催化剂中阳离子的位点决定，从而控制着氧还原和氧析出动力学。

以上是微观层面催化剂的氧还原反应和氧析出反应机理过程。而涉及实际空气电池上的催化剂反应过程时,则考虑得更为复杂一些,要考虑电解液中反应物和产物的吸脱附和电子的传导。由于其处于气、固、液三相反应界面,气液界面的问题催化活性位点的充分暴露,以及氧气的快速输运过程同样不可忽略。此外,氧还原反应还涉及 2 电子转移过程,生成 OOH_{ads} 和 $HOOH_{ads}$ 时,产生的 H_2O_2 对于铝–空气电池空气电极会产生剧烈的氧化作用。而进行 4 电子反应生成 OH_{ads} 的过程,则是完整的空气电池氧还原反应,从中可以看出,表界面电子的传导对氧还原和析出反应至关重要。因此,优化金属氧化物基催化剂组分实现对其电子结构的合理调控是制备高性能氧催化剂的关键之一。

3.3 空气电极催化剂材料

催化活性层是空气电极最重要的部分,催化活性层由催化剂、载体及助催化物质等组成,是发生氧还原反应的位置;电化学催化剂能促进阴极部分发生氧还原反应。催化活性层的有效性在很大程度上影响着铝–空气电池的电化学性能和工作寿命。然而其缓慢的动力学过程、过高的反应能垒、较低的选择性很大程度上降低了空气电池的能量转化效率,因此开发高活性的电催化材料以加快反应速率、提高反应选择性是当前研究的重点 [15]。

空气电极催化剂材料的基本要求有以下几点:比表面积要足够大;能加快氧的还原/析出过程;能催化中间产物 H_2O_2 的分解;对电解质具有良好的抗腐蚀性;具有优良的导电性能。对于异种催化材料来说,其比表面积的大小并非决定着其活性的高低,但对同种催化剂材料而言,其比表面积的大小决定着形成催化活性位点的多少,从而决定着催化活性的高低 [16]。因此,当其他条件相同时,催化剂的颗粒大小、均匀程度以及催化剂的活性和种类就成为影响空气电池性能的直接因素。目前,大量研究报道了许多可用的氧还原反应催化剂,包括贵金属和合金、金属大环化合物、碳质材料、过渡金属氧化物、硫族化合物等 [17]。下面将介绍各种空气电极氧还原催化剂的种类及研究现状。

3.3.1 贵金属和合金催化剂 (铂基催化剂)

铂、钯、金和银等贵金属广泛用于金属空气电池和燃料电池中作为氧还原催化剂材料。这是由于贵金属原子核外 d 轨道处于未占据的空位状态,所以它们能够很容易地吸收反应物分子。另外,由于表面原子构型和电子能级状态显著影响催化活性,修饰电子态结构可以提高贵金属催化剂的催化活性。

金属铂因其优异的催化活性,一直是研究得最广泛的贵金属催化剂。铂系催化剂的活性与颗粒尺寸和结晶面密切相关。有研究表明,不同铂结晶面上的氧还原催化活性顺序为:Pt{100} < Pt{110} < Pt{111}。尽管贵金属铂被认为是最好

的氧还原催化剂材料，但传统金属铂基催化剂因资源有限、成本高昂显著制约了铝–空气电池大规模商业化应用发展。因此，减少贵金属的使用或开发非贵金属系催化剂是有效的解决办法。

20 世纪 80 年代有研究发现，过渡金属、过渡金属氧化物和硫化物都可以和铂形成二元、三元或多元合金，具有优异的氧还原催化性能，引起极大关注，并被认为是继纯铂之后的第二代氧还原催化剂。相对于铂催化剂，Mn 族、Cr 族的催化活性最高可达纯铂催化活性的 2~3 倍，最具代表性的催化剂是 Pt-Ru 合金。铂合金的高催化性与加入的过渡金属原子改变铂 d 轨道填充电负性有关。此外，由于其他金属与铂金属催化剂混合或掺杂，催化活性取决于这些金属的粒度、结构、化学成分和电子结构。

在二元合金中添加过渡金属元素后催化活性和稳定性可进一步提高，三元合金主要有 Pt-Cr-Cu、Pt-Ir-Au 等[18]。由于其比纯铂拥有更高的活性和耐用性，已被用于联合技术公司的固定式聚丙烯燃料电池和丰田 Mirai 未来组合燃料电池的催化剂[19]。

由于商业铂黑粒径大、比表面积小，并且极易在酸性环境下团聚，通常采用各种工艺将铂制成负载型催化剂。而在负载型贵金属基催化剂中，载体起着至关重要的作用。一般适用于空气电极催化剂的载体应具备如下几个方面的条件：①具有良好的导电性能，能够及时导入电极反应需要的电子，导出电极反应产生的电子；②结构合理稳定；③具有较大的比表面积，以降低贵金属的使用量和增大催化剂的分散度；④抗腐蚀能力良好，能承受住电解质对其产生腐蚀破坏作用。碳基载体如炭黑、乙炔黑、碳纳米管等，因具有良好的传输电子能力及结构稳定性而成为空气电极催化剂载体的理想选择[20,21]。

3.3.2　碳基催化剂

碳具有结构多样性 (包括石墨烯、碳纳米管、碳纳米纤维、碳纳米球等多维结构)、良好的导电性、较高的比表面积以及在电化学环境中的高稳定性等优点，碳基材料被广泛应用于氧还原催化剂载体材料，在清洁能源转换和储存领域应用广泛。杂原子 (氮、磷、硫、硼等) 掺杂碳基催化剂通过改变邻近碳原子的 sp^2 自旋电荷分布，从而影响氧还原中间体的吸附态，促进氧气的还原。过渡金属与杂原子掺杂碳基催化剂能够利用过渡金属与杂原子的相互配位和协同作用，创造更多活性位点，从而提高催化剂的氧还原催化活性。

碳材料在高氧析出电势下的腐蚀问题直接限制了其在双功能催化剂领域的应用。然而不同于其他碳材料，高度石墨化的石墨烯纳米片、碳纳米管以及部分介孔碳等碳材料由于其内部碳键紧密排列以及 sp^2 轨道高度杂化，从而表现出优异的电化学稳定性[22]。其中石墨烯作为理想的氧还原催化剂载体的替代材料，有以下优点：①石墨烯纳米片的柔韧性和固定性可以提供很大的空间来容纳催化剂，并防止其结块；②石墨烯良好的表面特性提高了固相接触效率，可以容纳大量的氧气吸附在石墨烯上；③石墨烯的结构增强了石墨烯表面的电导率和电子传输速率；④单层石墨烯的结构可以提供更多的活性位点以刺激电催化活性[23]。例如，氮掺杂石墨烯和氮掺杂碳纳米管具有较好的氧催化活性，表现出较高的放电性能和充放电耐久性。目前，基于碳材料双功能催化剂的研究主要包括石墨烯、碳纳米管、介孔碳、泡沫碳及其组合。这类催化剂通常具有合成过程简便、成本低等优势。

然而，碳材料通常会与其他元素结合，如金属 (如 Co、Ag、Ni、Fe 等)，有时还会在氮掺杂碳材料的基础上进一步合成金属碳氮化合物 (M-C-N) 作为复合催化剂，从而形成新的催化活性位点，实现在具备氧还原活性的同时，提高氧析出催化性能的可能性。在各种非贵金属催化剂中，金属–氮–碳 (M-N-C，M = V、Cr、Fe、Co、Ni) 材料一直被认为是对氧还原催化效果最好的催化剂之一，该催化剂可以通过热解碳负载的富氮金属配合物、金属盐或含氮和碳的前驱体的混合物来制备[24]。

目前，M-N-C 材料氧化还原活性位点仍然存在争议。一种说法认为活性位点是过渡金属与 N 形成的化学键；另一种说法则认为过渡金属可在高温下进一步促进 N-C 活性位点的形成，但其本身不构成活性位点。尽管催化剂的活性位点尚未统一，但是相关研究已经表明氮源种类、金属种类和含量、碳载体种类以及碳化温度和时间等反应条件的差异都会对催化剂活性产生很大影响。其中，Fe-N-C 由于其优异的双功能催化性能已引起关注。已有研究表明，与 Fe-C 和 NC 催化剂相比，Fe-N-C 催化剂具有较高的催化活性，包括较高的起始电势和半波电势，较高的电流密度证明了 Fe 在氧还原过程中起着重要作用[25]。一方面，铁和氮之间的配位可以被认为对提高氧还原反应性能有重要影响。另一方面，介孔的均匀性和排他性为氧的吸附和反应提供了一个稳定的环境，这可以显示出更好的性能。

3.3.3 金属氧化物催化剂

金属氧化物具有丰度高、成本低、环境友好等突出优点。人们对早期过渡金属元素 Fe、Mn、Co 和 Ni 进行研究，这些过渡金属氧化物的价态和晶体结构有多种选择，为制造高性能非贵金属催化剂提供了巨大潜力。

锰氧化物和钴氧化物是铝–空气电池中最常用的非贵金属催化剂[17]，其中最具代表性的是锰氧化物 (MnO_x)。由于 Mn 的价态可以以 Mn(II)、Mn(III) 和 Mn(IV) 的形式存在，因此可以获得许多锰氧化物，包括 MnO、Mn_3O_4、Mn_5O_8、Mn_2O_3、$MnOOH$ 和 MnO_2。其中，MnO_2 最受关注。不同结构的 MnO_2 催化活性大小顺序不同：$\alpha\text{-}MnO_2 > \delta\text{-}MnO_2 > \gamma\text{-}MnO_2 > \lambda\text{-}MnO_2 > \beta\text{-}MnO_2$。$MnO_2$ 的催化

活性也可能因形貌而不同，包括纳米片、纳米线和空心球，并将这归因于不同形貌表面上 Mn^{3+} 含量的不同。有研究表明，MnO_x 可促进 HO^{2-} 的歧化反应，有利于四电子转移路径的氧还原反应，实现氧气分子直接生成 OH^-。此外，MnO_x 中存在大量的 $Mn(III)/Mn(IV)$ 氧化还原偶联离子对作为氧受体–供体，也有利于四电子反应路径 [26]。采用电化学沉积法构建出一层薄膜 MnO_x(主要为 Mn_2O_3) 催化材料，Mn 氧化物薄膜对氧还原反应和氧析出反应均表现出优异的活性，如图 3.6 所示 [27]。这主要归功于催化剂的纳米结构性质有助于在相关电势处存在适当的 Mn_xO_y 活性位点，以驱动氧还原反应。

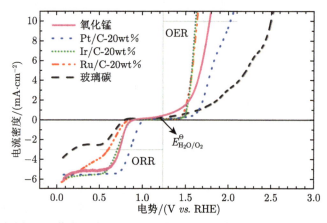

图 3.6　纳米结构氧化锰薄膜、铂、铱和钌纳米颗粒以及玻璃碳 (GC) 基底的氧电极活性 [27]

wt%代表重量百分

其他过渡金属氧化物催化剂，如铁氧化物、铜氧化物、钛氧化物、钴氧化物、镍氧化物和铈氧化物也被广泛研究，其中，Co_3O_4 具有高催化活性和低成本，且其催化活性与晶面取向有关，其催化活性顺序为：(111)>(100)>(110)。CeO_2 作为一种普遍存在的稀土金属氧化物，具有萤石结构，能够在 +3 和 + 4 氧化态之间切换，使其成为固体氧化物燃料电池 (SOFC) 和某些金属–空气电池中流行的催化剂。例如，Shao 等制备了 Co_3O_4-CeO_2/C 作为铝–空气电池的高性能氧还原反应催化剂，在全电池测试中，该装置的放电电压平台 (1.27 V) 高于 Co_3O_4/C (1.23 V) 和 CeO_2/C (1.12 V)[28]。

3.3.4　钙钛矿型氧化物催化剂

钙钛矿氧化物是指组成为 ABO_3、结构与天然矿石 $CaTiO_3$ 相似的一族氧化物。由各种不同的元素构成的理想的或稍有变形的钙铁矿晶体有上百种。其对氧气的还原和析出具有较高的催化活性，且价格低廉，因此在金属–空气电池和燃料电池中具有广阔的应用前景。由于钙钛矿物理化学性质与 A、B 位组成元素密切相关，现在的对钙钛矿氧电极催化剂的研究主要集中在改进制备方法和寻找新的取代元素以提高催化性能。

目前，具有氧还原催化性能的钙钛矿 A 位主要为 La 等稀土元素，B 位一般为 Co、Mn、Ni、Fe 等过渡金属元素。一般认为，稀土元素很少直接作为活性位点起到催化作用，大多数只是作为晶体稳定点阵的组成部分，间接地发挥作用。有研究结果显示，在 $LaMO_3$ 类钙钛矿型催化剂中，氧还原活性按 $LaCoO_3$、$LaMnO_3$、$LaNiO_3$、$LaFeO_3$ 和 $LaCrO_3$ 的顺序增加，如图 3.7 所示 [29]。同时，单个钙钛矿型催化剂 (如 $LaNiO_3$ 和 $LaMnO_3$) 的组合可产生协同效应，通过将 $LaNiO_3$ 的高导电性与 $LaMnO_3$ 的高氧还原反应催化性能相结合，实现良好的双功能催化特征 [30]。

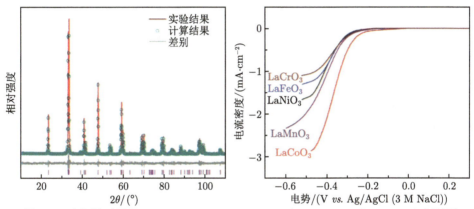

图 3.7 各钙钛矿结构 ($LaCoO_3$、$LaMnO_3$、$LaNiO_3$、$LaFeO_3$ 和 $LaCrO_3$) 氧还原催化性能 [29,31]

钙钛矿氧化物能有效地催化分解 HO_2^-，从而降低电化学反应的超电势，大致反应路径如图 3.8 所示，但其催化机理并不十分明确。目前主要有两种解释：一种认为晶格中的过渡金属离子起催化作用，与过渡金属 d 电子密度关系密切；一种认为晶体中的氧空位对氧气的催化还原有较大的影响。

3.3.5 尖晶石型催化剂

尖晶石 (AB_2O_4) 是由两种或多种金属元素复合而成的氧化物，属于离子型化合物。由于具有多种价态、对环境无污染、低成本和较高的电催化活性，被广泛用作电催化剂。其中，钴基尖晶石类金属氧化物催化剂研究得最为广泛。与锰氧化物类似，Co_3O_4 中不同价态的钴离子可作为化学吸附的供体–受体，Co^{2+} 和 Co^{3+} 分别位于 Co_3O_4 尖晶石结构中的四面体位和八面体位，与氧原子形成 Co-O 八面体的 Co^{3+} 能有效加速氧析出动力学，而位于四面体位的 Co^{2+} 一般是氧还原活

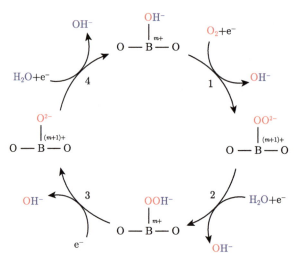

图 3.8   钙钛矿氧化物的氧还原反应路径 [29]

性位点 [32]，表现出对 O_2 的可逆吸附-脱附性能，有利于高效催化。此外，Co^{3+} 氧八面体结构的减少会造成氧析出活性下降，掺杂锰四面体和八面体结构可加速氧还原催化性能 [33]。与钙钛矿催化剂和其他过渡金属氧化物一样，尖晶石氧化物也具有固有的低导电性，因此通常与导电碳基材料结合使用。

3.3.6   金属大环化合物

金属大环化合物对氧气还原有良好的催化活性，特别是当它们吸附在大表面积碳上时，它们的活性和稳定性可通过热处理得到显著提高。因此，有望代替贵金属氧气还原催化剂。自 20 世纪 70 年代以来，金属大环化合物的催化活性至今仍是研究的热点。

金属大环化合物催化剂主要是含有过渡金属中心原子的大环化合物。过渡金属中心原子通常是 Co、Fe、Mn、Ni，其中含 Co 的螯合物催化活性最高，含 Fe 的螯合物较稳定，研究得最为广泛。所用有机体主要为含氮的大环有机物，如卟啉 (porphyrin) 及其衍生物、酞菁 (phthalocyanine) 及其衍生物和含氮的杂环。它们具有相似的结构，即含有至少四个氮原子，都能和过渡金属 (M) 离子形成 $M-N_4$ 的四方或近四方结构。

一般认为，金属大环化合物经过 550~600 ℃ 热处理后，催化活性最佳。金属大环化合物在 200 ℃ 下结构还能保持完整，400~500 ℃ 下络合物开始分解；500 ℃ 下已检测不到络合物。有研究表明，550 ℃ 的热处理对中心金属-N_4 结构无影响，只在分子的远端 (取代基) 发生了一些变化，分解产物为含有金属氮-碳结构的分子碎片，此时的催化活性位点为金属-N_4 结构。也有观点认为热处理使大环化合物在碳基体上分散得更均匀且与载体间结合更为紧密，反应活性位点增多因而催化活性和稳定性比未处理时有提高，但在长时间的放电中金属离子仍会有部分损失。进一步提高处理温度，催化活性下降，但稳定性提高。高温热处理会生成金属颗粒，温度越高，金属颗粒越多。800 ℃ 左右的热处理就会导致金属颗粒的形成，形成的金属颗粒部分被微小的石墨颗粒包裹，在高于 1000 ℃ 热处理时生成的无机金属颗粒大部分被石墨颗粒包裹。一般认为高温热处理后催化活性位点为无机金属颗粒，性质很稳定，不易被酸或碱腐蚀，所以稳定性较好[34]。此外，高温热处理还可能生成金属氮化物、碳化物和氧化物以及氮的氧化物。热处理过程中大环化合物与碳基体之间也会发生反应，且分解速度与碳基体的表面组成有密切的关系，尤其碳基体的表面含氧基团对金属大环化合物的分解有较大的影响[35]。

金属大环化合物催化氧还原过程同时存在二电子和四电子反应途径，这主要与碳基体的表面状态、热处理温度、电极制备工艺以及使用时间关系密切。对于吸附于碳体上的大环化合物，当热处理温度低于 600 ℃ 时，碳基体若预先脱氧处理，氧还原途径则主要为二电子反应，反之，则主要通过四电子途径，此时反应的选择性取决于碳基体表面的化学组成。当热处理温度高于 800 ℃ 时，氧还原途径是四电子途径占优势。氧还原反应路径变化可按如下解释理解：在较低的温度热处理时，大部分金属—N$_4$键占据主导地位，二电子还原途径占优势；高温热处理时，形成了新的键合活性位点，金属—N$_4$键大部分被破坏，四电子途径占优势。此外，电极的工作时间越长，反应越接近二电子途径，这个趋势对进行了脱氧预处理的碳基体且热处理温度低于 600 ℃ 的催化剂尤其明显。

经过热处理的 Cu 以及 Co 和 Fe 大环化合物在碱性溶液中表现出很高的氧还原活性。尽管在合成和测试多种金属和氮共掺杂碳框架方面进行了广泛的研究，但对于哪种过渡金属具有最佳性能，没有一致的报道结果。有人认为金属共掺杂时表现出最好的性能，而许多报告显示 Fe 表现出最好的性能。为此，对一系列过渡金属的活性进行了研究，发现 Co 的单位面积活性最好，且 Fe 有助于形成更高比表面积的碳，从而产生最高的整体活性。需要注意的是，密度泛函理论 (DFT) 计算表明，过渡金属对氧还原没有本质上的活性，主要是化学环境和活性中心的几何形状导致了高催化活性[36]。然而，人们一致认为，拓扑缺陷和各种掺杂剂的协同效应改变相邻碳层上的电子密度可增强催化剂氧还原活性。因此，有效的孔隙率和高比表面积对于允许氧气进入这些高活性部位至关重要。经空气处理的样品显示出相当高的表面积和电子转移数，这表明空气对碳的部分蚀刻导致孔隙率增加和高活性氧还原位点的可达性。碳材料的空气处理可调节孔隙率，并使高活性氧还原催化位点易于接近，可为调整氮掺杂碳复合材料的催化活性开辟一条新途径[37]。

参 考 文 献

[1] 熊亚琪. 铝–空气电池的基础研究. 长沙：中南大学, 2014.

[2] 杨瑞. Al 金属空气电池阴极制备及性能研究. 北京: 中国石油大学, 2019.

[3] 崔存仓. 锌–空气电池空气电极的制备及研究. 哈尔滨: 哈尔滨工业大学, 2013.

[4] 刘东任. 铝/空气电池阴极及其催化剂研究. 长沙: 中南大学, 2004.

[5] Kumano N, Kudo K, Suda A, et al. Controlling cracking formation in fuel cell catalyst layers. Journal of Power Sources, 2019, 419: 219-228.

[6] Lee E, Kim D H, Pak C. Effects of cathode catalyst layer fabrication parameters on the performance of high-temperature polymer electrolyte membrane fuel cells. Applied Surface Science, 2020, 510: 145461.

[7] Zenith F, Krewer U. Modelling, dynamics and control of a portable DMFC system. Journal of Process Control, 2010, 20(5): 630-642.

[8] Mao Q, Krewer U. Total harmonic distortion analysis of oxygen reduction reaction in proton exchange membrane fuel cells. Electrochimica Acta, 2013, 103: 188-198.

[9] Will F G. Electrochemical oxidation of hydrogen on partially immersed platinum electrodes. Journal of the Electrochemical Society, 1963, 110(2): 152.

[10] Zhu M, Ge H, Xu X, et al. Investigation on the variation law of gas liquid solid three phase boundary in porous gas diffusion electrode. Heliyon, 2018, 4(8): e00729.

[11] 徐能能, 乔锦丽. 锌–空气电池双功能催化剂研究进展. 电化学, 2020, 26(4): 531-562.

[12] Suermann M, Schmidt T J, Büchi F N. Comparing the kinetic activation energy of the oxygen evolution and reduction reactions. Electrochimica Acta, 2018, 281: 466-471.

[13] Liu Y, Sun Q, Li W, et al. A comprehensive review on recent progress in aluminumair batteries. Green Energy & Environment, 2017, 2(3): 246-277.

[14] Tao H B, Zhang J, Chen J, et al. Revealing energetics of surface oxygen redox from kinetic fingerprint in oxygen electrocatalysis. Journal of the American Chemical Society, 2019, 141(35): 13803-13811.

[15] Liu M, Yang M, Shu X, et al. Design strategies for carbon-based electrocatalysts and application to oxygen reduction in fuel cells. Acta Physico-Chimica Sinica, 2021, 37(9): 2007072.

[16] 黄瑞霞, 朱新功, 王敏, 等. UUV 用铝氧电池. 电源技术, 2009, 33(5): 430-433.

[17] Mori R. Recent developments for aluminum-air batteries. Electrochemical Energy Reviews, 2020, 3(2): 344-369.

[18] Anderson A B, Grantscharova E, Seong S. Systematic theoretical study of alloys of platinum for enhanced methanol fuel cell performance. Journal of the Electrochemical Society, 1996, 143(6): 2075-2082.

[19] Shao M, Chang Q, Dodelet J P, et al. Recent advances in electrocatalysts for oxygen reduction reaction. Chemical Reviews, 2016, 116(6): 3594-3657.

[20] Chitturi V R, Ara M, Fawaz W, et al. Enhanced lithiumoxygen battery performances with Pt subnanocluster decorated N-doped single-walled carbon nanotube cathodes. ACS Catalysis, 2016, 6(10): 7088-7097.

[21] 刘臣娟. 铝–空气电池阴极催化剂的制备及表征. 哈尔滨: 哈尔滨工业大学, 2013.

[22] Belytschko T, Xiao S P, Schatz G C, et al. Atomistic simulations of nanotube fracture. Physical Review B, 2002, 65(23): 235430.

[23] 孙宗煜. 铝空气电池空气电极结构及寿命的研究. 哈尔滨: 哈尔滨工业大学, 2020.

[24] Wu G, Johnston C M, Mack N H, et al. Synthesis-structure-performance correlation for polyaniline-Me-C non-precious metal cathode catalysts for oxygen reduction in fuel cells. Journal of Materials Chemistry, 2011, 21(30): 11392-11405.

[25] Lai Y, Wang Q, Wang M, et al. Facile synthesis of mesoporous Fe-N-C electrocatalyst for high performance alkaline aluminum-air battery. Journal of Electroanalytical Chemistry, 2017, 801: 72-76.

[26] Roche I, Chaînet E, Chatenet M, et al. Carbon-supported manganese oxide nanoparticles as electrocatalysts for the oxygen reduction reaction (ORR) in alkaline medium: physical characterizations and ORR mechanism. The Journal of Physical Chemistry C, 2007, 111(3): 1434-1443.

[27] Gorlin Y, Jaramillo T F. A bifunctional nonprecious metal catalyst for oxygen reduction and water oxidation. Journal of the American Chemical Society, 2010, 132(39): 13612-13614.

[28] Liu K, Huang X, Wang H, et al. Co_3O_4-CeO_2/C as a highly active electrocatalyst for oxygen reduction reaction in Al-air batteries. ACS Applied Materials & Interfaces, 2016, 8(50): 34422-34430.

[29] Xue Y, Sun S, Wang Q, et al. Transition metal oxide-based oxygen reduction reaction electrocatalysts for energy conversion systems with aqueous electrolytes. Journal of Materials Chemistry A, 2018, 6(23): 10595-10626.

[30] Yuasa M, Nishida M, Kida T, et al. Bi-functional oxygen electrodes using $LaMnO_3$/$LaNiO_3$ for rechargeable metal-air batteries. Journal of the Electrochemical Society, 2011, 158(5): A605.

[31] Sunarso J, Torriero A A J, Zhou W, et al. Oxygen reduction reaction activity of La-based perovskite oxides in alkaline medium: a thin-film rotating ring-disk electrode study. The Journal of Physical Chemistry C, 2012, 116(9): 5827-5834.

[32] Xiao J, Kuang Q, Yang S, et al. Surface structure dependent electrocatalytic activity of Co_3O_4 anchored on graphene sheets toward oxygen reduction reaction. Scientific Reports, 2013, 3(1): 2300.

[33] Menezes P W, Indra A, Sahraie N R, et al. Cobalt-manganese-based spinels as multi-functional materials that unify catalytic water oxidation and oxygen reduction reactions. ChemSusChem, 2015, 8(1): 164-171.

[34] Gouérec P, Biloul A, Contamin O, et al. Oxygen reduction in acid media catalyzed by heat treated cobalt tetraazaannulene supported on an active charcoal: correlations between the performances after longevity tests and the active site configuration as seen by XPS and ToF-SIMS. Journal of Electroanalytical Chemistry, 1997, 422(1): 61-75.

[35] Gouérec P, Bilou A, Contamin O, et al. Dioxygen reduction electrocatalysis in acidic

media: effect of peripheral ligand substitution on cobalt tetraphenylporphyrin. Journal of Electroanalytical Chemistry, 1995, 398(1): 67-75.

[36] Volosskiy B, Fei H, Zhao Z, et al. Tuning the catalytic activity of a metal-organic framework derived copper and nitrogen Co-doped carbon composite for oxygen reduction reaction. ACS Applied Materials & Interfaces, 2016, 8(40): 26769-26774.

[37] Morris W, Volosskiy B, Demir S, et al. Synthesis, structure, and metalation of two new highly porous zirconium metal-organic frameworks. Inorganic Chemistry, 2012, 51(12): 6443-6445.

第 4 章　铝–空气电池用铝负极

金属铝在强碱性电解质中能够产生自腐蚀析氢现象和氢氧化物钝化层，这些问题成为铝–空气电池用铝负极材料的关键挑战。为了克服这些问题，改性铝负极材料是提高其能量转换效率的主要策略。从技术上讲，工业原铝 (纯度 99.7%～99.9%) 中所含的铁、铜和硅等杂质 (主要以第二相析出存在) 会大大加剧析氢自腐蚀，即水还原反应 ($H_2O+e^- \longrightarrow 0.5H_2+OH^-$)，因此其不适合直接作为铝–空气电池负极材料 [1-4]。尽管曾经有少数报道称低纯度铝 (2N5 级) 展示出了令人满意的放电性能 [5]，但当下主流仍然建议以高纯铝 (99.99%，4N5) 作为铝–空气电池用铝负极材料 [2,6]。即便如此，高纯铝负极放电性能仍然不尽如人意，如表 4.1 所示，还需要特定合金化来改善其电化学性能，并在其阳极溶解过程中抑制析氢以及分解钝化膜。

表 4.1　常见碱性铝–空气电池超纯铝负极性能

纯度	电解质	催化剂	电流密度/ $(mA \cdot cm^{-2})$	电压/V	负极效率/%	能量密度/ $(W \cdot h \cdot kg^{-1})$	备注	文献
5N	4 M NaOH	C/MnO$_2$	20	1.04	84.0	2603	铸态	[7]
			10	1.40	28.5	1190		[8]
			20	1.22	49.4	1790		
			30	0.94	63.4	1773		
			40	0.71	76.8	1616		
	1 M KOH		5	1.39	62.5	2589		[9]
			10	1.19	73.9	2621		
			20	0.71	85.6	1810		
	4 M KOH		10	1.34	27.3	1090		[10]
			20	1.30	53.2	2061		
			40	1.17	81.1	2828		
			80	0.79	89.3	2107		[11]
		商用	80	0.40	95.6	1140		[12]
4N		C/MnO$_2$	100	1.04	73.6	2244		[13]
4N6		C/MnO$_2$	60	0.60	86.0	1538		[14]
4N	4 M NaOH	Ag	120	1.05	74.5	2312	轧制后退火	[15]

根据铝的阳极溶解行为以及杂质和沉淀相的不利影响，Egan 等总结出良好的合金化元素应具备以下特征 [6]：①高氢过电势；②在电解液中的良好溶解度；③在电化学系列中比 Al 更惰性；④ 在 Al 基体中具有良好的固溶度。合金化改性铝负极材料的主要原理是合金元素溶于铝基体，进而活化并减少析氢反应 (HER) 动

力学。表 4.2 列出了铝负极中的常见合金元素和选定的特性 (如氧化电势、析氢过电势)。大多数合金元素具有更高的析氢过电势和比 Al 更正的电势，表明具有很强的活化 Al 和降低 HER 反应动力学的能力。其中，Fe 和 Cu 的析氢自腐蚀抑制效果不佳，这主要因为它们的析氢过电势与 Al 非常接近。此外，Fe 在 Al 中的溶解度极限非常低，经常以有害 Al_3Fe 沉淀相的形式存在于铝基体中。尽管 Cu 在 Al 中的溶解度很高，但它需要长期的高温热处理过程来减少有害的 Al_2Cu 相。因此，适用于高纯铝负极材料改性的合金元素是 Zn、Sn、Ga、In、Bi、Mg、Pb、Mn、Cd 和 Sb。其中，Zn、Sn、Ga、In 和 Mg(低熔点、可溶于铝) 已受到金属–空气电池超纯铝负极研究领域的高度青睐和深入研究。

表 4.2   铝负极中的常见合金元素及其特性 (部分转载自参考文献 [6])。氧化电势和析氢过电势是在 6 M NaOH 溶液中于 25 ℃ 测定的[16]

金属	氧化态及电势/ (V $vs.$ Hg/HgO)		析氢过电势/ V	铝中溶解度 / at%*	熔点/ ℃
Al	$Al(OH)_4^-$	−2.48	0.47	—	657
Bi	BiO_3^-	−1.70	0.96	0.2 在 657 ℃	272
Cd	$HCdO_2^-$	−1.06	0.85	0.37 在 649 ℃	322
Cu	—	−0.55	0.59	15.7 在 548 ℃	1080
Fe	—	−1.06	0.41	0.06 在 652 ℃	1540
Ga	$Ga(OH)_4^-$	−1.61	—	8.8 在 266 ℃	30
In	—	−1.15	—	0.085 在 560 ℃	157
Mg	$Mg(OH)_2$	−2.79	1.47	17.4 在 450 ℃	650
Mn	—	−1.74	0.76	0.6 在 620 ℃	1250
Pb	—	−0.83	1.05	0.19 在 659 ℃	328
Sb	SbO_3^-	−0.90	0.70	0.01 在 645 ℃	631
Sn	SnO_3^{2-}	−1.27	1.00	0.12 在 625 ℃	232
Zn	ZnO_2^{2-}	−1.61	1.10	14.6 在 600 ℃	420

注: * at%代表原子百分。

4.1   二元合金负极

Al-Bi、Al-Sn、Al-Ga、Al-In、Al-Mg、Al-Zn、Al-Te、Al-Pb、Al-Tl 和 Al-Mn 二元合金早被认为是替代铝–空气电池的超纯铝负极材料的理想材料。表 4.3 列出了近期文献报道中基于超纯铝的二元铝合金作为铝–空气电池负极的放电性能。

表 4.3　文献报道中基于超纯铝制备的二元铝合金负极放电性能

负极	电解质	电极面积 /cm²	催化剂	电流密度/ (mA·cm⁻²)	电压 / V	负极效率 / %	能量密度/ (W·h·kg⁻¹)	备注	文献
5N Al	4 M NaOH	1	C/MnO₂	20	1.04	84.0	2603	铸态	[7]
Al-0.5In					1.39	32.0	1326		
5N Al					1.22	49.4	1790		[8]
Al-0.1Li					1.26	54.0	2032		
Al-0.1Sn		4			1.41	67.2	2824		[22]
5N Al	1 M KOH	1		20	0.71	85.6	1810		[9]
Al-0.1Ga					1.19	77.3	2741		
Al-0.1In					1.31	79.8	3115		
Al-0.1Sn					1.01	87.4	2630		
5N Al	4 M KOH	1			1.30	53.2	2061		[10,11]
Al-Mn					1.28	60.0	2280		
Al-0.06Sb					1.40	90.0	3781		
Al-0.1Sn				60	∼0.8	86.2	2056		[14]
Al-1.0Mg					∼0.92	91.4	2505		[23]
Al₆₀Zn₄₀	6 M KOH	—	Pt/C+IrO₂	1	∼1.25	—	—	轧制	[24]
Al-12.5Si	EMIm (HF)₂.₃	—	空气电极 (E4 型)	20	1.30	53.2	2061	铸态	[25]

注: 元素前面数值代表此元素的重量百分。

4.1.1　铝镓合金负极

　　Tuck 等研究了不同 Al-Ga 合金在碱性和中性电解质中的电化学行为[17]。Al-Ga 合金在碱性电解液中的电化学行为取决于合金中的镓含量和电解液温度。在电解液温度为 25 ℃ 和 60 ℃ 时，激活纯铝分别需要至少 0.055% Ga 和 0.1% Ga(增强阳极电流)[18]。然而，活化的 Al-Ga 合金显示出非常差的放电效率。Macdonald 等已经在碱性溶液 (50 ℃) 中进行了腐蚀研究 (失重和氢气收集)，以评估铸态 Al-Ga(0.01%∼0.5%) 二元合金负极[19]。结果如图 4.1 所示，在开路条件下，Ga 的存在大大加剧了腐蚀，是 4N 纯 Al 的 20 倍。他们还通过溶解–沉积过程讨论了在腐蚀表面形成合金沉积物的相关活化机制[20,21]。Tuck 等还观察到这些 (镓) 沉积物位于合金表面的凹坑底部和表面氢氧化物层的顶部[17]。Mcphail 还提出，镓只能通过改性在稳态下形成的氧化层来活化铝[2]。

　　以上研究主要集中在半电池 (无空气电极) 中 Al-Ga 合金的活化行为和放电效率方面。接下来将集中介绍组装完整的铝–空气电池所得到的铝和 Al-0.1%Ga 合金在碱性和中性电解质中的放电性能[9]。当放电电流密度达到 40 mA·cm⁻² 时，Al-Ga 合金仅显示出与 5N 纯 Al 负极相当的放电效率，如图 4.2(a) 所示。然

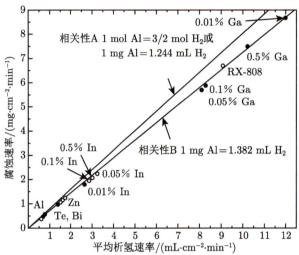

图 4.1　各种二元合金在 50 ℃ 4 M KOH 溶液中的腐蚀速率与平均析氢速率之间的相关性[19]

而, 它在大电流密度下却能表现出更高的电池电压和功率密度, 如图 4.2(b) 所示。Al-Ga 合金极低的放电效率应主要归因于其严重的自腐蚀。

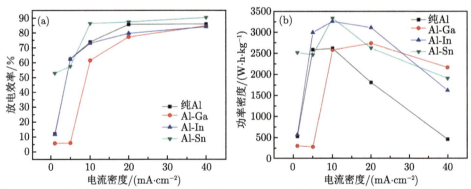

图 4.2　(a) 放电效率曲线；(b) 铝–空气电池 (1 M KOH 溶液, 空气电极：MnO_2 催化剂) 的功率密度与电流密度的关系曲线[9]

4.1.2　铝铟合金负极

在 25 ℃ 的 4 M NaOH 溶液中, 固溶处理的 Al-In 合金的阳极电流密度随着 In 含量的增加而显著增加[18]。Al-In 合金在一个电势范围内表现出增强的阳极电流, 这是因为稳定的铟沉积物 (在此电势范围附近) 作为活性位点, 导致钝化表面膜的局部破坏[26]。Mcphail 还发现与 4N 纯 Al 相比, 铟可使稳态电势显著变负[2]。然而, 当铟浓度高于 0.16％时, 阳极电流并没有进一步增大。铸态 Al-In 合金的析氢也几乎不依赖于铟浓度 (但比纯 Al 大 2 倍)[19]。Despić 等还报道了与超纯铝负极相比，在中性介质中放电时，固溶处理的 Al-In 合金的析氢速率大大降低 [27]。这可能表明活化机制完全由可溶于铝基体的铟控制，而不是由含 In 的沉淀相控制。此外，在高温 (60 ℃) 下，Al-In 合金的阳极电流似乎与铟浓度无关。这可能是由于 Al 通过表面铟的扩散速度更快，以及 Al(OH)$_4^-$ 和 In$_2$O$_3$ 的溶解度更高 [6,18]。Al-In 合金的放电效率非常复杂，主要取决于放电条件 (电流密度、温度等)、铟含量和表面粗糙度。关于铟含量对组装铝–空气电池的二元铝铟合金放电性能影响的研究报道较少。但通过比较同一作者两篇论文中的 5N 纯 Al、Al-0.1In 和 Al-0.5In 合金放电性能可以发现 [7,9]，较高的铟含量会导致负极效率大大降低，但工作电池的电压变化不大。添加 0.1%In 使 5N 纯度级 Al 在海水中的腐蚀电势显著转移到更负值，并且还将钝化阈值转移到高电流密度 [28]。

4.1.3 铝锡合金负极

根据在电势范围 $-1.3 \sim -0.9$ V *vs.* Hg/HgO[18] 上大大增强的阳极电流，通过少量添加 Sn 可以高度激活超纯铝负极。此外，已经确定由于氧化膜在 0.5 M NaCl 溶液中被短的阴极极化脉冲击穿，Al-Sn 合金的阳极溶解可以大大增强 [29]。然而，当 Sn 含量超过 0.12%(接近 Sn 在 Al 基体中的溶解度极限)，阳极电流不再增加，在 -0.66 V *vs.* Al-0.45Sn 合金负极的 Hg/HgO 附近观察到一个额外的阳极峰。这应该归因于过量的锡以晶界沉淀的形式析出，对活化铝无效，但大大加剧了阳极溶解时的晶界侵蚀。Hunter [18] 也证实了这一点。此外，还可以观察到 Al-0.12Sn 合金电势的显著波动，在类似的 Al-0.12Sn 合金在碱性介质中的放电曲线中也得到了证实，这是由表面膜内 SnO$_3^{2-}$ 和 Al(OH)$_3$ 之间的尺寸和结构不匹配所导致 [30]。添加锡可以通过降低中性和碱性介质中的过度活跃程度来显著降低由阴极极化驱动的铝的析氢动力学 (HER)[9,31]。电化学阻抗谱表明，热处理后的 Al-0.04%Sn 合金在碱性电解液中的阳极溶解与施加的电势密切相关。在 Al 处于活性状态而 Sn 处于稳定状态的电势范围内，Al-Sn 合金随着电极电势表现出负极性电阻 [32]。在 1 M KOH 溶液中，使用 Al-0.1%Sn 合金负极的铝–空气电池，在 40 mA·cm^{-2} 下表现出超过 90% 的高峰值放电效率 [9]。

4.1.4 其他二元合金负极

Macdonald 等在 4 M KOH 溶液 (50 ℃) 中进行了腐蚀研究 (重量损失和氢气收集)，以评估铸态 Al-Bi (0.1%～0.5%)、Al-Zn (0.1%～5%)、Al-Te (0.05%～0.5%) 和 Al-0.5%Pb 二元合金负极的电化学性能 [19]。Bi、Pb 和 Te 在开路条件下对超纯铝负极的腐蚀速率有轻微的增强作用。少量的锌添加使超纯铝负极的腐蚀速率提高了两倍。此外，还发现在中性介质中，Bi 和 Pb 的活化是表面相关的，而 In 和 Sn 的活化与本体相关，并且痕量的锌和镁在高温热处理后对

Al 活化效果较差[33]。研究结果发现，由超纯铝和硅通过电弧熔化工艺制成的二元铝硅合金 (Si 含量为 1wt%~95wt%) 作为铝–空气电池负极，电池电压因为合金中 Si 的添加而降低[25]。Al-Si 合金的放电比容量主要来自于 Al 的氧化。锌的添加显著提高了可充电铝–空气电池的铝锌负极的性能[24]。图 4.3(a) 所示为通过熔化和轧制工艺制备 $Al_{60}Zn_{40}$ 负极工艺流程。该合金负极放电性能如图 4.3(b) 和 (c) 所示。采用 $Al_{60}Zn_{40}$ 负极的铝–空气电池的峰值功率密度和循环性能远高于采用纯铝的铝–空气电池。即便如此，使用这种 $Al_{60}Zn_{40}$ 负极更可能是铝–空气和锌–空气电池的微型组合，因为它由交替的铝和锌相组成，如图 4.3(d) 所示。

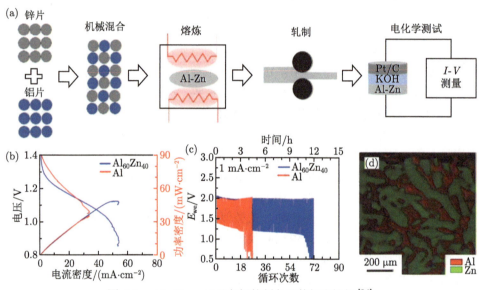

图 4.3 $Al_{60}Zn_{40}$ 二元负极的制备及其相应性能[24]

Jeffrey 等曾提到 0.81% 的镁会显著加剧 4N 纯 Al 在开路和放电过程中的自腐蚀[34]。最近研究报道了超纯铝基体中的固溶镁激活了氧化膜并减少了阴极位点，从而使铝负极电势负移并抑制了其自腐蚀[35]。然而，过量的镁添加会形成铝镁金属间化合物，反而会加速铝负极的自腐蚀[36]。即便如此，在铝中添加镁可改善其杂质不耐受性。根据授权的美国专利，少量锰 (0.15%) 可以降低 4N 纯 Al 浸入 4 M NaOH 溶液的自腐蚀，并在 200 mA·cm⁻² 时使放电电势大大偏移至更负值[34]。然而，过量的 Mn 会大大加剧放电过程中的自腐蚀，放电效率为 55%[6]。使用锰可以大大降低含铁量高的 99.9% 纯铝的腐蚀率[37]，这可能是熔炼和铸造过程中锰对铁的去除效果造成的[38]。

　　20 世纪 80 年代初美国国家实验室和能源部 (DOE) 也提出，锑 (Sb) 在碱性和中性介质中均能有效抑制铝的腐蚀[39-41]，但很少进行详细的实验研究来讨论其对铝负极的影响。最近，Liu 等已经研究了二元 Al-Sb 合金作为铝–空气电池负极的放电性能及其电化学和腐蚀行为[10]。Sb 的添加显著细化了 Al 负极的微观结构，如图 4.4(a) 所示。由于 Sb 在 Al 基体中的固溶度极低 (表 4.2)，少量添加 Sb 也会在晶界周围产生微纳米 AlSb 沉淀，见图 4.4(b)。这种显著的微观结构细化和 AlSb 析出极大地抑制了自腐蚀速率并改善了铝负极的放电性能。如图 4.4(c) 所示，Al-0.06Sb 合金的峰值放电效率高达 98.2%(在 40 mA·cm^{-2} 下)。然而，当 Sb 添加量超过 0.06% 时，性能提升效果变差。这是由于粗大 AlSb 相析出，导致晶界被严重腐蚀，如图 4.4(d) 所示。此外，高温热处理使 Al-Sb 合金的放电性能略有改善[42]。这表明微纳米 AlSb 沉淀相在激活铝负极方面发挥了关键作用，且不会大大加剧自腐蚀。

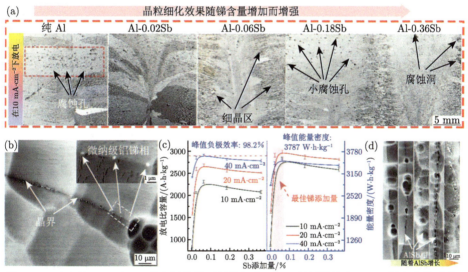

图 4.4　(a) 添加 Sb 对 Al 基负极的微观结构细化；(b) 晶界微纳米 AlSb 析出物的形貌；(c) AlSb 负极的放电性能；(d) AlSb 析出物的影响以 40 mA·cm^{-2} 放电 6 h 后晶界的形态[10]

　　最近有研究报道利用第一性原理计算来预测几种固溶二元铝合金的电化学行为[43]。铝合金系统的计算能量按以下顺序增加：Al < Al-Mn < Al-Mg < Al-Zn < Al-Ga，如图 4.5(a) 所示。它成功地预测了在碱性溶液中测量的绝对开路电势按以下顺序排列：$\Phi_{Al-Ga} > \Phi_{Al-Zn} > \Phi_{Al-Mg} > \Phi_{Al-Mn}$(图 4.5(b))。此外，由于 Al→Al^{3+} 的电荷转移电阻增加，Zn 大大降低了放电电流密度 (图 4.5(c))。合金添加剂 Mn 在碱性溶液中放电时显著提高了其利用率 (图 4.5(d))。

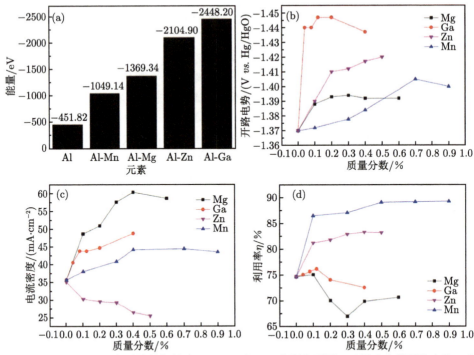

图 4.5　(a) 不同铝合金系统的能量；(b)、(c) 和 (d) 分别为不同二元铝合金的开路电势、电流密度和利用率 [43]

4.2　三元、四元和多组分铝负极

早先研究报道了三元、四元甚至多组分铝合金，以进一步实现高电化学活性并减少铝-空气电池负极的自腐蚀。表 4.4 列出近期文献报道中多元铝合金作为碱性铝-空气电池负极的放电性能。Ga、In 和 Mg 是 20 世纪 70 年代后期的主要研究合金元素。Despić 等已经证明，三元合金 Al-0.01In-0.01Ga 在中性溶液中表现出比 Al-In 合金更大的负电势和优于 Al-Ga 合金的腐蚀稳定性 [27]。Tl 的加入对 Al-In 合金在海水中的电化学行为影响很小 [28]。Ga 含量低于 0.1% 和 Mg 含量低于 1% 的铝合金在碱性电解液中表现出较满意的电化学性能 [44]。Macdonald 等进一步发现 In (0.1%~0.25%)、Ga (0.01%~0.2%) 和 Tl (0.1%~0.01%) 组合是超理想的组合，但在开路条件下 Ga 和 Mg 组合 (Al-0.815Mg-0.67Ga) 大大加速了负极的腐蚀 [19]。在碱性水溶液中，Al-In-Zn 合金电极的腐蚀电势比纯铝电极的腐蚀电势低约 70 mV，因此锌有助于降低铝的阳极极化 [45]。

向 Al-4.5Zn-0.05In 负极添加 0.05%Sn 能够改善其放电性能，这是锡离子的反复吸附和解吸引起的钝化层脱落 [46]。对于 Al-Zn-Ga 和 Al-In-Ga 合金，随着合

表 4.4 近期文献报道中多元铝合金作为碱性铝–空气电池负极的放电性能

负极	电解质	催化剂	温度/℃	电流密度/(mA·cm^{-2})	电压/V	负极效率/%	能量密度/(W·h·kg^{-1})	备注	文献
Al-0.5Mg-0.07Sn	4 M KOH	—	15	30	1.25	92.5	3446		[12]
Al-0.5Mg-0.1Sn				20	1.45	69.8	3013	热处理	
Al-0.5Mg-0.1Sn-0.05In/Bi				20	1.49~1.52	56.4~73.9	2502~3351		[53]
Al-0.5Mg-0.1Sn-0.05Ga	4 M NaOH	C/MnO$_2$	RT	20	1.62~1.70	43.8~47.1	2110~2387	热处理或轧制	[53, 55]
Al-0.5Mg-0.1Sn-0.05Ga-0.05In				20	1.66	52.1	2579	轧制	[55]
Al-0.1Sn-0.08Ca-(0.5Mg)				20	1.52~1.56	83.8~87.9	3795~4081	铸态	[22, 23]
Al-0.15Bi-0.15Pb-0.035Ga	4 M KOH			100	1.24	85.4	3058	轧制	[13]
Al-Mn-Sb				80	1.21	90.0	3236	铸态	[11]
Al-0.6Mg-0.1Sn-0.05Ga-0.1In		—	15	80	1.20	92.0	3292	热处理	[12]
Al-0.5Mg-0.07Sn	5 M KOH	—	60	75	1.45	98	4234	Alcan 专利报道 EB50V®	[52]
Al-0.5Mg-0.1Sn-0.05Ga	4 M NaOH	Ag	RT	120	1.26	86.9	3169	冷轧退火	[15]

金中 Ga 含量的增加,中性溶液中的电势变得更负,报道的电势范围为 Al-Zn-Ga 合金的 −0.97 V 和 −1.27 V,以及 Al-In-Ga 合金的 −1.64 V 和 −1.78 V[47]。

镁在铸态三元 Al-0.1Mg-0.1In 合金中能够形成更细的晶粒结构,其腐蚀电流比二元 Al-0.1In 合金低 43%。这表明镁是一种腐蚀还原剂[2,6]。最近报道了 Mg 含量对碱性铝–空气电池热处理 Al-0.08Sn-0.08Ga 负极放电性能的影响,Al-0.08Sn-0.08Ga-0.5Mg 合金表现出高能量密度 (3169.7 W·h·kg^{-1}) 和高放电效率 ((86.9±0.2)%)[49],这进一步证实了镁是铝负极的有效合金元素。已有研究证实固溶体中 Sn 的存在对于降低 Al-Mg-Sn-Ga 合金的自腐蚀速率是必不可少的[50]。有关合金元素在四元 Al-Mg-In-Ga 合金的电化学和放电性能中的作用的研究报道表明 Mg 是提高放电活性的关键成分,而 In 和 Ga 分别在形成腐蚀坑和破坏表面钝化层中起关键作用[51]。

在电流密度为 600 mA·cm^{-2} 和电势为 1.64 V $vs.$ Hg/HgO 的条件下,一种 BDW 合金 (Al-0.84Mg-0.13Mn-0.11In) 在 60 ℃ 的碱性溶液中获得超过 90% 的放电效率[34]。由 Alcan 生产的 0.07%Sn-0.5%Mg 的 EB50V 合金作为组装铝–空

气电池的负极，在 60 ℃、电流密度为 50 mA·cm^{-2}、4 M NaOH 溶液中，表现出超过 90% 的高放电效率[4,52]。

　　最近，对 4N 纯度等级的 Al、Al-0.1Sn、Al-1Mg 和 Al-1Mg-0.1Sn 负极 (铸态) 的自腐蚀和电池性能测试进行了直接比较，结果表明 Al-Mg-Sn 负极表现出最好的电化学性能和电池放电性能[14]。对铟、镓和铋对 EB50V 负极放电性能的影响研究发现，在 60 ℃ 的 4 M NaOH 溶液中，铟在放电活性和放电效率方面表现出最好的促进效果[53]。镓 (0.05%) 和铟 (0.1%) 的组合可以进一步提高 EB50V 负极的放电性能[12]。In-Ga 改性 EB50V 合金负极的电势比普通 EB50V

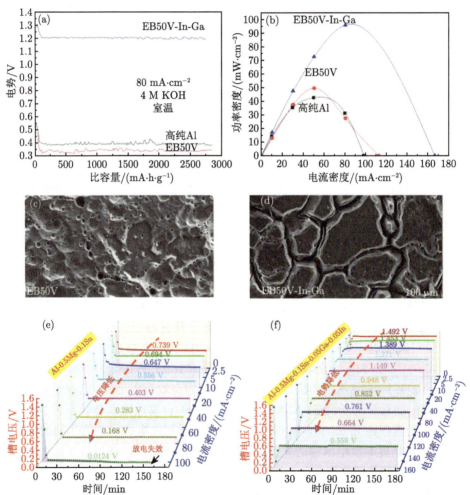

图 4.6　(a) EB50V-In-Ga 负极在室温 4 M KOH 中 80 mA·cm^{-2} 的放电曲线；(b) EB50V-In-Ga 负极的功率密度；(c) 和 (d) EB50V 和 EB50V-In-Ga 负极的放电表面形貌[12]；(e) 和 (f) EB50V-In-Ga 在中性电解质中的放电曲线[48]

合金负极高 3 倍，功率密度高 1 倍，如图 4.6(a) 和 (b) 所示，最大能量密度约为 3502 W·h·kg⁻¹。EB50V 的表面形貌包含一些腐蚀坑 (图 4.6(c))，而 EB50V-In-Ga 合金的表面形貌在晶界周围受到严重腐蚀，如图 4.6(d) 所示。随着镓添加量的增加，Al-Mg-Sn-In-Ga 负极的工作电势向负方向移动[54]。室温下，EB50V-In-Ga 负极在中性电解质中的放电性能也有类似的增强，如图 4.6(e) 所示[48]。由铟和镓 (Al-0.5Mg-0.1Sn-0.05Ga-0.05In) 改性的 EB50V 负极在 2 M NaCl 溶液中表现出比由单一镓 (Al-0.5Mg-0.1Sn-0.05Ga) 改性的负极更高的电化学活性，这归因于富 In 相对铝基体的活化[55]。在 20 mA·cm⁻² 下，向 Al-Mg-Ga-Sn 基负极 (由 99.9%Al 制备) 中添加 1wt%Zn 会使 2 M NaCl 溶液中的电池电压 (1.17 V) 和放电效率 (74.3%) 相较原始合金 (分别为 1.09 V 和 73.5%) 略微提升[56]。

据 Nestoridi 等报道，对于室温下氯化钠介质中的铝镁合金，含有少量锡 (~0.1wt%) 和镓 (~0.05wt%) 的热处理铝镁合金表现出比二元铝镁合金电势更负，这与 Alcan 生产的 AB50V 合金类似[57-59]。中国科学院宁波材料技术与工程研究所 (NIMTE，CAS) 展示了一种高性能 Al-0.15Bi-0.15Pb-0.035Ga 合金负极的铝–空气电池原型，如图 4.7(a) 所示[13]。这种新组合在中性和碱性铝–空气电池

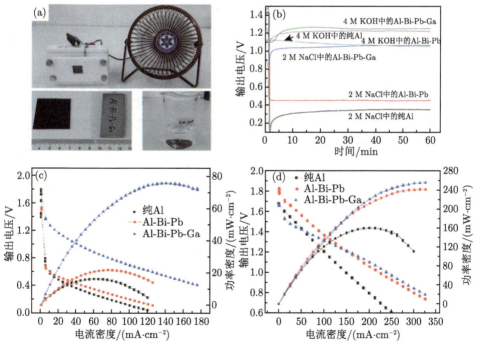

图 4.7　(a) 带有 Al-0.15Bi-0.15Pb-0.035Ga 负极的组装铝–空气电池的照片；(b)、(c) 和 (d) Al-Bi-Pb-Ga 负极的放电性能[13]

中提供了高放电电压和理想的放电效率 (图 4.7(b))。此外，Al-Bi-Pb-Ga 合金可以表现出比 4N 纯度等级 Al 高得多的功率密度，如图 4.7(c) 和 (d) 所示。Al-Bi-Pb-Ga 合金的高性能主要归因于高析氢过电势元素 Bi、Pb 和 Ga 在铝表面的沉积，以及铝基体的偏析相增强的阳极溶解[13]。这种合金在中性和碱性电解质中都是一种很有前途的铝–空气电池负极材料。Moghanni-Bavil-Olyaei 和 Arjomandi 报告了铸态 Al-1Mg-1Zn-0.1Bi-0.02In 负极在 4 M NaOH 和 7 M KOH 溶液中的放电性能，结果表明 Al-1Mg-1Zn-0.1Bi-0.02In 合金比超纯 Al 合金具有更高的工作电压和负极利用率[60]。

4.3　商业铝负极

人们普遍认为，由超纯铝制成的铝负极比商业纯铝具有更好的放电性能[61-63]。鉴于金属铝的最大电能循环效率为 22%[64]，使用商业级铝是保持高循环效率的经济有效的方法之一。研究界也付出了很大的努力来提高具有特定合金元素的商业纯铝的负极性能。由工业纯铝制成的三元合金 Al(T)-0.1%In-0.1%T1，在 $1 \sim 10$ mA·cm^{-2} 的电流密度范围内具有 -900 mV 的电势，并在海水中均匀溶解，但 In 和 Tl 对阳极行为的改性作用远低于 5N 纯度等级 Al，这是这种金属中存在的杂质引起的副作用[28]。基于 99.8%纯铝开发的 Al-In-Ga-Pb 四元合金在 30 ℃ 的 4 M NaOH 电解液中表现出相当低的腐蚀速率 (0.034 mg·cm^{-2}·min^{-1})[65]。El Abedin 等表征了几种铸态二元 Al-4.92Zn、Al-0.77In、Al-5.15Mn 和 Al-5.57Mg 合金负极、商业纯 Al(99.61%，0.1%~0.2%Fe) 以及三元 Al-0.4Ga-0.2In 碱性电池负极[66]，结果表明，与纯铝相比，铸态二元合金表现出更高的腐蚀速率，这可能是因为大量的合金添加导致合金元素以第二相颗粒的形式存在。在低合金化添加水平 (0.5wt%) 的情况下，与商业纯铝相比，包括 Al-Fe、Al-In、Al-Mg 和 Al-Mn 在内的铸态二元铝合金表现出轻微的抑制自腐蚀率[67]。

Smoljko 等开发的三元 Al-0.1%In-0.2%Sn 合金在 NaCl 溶液中的半电池测试中，使用商业纯度的 Al (99.8%) 表现出更高的活化度，但放电效率低于二元 Al-In 合金[68,69]。这可能表明商业纯铝的活化和放电效率之间存在差距。有人尝试将 Al-Mg-Sn 基负极与少量硅 (0.1wt%) 合金化，发现其在自腐蚀性和负极利用率方面略有改善[70]，但所研究的 Si 改性合金的负极利用率在 4 M NaOH 溶液中的含量低于 30%。类似地，在中性电解质中，添加镓和铅导致 EB50V 合金 (Al-Mg-Sn 基) 的显著活化，但上述合金的放电效率非常低，可能是由于存在 Fe 和 Si(总共 >0.1wt%) 等杂质[71]。Mn 改性 AB50V 合金 (Al-0.5%Mg-0.02%Ga-0.1%Sn-0.5Mn) 在 2 M NaCl 溶液中表现出更高的放电电压、更低的自腐蚀率和更高的放电效率[72]。由于 Mn 改性 AB50V 合金是使用商业纯金属制备的，负极性能的增强可能归因于通过添加 Mn 去除杂质 (如 Fe)[38]。最近，由商业纯铝制成的铸态 AB50V 负极的放电效率通过添加金属氧化物纳米颗粒 (ZrO_2，40 nm) 而得到提高，这被认为是抑制了在中性介质中阳极溶解过程中非库仑损失的有效位点 [73,74]。

根据碱性霍尔电池测试，由商业纯度 Al(2N) 制成的四元 Al-4Zn-0.025In-0.1Bi 合金在碱性电解质中表现出理想的电化学和放电性能 (低腐蚀率、高负电势和高放电效率)[75]。Paramasivam 等研究了不同等级的商业纯铝在 0.01 M NaOH 溶液中的腐蚀速率，发现 4% 锌和 0.025% 铟可以降低商业 Al-0.8Mn-0.8Mg 和 Al-2.0Mn-0.3Mg 三元合金的自腐蚀率 [76]。Al-0.9Mg-1Zn-0.05Bi-0.02In-0.1Mn 由商业纯铝制备，旨在通过 Mn 的杂质去除作用提供低成本的铝负极[77]。添加 3wt% Pb 可以提高由商业纯铝制成的用于碱性铝–空气电池的铸态 Al-0.1In-0.1Sn-0.1Ga 合金的放电效率 [78]。

商业合金也被考虑和评估用于铝–空气电池的负极材料。Andrey 等比较了俄罗斯生产的一些铝合金 (Al-Mg 和 Al-Cu 基) 的比能量特性 [61]。中国铝业生产的工业商用 1050、2011、3003、4032、5052、6061、7050 和 8011 铝合金也被用于测试在 4 M NaOH 和 4 M KOH 电解液中的电化学性能 [80]。8011 铝合金 ((0.5~0.9)Si、(0.6~1.16)Fe、0.1Cu、0.2Mn、0.1Zn 和 0.05Mg) 的腐蚀速率远低于其他商业合金，但仍不如超纯铝负极。

商业铝合金 Al2024 和 Al7475 的电化学特性和负极性能在带有或不带有纯铝包层的情况下被评估为具有凝胶碱性电解质的铝–空气电池中的负极 (图 4.8(a))[79,81]。结果表明，Al7475 合金比 Al2024 合金表现出更好的放电电压和比容量 (图 4.8(b))，并且在用作铝–空气凝胶电池的负极时比容量达到 426 mA·h·g^{-1}(图 4.8(c))。无包层的 Al7475 合金的性能证明，在铝–空气电池中使用低纯度商用铝合金与纯铝 (Al7C) 相当，从而显著降低了电池和设施的成本和材料供应。

通过电化学测量、恒电流阳极溶解实验和表面表征，热处理后的 Al-6013-T6 和 Al-7075-T7351 合金也适用于铝–空气碱性电池的负极材料 [82]。Al-7075-T7351 合金在电流密度为 50 mA·cm^{-2} 时，表现出 2777 mA·h·g^{-1} 的高放电比容量，合金元素在电池放电过程中改变了表面特性，有利于电池性能提高 [82]。也有使用 6063 铝合金作为铝–空气电池负极，并报告了几种基本运行情况和数据 [83]。有人用钙对商业纯 1070 铝进行了简单的改性，但放电效率几乎没有提高 [84]。

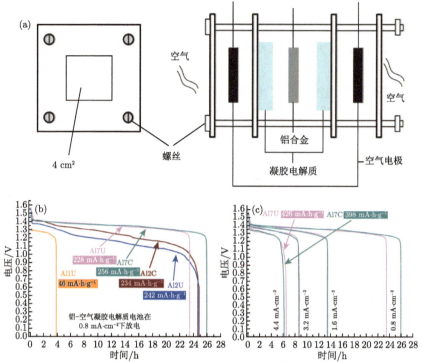

图 4.8　(a) 带有凝胶碱性电解质的组装铝–空气电池示意图[79]；(b) 商业合金负极在凝胶碱性电解质中于 0.8 mA·cm^{-2} 下的放电曲线；(c) Al7C 和 Al7U 合金在 0.8 ∼ 4.4 mA·cm^{-2} 的恒定电流密度下的放电曲线

4.4　铝负极材料加工制备

　　优化选择合适的合金元素和浓度以提高铝负极放电性能的主要依据是基于合金化学的自腐蚀 (析氢) 的有效活化和抑制。目前，从负极组织结构角度，仅强调了少数微观结构调控，例如，通过高温固溶处理避免以沉淀形式存在的合金元素。近年来，人们逐渐认识到，铝负极的性能很大程度上也取决于材料加工过程中的微观结构演变 (晶粒尺寸、晶体缺陷、织构、沉淀物等)。研究界开始在负极制造过程中通过合金添加、凝固、固溶处理、塑性变形、退火和其他特定过程将负极性能与改性微观结构联系起来。本节将着重强调微观结构演变与负极性能之间的联系以及改进机制。表 4.5 列出了近期文献报道中不同加工工艺制备铝作为碱性铝–空气电池负极的放电性能。

　　初步研究表明，与纯铝相比，冷加工使 Al-Bi 和 Al-Te 合金的腐蚀/析氢行为略有改善[19]。研究还表明，通过直接水冷半连续铸造制成 150 磅①铸锭的 Al-In-

---

① 1 lb(磅)=0.4535 kg。

Mn-Mg 合金的电化学性能与热机械加工工艺密切相关[37]。Al-0.1Ga-0.1Sn-0.5Bi 合金[85] 和 Al-0.5Mg-0.1Sn-0.05Ga-0.05In 合金[86] 的剧烈冷轧变形也能略微提高负极效率。热处理 AB50V 的电子背散射表征 (EBSD) 研究证实,晶粒结构与腐蚀稳定性之间存在相关性[57]。高温热处理导致 AB50V 负极晶粒显著长大 (图 4.9),其耐腐蚀性能随着晶粒尺寸的增大而降低[58]。细晶二元 Al-0.45In 合金具有更正的开路电势和更低的阳极极限电流值 (200 mA·cm^{-2} *vs.* 300 mA·cm^{-2})[87]。

表 4.5　近期文献报道中不同加工工艺制备铝作为碱性铝–空气电池负极的放电性能

负极	电解质	电流密度/(mA·cm^{-2})	电压/V	负极效率/%	能量密度/(W·h·kg^{-1})	备注	文献
5N Al		10	1.39	54.7	2267	铸态	[92]
			1.53	77.4	3525		
纯 Al, 99.6% Al-1.7Mg-1.8Ca	4 M NaOH	100	0.46	34.0	466	铝板	[93]
			0.79	66.5	1567	泡沫态	
Al-0.5Mg-0.1Sn-0.05Ga		40	1.53	72.2	3320	模铸 + 轧制	[94]
			1.48	84.9	3744	定向凝固 + 轧制	
Al-0.02Sb		20	1.38	87.5	3585	铸态	[42]
			1.37	92.6	3776	热处理 550 ℃×3 h	
5N Al	4 M KOH	10	1.47	32.9	1364	铸态	[91]
			1.58	51.2	2057	轧制	
Al-0.06Sb			1.53	65.5	1953	铸态	
			1.59	70.6	2013	轧制	
Al-0.2Mg-0.2Ga-0.4In-0.15Sn		20	～1.48	44.4	1960	铸态	[95]
			1.62	65.9	3180	热处理 550 ℃× 12 h	
4N Al	4 M KOH+ 乙醇	0.7	—	7.9	—	商纯铝粉	[96]
			1.35	15.4	—	气相沉积	
Al-0.5Mg-0.1Sn-0.02Ga-0.1Si	2 M NaCl	10	1.34	86.0	3434	熔纺	[97]
	4 M NaOH		1.73	6.0	309		
Al7075	1 M NaOH		1.0	83.1		表面沉积铜	[98]

进一步的研究报告称,在室温下通过 7 道次等通道角压制 (ECAP) 获得的超细晶粒 (UFG) 结构大大提高了超纯铝负极的放电效率,这是由于超细晶粒结构区晶界数密度远远高于铸态超纯铝粗晶粒区域 (图 4.10(a) 和 (b))[88,89]。超细晶粒

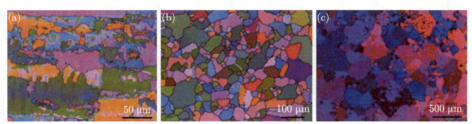

图 4.9　AB50V 晶粒 (a) 取向图；(b) 在 573 K 下热处理 2 h 并淬火；(c) 在 873 K 下热
处理 2 h 并淬火 [57]

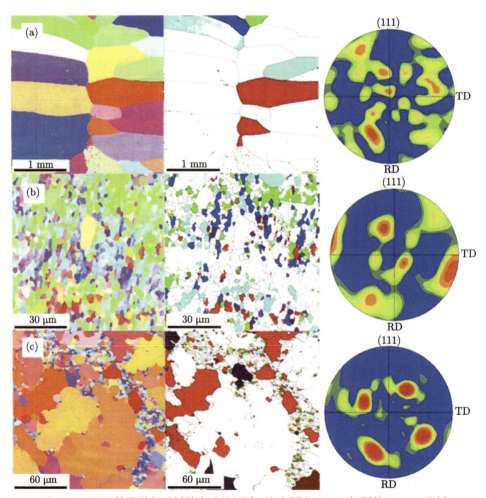

图 4.10　不同等通道角压制道次后晶界图、取向图和 (111) 极图的 EBSD 分析
(a) 铸造；(b) 7 道次；(c) 9 道次 [88]

结构通过提高电子活性和扩散来提高表面的反应性[90]。然而，过多道次的等通道角压制工艺给铝负极带来了显著的晶粒粗化 (组织回复)(图 4.10(c))，这反过来又降低了激活有效晶界的数量密度。

最近有报道称，冷轧为超纯铝带来了高密度的充满位错的亚晶结构 (图 4.11(g))[91]，使其在电流密度为 40 mA·cm^{-2} 下分别表现出 1.240 V 和 2646 A·h·kg^{-1} 的高放电电压和比容量。在相同冷轧压下量下，Al-Sb 合金发生了动态再结晶 (DRX)，如图 4.11(m) 所示。这可能是由微纳米 AlSb 沉淀相的促进作用导致的。但冷轧后 Al-Sb 合金的负极性能仅仅略有提升。这表明微纳米 AlSb 沉淀相在改善 Al-Sb 负极的能量转换方面起着关键作用。

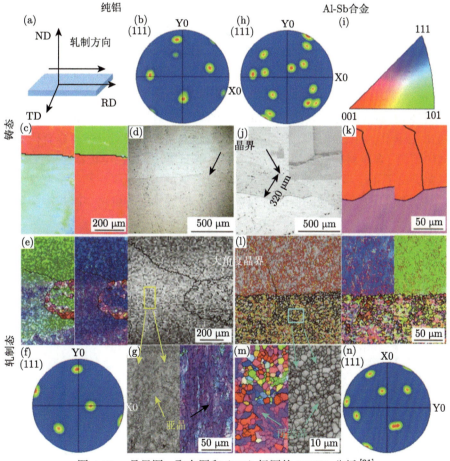

图 4.11 晶界图、取向图和 (111) 极图的 EBSD 分析[91]

(a) 样品观察示意图；(b)、(c) 和 (d) 铸态纯铝中的巨大柱状晶粒；(e)、(f) 和 (g) 轧制纯 Al 中的亚晶；(h)、(j) 和 (k) 铸态 Al-Sb 合金；(l)、(m) 和 (n) 轧态 Al 中的再结晶-Sb 合金；(i) 反极图

有报道表明，铝负极的电化学性能与晶体取向密切相关[92]。(001) 晶面在碱性电解质中具有优异的耐腐蚀性，而 (110) 晶面更易于腐蚀。Al(001) 单晶显示出更高的放电效率和容量密度。因此，控制铝负极的晶体取向是提高碱性铝–空气电池性能的另一种方法。另外，铝负极的类似晶粒细化也可以通过添加有效的晶粒细化剂或合金元素来实现。Sb 的增加水平可以将超纯铝的晶粒结构从柱状晶粒转变为等轴晶，并带来显著的晶粒细化，这也应该是提高负极性能的原因之一[10]。

Al-0.2Mg-0.2Ga-0.4In-0.15Sn 合金作为负极的铝–空气碱性电池的电压和能量密度可以通过特定的热处理制度 (550 ℃，12 h，然后水淬) 大大提高[88]。由商业纯铝锭制备的高温退火 Al-0.65Mg-0.15Sn-0.05Ga 合金 (与 AB50V 相似的成分) 在中性电解质中放电期间表现出比铸态负极更活跃的行为和更高的放电效率[99]。

特殊的凝固加工技术也常用于制造铝负极。单辊熔纺可制备快速凝固成形的 Al-0.5Mg-0.1Sn-0.02In-(0.02Ga)-0.1Si 合金负极，其具有高电池电压 (1.34 V) 和放电效率 (86%)[97]。结合轧制压下和退火，定向凝固技术有助于制备比普通凝固制备的具有更高放电效率和能量密度的 EB50V 合金[94]。

图 4.12 显示铝合金表面碳层沉积碳的处理示意图，以提高商业 Al1085 和 Al7475 合金作为中性电解质的铝–空气一次电池负极的性能[100]。亦有研究评估不同的碳源 (含碳材料、炭黑、石墨烯和热解石墨) 作为铝电极涂层的保护效果，并以此提出了 4 个串联电池的最终电池设计，其放电电压平台和能量密度分别为 2 V 和 1 W·h·g^{-1}。一项类似的研究报告称，通过化学和电化学沉积涂覆金属铜

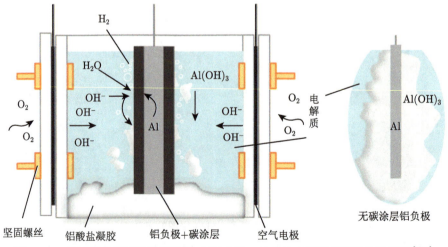

图 4.12　经过和未经过碳处理的铝–空气中性 pH 电池中铝酸盐积累的示意图[100]

的 Al-0.5Mg 和 Al7075 合金表现出更高的活性和放电效率, 原因是铜有效促进了铝的阳极溶解, 并通过形成保护铝免受腐蚀反应。有研究发现一种特殊的包覆工艺 (也称为 Alclad, Alcoa 公司的商标), 在芯材表面形成具有冶金结合强度的纯铝薄层 (厚度为几微米)[98], 能够额外地防腐蚀保护低电流放电 [79,101]。Lee 等通过对纯铝箔负极使用微喷砂工艺 (使用 10 μm 金属氧化物珠轰击铝表面), 将电解液循环的铝–空气电池的能量密度提高了 6.5 倍, 这是由于微喷砂工艺增加了表面积和提高了反应性 [102]。

利用激光烧结和打印技术, 使用含有 6wt%Sn 的 Al 纳米颗粒浆料在 160 μm 厚的 Al 薄膜上进行 3D 打印 Al 负极, 并用打印负极、空气电极和碱性凝胶电解质组装铝–空气电池 (图 4.13(a) 和 (b))[103]。3D 激光烧结显著提高了电池性能。如图 4.13(c) 所示, 电池工作电压可达 0.95 V, 其放电比容量为 239 mA·h·g^{-1}。此外, 增加负极厚度以提高电池容量, 激光烧结打印 1 层、2 层和 3 层, 电极的厚度分别为 360 μm、560 μm、680 μm。不同层数的电池容量分别达到 1.5 mA·h、2.8 mA·h 和 3.23 mA·h(图 4.13(d))。将增材制造技术和激光烧结技术相结合, 为实现大批量电池电极材料制造提供了可能, 从而可以提高电池性能。

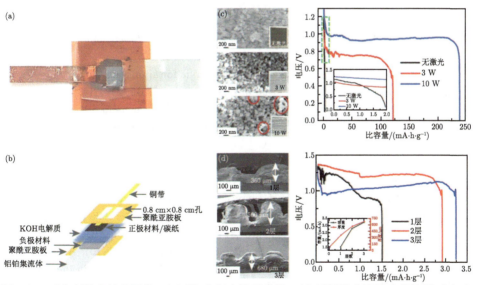

图 4.13　(a) 封装电池的图像；(b) 铝–空气电池示意图；(c) 不同激光烧结功率的铝–空气电池的第一次循环放电比容量。插图：虚线框表示 0~2 mA·h·g^{-1} 范围的放大图；(d) 3D 打印负极的放电比容量以及负极厚度与容量之间的关系 [103]

具有大比表面积的商用 3D 泡沫铝合金表现出优于普通商用纯铝板的性能。当其用作碱性 NaOH 铝–空气电池的负极, 放电电流密度为 100 mA·cm^{-2} 时, 3D

泡沫铝合金峰值功率密度和比容量分别可达 80.6 mW·cm^{-2} 和 1983 mA·h·g^{-1}，而普通商业纯铝仅有 51.2 mW·cm^{-2} 和 1012 mA·h·g^{-1} [93]。因此，具有大比表面积的商用 3D 泡沫铝负极有望成为铝–空气电池有前途的负极材料。

最近，由悬浮在碳纳米管和羧甲基纤维素钠 (carboxymethyl cellulose，CMC) 复合溶液中的纯铝颗粒 (200~400 目，99.9%) 组成的铝墨水可用于打印铝–空气电池，当使用盐水作为电解质时，铝–空气电池电压为 1 V，峰值功率密度为 6.6 mW·cm^{-2}，最大电流密度为 40 mA·cm^{-2} [104]。使用该墨水制备铝–空气电池可为各类一次性柔性电子产品供电。

参 考 文 献

[1]   Mazhar A A, Arab S, Noor E. Electrochemical behaviour of Al-Si alloys in acid and alkaline media. Bulletin of Electrochemistry, 2001, 17: 449-458.

[2]   Mcphail D J. The Anodic Behaviour of Aluminium Alloys in Alkaline Solutions. Christchurch, New Zealand: University of Canterbury, 1993.

[3]   Rosilda L G S, Ganesan M, Kulandainathan M A, et al. Influence of inhibitors on corrosion and anodic behaviour of different grades of aluminium in alkaline media. Journal of Power Sources, 1994, 50(3): 321-329.

[4]   Doche M L, Novel-Cattin F, Durand R, et al. Characterization of different grades of aluminum anodes for aluminum/air batteries. Journal of Power Sources, 1997, 65(1): 197-205.

[5]   Cho Y-J, Park I-J, Lee H-J, et al. Aluminum anode for aluminum-air battery—Part I: influence of aluminum purity. Journal of Power Sources, 2015, 277: 370-378.

[6]   Egan D R, Ponce De León C, Wood R J K, et al. Developments in electrode materials and electrolytes for aluminiumair batteries. Journal of Power Sources, 2013, 236: 293-310.

[7]   Sun Z, Lu H. Performance of Al-0.5In as anode for Al-air battery in inhibited alkaline solutions. Journal of the Electrochemical Society, 2015, 162(8): A1617-A1623.

[8]   Xiong H, Wang Z, Yu H, et al. Performances of Al-xLi alloy anodes for Al-air batteries in alkaline electrolyte. Journal of Alloys and Compounds, 2022, 889: 161677.

[9]   Sun Z, Lu H, Fan L, et al. Performance of Al-air batteries based on AlGa, AlIn and AlSn alloy electrodes. Journal of the Electrochemical Society, 2015, 162(10): A2116-A2122.

[10] Liu X, Zhang P, Xue J. The role of micro-naoscale AlSb precipitates in improving the discharge performance of Al-Sb alloy anodes for Al-air batteries. Journal of Power Sources, 2019, 425: 186-194.

[11] Liu X, Zhang P, Xue J, et al. High energy efficiency of Al-based anodes for Al-air battery by simultaneous addition of Mn and Sb. Chemical Engineering Journal, 2021, 417: 128006.

[12] Fan L, Lu H, Leng J, et al. Performance of Al-0.6Mg-0.05Ga-0.1Sn-0.1In as anode for Al-air battery in KOH electrolytes. Journal of the Electrochemical Society, 2015,

162(14): A2623-A2627.

[13] Wang Q, Miao H, Xue Y, et al. Performances of an Al-0.15Bi-0.15Pb-0.035Ga alloy as an anode for Al-air batteries in neutral and alkaline electrolytes. RSC Advances, 2017, 7(42): 25838-25847.

[14] Ren J, Ma J, Zhang J, et al. Electrochemical performance of pure Al, AlSn, AlMg and AlMgSn anodes for Al-air batteries. Journal of Alloys and Compounds, 2019, 808: 151708.

[15] Zhou S, Tian C, Alzoabi S, et al. Performance of an Al-0.08Sn-0.08Ga-xMg alloy as an anode for Al-air batteries in alkaline electrolytes. Journal of Materials Science, 2020, 55: 11477-11488.

[16] Liakishev N. Phase Diagrams of Binary Metal Systems. Moscow: Mechanical Engineering, 1996.

[17] Tuck C D S, Hunter J A, Scamans G M. The electrochemical behavior of Al-Ga alloys in alkaline and neutral electrolytes. Journal of the Electrochemical Society, 1987, 134(12): 2970-2981.

[18] Hunter J A. The Anodic Behaviour of Aluminium Alloys in Alkaline Electrolytes. Oxford: University of Oxford, 1989.

[19] Macdonald D D, Lee K H, Moccari A, et al. Evaluation of alloy anodes for aluminum-air batteries: corrosion studies. Corrosion Science, 1988, 44(9): 652-657.

[20] Macdonald D D, Real S, Urquidi-Macdonald M. Evaluation of alloy anodes for aluminum-air batteries: III. Mechanisms of activation, passivation, and hydrogen evolution. Journal of the Electrochemical Society, 1988, 135(10): 2397-2409.

[21] Real S, Urquidi-Macdonald M, Macdonald D D. Evaluation of alloy anodes for aluminum-air batteries: II. Delineation of anodic and cathodic partial reactions. Journal of the Electrochemical Society, 1988, 135(7): 1633-1636.

[22] Wu Z, Zhang H, Tang S, et al. Effect of calcium on the electrochemical behaviors and discharge performance of AlSn alloy as anodes for Al-air batteries. Electrochimica Acta, 2021, 370: 137833.

[23] Wu Z, Zhang H, Zheng Y, et al. Electrochemical behaviors and discharge properties of Al-Mg-Sn-Ca alloys as anodes for Al-air batteries. Journal of Power Sources, 2021, 493: 229724.

[24] Lee H, Listyawan T A, Park N, et al. Effect of Zn addition on electrochemical performance of Al-air battery. International Journal of Precision Engineering and Manufacturing-Green Technology, 2020, 7(2): 505-509.

[25] Aslanbas Ö, Durmus Y E, Tempel H, et al. Electrochemical analysis and mixed potentials theory of ionic liquid based metalair batteries with Al/Si alloy anodes. Electrochimica Acta, 2018, 276: 399-411.

[26] Wilhelmsen W, Arnesen T, Hasvold Ø, et al. The electrochemical behaviour of Al-In alloys in alkaline electrolytes. Electrochimica Acta, 1991, 36(1): 79-85.

[27] Despić A R, Dražić D M, Purenović M M, et al. Electrochemical properties of aluminium

alloys containing indium, gallium and thallium. Journal of Applied Electrochemistry, 1976, 6(6): 527-542.

[28] Mance A, Cerović D, Mihajlović A. The effect of small additions of indium and thallium on the corrosion behaviour of aluminium in sea water. Journal of Applied Electrochemistry, 1984, 14(4): 459-466.

[29] Gudić S, Radošević J, Smoljko I, et al. Cathodic breakdown of anodic oxide film on Al and AlSn alloys in NaCl solution. Electrochimica Acta, 2005, 50(28): 5624-5632.

[30] Meng X, Wang Y, Zhang L, et al. Investigations on the potential fluctuation of Al-Sn alloys during galvanostatic discharge process in alkaline solution. Journal of the Electrochemical Society, 2018, 165(7): A1492-A1502.

[31] Kliškić M, Radošević J, Gudić S. Yield of hydrogen during cathodic polarisation of AlSn alloys. Electrochimica Acta, 2003, 48(28): 4167-4174.

[32] Lee K-K, Kim K-B. Electrochemical impedance characteristics of pure Al and AlSn alloys in NaOH solution. Corrosion Science, 2001, 43(3): 561-575.

[33] Gundersen J T B, Aytaç A, Nordlien J H, et al. Effect of heat treatment on electrochemical behaviour of binary aluminium model alloys. Corrosion Science, 2004, 46(3): 697-714.

[34] Jeffrey P W, Halliop W, Smith F N. Aluminium anode alloy. U. S. Patent, 4751086, 1988-6-14.

[35] Gao J, Li Y, Yan Z, et al. Effects of solid-solute magnesium and stannate ion on the electrochemical characteristics of a high-performance aluminum anode/electrolyte system. Journal of Power Sources, 2019, 412: 63-70.

[36] Gao J, Fan H, Wang E, et al. Exploring the effect of magnesium content on the electrochemical performance of aluminum anodes in alkaline batteries. Electrochimica Acta, 2020, 353: 136497.

[37] Rudd E J, Gibbons D W. High energy density aluminum/oxygen cell. Journal of Power Sources, 1994, 47(3): 329-340.

[38] Liu X, Yin S Q, Zhang Z Q, et al. Effect of limestone ores on grain refinement of as-cast commercial AZ31 magnesium alloys. Transactions of Nonferrous Metals Society of China, 2018, 28(6): 1103-1113.

[39] Cooper J F, Homsy R V, Landrum J H. The aluminum-air battery for electric vehicle propulsion. Proceedings of the Fifteenth Intersociety Energy Conversion Engineering Conference, 1980: 1487-1495.

[40] Salisbury J D, Behrin E, Kong M K, et al. Comparative Analysis of Aluminum-Air Battery Propulsion Systems for Passenger Vehicles. Livermore: Lawrence Livermore National Laboratory, 1980.

[41] Mcminn C J, Branscomb J A. Production of Anodies for Aluminum-Air Power Cells Directly from Hall Cell Metal. Livermore: Lawrence Livermore National Laboratory, 1981.

[42] Zhang P J, Liu X, Xue J L, et al. Evaluating the discharge performance of heat-treated

Al-Sb alloys for Al-air batteries. Journal of Materials Engineering and Performance, 2019, 28(9): 5476-5484.

[43] Yi Y, Huo J, Wang W. Electrochemical properties of Albased solid solutions alloyed by element Mg, Ga, Zn and Mn under the guide of first principles. Fuel Cells, 2017, 17(5): 723-729.

[44] Fitzpatrick N P, Smith F N, Jeffrey P W. The Aluminum-Air Battery. SAE Technical Paper 830290, 1983, https://doi.org/10.4271/830290.

[45] Tang Y, Lu L, Roesky H W, et al. The effect of zinc on the aluminum anode of the aluminumair battery. Journal of Power Sources, 2004, 138(12): 313-318.

[46] Wu Z, Zhang H, Yang D, et al. Electrochemical behaviour and discharge characteristics of an AlZnInSn anode for Al-air batteries in an alkaline electrolyte. Journal of Alloys and Compounds, 2020, 837: 155599.

[47] Flamini D O, Saidman S B. Electrochemical behaviour of Al-Zn-Ga and Al-In-Ga alloys in chloride media. Materials Chemistry and Physics, 2012, 136(1): 103-111.

[48] Wu Z, Zhang H, Qin K, et al. The role of gallium and indium in improving the electrochemical characteristics of Al-Mg-Sn-based alloy for Al-air battery anodes in 2 M NaCl solution. Journal of Materials Science, 2020, 55(25): 11545-11560.

[49] Zhou S, Tian C, Alzoabi S, et al. Performance of an Al-0.08Sn-0.08Ga-xMg alloy as an anode for Al-air batteries in alkaline electrolytes. Journal of Materials Science, 2020, 55: 11477-11488.

[50] Srinivas M, Adapaka S K, Neelakantan L. Solubility effects of Sn and Ga on the microstructure and corrosion behavior of Al-Mg-Sn-Ga alloy anodes. Journal of Alloys and Compounds, 2016, 683: 647-653.

[51] Li L, Liu H, Yan Y, et al. Effects of alloying elements on the electrochemical behaviors of Al-Mg-Ga-In based anode alloys. International Journal of Hydrogen Energy, 2019, 44(23): 12073-12084.

[52] Hunter J A, Scamans G M, O'callaghan W B, et al. Aluminium batteries. U. S. Patent, 4942100, 1990-7-17.

[53] Wu Z, Zhang H, Guo C, et al. Effects of indium, gallium, or bismuth additions on the discharge behavior of Al-Mg-Sn-based alloy for Al-air battery anodes in NaOH electrolytes. Journal of Solid State Electrochemistry, 2019, 23(8): 2483-2491.

[54] Yu K, Yang S H, Xiong H Q, et al. Effects of gallium on electrochemical discharge behavior of AlMgSnIn alloy anode for air cell or water-activated cell. Transactions of Nonferrous Metals Society of China, 2015, 25(11): 3747-3752.

[55] Xiong H, Yin X, Yan Y, et al. Corrosion and discharge behaviors of Al-Mg-Sn-Ga-In in different solutions. Journal of Materials Engineering and Performance, 2016, 25(8): 3456-3464.

[56] Ma J, Wen J, Gao J, et al. Performance of Al-1Mg-1Zn-0.1Ga-0.1Sn as anode for Al-air battery. Electrochimica Acta, 2014, 129: 69-75.

[57] Nestoridi M, Pletcher D, Wood R J K, et al. The study of aluminium anodes for high

power density Al/air batteries with brine electrolytes. Journal of Power Sources, 2008, 178(1): 445-455.

[58] Nestoridi M. The study of aluminium anodes for high power density Al-air batteries with brine electrolytes. Southampton: University of Southampton, 2009.

[59] Nestoridi M, Pletcher D, Wharton J A, et al. Further studies of the anodic dissolution in sodium chloride electrolyte of aluminium alloys containing tin and gallium. Journal of Power Sources, 2009, 193(2): 895-898.

[60] Moghanni-Bavil-Olyaei H, Arjomandi J. Performance of Al-1Mg-1Zn-0.1Bi-0.02In as anode for the Al-AgO battery. RSC Advances, 2015, 5(111): 91273-91279.

[61] Zhuk A Z, Sheindlin A E, Kleymenov B V, et al. Use of low-cost aluminum in electric energy production. Journal of Power Sources, 2006, 157(2): 921-926.

[62] Dow E G, Bessette R R, Seeback G L, et al. Enhanced electrochemical performance in the development of the aluminum/hydrogen peroxide semi-fuel cell. Journal of Power Sources, 1997, 65(1): 207-212.

[63] Sarancapani K B, Balaramachandran V, Kapali V, et al. Aluminium batteries. Bulletin of Eleclrochernistry, 1985, 1(3): 231-234.

[64] Shkolnikov E I, Zhuk A Z, Vlaskin M S. Aluminum as energy carrier: feasibility analysis and current technologies overview. Renewable and Sustainable Energy Reviews, 2011, 15(9): 4611-4623.

[65] Patnaik R S M, Ganesh S, Ashok G, et al. Heat management in aluminium/air batteries: sources of heat. Journal of Power Sources, 1994, 50(3): 331-342.

[66] El Abedin S Z, Saleh A O. Characterization of some aluminium alloys for application as anodes in alkaline batteries. Journal of Applied Electrochemistry, 2004, 34(3): 331-335.

[67] Choi Y I, Kalubarme R S, Jang H J, et al. Effect of alloying elements on the electrochemical characteristics of an Al alloy electrode for Al-air batteries in 4 M NaOH solution. Journal of the Korean Institute of Metals Materials, 2011, 49(11): 839-844.

[68] Smoljko I, Gudić S, Kuzmanić N, et al. Electrochemical properties of aluminium anodes for Al/air batteries with aqueous sodium chloride electrolyte. Journal of Applied Electrochemistry, 2012, 42(11): 969-977.

[69] Gudić S, Smoljko I, Kliškić M. Electrochemical behaviour of aluminium alloys containing indium and tin in NaCl solution. Materials Chemistry and Physics, 2010, 121(3): 561-566.

[70] Ma J, Wen J, Ren F, et al. Electrochemical performance of Al-Mg-Sn based alloys as anode for Al-air battery. Journal of the Electrochemical Society, 2016, 163(8): A1759-A1764.

[71] Moghanni-Bavil-Olyaei H, Arjomandi J, Hosseini M. Effects of gallium and lead on the electrochemical behavior of Al-Mg-Sn-Ga-Pb as anode of high rate discharge battery. Journal of Alloys and Compounds, 2017, 695: 2637-2644.

[72] Ma J, Wen J, Gao J, et al. Performance of Al-0.5Mg-0.02Ga-0.1Sn-0.5Mn as anode for Al-air battery in NaCl solutions. Journal of Power Sources, 2014, 253: 419-423.

[73] Sovizi M R, Afshari M. Effect of nano zirconia on electrochemical performance, corrosion behavior and microstructure of Al-Mg-Sn-Ga anode for aluminum batteries. Journal of Alloys and Compounds, 2019, 792: 1088-1094.

[74] Afshari M, Abbasi R, Sovizi M R. Evaluation of nanometer-sized zirconium oxide incorporated AlMgGaSn alloy as anode for alkaline aluminum batteries. Transactions of Nonferrous Metals Society of China, 2020, 30(1): 90-98.

[75] Sheik Mideen A, Ganesan M, Anbukulandainathan M, et al. Development of new alloys of commercial aluminium (2s) with zinc, indium, tin, and bismuth as anodes for alkaline batteries. Journal of Power Sources, 1989, 27(3): 235-244.

[76] Paramasivam M, Iyer S V. Influence of alloying additives on corrosion and hydrogen permeation through commercial aluminium in alkaline solution. Journal of Applied Electrochemistry, 2001, 31(1): 115-119.

[77] Moghanni-Bavil-Olyaei H, Arjomandi J. Enhanced electrochemical performance of Al-0.9Mg-1Zn-0.1Mn-0.05Bi-0.02In fabricated from commercially pure aluminum for use as the anode of alkaline batteries. RSC Advances, 2016, 6(33): 28055-28062.

[78] Qiong Y, Jing Z, Lan M, et al. Performance of Al-0.1In-0.1Ga-0.1Sn-3.0Pb as anode for Al-air battery in KOH solutions. IOP Conference Series: Earth and Environmental Science, 2017, 81: 012005.

[79] Pino M, Chacón J, Fatás E, et al. Performance of commercial aluminium alloys as anodes in gelled electrolyte aluminium-air batteries. Journal of Power Sources, 2015, 299: 195-201.

[80] Fan L, Lu H, Leng J, et al. The study of industrial aluminum alloy as anodes for aluminum-air batteries in alkaline electrolytes. Journal of the Electrochemical Society, 2016, 163(2): A8-A12.

[81] Pino M, Cuadrado C, Chacón J, et al. The electrochemical characteristics of commercial aluminium alloy electrodes for Al/air batteries. Journal of Applied Electrochemistry, 2014, 44(12): 1371-1380.

[82] Mutlu R N, Ates S, Yazici B. Al-6013-T6 and Al-7075-T7351 alloy anodes for aluminium-air battery. International Journal of Hydrogen Energy, 2017, 42(36): 23315-23325.

[83] Katsoufis P, Mylona V, Politis C, et al. Study of some basic operation conditions of an Al-air battery using technical grade commercial aluminum. Journal of Power Sources, 2020, 450: 227624.

[84] Xu T, Hu Z, Yao C. The effects of Ca addition on corrosion and discharge performance of commercial pure aluminum alloy 1070 as anode for aluminum-air battery. International Journal of Electrochemical Science, 2019, 14: 2606-2620.

[85] He J G, Wen J B, Li X D. Effects of cold-rolled deformation on the electrochemical performance of Al anode materials. Advanced Materials Research, 2011, 287-290: 2522-2525.

[86] Yin X, Yu K, Zhang T, et al. Influence of rolling processing on discharge performance of Al-0.5Mg-0.1Sn-0.05Ga-0.05In alloy as anode for Al-air battery. International Journal

of Electrochemical Science, 2017, 12: 4150-4163.

[87] Ilyukhina A V, Zhuk A Z, Kleymenov B V, et al. The influence of temperature and composition on the operation of Al anodes for aluminum-air batteries. Fuel Cells, 2016, 16(3): 384-394.

[88] Fan L, Lu H. The effect of grain size on aluminum anodes for Al-air batteries in alkaline electrolytes. Journal of Power Sources, 2015, 284: 409-415.

[89] Fan L, Lu H, Leng J. Performance of fine structured aluminum anodes in neutral and alkaline electrolytes for Al-air batteries. Electrochimica Acta, 2015, 165: 22-28.

[90] Ralston K D, Birbilis N. Effect of grain size on corrosion: a review. Corrosion, 2010, 66(7): 075005-075005-13.

[91] Zhang P, Liu X, Xue J, et al. The role of microstructural evolution in improving energy conversion of Al-based anodes for metal-air batteries. Journal of Power Sources, 2020, 451: 227806.

[92] Fan L, Lu H, Leng J, et al. The effect of crystal orientation on the aluminum anodes of the aluminumair batteries in alkaline electrolytes. Journal of Power Sources, 2015, 299: 66-69.

[93] Yu S, Yang X, Liu Y, et al. High power density Al-air batteries with commercial three-dimensional aluminum foam anode. Ionics, 2020, 26: 5045-5054.

[94] Wu Z, Zhang H, Zou J, et al. Enhancement of the discharge performance of Al-0.5Mg-0.1Sn-0.05Ga (wt%) anode for Al-air battery by directional solidification technique and subsequent rolling process. Journal of Alloys and Compounds, 2020, 827: 154272.

[95] Gao X, Xue J, Liu X, et al. Effects of heat treatment on the electrochemical performance of Al based anode materials for air-battery. Materials Processing Fundamentals, 2018, 2018: 99-108.

[96] Li C, Ji W, Chen J, et al. Metallic aluminum nanorods: synthesis *via* vapor-deposition and applications in Al/air batteries. Chemistry of Materials, 2007, 19(24): 5812-5814.

[97] Ma J, Ren F, Wang G, et al. Electrochemical performance of melt-spinning Al-Mg-Sn based anode alloys. International Journal of Hydrogen Energy, 2017, 42(16): 11654-11661.

[98] Mutlu R N, Yazici B. Copper-deposited aluminum anode for aluminum-air battery. Journal of Solid State Electrochemistry, 2019, 23(2): 529-541.

[99] Sovizi M R, Afshari M, Jafarzadeh K, et al. Electrochemical and microstructural investigations on an as-cast and solution-annealed Al-Mg-Sn-Ga alloy as anode material in sodium chloride solution. Ionics, 2017, 23(11): 3073-3084.

[100] Pino M, Herranz D, Chacón J, et al. Carbon treated commercial aluminium alloys as anodes for aluminium-air batteries in sodium chloride electrolyte. Journal of Power Sources, 2016, 326: 296-302.

[101] Pino M. Aluminium-air Batteries: Study of Commercial Aluminium Alloys as Anodes. Madrid: Universidad Autónoma de Madrid, 2017.

[102] Lee J, Yim C, Lee D W, et al. Manufacturing and characterization of physically modified

aluminum anodes based air battery with electrolyte circulation. International Journal of Precision Engineering and Manufacturing-Green Technology, 2017, 4(1): 53-57.

[103] Yu Y, Chen M, Wang S, et al. Laser sintering of printed anodes for Al-air batteries. Journal of the Electrochemical Society, 2018, 165(3): A584-A592.

[104] Wang Y, Kwok H Y H, Pan W, et al. Printing Al-air batteries on paper for powering disposable printed electronics. Journal of Power Sources, 2020, 450: 227685.

第 5 章　电解质与添加剂

5.1　电　解　质

　　铝–空气电池的电解质可以是基于水系和非水系的液体或固体凝胶。通常,铝–空气电池中主要的水系电解质是碱性氢氧化物 (NaOH 或 KOH) 和中性盐水盐 (NaCl)。碱性铝–空气电池的能量密度 (400 W·h·kg^{-1}) 远高于盐水铝–空气电池 (仅为 220 W·h·kg^{-1}) [1,2],这是因为碱性溶液具有更强的溶解铝的能力和放电产物 (Al(OH)$_3$) 以及比中性溶液更好的导电性。另一方面,Al$_2$O$_3$ 保护层很容易去除,暴露的新鲜铝会与氢氧根离子发生剧烈反应。然而,铝负极严重极化和自腐蚀,产生过多的氢气 [3-5],大大降低了放电效率 [6]。此外,由于腐蚀性碱性介质,潜在的电解液泄漏可能会增加意外风险 [7-11]。因此,电解液添加剂被广泛用于调节碱性电解液中铝负极的性能 [12-14]。

　　非水溶液 (如导电离子液体) 也是铝–空气电池中理想的电解质材料,有望减少铝负极的自腐蚀 [15,16]。Gelman 等采用亲水性室温离子液体 1-乙基-3-甲基咪唑–低聚氟氢化物 (EMIm(HF)$_{2.3}$F) 作为铝–空气电池电解质,使得电池运行期间铝负极腐蚀速率降低和电势负移 (60~70 mV) [16]。这主要归功于表面形成的 Al-O-F 保护层。然而,锂离子电池中使用的室温离子液体电解质并不完全适用于铝–空气电池,因为这些有机溶剂导电性不及水溶液,电池极化严重,并且会使铝表面钝化 [15,17]。因此,探索适用的非水溶液电解质是制备高性能铝–空气电池的关键。

　　由于近年来对可穿戴和柔性电子设备的需求迅速增长,凝胶或固态电解质也引起了极大的关注 [7,18-26]。为了避免严重的自腐蚀问题和安全隐患,可以将水系碱性电解质固化成凝胶电解质。已有报道的胶凝剂包括聚乙烯醇 (polyvinyl alcohol,PVA)、聚丙烯酸 (PAA)、聚 (环氧乙烷) (PEO) 等 [18,27]。Liang 等使用天然纤维素纸存储碱性凝胶 (图 5.1),即使是低纯度铝也可以为柔性纸基铝–空气电池提供 1.5 V 的开路电压和 900 mA·h·g^{-1} 的比容量 [18]。然而,凝胶电解质铝–空气电池仍然不可充电且功率低,其可能适用于机械充电或一次性电子设备。

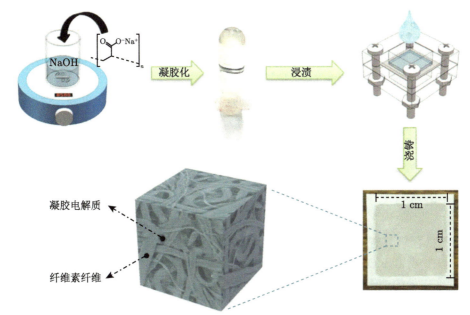

图 5.1 纸基固态凝胶电解质示意图及其制造工艺流程图 [18]

5.2 电解质添加剂

电解质添加剂被广泛开发以提高铝负极的性能。电解质添加剂可以是减轻水溶液中的铝负极腐蚀的缓蚀剂，也可以是非水溶液中的活化剂。一般广泛报道用于水系铝–空气电池的电解质添加剂为抑制剂，可在不影响阳极溶解的情况下抑制自腐蚀。本节将总结和讨论已报道的作为水系铝–空气电池的腐蚀抑制剂的电解质添加剂 (无机和有机物)。

5.2.1 无机添加剂

自铝–空气电池发明以来，人们很早就开始研究把水系电解质中高度溶解的含金属化合物用作无机添加剂。大多数金属化合物含有合金元素 (Ga、In、Zn、Sn、Pb、Bi、Mg 等)，用于激活铝负极，具体于第 3 章已详细讨论。根据官能团的不同，它们可分为阳离子添加剂和阴离子添加剂。例如，锂、钡和镁作为碱性电解液中的阳离子，而锌、铝、锡会在碱性电解液中形成含氧阴离子。一般来说，阴离子型添加剂的性能优于阳离子型添加剂 [28]。

5.2.1.1 阳离子添加剂

镓和铟离子可视为碱性电解液中的腐蚀促进剂。晶界区域富集的镓离子显著增加了铝负极有效电极表面积 [29]。然而，这会显著降低电流效率 [30]。在中性介

质中也发现 $10^{-4} \sim 10^{-1}$ M 金属离子 (Ga^{3+}、In^{3+}、Sn^{3+} 和 Zn^{2+}) 的类似活化作用[31-34]。这也归因于电极表面上沉积的镓增强了 Cl^- 的吸附。添加 $0.05\%Zn^{2+}$ 使开路电势负移并提高了 2N 纯铝负极的放电效率 (150 mA·cm^{-2} 时为 97%)[28]。此外，Zn^{2+} 加速了 In 的沉积[32,33]。

稀土离子在碱性电解液中几乎不能抑制铝负极的自腐蚀[28]。然而，它们在中性溶液中是有效的抑制剂[35]。Matter 等发现 AA2024 合金浸泡在 0.01 M NaCl 中，含 Ce(Ⅲ) 盐是比含 Ce(Ⅳ) 盐更好的缓蚀剂[36]。此外，Ce(Ⅲ) 盐的抑制效率排列为：$Ce(NO_3)_3 > (NH_4)_2Ce(NO_3)_5 > Ce_2(SO_4)_3 > CeCl_3$[37]。此外，Ce 的抑制作用优于 La、Pr 和 Nd[38]。

5.2.1.2　阴离子添加剂

无机含氧阴离子 ($Zn(OH)_4^{2-}$、SnO_3^{2-} 等) 是碱性电解液中最常见的阴离子添加剂。在 4 M KOH 溶液中，浓度为 10^{-3} M 的锡酸盐 (SnO_3^{2-}) 或锰酸盐离子 (MnO_4^{2-}) 是超纯铝的有效缓蚀剂，库仑效率超过 95%[39]。锡酸盐在 NaOH 溶液中也能有效抑制 Al-In 和 Al-Mg 负极的腐蚀[40,41]。此外，低成本的锡酸盐早已被 Alupower[42] 作为铝-空气电池的商业化电解质添加剂，其缓蚀作用一般来自于锡的沉积[41]。然而，由于锡的枝晶生长，锡酸盐浓度超过 10^{-2} M 会使电池短路或电解质系统损坏[43]。另外，其他金属氧阴离子 (Si、Pb、Ge、Ni、B 和 Co 等) 的几种组合也被报道用于铝负极的缓蚀剂。镓和锡添加剂的组合 (6.0×10^{-4} M) 为高效 Al-H$_2$O$_2$ 半燃料提供了 $1.2 \sim 1.4$ V 的电池电压[44]。在高放电倍率下 $K_2MnO_4/Na_2SnO_3/In(OH)_3$ 的组合也是很有效的缓蚀剂[39]。

含锌氧阴离子也是另一个主要用于铝-空气电池的缓蚀剂的研究对象。在实践中一般以 ZnO 的形式进行添加[45-49]。研究结果表明，添加 0.5 M ZnO 抑制了表面汞齐化铝负极的自腐蚀，而不会显著影响极化[45,46]。此外，也减少了铝-空气碱性电池在运行过程中的放热[47]。向 4 M KOH 溶液添加 0.2 M ZnO 可为超纯铝提供优异的腐蚀抑制效率，高达 97.5%[50]。0.1 M ZnO 在碱性电解液中为商用铝合金负极 (如 AA1040、AA5083、AA6060 和 AA7075) 提供了相当大的抑制效率 (高达 97%)[51]。ZnO 或 Na_2SnO_3 的组合对具有高工作电压和放电效率的 Al-In 合金显示出优异的腐蚀抑制作用[51]。ZnO 的抑制作用主要归因于以下 Zn 层的沉积：

$$ZnO + 2OH^- + H_2O \longrightarrow Zn(OH)_4^{2-} \tag{5-1}$$

$$3Zn(OH)_4^{2-} + 2Al \longrightarrow 2Al(OH)_4^- + 4OH^- + 3Zn \tag{5-2}$$

因为锌的正极电势 (-0.76 V $vs.$ SHE) 比铝 (-1.66 V $vs.$ SHE) 高，这种沉积的锌层致密地附着在负极表面，保护铝免受腐蚀[52]。这也适用于使用 Zn^{2+}(如

$ZnCl_2$) 的情况。然而，在凝胶碱性电解质中，ZnO 表现出比 $ZnCl_2$ 更好的抑制效率 [53]。这可能是由于氧化锌在碱性介质中形成了锌酸盐 [54]。

5.2.2 有机添加剂

5.2.2.1 碱性介质的电解质添加剂

可溶性有机物也是铝–空气电池的有吸引力的添加剂。由于早期报道使用烷基二甲基苄基氯化铵作为电解质添加剂 [46]，因此广泛使用以铵为基础的铵型表面活性剂，以降低铝负极在碱性介质中的自腐蚀速率。添加量为 1.8×10^{-4} M 的十六烷基三甲基溴化铵 (CTAB) 对纯铝负极有较好的缓蚀作用，抑制效率高达 84.6%[55]。此外，十二烷基二甲基苄基溴化铵在提高铝–空气电池的电池电压和比容量方面比 CTAB 更有效 [56]。氯化物表面活性剂，例如十六烷基三甲基氯化铵和三甲基氯化铵的抑制效率略低 [57,58]。

Verma 等报道了一种二腈在 0.5 M NaOH 中对铝负极腐蚀表现出很高的抑制效率 (94.7%)[59]。由于壬苯醇醚-9 对铝表面的物理吸附，添加 2.0×10^{-3} M 壬苯醇醚-9 的最大抑制效率为 85.6%[60]。此外，添加 1.5×10^{-3} M 1-烯丙基-3-甲基咪唑双 (三氟甲基磺酰基) 酰亚胺的铝–空气碱性电池在电流密度 20 $mA \cdot cm^{-2}$ 时比容量和负极利用率分别高达 2554 $mA \cdot h \cdot g^{-1}$ 和 93.8%[61]。

Wang 等使用高浓度醋酸钾 (HCPA) 与 KOH 结合 (图 5.2(a))，在添加 24 M HCPA 时提供了很好的高腐蚀抑制效率 (93.55%) (图 5.2(b) 和 (c))。此外，HCPA 也有利于铝负极的均匀溶解 (图 5.2(d) 和 (e))。使用 16 M HCPA 的铝–空气电池提供了 2324 $mA \cdot h \cdot g^{-1}$ 的高放电比容量 (图 5.2(f))。其他有机添加剂，如羧酸、胺和氨基酸 [58]、尿素和硫脲 [62]、偶氮–希夫 [63] 和 6-硫鸟嘌呤 [64] 也有被报道。

醇类也被广泛研究以抑制超纯铝在碱性溶液中的自腐蚀。碱性甲醇溶液 (包括一定量的水) 提供了良好的放电性能 [65]。添加 10%乙醇也可有效抑制 Al-Mg-Sn-In 负极在 4 M NaOH 中的腐蚀 [66]。这应该主要归因于通过添加醇降低了 OH^- 的浓度，从而导致电导率降低。然而，当乙醇含量超过 50%时，铝–空气电池的性能大大降低 [67]。此外，醇的选择还取决于与空气电极中催化剂的稳定性，因为 Pt 基催化剂会氧化醇释放 CO_2[68,69]。其他种类的催化剂，如碳化钨–银复合材料 (Ag-W_2C/C) [70] 和 $La_{0.6}Ca_{0.4}CoO_3$ 钙钛矿 [71]，则不受甲醇、乙醇溶液的影响。

添加 L-苹果酸和 L-天冬氨酸 [72]、L-半胱氨酸 [73]、三羧酸和二羧酸 [74] 以及二硫苏糖醇的多元醇化合物 [75]，抑制了商业 AA5052 合金负极在碱性电解液中的腐蚀。它们中的大多数提供超过 80%的腐蚀抑制效率。这主要归因于功能分子团通过有效的物理化学吸附在负极表面产生均匀稳定的保护层 (图 5.3) [74,75]。

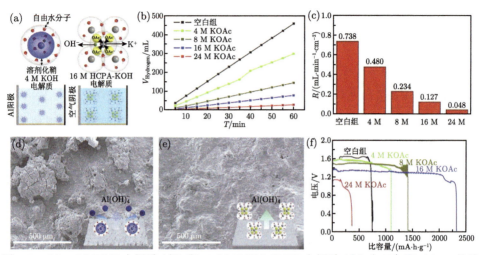

图 5.2　(a) 4 M KOH 电解质 (左) 和 16 M HCPA-KOH 电解质 (右) 中 K$^+$ 和 OAc$^-$ 的溶剂化鞘示意图[4]；(b) 铝负极在不同溶液中的析氢曲线；(c) 不同溶液中铝负极析氢速率的所得结果；(d) 在 4 M KOH 中在开路电势下浸泡 2 h 后铝负极表面的 SEM 图像；(e) 在 16 M HCPA-KOH 中在开路电势下浸泡 2 h 后铝负极表面的 SEM 图像；(f) 电流密度为 25 mA·cm^{-2} 时，不同电解液的铝-空气电池的恒电流放电曲线

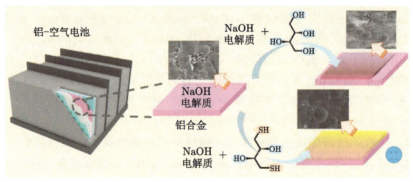

图 5.3　二硫苏糖醇对铝-空气电池铝合金的抑制机制[75]

5.2.2.2　中性介质电解质添加剂

也有研究报道了在开路条件下，中性电解质中用于商用铝合金负极的几种电解质添加剂。其中，含铈的有机盐被广泛报道用作缓蚀剂。肉桂酸铈和酒石酸铈分别能有效抑制 AA2024-T3 合金在 0.05 M NaCl 中的阳极和阴极过程[76,77]。这主要是由于含铈保护膜抑制了金属间相的点蚀[76-78]。据报道，使用二苯基磷酸铈和巯基乙酸盐对 AA2024-T3 和 AA7075 合金具有强腐蚀抑制作用[79,80]。其他有机抑制剂 (如羧酸盐和氨基硫脲衍生物) 也被报道用于铝负极的中性电解质缓

蚀剂[81-86]。

5.2.2.3 植物和动物的天然提取物

人们越来越多的兴趣集中在从天然植物和动物中开发提取环境友好且无毒的缓蚀剂。有研究报道从亚麻秸秆中提取铝负极缓蚀剂, 如图 5.4(a) 所示。根据时

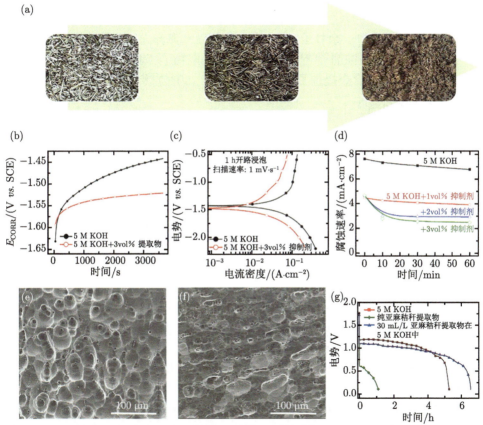

图 5.4 (a) 亚麻秸秆 (左) 和加湿亚麻秸秆 (中和右) 的图像; (b) Al 在含有 5 M KOH 的原始碱性溶液和含有 3vol%① 亚麻秸秆提取物的碱性溶液中的腐蚀电势瞬变; (c) 在与 (b) 相同的溶液中, Al 的动电势极化曲线; (d) 在 5 M KOH 碱性溶液和含有 1vol%、2vol% 和 3vol% 亚麻秸秆提取物的碱性溶液中铝的腐蚀电流; (e) 在 5 M KOH 溶液中开路条件下浸泡 1 h 后, 铝负极表面 SEM 显微照片; (f) 在含有 3vol% 亚麻秸秆提取物的 5 M KOH 溶液中开路条件下浸泡 1 h 后, 铝负极表面 SEM 显微照片; (g) 不同碱性 (5 M KOH) 电解液的 Al-空气电池 (放电电流密度为 25 mA·cm⁻²) 的放电曲线: 无添加剂、碱性溶液中 3vol% 亚麻秸秆提取物和纯亚麻秸秆提取物[12]

① vol%代表体积百分。

间电势图和 Tafel 曲线 (图 5.4(b)~(d))，增加 3vol％亚麻秸秆提取物不仅使电势负移，而且显著抑制了铝负极在 5 M KOH 中的阳极和阴极反应 [12]。此外，随着提取物的加入，腐蚀的表面变得光滑，如图 5.4(e) 和 (f) 所示。最后，添加 3vol％亚麻秸秆提取物的铝–空气电池显示出更高的电池寿命和比容量，如图 5.4(g) 所示。

在 4 M NaOH 中加入羽扇豆种子提取物 (4.64 g·L^{-1}) 和稳定剂 CTAB，可以获得理想的腐蚀抑制效率 (87.1％)[55]。此外，来自陆地棉叶子和种子的有机提取物的抑制效率超过 94％[87]。蔾藜种子提取物对铝负极的阳极和阴极反应均表现出混合型抑制作用 [88]。余甘子、蜂花粉、虎尾兰和海洋龙舌兰等的提取物也被报道为碱性介质中的缓蚀剂 [89-93]。此外，动物提取物 (如动物胶) 在 0.1 M NaOH 中也为 Al 和 Al-Si 合金提供了适当的抑制效率 (60％)[94]。

5.2.3　混合添加剂

无机物和有机物的混合添加剂在碱性和中性电解质中也提供了理想的抑制效率。在 NaOH 和 KOH 中，0.1％Ca(OH)$_2$ 和 10％柠檬酸钠的组合在很宽的电流密度范围 (10~40 mA·cm^{-2}) 内分别提供了 60％~98％的纯铝高放电效率 [95,96]。柠檬酸盐和锡酸盐在不影响放电电势的情况下将超纯铝的自腐蚀降低了一半 [5]。Ca^{2+}、柠檬酸盐和锡酸盐共同将 2N 纯度级 Al 在 4 M NaOH 中的腐蚀电势从 -1.35 V 转变为 -1.205 V($vs.$ Hg/HgO)[97]。Kang 等提出了一种组成为 10×10^{-3} M CaO 和 4×10^{-3} M L-天冬氨酸的混合添加剂，可有效抑制 AA5052 铝合金负极的自腐蚀 [98]。

甲醇和锡酸盐或 ZnO 混合添加剂为碱性电解液中的铝负极提供了有效的腐蚀抑制 [54,99]。在 4 M KOH 甲醇–水混合溶液中，使用锡酸盐碱性溶液进行表面预处理也能有效地抑制铝电极的腐蚀 [100]。此外，额外的 1×10^{-3} M 羟色胺或 2×10^{-3} M 聚乙二醇 (PEG) 通过加速 Zn 的沉积，将 ZnO 和甲缩醛的抑制效率提高到 98.8％[50,54]。

有关 ZnO 和其他有机物的混合添加剂的研究报道最为广泛。0.03 M L-半胱氨酸和 0.2 M ZnO 的混合添加剂在不影响放电性能的情况下表现出显著的腐蚀抑制作用 [101]。由 0.05 M 阿拉伯树胶和 0.2 M ZnO 组成的混合抑制剂提供了 94.8％的腐蚀抑制效率 [102]。CTAB 和 ZnO 也是有效的缓蚀剂 [103]。使用 0.3 M ZnO 和 0.03 M 柠檬酸可提供高电压 (1.13 V)、高比容量 (1902 mA·h·g^{-1}) 和负极利用率 (58.23％)[104]。改性 PEG 二酸和 ZnO 的混合抑制剂也将铝–空气碱性电池的放电比容量从 44.5 mA·h·cm^{-2} 提高到 70 mA·h·cm^{-2}[2]。ZnSO$_4$ (10 mM) 和海藻酸钠 (1 g·L^{-1}) 的混合添加剂对铝的腐蚀抑制效率也显著高于单一的 ZnSO$_4$ 或海藻酸钠 [105]。

商业 AA5052 负极的自腐蚀也可使用 ZnO 和有机物的混合添加剂进行抑制，

如 8-羟基喹啉[106]、羧甲基纤维素[13]、二羧酸化合物[107] 和 8-氨基喹啉[108]。这归因于协同有机物的官能团增强和稳定了锌层的沉积[102,103,105]。例如，有机酸中羧基的 O 原子有效地促进了 RCOO-Al 和 RCOO-Zn 在 Al 表面形成均匀致密的 Zn 膜 (图 5.5)[104]。

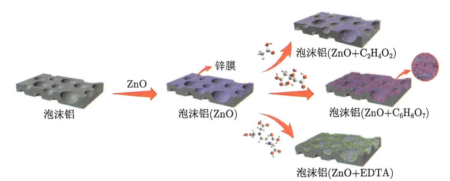

图 5.5　混合 ZnO/有机酸对 3D 泡沫铝的腐蚀抑制示意图 [104]

由锡酸盐和有机物组成的混合添加剂也被广泛用作铝负极的腐蚀抑制剂。0.05 M Na$_2$SnO$_3$ 和 0.6 g·L^{-1} 酪蛋白的混合添加剂使组装的铝–空气电池的电池容量增加了 89.3%[109]。使用烷基多糖苷 (APG) 和锡酸钾作为混合腐蚀抑制剂的效率高达 94%，且为铝–空气电池提供了高的质量比容量，高达 2180 mA·h·g^{-1} (图 5.6(b))[110]。烷基多糖苷的疏水链段 (图 5.6(c)) 可以调节锡酸盐的还原，导致 Sn 更均匀地沉积在铝负极表面 (图 5.6(d))。锡酸盐与四水酒石酸钾钠也是商业纯铝负极的有效腐蚀抑制剂[111]。

在碱性和中性电解质中，含铈化合物和有机物的混合添加剂也是铝负极的有效腐蚀抑制剂。0.02 M 氨基酸 (L-半胱氨酸) 和 0.003 M 硝酸铈的组合有效地抑制了 AA5052 负极的自腐蚀，抑制效率为 85.6%[112]。添加 0.01 M 醋酸铈和 0.008 M L-谷氨酸使 Al-0.5Mg-0.1Sn-0.1Ga 负极的放电电势负移 (−1.737~−1.835 V vs. SCE) 并增加碱性电解液中的电池比容量 (2299~2985 mA·h·g^{-1})[113]。苯并三唑和三氯化铈有效抑制了 AA2024-T3 合金在 0.05 M NaCl 中的腐蚀[114,115]。Na$_2$SO$_4$ 提高了 Ce(OAc)$_3$ 在 0.01 M NaCl 溶液中对商用铝合金的腐蚀抑制效率[116,117]。0.42 g·L^{-1} 十二烷基苯磺酸钠和 0.1 g·L^{-1} LaCl$_3$ 的混合物也可显著抑制 AA2024-T3 负极的自腐蚀[118]。混合添加剂的工作原理主要归因于有机分子和无机离子之间的相互作用引起的更具保护性的表面膜的形成[113-115,117-119]。

电解质添加剂可通过沉积金属物质或有机薄膜来减少铝负极的自腐蚀并提高其在碱性和中性电解质中的放电性能，具有较高的性价比。然而，电解质添加剂仍然存在一些挑战。首先，由于铝–空气电池在长期运行过程中的持续消耗，保持

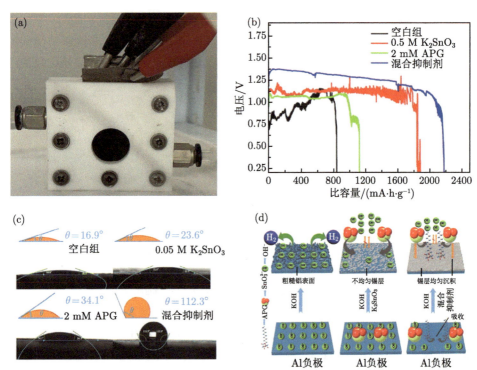

图 5.6　(a) 组装好的铝–空气电池的照片；(b) 添加烷基多糖苷 (APG) 和锡酸钾混合抑制剂的铝–空气电池的放电行为；(c) 杂化抑制剂的润湿性；(d) 使用混合抑制剂的成膜示意图[110]

电解质添加剂的最佳浓度是关键。其次，电解质添加剂的真正抑制效率在全电池的长期运行期间以及在金属物质或其他不溶性沉淀物沉积的情况下对空气电极的潜在影响也至关重要。

5.3　电解液设计与配置

鉴于铝在碱性电解液迅速溶解腐蚀的特性，也有研究报道提出多电解液设计与电池槽配置，避免金属铝负极直接与强碱性电解液接触，进而实现抑制铝负极的自放电。图 5.7(a) 所示为双电解质铝-空气电池 (DEAAC)，其中铝负极置于有机负极电解液 (3 M KOH/CH$_3$OH) 空气电极与碱性正极电解液 (3 M KOH/ H$_2$O) 接触，二者由阴离子聚合物交换膜隔开。该电池开路电压可达 1.6 V，负极比容量为 6000 mA·h·cm^{-2}，无氢气生成问题[120]。Teabnamang 等[121] 用 3 M KOH 乙醇负极电解液和聚合物凝胶正极电解液修改了双电解液成分，使铝负极在电流密度为 10 mA·cm^{-2} 下表现出 2328 mA·h·g^{-1} 的比容量，电流效率达到 78%。最近还有关于三电解质铝-空气电池 (TEAAC) 的报道。该电池集成了聚合物离子交换膜、桥电解质 (4 M NaCl/H₂O)、碱性负极电解液 (4 M NaOH/CH₃OH) 和酸性阴极电解液 (4 M HCl/H₂O)，如图 5.7(b) 和 (c) 所示，通过长时间放电测试表现出稳定的性能，其开路电压高 (2.2 V) 以及机械可充电性良好[122]。总的来说，多电解质系统被证明是抑制碱性铝–空气液流电池负极腐蚀和提高放电比容量的有效方法。

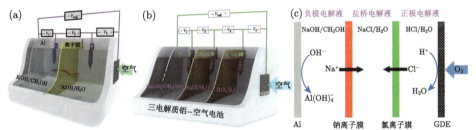

图 5.7　(a) 双电解质铝–空气电池；(b) 三电解质铝–空气电池；(c) 三电解质铝–空气电池的工作原理[120,122,123]

　　类似地，在铝–空气电池待机时，通过精细设计使用非导电性油隔离铝电极和电解质，以减少电池待机期间的容量损失。图 5.8 所示为一种铝–空气原电池能够通过在电池待机期间用油可逆地置换电极表面的电解液来抑制开路腐蚀，从而使可用能量密度增加 420%，腐蚀减少 99.99%；将自放电率降低到每月 0.02%，使系统能量密度达到 700 W·h·L⁻¹ 和 900 W·h·kg⁻¹，电池系统总重量仅增加 15%[124]。另外，在控制杆的帮助下将铝负极与电解液分离的新颖设计也可以有效地减少待机时电池容量的损失[27]。

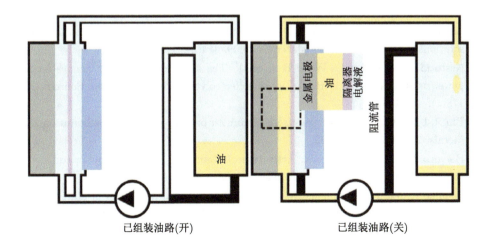

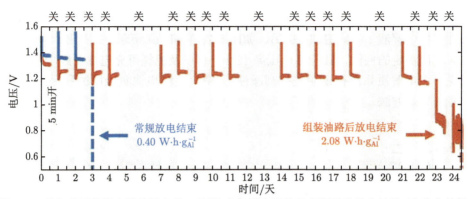

图 5.8   待机使用非导电性油填充的一种铝–空气原电池的示意图及其放电性能 (允许在待机期间对电解质进行可逆的非导电油置换及其相应的电池性能)[124]

参 考 文 献

[1] Hunter J A, Scamans G M, O'callaghan W B, et al. Aluminium batteries. U. S. Patent, US04942100A, 1991: 654.

[2] Gelman D, Lasman I, Elfimchev S, et al. Aluminum corrosion mitigation in alkaline electrolytes containing hybrid inorganic/organic inhibitor system for power sources applications. Journal of Power Sources, 2015, 285: 100-108.

[3] Rahman M A, Wang X, Wen C. High energy density metal-air batteries: a review. Journal of the Electrochemical Society, 2013, 160(10): 1759.

[4] Wu S, Hu S, Zhang Q, et al. Hybrid high-concentration electrolyte significantly strengthens the practicability of alkaline aluminum-air battery. Energy Storage Materials, 2020, 31: 310-317.

[5] Kapali V, Iyer S V, Balaramachandran V, et al. Studies on the best alkaline electrolyte for aluminium/air batteries. Journal of Power Sources, 1992, 39(2): 263-269.

[6] Zhang J, Klasky M, Letellier B C. The aluminum chemistry and corrosion in alkaline solutions. Journal of Nuclear Materials, 2009, 384(2): 175-189.

[7] Nestoridi M, Pletcher D, Wood R J, et al. The study of aluminium anodes for high power density Al/air batteries with brine electrolytes. Journal of Power Sources, 2008, 178(1): 445-455.

[8] Bin H, Liang G. Neutral electrolyte aluminum air battery with open configuration. Rare Metals, 2006, 25(6): 360-363.

[9] Halvorsen M P, Nisancioglu K. Activation of aluminum by small alloying additions of bismuth. Journal of the Electrochemical Society, 2012, 159(5): C211.

[10] Smoljko I, Gudić S, Kuzmanić N, et al. Electrochemical properties of aluminium anodes for Al/air batteries with aqueous sodium chloride electrolyte. Journal of Applied Electrochemistry, 2012, 42(11): 969-977.

[11] Gudić S, Smoljko I, Kliškić M. Electrochemical behaviour of aluminium alloys containing indium and tin in NaCl solution. Materials Chemistry Physics, 2010, 121(3): 561-566.

[12] Grishina E, Gelman D, Belopukhov S, et al. Improvement of aluminum-air battery performances by the application of flax straw extract. ChemSusChem, 2016, 9(16): 2103-2111.

[13] Liu J, Wang D, Zhang D, et al. Synergistic effects of carboxymethyl cellulose and ZnO as alkaline electrolyte additives for aluminium anodes with a view towards Al-air batteries. Journal of Power Sources, 2016, 335: 1-11.

[14] Levy N R, Auinat M, Ein-Eli Y. Tetra-butyl ammonium fluoride-an advanced activator of aluminum surfaces in organic electrolytes for aluminum-air batteries. Energy Storage Materials, 2018, 15: 465-474.

[15] Gelman D, Shvartsev B, Ein-Eli Y. Aluminum-air battery based on an ionic liquid electrolyte. Journal of Materials Chemistry A, 2014, 2(47): 20237-20242.

[16] Gelman D, Shvartsev B, Wallwater I, et al. An aluminum-ionic liquid interface sustaining a durable Al-air battery. Journal of Power Sources, 2017, 364: 110-120.

[17] Shvartsev B, Gelman D, Amram D, et al. Phenomenological transition of an aluminum surface in an ionic liquid and its beneficial implementation in batteries. Langmuir, 2015, 31(51): 13860-13866.

[18] Wang Y, Pan W, Kwok H Y H, et al. Liquid-free Al-air batteries with paper-based gel electrolyte: a green energy technology for portable electronics. Journal of Power Sources, 2019, 437: 226896.

[19] Zhang P, Sun F, Xiang Z, et al. Zif-derived *in situ* nitrogen-doped porous carbons as efficient metal-free electrocatalysts for oxygen reduction reaction. Energy Environmental Science, 2014, 7(1): 442-450.

[20] Xu Y, Zhao Y, Ren J, et al. An all-solid-state fiber-shaped aluminum-air battery with flexibility, stretchability, and high electrochemical performance. Angewandte Chemie, 2016, 55(28): 7979.

[21] Tan M J, Li B, Chee P, et al. Acrylamide-derived freestanding polymer gel electrolyte for flexible metal-air batteries. Journal of Power Sources, 2018, 400: 566-571.

[22] Migliardini F, Di Palma T, Gaele M, et al. Solid and acid electrolytes for Al-air batteries based on xanthan-HCl hydrogels. Journal of Solid State Electrochemistry, 2018, 22(9): 2901-2916.

[23] Di Palma T, Migliardini F, Gaele M, et al. Physically cross-linked xanthan hydrogels as solid electrolytes for Al/air batteries. Ionics, 2019, 25(9): 4209-4217.

[24] Di Palma T, Migliardini F, Caputo D, et al. Xanthan and K-carrageenan based alkaline hydrogels as electrolytes for Al/air batteries. Carbohydrate Polymers, 2017, 157: 122-127.

[25] Shen D L, Zhang G R, Biesalski M, et al. Paper-based microfluidic aluminum-air batteries: toward next-generation miniaturized power supply. Lab on a Chip, 2019, 19(20): 3438-3447.

[26] Wang Y, Kwok H, Pan W, et al. Innovative paper-based Al-air batteries as a low-cost and green energy technology for the miniwatt market. Journal of Power Sources, 2019, 414: 278-282.

[27] Zhang Z, Zuo C, Liu Z, et al. All-solid-state Al-air batteries with polymer alkaline gel electrolyte. Journal of Power Sources, 2014, 251: 470-475.

[28] Sarangapani K B, Balaramachandran V, Kapali V, et al. Aluminium as anode in primary alkaline batteries. Influence of additives on the corrosion and anodic behaviour of 2S aluminium in alkaline citrate solution. Journal of Applied Electrochemistry, 1984, 14(4): 475-480.

[29] Böhnstedt W. The influence of electrolyte additives on the anodic dissolution of aluminum in alkaline solutions. Journal of Power Sources, 1980, 5(3): 245-253.

[30] Hunter J A. The Anodic Behaviour of Aluminium Alloys in Alkaline Electrolytes. Oxford: University of Oxford, 1989.

[31] Shayeb H A E, Wahab F M A E, Abedin S Z E. Effect of gallium ions on the electrochemical behaviour of Al, Al-Sn, Al-Zn and Al-Zn-Sn alloys in chloride solutions. Corrosion Science, 2001, 43(4): 643-654.

[32] Shayeb H A E, Wahab F M A E, Abedin S Z E. Electrochemical behaviour of Al, Al-Sn, Al-Zn and Al-Zn-Sn alloys in chloride solutions containing indium ions. Journal of Applied Electrochemistry, 1999, 29(4): 473-480.

[33] Abedin S Z E, Endres F. Electrochemical behaviour of Al, Al-In and Al-Ga-In alloys in chloride solutions containing zinc ions. Journal of Applied Electrochemistry, 2004, 34(10): 1071-1080.

[34] Saidman S B, Bessone J B. Activation of aluminium by indium ions in chloride solutions. Electrochimica Acta, 1997, 42(3): 413-420.

[35] Paussa L, Andreatta F, Navarro N C R, et al. Study of the effect of cerium nitrate on AA2024-T3 by means of electrochemical micro-cell technique. Electrochimica Acta, 2012, 70: 25-33.

[36] Matter E A, Kozhukharov S, Machkova M, et al. Comparison between the inhibition efficiencies of Ce(Ⅲ) and Ce(Ⅳ) ammonium nitrates against corrosion of AA2024 aluminum alloy in solutions of low chloride concentration. Corrosion Science, 2012, 62: 22-33.

[37] Machkova M, Matter E A, Kozhukharov S, et al. Effect of the anionic part of various Ce(Ⅲ) salts on the corrosion inhibition efficiency of AA2024 aluminium alloy. Corrosion Science, 2013, 69: 396-405.

[38] Muster T H, Sullivan H, Lau D, et al. A combinatorial matrix of rare earth chloride mixtures as corrosion inhibitors of AA2024-T3: optimisation using potentiodynamic polarisation and EIS. Electrochimica Acta, 2012, 67: 95-103.

[39] Macdonald D D, English C. Development of anodes for aluminium/air batteries—solution phase inhibition of corrosion. Journal of Applied Electrochemistry, 1990, 20(3): 405-417.

[40] Sun Z, Lu H. Performance of Al-0.5In as anode for Al-air battery in inhibited alkaline solutions. Journal of the Electrochemical Society, 2015, 162(8): A1617-A1623.

[41] Gao J, Li Y, Yan Z, et al. Effects of solid-solute magnesium and stannate ion on the electrochemical characteristics of a high-performance aluminum anode/electrolyte system. Journal of Power Sources, 2019, 412: 63-70.

[42] Doche M L, Novel-Cattin F, Durand R, et al. Characterization of different grades of aluminum anodes for aluminum/air batteries. Journal of Power Sources, 1997, 65(1): 197-205.

[43] Egan D R, Ponce De León C, Wood R J K, et al. Developments in electrode materials and electrolytes for aluminium-air batteries. Journal of Power Sources, 2013, 236: 293-310.

[44] Dow E G, Bessette R R, Seeback G L, et al. Enhanced electrochemical performance in the development of the aluminum/hydrogen peroxide semi-fuel cell. Journal of Power Sources, 1997, 65(1): 207-212.

[45] Bockstie L, Trevethan D, Zaromb S. Control of Al corrosion in caustic solutions. Journal of the Electrochemical Society, 1963, 110(4): 267.

[46] Zaromb S. The use and behavior of aluminum anodes in alkaline primary batteries. Journal of the Electrochemical Society, 1962, 109(12): 1125.

[47] Patnaik R S M, Ganesh S, Ashok G, et al. Heat management in aluminium/air batteries: sources of heat. Journal of Power Sources, 1994, 50(3): 331-342.

[48] Wang X Y, Wang J M, Shao H B, et al. Influences of zinc oxide and an organic additive on the electrochemical behavior of pure aluminum in an alkaline solution. Journal of Applied Electrochemistry, 2005, 35(2): 213-216.

[49] Ma J, Wen J, Gao J, et al. Performance of Al-0.5Mg-0.02Ga-0.1Sn-0.5Mn as anode for Al-air battery. Journal of the Electrochemical Society, 2014, 161(3): A376-A380.

[50] Wang X Y, Wang J M, Wang Q L, et al. The effects of polyethylene glycol (peg) as an electrolyte additive on the corrosion behavior and electrochemical performances of pure aluminum in an alkaline zincate solution. Materials and Corrosion, 2011, 62(12): 1149-1152.

[51] Rashvand Avei M, Jafarian M, Moghanni Bavil Olyaei H, et al. Study of the alloying additives and alkaline zincate solution effects on the commercial aluminum as galvanic anode for use in alkaline batteries. Materials Chemistry and Physics, 2013, 143(1): 133-142.

[52] Faegh E, Shrestha S, Zhao X, et al. In-depth structural understanding of zinc oxide addition to alkaline electrolytes to protect aluminum against corrosion and gassing. Journal of Applied Electrochemistry, 2019, 49(9): 895-907.

[53] Pino M, Chacón J, Fatás E, et al. Performance of commercial aluminium alloys as anodes in gelled electrolyte aluminium-air batteries. Journal of Power Sources, 2015, 299: 195-201.

[54] Wang J B, Wang J M, Shao H B, et al. The corrosion and electrochemical behav-

ior of pure aluminum in additive-containing alkaline methanolwater mixed solutions. Materials and Corrosion, 2009, 60(4): 269-273.

[55] Abdel-Gaber A M, Khamis E, Abo-Eldahab H, et al. Novel package for inhibition of aluminium corrosion in alkaline solutions. Materials Chemistry and Physics, 2010, 124(1): 773-779.

[56] Liu Y, Zhang H, Liu Y, et al. Inhibitive effect of quaternary ammonium-type surfactants on the self-corrosion of the anode in alkaline aluminium-air battery. Journal of Power Sources, 2019, 434: 226723.

[57] Al-Rawashdeh N A F, Maayta A K. Cationic surfactant as corrosion inhibitor for aluminum in acidic and basic solutions. Anti-Corrosion Methods and Materials, 2005, 52(3): 160-166.

[58] Brito P S D, Sequeira C A C. Organic inhibitors of the anode self-corrosion in aluminum-air batteries. Journal of Fuel Cell Science and Technology, 2014, 11(1): 011008.

[59] Verma C, Singh P, Bahadur I, et al. Electrochemical, thermodynamic, surface and theoretical investigation of 2-aminobenzene-1,3-dicarbonitriles as green corrosion inhibitor for aluminum in 0.5 M NaOH. Journal of Molecular Liquids, 2015, 209: 767-778.

[60] Deyab M A. Effect of nonionic surfactant as an electrolyte additive on the performance of aluminum-air battery. Journal of Power Sources, 2019, 412: 520-526.

[61] Deyab M A. 1-allyl-3-methylimidazolium bis(trifluoromethylsulfonyl)imide as an effective organic additive in aluminum-air battery. Electrochimica Acta, 2017, 244: 178-183.

[62] Moghadam Z, Shabani-Nooshabadi M, Behpour M. Electrochemical performance of aluminium alloy in strong alkaline media by urea and thiourea as inhibitor for aluminium-air batteries. Journal of Molecular Liquids, 2017, 242: 971-978.

[63] Arjomandi J, Moghanni-Bavil-Olyaei H, Parvin M H, et al. Inhibition of corrosion of aluminum in alkaline solution by a novel azo-schiff base: experiment and theory. Journal of Alloys and Compounds, 2018, 746: 185-193.

[64] Hou C, Chen S, Wang Z, et al. Effect of 6-thioguanine, as an electrolyte additive, on the electrochemical behavior of an Al-air battery. Materials and Corrosion, 2020, 71: 1480-1487.

[65] Wang J B, Wang J M, Shao H B, et al. The corrosion and electrochemical behaviour of pure aluminium in alkaline methanol solutions. Journal of Applied Electrochemistry, 2007, 37(6): 753-758.

[66] Ma J, Wen J, Zhu H, et al. Electrochemical performances of Al-0.5Mg-0.1Sn-0.02In alloy in different solutions for Al-air battery. Journal of Power Sources, 2015, 293: 592-598.

[67] Sun H, Hu Z. Electrochemical behavior of Al-1.5Mg-0.05Sn-0.01Ga alloy in KOH ethanol-water solutions for Al-air battery. Journal of the Electrochemical Society, 2019, 166(12): A2477-A2484.

[68] Spendelow J S, Wieckowski A. Electrocatalysis of oxygen reduction and small alcohol oxidation in alkaline media. Physical Chemistry Chemical Physics, 2007, 9(21): 2654-

2675.

[69] Lai S C S, Koper M T M. Ethanol electro-oxidation on platinum in alkaline media. Physical Chemistry Chemical Physics, 2009, 11(44): 10446-10456.

[70] Meng H, Shen P K. Novel Pt-free catalyst for oxygen electroreduction. Electrochemistry Communications, 2006, 8(4): 588-594.

[71] Li C, Ji W, Chen J, et al. Metallic aluminum nanorods: synthesis *via* vapor-deposition and applications in Al/air batteries. Chemistry of Materials, 2007, 19(24): 5812-5814.

[72] Zhang D, Yang H, Li X, et al. Inhibition effect and theoretical investigation of dicarboxylic acid derivatives as corrosion inhibitor for aluminium alloy. Materials and Corrosion, 2020, 71: 1289-1299.

[73] Wang D, Gao L, Zhang D, et al. Experimental and theoretical investigation on corrosion inhibition of AA5052 aluminium alloy by *L*-cysteine in alkaline solution. Materials Chemistry and Physics, 2016, 169: 142-151.

[74] Wysocka J, Cieslik M, Krakowiak S, et al. Carboxylic acids as efficient corrosion inhibitors of aluminium alloys in alkaline media. Electrochimica Acta, 2018, 289: 175-192.

[75] Yang H, Li X, Wang Y, et al. Excellent performance of aluminium anode based on dithiothreitol additives for alkaline aluminium/air batteries. Journal of Power Sources, 2020, 452: 227785.

[76] Shi H, Han E H, Liu F. Corrosion protection of aluminium alloy 2024-T3 in 0.05 M NaCl by cerium cinnamate. Corrosion Science, 2011, 53(7): 2374-2384.

[77] Hu T, Shi H, Wei T, et al. Cerium tartrate as a corrosion inhibitor for AA2024-T3. Corrosion Science, 2015, 95: 152-161.

[78] Hu T, Shi H, Hou D, et al. A localized approach to study corrosion inhibition of intermetallic phases of AA2024-T3 by cerium malate. Applied Surface Science, 2019, 467-468: 1011-1032.

[79] Hill J-A, Markley T, Forsyth M, et al. Corrosion inhibition of 7000 series aluminium alloys with cerium diphenyl phosphate. Journal of Alloys and Compounds, 2011, 509(5): 1683-1690.

[80] Catubig R, Hughes A E, Cole I S, et al. The use of cerium and praseodymium mercaptoacetate as thiol-containing inhibitors for AA2024-T3. Corrosion Science, 2014, 81: 45-53.

[81] Harvey T G, Hardin S G, Hughes A E, et al. The effect of inhibitor structure on the corrosion of AA2024 and AA7075. Corrosion Science, 2011, 53(6): 2184-2190.

[82] Halambek J, Berković K, Vorkapić-Furač J. *Laurus nobilis* L. oil as green corrosion inhibitor for aluminium and AA5754 aluminium alloy in 3%NaCl solution. Materials Chemistry and Physics, 2013, 137(3): 788-795.

[83] Halambek J, Berković K, Vorkapić-Furač J. The influence of *Lavandula angustifolia* L. oil on corrosion of Al-3Mg alloy. Corrosion Science, 2010, 52(12): 3978-3983.

[84] Marcelin S, Pébère N. Synergistic effect between 8-hydroxyquinoline and benzotriazole for the corrosion protection of 2024 aluminium alloy: a local electrochemical impedance

approach. Corrosion Science, 2015, 101: 66-74.

[85] Qafsaoui W, Kendig M W, Perrot H, et al. Effect of 1-pyrrolidine dithiocarbamate on the galvanic coupling resistance of intermetallics-aluminum matrix during corrosion of AA 2024-T3 in a dilute NaCl. Corrosion Science, 2015, 92: 245-255.

[86] Prakashaiah B G, Vinaya Kumara D, Anup Pandith A, et al. Corrosion inhibition of 2024-t3 aluminum alloy in 3.5%NaCl by thiosemicarbazone derivatives. Corrosion Science, 2018, 136: 326-338.

[87] Abiola O K, Otaigbe J O E, Kio O J. *Gossipium hirsutum* L. extracts as green corrosion inhibitor for aluminum in NaOH solution. Corrosion Science, 2009, 51(8): 1879-1881.

[88] Singh A, Ahamad I, Quraishi M A. Piper longum extract as green corrosion inhibitor for aluminium in NaOH solution. Arabian Journal of Chemistry, 2016, 9: S1584-S1589.

[89] Abiola O K, Otaigbe J O E. The effects of phyllanthus amarus extract on corrosion and kinetics of corrosion process of aluminum in alkaline solution. Corrosion Science, 2009, 51(11): 2790-2793.

[90] Ryl J, Wysocka J, Cieslik M, et al. Understanding the origin of high corrosion inhibition efficiency of bee products towards aluminium alloys in alkaline environments. Electrochimica Acta, 2019, 304: 263-274.

[91] Oguzie E E. Corrosion inhibition of aluminium in acidic and alkaline media by sansevieria trifasciata extract. Corrosion Science, 2007, 49(3): 1527-1539.

[92] Abdel-Gaber A M, Khamis E, Abo-Eldahab H, et al. Inhibition of aluminium corrosion in alkaline solutions using natural compound. Materials Chemistry and Physics, 2008, 109(2): 297-305.

[93] Irshedat M, Nawafleh E, Bataineh T, et al. Investigations of the inhibition of aluminum corrosion in 1 M NaOH solution by *Lupinus varius* L. Extract. Portugaliae Electrochimica Acta, 2013, 31: 1-10.

[94] Abdallah M, Kamar E M, Eid S, et al. Animal glue as green inhibitor for corrosion of aluminum and aluminum-silicon alloys in sodium hydroxide solutions. Journal of Molecular Liquids, 2016, 220: 755-761.

[95] Sarancapani K B, Balaramachandran V, Kapali V, et al. Aluminium batteries. Bulletin of Eleclrochernistry, 1985, 1(3): 231-234.

[96] Subramayan N, Potdar M G, Yamuna A R. Aluminum as a galvanic anode. Behavior in sodium hydroxide solution containing calcium hydroxide, sodium citrate, and sodium chloride. Industrial & Engineering Chemistry Process Design and Development, 1969, 8(1): 31-35.

[97] Rosilda L G S, Ganesan M, Kulandainathan M A, et al. Influence of inhibitors on corrosion and anodic behaviour of different grades of aluminium in alkaline media. Journal of Power Sources, 1994, 50(3): 321-329.

[98] Kang Q X, Wang Y, Zhang X Y. Experimental and theoretical investigation on calcium oxide and *L*-aspartic as an effective hybrid inhibitor for aluminum-air batteries. Journal of Alloys and Compounds, 2019, 774: 1069-1080.

[99] Chang X, Wang J, Shao H, et al. Corrosion and anodic behaviors of pure aluminum in a novel alkaline electrolyte. Acta Physico-Chimica Sinica, 2008, 24(9): 1620-1624.

[100] Zeng X X, Wang J M, Wang Q L, et al. The effects of surface treatment and stannate as an electrolyte additive on the corrosion and electrochemical performances of pure aluminum in an alkaline methanol-water solution. Materials Chemistry and Physics, 2010, 121(3): 459-464.

[101] Ma J, Li W, Wang G, et al. Influences of L-cysteine/zinc oxide additive on the electrochemical behavior of pure aluminum in alkaline solution. Journal of the Electrochemical Society, 2018, 165(2): A266-A272.

[102] Sovizi M R, Abbasi R. The effect of gum arabic and zinc oxide hybrid inhibitor on the performance of aluminium as galvanic anode in alkaline batteries. Journal of Adhesion Science and Technology, 2018, 32(23): 2590-2603.

[103] Sun Z, Lu H, Hong Q, et al. Evaluation of an alkaline electrolyte system for Al-air battery. ECS Electrochemistry Letters, 2015, 4(12): A133-A136.

[104] Jiang H, Yu S, Li W, et al. Inhibition effect and mechanism of inorganic-organic hybrid additives on three-dimension porous aluminum foam in alkaline Al-air battery. Journal of Power Sources, 2020, 448: 227460.

[105] Yang L, Wu Y, Chen S, et al. A promising hybrid additive for enhancing the performance of alkaline aluminum-air batteries. Materials Chemistry and Physics, 2021, 257: 123787.

[106] Zhu C, Yang H, Wu A, et al. Modified alkaline electrolyte with 8-hydroxyquinoline and ZnO complex additives to improve Al-air battery. Journal of Power Sources, 2019, 432: 55-64.

[107] Wang D, Zhang D, Lee K, et al. Performance of AA5052 alloy anode in alkaline ethylene glycol electrolyte with dicarboxylic acids additives for aluminium-air batteries. Journal of Power Sources, 2015, 297: 464-471.

[108] Li X, Li J, Zhang D, et al. Synergistic effect of 8-aminoquinoline and ZnO as hybrid additives in alkaline electrolyte for Al-air battery. Journal of Molecular Liquids, 2021, 322: 114946.

[109] Nie Y, Gao J, Wang E, et al. An effective hybrid organic/inorganic inhibitor for alkaline aluminum-air fuel cells. Electrochimica Acta, 2017, 248: 478-485.

[110] Wu S, Zhang Q, Sun D, et al. Understanding the synergistic effect of alkyl polyglucoside and potassium stannate as advanced hybrid corrosion inhibitor for alkaline aluminum-air battery. Chemical Engineering Journal, 2020, 383: 123162.

[111] Taeri O, Hassanzadeh A, Ravari F. Synergistic inhibitory effect of potassium sodium tartrate tetrahydrate and sodium stannate trihydrate on self-corrosion of aluminum in alkaline aluminum-air batteries. ChemElectroChem, 2020, 7(9): 2123-2135.

[112] Wang D, Li H, Liu J, et al. Evaluation of AA5052 alloy anode in alkaline electrolyte with organic rare-earth complex additives for aluminium-air batteries. Journal of Power Sources, 2015, 293: 484-491.

[113] Kang Q X, Zhang T Y, Wang X, et al. Effect of cerium acetate and *L*-glutamic acid as hybrid electrolyte additives on the performance of Al-air battery. Journal of Power Sources, 2019, 443: 227251.

[114] Coelho L B, Cossement D, Olivier M G. Benzotriazole and cerium chloride as corrosion inhibitors for AA2024-T3: an eis investigation supported by svet and ToF-SIMS analysis. Corrosion Science, 2018, 130: 177-189.

[115] Coelho L B, Taryba M, Alves M, et al. The corrosion inhibition mechanisms of Ce(Ⅲ) ions and triethanolamine on graphite—AA2024-T3 galvanic couples revealed by localised electrochemical techniques. Corrosion Science, 2019, 150: 207-217.

[116] Rodič P, Milošev I. The influence of additional salts on corrosion inhibition by cerium(Ⅲ) acetate in the protection of AA7075-T6 in chloride solution. Corrosion Science, 2019, 149: 108-122.

[117] Rodič P, Milošev I, Lekka M, et al. Study of the synergistic effect of cerium acetate and sodium sulphate on the corrosion inhibition of AA2024-T3. Electrochimica Acta, 2019, 308: 337-349.

[118] Zhou B, Wang Y, Zuo Y. Evolution of the corrosion process of AA2024-T3 in an alkaline NaCl solution with sodium dodecylbenzenesulfonate and lanthanum chloride inhibitors. Applied Surface Science, 2015, 357: 735-744.

[119] Sabet Bokati K, Dehghanian C. Adsorption behavior of 1h-benzotriazole corrosion inhibitor on aluminum alloy 1050, mild steel and copper in artificial seawater. Journal of Environmental Chemical Engineering, 2018, 6(2): 1613-1624.

[120] Wang L, Liu F, Wang W, et al. A high-capacity dual-electrolyte aluminum/air electrochemical cell. RSC Advances, 2014, 4(58): 30857-30863.

[121] Teabnamang P, Kao-Ian W, Nguyen M T, et al. High-capacity dual-electrolyte aluminum-air battery with circulating methanol anolyte. Energies, 2020, 13(9): 2275.

[122] Wang L, Cheng R, Liu C, et al. Tri-electrolyte aluminum/air cell with high stability and voltage beyond 2.2 V. Materials Today Physics, 2020, 14: 100242.

[123] Wang L, Wang W, Yang G, et al. A hybrid aluminum/hydrogen/air cell system. International Journal of Hydrogen Energy, 2013, 38(34): 14801-14809.

[124] Hopkins B J, Shao-Horn Y, Hart D P. Suppressing corrosion in primary aluminum-air batteries *via* oil displacement. Science, 2018, 362(6415): 658-661.

第 6 章 铝-空气电池设计与制造

铝-空气电池是一种将储存于金属铝内的化学能直接转换为电能的发电装置,具有比功率和比能量高、寿命长等优点,是一种环保节能、高效率的发电系统。近年来,开始开发独特、实用性铝-空气电池,包括集成式大功率储能铝-空气电池、便携式/可穿戴式铝-空气电池设计与组装,以进一步推动铝-空气电池大规模实用化。

6.1 大功率储能铝-空气电池

基于应用场景要求的大装机容量和高能量密度,储能式铝-空气电池主要以碱性水溶液电解质为主。水系铝-空气电池在运行过程中,OH^- 持续消耗,$Al(OH)_4^-$ 积累并逐渐达到饱和 (达到溶解度极限后沉淀),大大降低电解质的扩散速率和电导率。另一方面,生成的氢氧化铝为絮状沉淀或凝胶状沉淀,会逐渐在催化剂孔道及负极表面聚集,使负极钝化,电池内阻增加,极化现象加剧,电池性能衰退严重。同时,凝胶状沉淀还会吸附电解质溶液中的水,使电池需水量增加,电池相对密度变大,导致电池质量比能量下降;同时由于凝胶状沉淀很难清理,增加了电池系统后处理的难度。因此,需要电解液循环系统从外部提供净化或新鲜电解液,并带出含有饱和铝酸根及氢氧化铝沉淀的电解液,以消除放电产物的积累并确保铝-空气电池的高导电性 (足够的 OH^-)。另外,电解液的循环也能够有效解决电池放电过程中散热不均导致的局部过热问题,有利于电池性能的改善。

6.1.1 大功率储能铝-空气电池系统

Rudd 和 Gibbons 成功开发了单个全尺寸铝-空气电池系统,并集成了有效的电解质循环管理系统 (图 6.1) 以提供超过 5000 A·h 的运行,总能量密度为 3.9 kW·h·kg^{-1}(仅考虑铝的重量)[1]。热交换器的配置是用于避免电解质沸腾。这是因为在铝负极氧化过程中会释放大量热量。如果使用空气,则应要求使用 CO_2 洗涤器以避免碳酸盐在空气电极上沉淀,从而阻塞氧还原反应的有效催化位点。此外,还需要通过电解液槽中的过滤器去除反应产物,以保证循环过程中电解液的澄清。Swansiger 等提出了一种用于碱性铝-空气电池的连续结晶器 (电解质管理)[2]。它将铝酸盐从这种超饱和溶液中结晶为水铝酸盐,并将新鲜的电解液返回到电池中。亚稳态铝酸盐溶液通过与从电解液中过滤出来的晶种 $Al(OH)_3$ 接触,很容易水解成 Al(OH)$_3$。基本沉淀反应与拜耳法将铝土矿精炼成氧化铝的反应相同。热交换器有助于冷却电解质，防止其沸腾[3]。沉淀率与溶液中的锡有关。由于 0.06 M Sn 的存在，沉淀速率常数下降了约 40%[3]。

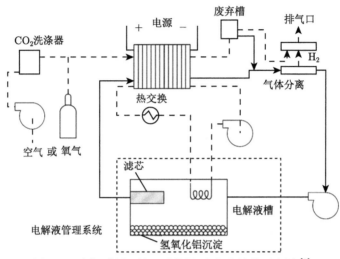

图 6.1　电解质循环管理系统铝–空气电池的示意图 [1]

O'Callaghan 还开发了一个可以长期储存的铝–空气备用电池组，为远程电信设备提供能量，由电源模块、服务模块和储液模块三个功能模块组成，如图 6.2 所示。当以 1 kW 范围的功率输出放电时，具有多个电池的空气电池组能够被快速激活 (30 min)，能量密度超过 360 W·h·kg^{-1}[4]。有研究报道，配备电解液循环且由多个单体电池 (两个模块中的 22 个单体电池) 组成的铝–空气电池样机，输出实用功率为 1.5 kW，考虑其总重量 (55 kg)，比能量为 270 W·h·kg^{-1}[5]。值得注意的是，当考虑到电池总重量时，大多数报道的电解质循环铝–空气电池组没有表现出比当前锂离子电池 (∼300 W·h·kg^{-1}) 更高的能量密度。这主要是由于铝析氢反应导致铝负极放电效率较低，不仅降低电池容量而且增加了爆炸性或火灾风险。因此，除了前面讨论的负极设计策略外，还应进行必要的电池设计以抑制水溶液中铝负极的寄生析氢以获得高能量密度。

以色列 Phinergy 公司采用两进两出的电解液循环方式，有效减小了电池扩散内阻，促进了产物的均匀分散；采用引入超声探针的方式为电解液系统提供动能，可以促进系统内部微观颗粒的高速运动，降低相互之间的有效碰撞，减小颗粒团聚，从而抑制氢氧化铝颗粒的产生；加入纳米级固体氧化锆或者氧化铈等添加剂，通过利用凝胶颗粒相同电荷排斥的原理来抑制胶体颗粒的聚沉从而降低较大颗粒的产生概率。其他方法包括设计收集寄生氢气的专用通道和允许电解液自由重力流动以消除使用外部泵的特殊设计，也可以实现在重复机械再填充的放电过程中保持较高的整体利用率 (> 90 %)[6]。然而，铝–空气电池的电解质管理必须对铝酸盐的水解有效且足够紧凑，以满足对高功率密度的迫切需求，并克服车辆推进舱的体积限制。这可能在很大程度上取决于铝–空气电池的设计工程和运行参数 (温度、电流密度、循环流量等)，这将在后面讨论。

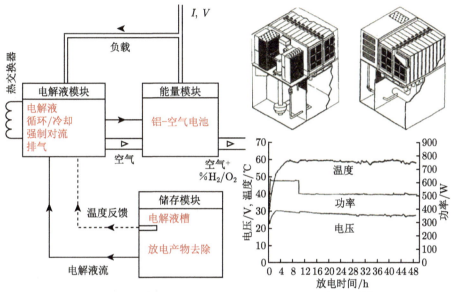

图 6.2 铝–空气电池在备用状态下长期存放的示意图 [4]

6.1.2 大功率储能铝–空气电池设计

大功率储能电池系统的目标是在合适的时间和场合提供额定电源。基于此，一个完整的铝–空气电池电源系统主要由电池堆、供给装置和电源综合管理装置等几个部分组成。

6.1.2.1 铝–空气电池电池堆

单体电池是铝–空气电池系统的核心单元。单体电池的稳定性、可靠性和一致性决定了系统的整体放电性能。单体电池的结构要能保证装配密封严密、空气电极形态稳定、反应区内液流均匀，这是提高单体电池性能的关键。图 6.3 是一种铝–空气电池模块结构。由图可知，单体电池主要由电池壳体、空气电极、铝电极、导电片和管道散热器等组成。空气电极和电池主体采用特殊黏结剂配合特定的结构黏结为一体，组成反应腔体。空气电极内外均设计有加强筋或压条，以提高空气电极形态的稳定性，防止空气电极受水压、温度变化等影响发生形变而破坏电池结构的一致性。空气电极一端焊有导电片，用于输出电流，导管散热器安装在电池壳体出液口处，用于冷却电解液。

图 6.3   单体铝–空气电池模块结构 [7]

电池工作时，电解液从进液口进入，经过变径进液管改变液流方向和均匀压力后，从梯形分液槽垂直流入反应区。电解液经过变径进液管道和梯形分液槽处理后，在反应区内横向流体分布接近均匀。由于电解液刚进入反应腔下部时温度较低，而到达反应腔上部时温度则相对较高，通过对反应区进行适当的梯度处理，扩大上部区域，增加上部散热介质，减小上下温差，保证电池反应区内各工作面的放电均匀，使铝电极的消耗均匀、彻底，提高放电效率。

一般情况下，铝–空气电池单体电压很低，为 1.6 V 左右。在具有一定的负载下，电池单体的输出电压通常为 1.1~1.3 V。这就意味着要把电池串联起来，必须得有足够的电压来保证这个过程。我们把单体电池串联成电池堆，所需的电压是多个电池电压的综合。在以往的研究中，传统金属空气电池堆采用双极板式的堆叠结构。

6.1.2.2   主要供给装置

目前主要的供给装置有铝负极供给装置、供液装置和空气供给 (散热) 装置。铝负极供给装置目前主要采用机械的更换方式。该方式具有操作简单、应用广泛、可携带性强等特点。适用于大量储备，以及在偏远地区的使用。电解液为电池电化学反应的载体以及参与者。电池工作时，泵送电解液流经正负极间的空隙到达各单电池顶端，由各支路回到电解液池，一部分电解液经过热交换器 (冷源是冷却风扇提供的空气流) 进行温度控制。在电池反应过程中，往往会发生放热反应。如果热量产生率太高，电池堆就会出现过热现象，影响反应的进行。这是由于对电池堆的冷却不充分，所以电池堆内部的温度超出正常的温度范围，对电池的工作性能有一定的影响。空气供给装置作散热使用，通过直流调速风扇鼓入外部空气，另有散热盘管负责电池堆的温度控制，采用包络的方式环绕在箱体内部。

6.1.3 铝–空气电池运行

铝–空气电池系统运行主要包括电解液温度、循环管理、电极距离等内在参数，优化运行参数对于铝–空气电池 (堆) 放电性能优化是至关重要的。一般地，参数优化采用数学建模和实验两种方法。本节将简要论述碱性水溶液铝–空气电池重要运行参数的建议。

6.1.3.1 温度

一般来说，高温有利于铝负极的活化，这是由于水溶液中传质和导电性增强[8]。随着温度从 20 ℃ 升高到 60 ℃，铝–空气电池在 KOH 溶液中的开路电压从 1.80 V 增加到 1.95 V[9]，并且在 60 ℃ 和 360 mA·cm^{-2} 下电池电压可高达 ~0.9 V[10]。然而，高温也大大增加了寄生析氢速率[11]，同时也大大增加了释放的热量，导致在没有强制冷却装置的长期运行情况下，电解液温度迅速上升甚至达到沸点。低温可以显著抑制铝–空气电池的寄生析氢反应 (降低传质速率和电导率)，在 −15 ℃ 下，铝负极可表现出 2480 mA·h·g^{-1} 的高比容量、相当低的电池电压[12]和较低的电流密度 (40 ℃ 时为 200~300 mA·cm^{-2}，25 ℃ 时小于 100 mA·cm^{-2})[13]。综合考虑，一般建议铝–空气电池系统运行温度在 60 ℃ 中等温度左右，以实现高放电性能和可接受的寄生析氢反应速率[1,10,14,15]。

6.1.3.2 电解液管理

电解液管理具体取决于铝–空气电池单元。对于单体电池，主要考虑电解液循环流量。一般情况下，高流速会迅速去除工作电池的放电产物，并将新鲜的电解液输送到电池中，这可以大大增强传质[16]，降低电极极化，提高电池电压和能量密度[17]。例如，对于电解液体积为 50 mL 的铝–空气电池，15 mL·min^{-1} 的循环流量[10]将电池功率密度从 173 mW·cm^{-2} 显著增加到 381 mW·cm^{-2}。然而，进一步将电解液流速提高到 20 mL·min^{-1}，功率密度提升效果有限。对于具有多个子电池的铝–空气电池堆，电解液管理涉及控制电池子模块中的电解液流量，基于电池系统的输出功率，除了循环流量外，还允许在最佳条件下或接近最佳条件下运行。所需数量的电池单元的电解液流量输入应取决于加速模式和牵引功率需求[18]。一块或几块电池单元将在需要时工作，而那些未使用电池单元不导入电解液。最后，计算所需的电解液流速。在这种情况下，随着功率的增加，电磁阀按顺序打开以允许更多的电池单元工作并需要更多的电解液 [18]。

6.1.3.3　其他参数

电极距离或正负极距离 (ACD) 对铝–空气电池的放电性能也有一定的影响。毫无疑问，较小的极距会导致较低的电阻和更快的传质，从而提高电池性能。极距对电流密度分布也有很大影响 [19]。然而，极距过小 (0.02 mm，通过放置一张厚度 0.02 mm 网纸隔离实现) 会使铝–空气电池产生严重极化 [10]。这可能是由于低极距限制了金属铝负极上 Al_2O_3 保护层的溶解。

施加的电流密度对铝–空气电池的放电性能 (电池电压、放电效率和能量密度) 有重要影响 [20]。一般来说，高电流密度会给电池带来显著的极化，导致电池电压快速下降，同时也使得金属铝负极电流效率几乎线性增加，最终往往超过 90%(在一些报道中甚至接近 100%)。因此，铝–空气电池一般在中等高电流密度下达到峰值能量密度。这主要是因为电池严重极化，电压线性下降。事实上，大电流密度意味着金属铝负极的快速反应溶解。由此，铝氧化释放的热量大幅增加，进而导致电解液温度显著升高。这对于多电芯铝–空气电池组的热管理可能存在问题，在电池设计和运行过程中应谨慎考虑。

工作气氛是铝–空气电池运行的另一个重要参数。纯 O_2 气氛有助于铝–空气电池达到高功率密度 $(545\ mW\cdot cm^{-2})^{[10]}$，这可能是由于溶解在电解液中的氧气大幅增加。使用纯 O_2 的另一个好处是避免空气中的 CO_2 与碱性电解质反应形成碳酸盐，碳酸盐沉积在空气电极上，从而降低氧还原反应活性 [1]。然而，供氧系统会增加电池的总重量，降低能量密度 (考虑总重量)。

6.2　可穿戴柔性铝–空气电池设计与组装

与大容量水性铝–空气电池相比，柔性铝–空气电池非常适用于功率需求为微瓦的便携式或可穿戴电子设备，因为可拉伸电极和电解质适用于特殊布置。主要的挑战是高柔韧性电解质和空气电极。一般来说，有效的策略是用某些离子导电材料来固定少量电解液。因此，柔性铝–空气电池的电解质甚至可以处于固态。本节将分别简要讨论具有水电解质和固态电解质的柔性铝–空气电池的最新发展。

6.2.1　纸片柔性铝–空气电池

纸材料已经被用作制造低成本、生态友好、便携式和柔性电源的关键部件，并用作电极分离器、电解质/氧化还原物质储存器或电极 (如导电纸)。毛细管纸基材料是承载氧还原反应催化剂和水性电解质 (通过毛细作用吸收) 的有效基材之一。因此，这种类型的铝–空气电池的电池性能和灵活性应主要取决于纸基基材的特性。具有极高表面积的多孔纸基材可以装载大量催化剂和电解质。通过用纸层和碳纳米管纸基体 (用镀银铜线包裹) 包裹铝线并将电解质吸收到碳纳米管纸基体中 (图 6.4)，构建的一次性电缆状柔性电池，可应用于通过试剂或生物液体 (磷酸盐缓冲盐水、尿液、唾液和血液等) 激活的便携式生物传感器 [21]。采用导电纺织材料将盐水电解质与电极分离，仅在电池需要激活时才导电，旨在提高铝–空气电池的灵活性和耐久性 [22,23]。

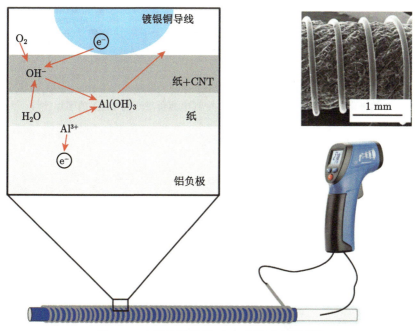

图 6.4　电缆状柔性铝–空气电池示意图 [21]

图 6.5 (a) 显示了一种柔性铝–空气电池，它采用铝箔和黏合碳复合材料放置在纤维素支架上作为基材，浸泡 12wt％ NaCl，可以保持良好的电池性能，每个电池比容量为 496 mA·h·g^{-1}，如图 6.5(b) 和 (c) 所示。电池在高水平变形的情况下，例如通过膨胀、折叠、堆叠和起皱 (图 6.5(d)) 能依旧保持良好的性能 [24]。类似的纤维素纸基铝–空气电池 (图 6.6(a)) 在 4 M NaOH 电解液中表现出令人满意的功率输出 (21 mW·cm^{-2}) 和高比容量 (1273 mA·h·g^{-1})，具有高柔性 (弯曲角度为 60°~180° 和多次弯曲)，如图 6.6(b) 所示。当使用盐水电解液时，含 25 mg 铝电池使用寿命长达 58 h [25]。作者进一步使用棉基材构建了一个棉基铝–空气电池，表现出比碳纸更高的峰值功率密度 (73 mW·cm^{-2}) [26]。结合现有的打印技术，在未来微型瓦特设备领域有巨大的应用潜力 [27,28]。

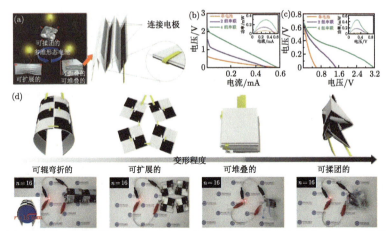

图 6.5　(a) 柔性铝–空气电池示意图；(b) 和 (c) 分别为串联电池组 (3×7 cm) 和并联电池组的极化曲线；(d) 动态变形下铝–空气电池负载红色 LED 的照片[24]

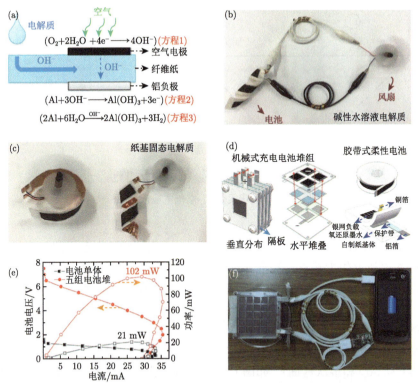

图 6.6　(a) 纸基铝–空气电池示意图；(b) 带有碱性水溶液的柔性铝–空气电池的照片；(c) 纸基负载凝胶固态电解质柔性铝-空气电池的照片；(d) 机械充电电池堆和柔性电池示意图；(e) 纸基铝–空气电池 5 芯电池组的性能；(f) 使用 5 芯电池组为便携式设备充电的演示[25,27,29-31]

Shen 等[32] 报道了一种纸基微流体铝–空气电池，采用由空气电极、隔板和负极组成的三层夹层结构来构建铝–空气电池，如图 6.7(a) 所示。微流体纸通道 (隔板) 夹在铝箔 (负极) 和钯/碳涂层石墨箔 (阴极) 之间，反应区位于电解液储存器和吸收垫之间，代替气体扩散空气电极，在阴极使用无孔石墨箔，使用薄的纤维纸有效地将电解质和 O_2 输送到电极表面，而无须使用任何昂贵的空气电极或外部泵装置进行流体输送，如图 6.7(b) 所示。它有 2750 $A \cdot h \cdot kg^{-1}$(电流密度为 20

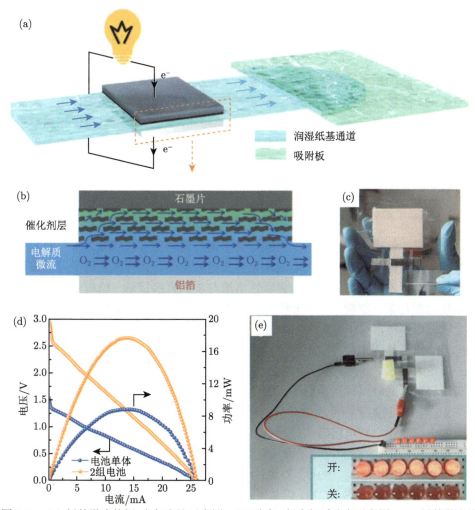

图 6.7 (a) 纸基微流体铝–空气电池示意图；(b) 富氧/低电解质分布示意图；(c) 纸基微流体铝气袋电池的照片；(d) 单个电池和两个相连的纸基微流体铝–空气电池的极化 (V-I) 和功率密度曲线；(e) 用微流体铝–空气电池为 6 个 LED 灯供电[32]

mA·cm^{-2}) 的比容量和 2900 W·h·kg^{-1} 的能量密度，分别是非流体电解质的 8.3 和 12.6 倍。以此为基础组装的纸基微流体铝–空气电池具有良好的经济性，可串联多个电池进行扩展，能够为 6 个 LED 灯供电 (图 6.7(c)~(e))。Katsoufis 等 [33] 使用 Al6061 板负极，带有 MnO$_2$ 电催化剂的吸气碳布正极和用 KOH 水溶液作为电解质浸泡的薄多孔纸构建了薄膜铝–空气电池，其开路电压和最大功率密度分别为 1.45 V 和 28 mW·cm^{-2}。

采用纸作微流体通道，以稳定的流速连续和自发地输送电解质溶液，这在很大程度上得益于纸上的毛细作用。多孔纸既是隔板又是微流体通道，用于将电解质运送到电极表面。这种独特的纸基微流体设计有望为铝–空气电池带来以下优势: 首先，铝负极在使用前与电解液分开储存，可以完全防止寄生腐蚀引起的自放电，延长电池保质期。其次，电解质的连续流动可以最小化负极/正极表面的非反应性放电产物的积累，防止电极表面钝化。再次，多孔纸通道内的毛细管驱动流动使得 O$_2$ 能够充分传质到正极，并且完全省略了昂贵空气电极的使用，避免了空气电极的孔堵塞问题。与传统 (微) 流电池相比，纸基铝–空气电池不需要泵等外部设备来循环电解液，这是纸基毛细管传输系统所独有的。尽管结构简单，但纸基铝–空气电池在功率密度和能量密度方面表现出优异的性能，这主要归功于独特的微流体配置。

6.2.2　固态电解质柔性铝–空气电池

应该说，使用毛细管纸基基材固定含水电解质仍然存在问题。水分蒸发大大降低了电解液的电导率，导致电池未完全放电就失效。此外，当用于可穿戴设备时，纸张电解液过载可能导致与强碱性溶液与皮肤直接接触。值得注意的解决方案是使用黏性聚合物糊剂 (如聚环氧乙烷 (PEO)、聚乙烯醇) 来固定电解质，形成全固态电解质，这在 6.2.1 小节中已经提到。大多数报道的用于铝–空气电池的固态电解质是基于水凝胶的电解质，由 3D 网络组成，在其固体聚合物基质中吸收并保留大量水。使用此类聚合物的优势包括易于从可再生、廉价且环保的来源获得原材料，同时保持高导电性。固体电解质最大挑战是其变形性和耐久性。

Xu 等 [34] 制备了一种高度灵活的全固态纤维状铝–空气电池，由铝弹簧负极、水凝胶电解质和空气电极组成，空气电极由包裹着银涂层的碳纳米管片制成，有助于实现卓越的电池性能，比容量和比能量分别为 935 mA·h·g^{-1} 和 1168 W·h·kg^{-1}。Liu 等 [35] 使用由 SiO$_2$、SnO$_2$ 和 ZnO 改性的具有成本效益、环保且可生物降解的壳聚糖水凝胶膜 (CS-HGM) 组装了一种便携式和可回收的硬币型铝–空气碱性电池。结果表明，采用 10% SiO$_2$-CS-HGM 作为隔膜的铝–空气纽扣电池与使用含有 SnO$_2$ 或 ZnO 相比，由于 SiO$_3^{2-}$ 的腐蚀抑制了生成 SiO$_2$ 和 KOH 之间的反应。此外，还开发了一系列简单的程序来回收放电后的铝–空气纽扣电池的组件。

回收后的最终产品对环境安全，可以重复使用或任意处置。

Peng 等[34] 报道了一种高度可变形的纤维形状的铝–空气电池，其通过在铝弹簧上依次涂覆凝胶电解质和包裹空气阴极 (碳纳米管/银纳米粒子混合片) 制成，在弯曲 1000 次循环后提供良好的拉伸性和持久的输出电压 (> 1 V)，还展示了可穿戴和便携式应用的演示。电池性能主要受空气电极的限制。在放电过程中，氧气在与电解液和空气接触的空气电极的三相边界处被还原。主要障碍是空气电极中氧扩散缓慢和无催化的氧还原反应迟缓。因此，人们进行了大量的努力来设计具有三维多孔框架的空气阴极，尽可能促进氧气通过气相扩散并增强氧还原反应催化活性。此外，传统的铝–空气电池通常表现为由当前空气电极实现的刚性体结构，不能满足下一代柔性和可穿戴电子设备所需的柔性和拉伸性。在这项研究中，一种新的纤维形状的铝–空气电池是通过依次涂覆凝胶电解质并将交叉堆叠的碳纳米管/银纳米粒子混合片作为空气电极包裹在弹性铝基底上来制备的。

这种设计提供了四个有前途的优点：① 排列和交叉堆叠的碳纳米管片产生多孔框架以有效地吸附氧，沉积的银纳米粒子作为高效催化剂以显著增强能量存储能力。② 改性水凝胶电解质减少了铝弹簧的腐蚀，增加了其稳定性和安全性。③ 碳纳米管片、水凝胶电解质和铝弹簧是柔性和可拉伸的，这为所得铝–空气电池提供了柔性和可拉伸性。④ 纤维的形状带来了一些有趣的特性，例如，这些铝–空气电池可以编织成自供电纺织品，以制造各种灵活和可穿戴的电子设备。这种纤维形状的全固态铝–空气电池，其空气阴极由交叉堆叠排列的碳纳米管/银纳米粒子片组成。交叉堆叠的混合片形成的高度多孔结构促进了气体扩散，催化了氧还原反应，并增强了电子传输，从而实现了高电化学性能，这种纤维形状的铝–空气电池还具有柔性和可拉伸性，在电子领域具有潜在应用价值，例如为智能服装供电。

固态电解质最受关注的是其在电池运行过程中的变形性和耐用性。一般情况下，加入一定量的非活性增强材料 (如玻璃纤维) 来增强水凝胶的稳定性以获得高柔韧性，大大降低了组装铝–空气电池的能量密度。通过将氢氧化钾或氯化钠水溶液浸渍到聚丙烯酰胺 (PAM) 薄膜中制备的碱性聚合物凝胶电解质 (PGE)[36]，具有柔韧性好、离子电导率高 ($\sigma=0.33$ S·cm^{-1})、易于制造等优点和可扩展性，使用中性 pH PGE 和家用铝箔负极组装的柔性铝–空气电池输出的面积比容量高达 20 mA·h·cm^{-2}。

聚合物凝胶电解质膜具有良好的电化学性能，但当其成膜厚度较小时，机械强度明显降低，制备难度较大。厚度在 1 mm 以下的电解质膜在弯曲变形时易发生破裂，造成电池短路。因此在柔性薄膜铝–空气电池中，需要为电解质提供一个载体，作为电池的机械支撑及正负电极的隔离层，保证在弯折状态下电池不至于发生破坏或短路。该载体应兼顾对凝胶电解质的吸附及储存能力，保证电解质成分可以在其中自由扩散，同时具有一定的强度、柔性及韧性。

纸基基材也适合携带水凝胶电解质。通过将凝胶电解质 (60 mg 胶凝聚丙烯酸钠和 2 mL 10 M NaOH 溶液) 浸渍到多孔纤维素纸中制备的纸基固体电解质 (PBSE) 代替水性电解质,也可以实现柔韧性铝–空气电池,其次是固溶铸造工艺 [30]。通过优化电解质特性,包括聚合物浓度、凝胶负载和溶液浇铸时间 [31],基于纸基固体电解质的电池功率输出可以进一步从 $3.5\,\mathrm{mW\cdot cm^{-2}}$ 提高到 $6.4\,\mathrm{mW\cdot cm^{-2}}$。这种纸基铝–空气电池已成功设计并用于 LED 灯或风扇的机械可充电电池组 (垂直或平面),以及用于可穿戴电子设备的柔性电池胶带。例如,5 芯电池组的开路电压为 7.7 V,堆叠效率高达 97%,且成功为便携式电子产品充电。

宣纸是由植物纤维组成的网络组织,疏松多孔且轻薄柔韧,是电解质的理想载体。图 6.8(a)~(d) 所示为选用宣纸制备纸基凝胶隔离层制备柔性薄膜铝–空气电池流程示意图。上述铝箔金属负极、纸基凝胶电解质层和超薄碳膜空气电极

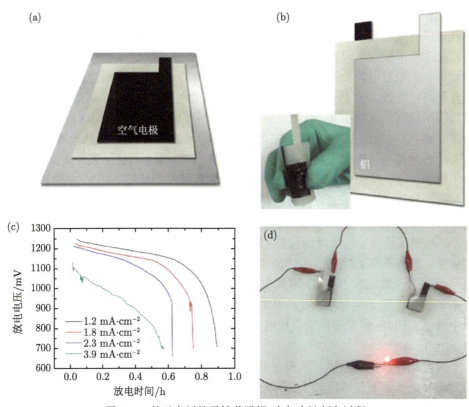

图 6.8   基于宣纸的柔性薄膜铝–空气电池制备过程

(a) 贴合碳膜空气电极; (b) 贴合铝箔金属电极 (插图为成形电池弯折示意图); (c) 放电曲线; (d) 串联电池负载
LED 灯展示 [37]

顺次层叠，得到柔性薄膜铝–空气电池，厚度仅为 0.32 mm，具有良好的可弯折性。由图 6.8(c) 可以看出，柔性薄膜铝–空气电池放电过程中，电压曲线保持稳定；待铝金属材料消耗完全，电压迅速下降。放电电流密度较大 (3.9 mA·cm^{-2}) 时，受制于纸基凝胶电解质中离子扩散速率，电池极化现象明显，电压随放电时间近似线性下降。根据公式计算，得到柔性薄膜铝–空气电池放电过程中，不同电流密度下的平均有效电压。电池稳定工作在 1.1 V 附近，随着放电电流的升高，工作电压有所下降。电流密度达到 3.9 mA·cm^{-2} 时，平均有效放电电压低于 1.0 V；为保证电池能够提供持续稳定的工作电压，柔性薄膜铝–空气电池的放电电流密度不应超过 4.0 mA·cm^{-2}。电池功率密度随电流密度增大而升高，最高可达 3.7 mW·cm^{-2}。图 6.8(d) 展示了柔性铝–空气电池串联负载 LED 灯工作。

Ma 等[38] 还使用通过静电纺丝制备的含有碳化铁 (Fe$_3$C@N-CF) 的 N 掺杂碳纳米纤维构建了灵活且可穿戴的全固态铝–空气电池 (图 6.9(a) 和 (b))。所制备的 Fe$_3$C@N-CF 表现出出色的催化活性和氧还原反应的稳定性 (图 6.9(c))，使组装的铝–空气电池显示出稳定的放电电压 (1.61 V)，稳定性可持续 8h，比容量为 1287.3 mA·h·g^{-1}，能够在平面和弯曲状态下为发光二极管 (LED) 手表供电 (图 6.9(e)~(g))。由纯铝箔负极、Fe(III)-蒽醌-2, 6-二磺酸盐 (AQDS) 掺杂的聚苯胺空气阴极和 NH$_4$Cl、三乙醇胺 (TEA) 及 NaNO$_3$ 组成的铝–空气电池表现出的

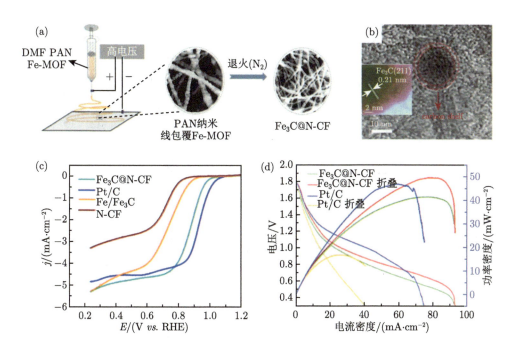

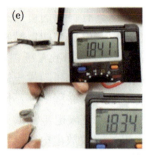 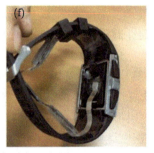 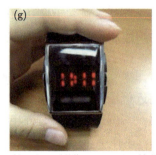

图 6.9　(a) Fe₃C@N-CF 的制备过程示意图；(b) Fe₃C@N-CF 的 TEM 图像；(c) 不同催化剂在 O_2 饱和 0.1 M KOH 溶液中 1600 r·min⁻¹ 的氧还原反应极化曲线；(d) 固态铝–空气电池的电流密度和功率密度；(e)～(g) 带有 Fe₃C@N-CF 空气阴极的铝–空气电池的数字图像，显示其平坦和弯曲状态下的开路电势，并为 LED 手表供电[38]

DMF. 二甲基甲酰胺；PAN. 聚丙烯腈；MOF. 金属–有机框架

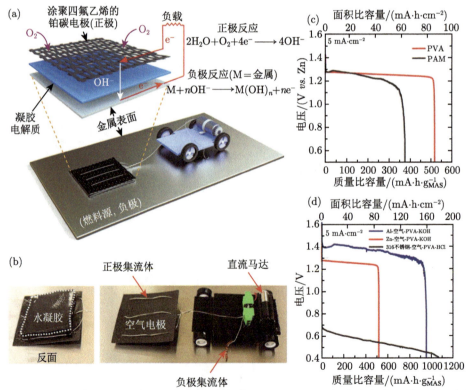

图 6.10　(a) 为电动汽车提供动力的金属–空气电池的图示；(b) 金属–空气电池的照片，附在铝制表面上的 3D 打印电动汽车上；(c)、(d) 在铝、锌和 316 不锈钢表面上使用聚乙烯醇 (PVA) 电解质金属–空气电池的输出电压和比容量[40]

放电电压平台和放电比容量分别为 1.2 V 和 50 mA·h·cm^{-2}，其具有低成本和环境友好性[39]。Wang 等[40] 展示了一种由水凝胶电解质 (聚丙烯酰胺或聚乙烯醇) 组成的金属–空气电池，在铝表面上为电动汽车提供动力 (图 6.10(a))，而无须在车上携带材料 (图 6.10(b))。该金属–空气电池 (MAS) 的比能量和比功率分别可达 159 mA·h·cm^{-2} 和 130 mW·cm^{-2} (图 6.10(c))。

6.3 多功能组合铝–空气电池

也有部分研究报道了与其他电化学装置组合形成的多功能铝–空气电池。例如，一种独特的混合铝/氢–空气电池，将 H$_2$-空气燃料电池集成到铝–空气电池中，以直接利用寄生反应产生的氢气发电展示了最大功率密度范围在 1~5 M NaOH 电解液中从 23~45 mW·cm^{-2} 不牺牲其整体效率[41]。这种组合充分利用了金属铝负极自腐蚀产生的氢气，不仅提高了能量效率，还避免了因大量氢气溢出产生的风险。也有报道使用铝–空气电池与其他电化学电池合作实现了多功能。Ghahari 等介绍了金属–空气脱盐电池 (MADB) 的原型，具有在三室电池中同时发电的能力，如图 6.11(a)[42] 所示。在电流密度为 6.58 A·m^{-2} 下，MADB 的峰值功率密度和电池电压分别为 2.83 W·m^{-2} 和 0.43 V，显示脱盐效率为 37.8%，在 14 h 运行中产生 10 mW·h 的能量。铝–空气电池还可与微生物电解槽 (MEC) 组合，可用于制氢和混凝剂的生产，完全无需外接提供能量 (图 6.11(b))[43]。铝–空气电池 (28 mL) 使用 NaCl 电解质产生 0.58~0.80 V 的电压，为 MEC(2 mL) 提供动力，以 $(0.19 \pm 0.01)\text{m}^3$-H$_2$·m^{-3}·d^{-1} 的速率产生氢气。

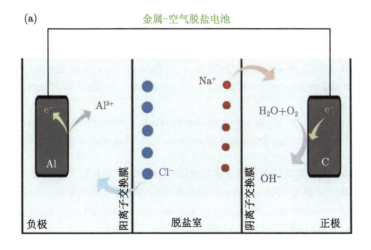

(a)

金属–空气脱盐电池

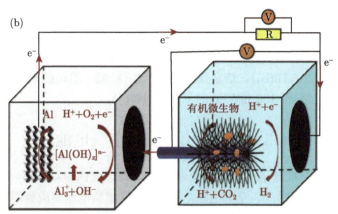

图 6.11　(a) MADB 的工作原理示意图；(b) MEC 与铝–空气电池组合系统示意图 [43]

参 考 文 献

[1] Rudd E J, Gibbons D W. High Energy density aluminum/oxygen cell. Journal of Power Sources, 1994, 47(3): 329-340.

[2] Swansiger T G, Misra C. Development and Demonstration of Process and Components for the Control of Aluminum-Air-Battery Electrolyte Composition through the Precipitation of Aluminum Trihydroxide. Final Report. Livermore: Aluminum Company of America, 1982.

[3] Egan D R, Ponce De León C, Wood R J K, et al. Developments in electrode materials and electrolytes for aluminiumair batteries. Journal of Power Sources, 2013, 236: 293-310.

[4] O'callaghan W, Fitzpatrick N, Peters K. The aluminum-air reserve battery-a power supply for prolonged emergencies. Eleventh International Telecommunications Energy Conference, 1989: 18.3/1-18.3/6.

[5] Ilyukhina A V, Kleymenov B V, Zhuk A Z. Development and study of aluminum-air electrochemical generator and its main components. Journal of Power Sources, 2017, 342: 741-749.

[6] Chen B, Leung D Y C. A low-cost mechanically rechargeable aluminumair cell for energy conversion using low-grade aluminum foil. Journal of Electrochemical Energy Conversion and Storage, 2016, 13(1): 011001.

[7] 朱明华. 铝–空气电池电解液和循环系统的研究. 哈尔滨: 哈尔滨工业大学, 2017.

[8] See D M, White R E. Temperature and concentration dependence of the specific conductivity of concentrated solutions of potassium hydroxide. Journal of Chemical & Engineering Data, 1997, 42(6): 1266-1268.

[9] Hu T, Li K, Fang Y, et al. Experimental research on temperature rise and electric characteristics of aluminum air battery under open-circuit condition for new energy vehicle. International Journal of Energy Research, 2019, 43(3): 1099-1110.

[10] Wen H, Liu Z, Qiao J, et al. High energy efficiency and high power density aluminum-air flow battery. International Journal of Energy Research, 2020, 44: 7568-7579.

[11] Brito P S D, Sequeira C A C. Organic inhibitors of the anode self-corrosion in aluminum-air batteries. Journal of Fuel Cell Science and Technology, 2014, 11(1): 011008.

[12] Zuo Y, Yu Y, Zuo C, et al. Low-temperature performance of Al-air batteries. Energies, 2019, 12(4): 612.

[13] Ilyukhina A V, Zhuk A Z, Kleymenov B V, et al. The influence of temperature and composition on the operation of Al anodes for aluminum-air batteries. Fuel Cells, 2016, 16(3): 384-394.

[14] Zaromb S. The use and behavior of aluminum anodes in alkaline primary batteries. Journal of the Electrochemical Society, 1962, 109(12): 1125.

[15] Doche M L, Novel-Cattin F, Durand R, et al. Characterization of different grades of aluminum anodes for aluminum/air batteries. Journal of Power Sources, 1997, 65(1): 197-205.

[16] Yang S H, Knickle H. Modeling the performance of an aluminumair cell. Journal of Power Sources, 2003, 124(2): 572-585.

[17] Teabnamang P, Kao-Ian W, Nguyen M T, et al. High-capacity dual-electrolyte aluminum-air battery with circulating methanol anolyte. Energies, 2020, 13(9): 2275.

[18] Zhang X, Yang S H, Knickle H. Novel operation and control of an electric vehicle aluminum/air battery system. Journal of Power Sources, 2004, 128(2): 331-342.

[19] Yang S, Yang W, Sun G, et al. Secondary current density distribution analysis of an aluminumair cell. Journal of Power Sources, 2006, 161(2): 1412-1419.

[20] Hu T, Fang Y, Su L, et al. A novel experimental study on discharge characteristics of an aluminum-air battery. International Journal of Energy Research, 2019, 43(1): 1-9.

[21] Fotouhi G, Oqier C, Kim J H, et al. A low cost, disposable cable-shaped Al-air battery for portable biosensors. Journal of Micromechanics and Microengineering, 2016, 26(5): 055011.

[22] Briedis U, Vališevskis A, Zelca Z. Flexible aluminium-air battery for enuresis alarm system. 16th International Scientific Conference Engineering for Rural Development, 2017.

[23] Vališevskis A, Briedis U, Juchnevičienė Ž, et al. Design improvement of flexible textile aluminium-air battery. The Journal of the Textile Institute, 2019, 111(7): 985-990.

[24] Choi S, Lee D, Kim G, et al. Shape-reconfigurable aluminum-air batteries. Advanced Functional Materials, 2017, 27(35): 1702244.

[25] Wang Y, Kwok H Y H, Pan W, et al. Combining Al-air battery with paper-making industry, a novel type of flexible primary battery technology. Electrochimica Acta, 2019,

319: 947-957.

[26] Pan W, Wang Y, Kwok H Y H, et al. A low-cost portable cotton-based aluminum-air battery with high specific energy. Energy Procedia, 2019, 158: 179-185.

[27] Wang Y, Kwok H, Pan W, et al. Innovative paper-based Al-air batteries as a low-cost and green energy technology for the miniwatt market. Journal of Power Sources, 2019, 414: 278-282.

[28] Wang Y, Kwok H Y H, Pan W, et al. Printing Al-air batteries on paper for powering disposable printed electronics. Journal of Power Sources, 2020, 450: 227685.

[29] Wang Y, Kwok H Y H, Pan W, et al. Parametric study and optimization of a low-cost paper-based Al-air battery with corrosion inhibition ability. Applied Energy, 2019, 251: 113342.

[30] Wang Y, Pan W, Kwok H, et al. Low-cost Al-air batteries with paper-based solid electrolyte. Energy Procedia, 2019, 158: 522-527.

[31] Wang Y, Pan W, Kwok H Y H, et al. Liquid-free Al-air batteries with paper-based gel electrolyte: a green energy technology for portable electronics. Journal of Power Sources, 2019, 437: 226896.

[32] Shen L L, Zhang G R, Biesalski M, et al. Paper-based microfluidic aluminumair batteries: toward next-generation miniaturized power supply. Lab on a Chip, 2019, 19(20): 3438-3447.

[33] Katsoufis P, Katsaiti M, Mourelas C, et al. Study of a thin film aluminum-air battery. Energies, 2020, 13(6): 1447.

[34] Zhao Y, Xu Y, Peng H. An all-solid-state fiber-shaped aluminum-air battery with flexibility, stretchability, and high electrochemical performance. Angewandte Chemie, 2016, 55(28): 7979.

[35] Liu Y, Sun Q, Yang X, et al. High-performance and recyclable Al-air coin cells based on eco-friendly chitosan hydrogel membranes. ACS Applied Materials & Interfaces, 2018, 10(23): 19730-19738.

[36] Tan M J, Li B, Chee P, et al. Acrylamide-derived freestanding polymer gel electrolyte for flexible metal-air batteries. Journal of Power Sources, 2018, 400:566-571.

[37] 张昭. 全固态聚合物铝–空气电池研究. 吉林: 吉林大学, 2014.

[38] Ma Y, Sumboja A, Zang W, et al. Flexible and wearable all-solid-state Al-air battery based on iron carbide encapsulated in electrospun porous carbon nanofibers. ACS Applied Materials & Interfaces, 2019, 11(2): 1988-1995.

[39] Cao H, Si S, Xu X, et al. A novel flexible aluminum//polyaniline air battery. International Journal of Electrochemical Science, 2019, 14: 9796-9804.

[40] Wang M, Joshi U, Pikul J H. Powering electronics by scavenging energy from external metals. ACS Energy Letters, 2020, 5(3): 758-765.

[41] Wang L, Wang W, Yang G, et al. A hybrid aluminum/hydrogen/air cell system. International Journal of Hydrogen Energy, 2013, 38(34): 14801-14809.

[42] Ghahari M, Rashid-Nadimi S, Bemana H. Metal-air desalination battery: concurrent

energy generation and water desalination. Journal of Power Sources, 2019, 412: 197-203.

[43] Han X, Qu Y, Dong Y, et al. Microbial electrolysis cell powered by an aluminum-air battery for hydrogen generation, *in-situ* coagulant production and wastewater treatment. International Journal of Hydrogen Energy, 2018, 43(16): 7764-7772.

第 7 章 二次铝–空气电池

1996 年，Abraham 和 Jiang[1] 首次报道了可充电的 Li-O$_2$ 电池[2]，在 2006 年演示的 Li-O$_2$ 电池可持续循环数十次。随后，对于 Li-O$_2$ 电池[3-5] 的研究兴趣迅速增长，且有望代替锂离子电池。金属铝不能在水溶液中实现可逆电沉积，因此水系铝–空气电池无法实现可逆充放电，一般都只能作为一次性大功率电源，不能充电循环使用。同时，一次铝–空气电池存在电极腐蚀、碳酸盐沉积、电解液挥发和泄漏等问题，因此非水系二次铝–空气电池逐渐受到重视。目前可充电的二次铝–空气电池尚处于初步的可行性探索阶段。本章将详细介绍二次铝–空气电池氧还原与析出双功能正极材料和电解液的设计与制备。

7.1 电 解 液

一般来说，在水电解质中不可能将 Al^{3+} 还原为 Al。因此，需要一种合适的电解液来实现铝–空气电池充电过程中铝沉积反应。常应用于锂空气电池的非质子电解质，如有机碳酸盐、醚类和酯类，不能有效地溶解铝负极表面的氧化层，从而无法实现对铝负极的激活，因此不适用于铝–空气电池[6,7]。非质子离子液体 (IL) 和以共晶溶剂为基础的电解质为实现金属铝的沉积/溶解开辟了新的前景，特别是在抑制钝化层和铝负极自放电方面[8,9]。

氯铝酸盐熔体因其对电沉积铝[10] 的高亲和力在 20 世纪 70 年代被认为是开发二次铝电池的可能电解质[11,12]。二次铝–空气电池电解质研究广泛借鉴非水系铝电池，采用室温离子液体取代传统的碱性水电溶液作为电解质，从而实现铝–空气电池的可逆充放电[10,13,14]。由 AlCl$_3$ 等有机盐合成的离子液体用于可充电铝–空气电池的研究报道较为广泛[13-16]，尤其是在超干燥气氛下评估了 AlCl$_3$ 基尿素、AlCl$_3$ 基乙酰胺和 AlCl$_3$ 基 1-乙基-3-甲基咪唑氯 (EMImCl) 作为可充电铝–空气电池电解质的可行性。另外，也有研究报道使用固态电解质成功制备了半/全固态二次铝–空气电池，但仍处于初步摸索阶段。

7.1.1 离子液体电解液

离子液体指的是一种完全由阴、阳离子构成的低温熔融盐，室温下是液体，因此又被称为室温离子液体，因为它一般不易挥发、不易燃、耐热性高、化学性质稳定且分解电压高，是目前二次金属空气电池中最热门的电解液候选者之一。离子液体的种类很多, 其中 $AlCl_3$ 型离子液体最先被研究且成功应用于金属空气电池中。

$AlCl_3$ 型离子液体对水 (包括空气中的水蒸气) 极其敏感, 特别容易吸水且 $AlCl_3$ 会与水发生反应生成 HCl 杂质, 因此必须要存放在真空或者惰性气体中, 这在很大程度上限制了 $AlCl_3$ 型离子液体的使用。因此, 寻找对空气和水稳定的 $AlCl_3$ 型离子液体也将会是改善铝–空气电池性能的一种途径和方法, 而 1-丁基-1-甲基吡咯烷鎓双 (三氟甲基磺酰基) 酰亚胺 (BMPTFSI)、1-乙基-3-甲基咪唑双 (三氟甲基磺酰基) 酰胺 (EMImTFSI) 和 1-乙基-3-甲基咪唑四氟硼酸 (EMIBF4) 等对空气和水稳定, 被认为是很有可能与 $AlCl_3$ 混合得到铝–空气电池优良电解液的离子液体 [17-119]。

$AlCl_3$ 型离子液体最早是在电解铝时发现的 [20]。$AlCl_3$ 与合适的有机氯化物 (如氯化 1-乙基-3-甲基咪唑 [EMImCl]) 融合形成的离子液体被称为 $AlCl_3$ 型离子液体。氯铝酸盐离子液体表现出路易斯酸碱化学性质, 可直接与水中的布朗斯台德酸度相比较。正如质子浓度控制水溶液中的化学和电化学一样, 氯酸度决定了氯铝酸盐离子液体的形态、反应性和电化学。熔体的组成决定了它的氯酸度。当氯给体与 $AlCl_3$ 酸发生逐步路易斯酸碱反应时, 氯铝酸盐阴离子按以下平衡反应形成:

$$Cl^-(l) + AlCl_3(s) \rightleftharpoons AlCl_4^-(l), \quad k = 1.6 \times 10^{19} \tag{7-1}$$

$$AlCl_4^-(l) + AlCl_3(s) \rightleftharpoons Al_2Cl_7^-(l), \quad k = 1.6 \times 10^3 \tag{7-2}$$

$$Al_2Cl_7^-(l) + AlCl_3(s) \rightleftharpoons Al_3Cl_{10}^-, \quad k = 1.0 \times 10^1 \tag{7-3}$$

$AlCl_3$ 型离子液体酸碱性及阴离子种类主要取决于 $AlCl_3$ 与 EMImCl 比例。当 $AlCl_3$:EMImCl=1(摩尔比) 时离子液体呈中性, 此时构成离子液体的阴离子主要是 $[AlCl_4]^-$; 当 $AlCl_3$:EMImCl>1(摩尔比) 时得到酸性离子液体, 阴离子主要是 $[Al_2Cl_7]^-$ 和 $[AlCl_4]^-$; 当 $AlCl_3$:EMImCl <1(摩尔比) 时得到的碱性离子液体中的阴离子主要是 $[AlCl_4]^-$ 和 Cl^-。早期研究以 NaCl-$AlCl_3$-(1,4-二甲基-1,2,4-三唑氯电解液或 1-甲基-3-乙基氯化咪唑) 为基础开发高温熔盐铝电池 [21,22]。研究结果发现, $[AlCl_4]^-$ 和 $[Al_2Cl_7]^-$ 两种含铝配合物中任意一种阴离子均可通过 3 电子反应放电而发生铝沉积反应, 反应式如下:

$$4Al_2Cl_7^-(l) + 3e^- \rightleftharpoons Al + 7AlCl_4^- \tag{7-4}$$

由此可知, 阴离子 $Al_2Cl_7^-$ 是实现铝–空气电池充放电的关键载流子。因此, 金属铝只有在酸性 $AlCl_3$/EMImCl 离子液体中可以发生溶解和沉积反应。Mori[23] 在采用 $AlCl_3$ 和 1-乙基-3-甲基氯化咪唑以 2:1 比例混合作电解液时也发现, $AlCl_3$

在离子液体中占比大于 0.5 时，液体中才有可观的 $AlCl_4^-$ 和 $Al_2Cl_7^-$ 阴离子。有观点认为具体充放电过程总反应机理如下 [24]：

$$4Al_2Cl_7^-(l) + 3O_2 + 12e^- \rightleftharpoons 2Al_2O_3 + 4AlCl_4^- + 12Cl^- \tag{7-5}$$

$$4AlCl_4^-(l) + 3O_2 + 12e^- \rightleftharpoons 2Al_2O_3 + 16Cl^- \tag{7-6}$$

Revel 等 [13] 合成了碱性、中性和酸性三种氯铝酸盐离子液体，$AlCl_3$/EMImCl 的配比分别为 0.67、1 和 1.5 (对应的 $AlCl_3$ 摩尔分数为 0.4、0.5 和 0.6)。三种离子液体 (RTIL) 离子电导率如表 7.1 所示。室温下基于 EMIm$^+$ 的典型的离子液体的电导率在 $10\ mS·cm^{-1}$ 这一水平 [25]。Jiang 等 [26] 报道了 $AlCl_3$/EMImCl (1.5/1) 在 30 ℃ 时的电导率为 $15\ mS·cm^{-1}$。Yue 测量了 $AlCl_3$/EMImCl 离子液体在最大摩尔比为 1 的情况下的电导率变化，在 $AlCl_3$/EMImCl 的配置离子液体情况下，观察到同样的电导率变化 [27]。这种行为是由阴离子的种类根据比例的变化导致的。

表 7.1　酸性、中性和碱性 $AlCl_3$/EMImCl 离子液体的离子电导率和电阻

溶液	酸性	中性	碱性
$AlCl_3$:EMImCl	1.5	1	0.67
R_b/Ω	0.89	0.79	2.18
σ/(mS·cm^{-1})	14.0	15.8	5.7

图 7.1 所示为三种离子液体溶液以钨电极为参比电极获得的循环伏安曲线。曲线 a 是酸性离子液体以钨为电极获得的循环伏安曲线，在此条件下，$AlCl_4^-$ 和 $Al_2Cl_7^-$ 为主要阴离子，溶液中不存在游离 Cl^-。负极电化学反应是 $AlCl_4^-$ 在氯中氧化，正极是 $Al_2Cl_7^-$ 电沉积铝。在中性离子液体中 (曲线 b)，阳极极限电势与酸性离子液体相同，但阴极极限电势为 2.3 V，比 Al/Al^{3+} 更负。在这种情况下，没有更多的 $Al_2Cl_7^-$ 被电沉积，而是 EMIm$^+$ 的还原反应。在碱性离子液体中 (曲线 c)，这种还原反应仍可在低电势下观察到，在负极方面，氯的产生仍然存在。电势不同于酸性或中性离子液体，因为游离 Cl^- 仅在碱性离子液体中存在。在截止电流密度为 $0.7\ mA·cm^{-2}$ 的条件下，酸性、中性和碱性离子液体的电化学窗口分别为 2.6 V、4.6 V 和 3.1 V。中性离子液体的电化学窗口非常宽，这是由于 Cl^- 的缺失会缩短阳极极限，而且 $Al_2Cl_7^-$ 的缺失会缩短阴极极限，然而，由于这些极限与物种浓度密切相关，基本离子液体的化学计量比的细微变化将不可避免地导致电化学窗口的减小。图 7.2 所示为使用 EMIm/$AlCl_3$ 电解液的铝–空气电池在不同电流密度下的放电曲线。利用酸性 $AlCl_3$/EMImCl 离子液体为电解液制成的铝–空气电池的电流密度可以达到 $0.6\ mA·cm^{-2}$，平均电压范围为 0.6～0.8 V。由

于极化损失，电池电压随着电流密度的增加而降低。通过半电池去监测自放电现象，测量铝负极在不同离子液体电解液中的腐蚀速率，结果表明，与水系电解液相比，铝在 $AlCl_3$/EMImCl 离子液体电解液中的腐蚀速率非常稳定，且中性电解质的腐蚀性小于酸性和碱性电解质。

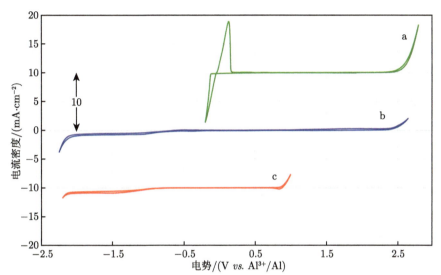

图 7.1 $AlCl_3$/EMImCl 离子液体在 20 mV·s^{-1} 扫速下的循环伏安图 [13]

(a) 酸性；(b) 中性；(c) 碱性

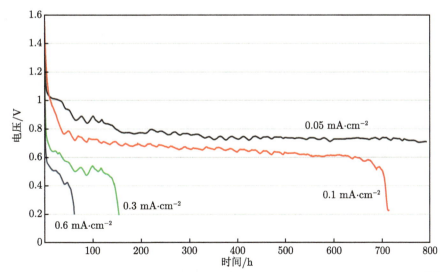

图 7.2 使用 EMIm/$AlCl_3$ 电解液的铝–空气电池在不同电流密度下的放电曲线 [13]

也有研究报道尿素和乙酰胺基深共晶溶剂对 Al 的沉积/溶出具有明显的可逆活性 [28]，且在很宽的温度范围内都是液体，对水相对不敏感，并具有离子液体的特性，是用于铝电沉积良好的电解质。酰胺基与 AlCl$_3$ 反应生成带正电的络合物和带负电的 AlCl$_4^-$ 阴离子，具体反应式如下：

$$AlCl_3 + nAmide \rightleftharpoons [AlCl_2 \cdot nAmide]^+ + AlCl_4^- \tag{7-7}$$

Drillet 等 [16] 在超干燥的半电池和全电池条件下，系统评价了 AlCl$_3$ 基乙酰胺和尿素深共晶溶剂以及 EMImCl 离子液体作为二次可充电铝–空气电池电解质的可行性。半电池测量结果表明，所有研究的电解质对铝的溶解/沉积具有令人满意的活性，过电压和稳定性存在一定的差异。图 7.3 所示为使用不同 AlCl$_3$ 基离子液体在热解石墨箔上沉积/解沉积铝的前 10 个周期的循环伏安图。由图可看出强度、形状和可逆性存在明显差异。虽然 EMImCl 和尿素体系具有高度可逆的阳极和阴极行为，但峰值强度随着循环次数的增加而不断下降，如图 7.3(a) 所示。相比之下，使用乙酰胺电解质的电池更稳定，但峰形不对称 (图 7.3(b))，

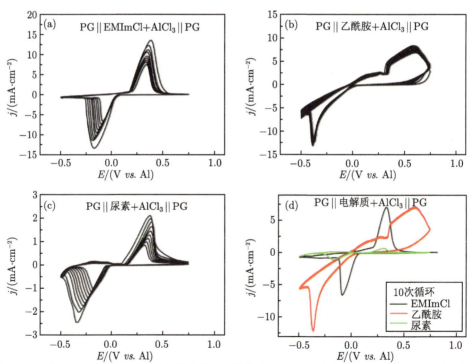

图 7.3 使用不同 AlCl$_3$ 基离子液体在热解石墨箔上沉积/解沉积铝的前 10 个周期的循环伏安图 (扫描速度 10 mV·s^{-1})[16]

(a) EMImCl；(b) 乙酰胺；(c) 尿素；(d) 三者的比较

而且比较奇怪,这可以用电解质中存在的两种铝物种 $[AlCl_2 \cdot n\text{Amide}]^+$ 和 $Al_2Cl_7^-$ 来解释。尿素 $+AlCl_3(1:1.5)$ 循环伏安图 (图 7.3(c)) 显示,前 10 个循环电流密度大幅度降低。从峰值积分开始,以零线为基线,计算了从 EMImCl、乙酰胺和尿素电解质沉积/解沉积铝的第一个循环的电荷效率分别为 98%、93% 和 95%。图7.3(d) 清楚地表明不仅在 EMImCl 混合物中铝沉积/解沉积动力学更快,而且反应峰之间的电势差峰值最大值 (415 mV) 远远小于酰胺 (970 mV) 以及其与尿素的混合物 (505 mV)。使用含尿素的电解液 (图 7.3(c)) 时,阴极铝沉积尤其有助于电势向更负的值移动,而且值得注意的是,在尿素中 Al 的沉积/解沉积的反应峰强度是 EMImCl 的 1/6,这可能是由于相比于 EMImCl 基电解液,尿素基电解液具有更高的黏度。

在全电池条件下,$AlCl_3$ 基乙酰胺、尿素以及 EMImCl 离子液体都表现出较好的活性和循环能力。图 7.4 所示为使用不同电解液铝–空气电池循环充放电曲线及相应的电流、能量效率。由于在电池组装前未在热解石墨上沉积铝,极化过程总是从充电阶段开始的。就电池电压而言,所有系统的最佳性能都在前 100 h 内产生。然而,$10\sim15$ 次循环后,电池性能,尤其是可逆比容量持续下降。这可能与电解液的降解和/或进气中残留的水分有关,这些水分可以与氯铝酸盐反应形成 $Al(OH)_3$ 和 HCl。在乙酰胺电解液中,在 100 $\mu A \cdot cm^{-2}$ 的电流密度下进行前 15 次充放电循环,充放电周期限制在 3 h,计算得到的电流效率和能量效率分别为 84% 和 56%。由于理论可逆电解质容量评估约为 28 $mA \cdot h$,而实际组装铝–空气电池只达到理论比容量的 2.5%。图 7.4(d)$\sim$(f) 显示了电池在 35 次循环期间的电

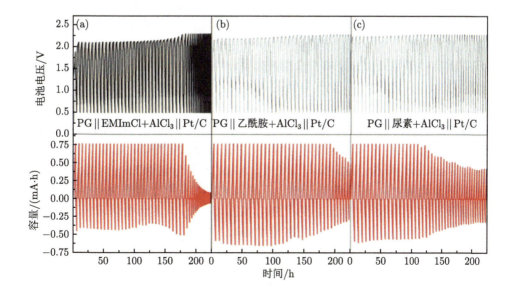

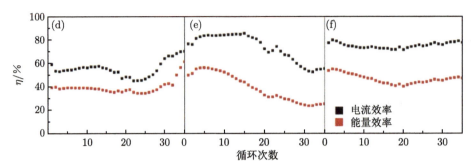

图 7.4　使用不同电解液铝–空气电池循环充放电曲线及相应电流、能量效率 (充放电条件:
2 mL·min^{-1} 干燥空气下, 100 μA·cm^{-2}, 持续 3 h)$^{[16]}$
(a)、(d)EMImCl; (b)、(e) 乙酰胺; (c)、(f) 尿素

流和能量效率。在绝对电流/能量效率方面, 乙酰胺 (84%/56%) 和尿素 (80%/
55%) 的性能最好。

7.1.2　固体电解质

固体电解质的使用一开始是为了替代碱性水溶液, 有效解决了电极腐蚀、碳
酸盐沉积、电解液挥发和泄漏等问题, 从而构建无泄漏、稳定、安全的铝–空气
电池体系。然而, 固体电解质的电导率一般都比较低, 因此, 一些导电性高的离
子溶液 (如聚乙烯醇/聚丙烯酸溶液) 经常被加入固体电解质中来改善这一缺陷。
常见的固态聚合物电解质有聚 (环氧乙烷)/KOH 体系 [29]、聚乙烯醇/聚 (环氧
氯丙烷)/KOH 体系 [30]、聚环氧乙烷/聚乙烯醇/KOH 体系等 [31]。例如, Corbo
等 [32-34] 分别用黄原胶和 k-角叉菜胶制成了铝–空气电池的碱性水凝胶电解质, 经
过测试, 这些水凝胶都表现出了良好的离子电导性。上述固态电解质体系已广泛
应用于其他金属空气电池, 但是在铝–空气电池中无法实现循环充放电。这是因
为已有固态电解质大部分是基于水溶液体系调控得到的。未来研究高导电且韧性
好的固态电解质是未来铝–空气电池面向移动、可穿戴设备应用场景重要的研究
方向。

Hibino 等 [35] 以 Sb(V) 掺杂 SnP$_2$O$_7$ 合成了无水氢氧化物离子导体 Sn$_{0.92}$
Sb$_{0.08}$P$_2$O$_7$ 作为铝–空气电池固体电解质, 并进行充放电测试, 如图 7.5 所示。电
池在 0.2 mA·cm^{-2}、0.6 mA·cm^{-2} 和 1.0 mA·cm^{-2} 下充电至 3.5 V, 然后在每个电
流密度下放电至 0 V。该电池的开路电压约为 1.6 V, 充电比容量为 800 mA·h·g^{-1},
比能量效率约为 34%。这表明使用 Sn$_{0.92}$Sb$_{0.08}$P$_2$O$_7$ 为固体电解质的铝–空气电
池可用作充电电池。然而, 当电流密度增加时, 电池表现出较差的电流倍率能力。
该系列化合物通过 Sb^{5+} 部分取代 Sn^{4+} 的电荷补偿, 在 SnP$_2$O$_7$ 主体上具有氢
氧根离子交换能力 [36-38]。在放电过程中, 铝被氧化为铝酸盐, 而铝酸盐通过充电

被还原为铝。值得注意的是，这种电解质膜是无水的。因此，可以预期，电沉积铝无析氢反应。相对于 KOH 基电解质，该化合物电解质的另一个优势是对空气中的 CO_2 的高耐受性，但是合成 $Sn_{0.92}Sb_{0.08}P_2O_7$ 比较复杂而且价格昂贵。

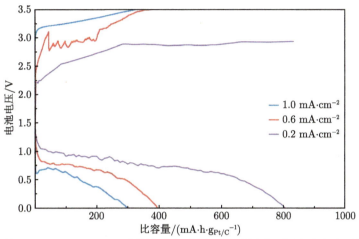

图 7.5　使用 $Sn_{0.92}Sb_{0.08}P_2O_7$ 为固体电解质铝–空气电池在不同电流密度下的充放电曲线 [35]

　　Mori[39] 将 $AlCl_3 \cdot 6H_2O$ 与各种疏水添加剂 (六氟磷酸四丁基磷、六氟磷酸丁基甲基咪唑、二甲硅氧烷/乙烯基二甲硅氧烷交联聚合物、凡士林和三乙醇胺硬脂酸酯) 混合压缩制成球团状固体电解质。采用 $AlCl_3 \cdot 6H_2O$ 而不是 $AlCl_3$ 是因为 $AlCl_3 \cdot 6H_2O$ 比 $AlCl_3$ 略温和。例如，在室温和湿度条件下，$AlCl_3 \cdot 6H_2O$ 不像 $AlCl_3$ 那样释放出大量 HCl 气体。在室温下将 $AlCl_3 \cdot 6H_2O$ 和各种疏水添加剂混合制备固体电解质，只需将铝板、固体电解质颗粒和空气阴极依次放置，用塑料夹夹紧即可制备半固态铝–空气电池。图 7.6 所示为使用 $AlCl_3 \cdot 6H_2O$ 与各种疏水添加剂混合电解质的铝–空气电池循环伏安曲线。采用纯 $AlCl_3 \cdot 6H_2O$ 固体电解质时 (图 7.6(a))，$AlCl_3 \cdot 6H_2O$ 作为载流子，可以使铝–空气电池进行充放电。另外，电池在制备 48 h 后均表现出较高的电流。这是由于 $AlCl_3 \cdot 6H_2O$ 吸湿后开始融化变成液体，这改善了固体电解质和电极之间的接触，特别是空气正极，这导致在 48 h 后电池电阻降低、电流变得更高。但是当 $AlCl_3 \cdot 6H_2O$ 完全融化后，铝–空气电池不再工作。因此，添加凡士林和二甲基硅氧烷/乙烯基二甲硅氧烷交联聚合物可防止 $AlCl_3 \cdot 6H_2O$ 电解质完全液化，呈固体凝胶形式，同时保持其导电性和电化学性能。图 7.6(b)～(f) 为使用疏水添加剂固态电解质的铝–空气电池循环伏安曲线。总地来说，使用疏水添加剂后电池电流比纯 $AlCl_3 \cdot 6H_2O$ 电解质时要低。这表明添加剂降低了整个电池的电导率，因为它们基本上是绝缘体。然而，离子液

体型支撑材料 (六氟磷酸四丁基磷和丁基甲基咪唑) 没有影响。以六氟磷酸四丁基磷为固态离子液体时，得到的电流较低。在测试的各种添加剂中，当 $AlCl_3 \cdot 6H_2O$ 与凡士林和外加一种液态离子液体 (丁基甲基咪唑六氟磷酸) 混合时，电流最高。

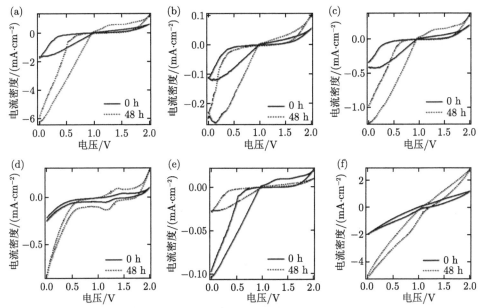

图 7.6　使用 $AlCl_3 \cdot 6H_2O$ 与各种疏水添加剂混合电解质的铝–空气电池循环伏安曲线

(a) 纯 $AlCl_3 \cdot 6H_2O$ 和 (b) 添加六氟磷酸四丁基磷；(c) 添加凡士林；(d) 添加二甲基硅氧烷/乙烯基二甲基硅氧烷交联聚合物；(e) 添加三乙胺硬脂酸酯和 (f) 添加凡士林和丁基甲基咪唑 [39]

图 7.7 所示为由 $AlCl_3 \cdot 6H_2O$、凡士林和六氟磷酸丁基甲基咪唑组成的固体电解质铝–空气电池在 0.2 mA·cm^{-2} 电流密度作用下的充放电曲线及相关表征。铝–空气电池在第 1、5、25 次循环时的比容量分别为 111 mA·h·g^{-1}、108 mA·h·g^{-1}、106 mA·h·g^{-1}，如图 7.7(a) 所示。电池比容量和电池耐久性明显稳定。值得注意的是，电池比容量仍低于理论值，需要进一步提高。根据实验结果，库仑效率只有 20%。与锂离子电池等其他可充电电池相比，这种低库仑效率归因于高电池电阻。同时根据电池阻抗谱图可知，48 h 后，电池的阻抗降低，如上所述，$AlCl_3 \cdot 6H_2O$ 由于湿度的原因会熔化，空气电极与固体电解质的接触改善，导致电池电阻降低，如图 7.7(b) 所示。图 7.7(c) 为空气电池充放电后铝负极 XRD 谱图。由图可知，铝负极表面有副产物氢氧化铝衍射峰，表明副产物的富集，不利于电池长期运行。通常，当使用液体电解质时，副产物氢氧化铝很难沉积在铝–空气电池的铝负极上。这很可能是凡士林作为一种杂质的存在造成的。另外，在空气正极表面也有副产物氢氧化铝和氧化铝的衍射峰，如图 7.7(d)。尽管使用固体电解质，副产物

仍然在两个电极上积累，这表明基本的电化学反应与使用液体电解质类似。

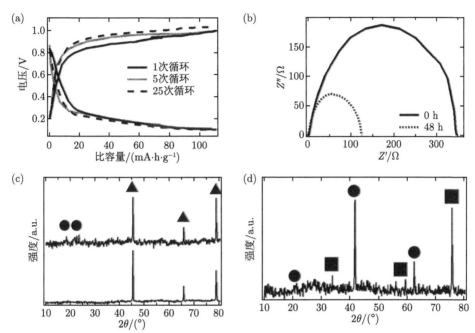

图 7.7　(a) 研究了以 $AlCl_3 \cdot 6H_2O$、凡士林和六氟磷酸丁基甲基咪唑为固体电解质的铝–空气电池在电流密度为 0.2 mA·cm^{-2} 下的充放电曲线；(b) 用 $AlCl_3 \cdot 6H_2O$、凡士林和丁基甲基咪唑六氟磷酸组成的固体电解质铝–空气电池的电化学阻抗谱 (EIS)；铝–空气电池与由 $AlCl_3 \cdot 6H_2O$、凡士林和丁基甲基咪唑六氟磷酸 (▲: 金属铝，●: $Al(OH)_3$，■: Al_2O_3) 组成的固体电解质电化学反应后 (c) 铝负极和 (d) 空气正极的 X 射线衍射图[39]

　　需要注意的是，即使以丁基甲基咪唑六氟磷酸作为添加剂，电解质也会长期保持固体状态，由 $AlCl_3 \cdot 6H_2O$、凡士林和六氟磷酸丁基甲基咪唑组成的固体电解质铝–空气电池应该称为半固态铝–空气电池，因为电池性能仍由其中离子液体电解质决定。由于 Al 的电沉积只能发生在 $Al_2Cl_7^-$ 存在的体系，一般认为 $Al_2Cl_7^-$ 作为载流子。目前的固态铝–空气电池系统的电解质组成更为复杂，有待于进一步深入研究具体的载流子种类。

7.2　空气电极氧还原与析出过程

　　由 7.1 节可知，非质子离子液体和以共晶溶剂为基础的电解质可实现二次铝–空气电池充放电过程中金属铝的沉积/溶解。与一次电池主要关注氧还原过程不同，二次铝–空气电池充放电时同时涉及氧还原和氧析出过程。

离子液体的氧还原反应/氧析出反应机理比较复杂, 目前还没有完全阐明。在质子惰性离子液体中, 氧还原反应仅限于形成超氧自由基阴离子的一个单电子步骤, 通常需依靠离子液体中阳离子才能稳定:

$$O_2 + e^- \rightleftharpoons O_2^- \tag{7-8}$$

由于其亲核性质, 超氧自由基阴离子是一种高度反应性的物质。出于这个原因, 非水非质子溶剂, 如乙腈 (ACN)、二甲基甲酰胺 (DMF)、二甲基亚砜 (DMSO) 和吡啶常被选择用于涉及 O_2/O_2^- 氧化还原过程的研究, 因为这些介质中的超氧化物具有较高的稳定性[40]。此外, 超氧自由基阴离子作为强 Brønsted 碱可在含质子源液体 (Brønsted 酸) 中结合质子。因此, 添加 Brønsted 酸 (HA) 到非水非质子溶剂将使氧还原从单电子可逆过程到不可逆的双电子还原过程, 产生过氧化氢作为最终产物

$$HO_2 + H^+ + e^- \rightleftharpoons H_2O_2 \tag{7-9}$$

然而, 上述双电子反应不是一个直接步骤, 而是需要几个化学和电化学反应步骤, 第一步是超氧化物的质子化, 如下所示:

$$O_2 + HA + e^- \rightleftharpoons HO_2 + A^- \tag{7-10}$$

上述反应产生的 HO_2 可在常规有机溶剂中发生各种反应, 这取决于溶剂的性质。添加含质子添加剂对氧还原起始电势和机制有很强的影响。Carter 等[41] 研究发现超氧化物在离子液体 1-乙基-3-甲基咪唑氯化物与氯化铝混合中不稳定。这一不可逆性主要归因于离子液体 O_2 饱和时引入了质子源。若干反应被提出用于解释强质子添加剂对超氧自由基阴离子稳定性的不利影响, 如下式所示:

$$O_2 + HCl + e^- \rightleftharpoons HO_2 + Cl^- \tag{7-11}$$

$$2HO_2 \longrightarrow H_2O_2 + O_2 \tag{7-12}$$

类似地, 超氧自由基阴离子在含有 2.64 M 水的 $[C_2mim][BF_4]$ 中不稳定, 氧还原机制中从准可逆的 1 电子还原过程增加变成不可逆的 2 电子还原过程[42]。这些发现表明, 当水存在于非质子溶剂中时, 它会参与氧的还原, 这将不利于 O_2/O_2^- 氧化还原对的可逆性, 如下反应所示:

$$O_2^- + H_2O \rightleftharpoons HO_2 + OH^- \tag{7-13}$$

$$O_2^- + HO_2 \rightleftharpoons O_2 + HO_2^- \tag{7-14}$$

Andrieux 报道了在非质子溶剂和质子添加剂存在下氧还原机制的动力学 [43]。总之，HO_2 可以经历不同的反应过程：① 电极表面还原；② 溶液中 O_2^- 还原；③ 从溶剂中获取氢原子；④ 歧化反应。在 Pt 电极上，连续的四电子反应可以产生水 [44-46]：

$$H_2O_2 + 2H^+ + 2e^- \rightleftharpoons H_2O \tag{7-15}$$

虽然已经证明，第一个电子过程，超氧化物自由基离子的形成，是准可逆的——二氧和超氧化物之间的扩散率的差异降低了库仑效率。因此，随后的质子化和还原步骤似乎只是部分可逆的 [10,47]。Pozo-Gonzalo 等 [48] 报道了在有水存在的磷基离子液体中产生稳定的电生成超氧化物离子，导致化学可逆的 O_2/O_2^- 氧化还原反应，而不是通常观察到的歧化反应。

7.3 空气电极催化材料

针对离子液体电解质，高效率氧还原反应/氧析出反应对开发高性能可充电铝–空气电池至关重要。在目前关于可充电铝–空气电池的报道中，商用 Pt/C 由于其优异的氧还原反应/氧析出反应电催化性能而被普遍用作空气正极催化剂 [10,49]。然而，商用 Pt/C 材料成本较高，限制了其实际应用。因此，迫切需要开发低成本、高活性的氧还原反应/氧析出反应双功能催化剂用于可充电铝–空气电池。到目前为止，如贵金属 (Pt 和 Pt-Au) [50-53]、金属氧化物 (RuO_2、Co_3O_4 和 $ZnCo_2O_4$) [54-56]、碳质材料 (碳纳米管和石墨烯) [57] 等各种多相电催化剂在空气正极的沉积仍然是促进氧还原反应和氧析出反应降低过电势的普遍方法。前文已详细介绍的一次铝–空气电池空气电极用催化剂材料依旧适用于二次铝–空气电池。本节将重点关注可充电二次铝–空气电池正极材料的研究报道。

铋酸石型二氧化锰 (MnO_2) 是由锰氧八面体 (MnO_6) 以共边或共角排列而成的层状锰氧化物，具有颗粒细、比表面积大、氧还原反应/氧析出反应催化性能优异、制备成本低等优点。层状 MnO_2 材料具有特殊的结构，其他离子或分子可以很容易地插在层间，这使得层状铋酸石型 MnO_2 具有良好的离子交换性能。此外，水钠石型 MnO_2 对某些金属有很强的吸附能力 (特别是对 Co 元素的吸附)。此外，在氧的可逆吸附–脱附过程中，Co 离子作为供体或受体的吸附位点，具有氧还原反应/氧析出反应双功能催化活性。

7.3.1 碳基催化材料

在众多的催化剂中，碳基材料因其高比表面积、良好的稳定性和优异的电活性而备受关注 [58-61]。目前，非水系铝–空气电池正极催化剂的研究仍处于起步阶段。大量研究表明，非金属元素 (如氮、硼等) 掺杂不仅可以扩大比表面积，还可以增加氧吸收活性位点的数量，从而提高氧还原反应的催化效率 [62,63]。

Guo[64] 以酸性的 AlCl$_3$/[EMIm]Cl 为电解质，采用简便的浸渍–煅烧法制备了三维介孔硼掺杂碳微球 (B-CM)，作为可充电铝–空气电池的空气正极。由拉曼图谱分析可知 (图 7.8(a))，B 原子的加入对 CM 的 d 峰 (1359 cm^{-1}) 和 g 峰 (1600 cm^{-1}) 没有影响。同时，B-CM 的 ID/IG 值增加，说明 B 原子的引入在 CM 表面造成了更多的缺陷。从 XRD 结果 (图 7.8(b)) 可以看出，两个较强的峰 (25.6° 和 42.5°) 属于碳的特征峰；而与 CM 相比，B-CM 的这两个峰更加尖锐和突出，说明 B-CM 的结晶度更高。B-CM 光谱中碳化硼 (B$_x$C$_y$) 的衍射峰明显，说明 B 原子以碳化硼 B$_x$C$_y$ 的形式被载于 CM 上，B$_x$C$_y$ 可以激活碳的 p 电子，作为氧还原反应和氧析出反应的活性位点 [65,66]。图 7.8(c)~(f) 为纯 CM 和 B-CM 复合材料的表面形貌和微观结构。在较低的放大倍数下可以观察到 B-CM 表面覆盖着白色的结构层，在高分辨率透射电子显微镜 (TEM) 放大后证明了样品表面的不均匀性。两种样品在微球的直径上没有其他明显的区别，都在 ~400 nm。从上面的扫描电子显微镜 (SEM) 和 TEM 图像中可以看出，B 的掺杂使 CM 表面变得粗糙，由于 B 原子的腐蚀而产生了更多的缺陷，但整体球形结构保持完好。电池在 50 mA·g^{-1} 的电流密度下的充电比容量达到 1000 mA·h·g^{-1}

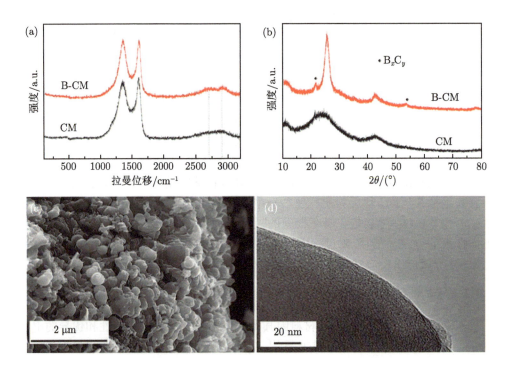

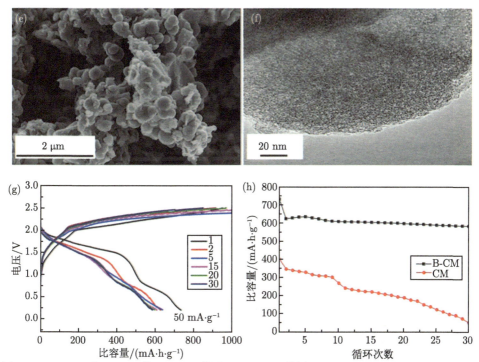

图 7.8 (a) CM 和 B-CM 的 Raman 谱图；(b) XRD 谱图；(c)、(d) CM 和 (e)、(f) B-CM 的 SEM 和 TEM 图像；(g) 充放电比容量为 1000 mA·h·g^{-1} 的 B-CM 第十次循环充放电性能；(h) 电流密度为 50 mA·g^{-1} 时放电寿命曲线对比 [64]

（图 7.8(g)），第一个循环之后，使用 B-CM 作为正极的电池的放电比容量可以达到 773.5 mA·h·g^{-1}，可以稳定循环 30 多个周期，放电平台在 1.5 V 和 1.8 V 之间。在此电压范围内，有效放电比容量达到 300 mA·h·g^{-1}。B-CM 第一个循环的放电比容量较后几个循环具有明显优势，这可能与实验开始前的休息时间较短有关。图 7.8(h) 描述了铝–空气电池的长期循环寿命。可以清楚地看到，B-CM 电池的放电比容量在 30 次循环后保持稳定，放电比容量为 584 mA·h·g^{-1}，而 CM 电池的放电比容量急剧下降到相当低的水平。B 原子在 CM 表面引入了大量的缺陷，主要以碳化硼的形式出现，增加了复合材料的比表面积，使其催化活性增强，具有良好的催化寿命。

7.3.2 氧化物基催化材料

Li 等开发了一种高效的基于 CeO$_2$ 的金属–空气电池催化剂，将超薄 CeO$_2$ 纳米片 (UCNF) 加载到三维石墨烯 (3DG) 网络上，形成 UCNF@3DG 的混合催化剂，具体合成工艺流程如图 7.9。概括地，UCNF 首先是通过加热硝酸铈 (Ⅲ)

和碱的水溶液制备的。由于水解后的氢氧化铈对氧非常敏感，它瞬间转化为 CeO。将获得的 UCNF 加入氧化石墨烯 (GO) 溶液中，进行剧烈搅拌，然后冻干，在 600 ℃ 下退火，最终得到 UCNF@3DG。

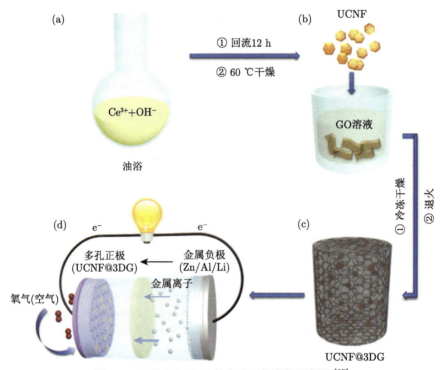

图 7.9   UCNF@3DG 的合成工艺流程示意图 [67]

TEM 对 UCNF 和 UCNF@3DG 的结构表征显示 (图 7.10(a))，UCNF 尺寸均匀分布，长度为 5~7 nm；高分辨率透射电镜图像 (图 7.10(b)) 清楚地显示了一个晶格间距为 0.31 nm，这对应于 (111) 面在 CeO_2 晶体晶格的面间距。通过原子力显微镜 (AFM) 测量 UCNF 的拓扑结构，如图 7.10(c) 所示，UCNF 中典型薄片的厚度为 (1.16±0.4) nm。相比之下，图 7.10(d) 和 (e) 中的 UCNF@3DG 在不同放大倍数下的横截面扫描电镜图像证实了相互连接的三维结构的存在，形成一个导电网络，可能会促进氧还原反应过程中的电子传输。如图 7.10(f) 所示，可以看出 CeO_2 纳米片在整个复合材料中均匀分布。

图 7.11 所示是使用 UCNF@3DG 材料的铝–空气电池性能。该电池为采用包覆样品的碳纤维纸 (CFP) 作为空气正极，配合金属铝箔作为负极，在空气环境中工作的全固态铝–空气电池。从图 7.11(a) 可以看出，UCNF@3DG 基 AAB

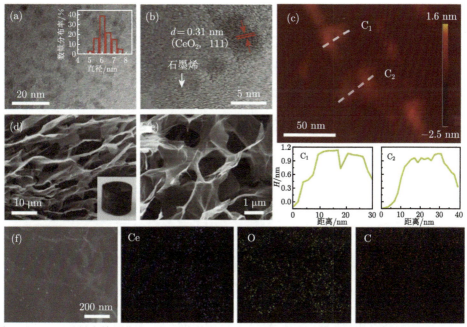

图 7.10　(a) 透射电镜图像和 (b) 对应的 UCNF@3DG 的高分辨率视图 (a) 的插图为 UCNF 的直径分布。(c) 制备的 UCNF 的 AFM 图像，以及沿着 AFM 图像所示的线对应的高度廓线。UCNF@3DG 在较低 (d) 和较高 (e) 放大率下的横断面扫描电镜图像显示了 3DG 的多孔性质和连续网络。(d) 的插图是 UCNF@3DG 合成的照片。(f) 分别为 Ce、O 和 C 元素的 UCNF@3DG EDS 面扫分布图的 SEM 图像 [67]

的开路电压为 1.71 V，远高于基于 3DG (1.5 V) 和 UCNF (1.25 V) 的 AAB。图 7.11(b) 所示为在大气环境下全固态铝–空气电池的极化和功率密度曲线。UCNF@3DG 基 AAB 具有更大的电流密度，峰值功率密度为 16 mW·cm^{-2}，对应的电流密度为 25 mA·cm^{-2}。相比之下，基于 3DG 和 UCNF 的 AAB 峰值功率密度分别为 7.6 mW·cm^{-2} 和 1.1 mW·cm^{-2}。总体而言，如图 7.11(c) 所示，在电流密度为 2 mA·cm^{-2} (204 mA·g$_{Al}^{-1}$) 时，带有 UCNF@3DG 的全固态铝–空气电池具有 839 mA·h·g$_{Al}$$^{-1}$ 的高比容量。从图 7.11(d) 中这些可充电全固态铝–空气电池的充放电极化曲线可以看出，基于 UCNF@3DG 的全固态铝–空气电池具有更多的可逆充放电循环。此外，在 0.1~10 mA·cm^{-2}(图 7.11(e)) 的不同放电电流密度下，电池也表现出良好的倍率性能，在 9 h 内进行 100 次充放电循环后，电池仍然保持稳定的充放电电压平台 (图 7.11(f))。进一步证明 UCNF@3DG 催化剂是一种具有良好稳定性的高效催化剂，其独特的纳米结构可以很容易地扩展到许多其他基于 3D 材料的形成，用于开发电化学储能器件中的高性能电极。

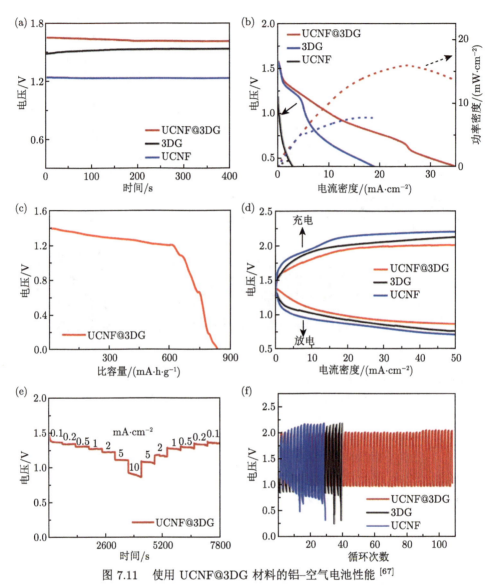

图 7.11　使用 UCNF@3DG 材料的铝–空气电池性能 [67]

(a) 分别基于 UCNF@3DG、UCNF 和 3DG 的铝–空气电池开路电压的时间演变; (b) 基于 UCNF@3DG、UCNF 和 3DG 的铝–空气电池在大气环境下的极化和功率密度曲线; (c) 研究基于 UCNF@3DG 正极制备的铝–空气电池在 2 mA·cm^{-2} 电流密度下的放电比容量; (d) 使用 UCNF@3DG、3DG 和 UCNF 空气电极的铝–空气电池充放电概况; (e) 使用 UCNF@3DG 空气电极的铝–空气电池在 0.1 ~ 10 mA·cm^{-2} 不同电流密度下的放电曲线; (f) UCNF@3DG、3DG 和 UCNF 对铝–空气电池的充放电循环曲线

铋酸石型二氧化锰 (MnO$_2$) 是由锰氧八面体 (MnO$_6$) 以共边或共角排列而成

的层状锰氧化物, 具有颗粒细、比表面积大、氧还原反应/氧析出反应催化性能优异、制备成本低等优点[68,69]。层状 MnO_2 材料具有特殊的结构, 其他离子或分子可以很容易地插在层间, 这使得层状铋酸石型 MnO_2 具有良好的离子交换性能[70]。此外, 水钠石型 MnO_2 对某些金属有很强的吸附能力 (特别是对 Co 元素的吸附)[71], 而且在氧的可逆吸附脱附过程中, Co 离子作为供体或受体的吸附位点, 具有氧还原反应/氧析出反应双功能催化活性[72-74]。

Xia 等[75]采用离子交换法将 Co 离子嵌入 MnO_6 中间层, 并将制备的 Co-MnO_2 催化剂分散在导电炭黑上作为空气正极催化剂。作者系统地研究了 Co-MnO_2/C 催化剂的结构和电催化性能。Co 离子与 MnO_2 的独特相互作用使得氧还原反应/氧析出反应催化剂的催化活性高于 MnO_2/C 催化剂。其中 40% Co-MnO_2/C 表现出最高的氧还原反应/氧析出反应催化活性, 表现出优异的氧还原反应性能, 具有四电子路径的氧还原机理。以 40% Co-MnO_2/C 为空气正极催化剂, 含 $AlCl_3$ 的尿素为电解液, 0.2 mm 厚的铝板为铝负极, 组装成纽扣式铝–空气电池, 成功实现了循环性能优良的可逆充放电。

7.3.3 非氧化物基材料

非氧化物陶瓷材料, 如氮化物、碳化物、氧氮化物和碳氮化物, 由于对氧还原反应的催化作用, 已被用于聚合物电解质燃料电池 (PEFC) 以及 Li-空气和 Zn-空气电池的催化剂材料。例如, Sampath 等报道, 无论是一次还是可充电的锌–空气电池, 由碳氮化钛 (TiCN) 纳米结构组成的空气正极在碱性介质中的氧还原反应中都能表现出优异的电化学性能[76]。

Mori[23]首次应用非氧化物陶瓷材料 (TiC、TiN、TiB_2) 作为二次铝–空气电池正极材料, 在 $EMImCl$/$AlCl_3$ 离子液体电解质体系中, 有效抑制铝–空气电池系统负极和正极 (尤其是在空气正极) 上 $Al(OH)_3$、Al_2O_3 等副产物积累。图 7.12 所示为使用非氧化物正极材料组装的铝–空气电池循环伏安图, 表征了在 0~2 V 不同循环圈数下的氧化还原反应, 对于 TiN 空气正极材料, 虽然在反复循环中有稳定的循环伏安曲线, 但没有观察到清晰的阳极或阴极反应峰, 而当 TiC 作为空气正极时, 在约 1.5 V 和 1.0 V 处观察到弱的阴极峰和阳极峰, 分别对应于铝在阳极上的溶解和沉积[77]。通过循环伏安测试, 即使循环 25 次, 该体系的正负极电化学反应也很稳定, 证实了 TiN 和 TiC 作为催化空气正极材料的稳定性。而当使用 TiB_2 作为空气正极材料时, 电化学反应较弱, 氧化还原峰比较模糊。采用 TiC 作为空气正极材料, 进行充放电测试。研究结果表明, TiC 电池在第 1 次、第 5 次和第 50 次循环时的比容量分别为 444 mA·h·g^{-1}, 432 mA·h·g^{-1} 和 424 mA·h·g^{-1}。经过 50 次充放电反应后, 约 95% 的电池容量仍可保留。该电池在环境气氛下经过反复的电化学反应后, 电池容量和电池耐久性非常稳定。值得注意的是，实验中电池容量仍低于理论值，未来的研究应着重于对其的改进。

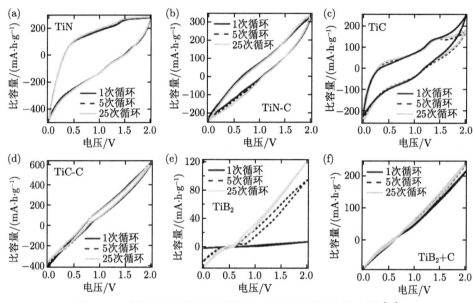

图 7.12   非氧化物正极材料组装的铝–空气电池循环伏安图 [23]

7.3.4 金属–有机框架材料

金属–有机框架 (metal-organic framework, MOF) 化合物由于其独特的结构多样性、合成过程简单、成本低以及可通过改变有机配体的长度来控制其孔径等特点，在过去的几十年里引起了人们的广泛关注。金属–有机框架化合物的比表面积可达 7000 $m^2 \cdot g^{-1}$，超过了大多数传统多孔材料的比表面积。金属–有机框架化合物具有表面积大、孔径可调、孔隙率高、密度低、结构可控、功能配体可控等独特特性，可用于催化剂、发光应用、磁体、非线性光学、气体存储和分离过程。近年来，金属–有机框架化合物的研究主要集中在燃料电池、锂离子可充电电池、超级电容器和太阳能电池等清洁能源应用的金属–有机框架化合物的设计和合成。2017 年 Mori 首次将金属–有机框架化合物应用到铝–空气电池中研究 [78]，Mori 使用对苯二甲酸铝 (AT) 作为空气正极的活性材料，研究其对铝–空气电池的影响，特别是在电化学反应中对电池长期容量的影响。金属–有机框架化合物材料因其高表面积、分层孔隙率和均匀分散的活性位点在铝–空气电池系统中表现良好，且可能为铝相关离子和氧的输送提供通道，为放电产物的沉积提供空间，为反应提供活性位点。

在研究中与以活性炭为空气正极材料的电池相比,电池的功率输出和电池容量都较低,然而,在反复的电化学反应中,电池容量、循环伏安行为和电池界面阻抗更稳定,此外,通过使用金属–有机框架化合物没有在负极电极上观察到 $Al(OH)_3$ 和 Al_2O_3,表明抑制了铝–空气电池功能的副产物的产生。图 7.13 所示为使用金属–有机框架化合物作为空气电极的铝–空气电池循环伏安曲线。选择活性炭 (AC)、对苯二甲酸铝 (AT) 以及混有导电炭的对苯二甲酸铝 (ATCC) 三种正极材料作对比进行研究,通过 I-V 测试,发现使用对苯二甲酸铝和混有导电炭的对苯二甲酸铝作为空气正极材料,其输出功率低于活性炭。对苯二甲酸铝和混有导电炭的对苯二甲酸铝的短路电流分别约为活性炭的 37.3% 和 70.1%。所有测试的空气正极开路电势约为 0.7 V。铝–空气电池的电化学性能取决于许多因素,包括铝负极的质量和化学成分、电解液成分、空气正极以及整个电池的制备工艺。在之前的研究中,水电解质的开路电势为 1.2~1.3 V,这比使用离子液体作为电解质的开路电势要高。由于对苯二甲酸铝在氧还原中的催化活性较低,所以短路电流也较低。使用不含任何导电碳的对苯二甲酸铝作为空气电极材料,似乎会导致空气正极的导电性不足,无法达到电池所需的电性能。在充放电测试中,使用活性炭、对苯二甲酸铝和混有导电炭的对苯二甲酸铝为正极材料时在第 1 圈、第 5 圈和第 25 圈的比容量分别为 154 $mA \cdot h \cdot g^{-1}$、136 $mA \cdot h \cdot g^{-1}$、28 $mA \cdot h \cdot g^{-1}$,22 $mA \cdot h \cdot g^{-1}$、20 $mA \cdot h \cdot g^{-1}$、20 $mA \cdot h \cdot g^{-1}$ 和 87 $mA \cdot h \cdot g^{-1}$、77 $mA \cdot h \cdot g^{-1}$、57 $mA \cdot h \cdot g^{-1}$。对苯二甲酸铝在氧还原中的低催化活性可能是第一个循环中电池容量低的原因。经 25 次循环后,活性炭和混有导电炭的对苯二甲酸铝的容量分别下降到初始比容量的 18.2% 和 63.6% 左右,虽然第一次循环时电池容量较低,但当使用对苯二甲酸铝作为空气正极材料时,25 次循环后电池比容量基本不变。因此,使用对苯二甲酸铝作为空气正极的金属–有机框架化合物使铝–空气电池耐久性提高了。循环伏安测试得到了与充放电测试一致的结论,循环 25 次后,循环伏安曲线仍然非常稳定。即使在 100 次循环后,使用对苯二甲酸铝的电池也能产生稳定的循环伏安图 (数据未显示)。混有导电炭的对苯二甲酸铝作为空气正极材料时,在 1.0~1.3 V 范围内出现阴极峰,25 次循环后,这些峰消失,负极–正极反应停止。这种消失可能是由于早期使用金属–有机框架化合物和导电碳材料产生的电化学反应。碳材料随后氧化,电池反复工作后导电炭材料氧化丧失导电性。需要注意的是 1-乙基-3-甲基咪唑氯是亲水的,吸收周围大气中的水分。电化学反应与离子液体含水率之间的关系有待进一步研究。其中铝–空气电池中的对苯二甲酸铝具有催化氧还原的活性。其正极反应是

$$3AT(MOF) + xAl^{3+} + 3xe^- \longrightarrow 3Al^+AT(MOF) \tag{7-16}$$

$$4Al + 3O_2 \longrightarrow 2Al_2O_3 \tag{7-17}$$

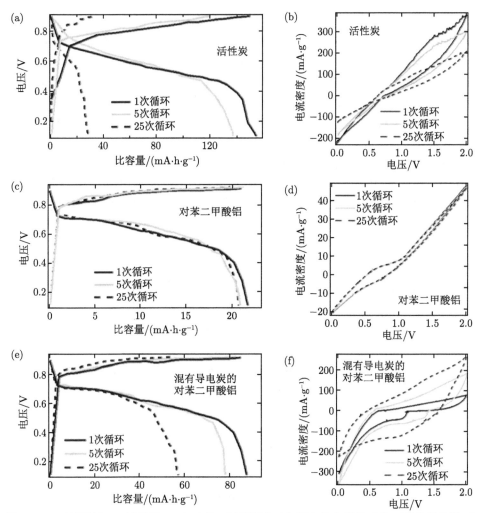

图 7.13　正极材料 (a) 活性炭、(c) 对苯二甲酸铝和 (e) 混有导电炭的对苯二甲酸铝的铝–空气电池充放电曲线；正极材料 (b) 活性炭 (d) 对苯二甲酸铝和 (f) 混有导电炭的对苯二甲酸铝的铝–空气电池循环伏安曲线 [78]

参 考 文 献

[1] Abraham K M, Jiang Z. A polymer electrolyte-based rechargeable lithium/oxygen battery. Journal of the Electrochemical Society, 1996, 143(1): 1-5.

[2] Ogasawara T, Debart A, Holzapfel M, et al. Rechargeable Li_2O_2 electrode for lithium batteries. Journal of the American Chemical Society, 2006, 128(4): 1390-1393.

[3] Armand M, Tarascon J M. Building better batteries. Nature, 2008, 451(7179): 652-657.

[4] Cheng F, Chen J. Metal-air batteries: from oxygen reduction electrochemistry to cath-

ode catalysts. Chemical Society Reviews, 2012, 41(6): 2172-2192.

[5] Girishkumar G, Mccloskey B, Luntz A C, et al. Lithium-air battery: promise and challenges. Journal of Physical Chemistry Letters, 2010, 1(4): 2193-2203.

[6] Gelman D, Shvartsev B, Ein-Eli Y. Challenges and prospect of non-aqueous non-alkali (NANA) metalair batteries. Topics in Current Chemistry, 2016, 374(6): 82.

[7] Shvartsev B, Gelman D, Amram D, et al. Phenomenological transition of an aluminum surface in an ionic liquid and its beneficial implementation in batteries. Langmuir, 2015, 31(51): 13860-13866.

[8] Zein El Abedin S, Giridhar P, Schwab P, et al. Electrodeposition of nanocrystalline aluminium from a chloroaluminate ionic liquid. Electrochemistry Communications, 2010, 12(8): 1084-1086.

[9] Eiden P, Liu Q, Abedin S Z E, et al. An experimental and theoretical study of the aluminium species present in mixtures of $AlCl_3$ with the ionic liquids [BMP]Tf_2N and [EMIm]Tf_2N. Chemistry-A European Journal, 2009, 15(14): 3426-3434.

[10] Kar M, Simons T J, Forsyth M, et al. Ionic liquid electrolytes as a platform for rechargeable metalair batteries: a perspective. Physical Chemistry Chemical Physics, 2014, 16(35): 18658-18674.

[11] Huglen R, Poulsen F W, Mamantov G, et al. Raman spectral studies of elemental sulfur in Al_2Cl_6 and chloroaluminate melts. Inorganic and Nuclear Chemistry Letters, 1978, 14(4): 167-172.

[12] Qingfeng L, Hjuler H A, Berg R W, et al. Electrochemical deposition and dissolution of aluminum in $NaAlCl_4$ melts: influence of and sulfide addition. Journal of the Electrochemical Society, 1990, 137(9): 2794-2798.

[13] Revel R, Audichon T, Gonzalez S. Non-aqueous aluminium-air battery based on ionic liquid electrolyte. Journal of Power Sources, 2014, 272: 415-421.

[14] Gelman D, Shvartsev B, Ein-Eli Y. Aluminum-air battery based on an ionic liquid electrolyte. Journal of Materials Chemistry A, 2014, 2(47): 20237-20242.

[15] Mokhtar M, Talib M Z M, Majlan E H, et al. Recent developments in materials for aluminumair batteries: a review. Journal of Industrial and Engineering Chemistry, 2015, 32: 1-20.

[16] Bogolowski N, Drillet J F. Activity of different $AlCl_3$-based electrolytes for the electrically rechargeable aluminium-air battery. Electrochimica Acta, 2018, 274: 353-358.

[17] Wilkes J S, Levisky J A, Wilson R A, et al. Dialkylimidazolium chloroaluminate melts: a new class of room-temperature ionic liquids for electrochemistry, spectroscopy and synthesis. Inorganic Chemistry, 1982, 21(3): 1263-1264.

[18] Akai N, Kawai A, Shibuya K. First observation of the matrix-isolated FTIR spectrum of vaporized ionic liquid: an example of emimtfsi, 1-ethyl-3-methylimidazolium bis(trifluoro-methanesulfonyl)imide. Chemistry Letters, 2008, 37(3): 256-257.

[19] Macfarlane D R, Meakin P, Sun J, et al. Pyrrolidinium imides: a new family of molten salts and conductive plastic crystal phases. The Journal of Physical Chemistry B, 1999,

103(20): 4164-4170.

[20]　Endres F, Abedin S Z E. Air and water stable ionic liquids in physical chemistry. Physical Chemistry Chemical Physics, 2006, 8(18): 2101-2116.

[21]　Vestergaard B, Bjerrum N J, Petrushina I, et al. Molten triazolium chloride systems as new aluminum battery electrolytes. Journal of the Electrochemical Society, 1993, 140(11): 3108-3113.

[22]　Li Q, Bjerrum N J. Aluminum as anode for energy storage and conversion: a review. Journal of Power Sources, 2002, 110(1): 1-10.

[23]　Mori R. Suppression of byproduct accumulation in rechargeable aluminumair batteries using non-oxide ceramic materials as air cathode materials. Sustainable Energy & Fuels, 2017, 1(5): 1082-1089.

[24]　Gao X, Qin X. Non-aqueous rechargeable Al-O$_2$ battery with a bifunctional catalyst of carbon microspheres. Fullerenes Nanotubes and Carbon Nanostructures, 2018, 26(2): 111-115.

[25]　Lewandowski A, Świderska-Mocek A. Ionic liquids as electrolytes for Li-ion batteries— an overview of electrochemical studies. Journal of Power Sources, 2009, 194(2): 601-609.

[26]　Jiang T, Chollier Brym M J, Dubé G, et al. Electrodeposition of aluminium from ionic liquids: Part I—Electrodeposition and surface morphology of aluminium from aluminium chloride (AlCl$_3$)-1-ethyl-3-methylimidazolium chloride ([EMIm]Cl) ionic liquids. Surface and Coatings Technology, 2006, 201(1-2): 1-9.

[27]　Yue G, Lu X, Zhu Y, et al. Conductivities of AlCl$_3$/ionic liquid systems and their application in electrodeposition of aluminium. The Chinese Journal of Process Engineering, 2008, 8: 814-819.

[28]　Abood H M A, Abbott A P, Ballantyne A D, et al. Do all ionic liquids need organic cations? Characterisation of [AlCl$_2 \cdot n$Amide]$^+$AlCl$_4^-$ and comparison with imidazolium based systems. Chemical Communications, 2011, 47(12): 3523-3525.

[29]　Vassal N, Salmon E, Fauvarque J F. Electrochemical properties of an alkaline solid polymer electrolyte based on P(ECH-co-EO). Electrochimica Acta, 2000, 45(8): 1527-1532.

[30]　Yang C C, Lin S J, Hsu S T. Synthesis and characterization of alkaline polyvinyl alcohol and poly(epichlorohydrin) blend polymer electrolytes and performance in electrochemical cells. Journal of Power Sources, 2003, 122(2): 210-218.

[31]　Yang C C, Lin S J. Alkaline composite PEO-PVA-glass-fibre-mat polymer electrolyte for Znair battery. Journal of Power Sources, 2002, 112(2): 497-503.

[32]　Migliardini F, Di P T M, Gaele M F, et al. Solid and acid electrolytes for Al-air batteries based on xanthan-HCl hydrogels. Journal of Solid State Electrochemistry, 2018, 22(9): 2901-2916.

[33]　Di Palma T M, Migliardini F, Gaele M F, et al. Aluminum-air batteries with solid hydrogel electrolytes: effect of pH upon cell performance. Analytical Letters, 2020, 54(1-2): 28-39.

[34] Di Palma T M, Migliardini F, Caputo D, et al. Xanthan and K-carrageenan based alkaline hydrogels as electrolytes for Al/air batteries. Carbohydrate Polymers, 2017, 157: 122-127.

[35] Hibino T, Kobayashi K, Nagao M. An all-solid-state rechargeable aluminum-air battery with a hydroxide ion-conducting Sb (V)-doped SnP_2O_7 electrolyte. Journal of Materials Chemistry A, 2013, 1(47): 14844-14848.

[36] Hibino T, Shen Y, Nishida M, et al. Hydroxide ion conducting antimony(V)-doped tin pyrophosphate electrolyte for intermediate-temperature alkaline fuel cells. Angewandte Chemie International Edition, 2012, 51(43): 10786-10790.

[37] Hibino T, Kobayashi K. Hydroxide ion conduction in molybdenum(VI)-doped tin pyrophosphate at intermediate temperatures. Journal of Materials Chemistry A, 2013, 1(23): 6934-6941.

[38] Hibino T, Kobayashi K. An intermediate-temperature alkaline fuel cell using an $Sn_{0.92}$ $Sb_{0.08}P_2O_7$-based hydroxide-ion-conducting electrolyte and electrodes. Journal of Materials Chemistry A, 2013, 1(4): 1134-1140.

[39] Mori R. Semi-solid-state aluminium-air batteries with electrolytes composed of aluminium chloride hydroxide with various hydrophobic additives. Physical Chemistry Chemical Physics, 2018, 20(47): 29983-29988.

[40] Sawyer D T, Chiericato G, Angelis C T, et al. Effects of media and electrode materials on the electrochemical reduction of dioxygen. Analytical Chemistry, 1982, 54(11): 1720-1724.

[41] Carter M T, Hussey C L, Strubinger S K D, et al. Electrochemical reduction of dioxygen in room-temperature imidazolium chloride-aluminum chloride molten salts. Inorganic Chemistry, 1991, 30(5): 1149-1151.

[42] Zhang D, Okajima T, Matsumoto F, et al. Electroreduction of dioxygen in 1-n-alkyl-3-methylimidazolium tetrafluoroborate room-temperature ionic liquids. Journal of the Electrochemical Society, 2004, 151(4): D31.

[43] Andrieux C P, Hapiot P, Saveant J M. Mechanism of superoxide ion disproportionation in aprotic solvents. Journal of the American Chemical Society, 1987, 109(12): 3768-3775.

[44] Allen C, Hwang J, Kautz R, et al. Oxygen reduction reactions in ionic liquids and the formulation of a general ORR mechanism for Li-air batteries. The Journal of Physical Chemistry C, 2012, 116: 20755-20764.

[45] Li C, Fontaine O, Freunberger S A, et al. Aprotic Li-O_2 battery: influence of complexing agents on oxygen reduction in an aprotic solvent. The Journal of Physical Chemistry C, 2014, 118(7): 3393-3401.

[46] Switzer E E, Zeller R, Chen Q, et al. Oxygen reduction reaction in ionic liquids: the addition of protic species. The Journal of Physical Chemistry C, 2013, 117(17): 8683-8690.

[47] Buzzeo M C, Klymenko O V, Wadhawan J D, et al. Voltammetry of oxygen in the room-

temperature ionic liquids 1-ethyl-3-methylimidazolium bis((trifluoromethyl)sulfonyl)im-ide and hexyltriethylammonium bis((trifluoromethyl)sulfonyl)imide: one-electron re-duction to form superoxide. Steady-state and transient behavior in the same cyclic voltammogram resulting from widely different diffusion coefficients of oxygen and su-peroxide. The Journal of Physical Chemistry A, 2003, 107(42): 8872-8878.

[48] Pozo-Gonzalo C, Torriero A A J, Forsyth M, et al. Redox chemistry of the superoxide ion in a phosphonium-based ionic liquid in the presence of water. The Journal of Physical Chemistry Letters, 2013, 4(11): 1834-1837.

[49] Bogolowski N, Drillet J F. An electrically rechargeable Al-air battery with aprotic ionic liquid electrolyte. ECS Transactions, 2017, 75(22): 85-92.

[50] Li Y, Dai H. Recent advances in zincair batteries. Chemical Society Reviews, 2014, 43(15): 5257-5275.

[51] Simon P, Gogotsi Y. Materials for electrochemical capacitors. Nature Materials, 2008, 7(11): 845-854.

[52] Dunn B, Kamath H, Tarascon J M. Electrical energy storage for the grid: a battery of choices. Science, 2011, 334(6058): 928-935.

[53] Zhang J, Sasaki K, Sutter E, et al. Stabilization of platinum oxygen-reduction electro-catalysts using gold clusters. Science, 2007, 315(5809): 220-222.

[54] Ryu W H, Yoon T H, Song S H, et al. Bifunctional composite catalysts using Co_3O_4 nan-ofibers immobilized on nonoxidized graphene nanoflakes for high-capacity and long-cycle Li-O_2 batteries. Nano Letters, 2013, 13(9): 4190-4197.

[55] Guo X, Liu P, Han J, et al. 3D nanoporous nitrogen-doped graphene with encapsulated RuO_2 nanoparticles for Li-O_2 batteries. Advanced Materials, 2015, 27(40): 6137-6143.

[56] Liu B, Zhang J, Wang X, et al. Hierarchical three-dimensional $ZnCo_2O_4$ nanowire arrays/carbon cloth anodes for a novel class of high-performance flexible lithium-ion batteries. Nano Letters, 2012, 12(6): 3005-3011.

[57] Nugent J M, Santhanam K S V, Rubio A, et al. Fast electron transfer kinetics on multiwalled carbon nanotube microbundle electrodes. Nano Letters, 2001, 1(2): 87-91.

[58] Zhao C, Yu C, Liu S, et al. 3D porous N-doped graphene frameworks made of intercon-nected nanocages for ultrahigh-rate and long-life Li-O_2 batteries. Advanced Functional Materials, 2015, 25(44): 6913-6920.

[59] Zhou T, Du Y, Yin S, et al. Nitrogen-doped cobalt phosphate@nanocarbon hybrids for efficient electrocatalytic oxygen reduction. Energy & Environmental Science, 2016, 9(8): 2563-2570.

[60] Yang L, Jiang S, Zhao Y, et al. Boron-doped carbon nanotubes as metal-free electrocat-alysts for the oxygen reduction reaction. Angewandte Chemie, 2011, 50(31): 7132-7135.

[61] Xia B Y, Yan Y, Li N, et al. A metalorganic framework-derived bifunctional oxy-gen electrocatalyst. Nature Energy, 2016, 1(1): 15006.

[62] Zheng Y, Jiao Y, Jaroniec M, et al. Nanostructured metal-free electrochemical catalysts for highly efficient oxygen reduction. Small, 2012, 8(23): 3550-3566.

[63] Lu H J, Li Y, Zhang L Q, et al. Synthesis of B-doped hollow carbon spheres as efficient non-metal catalyst for oxygen reduction reaction. RSC Advances, 2015, 5(64): 52126-52131.

[64] Guo T, Qin X, Gao X, et al. Boron-doped carbon microspheres as the catalyst for rechargeable Al-air batteries. Fullerenes, Nanotubes and Carbon Nanostructures, 2019, 27(4): 299-304.

[65] Kong X, Huang Y, Liu Q. Two-dimensional boron-doped graphyne nanosheet: a new metal-free catalyst for oxygen evolution reaction. Carbon, 2017, 123: 558-564.

[66] Zhao Y, Yang L, Chen S, et al. Can boron and nitrogen Co-doping improve oxygen reduction reaction activity of carbon nanotubes? Journal of the American Chemical Society, 2013, 135(4): 1201-1204.

[67] Li X, Liu Z, Song L, et al. Three-dimensional graphene network supported ultrathin CeO_2 nanoflakes for oxygen reduction reaction and rechargeable metal-air batteries. Electrochimica Acta, 2018, 263: 561-569.

[68] Cui C, Du G, Zhang K, et al. Co_3O_4 nanoparticles anchored in MnO_2 nanorods as efficient oxygen reduction reaction catalyst for metal-air batteries. Journal of Alloys and Compounds, 2020, 814: 152239.

[69] Xu N, Nie Q, Luo L, et al. Controllable hortensia-like MnO_2 synergized with carbon nanotubes as an efficient electrocatalyst for long-term metalair batteries. ACS Applied Materials & Interfaces, 2018, 11(1)：578-587

[70] Golden D C, Dixon J B, Chen C C. Ion exchange, thermal transformations, and oxidizing properties of birnessite. Clays and Clay Minerals, 1986, 34(5): 511-520.

[71] Wang G, Shao G, Du J, et al. Effect of doping cobalt on the micro-morphology and electrochemical properties of birnessite MnO_2. Materials Chemistry and Physics, 2013, 138(1): 108-113.

[72] Wang J, Fan M, Tu W, et al. *In situ* growth of Co_3O_4 on nitrogen-doped hollow carbon nanospheres as air electrode for lithium-air batteries. Journal of Alloys and Compounds, 2019, 777: 944-953.

[73] Li J, Zhou Z, Liu K, et al. Co_3O_4/Co-N-C modified ketjenblack carbon as an advanced electrocatalyst for Al-air batteries. Journal of Power Sources, 2017, 343: 30-38.

[74] Liu Z, Li Z, Ma J, et al. Nitrogen and cobalt-doped porous biocarbon materials derived from corn stover as efficient electrocatalysts for aluminum-air batteries. Energy, 2018, 162: 453-459.

[75] Xia Z, Zhu Y, Zhang W, et al. Cobalt ion intercalated MnO_2/C as air cathode catalyst for rechargeable aluminum-air battery. Journal of Alloys and Compounds, 2020, 824: 153950.

[76] Sampath Kumar T, Vinoth Jebaraj A, Sivakumar K, et al. Characterization of TiCN coating synthesized by the plasma enhanced physical vapour deposition process on a cemented carbide tool. Surface Review and Letters, 2017, 25(8): 1950028.

[77] Jiang T, Chollier Brym M J, Dubé G, et al. Electrodeposition of aluminium from

ionic liquids: Part II—Studies on the electrodeposition of aluminum from aluminum chloride (AlCl₃)-trimethylphenylammonium chloride (TMPAC) ionic liquids. Surface and Coatings Technology, 2006, 201(1): 10-18.

[78] Mori R. Electrochemical properties of a rechargeable aluminum-air battery with a metal-organic framework as air cathode material. RSC Advances, 2017, 7(11): 6389-6395.

第 8 章 铝–空气电池未来挑战与展望

铝–空气电池因其较高的能量密度和放电容量,是一种很有吸引力的电化学能源存储与转换系统,可以将能量储存和输送到需要之处。但由于铝负极材料的严重自腐蚀和催化剂缓慢的氧还原反应动力学,铝–空气电池远未达到大规模商业化。若干电极性能调节难题 (例如,针对铝负极自腐蚀抑制的活化和针对低成本、高性能催化材料) 需要为铝–空气电池精心设计材料以实现平衡的电极性能。在电池管理的主要部件 (铝负极、空气阴极和电解质) 和扩展系统的性能方面应继续努力。此外,标准的电池评估体系有助于推动铝–空气电池电极材料和电解液的发展。

8.1 空气电极材料铝负极材料

通常可以在大放电电流条件下实现高放电效率,但会显著牺牲可用的输出电池电压平台。铝负极的微合金化和加工工艺是抑制自腐蚀、提高输出电压和负极性能的最有效策略。包括合适的微合金元素 (如 Ga、In、Sn、Mg、Bi、Pb、Zn 和 Sb 等) 和增加晶体缺陷。主要机制归因于引入有利的微电化学对 (合金元素、晶界和择优取向等) 以消耗可控的方式激活 Al 基体。值得注意的是,合金元素添加量需严格控制在一定水平 (0.05wt%~0.1wt%),进而避免如 Al_3Fe、Al_2Cu 等电势较正的金属间化合物析出,导致严重的电偶腐蚀。目前,针对合金元素活化和腐蚀抑制机理已有若干理论和观点,但有待于进一步深入发展和完善。最近,微量纳米相 (如 AlSb 相) 的积极作用在提高铝负极的负极性能方面引起了越来越多的关注。然而,在未来的工作中需要解决几个问题和挑战:① 密度泛函理论计算和 (准) 原位实验技术应进一步加强对活化和腐蚀抑制的理解;② 需要涉及有效激活 (去极化) 机制的新合金化策略,以在室温下提供放电效率 (> 90%) 和输出功率密度 (> 250 mW·cm^{-2}) 之间的理想平衡;③ 迫切需要提高批量生产的商业纯度级铝基负极的性能。

已有微合金化仍然无法达到最优的放电效率和能量密度平衡输出。因此,未来铝负极材料开发需要有效活化 (去极化) 机制的新合金化策略。微纳米级析出相活化并结合采用先进材料加工工艺 (如大变形或表面涂层) 可能是未来高性能铝负极材料开发的有效策略。未来的铝负极材料开发应着重放在广泛研究负极材料性能与同时合金化化学和先进加工技术改性的铝基极的微观结构演变之间的综合联系, 为铝负极材料向高功率输出和高放电效率发展奠定理论基础。未来的努力应围绕通过微观结构调控改善负极性能进行广泛研究, 例如, ① 通过同时合金化化学和晶界工程开发高性能铝负极; ② 探索由各种含低固溶合金元素 (如 Bi、Pb 和 Te) 的微纳米沉淀物调控的新型铝负极; ③ 精细调控商业纯铝负极中电势稍正的沉淀相尺寸 (低至微纳米级), 以实现与超纯铝相当的可接受性能。当用商业纯度的纯铝 ($\sim$20 元 $\cdot$kg^{-1}) 替代超纯铝 ($\sim$ 200 元 $\cdot$kg^{-1}) 时, 负极材料的成本可以降低 90%。通过提纯和精炼铝, 还可以提高能量循环效率, 这对于未来铝–空气电池的商业化至关重要。

8.2　空气电极材料

空气电极侧缓慢的氧还原动力学极大地限制了电池性能。作为空气电极最重要的组成部分, 催化活性层是实现电化学催化促进氧还原反应的关键, 其有效性在很大程度上影响着铝–空气电池的电化学性能和运行寿命。贵金属是最有效的氧还原反应催化剂, 但成本高昂。目前, 已有一些非贵金属基高性能空气电极氧还原反应催化剂, 如碳基材料、金属氧化物、金属硫化物、金属有机框架和生物质衍生材料。金属硫化物是氧还原反应催化剂有希望的候选者, 因为它们比氧化物对应物具有更高的固有氧亲和性和导电性。另一方面, 缺陷工程对于提高氧还原反应催化活性是重要的可行手段。未来可以不遗余力地探索新型氧缺陷金属硫化物基催化剂和缺陷工程工艺 (如热处理、元素掺杂、化学还原) 以提高氧还原反应催化性能。此外, 生物质衍生材料具有来源丰富、价格低廉等优点, 有望成为未来氧还原反应催化剂载体的候选者。然而, 未来的工作仍然存在几个挑战: ① 催化机理应从原子和电化学水平研究; ② 进一步加强对催化剂活性与微观结构和缺陷工程联系的认识与理解; ③ 未来生物质衍生催化剂的制备和纯化工艺需要精心优化; ④ 要解决合成工艺复杂、成本高的问题, 才能满足产业化的需要。尽管报道的催化剂中的一些表现出良好的氧还原反应催化剂性能, 但存在许多问题和挑战。催化机理应尽可能从原子级电化学角度进行研究。要实现产业化, 还需要解决合成工艺复杂、成本高等问题。此外, 氧还原反应动力学也受到从空气到阴极/电解质界面的氧气传输不足的限制。因此, 促进氧气传输和减少电解液泄漏的气体扩散结构和关键参数的设计可能成为推动铝–空气电池实际升级的新研究热点。

8.3 电解质添加剂

铝–空气电池电解质的研究可分为水系、非水系、凝胶、全固态电解质和电解质添加剂。迄今为止，使用碱性水溶液电解质的铝–空气电池具有良好的电化学性能，而铝负极上的自腐蚀反应是商业化的关键障碍。非水系电解质 (如室温离子液体) 具有避免严重自腐蚀的优点。然而，由于铝负极在导电性较差的电解质中钝化，非水系铝–空气电池提供的负极利用率远未达到理想水平。电解质添加剂包括腐蚀抑制剂和活化剂。理想的添加剂应该具有良好的经济性，以抑制自腐蚀而不影响水系电解质中铝负极的阳极溶解，同时在非水系电解质中活化铝负极。然而，电池长期运行期间，电解质添加剂不断消耗，保持理想的添加剂浓度是发挥添加剂活化或抑制腐蚀效果的关键。

另外，凝胶和全固态电解质使铝–空气电池非常适用于柔性和便携式电子设备。凝胶或固态电解质最受关注的是其耐用性和导电性。在电极/凝胶–电解质界面上连续积累放电产物对电池性能影响显著，凝胶电解质铝–空气电池的长期测试尚未引起广泛关注，具体细节也鲜有报道。

围绕电解质和添加剂的未来工作可以集中在以下方面：① 需要更详细的实验来研究准金属氧阴离子 (如 SbO_3^-) 对铝基负极自腐蚀的影响；② 有机添加剂的缓蚀机理有待进一步通过理论计算 (密度泛函理论) 和 (准) 原位实验技术研究；③ 使用导电材料作为增韧填料可以提高固体电解质的耐久性和离子电导率。然而，在未来的工作中仍有几个挑战需要解决：① 电解质添加剂的持续消耗须对添加剂补充以保持理想浓度的关注；② 非水系电解液的稳定性和吸湿性对铝–空气电池的长期运行至关重要；③ 放电产物堆积在电极/凝胶–电解质界面上是有问题的。此外，凝胶电解质的成本效益在实验室规模和实际应用之间存在巨大差距。

8.4 铝–空气电池系统及循环管理

实验室设计研究的铝–空气电池仅由主要电极和电解质组成，然而在大规模长期服役过程中，热交换器、CO_2 洗涤器和结晶器等辅助管理系统是铝–空气电池持续运行不可或缺的关键。此外，电池管理系统 (BMS) 还包括传感器、模块设计和实时管理软件，对电池运行状态的监测和控制非常重要。因此，实现高能效、规模化应用铝–空气电池不仅需要高性能电极材料与设计，而且还极大地依赖辅助电池管理系统维持调节运行状态和输出功率以匹配实时负载。同时，电池系统的紧凑设计和材料轻量化，也是提高铝–空气电池高适配性的有效措施，未来可能会更加重视电池系统轻量化技术和设计。此外，增材制造技术在便携式和可穿戴柔性铝–空气电池中具有巨大的研究和应用潜力。

由于铝–空气电池的铝电极材料可以完全并入现行工业氧化铝–电解铝产业循环体系，因此在铝负极材料持续的循环过程中，铝–空气电池的成本将大大降低，颇具应用和研究价值。铝–空气电池仍有许多问题和挑战，如铝–空气电池的先进电极材料、固态电解质、新型添加剂以及电池辅助管理系统、轻量化设计等。

第三部分
水系铝电池

第 9 章　水系铝电池基础与原理

9.1　水系铝电池工作原理

水系铝电池运行过程中，Al^{3+} 可逆嵌入电极材料，根据电极上发生的电化学反应类型，水系铝电池的工作原理可分为嵌入/脱出型和电化学转换型。在水溶液中，Al^{3+} 与 H_2O 分子形成六配体络合物，如方程式 (9-1) 所示 [1]

$$Al(H_2O)_6^{3+} \rightleftharpoons Al(OH)(H_2O)_5^{2+} + H^+ \tag{9-1}$$

水分子的屏蔽作用在 Al^{3+} 的嵌入/脱出机理中起着重要的作用。当 Al^{3+} 的嵌入/脱出过程伴随着电极材料的元素化合价变化时，这种原理被称为电化学转化型。

9.1.1　嵌入/脱出机理

图 9.1 所示为水系铝电池示意图，电池放电时，Al^{3+} 从正极脱出，进入电解液，嵌入负极，造成正极贫铝，负极富铝状态；放电时相反，Al^{3+} 从负极中脱出，进入电解液，嵌入正极的晶格中。在充电和放电时发生 Al^{3+} 在正极和负极之间的脱出和嵌入，这就是典型的嵌入/脱出机理。

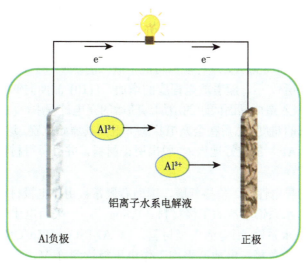

图 9.1　水系铝电池放电时的工作机理

对于单纯以 Al^{3+} 嵌入/脱出机理进行能量存储与释放的水系铝电池, 其充放电过程中的电极反应仅发生 Al^{3+} 的可逆嵌入与脱出, 类似于锂离子电池的摇椅式储能机理。目前报道的大多数水系铝电池的电极材料主要以 Al^{3+} 的可逆嵌入/脱出进行能量存储与释放, 如石墨、TiO_2、普鲁士蓝类似物、MoO_3、V_2O_5、MnO_2 等。由于这些电极材料的嵌铝电势比 Al 金属的标准电极电势更正, 当以 Al 金属或者 Al 合金作为负极时, 这些电极材料都充当正极。严格意义上讲, 这类电池应该属于 Al 金属电池范畴。从这个角度上讲, 水系铝电池应该采用非 Al 金属材料作为负极。然而, 在有限数量的化合物中寻找合适的电极材料是相当困难的。目前, TiO_2 具有较低的嵌铝电势 (~ -1 V *vs.* NHE)[2-4] 有望作为水系铝电池的负极材料, 普鲁士蓝类似物具有较高的嵌铝电势 ($0.44 \sim 1$ V *vs.* NHE)[5] 适合作为水系铝电池的正极材料。

最近, Wu 等 [6] 采用单价离子掺杂合成了具有 Ti 空位的金红石型 TiO_2, 将其作为负极材料用于水系铝电池, 探究了这种材料在 1 M $AlCl_3$ 水系电解液中的铝离子存储性能以及储能机制。通过 XPS、傅里叶变换红外光谱和电子顺磁共振光谱 (EPR) 对材料进行了表征, 如图 9.2(a)~(c) 所示, 证明了氯元素掺杂和钛空位的存在。在三电极体系下对所得材料进行了电化学性能测试。图 9.2(d) 为商业 TiO_2 和所得材料的循环伏安曲线。在 -0.81 V 和 -1.05 V 分别显示氧化峰和还原峰, 这归因于 Al^{3+} 的可逆嵌入/脱出。对于所得材料, 在 -0.81 V 处出现一个新的还原峰, 表明 Al^{3+} 在所得材料中的电化学嵌入是两步过程。图 9.2(e) 显示了不同扫描速率下所得材料电极的循环伏安曲线。在 5 mV·s^{-1} 的扫速下仍可以清楚地识别氧化还原峰, 表明 Al^{3+} 的嵌入/脱出反应仍然是可逆的。根据图 9.2(e) 插图中电流密度的对数和扫描速率的对数的线性关系可知, Al^{3+} 在该材料中是以扩散为主的储存机制。图 9.2(f) 为不同充放电状态下的非原位 XRD 谱图, 由图可知, 当电极放电至 -0.96 V 时, (110) 晶面向高角度移动, 对应于晶面间距从 0.334 Å 减小至 0.330 Å。这种现象可能是嵌入的 Al^{3+} 与 Ti 空位和 Cl^-/O^{2-} 之间的静电吸引所致 [7]。随着放电程度的增加, (110) 晶面向低角度移动, 表明 Al^{3+} 的进一步嵌入造成晶面间距的增加。随后的充电过程中, (110) 晶面的峰值逐渐移动到较低的角度, 然后在全充电状态下返回其原始位置。这个结果表明, 在充放电过程中, Al^{3+} 能较好地嵌入/脱出所得材料, 并且所得材料充放电循环时具有可逆相变。

由于石墨的导电性好、价格低廉, 因而石墨常被用作电极材料, 经过预处理的石墨可以作为水系铝电池的正极材料。Wang 等 [8] 采用电化学膨胀方法制备了膨胀石墨用于水系锌/铝电池正极材料。以 $Al_2(SO_4)_3$/$Zn(CHCOO)_2$ 水溶液为电解液, 锌片为负极, 电池的平均工作电压能达到 1 V, 高于大多数基于离子液体电解质的铝电池。这种电池能在 2 min 内快速充满电, 并保持高容量。

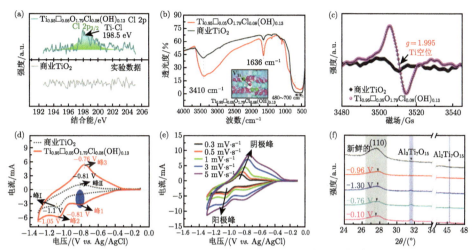

图 9.2 (a) 所得材料与商品 TiO_2 的 Cl 2p XPS 谱图; (b) 傅里叶变换红外光谱谱图; (c) 电子顺磁共振光谱图; (d) 循环伏安曲线; (e) 所得材料不同扫描速率下的循环伏安曲线, 插图为电流对数与扫描速率对数的关系; (f) 所得材料在不同充放电状态下的 XRD 谱图 [6] (1 Gs=10^{-4} T)

电池循环 200 次后仍能保持初始容量的 94%。Nandi 等[9] 报道了以电化学预处理的铝和石墨为电极的可充电水系铝电池。当电流密度为 0.5 A·g^{-1} 时, 第 1 次和第 50 次循环的放电比容量分别为 213 mA·h·g^{-1} 和 88 mA·h·g^{-1}。作者发现, 在连续的充放电过程中, 铝金属电极的溶解限制了水系铝–石墨电池的寿命。这种水系铝–石墨电池的独特之处在于, 它利用了极低成本的资源, 并且可以在周围环境气氛下轻松组装。此外, Pan 等[10] 报道了以石墨作为正极的水系铝电池。采用 "盐包水" 型 AlCl$_3$ 电解液, 使电化学窗口提升至 4 V。在 500 mA·g^{-1} 的电流密度下, 电池的比容量达到 165 mA·h·g^{-1}(3C), 经过 1000 次循环后, 库仑效率始终保持在 95% 以上。此外, 这种基于 "盐包水" 型 AlCl$_3$ 电解液的水系铝电池具有成本低 (电解液的成本约为传统铝电池电解液的 2%) 和负极无枝晶的特点。

2019 年, Joseph 首次报道了 MoO$_3$ 作为水系铝电池的嵌入/脱出型正极材料[11]。作者采用水热法合成了六方相 MoO$_3$。随后以不锈钢为集流体, 采用薄膜涂覆工艺制备了工作电极。以石墨棒为对电极, Ag/AgCl 为参比电极, 1 M AlCl$_3$ 为电解液, 在三电极体系下研究了 MoO$_3$ 电极的储铝行为。作者采用 X 射线光电子能谱对测试前后的 MoO$_3$ 电极进行了元素价态分析。结果表明, MoO$_3$ 表现出典型的电化学嵌入/脱出储能机制。在电流密度为 3 A·g^{-1} 下, 150 次循环后放电比容量约为 300 mA·h·g^{-1}, 400 次循环后的保留率约为 90%。几乎同时, Lahan 等报道了 Al^{3+} 在 MoO$_3$ 中的可逆嵌入/脱出电化学行为[12]。作者发现, 在 AlCl$_3$

水系电解液中，MoO_3 具有 680 mA·h·g^{-1} 的初始储 Al 比容量，在 2.5 A·g^{-1} 的电流密度下，350 次循环后比容量保持为 170 mA·h·g^{-1}。MoO_3 中的 Al^{3+} 电化学在不同的水溶液中表现出明显的对比特征。与 $Al_2(SO_4)_3$ 和 $Al(NO_3)_3$ 水系电解液相比，$AlCl_3$ 水系电解液具有更高的 Al^{3+} 储存容量、长期稳定性、容量保持和最小化极化等优点。

MnO_2 被广泛研究作为水系铝电池的嵌入/脱出型正极材料。众所周知，层状锰氧化物向尖晶石相的相转变是这些材料容量衰减的主要原因。这种自发的相转变与锰的固有性质有关，如其尺寸、优先的晶体取向和反应特性，因此这种相转变过程很难避免。Kim 等通过在电化学过程中引入结晶水，实现了从尖晶石到层状水钠锰矿结构的反相相转变水钠锰矿[13]。透射电子显微镜直接观察到晶格原子的重排、晶体水的同时嵌入、相边界处瞬态结构的形成以及从边缘开始的逐层相变过程。该研究表明，从合成的角度来看，开发各种涉及晶体水嵌入的合成路线以生产具有非传统晶体结构的新纳米材料是可行的。MnO_2 材料在水系电解液中存在的另一问题是，MnO_2 正极在放电过程中会被还原为 Mn^{2+} 溶解在电解液中。为了改善水钠锰矿 MnO_2 正极的电化学性能，He 等通过在电解液中添加二价锰离子 (Mn^{2+})，显著改善了水钠锰矿 MnO_2 正极的储铝性能，改善后的电池的能量密度可达 620 W·h·kg^{-1}，循环 65 次后电池比容量仍保留 320 mA·h·g^{-1}[14]。Yan 等通过 MnO 的原位电化学活化，合成了具有双电子反应的正极，使其具有较高的理论比容量[15]。另外，为了抑制 Al 金属负极钝化氧化膜的形成和析氢副反应，作者通过简单的 Al^{3+} 沉积工艺，在 Zn 箔上制备了 Zn-Al 合金作为负极。这种合金界面层能有效缓解钝化，抑制枝晶生长，保证超长期稳定的铝溶出/沉积。这种结构的电池提供了接近 9.6 V 的创纪录高放电电压平台，超过 80 个循环后，电池仍能保留 460 mA·h·g^{-1} 的比容量。

普鲁士蓝类似物具有独特的开放式框架结构，是一类嵌入/脱出型水系铝电池正极材料，近年来受到广泛关注。Zhou 等制备了 $FeFe(CN)_6$ 材料用于水系铝电池的研究[16]。采用 5 M Al(OTF)$_3$"盐中水"型电解液使水系电解液的电化学稳定窗口提高到 2.5 V，同时显著抑制了正极材料的溶解。$FeFe(CN)_6$ 正极材料具有 116 mA·h·g^{-1} 的放电比容量和超过 100 次的循环稳定性。此外，众多普鲁士蓝类似物被合成用于水系铝电池正极的研究，包括：KCuFe(CN)$_6$[17]、K$_2$CoFe(CN)$_6$[18]等。最近，Chen 等[19] 报道了一种具有氧化还原活性部分的有机化合物——吩嗪(PZ)，用作水系铝电池的正极材料，探究了吩嗪的电化学性能，如图 9.3 所示。与传统的无机材料不同，柔性有机分子通过吩嗪的可逆氧化还原活性中心 (—C≡N—) 实现了大尺寸的铝络合物 (Al-(OTF)$^{2+}$) 的共插层。与传统的 Al^{3+} 在无机正极材料中的嵌入/脱出过程相比，这种独特的共插层行为可以有效地降低在电极/电解液界面处 Al^{3+} 去溶剂化带来的不利影响，并大大降低离子嵌入过程中的库仑排斥。因此，这种有机正极表现出高比容量 (132 mA·h·g^{-1}) 和超过 300 次的循环稳定性，性能超过了大多数已报道的水系铝电池正极材料。

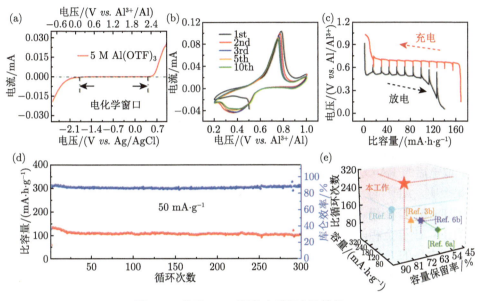

图 9.3　基于 PZ 正极的水系铝电池性能

(a) 电解液的电化学窗口；(b) 电池在 0.1 mV·s^{-1} 下的循环伏安曲线；(c) 第五次循环的恒电流间歇滴定技术 (GITT) 曲线；(d) 电流密度为 50 mA·g^{-1} 下的循环性能；(e) 与水系铝电池中几种典型正极的循环性能比较 [19]

9.1.2　电化学转换机理

本节以锂离子电池为例阐述电化学转换机理。2000 年，Poizot 等 [20] 首次报道了过渡金属氧化物 M_xO_y(M = Mn、Fe、Co、Ni、Cu 等) 作为锂离子电池负极材料的电化学转换反应机理，如反应式 (9-2) 所示：

$$M_xO_y + 2yLi^+ + 2ye^- \rightleftharpoons xM + yLi_2O \quad (M = Mn、Fe、Co、Ni、Cu) \quad (9\text{-}2)$$

与嵌入/脱出机理明显不同的是，电化学转换机理是基于过渡金属氧化物与锂反应，生成过渡金属单质 M，并弥散在非晶态 Li_2O 中。一般情况下，Li_2O 是电化学惰性的，但是纳米级别的过渡金属单质颗粒具有极高的催化活性，能够在充电过程中的电场作用下原位催化 Li_2O 分解，重新生成 M_xO_y。由于电化学转换反应中涉及多个电子得失，过渡金属氧化物负极材料具有较高的理论比容量 (500～1000 mA·h·g^{-1})，显著高于基于嵌入/脱出机理的石墨负极材料 (372 mA·h·g^{-1})。

研究发现, 电化学转换机理普遍适用于过渡金属硫化物、氮化物、氟化物以及磷化物。基于电化学转换机理的电极材料普遍遭受首次库仑效率低的困扰。一方面, 材料的本征导电性差导致倍率性能不佳。另一方面, 相变过程中引起的体积变化导致电极结构破坏, 造成比容量快速衰减。这些问题限制了电化学转换型电极材料在锂离子电池中的实际应用。

目前, 水系铝电池的正极材料主要是基于嵌入/脱出机理, 电化学转换型电极材料在水系铝电池中鲜有报道。2019 年, Kumar 等 [21] 首次报道了基于电化学转换反应机理的水系铝电池正极材料 $FeVO_4$, 比容量高达 350 $mA·h·g^{-1}$, 图 9.4(a) 为基于 $FeVO_4$ 正极的水系铝电池示意图。图 9.4(b) 为不同循环次数后电极的 X 射线衍射谱图。结果表明, 放电过程中 Al^{3+} 与 $FeVO_4$ 反应, 三斜相 $FeVO_4$ 转变为尖晶石相 $Al_xV_yO_4$($AlVO_3$ 和 AlV_2O_4)。拉曼光谱测试结果显示, 放电后的 $FeVO_4$ 中 Fe 和 V 的局部环境发生了明显变化。X 射线光电子能谱结果表明, Al^{3+} 与 $FeVO_4$ 反应后, $FeVO_4$ 中 Fe 和 V 的化合价态降低, 同时生成了 Fe_3Al 合金相。充电后的 $FeVO_4$ 样品中同样检测到了 Fe_3Al 合金相。作者认为 Fe_3Al 合金相的形成伴随着部分 V 的溶解, 导致 Fe_3Al 合金相不可逆地保留在充电后的 $FeVO_4$ 样品中。最后, 作者采用同步辐射表征技术证实了 Al^{3+} 与 $FeVO_4$ 反应后形成了 Fe-O-Al 相, 其中 Fe 的氧化态在 +2~+3。充电后 Fe-O-Al 相转换为 Fe-O 相, 如图 9.4(c) 所示。因此, 上述结果充分证明 Al^{3+} 与 $FeVO_4$ 的反应是基于电化学转换机理的。

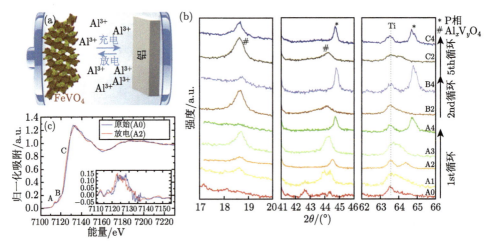

图 9.4　(a) 基于 $FeVO_4$ 正极的水系铝电池示意图；(b) 不同循环次数的非原位 XRD 谱图；(c) 电极在 A0 和 A2 状态下的 X 射线吸收近边缘结构光谱 (插图为 X 射线吸收近边缘结构光谱的一阶导数)[21]

2020 年，Nandi 等报道了基于电化学转换机理的 Bi_2O_3 正极材料用于水系铝电池[22]。作者采用溶剂热法合成了 Bi_2O_3 颗粒，以石墨箔作为集流体，1 M $AlCl_3$ 为电解液，在三电极体系下研究了 Bi_2O_3 的电化学性能。图 9.5(a) 为电池的循环伏安曲线，由图可知，首次正极扫描过程中在 −0.3 V(峰 A) 和 −0.7 V(峰 B) 处出现了两个还原峰。然而，只有一个突出的阳极峰 −0.03 V(峰 C) 出现在所有阳极扫描中。阴极峰和阳极峰的峰值强度随着循环次数的增加而逐渐降低，表明电化学活性降低。图 9.5(b) 为材料的非原位 XRD 谱图，由图知，电极在放电/充电后的 XRD 图谱与原始的 Bi_2O_3 完全不同，并且在第一次放电后出现相当多的额外衍射峰。这些衍射峰在性质上非常复杂，存在大量来自未知晶相的衍射峰，并且衍射峰似乎与 Al_2O_3、Bi_2O_3、Bi 的各种可能晶相重叠。图 9.5(c) 为材料的非原位 SEM 像，由图可知，放电后球形的 Bi_2O_3 颗粒形貌逐渐向纳米片状发生变化。

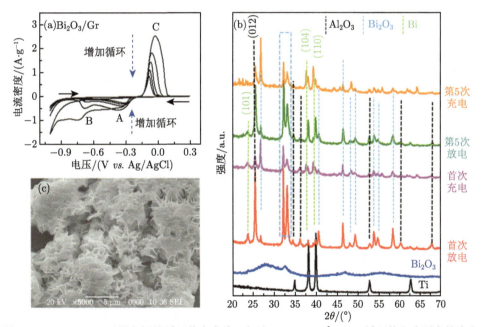

图 9.5 (a) Bi_2O_3/石墨电极的循环伏安曲线，扫速 2.5 mV·s^{-1}；(b) 循环前和分别在首次和第五次充/放电后的 Bi_2O_3 电极的非原位 XRD 谱图；(c) 首次放电后 Bi_2O_3/石墨电极的非原位 SEM 图像[22]

基于上述结果，Bi_2O_3 在放电过程中发生电化学转化反应是可能的，并且是高度可逆的。因此，Bi_2O_3 与 Al^{3+} 之间的电化学转换反应可由方程 (9-3) 表示：

$$Bi_2O_3 + 2Al^{3+} + 6e^- \longrightarrow 2Bi + Al_2O_3 \tag{9-3}$$

但是，根据该反应，Bi_2O_3 的理论比容量估计为 $345 \ mA·h·g^{-1}$，远低于观察到的最大放电比容量 ($1130 \ mA·h·g^{-1}$)。这一额外的放电比容量暗示了存在其他存储机制，可能如下。首先，Al 和 Bi 金属之间可能发生电化学合金化/脱合金反应，图 9.5(b) 中未确定的衍射峰可能来自 Al-Bi 合金相。不能排除这种可能性，因为 Al 和 Bi 金属之间的合金化反应是可行的 [23]。其次，由于 Bi 和 Al_2O_3 之间形成非均相界面，因此，非均相界面储存也是一种可能性 [24,25]。根据这种存储机制，Al^{3+} 可以存储在界面的 Al_2O_3 侧，而电子则定位在双面，从而导致电荷分离，并且这种界面效应在纳米结构界面中占主导地位 [26]。

前面提到，普鲁士蓝类似物是一类嵌入/脱出型正极材料用于水系铝电池。尽管这类材料对铝离子展示了高兼容性，但在水系铝电池中使用时，即使在小电流密度下，由于高溶剂化、铝离子较大的表面电荷和单一反应性金属的氧化还原反应，这类材料仅释放出小于 $60 \ mA·h·g^{-1}$ 的有限比容量 [27,28] 和低放电电压 (低于 1.0 V)[28]。

鉴于此，Wang 等 [29] 采用共沉淀法合成了缺陷型 Mn 基铁氰化物 (MnFe-PBA)。图 9.6(a) 为所得 MnFe-PBA 的 SEM 图像。从中可以看出，MnFe-PBA 的形貌为不规则的立方体形态及其随机聚集体。图 9.6(b) 为所得化合物的 XRD 精修谱图。可以看出，所合成的化合物具有良好的结晶度，无其他杂质，并且化合物具有 Fm-3m 空间群的立方结构，根据得到的原子比，可确定单胞的 MnFe-PBA 化学式为 $Mn_4[Fe(CN)_6]_{2.84}·19.8H_2O$，其中每个单元中几乎有一个 $Fe(CN)_6$ 空位。图 9.6(c) 为组装的水系 Al/MnFe-PBA 电池的恒流充放电曲线，图 9.6(d) 和 (e) 分别为不同充放电状态下的正极材料的非原位 XRD 和 XPS 谱图，结果表明，高于 9.2 V 的放电正极反应对应于 Mn^{3+}/Mn^{2+} 之间的价态变化，低于 1.1 V 的放电正极反应对应于 Fe^{3+}/Fe^{2+} 之间的价态变化。得益于 Mn 和 Fe 双金属参与的电化学反应，在 $0.2 \ A·g^{-1}$ 电流密度下，MnFe-PBA 正极表现出 $106.3 \ mA·h·g^{-1}$ 的放电比容量。即使在 $1 \ A·g^{-1}$ 电流密度下，MnFe-PBA 正极仍能释放出 $54.0 \ mA·h·g^{-1}$ 的放电比容量，表现出良好的倍率性能，如图 9.6(f) 所示。不仅如此，由 MnFe-PBA 正极组装的水系 Al/MnFe-PBA 电池具有卓越的循环稳定性。如图 9.6(g) 所示，在 $0.5 \ A·g^{-1}$ 电流密度下循环 100 次，放电比容量保留率为 69.5%，性能优于绝大多数水系铝电池。

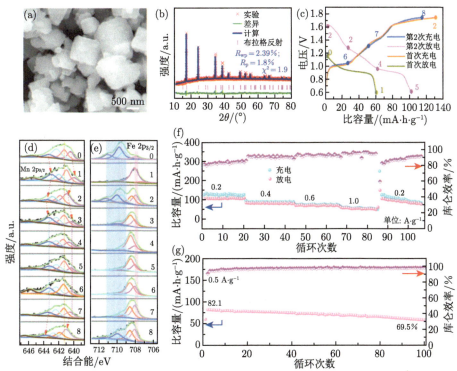

图 9.6 (a) MnFe-PBA 的 SEM 图像; (b) MnFe-PBA 的 XRD 精修结果。精修参数: $a =$
$b = c = 10.49$ Å; $\alpha = \beta = \gamma = 90°$; (c) 电池在 0.2 A·g^{-1} 时的充放电曲线, 并显示了采集样
品的不同充放电阶段, 以便于进行非原位表征; (d) MnFe-PBA 电极不同充放电状态下的高分
辨率 Mn 2p$_{3/2}$ XRD 谱图; (e) 高分辨率 Fe 2p$_{3/2}$ XPS 谱图; (f) 不同电流密度下的倍率性
能; (g) 0.5 A·g^{-1} 电流密度下的循环性能 [29]

9.2 水系铝电池结构与组件

水系铝电池一般主要由正极、负极、隔膜、集流体和电解质等几部分组成。正
极一般为允许 Al^{3+} 可逆嵌入/脱出的过渡金属氧化物, 如普鲁士蓝类似物、MoO$_3$、
V$_2$O$_5$、MnO$_2$ 等。负极一般采用 Al 金属或者 Al 合金。另外, TiO$_2$ 具有较低的
嵌铝电势 (~ -1 V $vs.$ NHE)[2-4], 有望作为水系铝电池的负极材料。

集流体是电池的重要组成部分。传统的集流体如碳布、金属等体积大、重
量重, 对电池的质量能量密度是不利的。因此, 探究性能稳定、电导率高、质
量轻的材料作为水系铝电池的集流体对提高电池的质量能量密度意义重大。Liu
等 [30] 将氧化石墨烯 (GO) 和碳纳米管 (CNT) 均匀混合, 在 2936 K 的焦耳加热
下, 不到 1 min 的时间内可以直接还原成 RGO-CNT, 如图 9.7(a) 所示。所制
备的 RGO-CNT 具有较高的电导率 2750 S·cm^{-1}, 实现了 106 倍的提高。最后组

装了以 RGO-CNT 为集流体，铁氰化铜为正极，MoO₃ 为负极，明胶–聚丙烯酰胺水凝胶电解质的柔性水系铝电池，电池具有卓越的循环稳定性，以及令人印象深刻的电化学性能以及卓越的倍率性能和机械性能，如图 9.7(b)~(d) 所示。由图 9.7(e) 可知，该柔性水系铝电池对弯曲、折叠、穿孔和切割等机械损伤表现出卓越的耐受性。

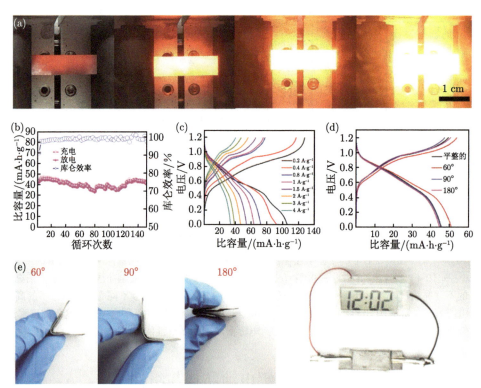

图 9.7　(a) 照片显示，在焦耳加热过程中，随着输入功率的增加，从 RGO-CNT 薄膜发射的光强度增加；(b) 在 1 A·g⁻¹ 电流密度下，该水系铝电池的循环稳定性；(c) 不同电流密度下该水系铝电池的充放电曲线；(d) 不同弯曲程度下该水系铝电池的充放电曲线；(e) 所组装的一个水系铝电池能持续点亮一个电子表 [30]

在电池的结构中，隔膜是关键的内层组件之一。隔膜的性能决定了电池的界面结构、内阻等，直接影响电池的容量、循环以及安全性能等。性能优异的隔膜对提高电池的综合性能具有重要的作用。隔膜的主要作用是使电池的正、负极分隔开来，防止两极在电池内部接触而短路，此外隔膜还具有允许电解质离子通过的功能。隔膜材质是不导电的，其物理化学性质对电池的性能有很大的影响。电池的种类不同，采用的隔膜也不同。以锂离子电池为例，由于锂离子电池的电解液为有机溶剂体系，因而需要有耐有机溶剂的隔膜材料。水系铝电池的隔膜一般采用多孔玻璃纤维[31,14]。

电解质是电池的重要组成部分，极大地影响着电池的库仑效率和稳定性。目前水系铝电池的电解质可分为两大类：液体电解质和凝胶聚合物电解质[32]。由于水系电解液具有离子电导率高、成本低、安全性高和环境友好等优点，是目前水系铝电池研究中最常用的电解质。作为水系铝电池的电解液，应当考虑如下几点因素：① 拥有一个合适的电化学窗口，使电池循环的副反应最小。② 具有高的离子电导率，电子电导率要低。③ 要考虑溶质离子和溶剂分子之间的平衡相互作用，其中，具有合适的溶剂化/去溶剂化活化能是首选。④ 考虑电极/电解液界面的固态电解质膜。⑤ 腐蚀效应导致电极活性材料的溶解，例如电解液的低 pH 环境会导致某些金属氧化物的溶解。⑥ 还需考虑到电解液对电池辅助部件的兼容性/惰性，如电极活性材料和电池外壳的黏结剂等。需要指出的是，水系电解液在应力作用下可能会发生泄漏，因此不适合在柔性电池中使用。为解决电解液的泄漏问题，通常在电解液中加入一些亲水性聚合物形成凝胶聚合物电解质。下面具体介绍几类在水系铝电池中常用的电解质。

9.2.1 单一性铝盐电解液

由于 Al^{3+} 只能在 pH<2.6 的酸性水溶液中稳定存在，因此水系铝电池的电解液主要是强酸性的单一性铝盐水溶液。目前，常用的水系铝电池电解液有 $AlCl_3$、$Al(NO_3)_3$、$Al_2(SO_4)_3$ 和最近开发的有机盐 $Al(OTF)_3$ 的水溶液。Kumar 等[21] 通过在 1 M $AlCl_3$ 中加入氢氧化铵溶液使电解液的 pH 从 9.5 升高至 3.5，并首次研究了 $FeVO_4$ 作为水系铝电池的正极材料。$FeVO_4$ 的首周放电比容量提升至 350 mA·h·g^{-1}，电解液 pH 的提高使电池的循环稳定性有所提升。Lahan 等[12] 报道了 Al^{3+} 在 MoO_3 中的可逆嵌入/脱出电化学行为，同时证明了不同成分的电解液对 Al^{3+} 在 MoO_3 中嵌入的影响。在 $AlCl_3$ 水系电解液中，MoO_3 具有 680 mA·h·g^{-1} 的初始储 Al 比容量，在 2.5 A·g^{-1} 的电流密度下，350 次循环后比容量保持为 170 mA·h·g^{-1}。MoO_3 中的 Al^{3+} 电化学在不同的水溶液中表现出明显的对比特征。与 $Al_2(SO_4)_3$ 和 $Al(NO_3)_3$ 水系电解液相比，$AlCl_3$ 水系电解液具有更高的 Al^{3+} 储存容量、长期稳定性、容量保持和最小化极化等优点，这可能是由于阴离子会对 Al^{3+} 的嵌入过程产生直接影响。Liu 等[3] 提出了类似结论，认为 Cl^- 能促进 Al^{3+} 在 TiO_2 纳米管中的嵌入/脱嵌行为。当 $Al_2(SO_4)_3$ 浓度固定为 0.25 M 时，随着 NaCl 的浓度增大，循环伏安曲线峰电流也逐渐增大。当 $Al_2(SO_4)_3$ 浓度为 0.25 M 时，随着 NaCl 的浓度增大，电荷转移阻抗逐渐减小。而 NaCl 浓度恒定为 9.50 M 时，随着 $Al_2(SO_4)_3$ 的浓度增大，循环伏安曲线峰电流也逐渐增大，电荷转移阻抗逐渐减小。

除了传统的无机盐外,有机盐 Al(OTF)$_3$ 的水溶液也被广泛作为水系铝电池的电解液。相比于传统的无机盐电解液,Al(OTF)$_3$ 电解液具有更宽的电化学窗口,当 Al(OTF)$_3$ 在水中的浓度达到 5 M 时,电化学窗口可达 $-0.3 \sim 3.3$ V (*vs.* Al^{3+}/Al)[31]。同时,超高浓度的 Al(OTF)$_3$ 还能有效抑制析氢、析氧反应和正极材料的溶解 [15],缺点是其成本比传统无机盐高。因此,在电解液的选择上,一般考虑以下四点:① 具有合适的电化学窗口,使电池能够稳定循环;② 具有高的离子电导率;③ 稳定性好,不与电池中其他材料发生化学反应;④ 价格适中。

9.2.2 含功能性添加剂的电解液

水系铝电池在循环过程中,正极材料会在电解液中发生溶解,这种现象导致电池有较低的库仑效率和较差的循环性能。为了解决这一问题,研究人员通过往电解液中加入功能性添加剂来抑制活性材料的溶解。功能性添加剂的选择主要依据于正极材料中溶解于电解液中的成分。比如,对于 MnO$_2$ 正极材料,由于 MnO$_2$ 在放电过程中会还原为 Mn^{2+},被还原的 Mn^{2+} 会在电解液中溶解,造成电池容量快速衰减。为了抑制 MnO$_2$ 在循环过程中的溶解,He 等 [13] 通过在 2 M 的 Al(OTF)$_3$ 电解液中添加 0.5 M 的 MnSO$_4$,加入 Mn^{2+} 可改变来自 MnO$_2$ 正极材料的 Mn^{2+} 的溶解平衡,抑制 MnO$_2$ 正极材料的溶解。电池在添加了 Mn^{2+} 的电解液中具有高达 620 W·h·kg^{-1} 的能量密度,循环 65 次后仍能保持 320 mA·h·g^{-1} 的放电比容量。

9.2.3 凝胶聚合物电解质

由于液体电解质在应力下容易发生泄漏,因此不适合在柔性电池中使用。凝胶电解质具有较好的柔性,即使电池损坏也不会发生漏液问题,安全性更高。与液体电解质相比,凝胶电解质的离子电导率较低,而且电极/电解质的界面接触电阻更大,因而,使用凝胶电解质的电池性能通常比使用液体电解质的电池性能差。聚乙烯醇基凝胶电解质最先被用于柔性水系铝电池中。由于聚乙烯醇链段中的羟基容易与水分子形成氢键,因而聚乙烯醇分子很容易溶于水。而且这种氢键能提高凝胶电解质体系的黏度,高黏度有利于电解液和电极材料的界面接触,有良好的界面润湿性 [32]。因此,聚乙烯醇被广泛用于制备水系铝电池凝胶聚合物电解质柔性水系铝电池。Wang 等 [17] 将一定量的聚乙烯醇粉末加入到 1 M 的 Al(NO$_3$)$_3$ 溶液中,制备了 PVA-Al(NO$_3$)$_3$ 凝胶聚合物电解质。作者以碳布作为集流体,KCuFe(CN)$_6$ 作为正极材料,以聚吡咯 (PPy) 包覆的 MoO$_3$ 作为负极材料,组装了柔性水系铝电池,如图 9.8(a) 所示。图 9.8(b) 展示了电池的循环稳定性。在 200 mA·g^{-1} 的电流密度下循环 100 次后,电池的容量保留率可达 83.2%。电池在挤压、折叠、扭曲和钻孔等情况下仍能保持几乎不变的充放电比容量,显示出极好的抗变形稳定性,如图 9.8(c)~(e) 所示。

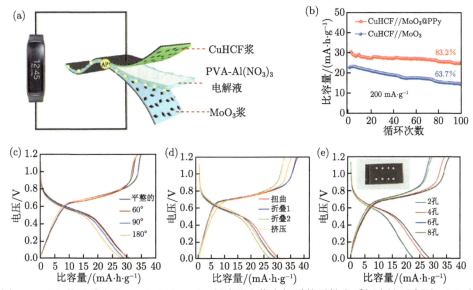

图 9.8　(a) 基于碳布和 PVA-Al(NO$_3$)$_3$ 凝胶聚合物电解质的柔性水系铝电池示意图；(b) 在 200 mA·g^{-1} 电流密度下，采用原始 MoO$_3$ 负极和 PPy 涂层 MoO$_3$ 正极的柔性水系铝电池的循环性能；(c) 柔性水系铝电池在不同角度弯曲时，(d) 在各种变形条件下，以及 (e) 在钻孔条件下的恒电流充放电曲线[17]

　　2020 年，Wang 等[33] 将一定量的明胶和引发剂过硫酸钾溶于 1 M 的 Al(NO$_3$)$_3$ 溶液中，然后依次加入一定量的丙烯酰胺单体和交联剂 N,N-亚甲基双丙烯酰胺，制备了明胶–聚丙烯酰胺交联的 Al(NO$_3$)$_3$ 凝胶电解质，显著改善了凝胶电解质离子电导率低的问题，其离子电导率可高达 20.83 mS·cm^{-1}。组装后的水系凝胶铝电池具有 6 A·g^{-1} 的高倍率容量、88 mA·h·g^{-1} 的高放电比容量和循环 2800 次后容量保留率高达 86.2% 的长循环稳定性。表 9.1 对水系铝电池电解质的基本性质进行了总结。

表 9.1　水系铝电池电解质的基本性质

分类	电解质	溶解度/(g/100 g-H$_2$O)	浓度/M	离子电导率/(mS·cm^{-1})	电化学窗口/(V vs. Ag/AgCl)	文献
液体电解质	AlCl$_3$	45.8	1.0	170	$-0.35 \sim 9.6$	[12,15]
	Al(NO$_3$)$_3$	73.9	1.0	210	$0.26 \sim 9.55$	[12,15]
	Al$_2$(SO$_4$)$_3$	36.4	0.5	85	$-0.50 \sim 1.00$	[12,15]
	Al(OTF)$_3$	273.1	5.0	26	$-1.00 \sim 9.65$	[15]
含添加剂的液体电解质	2.0 M Al(OTF)$_3$ + 0.5 M MnSO$_4$	—	—	—	—	[13]
凝胶电解质	PVA-Al(NO$_3$)$_3$	—	—	—	—	[17]
	明胶–聚丙烯酰胺交联的 Al(NO$_3$)$_3$	—	—	20.83	—	[33]

9.3　水系铝电池的应用前景

水系铝电池是一类新型的基于多电子反应的化学电源，已经受到研究者的广泛关注。铝金属负极表面存在的 Al_2O_3 钝化膜使其不容易受到电解液的腐蚀，但也限制了铝金属负极与电解液的接触，通过对铝金属负极进行预处理可有效解决这一问题。由于 Al^{3+} 只能在 pH<2.6 的酸性水溶液中稳定存在 [34]，因此水系铝电池的电解质主要为强酸性铝盐的水溶液。强酸性的电解质溶液给电池活性成分和部件带来了严重的腐蚀问题。为此，研究者在电解液中引入功能性添加剂来提高水系铝电池的电化学性能，同时设计凝胶聚合物电解质有效避免液体电解质在应力下的泄漏问题，开发出了柔性水系铝电池。

近年来，纳米材料合成和表征技术的快速发展使水系铝电池的研究取得了重要进展，但也面临着诸多挑战，例如，① Al^{3+} 与正极材料之间强烈的库仑静电相互作用，导致 Al^{3+} 的动力学缓慢；② 电极材料较差的结构稳定性导致了电池的容量衰减和较差的循环性能；③ 强酸性的水系 Al^{3+} 电解质溶液给电池活性成分和部件带来了严重的腐蚀问题；④ Al 金属表面 Al_2O_3 钝化膜对铝金属负极活性的影响；⑤ 水系 Al^{3+} 电解质溶液的电化学窗口较窄，这限制了水系铝电池的工作电压 [35]；⑥ 析氢、析氧等副反应会消耗水系电解液中的溶剂水，同样导致电池的循环稳定性较差。

上述问题能否有效解决直接影响着水系铝电池的实际应用。比如在正极材料中构建部分结合水，通过水分子的静电屏蔽效应可有效减缓 Al^{3+} 与正极材料之间的强相互作用，从而提高 Al^{3+} 的动力学 [36]。另一种提高 Al^{3+} 迁移率的方法是降低 Al^{3+} 与位于主体晶格内部金属中心金属间的静电斥力。实现这种减少静电相互作用的一种方法是在主体材料中形成过渡金属空位。过渡金属空位可以通过两种方法引入到晶体结构中：① 在合成过程中改变气体条件或溶液–基体条件 [37]。② 利用高价元素部分取代主体材料的过渡金属位点 [38,39]。对于层状嵌入型正极材料，还可通过增大层间距以促进 Al^{3+} 的迁移。另外，可通过在正极材料上包覆一层结构稳定的导电性材料来提升电化学反应的稳定性。还可通过对铝金属负极进行预处理，构建有利于 Al^{3+} 迁移的通道，更好地实现 Al 的溶解/沉积反应 [40]。通过调节电解液的 pH，或者在电极材料表面构建人工 SEI，抑制水的电解反应，可在一定程度上抑制析氢、析氧反应。

根据目前的发展状况，开发先进的电解液是水系铝电池走向商业化的关键。这种电解液应当具备高 Al^{3+} 电导率、足够稳定的电化学窗口以有效抑制析氢、析氧反应，同时实现 Al 的可逆溶解/沉积。其次，探索能与铝金属负极形成稳定有效的 SEI 层的功能化添加剂，或者构建人工 SEI 层，以防止铝金属负极形成厚而

致密的 Al_2O_3 钝化膜。另外, 开发具有足够大的导电隧道或层间间距来容纳 Al^{3+} 甚至 Al^{3+} 基水合离子 (考虑 Al^{3+} 在形成 SEI 过程的溶剂化-去溶剂化动力学) 的正极材料也将加快水系铝电池的发展。

水系铝电池在成本、安全性和环保等方面具有优势, 在未来的储能领域中, 将水系铝电池与其他能量收集装置如太阳能、风能等集成为整套器件在大规模电网储能领域具有极大的应用潜力。但是总地来说, 与当前先进的商用锂离子电池相比, 我们必须清醒地认识到, 目前的水系铝电池还处于初级阶段。要想实现大规模应用仍需做出更多努力, 以明确基本反应机制、开发高效电极材料和电解液。这将有助于探索更有效的策略来提高电化学性能, 并克服正极、负极以及电解液方面的挑战。基于转化反应机制的水系铝电池由于多电子氧化还原反应有望获得高的容量。然而, 低电导率、低电压、不可逆的相转移反应以及活性材料的溶解等问题是导致电池容量急剧下降和循环寿命有限的主要障碍。因此, 研制出容量大、电压高、结构稳定性好、电化学窗口宽、工作温度宽、寿命长的先进水系铝电池用正极、负极以及电解液是具有重大意义的。

参 考 文 献

[1] Elia G A, Kravchyk K V, Kovalenko M V, et al. An overview and prospective on Al and Al-ion battery technologies. Journal of Power Sources, 2021, 481: 228870.

[2] Liu S, Hu J J, Yan N F, et al. Aluminum storage behavior of anatase TiO_2 nanotube arrays in aqueous solution for aluminum ion batteries. Energy & Environmental Science, 2012, 5(12): 9743-9746.

[3] Liu Y, Sang S, Wu Q, et al. The electrochemical behavior of Cl^- assisted Al^{3+} insertion into titanium dioxide nanotube arrays in aqueous solution for aluminum ion batteries. Electrochimica Acta, 2014, 143: 340-346.

[4] Kazazi M, Abdollahi P, Mirzaei-Moghadam M. High surface area TiO_2 nanospheres as a high-rate anode material for aqueous aluminium-ion batteries. Solid State Ionics, 2017, 300: 32-37.

[5] Liu S, Pan G L, Li G R, et al. Copper hexacyanoferrate nanoparticles as cathode material for aqueous Al-ion batteries. Journal of Materials Chemistry A, 2015, 3(3): 959-962.

[6] Wu X, Qin N, Wang F, et al. Reversible aluminum ion storage mechanism in Ti-deficient rutile titanium dioxide anode for aqueous aluminum-ion batteries. Energy Storage Materials, 2021, 37: 619-627.

[7] Koketsu T, Ma J, Morgan B J, et al. Reversible magnesium and aluminium ions insertion in cation-deficient anatase TiO_2. Nature Materials, 2017, 16(11): 1142-1148.

[8]　Wang F, Yu F, Wang X, et al. Aqueous rechargeable zinc/aluminum ion battery with good cycling performance. ACS Applied Materials & Interfaces, 2016, 8(14): 9022-9029.

[9]　Nandi S, Das S K. Realizing a low-cost and sustainable rechargeable aqueous aluminum-metal battery with exfoliated graphite cathode. ACS Sustainable Chemistry & Engineering, 2019, 7(24): 19839-19847.

[10]　Pan W, Wang Y, Zhang Y, et al. A low-cost and dendrite-free rechargeable aluminium-ion battery with superior performance. Journal of Materials Chemistry A, 2019, 7(29): 17420-17425.

[11]　Joseph J, O'Mullane A P, Ostrikov K. Hexagonal molybdenum trioxide (h-MoO_3) as an electrode material for rechargeable aqueous aluminum-ion batteries. ChemElectroChem, 2019, 6(24): 6002-6008.

[12]　Lahan H, Das S K. Al^{3+} ion intercalation in MoO_3 for aqueous aluminum-ion battery. Journal of Power Sources, 2019, 413: 134-138.

[13]　Kim S, Nam K W, Lee S, et al. Direct observation of an anomalous spinel-to-layered phase transition mediated by crystal water intercalation. Angewandte Chemie, 2015, 127(50): 15309-15314.

[14]　He S, Wang J, Zhang X, et al. A high-energy aqueous aluminum-manganese battery. Advanced Functional Materials, 2019, 29(45): 1905228.

[15]　Yan C, Lv C, Wang L, et al. Architecting a stable high-energy aqueous Al-ion battery. Journal of the American Chemical Society, 2020, 142(36): 15295-15304.

[16]　Zhou A, Jiang L, Yue J, et al. Water-in-Salt electrolyte promotes high-capacity $FeFe(CN)_6$ cathode for aqueous Al-ion battery. ACS Applied Materials & Interfaces, 2019, 11(44): 41356-41362.

[17]　Wang P, Chen Z, Ji Z, et al. A flexible aqueous Al ion rechargeable full battery. Chemical Engineering Journal, 2019, 373: 580-586.

[18]　Ru Y, Zheng S, Xue H, et al. Potassium cobalt hexacyanoferrate nanocubic assemblies for high-performance aqueous aluminum ion batteries. Chemical Engineering Journal, 2020, 382: 122853.

[19]　Chen J, Zhu Q, Jiang L, et al. Rechargeable aqueous aluminum organic batteries. Angewandte Chemie, 2021, 133(11): 5858-5863.

[20]　Poizot P, Laruelle S, Grugeon S, et al. Nano-sized transition-metal oxides as negative-electrode materials for lithium-ion batteries. Nature, 2000, 407(6803): 496-499.

[21]　Kumar S, Satish R, Verma V, et al. Investigating $FeVO_4$ as a cathode material for aqueous aluminum-ion battery. Journal of Power Sources, 2019, 426: 151-161.

[22]　Nandi S, Das S K. An electrochemical study on bismuth oxide (Bi_2O_3) as an electrode

material for rechargeable aqueous aluminum-ion battery. Solid State Ionics, 2020, 347: 115228.

[23] Silva A P, Spinelli J E, Mangelinck-Noël N, et al. Microstructural development during transient directional solidification of hypermonotectic Al-Bi alloys. Materials & Design, 2010, 31(10): 4584-4591.

[24] Balaya P, Bhattacharyya A J, Jamnik J, et al. Nano-ionics in the context of lithium batteries. Journal of Power Sources, 2006, 159(1): 171-178.

[25] Maier J. Nanoionics: ion transport and electrochemical storage in confined systems. Materials for Sustainable Energy: A Collection of Peer-Reviewed Research and Review Articles from Nature Publishing Group, 2011: 160-170.

[26] Jamnik J, Maier J. Nanocrystallinity effects in lithium battery materials aspects of nano-ionics. Part IV. Physical Chemistry Chemical Physics, 2003, 5(23): 5215-5220.

[27] Li Z, Xiang K, Xing W, et al. Reversible aluminum-ion intercalation in prussian blue analogs and demonstration of a high-power aluminum-ion asymmetric capacitor. Advanced Energy Materials, 2015, 5(5): 1401410.

[28] Gao Y, Yang H, Wang X, et al. The compensation effect mechanism of Fe-Ni mixed prussian blue analogues in aqueous rechargeable aluminum-ion batteries. ChemSusChem, 2020, 13(4): 732-740.

[29] Wang D, Lv H, Hussain T, et al. A manganese hexacyanoferrate framework with enlarged ion tunnels and two-species redox reaction for aqueous Al-ion batteries. Nano Energy, 2021, 84: 105945.

[30] Liu S, Wang P, Liu C, et al. Nanomanufacturing of RGO-CNT hybrid film for flexible aqueous Al-ion batteries. Small, 2020, 16(37): 2002856.

[31] Wu C, Gu S, Zhang Q, et al. Electrochemically activated spinel manganese oxide for rechargeable aqueous aluminum battery. Nature Communications, 2019, 10: 73.

[32] 徐鹏帅, 郭兴明, 白莹, 等. 水系铝离子电池的研究进展与挑战. 硅酸盐学报, 2020, 48(7): 1034-1044.

[33] Wang P, Chen Z, Wang H, et al. A high-performance flexible aqueous Al ion rechargeable battery with long cycle life. Energy Storage Materials, 2020, 25: 426-435.

[34] Manalastas W, Jr, Kumar S, Verma V, et al. Water in rechargeable multivalention batteries: an electrochemical pandora's box. ChemSusChem, 2019, 12(2): 379-396.

[35] Liu Z, Huang Y, Huang Y, et al. Voltage issue of aqueous rechargeable metal-ion batteries. Chemical Society Reviews, 2020, 49(1): 180-232.

[36] Wang H, Bi X, Bai Y, et al. Open-structured $V_2O_5 \cdot nH_2O$ nanoflakes as highly reversible cathode material for monovalent and multivalent intercalation batteries. Advanced

Energy Materials, 2017, 7(14): 1602720.

[37] Hahn B P, Long J W, Rolison D R. Something from nothing: enhancing electrochemical charge storage with cation vacancies. Accounts of Chemical Research, 2013, 46(5): 1181-1191.

[38] Hahn B P, Long J W, Mansour A N, et al. Electrochemical Li-ion storage in defect spinel iron oxides: the critical role of cation vacancies. Energy & Environmental Science, 2011, 4(4): 1495-1502.

[39] Gillot B, Domenichini B, Tailhades P, et al. Reactivity of the submicron molybdenum ferrites towards oxygen and formation of new cation deficient spinels. Solid State Ionics, 1993, 63: 620-627.

[40] Wu F, Zhu N, Bai Y, et al. An interface-reconstruction effect for rechargeable aluminum battery in ionic liquid electrolyte to enhance cycling performances. Green Energy & Environment, 2018, 3(1): 71-77.

第 10 章　水系铝电池电解质

对电池来说，电解质是必不可少的，是电池的重要组成部分。作为正负极间离子传输的媒介，电解质的选择很大程度上决定着电池的工作机制，影响着电池的循环性能、倍率性能、安全性及成本等。本章节将系统地对水系铝电池电解质的理化性质、合成方法及电化学性能进行探讨。

10.1　水系铝电池电解质简介

电解质是电池的重要组成部分，是载荷离子在正负极间传递的桥梁，其具有独特的物理和化学特性。电解质的选择极大地影响着电池的性能。理想的电解质应具有高离子电导率、宽电化学窗口、高安全性和稳定性以及低成本等优点。

铝电池电解质可分为非水系电解质和水系电解质两种。早期铝电池的发展史上，研究多集中在使用以水为溶剂的电解液的电池体系，但由于在水溶液中无法实现铝的可逆电镀剥离，因此早期的研究都是一次电池。直到 20 世纪 70 年代，非水系电解质的出现并应用于铝电池，实现了铝电池的可逆充放电，此后更多的研究集中在非水系铝电池，对水系铝电池的研究相对较少。近年来，水系铝电池才被广泛关注。非水系电解质中常用的室温离子液体电解液，由于其高成本、强腐蚀性以及空气敏感等问题，实际应用较为困难。与之相比，水系电解质在实际应用方面更具有优势。

(1) 水系电解质成本低。水系电解质可以使用廉价易得的 $AlCl_3$、$Al_2(SO_4)_3$、$Al(NO_3)_3$ 等铝盐代替昂贵的离子液体电解液。

(2) 装配环境要求低 [1]。水系电解液可在空气环境下进行制备，无须无水无氧环境，可大大降低电池的生产和技术成本。

(3) 离子电导率更高，有助于提高功率密度 [2]。水系电解液的离子电导率一般比非水系电解液高 1～2 个数量级，这有利于提高电池的高倍率充放电性能。

(4) 水系电解质有助于屏蔽多价金属离子的高电荷密度带来的静电作用 [3]。

(5) 水系电解质安全性高。电解液使用水作为溶剂，无易燃或爆炸等安全隐患。

(6) 环境友好。

因此，与非水系电解质相比，水系电解质在这些方面具有无可比拟的优势。尽管如此，水系电解质用于铝电池时仍存在诸多不足。铝的标准电极电势 (−1.662 V *vs.* SHE) 较低，这导致使用水系电解质时在铝沉积之前容易发生严重的析氢反

应 (0< pH < 14 范围内, $-0.83 < E_{H_2} < 0$ V $vs.$ SHE), 这一点在 Pourbaix 图 (图 10.1) 中得到了很好的证明。[4] 此外, 在一般环境下, 铝表面存在着一层薄的 (2~10 nm)Al_2O_3 钝化膜, 该膜在 $4 < pH < 8.6$ 的范围内能稳定存在。氧化膜的 存在阻碍了 Al 的溶剂化以及铝离子的传输, 而在高酸性和高碱性条件下, Al 会 溶解以 Al^{3+} 或 AlO_2^- 形式存在。这对直接使用铝为负极提出了挑战。

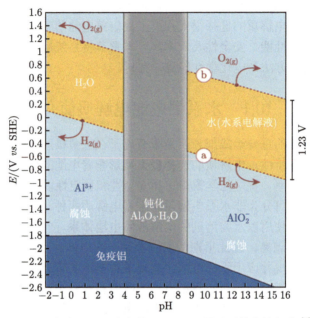

图 10.1   铝在 25 ℃ 水中的 Pourbaix 图显示其腐蚀行为 [4]

研究铝电池的水系电解液需要考虑以下几个因素: ① 合适的电化学窗口, 使 电池循环时副反应最小; ② 高离子导电性, 低电子导电性; ③ 溶质离子与溶剂 分子间的相互平衡, 并且具有适宜的溶剂化/脱溶剂活化能; ④ 电解质–电极界面, 其中可能存在有利于电极的 SEI; ⑤ 腐蚀效应导致电极不受控制地溶解, 例如, 低 pH 条件下某些金属氧化物溶解; ⑥ 对电池的辅助部件的兼容性/惰性, 如用 于电极材料的黏结剂和电池外壳。

目前, 水系铝电池电解质可分为液体电解质和凝胶聚合物电解质两类。其中 液体电解质根据酸碱性可分为碱性溶液电解质和强酸性溶液电解质。碱性溶液电 解质一般应用在一次铝电池中。强酸性溶液电解液具有离子电导率高、成本低、安 全性高的特点, 是目前水系可充电铝电池研究中常用的电解质。此外, 为开发应 用于柔性等特殊设备的电池, 也进行了凝胶聚合物电解质的研究。

10.2 电解质的热力学分析

电池是通过电荷的运输来运行的, 外部通过电子负载, 执行有用的工作, 内部则通过离子载荷, 从而保持静电中性。若这些电荷传输通道发生故障或受到显著受阻, 电池则会发生严重的极化效应, 产生热量并导致能量损失, 甚至导致电池失效。通常, 金属中由于全是金属态原子, 相当不稳定, 更容易失去电子; 而电解质中的离子是由原子经过最外层得到或失去电子后所形成的稳定结构, 电子得失更加困难, 因而内阻更大。因此, 电池的效率在很大程度上取决于电解质的性能。

通过高电势正极和低电势负极的配对形成电压差, 每个电子携带的能量与已确定的电压差成正比。在两个电极之间, 电解质需能够保证两电极在界面发生的氧化/还原电势间不发生分解。这种电解质-电极的相互作用如图 10.2(a) 所示 [5], 电解质的最低未占据分子轨道 (LUMO) 必须高于正极的最高占据分子轨道 (HOMO), 并且电解质的 HOMO 必须低于负极的 LUMO。其中 LUMO 对应导带最小值, HOMO 对应价带最大值。如果不满足这些条件, 电解质就会分解, 这可能会破坏离子的内部稳定传输。

由能斯特方程分别建立负极和正极的半电池电势 [式 (10-1)~(10-3)]:

$$E_{\text{net}} = E_{\text{cathode}} - E_{\text{anode}} \tag{10-1}$$

$$E_{\text{cathode}} = E_{\text{cathode}}^{\ominus} - \frac{RT}{nF} \ln \frac{[\text{red}]^a}{[\text{ox}]^x} \tag{10-2}$$

$$\Delta G_{\text{rxn}} = -nFE_{\text{net}} = \Delta H_{\text{rxn}} - T\Delta S_{\text{rxn}} \tag{10-3}$$

式中, $E^{\ominus}$ 是相对于标准氢电极 (SHE) 在 298 K 和 1 atm (=101325 Pa) 下固定 1 M 浓度的电化学氧化还原对的标准半电池还原电势; R 为通用气体常数; T 为热力学温度; n 是每个反应中交换的电子的化学计量数; F 是法拉第常数; [red] 是可溶性物质的还原形式的活性 (按浓度估计); [ox] 是其氧化形式的活性 (按浓度估计); a 和 x 分别是氧化还原反应中 [red] 和 [ox] 的系数确定的指数幂; ΔG_{rxn}、ΔH_{rxn} 和 ΔS_{rxn} 分别是反应的净吉布斯自由能、焓和熵。

方程 (10-1) 和 (10-2) 有一个重要的意义: 最大电池电势 (E_{net}) 更多地由 $E_{\text{cathode}}^{\ominus} - E_{\text{anode}}^{\ominus}$ 决定, 而不是由反应物浓度决定。虽然较高的 [ox] 确实建立了更强的还原势, 但盐在水介质中的最大溶解度通常仅在 1 M 左右, 约在一个数量级。因为 [ox] 对每个半电池电势施加对数尺度的影响 (图 10.2(b)), 因此可设计在饱和状态下 [ox] 稳定性较高的盐水溶液, 这一策略最多可将 $E_{\text{cathode}}^{\ominus}$ 或 $E_{\text{anode}}^{\ominus}$ 偏移约 0.1 V。这意味着电池的构造使得电解质浓度随着时间的推移直接消耗而发生变化，并且随后作为能量存储机制的一部分进行再生，在 1 M 饱和电解液与 10 M 饱和电解液之间几乎没有显示电压输出增加。尽管如此，由于在氧化还原反应中转移的电子是累积的，电荷容量对能量密度的贡献巨大，如图 10.2(c) 所示的积分区域所示。

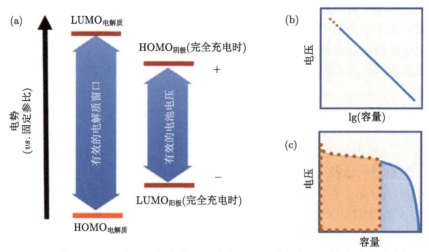

图 10.2　(a) 理想电解质与电极对的电化学反应电势图；在氧化还原半电池放电期间展示的典型电压与容量曲线，以对数 (b) 和线性 (c) 标度表示 [5]

对于使用固态电极的电池，其中一个电极释放的自由/溶剂化离子被另一个电极消耗 (如与单一离子载体的嵌入或转换机制，如 Li+)，电解质浓度在充放电过程中理论上是固定的。因此，电解质浓度的选择可以决定其在使用寿命内的其他性能。此外，如果该固态电极是与其元素阳离子作为负极处于平衡状态的纯金属，则在电池放电/充电期间，其对总电势的贡献在理论上保持恒定。相反，与外来元素阳离子平衡的多元素主体材料负极 (如金属氧化物、硫化物) 会创造条件，在这种条件下，双组分固溶体的相变动力学增加了放电时的负极电势，从而诱导产生电压输出损失 (图 10.3)。因此，由于金属负极为每种元素提供低负极电势和最大理论充电比容量 (表 10.1)，纯金属是实现最大电池能量密度的理想负极。

一般情况下，E_{net} 也可以与 G_{rxn} 相关，如式 (10-3)，即电池氧化还原对的最大输出电压可以通过标准反应的热力学数据库进行模拟。然而，从通过第一性原理模拟获得的数据集得出流体介质中电化学反应的结论时必须谨慎行事。特别是，由于大多数可访问的报告描述了在模拟真空环境或 1 个大气压的环境下的计算，或连续反应场模型，因此一个系统中的结论可能不一定适用于类似系统 (如非水系电池模型与水系电池模型) 使用类似的负极/正极材料。在实际运行中，电化学电池将具有溶剂依赖的溶剂化/去溶剂化效应，以及相关的熵影响，驱动一个关键结果，即电池的运行输出电压受到电解质介质性质的强烈限制：

$$E_{\text{operation}} = E_{\text{thermodynamic}} - E_{\text{resistances}} \tag{10-4}$$

式中，$E_{\text{operation}}$ 是实际电池输出电压；$E_{\text{thermodynamic}}$ 是理论电池输出电压；$E_{\text{resistances}}$ 包括由内部电荷转移电阻、内部极化电阻和外部接触布线电阻引起的电压降。

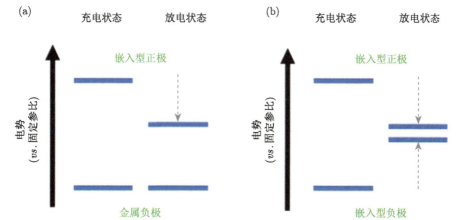

图 10.3 负极材料是 (a) 金属或 (b) 嵌入型主体材料时，正极和负极的电化学半电池电势从带电到放电状态的演化 [5]

表 10.1 在 25 ℃ 下一些典型的金属离子的理论还原电势和理论比容量

氧化还原对	还原电势/(V $vs.$ SHE)	理论质量比容量 /(mA·h·g^{-1})	理论体积比容量 /(mA·h·cm^{-3})
Li$^+$/Li	−3.04	3861	2026
Ca$^+$/Ca	−2.87	1337	2060
Mg$^+$/Mg	−2.37	2205	3833
Zn$^+$/Zn	−0.76	820	5854
Al^{3+}/Al	−1.66	2980	8046

10.3 液体电解质

水系铝电池液体电解质是由溶质溶解于水中形成的。溶质一般由铝盐和添加剂组成。根据酸碱性，可将水系铝电池液体电解质分为碱性溶液电解质和强酸性溶液电解质。

10.3.1　碱性溶液电解质

由于 OH^- 能够避免 Al 表面的 Al_2O_3 钝化膜形成，碱性水系电解质在早期被应用于铝电池[6]。表 10.2 总结了各类碱性铝电池体系的开路电压、正极理论比容量及反应机理[7]。

表 10.2　各类碱性铝电池系统的开路电压 (OCV)、正极理论比容量 (CTC) 及反应机理[5]

电池	开路电压/V		正极理论比容量/$(mA\cdot h\cdot g^{-1})$	反应机理	参考文献
	理论	测量			
Al-MnO$_2$	2.9	2.0	923	$Al + MnO_4^- + 2H_2O \rightleftharpoons Al(OH)_4^- + MnO_2$	[11,12]
Al-AgO	2.7	2.0	378	$2Al + 3AgO + 2OH^- + 3H_2O \rightleftharpoons 2Al(OH)_4^- + 3Ag$	[13]
Al-H$_2$O$_2$	2.3	1.8	408	$Al + 3H_2O_2 + 2OH^- \rightleftharpoons 2Al(OH)_4^-$	[14]
Al-FeCN	2.8	2.2	81	$Al + OH^- + 3Fe(CN)_6^{3-} \rightleftharpoons 3Fe(CN)_6^{4-} + Al(OH)^{2+}$	[16]
Al-S	1.8	1.4	595	$2Al + S_4^{2-} + 2OH^- + 4H_2O \rightleftharpoons 4HS^- + 2Al(OH)_3$	[15]
Al-air(O$_2$)	2.7	1.2~1.6	3344	$4Al + 3O_2 + 6H_2O \rightleftharpoons 4Al(OH)_3$	[18-20]

1850 年，Hulot[8] 首先提出了铝作为正极、锌为负极、稀硫酸为电解质的水系铝电池。随后，首次以铝作为负极、碳为正极的 Buff 电池在 1857 年被报道[9]。

1951 年，Sargent 以铝作为负极，NaOH 和 ZnO 作为电解质，以 $MnO_2(C)$ 为正极材料组装了干电池[10]。在随后的研究中，研究人员相继报道了几种以铝为负极的一次铝电池，包括 Al/MnO_2[11,12]、Al/AgO[13]、Al/H_2O_2[14]、Al/S[15]、$Al/FeCN$[16]、$Al/NiOOH$[17] 和 Al/O_2[18-20] 等。这类铝电池的电解质通常采用碱性水溶液 (KOH 或 NaOH)，这是因为 OH^- 能够避免表面 Al_2O_3 钝化膜的形成，使 Al 可以持续地发生反应。对于这类铝电池，其工作机制是铝负极溶解生成 $Al(OH)_3$，相应的正极材料同时被还原，从而进行放电。与有机电解质相比，基于水系的原铝电池成本低、操作简单、对环境的影响小、黏度低、电导率高，但却存在致命的缺陷。在碱性溶液中，工作电压的降低和电池性能的严重退化也是不可避免的。这主要是由以下原因造成的：① 钝化层形成。降低电池电压和效率会导致在放电过程中造成到达稳态电压的延迟。② 局部腐蚀行为。这是由于电解质中生成的三氢氧根形成了可溶性的铝酸盐离子，导致严重溶解。因此，自腐蚀会降低铝电极的利用率。③ 不可逆的铝消耗。铝的标准还原电势低于制氢会抑制铝在还原过程中的电镀和沉积。相关的化学铝–水平衡状态描述在 Pourbaix 图 (图 10.1)[4] 中可以观察到，由于在水溶液中铝在高酸性、高碱性或中性条件下无法电镀，铝作为负极的铝二次电池是不可能的。由于这些问题的存在，碱性水系铝电池的发展受到了限制。

10.3.2 强酸性溶液电解质

由于 Al^{3+}/Al 的还原电势低于析氢电势,在普通水溶液中很难实现铝的电镀,这阻碍了铝的可逆沉积/溶解,进而使电池系统无法充电。为了解决这一致命缺陷,开发具有更宽电化学活性窗口的新型电解质通常是必不可少的。实现铝电池的可逆充放电的关键是实现铝的可逆沉积溶解,而在碱性水系电解液中,Al 与碱持续反应放电生成 $Al(OH)_4^-$,电解液中并无游离的 Al^{3+},因此无法实现 Al 的可逆沉积。由于 Al^{3+} 只能在 pH< 2.6 的酸性水溶液中稳定存在[19],因此水系铝电池的电解质主要为强酸性铝盐的水溶液。但由于三价的 Al^{3+} 高电荷密度导致的强库仑作用力,所以其在正极材料中嵌入脱嵌极其困难,因此其在正极材料中的可逆嵌入和脱嵌是水系铝电池需要解决的另一个问题。电解液的组成、浓度和 pH 影响着铝离子的嵌入动力学和电极材料的稳定性,因此对电池的电化学性能有着极大的影响。

目前,二次铝电池常用的电解质主要有 $AlCl_3$、$Al_2(SO_4)_3$、$Al(NO_3)_3$、$Al(OTF)_3$ 水溶液几种,其电化学窗口见图 10.4[5]。

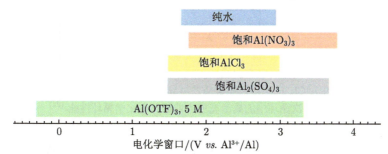

图 10.4 纯水、饱和 $Al(NO_3)_3$、饱和 $AlCl_3$ 和饱和 $Al_2(SO_4)_3$ 和 5 M 的 $Al(OTF)_3$ 电解液的电化学电势窗口 [5]

10.3.2.1 $AlCl_3$ 型

2012 年,Liu 等[21] 首次证明了 Al^{3+} 在 $AlCl_3$ 水系电解液中能可逆地嵌入锐钛矿 TiO_2 纳米管中。通过核磁共振 (NMR) 和 X 射线光电子能谱 (XPS) 分析证实了 Al^{3+} 的嵌入和 Ti 的电化学还原 (图 10.5(a) 和 (b))。通过 TiO_2 在 LiCl、$MgCl_2$ 和 $AlCl_3$ 溶液中的循环伏安曲线发现只有在 $AlCl_3$ 溶液中 TiO_2 有氧化还原峰 (图 10.5(c)),进一步证明了 TiO_2 的嵌铝行为。为了进一步评估铝离子嵌入机制,作出了不同扫描速率下的循环伏安曲线,峰值电流与扫描速率之间的关系如图 10.5(d) 所示。阴极峰值电流与扫描速率平方根的关系表明,锐钛矿型 TiO_2 纳米管阵列在铝离子嵌入过程中的固相扩散反应占主导地位。在 4 mA·cm^{-2} 的电流密度下,电池的最大放电比容量为 75 mA·h·g^{-1}。

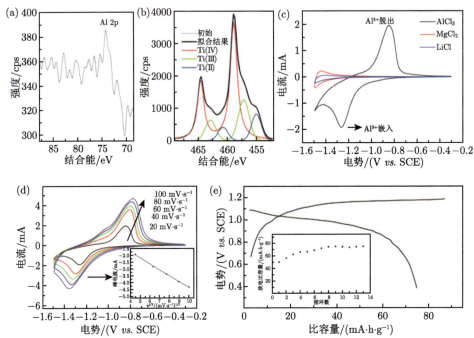

图 10.5　(a)、(b) 氩离子溅射 2.5 min 后 Al 掺杂 TiO$_2$ 纳米管阵列薄膜的 XPS 谱 (cps 代表次 ·s^{-1})：(a) Al 2p 和 (b) Ti 2p；(c) TiO$_2$ 分别在 1 M AlCl$_3$、MgCl$_2$、LiCl 水系电解液中，扫速为 20 mV·s^{-1} 下的循环伏安曲线；(d) 1 M AlCl$_3$ 水系电解液中，不同扫速下的循环伏安曲线；(e) 1 M 的 AlCl$_3$ 的水溶液电解质及 4 mA·cm^{-2} 的电流密度下，TiO$_2$ 纳米管阵列在 13 次循环中的典型充放电曲线和电化学循环性能 [21]

　　由于 Al^{3+} 是两性的，在水溶液 (0.1 M Al^{3+}，pH≈3) 中具有很强的水解倾向，H$^+$ 和 Al^{3+} 在水系电解液中共存，Ghicov 等 [22] 和 Lyon 等 [23] 先后证实了 H$^+$ 也可在 TiO$_2$ 中可逆嵌入。这说明电解液的 pH 影响着铝离子的嵌入动力学和电极材料的稳定性。Kumar 等 [24] 通过向 AlCl$_3$ 水系电解液中加入氢氧化铵溶液调节电解液的 pH，当 pH 从 1.9 升高到 3.5 时，电池的首周放电比容量提升至 350 mA·h·g^{-1}，正极材料和电池循环的稳定性都有提升 (图 10.6(a))，证明了电解液 pH 影响着电池性能。pH 对电化学性能的影响可基于电解液与电极之间的离子平衡进行解释。在此体系中的离子物种有 Al^{3+}、H$^+$、OH$^-$、H$_2$、O$_2$、H$_2$O，其离子平衡可用式 (10-5) 表示：

$$Al + \frac{3}{4}O_2 + \frac{3}{2}H_2O \Longleftrightarrow Al^{3+} + 3OH^- \tag{10-5}$$

　　为了维持电荷平衡，在主体材料中引入阳离子会导致氧化还原活性中心的氧化状态降低。但这种还原过程只能发生一定数量的阳离子嵌入。在这个极限下，宿主材料可以以最小还原电势 (V_{min}) 稳定存在，低于该还原电势，材料就变得不稳定。强迫电流超过这个电势极限可能导致电极、电解液或两者的不可逆分解。这意味着当应用电势 (V_{app}) 低于 V_{min} 时，会促使上述反应向正方向进行，从而导致宿主材料失稳。V_{min} 可以表达为电解质 pH 和 Al^{3+} 活性的函数 [式 (10-6)]：

$$V_{min} = 4.290 - 0.059\text{pH} - 0.0066\lg\left[Al^{3+}\right] \quad vs.\ Li^+/Li \qquad (10\text{-}6)$$

这个方程表明，pH 越高的电解质，V_{min} 值越低。因此，在 pH 较高的电解质中，循环主体材料的潜在窗口更宽，降低电极不稳定和电解质分解的风险，循环稳定性得到改善。此外研究了循环稳定性与 $AlCl_3$ 浓度的关系 (图 10.6(b))，但没有观察到 $AlCl_3$ 浓度对循环稳定性的显著改善。这可能是由于 Al^{3+} 之前的对数项可能起作用，尽管如此，1 M $AlCl_3$(pH = 3.5) 仍显示出最优越的性能。

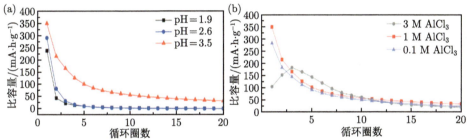

图 10.6　(a) $FeVO_4$ 在不同 pH 的电解液下的循环性能；(b) 不同浓度 $AlCl_3$ 在 pH=3.5 时的循环性能 [24]

Lahan 等 [25] 研究了 1 M $AlCl_3$、0.5 M $Al_2(SO_4)_3$ 和 1 M $Al(NO_3)_3$ 水溶液作为电解液对 Al^{3+} 在 MoO_3 中嵌入的影响。三种水溶液的室温离子电导率分别为 1.7×10^{-1} $\Omega\cdot cm^{-1}$、8.5×10^{-2} $\Omega\cdot cm^{-1}$ 和 2.1×10^{-1} $\Omega\cdot cm^{-1}$。以 MO_3 为工作电极，Pt 作为对电极，Ag/AgCl 作为参比电极，分别使用 1 M $AlCl_3$、1 M LiCl、1 M NaCl、0.5 M $Al_2(SO_4)_3$、1 M $Al(NO_3)_3$ 五种不同的电解液在 2.5 mV·s^{-1} 的扫速下进行循环伏安测试，如图 10.7(a) 所示，由图中可以看出，使用 1 M $AlCl_3$ 电解液时有三对明显的氧化还原峰 (A/A′，B/B′，C/C′)，为了验证这是否是由 Al^{3+} 嵌入 MO_3 引起的，与 1 M LiCl、1 M NaCl 对比，如图 10.7(b)、(c)，可发现，循环伏安曲线有很大的不同，在 1 M LiCl 电解质的情况下，在第一次阴极扫描中有两个主要峰 (−0.18 V，D 峰和 −0.82 V，F 峰) 和一个小峰 (−0.60 V，E 峰)。对于 1 M NaCl 电解质也可以观察到类似的氧化还原现象。然而，在 −0.93 V 处有一个明显处于不同的电势的还原峰 (J 峰)。在这两种情况下，都在 −0.57 V 处有一个氧化峰 (G 峰和 K 峰)。此外，在随后的氧化还原扫描中，1 M LiCl 和 1 M NaCl 电解质中的电化学活性几乎可以忽略不计。这间接证明了

Al^{3+} 在 MO$_3$ 中是优先嵌入的。为验证不同阴离子对 Al^{3+} 嵌入 MO$_3$ 的影响,使用 0.5 M Al$_2$(SO$_4$)$_3$ 和 1 M Al(NO$_3$)$_3$ 电解液进行对比,如图 10.7(d)、(e) 所示,可明显观察到使用 1 M AlCl$_3$ 电解液时,Al^{3+} 在 MO$_3$ 的嵌入/脱嵌可逆性最好。在三种电解液下分别进行充放电测试,如图 10.8(a)~(d),可发现以 1 M AlCl$_3$ 为电解液,MoO$_3$ 可获得更高的储铝容量且循环更稳定、极化更小,这可能是因为阴离子会对铝离子的嵌入过程产生直接影响。

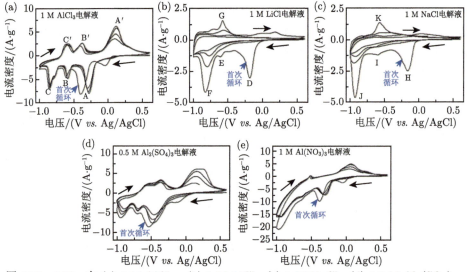

图 10.7　MO$_3$ 在 (a) 1 M AlCl$_3$, (b) 1 M LiCl, (c) 1 M NaCl, (d) 0.5 M Al$_2$(SO$_4$)$_3$, (e) 1 M Al(NO$_3$)$_3$ 水电解液中的循环伏安曲线 [25]

Liu 等 [26] 曾提出过相似的结论,即提出氯离子促进了铝离子在 TiO$_2$ 纳米管中的嵌入/脱嵌行为。如图 10.9 所示,Al$_2$(SO$_4$)$_3$ 浓度恒定为 0.25 M,随着 NaCl

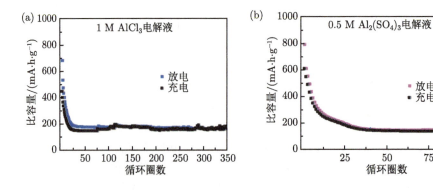

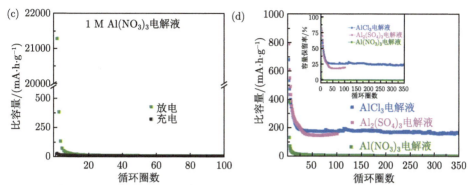

图 10.8 在 2.5 A·g^{-1} 特定电流密度下，电池在 (a)1 M AlCl$_3$，(b) 0.5 M Al$_2$(SO$_4$)$_3$ 和 (c) 1 M Al(NO$_3$)$_3$，(d) 1 M AlCl$_3$、0.5 M Al$_2$(SO$_4$)$_3$ 和 1 M Al(NO$_3$)$_3$ 水电解质中的放电比容量 [25]

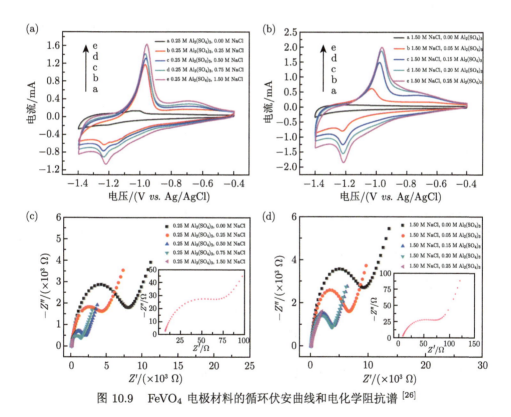

图 10.9 FeVO$_4$ 电极材料的循环伏安曲线和电化学阻抗谱 [26]

浓度增大，循环伏安曲线峰电流也逐渐增大，电荷转移阻抗逐渐减小；而 NaCl 浓度恒定为 1.50 M，随着 Al$_2$(SO$_4$)$_3$ 的浓度增大，循环伏安曲线峰电流也逐渐增大，电荷转移阻抗逐渐减小，从而证明了其观点。

10.3.2.2 Al(NO$_3$)$_3$ 型

2014 年，He 等 [27] 制备了黑色锐钛矿 TiO$_2$ 纳米叶作为正极，并使用 1.0 M Al(NO$_3$)$_3$ 水溶液作为电解液，组装了铝电池。TiO$_2$ 纳米叶 TEM 图像如图 10.10(a) 所示，其形状如柳叶。通过循环伏安测试，如图 10.10(b)，可发现相较于商用的白色锐钛矿 TiO$_2$，TiO$_2$ 纳米叶的峰的强度和面积远高于商用 TiO$_2$ 电极，这表明制备的黑色锐钛矿 TiO$_2$ 的 Al^{3+} 可逆存储能力有了明显的提升。对两种电极使用 0.05 A·g^{-1} 的电流密度进行充放电测试，如图 10.10(c) 所示，发现放电曲线可分为三个区域，分别命名为 A、B、C 区域。A 区域电压单调降至 0.95 V，这可归因于 Al^{3+} 均匀嵌入 TiO$_2$ 中，直到 TiO$_2$ 中的 Al^{3+} 达到固溶极限。B 区域出现一个 0.95 V 的平台，此时 TiO$_2$ 中富铝相与贫铝相共存。此电势略低于循环伏安曲线中的铝还原电势，可能是由充放电过程与循环伏安之间的电流密度差导致的。虽然在 0.95 V 以上的电压下可以通过进一步的体积嵌入来容纳更多的 Al^{3+}，但相不再可逆地溶解铝。Al^{3+} 的进一步可逆存储能够发生在这个电压区域的粒子界面 (区域 C)。从三个区域的对比可看出，TiO$_2$ 纳米叶的 B 区域和 C 区域的放电比容量比例明显增加。商用的 TiO$_2$ 其初始放电比容量仅有 76.0 mA·h·g^{-1}，而制备的 TiO$_2$ 纳米叶初始放电比容量达到 278.1 mA·h·g^{-1}，容量有了明显的提升。Al^{3+} 存储性能可归因于纳米叶中有序纳米粒子在改善体嵌入和界面存储容量方面的有效性，导致区域 B(由于较短的扩散长度) 和 C(由于较大的界面面积)。图 10.10(d) 显示了在电流密度为 0.1~2.0 A·g^{-1} 的范围内的电池充放电倍率性能，可看出制备的 TiO$_2$ 纳米叶在 0.1 A·g^{-1} 的电流密度下放电比容量达 278.1 mA·h·g^{-1}，即使在 2 A·g^{-1} 的电流密度下，放电比容量仍达到 141.3 mA·h·g^{-1}，并且库仑效率接近 100%。这明显优于商用的 TiO$_2$。对样品进行了不同周期的电化学阻抗测试，如图 10.10(e)，(f) 所示，可发现其阻抗明显小于商用 TiO$_2$，这是由于 Ti^{3+} 的存在提高了其电导率。

10.3.2.3 Al$_2$(SO$_4$)$_3$ 型

Wang 等 [28] 使用 Al$_2$(SO$_4$)$_3$/Zn(CHCOO)$_2$ 水溶液作为电解质制备 Zn/Al 电池，水电解质和锌负极的成本较低，其原料丰富。如图 10.11 所示，该可充电水系电池的平均工作电压为 1.0 V，高于离子液体电解质中的大多数可充电铝电池。该电池在保持高容量的同时实现了超快充放电以及优良的循环性能，200 次循环后的容量保持了近 94%。

10.3.2.4 Al(OTF)$_3$ 型

除了传统的无机盐外，有机盐 Al(OTF)$_3$ 的水溶液也被作为电解液用于水系铝电池中。2018 年，Zhao 等 [29] 使用 AlCl$_3$/[EMIm]Cl 离子液体对金属铝进行

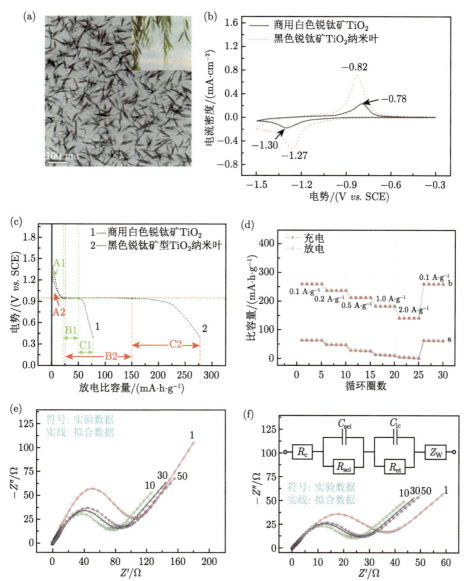

图 10.10 (a) TiO₂ 纳米叶低倍放大透射电镜图像 (插图为柳叶照片); (b) 商用白色锐钛矿 TiO₂ 和制备的黑色锐钛矿 TiO₂ 纳米叶的循环伏安测试; (c) 首圈放电曲线; (d) 倍率性能测试; (e) 商用白色锐钛矿 TiO₂ 在不同周期的阻抗; (f) 制备的黑色锐钛矿 TiO₂ 纳米叶在不同周期的阻抗 [27]

预处理，发现在金属铝的界面上形成了一层紧密结合的富离子液体膜。该界面膜腐蚀金属铝表面的氧化铝钝化膜，并保护金属铝不被后续氧化。用 AlCl₃/[EMIm]Cl 离子液体处理后的金属铝在水系铝电池中展现了良好的电化学性能，电池的界面

阻抗降低 (图 10.12(a) 和 (b))，极化减小 (图 10.12(c))。图 10.12(d) 和 (e) 展示了该水系铝电池的充放电曲线，其首圈放电比容量高达 380 mA·h·g^{-1}，循环 40 圈之后保留有 200 mA·h·g^{-1} 的比容量。

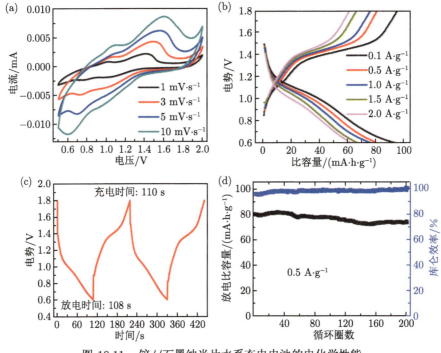

图 10.11　锌//石墨纳米片水系充电电池的电化学性能

(a) 循环伏安曲线；(b) 充放电曲线；(c) 超快充放电能力和 (d) 循环行为 [28]

He 等 [30] 使用类似的铝负极，制备了层状 MnO$_2$ (Birnessite 相) 作为正极，在 Al(OTF)$_3$ 水溶液中进行水系铝电池测试，首圈放电比容量达到 539 mA·h·g^{-1}。通过一系列的表征手段，发现了该电池的反应机理为层状氧化锰的溶解以及 Al$_x$Mn$_{1-x}$O$_2$ 的生成。此外，Wu 等 [31] 使用 MnO$_2$ 在 Al(OTF)$_3$ 水溶液中进行电池充电，使尖晶石相的 MnO$_2$ 原位转化成层状相的 Al$_x$MnO$_2$·nH$_2$O 材料，并以此物质作为电池正极。该电池的放电比容量有 467 mA·h·g^{-1}，60 圈后保留了 272 mA·h·g^{-1} 的放电比容量。

Yan 等 [32] 分别以 Al(OTF)$_3$ 水溶液和 Zn(OTF)$_2$ 水溶液为电解液，制备了 Zn-Al/Al$_x$MnO$_2$ 电池，研究了不同电解液对电池负极及电池性能的影响。通过对称电池的测试，如图 10.13(a) 和 (b) 所示，使用 Al 衬底的电池只运行了几个周期，电压滞后较大 (>2 V)，由于钝化过程中离子输运不均匀，电压持续升高后发

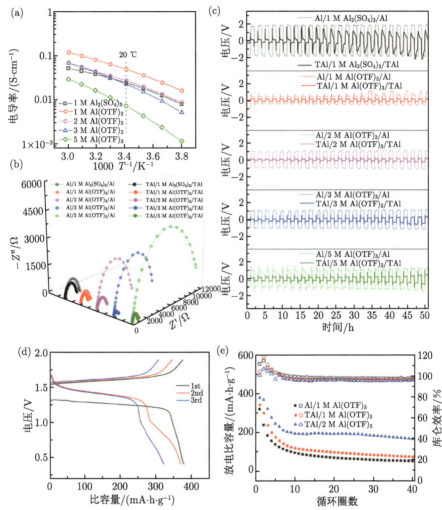

图 10.12 (a) 不同浓度的 $Al_2(SO_4)_3$ 水电解质和 $Al(OTF)_3$ 水电解质的离子电导率随温度的变化；(b) 使用不同铝负极和电解质的对称铝电池的电化学阻抗谱；(c) 使用 Al 和 TAl 与不同电解质耦合的对称铝电池测试。电流密度为 0.2 $mA\cdot cm^{-2}$。每个循环分别包含 1 h 的放电过程和 1 h 的充电过程；(d) 在 100 $mA\cdot g^{-1}$ (MnO_2) 的电流密度下，以 2 M $Al(OTF)_3$ 水溶液为电解液，研究了 Al 在水系电池的恒流放电/充电曲线；(e) 以 2 M 或 1 M $Al(OTF)_3$ 为电解液的 Al 或经过预处理的铝负极 (TAl) 水系铝电池的循环性能[29]

生突变，导致电池失效。研究表明，使用 $Zn(OTF)_2$ 电解液的裸锌电极在镀锌/脱锌过程中发生不可逆反应，导致库仑效率低，电池短路。当使用 $Al(OTF)_3$ 水溶液作电解液时，Al 沉积在 Zn 负极上形成 Zn-Al 合金。此外，由图 10.13(e) 可看出，Zn 在 $Al(OTF)_3$ 水溶液中相对于在 $Zn(OTF)_2$ 水溶液中更加耐腐蚀。从理论上讲，在电镀过程中，Zn^{2+} 由于其较高的电化学氧化还原电势，比 Al^{3+} 更容易沉积，即 Al^{3+} 会形成一个正静电屏蔽，抑制金属枝晶的生长。从图 10.13(c)、(d) 可以看出，与 $Zn(OTF)_2$ 电解液中大量生长的金属枝晶相比，在 Al^{3+} 的保护下，100 次循环后的合金镀层相对光滑。而在低浓度 $Al(OTF)_3$ 电解液中，缺乏足够的 Al^{3+} 来阻止金属枝晶的生长或由此产生的微短路。但 $Al(OTF)_3$ 电解液的浓度过高时，虽然没有观察到短路，但对称电池表现出较大的极化电势。因此，选择合适浓度的 $Al(OTF)_3$ 电解液有利于金属的可逆沉积/溶解。当使用 2 M $Al(OTF)_3$ 电解液时，其在不同金属负极/Al_xMnO_2 下的循环性能如图 10.13(f) 所示，使用 Zn-Al 合金负极时，放电电压可达到 1.6 V，放电比容量可达 460 mA·h·g^{-1}，并稳定循环 80 圈以上。

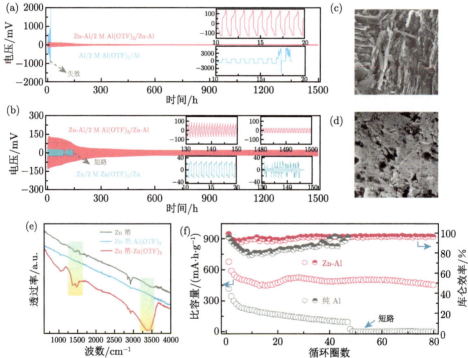

图 10.13　(a) 在 0.2 mA·cm^{-2} 时，基于 Zn 和 Al 衬底的对称电池在 2 M $Al(OTF)_3$ 电解液中的电压分布；(b) 在 0.2 mA·cm^{-2} 时，基于 Zn 衬底的对称电池在 2 M $Al(OTF)_3$ 和 2 M $Zn(OTF)_2$ 电解液中的电压分布；每个循环包含 0.5 h 的放电过程和 0.5 h 的充电过程；(c)、(d) 在 (c)2 M $Al(OTF)_3$ 和 (d) 2 M $Zn(OTF)_2$ 电解液内剥离/电镀 100 次后的 Zn 衬底的 SEM 图像；(e)Zn 浸泡在电解液前后的傅里叶变换红外光谱图；(f) 采用不同金属负极/Al_xMnO_2 全电池在 2 M $Al(OTF)_3$ 电解液中，电流密度为 100 mA·g^{-1} 时的循环性能 电 [32]

总的来说，该类水系铝电池的放电平台都较可观，在 1.2 ～1.5 V，放电比容量都在 350 mA·h·g^{-1} 以上，具有优异的电化学性能。但其缺点也非常明显，该类电池的循环性能还有待改善。同时对于水系铝电池中的铝负极可逆沉积溶解反应效率需要进一步开展深入研究。

10.3.2.5　酸性电解液中功能性添加剂

在电池循环过程中正极材料会发生被电解液溶解的现象，导致低的库仑效率和较差的循环性能。为了解决这一问题，一些研究者通过往电解液中加入功能性添加剂来进行优化。

功能性添加剂的选择主要依据正极材料。对于锰系正极材料，由于 MnSO$_4$ 的成本低、在水中溶解度高 (室温下可高达 4.2 M 以及 SO$_4^{2-}$ 具有良好的电化学稳定性 [33]，通常选择在电解液中加入适量的 MnSO$_4$，电解液中预加入 Mn^{2+} 可改变来自锰系正极材料的 Mn^{2+} 的溶解平衡，抑制锰系正极材料的溶解。He 等 [30] 在 2.0 M Al(OTF)$_3$ 电解液中预加入 Mn^{2+} 以提高电池的性能及循环稳定性。在 2.0 M Al(OTF)$_3$ 电解液中加入 0.5 M MnSO$_4$ 后，Al 层状水钠锰矿型 MnO$_2$(Bir-MnO$_2$) 电池第 2 周放电比容量提升至 554 mA·h·g^{-1}(图 10.14)，能量密度达 620 W·h·kg^{-1}，循环 65 周后，放电比容量仍可保持 320 mA·h·g^{-1}。

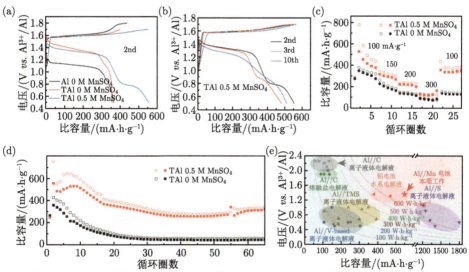

图 10.14　(a) 电解液添加 MnSO$_4$ 的 Al/Bir-MnO$_2$ 电池的第二圈充放电曲线；(b) 100 mA·g^{-1} 电流密度下，TAl/0.5Mn/Bir-MnO$_2$ 电池的第二、第三和第十循环的放电/充电曲线；(c) TAl/Bir-MnO$_2$ 和 TAl/0.5Mn/Bir-MnO$_2$ 电池的速率性能和 (d) 循环性能；(e) 在各种电解质中最先进的铝电池的特定比容量和放电电压。能量密度是根据正极中活性物质的质量计算出来的 [30]

10.4 凝胶聚合物电解质

与液体电解质相比,凝胶电解质的离子电导率较低,电极/电解质的界面接触较差。但凝胶电解质具有较好的柔性,即使电池损坏也不会发生漏液问题,安全性更高。

聚乙烯醇基凝胶电解质最先被用于柔性水系铝电池中。聚乙烯醇链段中的羟基是亲水的,因此聚合物分子很容易溶于水。聚乙烯醇链段和水分子间的氢键会导致凝胶电解质体系的黏度增大。高黏度有利于电解液和电极材料的接触、良好的界面润湿性。Wang 等 [34] 将一定量的聚乙烯醇粉末加入到 $Al(NO_3)_3$ 溶液中,制备了 PVA-$Al(NO_3)_3$ 凝胶聚合物电解质,并组装了 MoO_3@PPy/PVA-$Al(NO_3)_3$/CuHCF 电池。图 10.15(a) 显示了全铝电池在 $5 \sim 50$ mV·s^{-1} 的不同扫描速率下的代表性循环伏安曲线。在氧化和还原过程中,在不同扫描速率下表现出类似的峰形,观察到一对强氧化还原峰在 0.55 V /0.9 V 附近,这归因于从 CuHCF 和 MoO_3 电极的主体结构中进行的 Al^{3+} 嵌入/脱嵌反应。在放电过程中,Al^{3+} 从正极骨架中析出,这涉及 Fe^{3+} 还原为 Fe^{2+} 以维持电荷平衡。同时,Al^{3+} 嵌入层状 MoO_3 负极,发生严重的拓扑氧化还原反应。与锂离子电池中的 "摇椅" 类似,铝离子会通过电解质在正极和负极之间来回穿梭,伴随着外部电路中的电荷转移。铝电池中的电化学反应可以说明如下:

正极:

$$Al_aCu_bFe^{3+}(CN)_6 \longrightarrow Al_{a-x}Cu_b\left[Fe^{3+}(CN)_6\right]_{1-3x}\left[Fe^{2+}(CN)_6\right]_{3x}$$
$$+ xAl^{3+} + 3xe^- \tag{10-7}$$

负极:

$$MoO_3 + xAl^{3+} + 3xe^- \longrightarrow Al_xMoO_3 \tag{10-8}$$

全电池:

$$Al_aCu_bFe^{3+}(CN)_6 + MoO_3 \longrightarrow Al_{a-x}Cu_bFe(CN)_6 + Al_xMoO_3 \tag{10-9}$$

如图 10.15(b),通过对循环伏安曲线的进一步研究表明,电化学动力学主要受扩散控制。图 10.15(c)~(e),在电流密度为 0.5 A·g^{-1} 时,放电比容量为 31 mA·h·g^{-1}。当电流密度增加到 2.0 A·g^{-1} 时,全电池也可以提供 18 mA·h·g^{-1} 的特定放电比容量,这优于一些水系电池的倍率性能。此外,该电池显示出良好的循环性能,循环 100 周后容量保持率为 83.2%。图 10.15(f) 显示了 PPy 复合到 MoO_3 时,阻抗减小,这是由于 PPy 增强了电极材料的导电性,从而减小了阻抗。

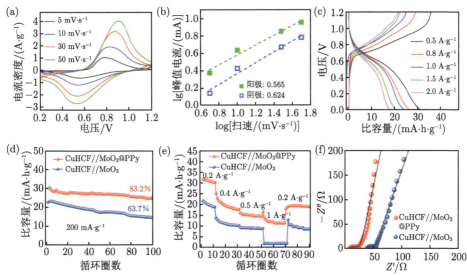

图 10.15 (a) 基于 CuHCF 和 MoO₃ 或 MoO₃@PPy 的不同扫描速率下的水系铝电池的循环伏安曲线; (b) 峰值电流与扫描速率之间的关系; (c) 不同电流密度下 MoO₃@PPy 负极的组装铝电池的钒化充放电曲线; (d) 在电流密度为 200 mA·g⁻¹ 的情况下, MoO₃ 和 MoO₃@PPy 负极的铝电池的循环性能; (e) 不同电流密度下铝电池的倍率性能; (f) MoO₃ 和 MoO₃@PPy 负极的铝电池的电化学阻抗谱比较。实线是拟合的结果 [34]

为了改善凝胶电解质离子电导率低的问题，Wang 等 [35] 将一定量的明胶和引发剂过硫酸钾溶于 Al(NO₃)₃ 溶液中，然后依次加入丙烯酰胺 (AM) 单体和交联剂 N,N-亚甲基双丙烯酰胺 (BIS)，制备了明胶-聚丙烯酰胺-Al(NO₃)₃ 水凝胶电解质，其合成方案如图 10.16(a)。首先，在硝酸铝溶液中加入原始明胶和过硫酸钾。依次在上述溶液中加入丙烯酰胺 (AM) 单体和 N,N-亚甲基双丙烯酰胺 (BIS)。在初始阶段，聚丙烯酰胺 (PAM) 通过自由基聚合接枝到明胶链上。然后，将混合溶液注入纤维素膜，60 ℃ 热处理 2.5 h。因此，在纤维素纤维膜中形成了一个共价交联的凝胶-聚丙烯酰胺水凝胶。将制备的凝胶的离子电导率与其他电解质进行对比，如图 10.16(b)，可看出其离子电导率高达 20 mS·cm⁻¹，远高于其他凝胶电解质。图 10.16(c) 显示了该电解质的 SEM 图，可看出明胶-聚丙烯酰胺水凝胶非常薄，厚度为 100 μm，这也有利于柔性储能装置的组装和实现。组装 MoO₃/PAM-Al(NO₃)₃/Al$_x$VOPO₄ 柔性水系铝电池，通过循环伏安曲线和 GCD 实验评价了柔性全铝电池的电化学性能。如图 10.16(d)，在不同的扫描速率下，观察到两个位于 0.8 V/1.0 V 和 0.3 V/0.5 V 的氧化还原峰，这是由于 VOPO₄ 和 MoO₃ 电极中发生的 Al³⁺ 的嵌入/脱嵌反应。不同电流密度下的充放电曲线以及循环图也如图 10.16(e) 和 (f) 所示，在电流密度为 1 A·g⁻¹ 时，放电比容量为

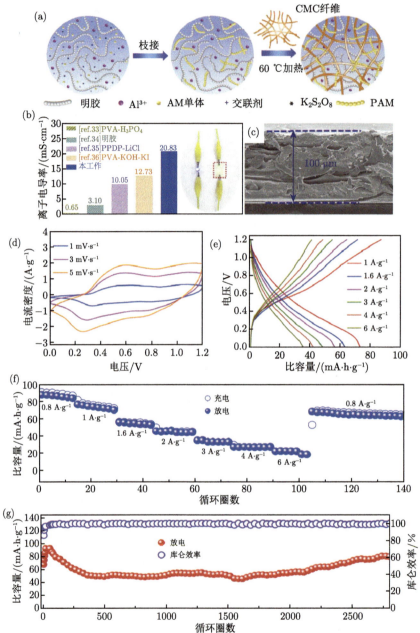

图 10.16　(a) 明胶–聚丙烯酰胺–Al(NO₃)₃ 水凝胶电解质合成途径示意图；(b) 凝胶–聚丙烯酰胺电解质与其他凝胶电解质相比的离子电导率；(c) 明胶–聚丙烯酰胺水凝胶电解质的横截面扫描电镜图像；(d) 不同扫描速率下的固态铝电池的循环伏安曲线；(e) 不同电流密度下的充放电曲线；(f) 固态铝电池在不同电流密度下倍率性能；(g) 在 1 A·g⁻¹ 电流密度下的循环性能 [35]

73 mA·h·g^{-1}。当电流密度增加到 6.0 A·g^{-1} 时，铝电池全电池也可以提供 35 mA·h·g^{-1} 的特定放电比容量。铝电池可分别以 0.8 A·g^{-1}、1 A·g^{-1}、1.6 A·g^{-1}、2 A·g^{-1}、3 A·g^{-1}、4 A·g^{-1}、6 A·g^{-1} 的电流密度提供 88 mA·h·g^{-1}、77 mA·h·g^{-1}、56 mA·h·g^{-1}、46 mA·h·g^{-1}、34 mA·h·g^{-1}、27 mA·h·g^{-1}、22 mA·h·g^{-1} 的放电比容量。当速率恢复到 0.8 A·g^{-1} 时，比容量恢复到 69 mA·h·g^{-1}，相当于初始平均比容量的 80%。值得注意的是，在每个电流密度下循环的铝电池的能力表现出相当高的稳定性，几乎没有衰减，这可能是因为层状电极有利的 Al^{3+} 嵌入可逆性以及水凝胶电解质的高离子电导率。将电池在 1 A·g^{-1} 的电流密度下进行充放电循环，如图 10.16 (g)，即使在 2800 个循环后，可逆比容量仍保留 80.1 mA·h·g^{-1}，容量保留 86.2%，在循环中库仑效率保持接近 100%。值得注意的是，在初始阶段容量增加，这主要是由于电极与水凝胶电解质之间的物理接触界面，电解质完全润湿到电极中。接下来的容量逐渐衰减主要是由于在层状宿主中嵌入的 Al^{3+} 不能在每个周期中完全逃脱。

　　总地来说，水系铝电池是一类新型的多电子反应化学电源，已经受到越来越多的研究者的关注。金属铝负极表面存在的氧化铝钝化膜使其不容易受到电解液的腐蚀，这也限制了金属铝负极与电解液的接触，通过对金属铝负极进行预处理可有效解决这一问题。Al^{3+} 只能在 pH< 2.6 的酸性水溶液中稳定存在，因此水系铝电池的电解质主要为强酸性铝盐的水溶液。此外，研究者在电解液中引入了功能性添加剂来提高水系铝电池的电化学性能，设计了凝胶聚合物电解质用于柔性水系铝电池中。水系铝电池电解液目前还不够完善，在稳定性方面还需要进行探索研究。寻找新型的无毒、稳定、低成本的电解液是该方向的主要研究目标，同时还要求该电解液可以实现铝的可逆沉积与溶解。

参 考 文 献

[1] Verma V, Kumar S, Manalastas W, et al. Progress in rechargeable aqueous zinc- and aluminum-ion battery electrodes: challenges and outlook. Advanced Sustainable Systems, 2019, 3(1): 1800111.

[2] Tang W, Zhu Y, Hou Y, et al. Aqueous rechargeable lithium batteries as an energy storage system of superfast charging. Energy & Environmental Science, 2013, 6(7): 214-293.

[3] Kim H, Hong J, Park K, et al. Aqueous rechargeable Li and Na ion batteries. Chemical Reviews, 2014, 114(23): 11788-11827.

[4] Leisegang T, Meutzner F, Zschornak M, et al. The aluminum-ion battery: a sustainable and seminal concept? Front Chem, 2019, 7: 268.

[5] Manalastas W, Kumar S, Verma V, et al. Water in rechargeable multivalent-ion batteries: an electrochemical Pandora's box. ChemSusChem, 2019, 12(2): 379-396.

[6] Du Y, Jin Z, William M J, et al. Emerging rechargeable aqueous aluminum ion battery: status, challenges, and outlooks. Nano Materials Science, 2020, 2(3): 248-263.

[7] Yang H C, Li H C, Li J, et al. The rechargeable aluminum battery: opportunities and challenges. Angewandte Chemie (International ed. in English), 2019, 58(35): 11978-11996.

[8] Hulot M. Comptes rendus hebdomadaires des séances de l'academie des sciences. Compt. Rend., 1855, 40: 148.

[9] Tommasi D. Traité des piles électriques. Georges Carré, 1889.

[10] Sargent D E. Voltaic cell. U. S. Patent, 2554447. 1951-5-22.

[11] Licht S. A novel aqueous aluminum|permanganate fuel cell. Electrochemistry Communications, 1999, 1: 33-36.

[12] Sivashanmugam A, Prasad S R, Thirunakaran R, et al. Electrochemical performance of Al/MnO_2 dry cells: an alternative to lechlanche dry cells. Journal of the Electrochemical Society, 2008, 155: A725-A728.

[13] Moghanni-Bavil-Olyaei H, Arjomandi J. Performance of Al-1Mg-1Zn-0.1Bi-0.02In as anode for the Al-AgO Battery. RSC Advances, 2015, 5: 91273-91279.

[14] Bessette R R, Cichon J M, Dischert D W, et al. A study of cathode catalysis for the aluminium/hydrogen peroxide semi-fuel cell. Journal of Power Sources, 1999, 80: 248-253.

[15] Licht S, Jeitler J R, Hwang J H. Aluminum anodic behavior in aqueous sulfur electrolytes. The Journal of Physical Chemistry B, 1997, 101(25): 4959-4965.

[16] Licht S, Marsh C. A novel aqueous aluminum/ferricyanide battery. Journal of the Electrochemical Society, 1992, 139(12): L109.

[17] Licht S, Myung N. A high energy and power novel aluminum/nickel battery. Journal of the Electrochemical Society, 1995, 142(10): L179.

[18] Zaromb S, Foust R A. Feasibility of electrolyte regeneration in Al batteries. Journal of the Electrochemical Society, 1962, 109(12): 1191-1192.

[19] Zaromb S. The use and behavior of aluminum anodes in alkaline primary batteries. Journal of the Electrochemical Society, 1962, 109(12): 1125.

[20] Bratsch S G. Standard electrode potentials and temperature coefficients in water at 298.15 K. Journal of Physical and Chemical Reference Data, 1989, 18(1): 1-21.

[21] Liu S, Hu J J, Yan N F, et al. Aluminum storage behavior of anatase TiO_2 nanotube arrays in aqueous solution for aluminum ion batteries. Energy & Environmental Science, 2012, 5(12): 9743-9746.

[22] Ghicov A, Tsuchiya H, Hahn R, et al. TiO_2 nanotubes: H^+ insertion and strong electrochromic effects. Electrochemistry Communications, 2006, 8(4): 528-532.

[23] Lyon L A, Hupp J T. Energetics of the nanocrystalline titanium dioxide/aqueous solution interface: approximate conduction band edge variations between $H_0 = -10$ and $H_- = +26$. The Journal of Physical Chemistry B, 1999, 103(22): 4623-4628.

[24] Kumar S, Satish R, Verma V, et al. Investigating $FeVO_4$ as a cathode material for aqueous aluminum-ion battery. Journal of Power Sources, 2019, 426: 151-161.

[25] Lahan H, Das S K. Al^{3+} ion intercalation in MoO_3 for aqueous aluminum-ion battery. Journal of Power Sources, 2019, 413: 134-138.

[26] Liu Y, Sang S, Wu Q, et al. The electrochemical behavior of Cl^- assisted Al^{3+} insertion into titanium dioxide nanotube arrays in aqueous solution for aluminum ion batteries. Electrochim Acta, 2014, 143: 340-346.

[27] He Y J, Peng J F, Chu W, et al. Black mesoporous anatase TiO_2 nanoleaves: a high capacity and high rate anode for aqueous Al-ion batteries. Journal of Materials Chemistry A, 2014, 2: 1721-1731.

[28] Wang F X, Yu F, Wang X W, et al. Aqueous rechargeable zinc/aluminum ion battery with good cycling performance. ACS Applied Materials & Interfaces, 2016, 8: 9022-9029.

[29] Zhao Q, Zachman M J, Al Sadat W I, et al. Solid electrolyte interphases for high-energy aqueous aluminum electrochemical cells. Advanced Science, 2018, 4(11): 8131.

[30] He S, Wang J, Zhang X, et al. A high-energy aqueous aluminum-manganese battery. Advanced Functional Materials, 2019: 1905228.

[31] Wu C, Gu S, Zhang Q, et al. Electrochemically activated spinel manganese oxide for rechargeable aqueous aluminum battery. Nature Communications, 2019, 10(1): 73.

[32] Yan C S, Lv C D, Wang L G, et al. Architecting a stable high-energy aqueous Al-ion battery. Journal of the American Chemical Society, 2020, 142: 15295-15304.

[33] Chen W, Li G, Pei A, et al. A manganese-hydrogen battery with potential for grid-scale energy storage. Nature Energy, 2018, 3(5): 428-435.

[34] Wang P, Chen Z, Ji Z, et al. A flexible aqueous Al ion rechargeable full battery. Chemical Engineering Journal, 2019, 373: 580-586.

[35] Wang P, Chen Z, Wang H, et al. A high-performance flexible aqueous Al ion rechargeable battery with long cycle life. Energy Storage Materials, 2020, 25: 426-435.

第 11 章　水系铝电池负极材料

11.1　水系铝电池负极材料简介

水系铝电池负极材料主要分为铝金属负极、铝合金、金属氧化物和有机材料。

尽管铝金属负极具有成本低、能量密度高的优势，但其在水系电解质中的钝化和析氢问题导致电池可逆性差、循环寿命短，这无疑限制了其进一步的发展和应用。最近，研究人员尝试开发新的负极材料来替代铝金属，以提高电池的可逆性和循环稳定性。其中，锌–铝合金负极有效缓解了钝化和自放电反应，实现了长期稳定的铝电剥离/沉积；金属氧化物和有机材料分别通过阳离子 Al^{3+} 嵌入主体晶格或与官能团配位的方式进行电荷存储。

本章将介绍水系铝电池的各类负极材料的特点和充放电反应机制，重点介绍铝金属负极和二氧化钛负极材料。

11.2　钝化膜与析氢反应

在自然环境中，金属铝会受到表面厚度约为 5 nm 的氧化铝 (Al_2O_3) 钝化膜的保护，这使得金属铝相比于其他金属负极具有较低的电化学活性。金属铝在水溶液或质子体系中存在钝化氧化膜的致命缺陷和严重的金属腐蚀。氧化膜的存在引入了 35 kΩ 的接触电阻 [1]，造成了较大的反应过电势，严重影响了电池的库仑效率。一般认为本体氧化铝是电子/离子绝缘的，但是在铝金属表面形成的氧化铝膜存在很多缺陷，电子贯穿的厚度约为几个纳米，即表面的氧化铝可以允许电荷转移，甚至可能允许某些离子传导 [2]。

根据 Pourbaix 图 (图 10.1)，采用高碱性和酸性电解质 (pH<4，pH>8.6) 可以防止钝化膜的形成，然而，金属铝负极的腐蚀伴随着析氢反应。这是因为金属铝具有较负的标准电极电势 (-1.66 V $vs.$ SHE) 低于析氢电势，铝电沉积的电势超过了水系电解质的电化学稳定极限，所以在水系电解液中金属铝负极不可避免地会发生析氢反应 [1]。析氢副反应会消耗水系电解液中的水，导致电池的循环稳定性较差。有研究表明，通过预处理铝负极和使用高浓度"盐包水"电解质等策略，可以缓解这些问题并改善电池性能 [3,4]。此外，采用能够可逆嵌入/脱嵌 Al^{3+} 的材料替代金属 Al 作为水系铝电池的负极可以避免析氢反应的发生，如金属氧化物 TiO_2 和 MoO_3。

11.3 铝 负 极

作为地壳中最丰富的金属元素，铝 (Al) 之所以引起人们的兴趣，是因为它已经成为全球商业中广泛使用的商品材料，每摩尔铝可以存储多达 3 个电荷当量。因此，铝负极提供了金属材料中最高的体积比存储容量 (8040 mA·h·cm^{-3})。当采用金属铝作为电池负极时，铝表面天然存在的 Al$_2$O$_3$ 离子钝化膜和促进电解液分解的低平衡氧化还原电势限制了铝在水系电解液中的可逆电剥离/沉积。这些问题在含水电解质中尤为突出。由于金属铝的溶解/沉积电势低于水的析氢电势，因此在水系电解液中，金属铝将发生析氢腐蚀而不能稳定存在，这会限制电池的循环稳定性。此外，金属铝电极还易形成致密的氧化铝钝化膜，阻断铝离子的传输。最近，两项开创性的研究表明，通过在铝负极上设计 SEI 似乎可以解决这些挑战。

11.3.1 离子液体预处理铝负极构建 SEI 膜

Zhao 等发现将铝电极浸泡在 Lewis 酸性 EMImCl-AlCl$_3$ 离子液体中进行预处理，可形成富含离子液体的人工 SEI 膜 (ASEI)，取代钝化氧化膜，从而提高铝在水介质中沉积的可逆性 [3]。金属铝与离子液体共晶电解质接触时，金属表面自发形成的 SEI 永久性地改变了金属铝的界面化学，它不仅会侵蚀 Al$_2$O$_3$ 氧化膜，而且会保护金属防止氧化物的形成。通过各种表征技术对离子液体处理后铝负极 (简称 TAl) 界面的结构和组成进行了研究。衰减全反射–傅里叶变换红外光谱 (ATR-FTIR) 表明，与纯 Al 相比，TAl 表面富含有机官能团 (图 11.1(a))。除了原始离子液体电解质中丰富的 C≡N 和 C—H 基团外，在 TAl 上检测到 C=C 官能团的大幅增强和含有 C=O 官能团的物种的出现，这表明形成了 TAl 表面稳定膜。此外，离子液体中咪唑环 (1100~600 cm^{-1}) 的红外振动模式在处理后基本消失，表明离子液体电解质在 Al 界面发生了化学转化。原始 Al 和 TAl 的 XPS 分析提供了 TAl 表面化学特征的额外见解。图 11.1(b) 的结果表明，即使经过抛光，Al$_2$O$_3$ 仍然是原 Al 表面的主要物质。相比之下，TAl 的 Al 2p XPS 显示，其表面主要为复合物，可能为 Al 盐，如 AlCl$_3$。Cl 2p 的 XPS 证实了这一点，因为位于 199 eV 左右的 Cl 2p 的结合能位于 199 eV 左右，表明 Cl 的价态为 −1 价 (图 11.1(c))。此外，N 1s XPS 表明，TAl 界面富含含氮物种，在 401 eV 处的尖峰证实了咪唑离子的存在 (图 4.1(d))。SEM 图像显示，与原始抛光的 Al 表面 (图 11.1(e)) 相比，TAl 表面 (图 11.1(f)) 形貌显然更平滑。从 TAl 的横截面来看，在 Al 基底上可以观察到界面层，元素分析表明，该层富含 Al、Cl 和 N 元素 (图 11.1(g))。

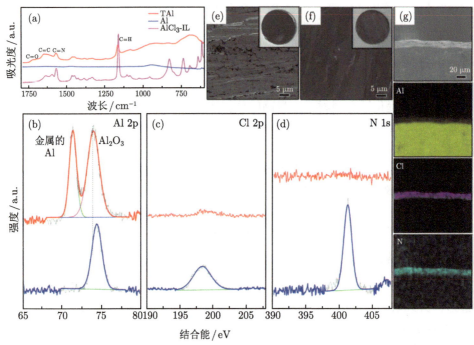

图 11.1   金属铝负极在 AlCl₃-IL 电解液处理前 (Al) 和处理后 (TAl) 的表面表征

(a)Al 和 TAl 的 ATR-FTIR 光谱；(b)Al 2p；(c)Cl 2p 和 (d)N 1s 在 Al 箔 (红线) 和 TAl 箔 (蓝线) 表面的 XPS 谱图；(e)Al 和 (f)TAl 表面的 SEM 图像 (插图：数码照片)；(g) TAl 的横截面 SEM 图像和 Al、Cl、N 的 EDX 映射 [3]

　　良好的 Al-SEI 不仅要防止 Al₂O₃ 钝化层的形成，而且要使电极/电解质界面的电荷快速传输和电化学循环过程中 Al 的可逆沉积成为可能。为了评估 TAl 电极界面的电荷传输特性和稳定性，研究了 1~5 M 硫酸铝 (Al₂(SO₄)₃) 和三氟甲烷磺酸铝 (Al(OTF)₃) 电解质中铝沉积/溶解过程的可逆性。从图 11.2(a) 中可以看出，在 −10~60 ℃ 的温度范围内，所有电解质的离子电导率都大于 1 mS·cm⁻¹，具有较高的电导率。通过比较原始 Al 电极和 TAl 电极的电荷转移阻抗可以看出，界面化学在离子转移到电极的可逆性中起着关键的作用。如图 11.2(b) 所示，水系原铝电池的电荷转移电阻非常大，对于 2 M 和 5 M 的 Al(OTF)₃ 电解质，电荷转移电阻分别高达 5500 Ω 和 10000 Ω 以上。无论电解质的电导率如何，这些高的电荷转移电阻使原始 Al 电极无法作为可充的水系铝电池的电极材料。相反，基于 TAl 电极的对称电池中电荷转移电阻要小得多，这说明了界面层对电荷转移到电极的重要性。在较低盐浓度的水系电解质中，原始 Al 电极和 TAl 电极的电荷转移电阻差异减小，说明需要适当的浓度来保持界面的耐用性。图 11.2(c) 比较了原始 Al 电极和 TAl 电极在对称电池中铝电镀/剥离的过电势。从图中可以发现，相比于原始 Al 电极和 $Al_2(SO_4)_3$ 电解质，电池使用 TAl 电极和 $Al(OTF)_3$ 电解质时表现出较低的过电势。过电势随着电解质中盐浓度的增加而增加，但即使在高电流密度下，过电势仍然相对较低。这些结果证实了 TAl 电极上形成的过渡相有利于离子传输，而在水系电解质中使用的电解质盐的化学性质也起到了额外的有益作用。

研究表明，Al 上的 SEI 是由离子液体分解产生的富 N 有机化合物和 $AlCl_3$ 衍生的无机化合物的混合物组成的。有机表面层相对稳定，这可以防止铝的氧化，而 $AlCl_3$ 和水系电解质提供了一个酸性的内部环境，进一步稳定了 ASEI，这两者一起保持了新鲜的铝表面，使电池能够运行。

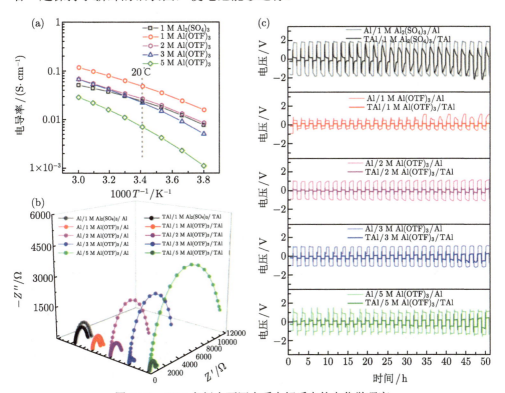

图 11.2　TAl 负极在不同水系电解质中的电化学研究

(a) 不同浓度的 $Al_2(SO_4)_3$ 和 $Al(OTF)_3$ 水系电解质的直流离子电导率随温度的变化；(b) 对称铝电池使用不同负极和电解质的电化学阻抗谱 (EIS)；(c) 对称铝电池测试使用 Al 和 TAl 与不同电解质耦合，电流密度为 0.2 mA·cm^{-2} 时，每个循环分别包含 1 h 的放电过程和 1 h 的充电过程 [3]

这种经过预处理的铝负极 (TAl) 在对称铝电池和全电池中都表现出良好的可逆性，当采用 TAl 与 MnO_2 正极结合时，组装的电池比能量超过 500 W·h·kg^{-1}[3,5]。如图 11.3(a) 所示，使用 2 M $Al(OTF)_3$ 电解质的 TAl-MnO_2 电池显示出 380

mA·h·g^{-1} 的高比容量 (基于 MnO$_2$ 的质量) 和 ~1.3 V 的平均放电电压; 该电池在以 100 mA·g^{-1} 的电流密度充放电 40 次后, 可逆性最高, 容量保持稳定, 放电比容量达到 168 mA·h·g^{-1}(图 11.3(b))。采用不同电解质的 TAl-MnO$_2$ 电池都表现出一定程度的容量衰退, 这被认为是 MnO$_2$ 正极处形成的低价锰放电产物的溶解和初始充放电过程的部分不可逆反应导致的。

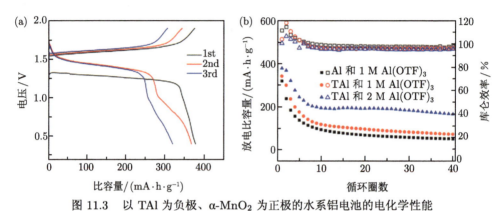

图 11.3 以 TAl 为负极、α-MnO$_2$ 为正极的水系铝电池的电化学性能

(a) 采用 TAl 和 2 M Al(OTF)$_3$ 电解质, 在电流密度为 100 mA·g^{-1} 时的恒电流放电/充电曲线; (b) 采用 Al 或 TAl 和 2 M 或 1 M Al(OTF) 的水系铝电池的循环性能 [3]

11.3.2 采用 "盐包水" 电解质构建 SEI 膜

另一种构建 Al 负极 SEI 的方法是采用高浓度的 "盐包水" 电解质, 这种电解质 [6] 能扩展水系电解质的稳定电势窗口, 进而使金属铝可以在水系电解质中稳定存在。Wu 等 [4] 的研究结果表明通过采用由 5 M Al(OTF)$_3$ 组成的 "盐包水" 电解质可以原位构建 SEI, 从而提高电池的可逆性和循环稳定性。图 11.4 显示了 Al/Al(OTF)$_3$-H$_2$O/Al$_x$MnO$_2$·nH$_2$O 可充电铝电池的电化学性能。在初始充电过程中, Al$_x$MnO$_2$·nH$_2$O 正极首圈放电比容量高达 467 mA·h·g^{-1}, 是迄今为止报道的最高比容量; 放电平台为 1.2 V 和 0.8 V, 平均电势为 1.1 V。得益于正极的高比容量和平均电势, 组装的电池能量密度高达 481 W·h·kg^{-1}。此外, 该电池可稳定循环 50 圈以上, 即使经过 60 圈循环, 其放电比容量仍保持在 272 mA·h·g^{-1}, 放电平台为 1.2 V。

Pan 等 [7] 使用高浓度的 AlCl$_3$ 水系电解液, 能将稳定电压窗口扩大到约 4 V, 组装的 Al-石墨电池在 0.5 A·g^{-1} 电流密度下循环 1000 圈后保持 95% 的初始比容量; 此外, Hu 等 [8] 则以 Al(OTF)$_3$+LiTFSI+HCl 为混合电解液, 首次组装了 Al-S 电池, 稳定电压窗口约为 3 V。

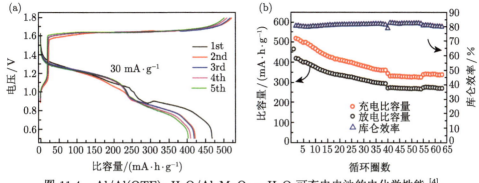

图 11.4 Al/Al(OTF)$_3$-H$_2$O/Al$_x$MnO$_2$ · nH$_2$O 可充电电池的电化学性能 [4]

(a) 恒电流充放电曲线；(b) 循环性能

然而，这两种人工 SEI 膜工程方法却值得怀疑 [9]。虽然离子液体预处理可以在铝负极上形成残留层，但其基本离子和电子传递特性及其在水电解质中的稳定性尚未得到研究；因此，它作为一个人工 SEI 的功能实际上是未知的。此外，并没有任何实验或计算表征证实在 5 M Al(OTF)$_3$ 电解质中铝负极形成 SEI，特别是考虑到该电解质与碱金属基 "盐包水" 电解质相比其浓度较低。SEI 被认为存在的唯一原因是在玻碳电极上观察到了延迟的析氢反应，这不是一个可靠的指标，因为它的析氢反应过电势很高，特别是相对于 Al。

11.4 铝合金材料

铝负极上钝化氧化膜的形成和析氢副反应的发生，以及正极的可用性有限，导致水系铝电池放电电压低，循环稳定性差。研究表明，通过在锌 (Zn) 箔基底上沉积 Al^{3+} 制备 Zn-Al 合金负极，利用特殊的合金界面层可以有效缓解钝化和自放电反应，实现长期稳定的铝电溶解/沉积 [10]。由于 Al^{3+} 较 Zn^{2+} 的电势更低，在充放电过程中 Al^{3+} 会形成一个正电荷静电 "盾"，抑制金属枝晶的生长。此外，Al 负极中 Zn 元素的加入可以有效抑制析氢副反应，从而大大提高了电池的库仑效率。图 11.5(a) 显示了以 2 M Al (OTF)$_3$ 为电解液组装的 Zn-Al/Zn-Al 对称电池的循环稳定性，相比于纯 Al 负极，这种高可逆性的 Zn-Al 合金负极具有超过 1500 h 的超长循环寿命，且极化电势小于 25 mV(0.2 mA·cm^{-2})。如图 11.5(b), (c) 所示，采用 Zn-Al 合金负极组装的 Zn-Al/Al(OTF)$_3$/ Al$_x$MnO$_2$ 全电池具有很高的可逆比容量 (在 100 mA·g^{-1} 的电流密度下循环 80 圈后，仍具有 460 mA·h·g^{-1} 的放电比容量)，放电电压平台 (1.6 V) 和高倍率性能 (在 3 A·g^{-1} 的大电流密度下比容量可达 100 mA·h·g^{-1})，是迄今为止所报道的放电电压和比容量最高的水系铝电池。

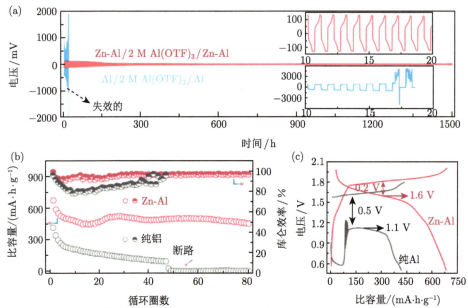

图 11.5　(a) Al/Al对称电池和Zn-Al/Zn-Al对称电池在 2 M Al(OTF)$_3$电解液中 0.2 mA·cm^{-2} 时的电压分布；采用 Zn-Al 合金负极和纯 Al 负极的金属/Al$_x$MnO$_2$ 全电池在 2 M Al(OTF)$_3$ 电解液中的 (b) 循环性能和 (c) 首圈恒流放电/充电曲线对比 [10]

11.5　金属氧化物

考虑到铝金属负极在水系电解质中存在钝化和析氢的问题，研究人员借鉴锂离子电池中 Li$^+$ 在电极材料中的插层化学，设想通过金属氧化物存储 Al^{3+} 来替代铝负极，实现"摇椅式"水系铝电池。目前用于水系铝电池的金属氧化物负极材料主要包括 TiO$_2$、MoO$_3$、MoTaO$_x$ 和 WO$_3$，其中以 TiO$_2$ 和 MoO$_3$ 研究得最多。

11.5.1　TiO$_2$

TiO$_2$ 存在 8 种不同类型的晶体结构，其中以金红石型、菱钛矿型和锐钛矿型最为常见 [11]。TiO$_2$ 作为水系铝电池负极材料已经得到了广泛研究，特别是锐钛矿型 TiO$_2$。锐钛矿 TiO$_2$ 具有良好的化学稳定性，其晶体结构由堆叠的 TiO$_6$ 八面体组成，形成特定尺寸的隧道，为阳离子嵌入提供途径。在充电过程中，Al^{3+} 嵌入八面体空位中，Ti^{4+} 发生还原反应来补偿电荷平衡，放电过程为 Al^{3+} 脱出的逆过程，伴随低价 Ti 离子的氧化。水系铝电池早期的研究工作大都是在半电池条件下用铂或碳作为对电极进行的。2012 年，Liu 等 [12] 以钛箔作为基体通过阳极氧化的方法制备了 TiO$_2$ 纳米管，并测试其在 1 M AlCl$_3$ 电解液中的电化学性能。如图 11.6(a) 所示，TiO_2 纳米管内径约为几十到一百纳米，由这些纳米管组成的薄膜厚度约为 14 μm。金属 Ti 衬底上的 TiO_2 纳米管由于其高比表面积和独特的纳米几何形状，可以保证良好的电极/电解液接触，并作为离子快速扩散的途径。TiO_2 纳米管的 XRD 谱图 (图 11.6(b)) 显示，所有衍射峰均为锐钛矿型 TiO_2 (JCPDS, 84-1286)，与钛箔基体的金属钛峰共存。从图 11.6(c) 的循环伏安曲线中可以看出，TiO_2 纳米管在 1.26 V 和 0.84 V($vs.$ SCE) 处具有一对明显的氧化还原峰，对应于 Al^{3+} 的嵌入/脱出反应；而在相同条件下，Li^+ 和 Mg^{2+} 的嵌入/脱出反应要弱得多。这是因为与 Li^+(76 pm) 和 Mg^{2+}(72 pm) 相比，离子半径更小的 Al^{3+}(53.5 pm) 具有较小的空间位阻，可以在 $AlCl_3$ 水溶液中可逆地嵌入/脱出锐钛矿型 TiO_2 纳米管。如图 11.6(d) 所示，当电流密度为 4 mA·cm^{-2} 时，TiO_2 纳米管在 −0.98 V($vs.$ SCE) 处显示出一个平坦的放电平台，最高放电比容量为 75 mA·h·g^{-1}。XPS 分析揭示了 TiO_2 负极的电化学反应机制：充电过程中，Al^{3+} 嵌入 TiO_2 晶格中，Ti^{4+} 发生还原反应转化为 Ti^{3+} 和 Ti^{2+}；放电过程中，Al^{3+} 脱出，Ti^{3+} 发生氧化反应转化为 Ti^{4+}，而 Ti^{2+} 不发生反应，即反应不可逆。

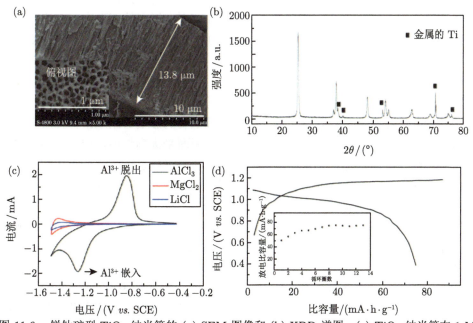

图 11.6 锐钛矿型 TiO_2 纳米管的 (a) SEM 图像和 (b) XRD 谱图；(c) TiO_2 纳米管在 1 M $AlCl_3$、$MgCl_2$ 和 LiCl 水溶液中典型的循环伏安曲线；(d) TiO_2 纳米管在 1 M $AlCl_3$ 水溶液中的充放电曲线 [12]

电解液的其他离子和质子酸度对 Al^{3+} 嵌入/脱嵌 TiO_2 纳米管有一定的影响。Liu 等[13] 揭示了电解液中的 Cl^- 对 Al^{3+} 嵌入 TiO_2 纳米管的辅助作用,即在充放电过程中,Cl^- 参与了 Al^{3+} 的电化学嵌入/脱出过程。另一方面,Sang 等[14] 发现与 Cl^- 对 Al^{3+} 的辅助作用相比,溶液中的 H^+ 更倾向于在 TiO_2 纳米管表面形成羟基化合物而不是嵌入 TiO_2 晶格中,从而阻碍 Al^{3+} 在本体材料晶格中的扩散。因此,对于 $AlCl_3$ 基水系电解质,需要适当的酸度来保证 Al^{3+} 有效嵌入 TiO_2 纳米管材料。

除了锐钛矿型 TiO_2,有关其他晶体结构类型的 TiO_2 作为水系铝电池负极材料的报道较少。Ojeda 等[15] 以氯化钛 (IV) 为前驱体,与有机凝胶混合并经过煅烧后,合成了不同比例锐钛矿/金红石相的 TiO_2 纳米颗粒作为水系铝电池负极材料。在较高的金红石比例下获得了较高的比容量 $(75.1\ mA\cdot h\cdot g^{-1})$。Zhao 等[16] 首次研究了金红石 TiO_2 纳米颗粒的储铝性能:在 $0.5\ A\cdot g^{-1}$ 的电流密度下,首圈放电比容量为 $29.4\ mA\cdot h\cdot g^{-1}$,循环 50 圈后仍有 $22.6\ mA\cdot h\cdot g^{-1}$。研究表明,在 1 M $AlCl_3$ 电解液中,铝在金红石 TiO_2 的嵌入过程主要由固相扩散反应控制。与锐钛矿 TiO_2 不同,随着循环圈数的增加,金红石 TiO_2 的电化学阻抗逐渐增大。

尽管 TiO_2 实现了 Al^{3+} 的可逆存储,但其与人们所预期的高容量负极材料相去甚远,远不能满足实际应用的需求。由于 Al^{3+} 极高的表面电荷密度,强烈的库仑相互作用导致它在 TiO_2 中的扩散动力学缓慢,通常产生较低的存储容量。目前,用于提高 TiO_2 容量的方法主要包括以下几种:纳米化及表面形貌控制、添加导电成分、缺陷工程和电化学掺杂。

1) 纳米化及表面形貌控制

纳米结构对电极材料的储能性能有着至关重要的影响。纳米结构插层电极材料可以通过引入高孔隙率、大表面积和高活性表面来提高性能。由于表面和界面的双重影响,界面存储在纳米结构插层电极材料中可以发挥超越传统体相插层存储的重要作用。TiO_2 的表面形貌除了纳米管,还有纳米叶和纳米球。He 等[17] 采用液相等离子体法制备了具有导电三价钛的黑色介孔锐钛矿型 TiO_2 纳米叶,并研究了其在 $Al(NO_3)_3$ 水溶液中的电化学储铝性能。图 11.7(a) 显示了二维柳叶状 (图 11.7(a) 插图)TiO_2 纳米结构的 TEM 图像,呈现出均匀的尺寸分布。高分辨率的 TEM 图像 (HRTEM) 表明,这些 TiO_2 纳米叶实际上是由许多小颗粒组成的,这些小颗粒有序地相互吸附在一起,呈现出粗糙的表面 (图 11.7(b))。此外,清晰、平行、连续的晶格条纹表明 TiO_2 纳米叶中附着的纳米颗粒具有相同的晶体取向。均匀连续的纳米叶结构是提高 TiO_2 负极材料电化学性能的重要因素。如图 11.7(c)、(d) 所示,这种 TiO_2 纳米叶在 $0.05\ A\cdot g^{-1}$ 的电流密度下,表现出 $278.1\ mA\cdot h\cdot g^{-1}$ 的高放电比容量 (每 mol TiO_2 可存储 0.27 mol Al^{3+}) 和优异的倍率性能 ($2\ A\cdot g^{-1}$ 的电流密度下为 $141.3\ mA\cdot h\cdot g^{-1}$),性能远高于商业锐钛矿

TiO_2。TiO_2 纳米叶代表了水系铝电池负极材料的一个重要突破，其具有较高的储铝性能，为构建低成本的铝电池系统提供了新的可能性。此外，Kazazi 等[18] 合成了高介孔结构和大比表面积的 TiO_2 纳米球 (其比表面积为 179.9 $m^2 \cdot g^{-1}$，约为商业 TiO_2-P25 的 3.6 倍)，与商业的 TiO_2-P25 相比，获得了更高的放电比容量和倍率性能。

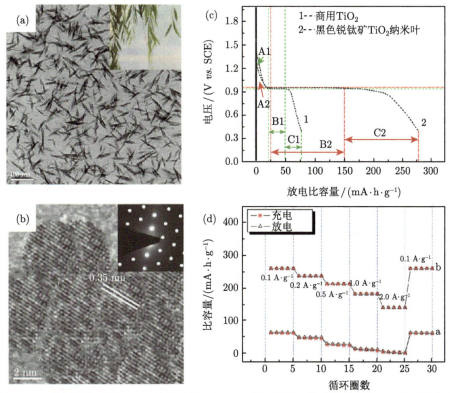

图 11.7　黑色锐钛矿型 TiO_2 纳米叶的 (a)TEM 图 (插图：柳叶照片) 和 (b) 高分辨率的 TEM 图像 (插图：选取电子衍射图)，黑色锐钛矿型 TiO_2 纳米叶和商用白色锐钛矿型 TiO_2 电极 (c) 在 0.05 $A \cdot g^{-1}$ 电流密度下的首圈放电曲线对比和 (d) 倍率性能对比[17]

2) 添加导电成分

TiO_2 较差的电子导电性是 Al^{3+} 在 TiO_2 中扩散的主要障碍。与石墨烯 (G)、碳纳米管等碳材料复合制备复合材料是提高 TiO_2 电子和离子导电性，进而提高其容量的有效方法。Lahan 等[19,20] 揭示了石墨烯能够提高 Al^{3+} 在 TiO_2 中的扩散系数，有助于提升 TiO_2 的存储能力，并且通过 XRD 检测到 TiO_2 向钛酸铝 (Al_2TiO_5) 的可逆晶相转变，证明了 Al^{3+} 的嵌入和脱嵌。碳纳米管具有高电导率和大比表面积，有利于氧化还原反应中电子和离子的快速传导。碳纳米管与电极材料的结合可以提高其电化学性能。Kazazi 等 [21] 合成了 CNT/TiO$_2$ 复合材料，原始碳纳米管表面整齐，呈卷曲状，而复合材料的 SEM 显示，碳纳米管被 TiO$_2$ 纳米颗粒均匀覆盖 (图 11.8(a) 和 (b))。如图 11.8(c) 所示，在 0.15C 和 6.00C 电流密度下，CNT/TiO$_2$ 复合材料的比容量分别提升至 225.5 mA·h·g^{-1} 和 135 mA·h·g^{-1}，这归因于比表面积的增大和电子导电性的增强。图 11.8(d) 的电化学交流阻抗 (EIS) 测试则进一步表明，相比于纯 TiO$_2$ 电极，CNT/TiO$_2$ 复合电极在高频区的半圆直径更小，具有更小的电荷转移阻抗，因而具有更高的倍率性能。

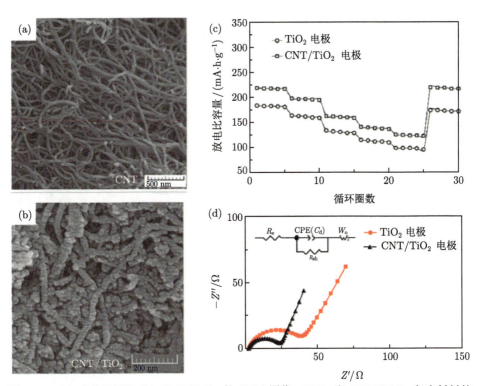

图 11.8　(a) 碳纳米管和 (b) CNT/TiO$_2$ 的 SEM 图像；TiO$_2$ 和 CNT/TiO$_2$ 复合材料的 (c) 倍率性能和 (d) EIS 对比 [21]

3) 缺陷工程

　　缺陷工程是通过提供额外的金属离子嵌入位点和提高电导率来合理调节金属离子电池电极材料电化学性能的理想策略。此前，Koketsu 等 [22] 报道了 Al^{3+} 可以可逆地嵌入阳离子缺陷的锐钛矿 TiO$_2$ 的钛空位中，使其比纯 TiO$_2$ 具有更高的容量。基于此，Wu 等 [23] 通过单价离子掺杂获得了一种新的 Ti 缺陷金红石型 TiO$_2$(Ti$_{0.95}$□$_{0.05}$O$_{1.79}$Cl$_{0.08}$(OH)$_{0.13}$) 作为水系铝电池的负极，获得了高容量和良好的循环稳定性，这归因于稳定的金红石结构提供了结构稳定性以及 Ti 空位提高了电化学活性。$Ti_{0.95}\square_{0.05}O_{1.79}Cl_{0.08}(OH)_{0.13}$ 负极在电流密度为 0.5 A·g^{-1} 时产生 143.1 mA·h·g^{-1} 的可逆比容量；在电流密度为 3 A·g^{-1} 时，初始可逆充电比容量为 78.3 mA·h·g^{-1}，循环 110 圈后可保持 82%(图 11.9)。该负极材料可以在不发生相变的情况下，可逆地将 Al^{3+} 嵌入 Ti 空位和晶格中，相比于商用金红石 TiO_2，其容量大大提高。各种非原位表征技术共同揭示了基于 Ti^{4+}/Ti^{3+} 氧化还原反应的可逆 Al^{3+} 嵌入/脱出机制。

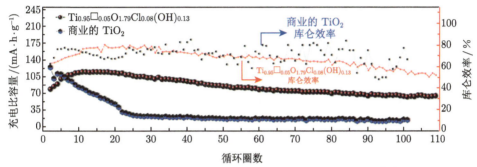

图 11.9 金红石型纯 TiO_2 和钛缺陷 TiO_2 的电化学性能 [23]

4) 电化学掺杂

Holland 等 [24] 采用电化学处理的方法改善了锐钛矿 TiO_2 电子密度和开路电势，提高了其容量、库仑效率和循环稳定性。通过在 1 M KOH 溶液中保持恒电势 -1.4 V (*vs.* SCE) 对 TiO_2 进行阴极电化学处理，处理后的 TiO_2 电极在 10 A·g^{-1} 的大电流密度下比容量为 15.3 mA·h·g^{-1}，库仑效率高达 99.95%。TiO_2 电极的颜色从白色变为浅黄色表明 Ti^{3+} 的引入，尽管这不能通过 XPS 测量得到证实，然而，Mott Schottky 图显示，经过处理的 TiO_2 有更大的电子供体数，这可能是引入 Ti^{3+} 或氧空位的预期结果。这项工作强调了 TiO_2 掺杂对提高高倍率水电解质电池电极性能的重要性。

虽然锐钛矿型 TiO_2 电极的研究取得了相当大的进展，但其较低的比容量和低电导率仍然是两个亟待解决的问题。

11.5.2 MoO₃

具有多种形貌的纳米 MoO_3 被用作电极材料广泛地应用于储能器件，其显著增强了超级电容器和各种金属离子电池的动力学性能 [25]。Lahan 等 [26] 通过简单的水热法合成了 MoO_3，并研究了其作为水系铝电池负极材料在 $AlCl_3$、$Al_2(SO_4)_3$ 和 $Al(NO_3)_3$ 不同水系电解质中的电化学性能。结果表明，以 1 M $AlCl_3$ 作为电解质时 MoO_3 负极具有更高的 Al^{3+} 存储容量、长期稳定性和最小的极化。图 11.10(a) 为 MoO_3 在 $AlCl_3$ 电解质中的循环伏安曲线，第一圈阴极扫描时，在 -0.40 V、-0.61 V 和 -0.86 V 处可以观察到三个明显的还原峰 A、B 和 C，在随后的阴极扫描中，A 峰有轻微的移动 (-0.29 V)；阳极扫描显示了三个对应的氧化峰，分别为 -0.62 V(峰 C′)、-0.38 V(峰 B′) 和 0.11 V(峰 A′)。如图 11.10(b) 所示，在 2.5 $A·g^{-1}$ 的电流密度下，MoO_3 初始存储比容量高达 680 $mA·h·g^{-1}$，然而其比容量衰减迅速，循环 20 圈后达到稳定，为 170 $mA·h·g^{-1}$，可稳定循环 350 圈。

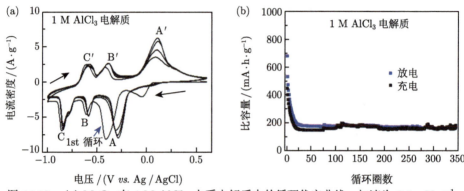

图 11.10　(a) MoO_3 在 1 M $AlCl_3$ 水系电解质中的循环伏安曲线，扫速为 2.5 $mV·s^{-1}$；(b) MoO_3 在 1 M $AlCl_3$ 水系电解质中的循环性能，电流密度为 2.5 $A·g^{-1}$[26]

　　提高 MoO_3 负极的循环稳定性是首要解决的问题。Lahan 等 [27] 通过在 MoO_3 中加入石墨烯导电添加剂和在电解液中加入二聚体对电池的循环稳定性进行了改善。石墨烯-MoO_3 复合材料在二甘醇混合电解质 (v/v = 50:50) 中循环超过 100 圈，稳定比容量为 160 $mA·h·g^{-1}$，而在原始水系电解质中，100 圈循环后，其比容量仅为 75 $mA·h·g^{-1}$。Joseph 等 [28] 利用水热法合成了六方隧道结构的 MoO_3 纳米线，该材料有一个活化的过程，初始比容量仅有 39.3 $mA·h·g^{-1}$，循环 67 圈后比容量达到最大为 314.0 $mA·h·g^{-1}$，循环 400 圈后，放电比容量仍有 265.0 $mA·h·g^{-1}$，具有较好的循环稳定性。

　　MoO_3 负极嵌入和脱出 Al^{3+} 能力使其具有组装水系全铝电池的潜力。Huang 等 [29] 以铁氰化铜 (CuHCF) 作为正极，聚吡咯 (PPy) 包覆的 MoO_3 作为负极，PVA-$Al(NO_3)_3$ 凝胶聚合物 (90 ℃ 下聚乙烯醇粉溶于 1 M $Al(NO_3)_3$ 溶液中搅拌制备) 作为电解质组装了一种柔性水系全铝电池。得益于 MoO_3 负极上添加的 PPy 导电包覆层，基于插层化学的全铝电池在 100 圈循环后的容量保持率为 83.2%，具有良好的循环稳定性。Wang 等 [30] 采用 MoO_3 负极和 $VOPO_4$ 正极，以及聚丙烯酰胺水凝胶电解质制造了一种安全、高性能的可充电柔性固态水系铝电池。这种铝电池具有较高的循环稳定性，2800 圈循环后容量保持率为 86.2%。

柔性水系铝电池具有好的电化学性能、高稳定性、良好的机械性能和安全性，为柔性可穿戴电子产品的应用开辟了新的途径。

11.5.3　其他氧化物

尽管八面体层状晶体结构的 MoO₃ 可以嵌入多价阳离子，但电化学稳定性较差，Al^{3+} 在 Mo 氧化物电极中的嵌入动力学迟缓，限制了其实际应用。Jin 等[31]提出了一种克服 MoO₃ 这一缺点的策略，通过电化学负极氧化 Mo-Ta 合金衬底制备有序的一维 (1D)MoTaO$_x$ 纳米管电极。这种方法允许在 Mo 氧化物纳米管中直接掺入 Ta，电极制备工艺如图 11.11(a) 所示。MoTaO$_x$ 纳米管由八面体 MoO₃和菱面体 Mo₂Ta₂O₁₁ 相组成，在水系电解质中表现出显著的电化学稳定性和铝离子存储性能，优于原始的 Mo 氧化物。该电极在电流密度为 0.35 A·g⁻¹ 时的比容量为 337 mA·h·g⁻¹，在电流密度为 1.4 A·g⁻¹ 的电流速率下循环 3000 圈后容量保持在 83% 以上 (图 11.11(b))。

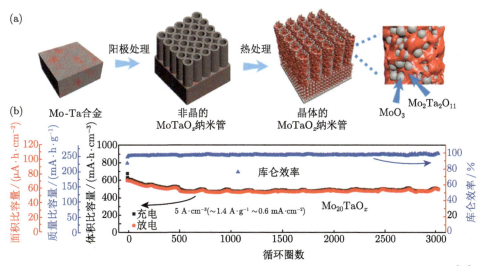

图 11.11　(a) MoTaO$_x$ 纳米管阵列电极制备工艺示意图；(b) Mo₂₀TaO$_x$ 的循环性能[31]

Lahan 等[32] 证实了水系电解质中 Al^{3+} 在六方相三氧化钨 (WO₃) 负极材料中的可逆嵌入和脱出。AlCl₃ 和 Al₂(SO₄)₃ 两种电解质均可实现 Al^{3+} 的嵌入和脱出，但 Al₂(SO₄)₃ 电解质的库仑效率更高，可达 80% 以上。在 2.5 A·g⁻¹ 的电流速率下，WO₃ 在 Al₂(SO₄)₃ 电解质中 Al^{3+} 的稳定存储比容量为 150 mA·h·g⁻¹。

与 TiO₂ 相比，MoO₃ 和 WO₃ 等金属氧化物负极相对较高的放电平台导致了水系铝电池较低的工作电压和能量密度。因此，这需要探索具有适当的氧化还原电势的新型负极材料来实现高电压高比能的水系铝电池。

11.6　有机类材料

有机材料因具有成本低、环境友好、可持续等优点而被认为是电极材料潜在的候选者。除金属氧化物外，一些有机材料也被研究用于水系铝电池嵌入型负极材料，它们通过自身官能团与 Al^{3+} 的配位反应机制进行电荷存储。

11.6.1　有机聚合物负极

有机高聚物具有良好的结构稳定性，反应活性位点多，比容量大，可以作为嵌入型水系铝电池负极材料。Cang 等 [33] 报道了在不同的合成条件下制备的聚 (3，4，9，10-苝四甲酰二亚胺)(PPTCDI) 作为水系铝电池的有机负极材料。以乙二胺为原料，在不同温度 (120 ℃，160 ℃，180 ℃) 下通过回流反应合成 PPTCDI。在三电极体系中，研究了 PPTCDI-120 ℃/160 ℃/180 ℃ 在 0.5 M AlCl₃ 水系电解质中的电化学行为。图 11.12 的循环伏安曲线表明，PPTCDI-120 ℃/160 ℃ 均具有三对

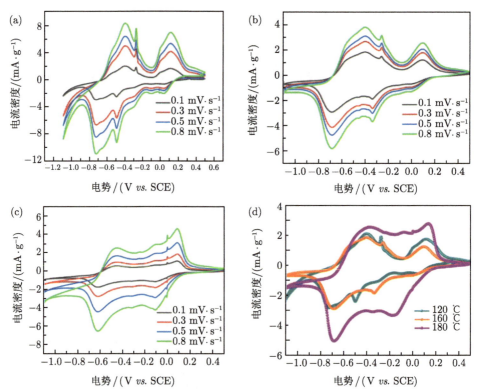

图 11.12　以 (a) PPTCDI-120 ℃、(b) PPTCDI-160 ℃ 和 (c) PPTCDI-180 ℃ 为负极，在 0.5 M AlCl₃ 电解质中，扫描速率分别为 0.1 mV·s⁻¹、0.3 mV·s⁻¹、0.5 mV·s⁻¹ 和 0.8 mV·s⁻¹ 时的循环伏安曲线；(d) 三种电极在 0.1 mV·s⁻¹ 时的循环伏安曲线 [33]

氧化还原峰，三种电极材料的电化学窗口均在水系电池的安全电压范围内。然而，当 PPTCDI-120 ℃ 作为负极时，有明显的析氢现象。PPTCDI-180 ℃ 只有两个阳极峰 (0.15 V/−0.383 V) 和两个阴极峰 (−0.161 V/−0.689 V)，其氧化还原反应基于 Al^{3+} 的嵌入/脱出过程和 PPTCDI 中羰基 (C=O) 的烯醇化反应。根据峰值电流来看，PPTCDI-160 ℃/180 ℃ 比 PPTCDI-120 ℃ 具有更好的电化学性能。

由于 $AlCl_3$ 是酸性盐溶液，电解质的浓度对铝离子嵌入/脱出也有一定的影响。PPTCDI-160 ℃ 负极在 $AlCl_3$ 电解质中析氢，在 1.0 M $AlCl_3$ 高浓度电解质中强烈极化，在 0.25 M 和 1.0 M $AlCl_3$ 两种电解质中的充放电曲线均有三对平台。相比之下，PPTCDI-160 ℃ 负极在 0.5 M $AlCl_3$ 电解质中具有更高的导电性，表现出最佳的比容量和倍率性能：在 100 mA·g^{-1} 时的可逆比容量为 185 mA·h·g^{-1}，库仑效率接近 100%，可稳定循环 1000 圈；即使在 1000 mA·g^{-1} 的大电流密度下所有电化学平台仍保持不变，放电比容量为 95 mA·h·g^{-1}。基于其高容量和长循环稳定性，PPTCDI 代表了共轭聚合物有机负极材料在水系铝电池中的潜在应用。

11.6.2 有机小分子负极

Yan 等 [34] 构建了一种开创性的 "摇椅式" 水系铝全电池，该电池体系由普鲁士白正极、1 M $Al_2(SO_4)_3$ 水系电解质和有机 9,10-蒽醌 (AQ) 负极组成。AQ 是一种具有两个羰基的共轭醌类小分子，理论比容量为 257 mA·h·g^{-1}，几乎不溶于水，由于没有 α-氢原子而具有显著的化学稳定性。原始 AQ 粉末的平均尺寸为几百微米，不利于离子在颗粒内部的扩散。此外，AQ 是一种导电性差的有机小分子。采用高能球磨法将 AQ 和导电剂炭黑混合，得到均匀混合的只有几微米大小的 AQ/C 复合材料，同时可以提高 AQ 的导电性。

图 11.13(a) 的循环伏安曲线显示 AQ 负极有一对位于 −0.45 V 和 0.09 V 左右的氧化还原峰，对应其两个羰基 (C=O) 官能团的一步双电子氧化还原反应，AQ 独特的烯醇化电荷存储机制保证了快速的反应动力学。恒电流充放电测试表明，AQ 负极存在一个活化过程，电流密度为 1000 mA·g^{-1} 下首圈放电比容量为 86.7 mA·h·g^{-1}，在循环过程中容量不断缓慢增加，500 圈后达到 167.7 mA·h·g^{-1}，表现出良好的循环稳定性 (图 11.13(b)、(c))。当金属铝不能应用于水系电解质时，有机小分子 AQ 适当的氧化还原电势有效地解决了负极选择范围有限的问题。

综上所述，金属铝不适合直接用作水系铝电池的负极，这是由于金属铝的溶解/沉积电势低于水的析氢电势，在水系电解液中，金属铝将发生析氢腐蚀而不能稳定存在，进而限制电池的循环稳定性。此外，在中性条件下，金属铝电极还易形成钝化膜，阻断铝离子的传输，限制电池的倍率性能。目前主要的解决策略是：

① 使用高浓度的电解质扩展水的稳定电势窗口，如以高浓度 $AlCl_3$ 作为电解质；
② 对铝负极进行预处理，抑制钝化现象；③ 使用铝合金代替纯铝金属作为负极
提高可逆性，如 Zn-Al 合金负极；④ 使用嵌入型电极材料代替金属负极，如使用
TiO_2、MoO_3 等金属氧化物或有机聚合物材料。水系铝电池的研究还处于起步阶
段，负极材料的选择还十分有限，因此，有必要借鉴其他水系金属电池的成功经
验开发高容量、高可逆性和稳定性的负极材料，以实现长循环寿命的水系铝电池。

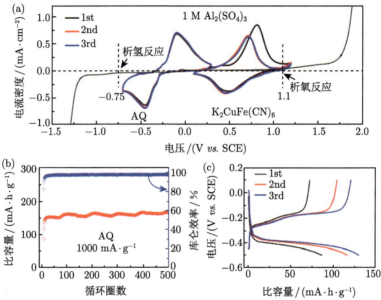

图 11.13　(a) 5 mV·s^{-1} 时有机小分子 AQ 的循环伏安曲线；电流密度为 1000 mA·g^{-1} 时
AQ 负极的 (b) 循环性能和 (c) 恒电流放电–充电曲线 [34]

参 考 文 献

[1] Leung O, Schoetz T, Prodromakis T, et al. Review-progress in electrolytes for rechargeable aluminium batteries. Journal of the Electrochemical Society, 2021, 168: 056509.

[2] Yang H, Wu F, Bai Y, et al. Toward better electrode/electrolyte interfaces in the ionic-liquid-based rechargeable aluminum batteries. Journal of Energy Chemistry, 2020, 45: 98-102.

[3] Zhao Q, Zachman M, Sadat W, et al. Solid electrolyte interphases for high-energy aqueous aluminum electrochemical cells. Science Advances, 2018, 4: 2375-2548.

[4] Wu C, Gu S, Zhang Q, et al. Electrochemically activated spinel manganese oxide for rechargeable aqueous aluminum battery. Nature Communications, 2019, 10: 73.

[5] He S, Wang J, Zhang X, et al. A high-energy aqueous aluminum-manganese battery. Advanced Functional Materials, 2019, 29: 1905228.

[6] Suo L, Borodin O, Gao T, et al. "Water-in-salt" electrolyte enables high-voltage aqueous lithium-ion chemistries. Science, 2015, 350: 938.

[7] Pan W, Wang Y, Zhang Y, et al. A low-cost and dendrite-free rechargeable aluminium-ion battery with superior performance. Journal of Materials Chemistry A, 2019, 7: 17420-17425.

[8] Hu Z, Guo Y, Jin H, et al. A rechargeable aqueous aluminum-sulfur battery through acid activation in water-in-salt electrolyte. Chemical Communications, 2020, 56: 2023-2026.

[9] Dong T, Ng K, Wang Y, et al. Solid electrolyte interphase engineering for aqueous aluminum metal batteries: a critical evaluation. Advanced Energy Materials, 2021, 11: 2100077.

[10] Yan C, Lv C, Wang L, et al. Architecting a stable high-energy aqueous Al-ion battery. Journal of the American Chemical Society, 2020, 142: 15295-15304.

[11] Kavan L, Gratzel M, Gilbert S, et al. Electrochemical and photoelectrochemical investigation of single-crystal anatase. Journal of the American Chemical Society, 1996, 118: 6716-6723.

[12] Liu S, Hu J, Yan N, et al. Aluminum storage behavior of anatase TiO_2 nanotube arrays in aqueous solution for aluminum ion batteries. Energy & Environmental Science, 2012, 5: 9743-9746.

[13] Liu Y, Sang S, Wu Q, et al. The electrochemical behavior of Cl^- assisted Al^{3+} insertion into titanium dioxide nanotube arrays in aqueous solution for aluminum ion batteries. Electrochimica Acta, 2014, 143: 340-346.

[14] Sang S, Liu Y, Zhong W, et al. The electrochemical behavior of TiO_2-NTAs electrode in H^+ and Al^{3+} coexistent aqueous solution. Electrochimica Acta, 2016, 187: 92-97.

[15] Ojeda M, Chen B, Leung D, et al. A hydrogel template synthesis of TiO_2 nanoparticles for aluminium-ion batteries. Energy Procedia, 2017, 105: 3997-4002.

[16] Zhao T, Ojeda M, Xuan J, et al. Aluminum storage in rutile-based TiO_2 nanoparticles. Energy Procedia, 2019, 158: 4829-4833.

[17] He Y, Peng J, Chu W, et al. Black mesoporous anatase TiO_2 nanoleaves: a high capacity and high rate anode for aqueous Al-ion batteries. Journal of Materials Chemistry A, 2014, 2: 1721-1731.

[18] Kazazi M, Abdollahi P, Mirzaei-Moghdam M. High surface area TiO_2 nanospheres as a high-rate anode material for aqueous aluminium-ion batteries. Solid State Ionics, 2017, 300: 32-37.

[19] Lahan H, Boruah R, Hazarika A, et al. Anatase TiO_2 as an anode material for rechargeable aqueous aluminum-ion batteries: remarkable graphene induced aluminum ion storage phenomenon. Journal of Physical Chemistry C, 2017, 121: 26241-26249.

[20] Lahan H, Das S K. An approach to improve the Al^{3+} ion intercalation in anatase TiO_2 nanoparticle for aqueous aluminum-ion battery. Ionics, 2018, 24: 1855-1860.

[21] Kazazi M, Zafar Z A, Delshad M, et al. TiO_2/CNT nanocomposite as an improved

anode material for aqueous rechargeable aluminum batteries. Solid State Ionics, 2018, 320: 64-69.

[22] Koketsu T, Ma J, Morgan B J, et al. Reversible magnesium and aluminium ions insertion in cation-deficient anatase TiO_2. Nature Materials, 2017, 16: 1142-1148.

[23] Wu X, Qin N, Wang F, et al. Reversible aluminum ion storage mechanism in Ti-deficient rutile titanium dioxide anode for aqueous aluminum-ion batteries. Energy Storage Materials, 2021, 37: 619-627.

[24] Holland A, Mckerracher R, Cruden A, et al. Electrochemically treated TiO_2 for enhanced performance in aqueous Al-ion batteries. Materials, 2018, 11: 2090.

[25] Wang F, Liu Z, Wang X, et al. A conductive polymer coated MoO_3 anode enables an Al-ion capacitor with high performance. Journal of Materials Chemistry A, 2016, 4: 5115-5123.

[26] Lahan H, Das S K. Al^{3+} ion intercalation in MoO_3 for aqueous aluminum-ion battery. Journal of Power Sources, 2019, 413: 134-138.

[27] Lahan H, Das S K. Graphene and diglyme assisted improved Al^{3+} ion storage in MoO_3 nanorod: steps for high-performance aqueous aluminum-ion battery. Ionics, 2019, 25: 3493-3498.

[28] Joseph J, O'mullane A P, Ostrikov K K. Hexagonal molybdenum trioxide (h-MoO_3) as an electrode material for rechargeable aqueous aluminum-ion batteries. ChemElectroChem, 2019, 6: 6002-6008.

[29] Wang P, Chen Z, Ji Z, et al. A flexible aqueous Al ion rechargeable full battery. Chemical Engineering Journal, 2019, 373: 580-586.

[30] Wang P, Chen Z, Ji Z, et al. A high-performance flexible aqueous Al ion rechargeable battery with long cycle life. Energy Storage Materials, 2019, 25: 426-435.

[31] Jin B, Hejazi S, Chu H, et al. A long-term stable aqueous aluminum battery electrode based on one-dimensional molybdenum-tantalum oxide nanotube arrays. Nanoscale, 2021, 13: 6087-6095.

[32] Lahan H, Das S K. Reversible Al^{3+} ion insertion into tungsten trioxide (WO_3) for aqueous aluminum-ion batteries. Dalton Transactions, 2019, 48: 6337-6340.

[33] Cang R, Song Y, Ye K, et al. Preparation of organic poly material as anode in aqueous aluminum-ion battery. Journal of Electroanalytical Chemistry, 2020, 861: 113967.

[34] Yan L, Zeng Xiao, Zhao S, et al. 9,10-anthraquinone/$K_2CuFe(CN)_6$: a highly compatible aqueous aluminum-ion full-battery configuration. ACS Applied Materials & Interfaces, 2021, 13: 8353-8360.

第 12 章 水系铝电池正极材料

12.1 水系铝电池正极材料简介

可再生资源 (如风能、太阳能、潮汐能) 具有非连续性，这对大型储能装置生产提出了新的要求。水系可充电多价金属–离子电池因成本低、原料资源丰富、安全性高、环保等优点引起了人们极大关注 [1,2]。1970 年首次提出可充电铝电池的概念，铝电池展现出成本低、安全性高、电化学储能高等优点，水系可充电电池与使用有机电解质的电池相比 [3,4]，在储能设备方面具有巨大的竞争潜力，例如，不含有害溶剂，安全性高、环保、低成本、高离子导电性 (水系电解质与有机电解质相比高出 1000 倍) 且在电化学过程中没有 SEI 层反应 [5-7]。然而，也有几个挑战阻碍其发展，包括电化学窗口窄、离子扩散动力学和电极不稳定性等因素。尽管如此，其仍面临许多挑战，包括低离子扩散、材料崩解、耐久性差和易形成钝化氧化层。Al^{3+} 的水合离子半径为 12.75 Å，大于其他多价电荷载流子 (Zn^{2+}、Mg^{2+} 和 Ca^{2+})，这难以为铝电池选择合适的可嵌入正极材料。因此，为了总结可逆地储存铝离子的电极材料，本章对目前现有的研究进行介绍，包括过渡金属氧化物 (钒、锰、铋、钨等系列金属)、普鲁士蓝类似物 ($A_xMFe(CN)_6$，A=alkali 金属或碱土金属，M= 过渡金属，包括镍、铁、铜、钴等)、石墨材料、导电聚合物等。因过渡金属层状物独特的化学性质，研究者对其在储能过程中的物理特性和应用进行了广泛的研究。此外，层状物质具有可调控的层间距，可适应特性离子的扩散和嵌入。例如，多价客体离子能够嵌入层状 MoO_3，铝离子在 MoO_3 和普鲁士蓝 (PBA) 化合物中可逆地嵌入/脱出激励着研究者们对水系铝离子全电池进行探索，同时基于合适电极和凝胶电解质的水系铝离子全电池也被灵活地设计。另外，普鲁士蓝类似物由于它们的开放框架，具有大的离子运输通道，被认为是潜在的多用途电极材料。在 PBA 的面心立方结构中，$M^{2+/3+}$ 和 Fe^{3+} 分别通过 CN 配体键形成开放框架，其中包含用于客体离子嵌入的间隙位点。例如，六氰基铁酸铜 $KCuFe(CN)_6$，缩写为 CuHCF，被证明是适合 Al^{3+} 嵌入的电极材料。因此，对水系铝电池正极材料进行的全方位的总结论述工作十分重要。

12.2　过渡金属氧化物

12.2.1　钒系电极材料

钒基化合物表现出一系列氧化态，包括 V^{5+}、V^{4+}、V^{3+} 和 V^{2+}，它们能够与许多其他阴离子和阳离子复合，形成氧化钒、碳化钒、氮化钒、硫化钒、磷酸钒和金属钒酸盐。由于 V-O 配位多面体的变形和多种氧化态的转化，钒氧化物化合物在用作电极时表现出比其他钒基材料更高的比容量，最常见的相是正交相 V_2O_5、双层 $V_2O_5 \cdot nH_2O$、VO_2、$V_3O_7 \cdot H_2O$、V_6O_{13} 和 V_2O_3。正交 V_2O_5 和双层 $V_2O_5 \cdot nH_2O$ 具有分层结构，层间具有开放的离子扩散通道进而增强了电化学性能。然而，它们在水系电解质中的稳定性低、导电性差和离子扩散系数低，导致其长期循环性能差，需要进行进一步的探索优化 [8-11]。

12.2.1.1　钒系电极材料的结构

在水系铝电池中，$VOPO_4$ 是一种层状的电极材料，由 VO_6 八面体结构和 PO_4 四面体组成，其空间协调能力有利于促进阳离子的嵌入。其层与层之间由弱氢键相连。水热法合成的二氧化钒材料，如图 12.1(a) 所示，XRD 峰谱图与其标准

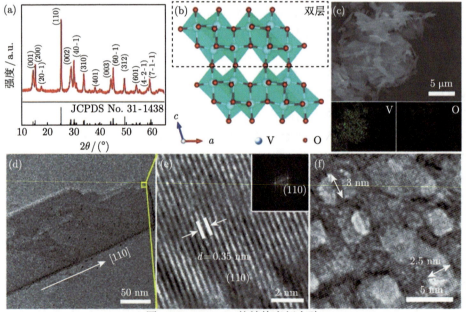

图 12.1　VO_2-B 的结构表征实验

(a) VO_2 材料的 XRD 谱图；(b) 具体的晶体结构；(c) 制备的 VO_2-B 产物的 SEM-EDS 图谱；(d) VO_2-B 材料的 TEM 和 ((e)、(f)) 高分辨率的 TEM 图像，插图 (e) 对应的快速傅里叶变换 (FFT) 模式 [12]

的卡片相比较, 峰位基本一致。VO$_2$-B 结构是扭曲的 VO$_6$ 八面体, 共享边角沿晶胞的 c 轴方向。VO$_2$-B 的晶体结构如图 12.1(b) 所示。独特的双层结构具有稳定性。VO$_2$-B 的隧道尺寸 (12.1084 Å×3.281 Å) 远大于 Al^{3+}(0.53 Å), 这种具有隧道结构的框架可以容纳铝离子。SEM-EDS 结果证实了 V 和 O 元素在 VO$_2$-B 中的均匀分布 (图 12.1(c))。TEM 图像和高分辨率 TEM 图像描绘了其宽度约 100 nm 的带形态 (图 12.1(d)) 以及单个纳米带 (图 12.1(e))。晶格间距为 0.35 nm, 对应于单斜晶 VO$_2$-B(110) 平面的 d 间距。插图 12.1(e) 表明纳米带沿着 (110) 方向生长。此外, 如图 12.1(f) 所示, 在纳米带上形成的直径 3 nm 的孔可以提供良好的电解质与电极接触。

12.2.1.2　钒系电极材料的电化学性能

1) VOPO$_4$ 电极材料的电化学性能

图 12.2(a) 显示了 VOPO$_4$ 在 0~1 V 电压范围内不同扫描速率的循环伏安曲线。图下半部分两个阴极峰集中出现在 0.1 V 和 0.34 V 左右, 推测是 Al^{3+} 的嵌入引起的 V^{5+}/V^{4+} 和 V^{4+}/V^{3+} 之间的氧化还原反应。上半部分两个阳极峰集中出现在 0.25 V 和 0.55 V 左右, 可以归因于 Al^{3+} 从 VOPO$_4$ 中脱出。图 12.2(b) 展现了在不同电流密度下典型的充放电曲线。在放电过程中, 观察到 0.5 V 左右的倾斜放电平台, 范围从 0.6 V 降到 0.2 V。相应地, 从 0.5~0.8 V 变化的充电电压斜率平台是 VOPO$_4$ 主体中 Al^{3+} 的嵌入/脱出伴随 V^{5+}/V^{4+} 和 V^{4+}/V^{3+} 的可逆氧化还原过程。根据结果, VOPO$_4$ 的放电电势为 0.54 V, 所以其适合作为水系铝离子全电池的正极材料 [17]。

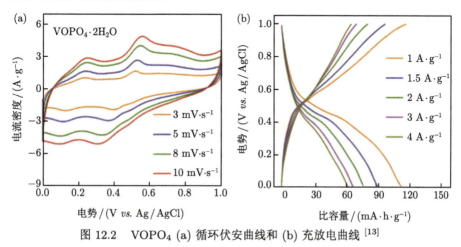

图 12.2　VOPO$_4$ (a) 循环伏安曲线和 (b) 充放电曲线 [13]

2) VO$_2$-B 电极材料的电化学性能

对水系电池的研究表明, 电解质的浓度会对电池的性能产生影响。图 12.3(a)

显示了在 150 mA·g^{-1} 的电流密度下 VO$_2$-B 电极在不同浓度 Al(OTF)$_3$ 电解质中的循环性能的比较。VO$_2$-B 电极在初始循环中显示出相似的容量。如图 12.3(b) 所示，VO$_2$-B 在 5 M Al(OTF)$_3$ 电解质中循环 10 圈后展现出稳定的放电平台。同时表现出最好的循环稳定性，100 次循环后容量剩余为 110.5 mA·h·g^{-1}。这主要归功于水减少导致相应的副反应也减少，从而改善了电极的循环稳定性。VO$_2$-B 的长期循环稳定性得到进一步验证 (图 12.3(c))，以 1 A·g^{-1} 的高电流速率循环 1000 圈后

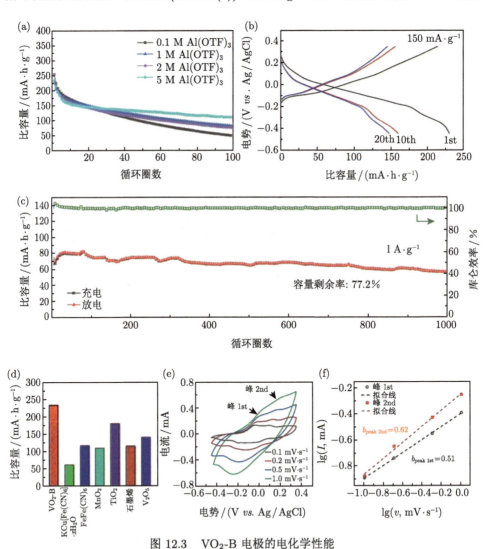

图 12.3　VO$_2$-B 电极的电化学性能

(a) 不同浓度 Al(OTF)$_3$ 电解质的循环性能；(b) 5 M Al(OTF)$_3$ 电解液中的恒电流充放电曲线；(c) 1 A·g^{-1} 下的长期循环性能；(d) 与报道的水系铝电池正极材料的容量比较；(e) 不同扫描速率下的循环伏安曲线，以及 (f) lg$v$ 和 lg$I$ 在特定峰值电流下的线性关系 [12]

保持 $56.6 \mathrm{~mA \cdot h \cdot g^{-1}}$ 的高比容量, 具有 77.2% 的高容量保留率。优异的结构稳定性可能是由于 VO_2-B 独特的剪切结构可以在循环过程中产生对晶格变形的抵抗力。其优化过程可能包括两个方面: ① 电解液逐渐浸泡 VO_2-B 材料, 导致电化学活化和改善循环过程中的可逆反应。② 在高电流速率下可以减少溶解过程。如图 12.3(d) 所示 VO_2-B 电极的电化学性能与目前报道的水系铝电池正极材料相比较, VO_2-B 的容量是报告的用于水系铝电池的正极材料最高值之一, 如 $KCu[Fe(CN)_6] \cdot xH_2O$、$FeFe(CN)_6$、$MnO_2$、$TiO_2$、石墨烯和 V_2O_5。通过电化学分析了解 VO_2-B 纳米带的存储机制。图 12.3(e) 显示了在 5 M $Al(OTF)_3$ 电解质内 VO_2-B 电极的循环伏安曲线, 扫描速率范围为 0.1~1.0 mV。氧化还原之间的关系峰值电流 (I) 和扫描速率 (v) 公式如下: $I = av^b$, 其中 b 值为 0.5 表示扩散控制过程, b 值为 1 揭示了表面控制的电容行为。b 值可以通过绘制 $\lg I$ 对 $\lg v$ 来计算, 如图 12.3(f) 所示。VO_2-B 电极的第一个和第二个阳极峰的 b 值分别为 0.51 和 0.62。尽管存在一些电容行为, 但由于具有强电荷密度的 Al^{3+} 的电化学动力学缓慢, 扩散控制的法拉第过程会在峰值电势处发生。

VO_2-B 多孔纳米带被提出作为水系铝电池的高性能正极材料。在 $150 \mathrm{~mA \cdot g^{-1}}$ 的电流密度下获得 $234 \mathrm{~mA \cdot h \cdot g^{-1}}$ 的高比容量。此外 VO_2-B 电极表现出优异的长期循环稳定性 (在 $1 \mathrm{~A \cdot g^{-1}}$ 的电流密度下循环 1000 次后仍然保留 77.2% 的容量)。因此, VO_2-B 是一种很有前途的水系铝电池电极材料。

12.2.1.3 钒系电极材料的制备方法

$VOPO_4 \cdot 2H_2O$ 纳米片的制备: $VOPO_4 \cdot 2H_2O$ 纳米片是通过水热法获得的。将 $2.4 \mathrm{~g} V_2O_5$ 粉末分散到 60 mL 去离子水中, 并在磁力搅拌下加入 13.3 mL 浓 H_3PO_4 搅拌 1 h。然后, 将亮黄色溶液转移到 100 mL 内衬聚四氟乙烯的不锈钢高压釜中, 并在 120 ℃ 下加热 16 h。最后, 收集产物并用去离子水和丙酮交替离心洗涤多次, 然后在真空下 60 ℃ 干燥 24 h, 即可得到 $VOPO_4 \cdot 2H_2O$ 纳米片, XRD 表征以及形貌如图 12.4 所示。

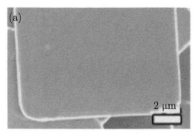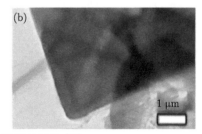

图 12.4 $VOPO_4$ 样品的结构 [13]

(a) SEM 图像; (b) TEM 图像

VO$_2$-B 的制备:

V$_2$O$_5$ 和葡萄糖的混合物,摩尔比为 1.25:1,分散在 30 mL 去离子水中并搅拌 1 h。然后,将所得溶液转移至 50 mL Teflon 内衬不锈钢高压釜并保持在 180 ℃ 24 h。之后,沉淀物用乙醇和去离子水洗涤并在 80 ℃ 下干燥 12 h,得到 VO$_2$-B。

12.2.2 锰系电极材料

12.2.2.1 锰系电极材料的结构

锰作为一种过渡金属,其氧化物具有可调控的结构和不同的氧化物价态。MnO$_2$ 的基本结构单元是锰氧八面体,锰氧八面体基本结构单元通过共边或共角方式,沿一定方向生长形成了具有隧道或层状结构的锰氧化物。常见的晶型有 α,β,γ,δ,ε,ρ,λ 型,到目前为止,自然界和人工合成的 MnO$_2$ 晶体大体上可以分为一维隧道结构、二维层状结构和三维网状结构。如图 12.5(a)~(d) 所示,α-MnO$_2$ 具有 [2×2] 或 [1×1] 隧道结构,β-MnO$_2$ 具有 [1×1] 隧道结构,γ-MnO$_2$ 同时具有 [1×1] 和 [2×2] 隧道结构,具有二维层状结构,δ-MnO$_2$ 具有二维层状结构[14]。

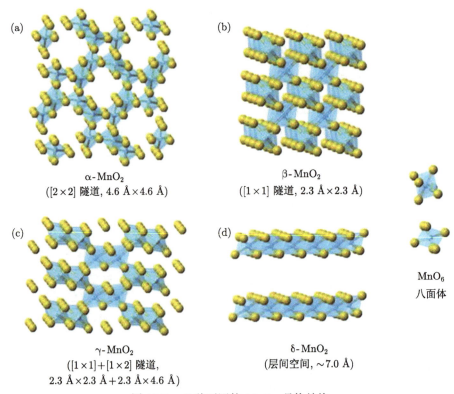

图 12.5 几种不同的 MnO$_2$ 晶格结构

例如，具有隐钾锰矿结构的富钾锰氧化物属于八面体分子筛族，由 MnO_6 构成八面体形成 [2×2]+[1×1] 隧道，属于 γ-MnO_2 类别。钾离子位于 [2×2] 隧道中，由于 K^+ 的半径为 1.33 Å，远大于 Al^{3+} 的半径 0.51 Å，钾离子的存在可以为 Al^{3+} 嵌入、脱嵌提供足够的空间。

12.2.2.2　锰系电极材料的电化学性能

水热法能够轻松合成 α-MnO_2 纳米棒形态，一维纳米结构的优势在于可以促进电荷的快速传输。使用未经优化的铝，电化学过程通常非常缓慢，使用 1 M $Al(OTF)_3$ 的水系电解质的 MnO_2 表现出良好的可逆性。使用 2 M $Al(OTF)_3$ 电解质的 TAl-MnO_2 电池显示出 380 mA·h·g^{-1} 的高比容量并且平均放电电势 ~1.3 V，对应到大约 500 W·h·kg^{-1} 的能量密度 (图 12.6(b))。通过恒电流间歇滴定技术进一步证实在 $AlCl_3$-IL 熔体中，Al 上形成的界面有助于促进 Al 界面的剥离过程。通过不同扫描速率下的循环伏安曲线来探索 Al^{3+} 对于电极材料的电化学反应活性 (图 12.7(a))。在所有的扫描速率下都可以明显观察到还原峰 (位于 1.2~1.4 V) 和氧化峰 (位于 1.5~1.9 V)。TAl-MnO_2 基于 2 M $Al(OTF)_3$ 电解质以 100 mA·g^{-1} 的速率进行充放电测试，其表现出稳定的循环能力，实现了 168 mA·h·g^{-1} 的放电比容量 (图 12.7(b))。所有的 TAl-MnO_2 电池都表现出一定程度的容量衰减，研究者将其归因于电极材料的溶解和部分副反应的发生。引入一定浓度的锰盐进入电解质可以提高容量和降低电极材料的溶解，如图 12.6(a) 所示，通过引入 0.1 M $Mn(OTF)_2$，观察到显著改善放电比容量和容量保持率，所以 TAl-MnO_2 可以以 200 mA·g^{-1} 的电流密度进行 100 次以上的可逆循环，在 500 mA·g^{-1} 的电流密度下实现接近 100 mA·h·g^{-1} 的比容量。

12.2.2.3　锰系电极材料的制备方法

MnO_2 的合成制备方法主要是传统的水热法，通过控制反应条件 (时间、温度、压力等) 可以制备出不同维度的纳米形态，其中包括纳米棒、纳米线、纳米管、纳米片、纳米球等。

1) α-MnO_2 纳米棒的合成

水热法：将 $KMnO_4$ 溶解到 HCl 的溶液中。然后，通过加入蒸馏水将体积填充至 70 mL。搅拌半小时后，将溶液转移到 100 mL 水热反应器中。将反应器置于 140 ℃ 反应 18 h。溶液过滤得固体产物，用蒸馏水和乙醇分别洗涤 3 次。最后在 80 ℃ 的真空烘箱中干燥后得到 MnO_2 纳米棒 (图 12.8)。

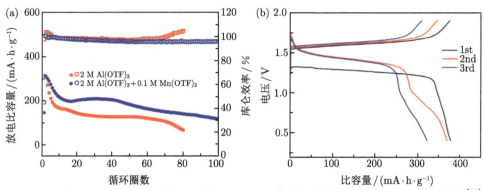

图 12.6　(a) TAl-MnO$_2$ 循环图和 (b) 在 100 mA·g^{-1} 的电流密度下的恒电流充放电曲线 [14]

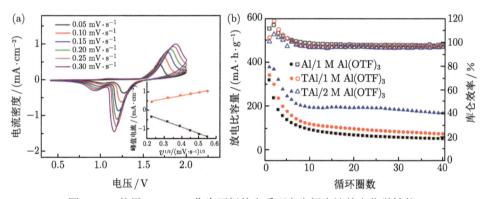

图 12.7　使用 α-MnO$_2$ 作为正极的水系可充电铝电池的电化学性能

(a) 扫描速率为 0.05 mV·s^{-1}、0.10 mV·s^{-1}、0.15 mV·s^{-1}、0.20 mV·s^{-1}、0.25 mV·s^{-1} 和 0.30 mV·s^{-1} 的循环伏安图。插图是扫描速率和峰值电流的平方根的线性拟合；(b) 基于不同浓度电解质使用 Al 或 TAl 的水系铝电池的循环性能 [14]

图 12.8　α-MnO$_2$ 纳米棒 SEM 图 [14]

2) 水钠锰矿型 MnO$_2$ 纳米片 (Bir-MnO$_2$) 的合成

Bir-MnO$_2$ 的合成依旧采用普通的水热法, 将 8 mL 0.6 M NaOH(AR) 和 2 M H$_2$O$_2$(30%) 加入 2 mL 0.3 M Mn(NO$_3$)$_2$ 的溶液中并在室温下强烈搅拌 20 min, 产生沉淀。然后将沉淀物溶解在 15 mL 2 M NaOH 的水溶液中。接着转移到 30 mL 内衬 Teflon 的不锈钢高压釜中, 然后在 150 °C 下加热 16 h。冷却至室温后, 将产物彻底真空过滤, 用去离子水洗涤并在空气中 80 °C 干燥 24 h, 可得到 Bir-MnO$_2$ 纳米片 (图 12.9(a))。

图 12.9 (a) Bir-MnO$_2$ 纳米片 [15]; (b) MnO$_2$ 纳米线 SEM 图和 (c) TEM 图 [16]

3) MnO$_2$ 纳米线的合成

MnO$_2$ 纳米线的水热法合成。1 M KMnO$_4$ 溶于 30 mL 去离子水中并搅拌 10 min, 然后将 30 mL 1 M MnSO$_4$ 逐滴加入到 KMnO$_4$ 溶液中, 紧接着在搅拌状态下逐滴加入 2 mL H$_2$SO$_4$。将溶液搅拌 60 min, 然后转移到有聚四氟乙烯内衬的不锈钢高压釜中, 120 °C 加热 24 h, 然后冷却至室温。所得黑色产物离心回收, 用去离子水和乙醇洗涤数次, 70 °C 下干燥 6 h。可得到 MnO$_2$ 纳米线 (图 12.9(b)~(c))。

12.2.3 铋系电极材料

12.2.3.1 铋系电极材料的结构

首先通过 XRD 图显示剥离的石墨保留了石墨结构, 衍射峰 (002) 被加宽了 0.023°, 表明在剥落的表面上形成纳米薄片石墨, 见图 12.10(a)。原始 Bi$_2$O$_3$ 颗粒的 XRD(图 12.10(b)) 表明合成的 Bi$_2$O$_3$ 是在 Bi$_2$O$_3$ 的 δ 相中发生了结晶。拓宽衍射峰的出现可能归因于形成纳米尺寸的 Bi$_2$O$_3$ 微晶。因此, 结合 XRD 图, 通过纳米薄片石墨和 Bi$_2$O$_3$ 有效地结合有利于提升电极材料的性能。

12.2.3.2 铋系电极材料的电化学性能

利用循环伏安法验证 Al^{3+} 在 Bi$_2$O$_3$ 中的离子电化学活性。如图 12.11(a) 所示为 Bi$_2$O$_3$/Gr 在 2.5 mV·s^{-1} 的扫描速率下的曲线。表明 Bi$_2$O$_3$ 具有相当大的电化学活性。两个阴极峰分别出现在 -0.3 V(峰值 A) 和 -0.70 V(峰值 B)。然而，只有一个位于 -0.03 V 的阳极峰 (峰值 C) 出现在所有阳极扫描中，并且阴极峰和阳极峰的峰强度随着循环次数的增加逐渐下降。为了评估 Bi_2O_3 中 Al^{3+} 存储容量，在 1 M $AlCl_3$ 水系电解质中的恒流充放电曲线如图 12.11(b) 所示，电压范围为 $-0.8 \sim 0.3$ V，电流密度为 1.5 $A\cdot g^{-1}$。放电循环期间在 -0.24 V 处存在一个明显的长放电电势达到稳定状态，在 -0.6 V 处出现拐点。另一方面，充电电势平台在 0.1 V。这些特征与循环伏安曲线相当吻合 (图 12.11(a))。初始放电和充电比容量分别为 117.5 $mA\cdot h\cdot g^{-1}$ 和 71.1 $mA\cdot h\cdot g^{-1}$。

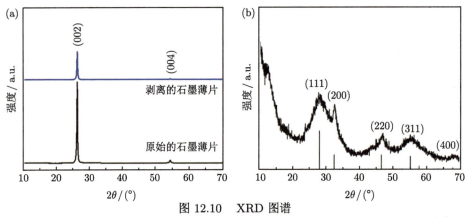

图 12.10   XRD 图谱

(a) 原始石墨/剥离石墨箔和 (b) 原始 Bi_2O_3 颗粒。竖线来自 δ-Bi_2O_3 相 (JCPDS # 27-0052)[17]

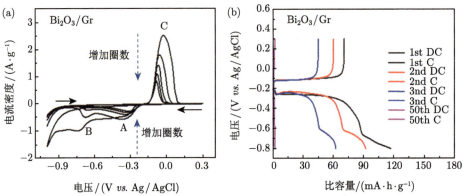

图 12.11   (a) Bi_2O_3/Gr，扫描速率为 2.5 $mV\cdot s^{-1}$；(b) Bi_2O_3/Gr 在 1.5 $A\cdot g^{-1}$ 的电流密度下的恒流放电/充电曲线 (电势是相对于 Ag/AgCl 甘汞电极测量的)[17]

12.2.3.3　铋系电极材料的制备方法

Bi_2O_3 是通过溶剂热法合成的。将 0.6 g 硝酸铋 (III) 五水合物溶解在乙二醇 (6 mL) 和丙酮 (12 mL) 的混合物中。将混合物倒入聚四氟乙烯高压釜中并在 160 ℃ 温度下加热 5 h。离心后回收棕色产物并用水/乙醇洗涤多次，在 100 ℃ 条件下干燥 12 h。为了制备 Bi_2O_3 和石墨的复合电极，将已经剥离的石墨箔浸入上述混合物中如上所述进行溶剂热处理。热处理后收集叶状石墨箔并用水/乙醇冲洗后在 110 ℃ 下干燥 12 h 得到产物，其表征结果如图 12.12 所示。

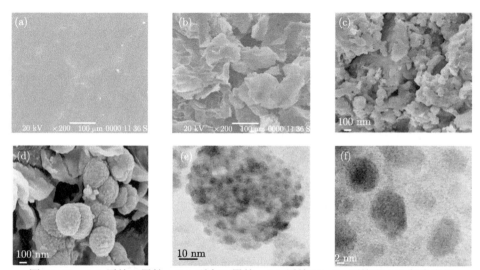

图 12.12　(a) 原始石墨箔；(b) 剥离石墨箔；(c) 原始 Bi_2O_3 颗粒和 (d) 复合电极 $Bi_2O_3/Exf.Gr$ 的 SEM 图；(e)、(f) 为 Bi_2O_3 粒子的 TEM 图像 [17]

总之，Al^{3+} 可以在水系电解质中存储在 Bi_2O_3 中。虽然注意到原始 Bi_2O_3 的比容量严重下降，但通过将 Bi_2O_3 颗粒原位束缚在剥落石墨集流体上，可以同时提高长期循环稳定性和存储容量。在 0.5 V 下获得平坦的放电平台，放电比容量高达 103 $mA·h·g^{-1}$，在多个循环中具有 99% 的库仑效率。

12.2.4　钨系电极材料

12.2.4.1　钨系电极材料的结构

在 WO_x 中，$W_{18}O_{49}$ 是单斜结构类型 (P2m)，晶格参数为 $a=18.318$ Å、$b=3.782$ Å 和 $c=112.028$ Å。单斜晶 $W_{18}O_{49}$ 具有扭曲的 ReO_3 结构，其中角共享扭曲和倾斜的 WO_6 八面体在 a、b 和 c 方向连接，从而形成三维结构 (图 12.13(b))。样品的 X 射线衍射 (XRD) 如图 12.13(a)，表明 $W_{18}O_{49}$ 为单斜相 [18]。

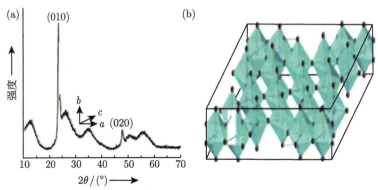

图 12.13   (a) X 射线衍射图和 (b) WO_6 八面体三维结构 [18]

$W_{18}O_{49}$ 被认为是下一代储能装置有前途的电极材料，因为它具有丰富的导电性氧空位。独特的晶体结构，使其成为离子嵌入过程的合适主体材料。

12.2.4.2 钨系电极材料的电化学性能

$W_{18}O_{49}$ 进行可逆的 Al^{3+} 嵌入/脱嵌过程由方程 (12-1) 表示：

$$W_{18}O_{49} + xAl^{3+} + 3xe^- \rightleftharpoons Al_xW_{18}O_{49} \tag{12-1}$$

为了强调 $W_{18}O_{49}$NW 结合到 rGO 片上的重要性，使用 1 M 水系电解质 (pH=2.13) 测试所有制备的材料。在此 pH 值下，Al^{3+} 完全处于八面体 $Al(H_2O)_6^{3+}$ 形式。此外，H^+ 离子的浓度约为 7.41×10^{-3} M，远小于使用的 Al^{3+} 浓度 (1 M)。实验证明，进入 $W_{18}O_{49}$ 晶格的主要嵌入离子是 Al^{3+}，而不是 H^+。

如图 12.14(a) 所示，所有 $W_{18}O_{49}$NW-rGO 纳米复合材料电极在 1 M $AlCl_3$ 中表现出从 -0.7 V 到 -0.2 V 的矩形循环伏安曲线，扫描速率为 5 mV·s^{-1}。对照实验也在裸镍泡沫上进行。电荷存储特性可以从循环伏安曲线下的面积进行简要估计，其中较大的面积代表更高的电荷存储。可以清楚地看出，与其他样品相比优化的样品 W4G1 具有最高的电荷存储性能 (图 12.14(c))。W4G1 电极在不同扫描速率下的循环伏安曲线 (图 12.14(b)) 显示了 -0.5 V 和 -0.7 V 之间的宽氧化还原峰，其中它们在较低的扫描速率 (2.0 mV·s^{-1}) 下更为显著。

如图 12.14(d) 所示，W4G1 电极显示当电流密度增加时，比电容显著降低，这与 Al^{3+} 的扩散时间有关。可以看出，W4G1 电极在 1 A·g^{-1} 的电流密度下获得了 560 F·g^{-1} 的最高比电容，然后是 W5G1(371 F·g^{-1})、纯 $W_{18}O_{49}$(350 F·g^{-1})、W3G1(304 F·g^{-1}) 和 rGO(104 F·g^{-1})。总之，通过添加 rGO 来优化 $W_{18}O_{49}$NW

的电化学性能被证明是合理的，优化后的复合材料有利于 Al^{3+} 的扩散动力学，进而提升电池整体的容量。

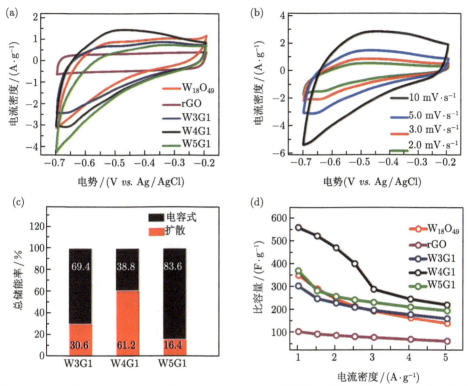

图 12.14　(a) 纯 $W_{18}O_{49}$、rGO 和 $W_{18}O_{49}$NW-rGO 纳米复合材料电极在 5 mV·s^{-1} 扫描速率下的循环伏安曲线；(b) 不同扫描速率下的循环伏安曲线；(c) $W_{18}O_{49}$NW-rGO 纳米复合材料电极对电荷存储的电容性和扩散性贡献；(d) 不同材料所对应不同电流密度下的比容量[19]

12.2.4.3　钨系电极材料的制备方法

$W_{18}O_{49}$NW-rGO 纳米复合材料是通过溶剂热法制备的。将 0.351 g 具有不同 GO 质量的 WCl_6 粉末分散在 60 mL 无水乙醇中。在室温下将混合物超声处理 15 min。然后将均匀混合物转移到衬有聚四氟乙烯的高压釜中，并在 200 ℃ 下加热 10 h。冷却至室温后，通过离心收集 $W_{18}O_{49}$NW-rGO 纳米复合材料并用无水乙醇洗涤数次，然后在 60 ℃ 下真空干燥过夜，即可得到 $W_{18}O_{49}$NW-rGO 纳米复合材料如图 12.15。注:GO 是由石墨薄片 (100 目，石墨烯) 通过改良 Hummers 方法合成的。

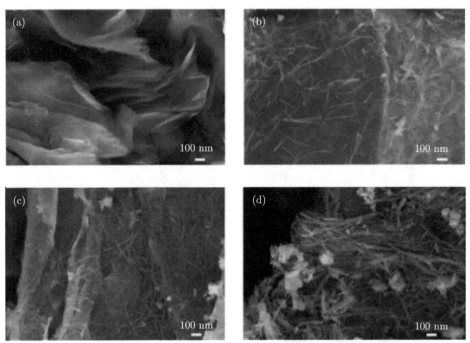

图 12.15   (a) rGO 片和 $W_{18}O_{49}$NW-rGO 纳米复合材料的 FESEM 图像；(b) W3G1，
(c) W4G1 和 (d) W5G1 的 FESEM 图像 [19]

12.3   普鲁士类结构电极材料

普鲁士作为电极材料的历史可追溯到 1936 年，首次通过 X 射线衍射阐明了 PB 的化学和晶体结构。多年后，专注于 PB 及其衍生物 (PB 类似物 (PBA)、金属氧化物和金属硫化物) 的电化学实验的研究已经在储能应用中进行。PBA 的正常化学式可表示为 $A_xMFe(CN)_6 \cdot yH_2O$，其中 A= 碱金属或碱土金属，M= 过渡金属，包括 Ni、Fe、Cu 和 Co，在 PBA 的面心立方骨架中，$M^{2+/3+}$ 和 Fe^{3+} 分别通过 CN 配体键合形成开放结构。值得注意的是，$[Fe(CN)_6]$ 是 PBA 结构中最常用的配体，以 $[Fe(CN)_6]$ 为配体的 PBA 被称为六氰基铁酸盐 (HCF)，这也是最常研究的材料。除了 HCF，还有一些其他的配体，如 $[Co(CN)_6]$ 或 $[Mn(CN)_6]$。化学式中的 H_2O 通常是 PBA 框架缝隙中残留的水分。使用 PBA 作为电极材料可以实现快速充电和放电，使其成为柔性电池和二次电池的关键组件。

12.3.1 CuHCF 框架电极材料

Cu-PBA 是广泛应用于储能领域的材料之一。2012 年初,Reed 等尝试将 Cu-HCF 应用于铝电池获得了 60 mA·h·g^{-1} 的比容量。采用典型的沉淀法,温度应保持在 70 ℃ 以确保 $K_3Fe(CN)_6$ 和 $CuSO_4$ 为原料合成 Cu-HCF。Mizuno 等也采用这种方法合成了一种化合物,确定为 $K_{0.1}Cu[Fe(CN)_6]_{0.7}\cdot3.6H_2O$,该化合物表现出优异的电化学性能。在水系电池的能源应用领域,此类电池比容量低的主要原因是水系系统的固有电压比较低。据报道,一种不含碱金属元素 $Cu_3[Fe(CN)_6]_2$ 的纳米粒子 (Cu-PBA) 也可以作为水系铝电池的正极材料,其中电化学反应方程式 (12-2) 如下:

$$2K_3[Fe(CN)_6] + 3CuCl_2 \longrightarrow Cu_3[Fe(CN)_6]_2 \downarrow +6KCl \qquad (12-2)$$

$CuCl_2$ 和 $K_3[Fe(CN)_6]$ 在室温下以合适的摩尔比混合,最后在 40 ℃ 下干燥。此外,$Cu(NO_3)_2\cdot3H_2O$ 也被用作通过共沉淀法合成 Cu-PBA。与那些在铁氰化物中加入铜盐的合成方法不同,有研究者将原料同时加入到水中,然后在 70 ℃ 的温度下干燥,从而保证混合均匀。在所得材料的结构中,Cu_{II} 仅与 N 原子 (P 位) 键合,低自旋 Fe_{III} 仅与 C 原子键合 (R 位),使它们具有小于 100 nm 的粒径和高结晶度。

12.3.1.1 CuHCF 框架的结构

CuHCF 纳米粒子是通过简单的共沉淀法制备的。所制备样品的 XRD 峰谱如图 12.16(a) 所示,CuHCF 粉末显示出高结晶度。由于 CuHCF 中 Fe 和 Cu 的化合价分别为 +3 和 +2,所制备的 CuHCF 的分子式可写为 $KCu[Fe(CN)_6]\cdot xH_2O$,其中 x 表示存在于 CuHCF 空腔的沸石水的量。为了确定 x 值,在 Ar 气氛下进行热失重分析,结果显示在图 12.16(b)。200 ℃ 之前的热失重来源于沸石水,推算沸石水的含量为 31.4%。根据重量损失,x 值计算为 8,因此所制备的 CuHCF 材料的分子式可以改写为 $KCu[Fe(CN)_6]\cdot8H_2O$。CuHCF 中沸石水的含量与温度和环境中的水分有关,因此准确分子量很难确定。Al^{3+} 的离子半径很小,很容易掉进主体材料中的能量陷阱并限制离子迁移。沸石水在 CuHCF 中被认为有助于屏蔽 Al^{3+} 的电荷并减少其与主体结构之间的静电力,因此预计会增强扩散动力学。

如图 12.16(c),由 SEM 图像可看出 CuHCF 纳米粒子分布均匀,此外,由 TEM 图像可看出其粒径为 30~50 nm,小粒径可减少离子在固相中的扩散距离,从而提高电池的倍率性能。

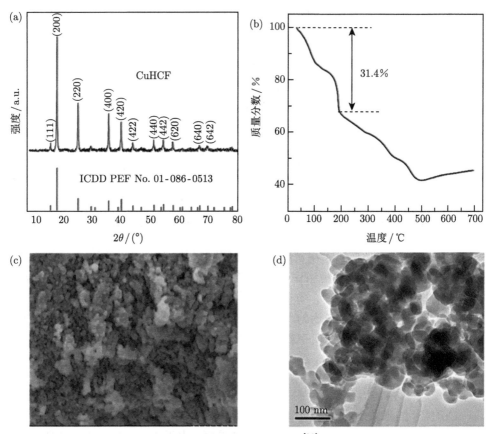

图 12.16　CuHCF 粉末 [20]

(a) XRD 图；(b) TG 曲线；(c) SEM 图和 (d) TEM 图

12.3.1.2　CuHCF 框架的电化学性能

基于 $KCu[Fe(CN)_6] \cdot 8H_2O$ 的分子式和 Fe^{3+}/Fe^{2+} 的氧化还原对理论,CuHCF 的比容量可以估计为 58.9 mA·h·g^{-1}。在 50 mA·g^{-1} 的电流密度下获得 62.9 mA·h·g^{-1} 的比容量，这是能够接近使用含有 Na^+、K^+ 和 NH_4^+ 的电解质时的值。这意味着比容量高度依赖于 Fe^{3+}/Fe^{2+} 氧化还原在 CuHCF 的框架中耦合。然而，CuHCF 的动力学特性主要与客离子的数量有关。放电中间电势为 0.54 V，使 CuHCF 适合作为水系铝电池的正极材料。CuHCF 的高倍率性能也表现出色。如图 12.17(a)，在 400 mA·g^{-1} 下获得 46.9 mA·h·g^{-1} 的放电比容量。虽然动力学行为的提高是有限的，但 CuHCF 框架中的纳米微晶和残留水有助于缩短扩散路径和增加 Al^{3+} 的扩散动力学，从而提高倍率能力。如图 12.17(b) 所示，第二个周期达到最大放电比容量，约为 41.0 mA·h·g^{-1}，1000 次循环后比容量逐渐

降低至 22.5 mA·h·g^{-1}。特别是，长循环库仑效率保持在 100%，说明在水溶液中 CuHCF 的副反应很少。其中容量损失可能是由于 CuHCF 在酸性环境中溶解在 $Al_2(SO_4)_3$ 水溶液中。

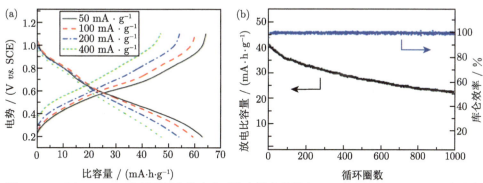

图 12.17　　(a) CuHCF 电极不同电流密度下的充放电曲线和 (b) 在 0.5 M $Al_2(SO_4)_3$ 水溶液中 400 mA·g^{-1} 电流密度下的循环性能 [20]

12.3.1.3　CuHCF 框架的制备方法

在室温条件下采用化学共沉淀法合成六氰基铁酸铜纳米粒子。等体积的 0.1 M $Cu(NO_3)_2$ 和 0.05 M $K_3Fe(CN)_6$ 水溶液同时滴加到 60 mL 去离子水中并在室温下剧烈搅拌 60 min。然后用去离子水离心多次去除残留物，所得沉淀在 80 ℃ 下真空干燥 24 h。

CuHCF 纳米颗粒通过简单且可扩展的共沉淀制备方法。所制备的 CuHCF 纳米粒子表现出在水系电解质中对于铝离子的嵌入和脱出的可逆性行为，所以成为水系铝电池的潜在正极材料。最重要的是，探索多价离子嵌入/脱出反应可能提供用于能量转换和存储的离子电池系统替代当前锂离子电池的方法。

12.3.2　FeFe(CN)$_6$ 框架电极材料

普鲁士蓝类似物 (PBA) 成为理想的多价阳离子主体材料是因为它们独特的开放式框架结构。在水系溶液中，PBA 的正极受单一电化学基团 $Fe(CN)_6^{3-}$ 和结晶水含量高的影响具有低的可逆容量。受到电极材料溶解和电极上发生的析氢和析氧反应的影响，该类电极材料的容量衰减较快。然而，PBA-FeFe(CN)$_6$ 型电极材料在 5 M $Al(OTF)_3$ 电解质 (Al-WISE) 中表现出较高的可逆比容量，由于 Al-WISE 具有较宽的电化学窗口 (2.65 V) 和对于电极材料较低的溶解性，所以 PBA 正极具有 116 mA·h·g^{-1} 的高放电比容量和优异的循环稳定性 >100 次循环每个周期的容量衰减为 0.39%。

12.3.2.1　FeFe(CN)$_6$ 框架的结构

PBA-FeFe(CN)$_6$(FF-PBA) 通过共沉淀法合成。X 射线衍射 (XRD) 图如图 12.18(a)，其峰值属于面心立方晶格，晶格参数为 10.0417 Å。如图 12.18(a) 中的插图为 FF-PBA 的晶体结构，Fe 原子的两个不同位置对应 N 原子 (Fe$_{II}$) 和 C 原子 (Fe$_{III}$)。如图 12.18(b) 中的热失重曲线所示，水的重量损失发生在 200 ℃ 以下。了解水的重量百分比以及 K、Fe 和 C 的元素比例，同时根据电感耦合等离子体发射光谱法 (ICP-OES)(插入图 12.18(b)) 能够获得 K$_{0.2}$Fe[Fe(CN)$_6$]$_{0.79}$·2.1H$_2$O 的化学式。SEM 图像 (图 12.18(c)) 显示 200 nm 的均匀粒径。高分辨率透射电子显微镜 (图 12.18(d)) 显示出 [200] 面的晶格间距为 0.50 nm，同时选区电子衍射 (selected area electron diffraction，SAED) 显示出纳米单晶的结构为立方体，其斑点是独立的。

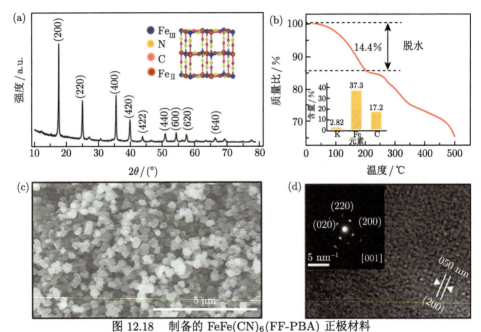

图 12.18　制备的 FeFe(CN)$_6$(FF-PBA) 正极材料

(a) 所制备的 FF-PBA 的 XRD 图案，带有晶体结构的插图；(b) 带有 ICP 结果插图的热重曲线；(c) 所制备样品的 SEM 图像；(d) 高分辨率的 TEM 图像，插图是选区电子衍射图案 [21]

12.3.2.2　FeFe(CN)$_6$ 框架的电化学性能

FF-PBA 在不同电解质中进行评估 (5 M Al(OTF)$_3$ (Al-WISE)，0.5 M Al$_2$(SO$_4$)$_3$，1 M Al(NO$_3$)$_3$ 和 0.5 M Al(OTF)$_3$)。与其他两种低浓度电解质 (0.5 M Al$_2$(SO$_4$)$_3$ 和 1 M Al(NO$_3$)$_3$) 相比，FF-PBA 在 Al-WISE 中的初始放电比容量

为 97.62 mA·h·g^{-1}，两个循环后逐渐增加到 116.29 mA·h·g^{-1}，对应于 0.38 Al^{3+} 插入 (图 12.19(a))。容量提升归因于去除 FF-PBA 中残留的 K 离子，从而提供更多的铝离子存储空位。图 12.19(b) 表示两个氧化还原对应于 Fe^{3+} 到 Fe^{2+} 的峰与 C(Fe$_{II}$) 和 N(Fe$_{III}$) 的配位以及 Al 插入。X 射线光电子能谱 (XPS) 分析 (图 12.19(c)) 进一步证实 Fe 谱总共具有三个峰，归属于 Fe$_{II}^{2+}$ 2p$_{3/2}$(708.5 eV)、Fe$_{III}^{3+}$ 2p$_{3/2}$(710.1 eV) 和 Fe$_{II}^{3+}$ 2p$_{3/2}$(713.2 eV)。当放电至 -0.12 V，Fe$_{II}^{2+}$ 2p$_{3/2}$ 不变，而 Fe$_{III}^{3+}$ 2p$_{3/2}$ 和 Fe$_{II}^{3+}$ 2p$_{3/2}$ 明显转变为较低的结合能量，表明 Fe$_{III}$ 和 Fe$_{II}$ 从 +3 还原到 +2。在随后充电至 0.6 V 后，Fe$_{II}^{3+}$ 2p$_{3/2}$、Fe$_{III}^{3+}$ 2p$_{3/2}$ 和 Fe$_{II}^{2+}$ 2p$_{3/2}$ 返回更高能量，对应于 Fe$_{III}$ 和 Fe$_{II}$ 价态再次从 +2 增加到 +3 价。

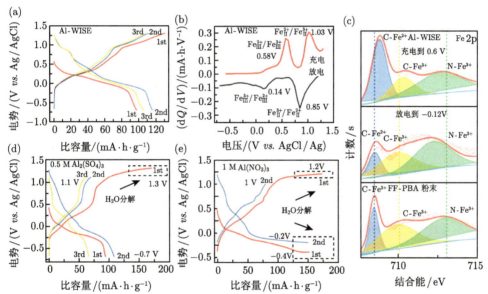

图 12.19 FF-PBA 正极在不同电解质中的电化学性能。(a) Al-WISE 的充放电曲线；(b) Al-WISE 第 50 圈循环的曲线；(c) FF-PBA 的 XPS 谱 Al-WISE 中不同充放电状态；(d)、(e) 基于不同电解质的充放电曲线 [21]

0.5 M Al$_2$(SO$_4$)$_3$ 中，首次充电时 H$_2$O 分解电压为 1.3 V。较低的截止电压 (1.1 V) 可以避免析氧反应的发生。不利的是 FF-PBA 的容量降低了 (图 12.19(d))。在 1 M Al(NO$_3$)$_3$ 中，放电至 -0.4 V、-0.2 V 和充电至 1.2 V 时发生氢和氧析出 (图 12.19(e))。如图 12.20(a)、(b) 所示，比较使用稀释电解质 (0.5 M Al$_2$(SO$_4$)$_3$ 和 0.5 M Al(OTF)$_3$，Al-WISE 中的 FF-PBA 具有更高的比容量 116 mA·h·g^{-1} 和更好的循环稳定性 (容量衰减为每个循环 0.39%)，具有 >99% 的高库仑效率。相反，由于正极材料的溶解和电化学窗口的局限性，使用稀释的电解质的电池性能发生了显著的下降。如图 12.20(c) 显示，使用 Al-WISE 电解质的电极材料的比容量达到了最大值。当电解质颜色发生变化时，比较前后 50 个循环 (图 12.20(d))，循环后 0.5 M Al$_2$(SO$_4$)$_3$ 和 1 M Al(NO$_3$)$_3$ 变成深蓝色和蓝色，这表明 FF-PBA 正极材料发生了溶解。相比之下，高浓度电解质在 50 次循环后没有颜色变化。这表明高浓度溶液确实能够抑制 FF-PBA 正极的溶解。

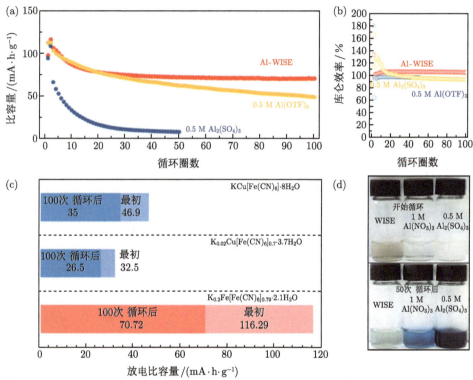

图 12.20　(a)、(b) FF-PBA 正极在 Al-WISE、0.5 M Al$_2$(SO$_4$)$_3$ 和 0.5 M Al(OTF)$_3$ 电解质中的循环寿命和库仑效率；(c) 正极与之前报道的 PBA 正极之间的比较；(d) 正极溶解实验 Al-WISE、1 M Al(NO$_3$)$_3$ 和 0.5 M Al$_2$(SO$_4$)$_3$ 电解质按从左到右的顺序显示[21]

12.3.2.3　FeFe(CN)$_6$ 框架的制备方法

FeFe(CN)$_6$ 的制备：K$_3$Fe(CN)$_6$ 是溶解在 37.5 mL 水和 12.5 mL 乙醇中作为溶液 A。FeCl$_3$(3 mmol) 溶解在 50 mL 水中作为溶液 B。然后将溶液 B 缓慢滴入溶液 A 中，混合将溶液在油浴中于 80 ℃ 搅拌 12 h。反应过后，将 FeFe(CN)$_6$ 离心并于烘箱中干燥过夜。

K$_{0.2}$Fe[Fe(CN)$_6$]$_{0.79}$·2.1H$_2$O(FF-PBA) 应用于铝电池时具有很高的理论比容量，在使用 Al-WISE 电解液时，FF-PBA 可实现高放电比容量为 116 mA·h·g^{-1}。

此外，与传统的低浓度电解质相比较，Al-WISE 可以有效抑制 PBA 在循环过程中溶解，从而显著地提高循环稳定性。

12.3.3 六氰基铁酸镍钾 (KNHCF) 框架电极材料

12.3.3.1 KNHCF 框架的制备方法

在典型的合成中，$Ni(CH_3COOH)_2 \cdot 4H_2O$(0.0184 g) 和聚乙烯吡咯烷酮 (PVP, 0.3 g) 与水 (10 mL) 混合搅拌。含有 $K_3[Fe(CN)_6]$ 的水溶液 (10 mL)(0.0164 g) 缓慢加入混合水溶液中，25 ℃ 温度下剧烈搅拌 30 min。由此产生的棕色沉淀离心分离，用去离子水洗涤 5 次。所得产物在 60 ℃ 真空箱中干燥整夜。

12.3.3.2 KNHCF 框架的结构

通过 XRD 和热重分析表征了所获得的 KNHCF 理化性质，如图 12.21 所示。KNHCF 粉末 XRD 图谱的衍射峰强度高且尖锐，表明晶体结构具有良好的结晶度，为典型的立方结构，晶格参数为 $a = b = c = 10.128$ Å，主要的衍射峰角度位于 $2\theta = 17.303°$、$24.565°$、$35.017°$ 和 $39.318°$。分别对应于立方结构的 [200]、[220]、[400] 和 [420] 晶面。KNHCF 粉末的颗粒直径在 30~50 nm，如图 12.21(a) 插图所示。根据图 12.21(b) 中的热重分析结果，KNHCF 粉末在 50~180 ℃ 下脱水，总共损失了 18.6% 的重量。50~100 ℃ 的重量损失可以忽略不计，因此，50~180 ℃ 的脱水过程完全归因于间隙水分子的去除。结合电感耦合等离子体发射光谱法 (ICP-OES) 结果，化学式确定为 $K_{0.02}Ni_{1.45}[Fe(CN)_6] \cdot 2.6H_2O$。

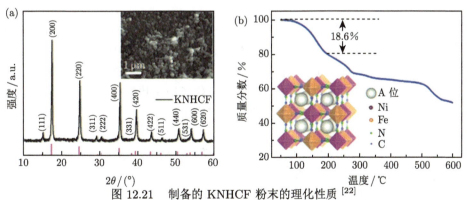

图 12.21 制备的 KNHCF 粉末的理化性质[22]

(a) KNHCF 的粉末 XRD 与表面形貌 (插图)；(b) 制备的 KNHCF 粉末的热失重分析曲线，KNHCF 的结构图 (插图) 显示了 Ni-Fe 金属–有机框架化合物和 Al^{3+} 在 A 位点的插层

图 12.22 显示了 KNHCF 粉末的显微形貌及相应的元素成分分析。由于纳米效应导致粉末具有高表面能，KNHCF 颗粒不可避免地聚集形成团簇 (图 12.22(a))，

但仍可以清晰地识别初始颗粒 (图 12.22(b))。高分辨率 TEM 图像 (图 12.22(c)) 显示了一个距离为 0.295 nm 的晶格图案，对应于 [222] 衍射。KNHCF 的选区电子衍射图案证实了制备的 KNHCF 存在 [200]、[220] 和 [400] 衍射 (图 12.22(d))。KNHCF 的能量色散 X 射线光谱 (EDS) 元素分析 (图 12.22(e)) 表明，K、Fe、Ni 和 N 元素均匀分布在整个样品中，没有任何杂质元素，进一步验证了 KNHCF 样品的纯度。

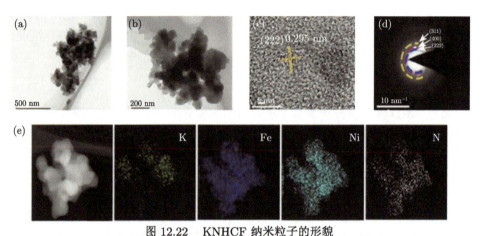

图 12.22　KNHCF 纳米粒子的形貌

(a)、(b) 样品的 TEM 图像；(c) 放大的高分辨率 TEM 图像，表示 [222] 的 d 间距 (2.95 Å)；(d) 相应的选区电子衍射图；(e) EDS 元素映射图像 [22]

12.3.3.3　KNHCF 框架的电化学性能

为了了解 Al^{3+} 的存储机制，图 12.23(a) 是 KNHCF 在 0.2~1.1 V 电压范围内电流密度为 20 mA·g^{-1} 的恒电流充放电曲线。阳极峰集中在 0.7 V 和 1.0 V，阴极峰位于 0.61 V 和 0.87 V，图 12.23(b) 是根据恒电流充放电曲线获得的一阶导数曲线 (dQ/dV)，根据标准电极电势，氧化还原电势铁比镍高，其中 0.7 V/0.61 V 的特征峰是由 Ni^{2+}/Ni^{3+} 氧化还原峰对引起的，而 1.0 V/0.87 V 的氧化还原峰对归因于 Fe^{2+}/Fe^{3+}。

为了深入探究 KNHCF 中 Al^{3+} 的电化学存储机理，图 12.24 显示了不同循环圈数后恒电流充放电曲线的一阶导数曲线 (dQ/dV)。结果表明 Ni^{2+}/Ni^{3+} 的容量贡献在循环过程中下降，而 Fe^{2+}/Fe^{3+} 的贡献在增加。一个相似的现象可以在富锂正极中发现，容量贡献的减少是由于 O 和 Ni 减少，而在循环过程中，Mn 和 Co 元素电子得失对容量的贡献稳步增加，因此该现象是由于氧损失、过渡金属还原和迁移。

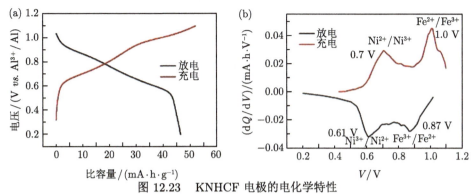

图 12.23 KNHCF 电极的电化学特性

(a) KNHCF 在 0.2 ~ 1.1 V 电压范围内的恒电流充放电曲线；(b) 作为 V 的函数绘制的曲线 (dQ/dV) [22]

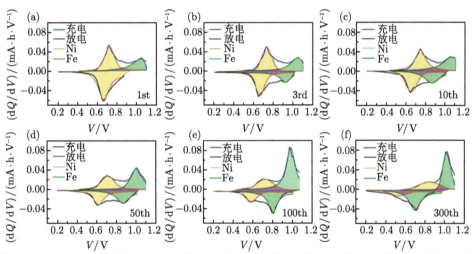

图 12.24 KNHCF 电极的 dQ/dV 图 (a)~(f) 第 1、第 3、第 10、第 50、第 100、第 300 次循环。橙色部分表示 Ni 的容量贡献，绿色部分表示 Fe 的容量贡献 [22]

12.3.4 六氰铁酸钴钾 ($K_2CoFe(CN)_6$) 框架电极材料

12.3.4.1 $K_2CoFe(CN)_6$ 框架的制备方法

$K_2CoFe(CN)_6$ 是通过一步水热法和低温煅烧工艺合成的。首先，制备 CoFe-PBA 前驱体。在典型的制备中，将 $Co(NO_3)_2 \cdot 6H_2O$ 和 $C_6H_5Na_3O_7 \cdot 2H_2O$ 溶解在 50 mL 去离子水中形成均匀溶液 A。同时，2.67 mmol(0.878 g)$K_3Fe(CN)_6$ 溶解在 50 mL 去离子水中也形成透明溶液 B。使用移液管将溶液 B 缓慢滴入溶液 A 中并搅拌 5 min。然后将混合溶液在 25~30 ℃ 恒温水浴中加热 24 h，得到棕褐色沉淀。离心收集所得沉淀，分别用去离子水和乙醇洗涤 3 次，然后在 60 ℃ 真空烘箱中干燥 4 h, 得到 CoFe-PBA 前驱体。然后, 将制备的 CoFe-PBA 前驱体在管式炉中在氮气流下以 1 ℃·min^{-1} 的速率加热至 100 ℃, 并在 100 ℃ 下保持 1 h 以形成 K$_2$CoFe(CN)$_6$, 与 K$_2$CoFe(CN)$_6$ 的煅烧方法类似, 为了对比, 分别将前驱体在 50 ℃ 、200 ℃ 和 300 ℃ 下进行热处理, 煅烧产物分别标记为 R1、R2 和 R3, 100 ℃ 下获得的煅烧产物为 R0。不同热处理温度下的产物形貌如图 12.25 所示。

图 12.25   CoFe-PBA 样品 R0、R1、R2 和 R3 的 SEM 图 [23]

12.3.4.2   K$_2$CoFe(CN)$_6$ 框架的结构

由于 K$_2$CoFe(CN)$_6$ 来源于 CoFe-PBA 作为前体, 所制备的 CoFe-PBA 前体 (R0) 的 SEM 显微照片结果如图 12.25 所示。CoFe-PBA 前体显示出紧密的立方体–表面光滑的组合形态, 立方体的平均边长约为 250 nm。CoFe-PBA 前体的热重分析 (TGA) 在 N$_2$ 中进行以提供一些关于 K$_2$CoFe(CN)$_6$ 形成机制的信息。如图 12.27(f) 所示, CoFe-PBA 在 200 ℃ 以下经历了明显的重量损失, 可能是因为失水。200~600 ℃, 遭受大量重量损失, 大约在此过程中为 20.3wt%, 这可归因于 CoFe-PBA 中 CN 基团的整合分解。从图 12.26(a) 和图 12.26(d) 的 SEM 图像中可以清楚地看到 K$_2$CoFe(CN)$_6$ 纳米立方组件尺寸统一, 结构紧密。如图 12.26(b) 和 (e) 所示, 为了进一步获得 K$_2$CoFe(CN)$_6$ 的原子级结构, 采用高分辨率 TEM 对其进行表征, 得到如图 12.26(f) 的形貌。K$_2$CoFe(CN)$_6$ 的高分辨率图像分析揭示了其成分, 可见晶格间距 0.504 nm, 对应于 K$_2$CoFe(CN)$_6$ 的 [200] 面。此外, 如插图 12.26(f), 选区电子衍射对 K$_2$CoFe(CN)$_6$ 进行了测试以证明其稳定的立方结构和良好的结晶性。通过能量色散 X 射线光谱法 (EDS) 元素作图以进一步分析 K$_2$CoFe(CN)$_6$ 的元素成分，说明 K、Co、Fe、C 和 N 元素是均匀分布的，如图 12.26(g) 所示。通过 X 射线衍射 (XRD) 图案以定性分析 K$_2$CoFe(CN)$_6$ 的相构成，所有主要衍射峰狭窄而强烈，表明 K$_2$CoFe(CN)$_6$ 中存在良好的结晶度。K$_2$CoFe(CN)$_6$ 的构型包含一个铁–氰化物–钴骨架，每个原子都含有钴或铁原子立方单元的角和边，这样的结构形成了可容纳 Al^{3+} 的间隙空间纳米立方体。

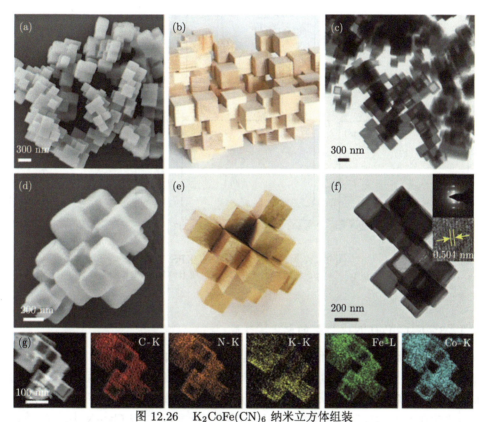

图 12.26　K$_2$CoFe(CN)$_6$ 纳米立方体组装

(a)、(d) SEM 图像；(b)、(e) 毛刺拼图的结构；(c)、(f) TEM 图像，插图为傅里叶变换后的 SAED 图案和高分辨率的 TEM 图像和 (g) 元素映射图片 [23]

为了定性评估化学成分、元素化合物的价态和表面能态分布，对样品进行 X 射线光电子能谱测试如图 12.27 所示。图 12.27(a) 显示了完整的频谱，给出了钾、钴、铁、碳和氮元素存在的证明，对应上面提到的 EDS 映射结果。在图 12.27(b) 中，结合能 720.5 eV 和 707.68 eV 对应于 Fe 2p$_{3/2}$ 和 Fe 2p$_{1/2}$ 的 Fe^{2+}。图 12.27(c) 中的 Co 2p 核心能级谱表明峰在 796.8 eV 对应于 Co^{2+} 的 Co 2p$_{1/2}$，以及在 781.9 eV 和 780.8 eV 分别对应于 Co^{2+} 的 Co $2p_{3/2}$。对于图 12.27(d) 中的
C 1s 光谱，两个峰值集中在 284.8 eV 和 285.2 eV 应分别对应于 C—C 和 C—N。
图 12.27(e) 中 N 1s 核心级频谱可以分为两个不同的峰。右侧 N 处的峰值可能来
自氰基与 CoFe-PBA 的过渡金属配位，而左峰可能是由亚氨基过酰胺氮的降解引
起的。

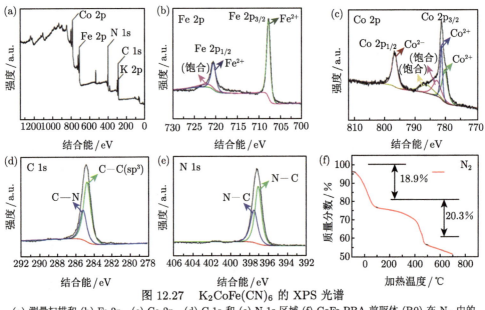

图 12.27　$K_2CoFe(CN)_6$ 的 XPS 光谱

(a) 测量扫描和 (b) Fe 2p, (c) Co 2p, (d) C 1s 和 (e) N 1s 区域 (f) CoFe-PBA 前驱体 (R0) 在 N_2 中的 TGA[23]

12.3.4.3　$K_2CoFe(CN)_6$ 框架的电化学性能

　　PBA 能够可逆地在它们的开放框架中同时催化单价阳离子和 Al^{3+} 结构体。
如图 12.28(a) 所示，发生氧化还原反应具有明显的氧化还原峰。两个阳极峰位于
0.7~0.8 V 和 0.9~1.0 V，归因于 Co^{2+}/Co^{3+} 与 C≡N 中的 N 键合。相对阴极
峰值集中在 0.45~0.55 V 和 0.2~0.3 V 归因于 Fe^{2+}/Fe^{3+} 与 C≡N 中的 C 键合。
图 12.29(a)、(c) 和 (e) 是分别对应 R0、R1 和 R2(R0 代表原始的 CoFe-PBA，
R1 为 50 ℃ 下煅烧的 CoFe-PBA，R2 为 200 ℃ 下煅烧的 CoFe-PBA) 的循环伏
安曲线，明显地看出电流密度和扫描速率的平方根之间存在着良好的线性增长关
系，这结果也符合电化学动态过程。为了更好地评估 $K_2CoFe(CN)_6$ 材料的倍率
性能和循环稳定性，可看图 12.28(b) 和 (c)，为 $K_2CoFe(CN)_6$ 在不同电流密度
下的恒电流充放电测量，电流密度从 0.1 A·g^{-1} 到 1.0 A·g^{-1}，可观察到两个不同
的电压平台与循环伏安曲线的结果一致。氧化还原反应方程式充放电过程可概括

为 (12-3) 和 (12-4)：

$$\text{充电：}Al_{2/3}Co^{II}Fe^{II}(CN)_6 \longrightarrow Co^{III}Fe^{III}(CN)_6 + 2/3Al^{3+} + 2e^- \quad (12\text{-}3)$$

$$\text{放电：}Co^{III}Fe^{III}(CN)_6 + 2/3Al^{3+} + 2e^- \longrightarrow Al_{2/3}Co^{II}Fe^{II}(CN)_6 \quad (12\text{-}4)$$

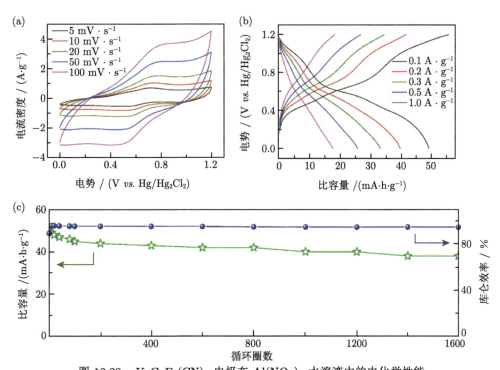

图 12.28 $K_2CoFe(CN)_6$ 电极在 $Al(NO_3)_3$ 水溶液中的电化学性能

(a) 不同扫描速率下的典型循环伏安曲线；(b) 不同电流密度下的充电/放电曲线；(c) 0.1 A·g^{-1} 时的长期循环
性能和库仑效率 [23]

根据电荷过程方程，Al^{3+} 插入 $K_2CoFe(CN)_6$ 的 PBA 框架，构造一个面心立方金属结构。如图 12.29(c)，$K_2CoFe(CN)_6$ 电极在电流密度为 0.1 A·g^{-1} 的 1600 次循环后电池放电比容量下降到 38 mA·h·g^{-1}，保留初始比容量的 76%。比容量衰减的现象可能主要归因于活性物质的断裂、可能的副反应和电极切片腐蚀，水分解 $K_2CoFe(CN)_6$ 的结构坍塌。如图 12.30 的 SEM 可以明显看出 $K_2CoFe(CN)_6$ 的骨架有部分倒塌和破坏，表明在工作过程中这种结构变化可能导致不可避免的容量衰减。根据图 12.29(b)、(d) 和 (f) 所示的 CP 曲线，可以清楚地看到，在形成 $K_2CoFe(CN)_6$ 材料的过程中，发现煅烧产物 R1 的性能远好于未煅烧的前体 R0，如图 12.29(b) 和 (d) 所示，表明通过煅烧改进晶体结构和结晶度后的合成产物，作为电极材料，其容量和倍率性能得到了进一步提升。在图 12.29(g) 中，可以明显地观察到，1600 次循环后，未煅烧前驱体保留了初始比容量的 70%。然而，另外两个煅烧样品，R1 和 R2，是优于 $K_2CoFe(CN)_6$，因为它们都保留了其初始比容量的 80%。

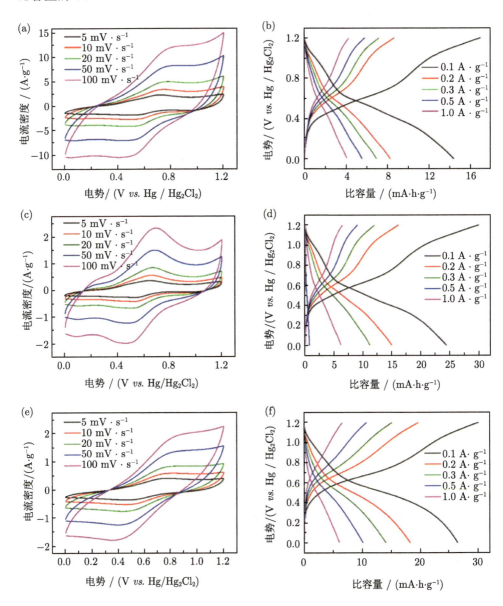

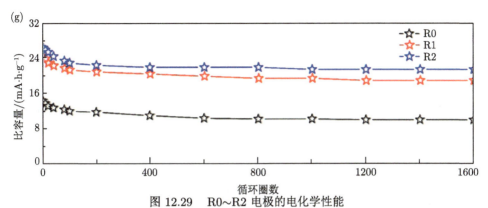

图 12.29 R0∼R2 电极的电化学性能

(a)、(c)、(e) 不同扫描速率下的典型循环伏安曲线；(b)、(d)、(f) 不同电流下的充放电曲线密度和 (g) 在 0.1 A·g^{-1} 电流密度下的长期循环性能 [23]

图 12.30 (a) 未循环 SEM 图 (b) 使用三电极电池测试的 K$_2$CoFe(CN)$_6$ 在 1600 圈循环后拍摄的 SEM 照片 [23]

12.3.5 K$_2$CuFe(CN)$_6$ 框架电极材料

12.3.5.1 K$_2$CuFe(CN)$_6$ 框架的制备方法

K$_2$CuFe(CN)$_6$ 样品的制备采用沉淀法。将 3 mmol K$_4$Fe(CN)$_6$·3H$_2$O(1.267 g) 溶解在 100 mL 去离子水中形成 0.03 M 溶液 A，将 2 mmol CuCl$_2$·2H$_2$O (0.341 g) 溶于 100 mL 去离子水，形成 0.02 M 溶液 B。然后，将溶液 B 缓慢滴加到 A 中用磁力搅拌子搅拌 2 h。静置 12 h 后，通过离心获得沉淀物并用乙醇和去离子水彻底洗涤三次。最后，在 80 ℃ 真空干燥 6 h 后得到产品。AQ 和炭黑 (AQ/C) 复合材料合成如下：将 0.7 g 9,10-蒽醌和 0.3 g 炭黑加入到 80 mL 的淬火小钢瓶中，在 600 r·min^{-1} 的高温球磨机中研磨 5 h。球与粉末的质量比为 20∶1。

12.3.5.2　$K_2CuFe(CN)_6$ 框架的结构

$K_{1.85}Cu_{1.05}Fe(CN)_6 \cdot 3.6H_2O$(缩写为 $K_2CuFe(CN)_6$) XRD 图谱 (图 12.31(a)、(b)) 表征了 AQ 和 $K_2CuFe(CN)_6$。在 AQ 晶格中，沿 b 轴最短的分子间距离为 3.942 Å。这种紧凑的结构意味着两者之间有很大的空间，有利于 Al^{3+} 扩散。通过 SEM 和 TEM 研究形貌和物质的结构。在图 12.31(c) 中，AQ 粉末有几百微米，这不利于粒子内部的离子扩散。此外，AQ 是一种有机小分子，电导率较差。因此，高能球磨用于将 AQ 与导电助剂炭黑混合，产生均匀的 AQ/C 复合材料只有几微米的尺寸 (图 12.31(d))。AQ 中的电化学测试均为球磨 AQ/C 复合材料。制备的 $K_2CuFe(CN)_6$ 粉末显示不规则形态和不均匀的粒度分布，范围从亚微米到几微米 (图 12.31(e))。TEM 可以提供更准确的粒度值 (图 12.31(f))。高分辨率

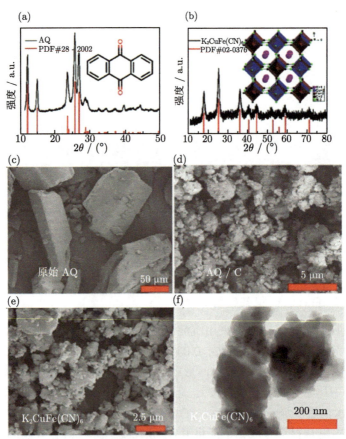

图 12.31　(a) AQ 的 XRD 谱和分子结构；(b) $K_2CuFe(CN)_6$ 的 XRD 图谱和晶体结构；
(c) 商业原始 AQ；(d) AQ/C 复合材料和 (e) 制备的 $K_2CoFe(CN)_6$ 的 SEM 图像；
(f) $K_2CuFe(CN)_6$ 的 TEM 图像 [24]

的 TEM 图像表明该材料具有多晶结构，具有不同的方向。晶面的间距为 0.5 nm 和 0.354 nm，分别对应于 [200] 和 [220] 面心立方结构的平面。插图是快速傅里叶变换 (FFT) 模式，这也表明 $K_2CuFe(CN)_6$ 的多晶特性。用 EDX 元素映射以分析元素组成 $K_2CuFe(CN)_6$，说明 K、Cu、Fe、C 和 N 元素均匀分布。

12.3.5.3 $K_2CuFe(CN)_6$ 框架的电化学性能

采用 1 M $Al_2(SO_4)_3$ 溶液电解质评估水系铝离子全电池的活性材料的电化学性能。图 12.32(a) 显示了 AQ 和 $K_2CuFe(CN)_6$ 的循环伏安曲线，截止电压分别为 $-0.7\sim0.3$ V 和 $0.1\sim1.2$ V($vs.$ SCE)。对于 AQ，有一对氧化还原峰归因于两个羰基基团的单步二电子氧化还原反应位于约 -0.45 V 和 -0.09 V。对于 $K_2CuFe(CN)_6$，在 0.72 V 处有一个明显的阳极峰，在 0.47 V 观察到阴极峰，表明单一步骤的氧化还原反应存在。然而，第一次阳极扫描期间的氧化峰略有差异，高于后续周期 (大约 0.82 V)，这意味着有一个不同的氧化反应机理。此外，两种活性物质在电池中的应用应该在 $-0.7\sim1.1$ V 的电化学窗口内和在 1 M $Al_2(SO_4)_3$ 电解质中以确保高库仑效率 (CE) 和安全性。

图 12.32(b)、(d) 显示了循环性能，在 $-0.5\sim0.1$ V 和 $0.1\sim1.05$ V 分别为 1000 mA·g^{-1} 和 500 mA·g^{-1} 的电流密度下测试。首先 AQ 的放电比容量为 86.7 mA·h·g^{-1}，CE 为 82.7% 并在接下来的几个周期中迅速增加。放电比容量在循环过程中保持缓慢增加，500 次循环后为 167.7 mA·h·g^{-1}。图 12.32(c) 和 (e) 分别是 AQ 和 $K_2CuFe(CN)_6$ 对应放电–充电曲线最初的三个周期，电压平台与循环伏安曲线的结果一致。

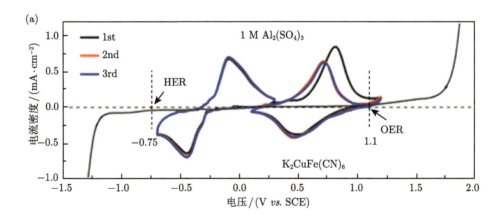

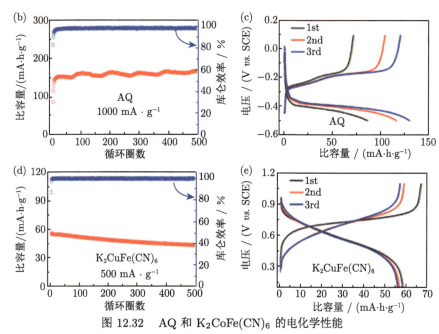

图 12.32　AQ 和 $K_2CoFe(CN)_6$ 的电化学性能

(a) 扫描速率为 5 mV·s^{-1} 时 1 M $Al_2(SO_4)_3$ 的循环伏安曲线和电化学窗口；(b) 循环性能；(c) AQ 在 1000 mA·g^{-1} 下初始三个循环的充放电曲线；(d) 循环性能；(e) $K_2CoFe(CN)_6$ 在 500 mA·g^{-1} 下初始三个循环的充放电曲线 [24]

12.3.6　$Na_{1.68}Mn[Fe(CN)_6]·1.7H_2O(NMHCF)$ 框架电极材料

12.3.6.1　NMHCF 框架的制备方法

NMHCF 是通过共沉淀过程合成的。首先，将 0.23 g $MnSO_4·H_2O$ 溶解在 50 mL 去离子水中，类似地，将 0.197 g $K_4Fe(CN)_6·3H_2O$ 溶解在 50 mL 去离子水中。将这两种溶液同时 (逐滴) 添加到含有 14 g NaCl 的水溶液中。得到白色悬浮液，将其陈化过夜，用去离子水洗涤，最后在 60 ℃ 下干燥整夜。

12.3.6.2　NMHCF 框架的结构

图 12.33(a) 显示了合成材料的 XRD 衍射图，其晶格参数为 $a = 10.5807(6)$ Å，$b = 7.513(1)$ Å，$c = 7.3187(9)$ Å，$\alpha = \gamma = 90°$，$\beta = 92.16(1)°$。热重分析 (图 12.33(b)) 用于确定合成材料中水的百分比。重量损失首先发生在材料中水的解吸表面，然后 9.25% 的显著重量损失为间隙水的消除。第二步失水每 $Na_{1.68}$ $Mn[Fe(CN)_6]$单元对应 1.73 个水分子。NMHCF 的结构 (图 12.33(c)) 是一个三维 (3D) 开放框架由 MnN_6 和 FeC_6 的 C—N 阴离子桥接形成八面体，形成大间隙空隙。大空隙 (~12.6 Å) 适合容纳高电荷密度离子，如 Al^{3+} 或其水合络合物。这使得 PBA 的晶体结构非常适合研究多价离子的嵌入。

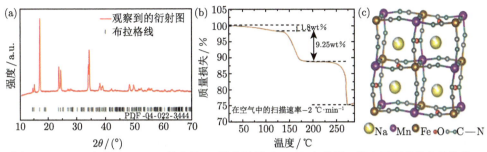

图 12.33 (a) 合成 NMHCF 粉末的 X 射线衍射 (XRD) 实验图,具有匹配相的布拉格线; (b) 合成的 NMHCF 粉末的热重分析 (TGA) 曲线和 (c) 晶体结构 [25]

12.3.6.3 NMHCF 框架的电化学性能

循环伏安法用于研究 NMHCF 的性能。一对阳极峰和阴极峰分别为 1.75 V 和 1.1 V,平均电压为 1.42 V(图 12.34(a))。恒电流充放电曲线 (图 12.34(b)) 由一个平坦的平台组成,曲线的转折点与循环伏安法中的一对峰一致。以恒定电流速率研究了电极材料在不同浓度 (0.1 M, 0.7 M, 2 M, 2.5 M, 3 M, 5 M) 的 Al(OTF)$_3$ 的电解质的循环行为 (图 12.37(c))。循环性能随着电解液的浓度增加而提高,容量随着电流速率的降低而提升,从 200 mA·g^{-1} 降低到 10 mA·g^{-1} 稳定容量提高了约 10 倍,这是由于慢循环速率改善了插入动力学的能力,循环稳定性更好 (图 12.34(d)~(e))。

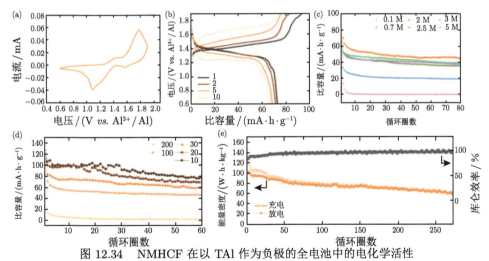

图 12.34 NMHCF 在以 TAl 作为负极的全电池中的电化学活性

(a) 2 M Al(OTF)$_3$ 中 0.6~1.9 V($vs.$ Al^{3+}/Al) 的循环伏安图,扫描速率为 0.1 mV·s^{-1};(b) 电流速率为 30 mA·g^{-1} 时在 2 M Al(OTF)$_3$ 中的恒电流充电/放电曲线;(c) 不同浓度的 Al(OTF)$_3$ 水系电解质在 100 mA·g^{-1} 的电流速率;(d) 在 2 M Al(OTF)$_3$ 水系电解质中不同电流速率下的循环稳定性研究,以及 (e) 在 2 M Al(OTF)$_3$ 中循环性能和相应的库仑效率 [25]

12.3.7 $Mn_4[Fe(CN)_6]_{2.88}\Delta_{0.29}\cdot11.8H_2O$ 框架电极材料

六氰基铁酸锰 (MnFe-PBA) 电极材料具有较大的离子传输隧道,同时与铝离子的库仑相互作用较弱。MnFe-PBA 的两个活性金属位点都被成功地激活,导致每个晶胞可以存储 1.2 个铝离子。这种结构和活性位点特性有助于提高倍率性能。MnFe-PBA 的固有三维框架也提供了优异的循环稳定性:在 0.2 $A\cdot g^{-1}$ 电流密度下 50 次循环后容量损失可忽略,在 0.5 $A\cdot g^{-1}$ 下循环 100 次后保持率为 69.5%。此外,应用纳米原纤化纤维素/聚丙烯酰胺水凝胶电解质成功地将循环寿命延长了。

12.3.7.1 MnFe-PBA 框架的结构

PBA 的形貌和结构用 SEM 和 TEM 表征,具有代表性的图像显示在图 12.35(a)、(b),它揭示了板和立方体的不规则大小和形状 (图 12.35(a)) 及其随机聚集特性 (图 12.35(b))。使用 X 射线衍射进一步研究其结构。如图 12.35(f) 所示,样品的 XRD 峰可以被细化并很好地索引到 $Mn_4[Fe(CN)_6]_{2.667}\cdot15.84H_2O$(ICSD 代码:151693),表明合成的化合物结晶良好,没有任何杂质。化合物采用具有 Fm-3m 空间群的立方结构,基于获得的原子比 (图 12.35(c)),可以确定具有晶胞 MnFe-PBA 的化学式为 $Mn_4[Fe(CN)_6]_{2.84}\cdot11.8H_2O$,其中每一个 Fe(CN) 晶胞中都几乎有 6 个空位。同时,对合成的原始 MnFe-PBA 通过 X 射线光电子能谱进行了化学成分元素的价态的分析,结果如图 12.35(d)、(e) 所示。相应的结构如图 12.35(g),主要说明了氰化物配体的 C 和 N 端与 Fe 原子和 Mn 原子键合,形成多孔 3D 框架,即有缺陷的 $Mn_4[Fe(CN)_6]_{2.88}\Delta_{0.29}\cdot11.8H_2O$(MnFe-PBA,$\Delta$ 是 $Fe(CN)_6$ 空位),这些空位扩大了铝离子的通道并为铝离子储存和运输提供了宽敞的空间框架,使得电池获得长循环稳定性。

12.3.7.2 MnFe-PBA 框架的电化学性能

采用纽扣电池系统研究全电池的性能,负极采用离子液体处理的铝箔与正极为 MnFe-PBA。采用不同扫描速率下的循环伏安测试来确定动力学行为。如图 12.36(a) 所示,两个表观还原峰 (R1 和 R2) 和一个宽峰 (O1) 分别被观察到,还有一个肩峰 (O2)。这些连续的阳极峰和阴极峰可归因于 Fe^{3+}/Fe^{2+} 和 Mn^{3+}/Mn^{2+} 参与的两种氧化还原反应。扩散动力学可以通过等式 $I = av^b$ 中的 b 值来揭示 (I 是峰值电流,v 是扫描速率,a 是一个系数,b 是扩散决定系数)。显然,四个峰的 b 值计算为 0.83(O1)、0.95(O2)、0.99(R2) 和 0.72(R1)(图 12.36(b)),这证明 O2/R2 由无扩散赝电容反应控制,O1/R1 由扩散和赝电容控制。图 12.36(c) 是在不同电流密度下的充放电曲线。当电流密度为 0.2 $A\cdot g^{-1}$ 时,高放电比容量为 106.3 $mA\cdot h\cdot g^{-1}$,平均放电电压为 1.2 V,该值超过了水系 Al-NiFe-PBA 和 Al-金属氧化物-硫化物体系在 1-乙基-3-甲基咪唑鎓中氯化物-AlCl$_3$ 电解质中的值。图 12.36(e) 为 IL-Al-MnFe-PBA 在电流密度 0.2~1 A·g^{-1}，0.6~1.75 V 的电压范围内的倍率性能。在 0.2 A·g^{-1} 时，平均放电比容量为 106.3 mA·h·g^{-1}，在 0.4 A·g^{-1}、0.6 A·g^{-1} 和 1.0 A·g^{-1} 下的值分别为 81.0 mA·h·g^{-1}、69.9 mA·h·g^{-1} 和 512.0 mA·h·g^{-1}。当电流密度回到 0.2 A·g^{-1} 时，平均放电比容量恢复到 104 mA·h·g^{-1}。如图 12.36(d)，该电极材料在同类普鲁士电极材料中的性能表现十分可观。

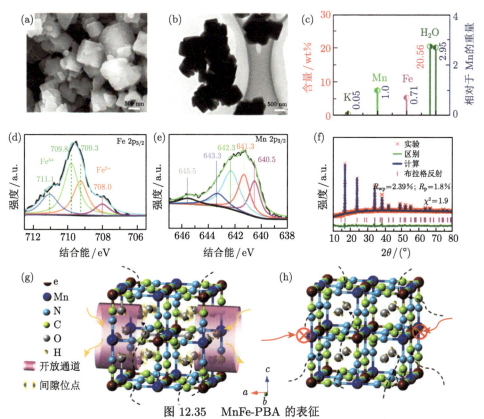

图 12.35   MnFe-PBA 的表征

(a) SEM 图像；(b) TEM 图像；(c) 包括 K、Mn 在内的元素含量 (相对于 Mn 原子的重量含量和摩尔比) 和从 ICP-OES 获得的 Fe 元素；(d) 原始 MnFe-PBA 的高分辨率 XPS Fe 2p$_{3/2}$；(e) 原始 MnFe-PBA 的高分辨率 XPS Mn 2p$_{3/2}$ 光谱；(f) MnFe-PBA 的全谱拟合细化结果。细化参数为 $a = b = c = 10.49$ Å；$\alpha = \beta = \gamma = 90°$；(g) MnFe-PBA 晶胞的相应晶体结构。黄色和粉红色的空心圆柱体用于标记插层的间隙位置分别用于载流子扩散的离子和扩大的开放隧道；(h) 无缺陷的 MnFe-PBA 晶胞的相应晶体结构，以及可能的 Al 离子进入的途径 [26]

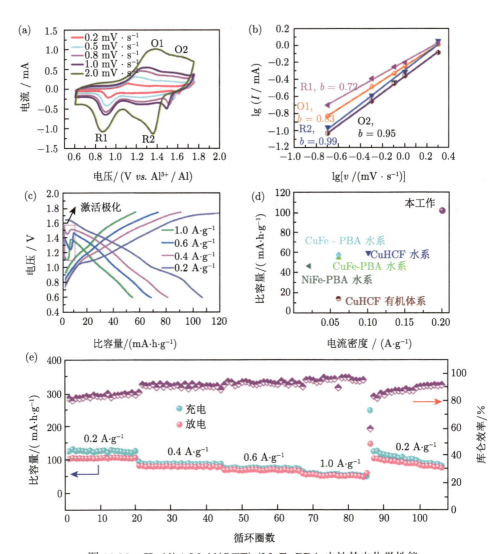

图 12.36　IL-Al| 1 M Al(OTF)$_3$|MnFe-PBA 电池的电化学性能

(a) 不同扫描速率下的循环伏安曲线 0.2~2 mV·s^{-1}，截止电压值为 0.6 V 和 1.75 V；(b) 循环伏安曲线中四个峰的 lg$I$ 与 lg$v$ 的线性拟合；(c) 不同的电流密度下的放电–充电曲线，电压范围为 0.6~1.75 V；(d) 用作铝电池正极的不同 PBA 的比容量比较；(e) 电流密度为 0.2~1.0 A·g^{-1} 时的倍率性能[26]

12.3.7.3　MnFe-PBA 框架的制备方法

MnFe-PBA 纳米颗粒通过标准共沉淀法合成。在搅拌下将 100 mL MnSO$_4$ (0.06 M) 水溶液滴加到 100 mL K$_3$Fe(CN)$_6$(0.03 M) 溶液中。将所得溶液在 60 ℃ 下持续搅拌 30 min。再静置 3 h 后，通过离心分离沉淀物并用去离子水和乙醇充分洗涤数次。60 ℃ 真空干燥后得到棕色固体。

以饱和 KCl 溶液为溶剂制备了无缺陷的 MnFePBA 材料。通常，将 2 mmol MnSO$_4$ 和 2 mmol K$_3$Fe(CN)$_6$ 分别溶解在 80 mL 和 100 mL 饱和 KCl 溶液中。然后，在搅拌过程中将溶液滴加到混合溶液中。所得溶液在 60 ℃ 下保持搅拌12 h。然后，通过离心分离沉淀物并用去离子水和乙醇充分洗涤数次。60 ℃ 真空干燥后得到棕色固体。

水系铝电池面临倍率性能差和不理想的容量保持率的事实，其根源在于高极性铝离子侵入后的主体结构和 Al 离子相互作用的拖曳扩散。所以，六氰基铁酸锰 (MnFe-PBA) 正极的 Fe(CN)$_6$ 空位，提供了铝离子传输的开放通道，同时减弱了铝离子和正极框架之间的库仑相互作用，促进铝离子的快速扩散并且增强了电池的倍率能力。此外，两金属物种 (Mn^{3+}/Mn^{2+} 和 Fe^{3+}/Fe^{2+}) 被成功激活，导致 106.3 mA·h·g^{-1} 的高比容量。此外，内在稳定的 3D 框架提升了电池循环稳定性。准固体凝胶具有纳米原纤化纤维素/聚丙烯酰胺基质的电解质是用于将循环寿命延长至 200 次循环并构建一个灵活的装置在不同程度的弯曲下具有稳定的输出。总之，创造扩大的离子传输通道和多个活化的反应位点可能是铝离子具有优异的倍率性能、循环稳定性和容量的存储的有效方法。

12.4　碳　材　料

石墨材料的应用我们很熟悉，在水系铝电池中采用石墨泡沫。在 0.5 A·g^{-1} 的电流密度,初始和第 50 次循环的放电比容量分别为 213 mA·h·g^{-1} 和 88 mA·h·g^{-1}。水系铝–石墨电池的独特之处在于它的低成本优势，可以在大气环境中轻松组装 [27,28]。

铝石墨电池的电极材料需要经过电化学预处理，不同的处理程度对于电池的整体性能有很大的影响。图 12.37(a)、(d) 显示了预处理的铝–石墨泡沫电池的放电/充电曲线和界面阻抗。首次放电和充电比容量分别为 122 mA·h·g^{-1}和 95 mA·h·g^{-1}。第 10 次循环后达到稳定的放电比容量，第 100 次循环后为 18 mA·h·g^{-1}(图 12.37(b))。也可以看出，第一个放电循环显示一个长放电平台大约在 1.80 V。在随后的循环中也得到了电池循环伏安曲线的证明(图 12.37(c))。

电化学预处理铝的水系铝金属电池和膨胀石墨泡沫作为电极的概念被提出。水系铝墨电池的长期稳定性不仅和正极材料的结构稳定性相关，同时受到铝负极材料的影响。因此，在水系铝墨电池的电极材料的探索中，正负极材料的结构稳定性等关键因素都应该进行讨论研究。与最先进的锂离电池相比，水系铝电池的安全稳定性、成本低廉性仍然促使着研究者去探索。

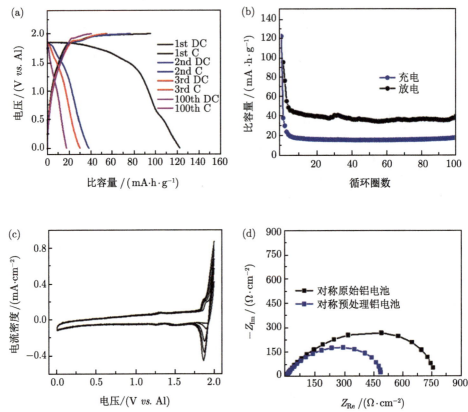

图 12.37　(a) 预处理的铝–石墨泡沫电池的恒电流放电/充电曲线；(b) 电流密度为 0.5 A·g⁻¹ 条件下的长循环性能图；(c) 1 mV·s⁻¹ 扫描速率下铝石墨泡沫电池的循环伏安曲线；(d) 对称原始铝和预处理铝电池的电化学阻抗谱 [28]

12.5 有 机 材 料

12.5.1 吩嗪有机正极材料

水系铝电池被认为是有前途的下一代储能器件，目前报道的水系铝电池正极主要集中在无机材料上，这些材料通常基于典型的 Al^{3+} 插入机制。然而，Al^{3+} 与宿主材料之间的强静电力通常导致动力学迟缓、可逆性差和循环稳定性差。与受限于有限晶格间距和刚性结构的传统无机材料不同，柔性有机分子通过可逆氧化还原可以进行大尺寸铝配合物共插层。这种共插层行为可以有效地减少去溶剂化损失，并显著降低离子插入过程中的库仑排斥。2021 年，Guo 等报道了吩嗪 (PZ) 作为有机正极材料用于水系铝电池。该材料表现出高比容量和优异的循环性能，在 50 mA·g⁻¹ 的电流密度下提供 132 mA·h·g⁻¹ 的初始比容量，300 次循环后保持 101 mA·h·g^{-1} 的比容量，保持率为 76.5%，同时，由恒电流间歇滴定技术可以看出在 0.61 V 的一个稳定性电压平台。表明铝离子在电极材料上发生的是单一的电化学转移反应。如图 12.38 (a) 和 (c)，超过了之前报道的大多数水系铝电池正极材料，如超薄石墨纳米片，层状 $Al_xMnO_2 \cdot nH_2O$($Al_xMnO_2 \cdot nH_2O$)，片状水钠锰矿 MnO_2(Bir-MnO_2) 和 α-MnO_2 纳米棒，如图 12.38(b)。这一优异的储能性能主要是 PZ 有机分子中的共轭结构和固有的柔性，使其在充放电过程中—C≡N—活性位点可以储存大尺寸的铝配合物离子 Al(OTF)$^{2+}$，并且分子结构保持完整性。

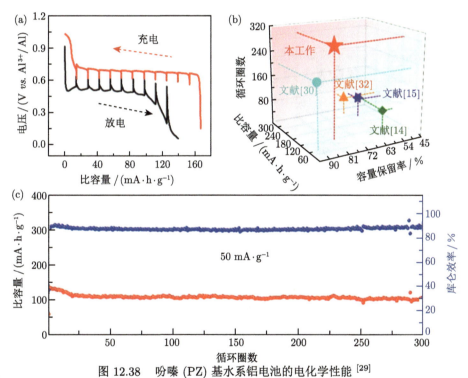

图 12.38　吩嗪 (PZ) 基水系铝电池的电化学性能[29]

所有电极的比容量基于 PZ 的质量 (a) 在第五个循环恒电流间歇滴定技术曲线；(b) 铝–空气电池中一些代表性正极材料的循环性能比较；(c) 电流密度为 50 mA·g^{-1} 时的循环性能

为了深入了解该电池中电解质的溶剂化结构，分别进行了经典分子动力学 (MD) 模拟和拉曼光谱测量 (图 12.39(a) 和 (b))。在浓度为 1 M 的稀释电解液中，每个 Al^{3+} 由 5.8 O(H$_2$O) 和 0.1 O(OTF$^-$) 溶剂化；当浓度达到 5 M 时，电解质溶液大量聚集并且 (Al^{3+}-OTF$^-$) 配位数达到 2。此外，如图 12.39(b) 拉曼光谱显示，1034 cm^{-1} 左右的电解液 v-OTF 宽峰可以解卷积为两条带，OTF$^-$ 位于 1029 cm^{-1}，1237 cm^{-1} 为接触离子对 (CIP)。随着电解液浓度的增加，OTF$^-$

的比例减少，CIP 带显示出向高频的强烈位移，这是因为大部分 OTF$^-$ 与阳离子形成紧密的 (Al^{3+}-OTF$^-$) 离子缔合很大程度上抑制了水分子的溶剂化作用。通过计算铝络合物离子的溶剂化能值 (E_s)，研究配合物离子 Al(OTF)$^{2+}$ 的共插层行为 (图 12.39(c))。与 Al-O(H$_2$O) 相比，由于 Al^{3+} 与 OTF$^-$ 中的两个氧原子配位，Al-O-OTF$^-$ 显示出了更高的稳定性。Al-O(OTF$^-$) 的高 E_s 值倾向于阻碍其解离过程并促进共插层。此外，(Al^{3+}-OTF$^-$) 的最低未占据分子轨道 (LUMO) 高于 PZ 的费米能量，表明其在插层过程中的稳定性 (图 12.39(d))。这些现象与 PZ 正极中可逆 (Al^{3+}-OTF$^-$) 共插层的实验结果吻合得很好。

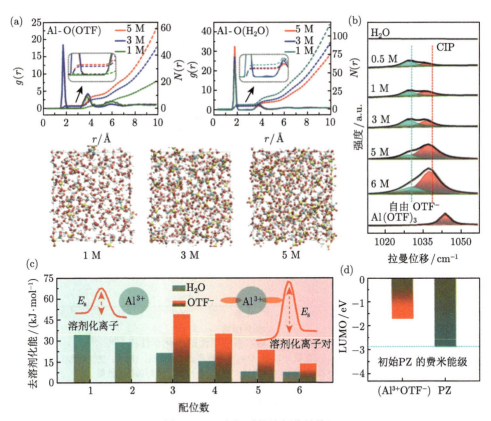

图 12.39　电解质的溶剂化结构

(a) Al-O(O 来自溶剂) 自由基分布函数 $g(r)$(实线) 和配位数 $N(r)$(虚线) 的 MD 模拟，以及不同摩尔浓度下 MD 模拟盒的相应快照。插图是第一个溶剂化壳中配位数的部分放大；(b) 不同浓度电解质的拉曼光谱；(c) 具有不同溶剂化数的 Al-O(H$_2$O) 和 Al-O(OTF$^-$) 的去溶剂化能。插图：示意图显示了用于界面电荷转移的 Al-O(H$_2$O)/Al-O(OTF$^-$) 的不同去溶剂化能。需要注意的是，Al^{3+} 与一个或两个 OTF-阴离子的键合结构是不稳定的。(d) (Al^{3+}-OTF$^-$) 络合物和 PZ 的 LUMO 能级比较 [29]

与水系铝电池无机正极材料的 Al^{3+} 插层行为相比，柔性有机分子独特的阴离子共插层行为显著降低了电极/电解质界面处 Al^{3+} 去溶剂化的能量损耗以及 Al^{3+} 与宿主材料之间的强库仑相互作用。因此，PZ 正极可提供 132 mA·h·g^{-1} 的高比容量并具有稳定循环能力，对有机正极复杂离子插层化学研究将拓宽可充电 AAB 和其他多价离子电池系统的视野。

12.5.2 醌类有机材料

醌类化合物中的羰基具有良好的氧化还原活性，用于电极材料中，羰基可以作为活性中心进行电荷存储。为了研究醌类正极材料在水系铝电池中的普适性，六种常见的醌类化合物 (图 12.40)，即 1,4-萘醌 (1,4-NQ)、1,2-萘醌 (1,2-NQ)、9,10-AQ、菲醌 (9,10-PQ)、芘-4,5,9,10-四酮 (PTO)，杯 [4] 酮 (C4Q) 被共同研究。

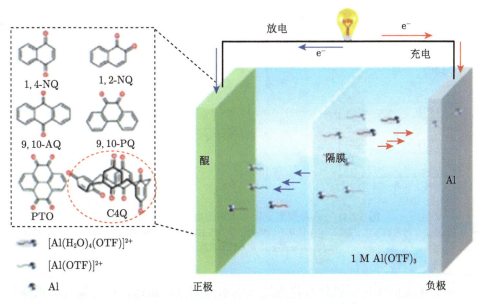

图 12.40　制备的水系铝–醌电池示意图 [31]

在扣式电池 Al|1 M Al(OTF)$_3$|Quinone 中测试了醌正极材料的电化学性能 (图 12.41(a), (c))，CV 曲线中可逆的氧化还原反应表明醌有机正极材料在水系铝电池中的可行性，其中，C4Q 显示出高达 1 V 的电压和极小的极化电压。此外，具有相邻羰基的化合物 (9,10-PQ、1,2-NQ、PTO 和 C4Q) 也表现出高的电压和小的过电势，这主要是因为相邻羰基对多价阳离子的分子内螯合不仅提高了放电产物的稳定性，而且缓解了阳离子和多个对醌分子之间的副反应。相对比，C4Q 是由亚甲基连接的对醌环状阵列组成。这种独特的结构使得 C4Q 中对位的羰基

空间相邻，从而表现出类似邻醌的电化学行为。此外，这些醌的平均放电电压与最低未占据分子轨道 (LUMO) 的能垒相关 (图 12.41(b))。较低的 LUMO 更容易接受电子，因此通常对应于较高的还原电势。平均放电电压的顺序为 9,10-AQ < 9,10-PQ < 1,4-NQ < 1,2-NQ < PTO < C4Q，这与理论计算得到的 LUMO 能量的趋势一致。此外，具有相邻羰基的醌类，尤其是大环 C4Q 能够将离子或分子结合到其大空腔结构中，更容易与多价离子配位，从而获得更高的羰基利用率。

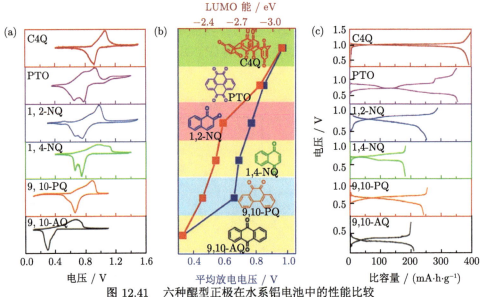

图 12.41   六种醌型正极在水系铝电池中的性能比较
(a) 0.1 mV·s^{-1} 时的循环伏安曲线；(b) 计算不同醌类化合物的 LUMO 能量和平均放电电压；(c) 电流密度为 40 mA·g^{-1} 的充放电曲线 [31]

与已报道的使用无机化合物为正极的水系铝电池相比，基于醌有机正极材料的电池表现出明显较低的极化电压 (< 100 mV)，这意味着能量效率更高 (图 12.42(a))。醌基正极材料如此小的极化电压可能归因于对阳离子插入的排斥作用小。Al-C4Q 和 Al-PTO 电池也表现出更好的循环性能。即使在 800 mA·g^{-1} 的高电流密度下也能提供大容量，是迄今为止报道的所有正极材料中最高的 (图 12.42(b))，表明 Al(OTF)$^{2+}$ 阳离子配位的动力学更快。此外，组装了比容量为 230 mA·h·g^{-1} 的软包型 Al-C4Q 电池，展示其大规模应用的前景 (图 12.42(c))。软包 Al-C4Q 的能量密度电池按电极质量计大约为 260 W·h·kg^{-1}(C4Q 和理论上使用的铝金属)，功率密度约 93 W·h·kg^{-1}，远远超过商用铅酸电池 (约 50 W·h·kg^{-1})。

在水系铝电池中，醌有机电极材料的共插层存储机制为开发高能量密度水系铝电池的新型正极材料提供了理论依据。

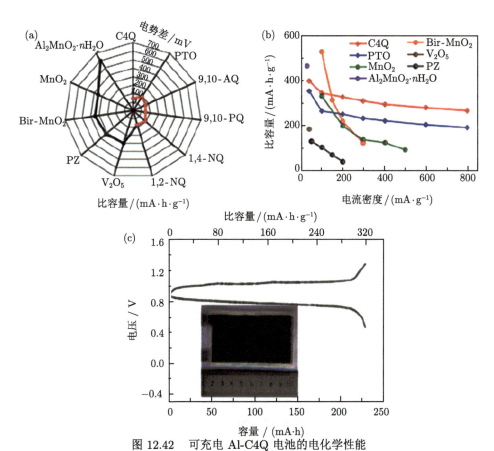

图 12.42   可充电 Al-C4Q 电池的电化学性能

(a) 报道的水系铝电池的放电和充电之间的极化电压；(b) 已报道的水系铝电池和本工作之间的倍率性能比较；
(c) Al-C4Q 软包电池的 GCD 曲线 (插图为软包电池的光学照片)[31]

参 考 文 献

[1] Holland A, Mckerracher R D, Cruden A, et al. An aluminium battery operating with an aqueous electrolyte. Journal of Applied Electrochemistry, 2018, 48(3): 243-250.

[2] Wang P, Chen Z, Ji Z, et al. A flexible aqueous Al-ion rechargeable full battery. Chemical Engineering Journal, 2019, 373: 580-586.

[3] Xu H, Bai T, Chen H, et al. Low-cost AlCl$_3$/Et$_3$NHCl electrolyte for high-performance aluminum-ion battery. Energy Storage Materials, 2019, 17: 38-45.

[4] Zhu G, Angell M, Pan C J, et al. Rechargeable aluminum batteries: effects of cations in ionic liquid electrolytes. RSC Advances, 2019, 9(20): 11322-11330.

[5] Zhang X, Tang Y, Zhang F, et al. A novel aluminum-graphite dual-ion battery. Advanced Energy Materials, 2016, 6(11): 1502588.

[6] Zhang M, Song X, Ou X, et al. Rechargeable batteries based on anion intercalation graphite cathodes. Energy Storage Materials, 2009, 16: 65-84.

[7] Das S K, Mahapatra S, Lahan H. Aluminium-ion batteries: developments and challenges. Journal of Materials Chemistry A, 2017, 5(14): 6347-6367.

[8] Li Y, Zhang Q, Yuan Y, et al. Potassium-ion batteries: surface amorphization of vanadium dioxide (B) for K-ion battery. Advanced Energy Materials, 2020, 10(23): 2070103.

[9] Jin D, Gao Y, Zhang D, et al. VO$_2$@Carbon foam as a freestanding anode material for potassium-ion batteries: first principles and experimental study. Journal of Alloys and Compounds, 2020:156232.

[10] Koch D, Kulish V V, Manzhos S. A first-principles study of potassium insertion in crystalline vanadium oxide phases as possible potassium-ion battery cathode materials. MRS Communications, 2017, 7(4): 1-7.

[11] Wang W, Jiang B, Xiong W, et al. A new cathode material for super-valent battery based on aluminium ion intercalation and deintercalation. Scientific Reports, 2013, 3: 3383.

[12] Cai Y, Kumar S, Chua R, et al. Bronze-type vanadium dioxide holey nanobelts as high performing cathode material for aqueous aluminium-ion batteries. Journal of Materials Chemistry A, 2020, 8(25): 12716-12722.

[13] Wang P P, Chen Z, Wang H, et al. A high-performance flexible aqueous Al ion rechargeable battery with long cycle life. Energy Storage Materials, 2020, 25: 426-435.

[14] Zhao Q, Zachman M J, Al Sadat W I, et al. Solid electrolyte interphases for high-energy aqueous aluminum electrochemical cells. Science Advances, 2018, 4(11): eaau 8131.

[15] He S M, Wang J, Zhang X, et al. A high-energy aqueous aluminum-manganese battery. Advanced Functional Materials, 2019, 29: 201905228.

[16] Joseph J, Nerkar J, Tang C, et al. Reversible intercalation of multivalent Al^{3+} ions into potassium-rich cryptomelane nanowires for aqueous rechargeable Al-ion batteries. ChemSusChem, 2019, 12(16): 3753-3760.

[17] Nandi S, Das S K. An electrochemical study on bismuth oxide (Bi$_2$O$_3$) as an electrode material for rechargeable aqueous aluminum-ion battery. Solid State Ionics, 2020, 347(1-8): 115228.

[18] Xi G, Ouyang S, Peng L, et al. Ultrathin W$_{18}$O$_{49}$ nanowires with diameters below 1 nm: synthesis, near-infrared absorption, photoluminescence, and photochemical reduction of carbon dioxide. Angewandte Chemie, 2012, 51(10): 2395-2399.

[19] Mrt A, Gama B, Pl C, et al. W$_{18}$O$_{49}$ nanowires-graphene nanocomposite for asymmetric supercapacitors employing AlCl$_3$ aqueous electrolyte. Chemical Engineering Journal, 2020, 409: 128216.

[20] Liu S, Pan G L, Li G R, et al. Copper hexacyanoferrate nanoparticles as cathode

material for aqueous Al-ion batteries. Journal of Materials Chemistry A, 2014, 3(3):959-962.

[21] Zhou A, Jiang L, Yue J, et al. Water-in-salt electrolyte promotes high capacity FeFe(CN)$_6$ cathode for aqueous Al-ion battery. ACS Applied Materials & Interfaces, 2019, 11(44): 41356-41362.

[22] Gao Y, Yang H, Wang X, et al. The compensation effect mechanism of Fe-Ni mixed prussian blue analogues in aqueous rechargeable aluminum-ion batteries. ChemSusChem, 2020, 13(4): 732-740.

[23] Ru Y, Zheng S, Xue H, et al. Potassium cobalt hexacyanoferrate nanocubic assemblies for high-performance aqueous aluminum ion batteries. Chemical Engineering Journal, 2019, 382: 122853.

[24] Yan L, Zeng X, Zhao S, et al. 9,10-anthraquinone/K$_2$CuFe(CN)$_6$: a highly compatible aqueous aluminum-ion full-battery configuration. ACS Applied Materials & Interfaces, 2021, 13(7): 8353-8360.

[25] Kumar S, Verma V, Arora H, et al. Rechargeable Al-metal aqueous battery using NaMn-HCF as a cathode: investigating the role of coated-Al anode treatments for superior battery cycling performance. ACS Applied Energy Materials, 2020, 3(9): 8627-8635.

[26] Wang D H, Lv H M, Hussain T, et al. A manganese hexacyanoferrate framework with enlarged ion tunnels and two-species redox reaction for aqueous Al-ion batteries. Nano Energy, 2021, 84: 105945.

[27] Pan W, Wang Y, Zhang Y, et al. A low-cost and dendrite-free rechargeable aluminium-ion battery with superior performance. Journal of Materials Chemistry A, 2019, 7 (29): 17420-17425.

[28] Nandi S, Das S K. Realizing a low-cost and sustainable rechargeable aqueous aluminum-metal battery with exfoliated graphite cathode. ACS Sustainable Chemistry & Engineering, 2019, 7(24): 19839-19847.

[29] Chen J C, Zhu Q N, Jiang L, et al. Rechargeable aqueous aluminum organic batteries. Angew. Chem. Int. Ed., 2021, 60(11): 5858-5863.

[30] Wang F, Yu F, Wang X, et al. Aqueous rechargeable zinc/aluminum ion battery with good cycling performance. ACS Appl. Mater. Interfaces, 2016, 8(14): 9022-9029.

[31] Li Y, Liu L, Lu Y, et al. High energy density quinone-based electrodes with [Al(OTF)]$^{2+}$ storage mechanism for rechargeable aqueous aluminum batteries. Advanced Functional Materials, 2021, 31(26):2102063.1-2102063.8.

[32] Wu C, Gu S, Zhang Q H, et al. Electrochemically activated spinel manganese oxide for rechargeable aqueous aluminum battery. Nature Communications, 2019, 10: 1-10.

第 13 章 水系铝电池未来挑战与展望

13.1 水系铝电池面临的挑战

能源技术的发展对二次电池提出了新的要求，如何进一步提升二次电池的能量密度、功率密度和安全性是现在亟须解决的问题。与传统单电子反应体系相比，轻元素多电子反应体系可使二次电池获得更高的能量密度。

铝电池是目前研究得最多的三电子转移电池系统。尽管最近取得了显著的突破，但铝电池仍然存在问题和缺点。在水系电解质中，面临的挑战在于将已建立的方法或技术转移到水系铝电池，以及处理不同电化学系统产生的一系列问题。因此，对新型电解质、电解质–电极界面 (包括 SEI) 和体电极行为的基础研究具有重要意义。其中具体包括以下几个方面。

(1) 基于材料层面的体电极行为：① 铝离子与主体材料之间强烈的静电相互作用导致铝离子的动力学缓慢；② 电极材料较差的结构稳定性导致了电池的容量衰减和较差的循环性能；③ 相对较低的放电电压平台限制了实现高能量密度；④ 表面氧化铝钝化膜对金属铝负极活性的影响。

(2) 电解质方面：① 水系电解液的电化学窗口较窄限制了水系铝电池的工作电压；② 析氢、析氧反应会消耗水系电解液中的水，导致电池的循环稳定性较差；③ 溶质离子和溶剂分子之间的平衡相互作用，其中溶剂化/去溶剂化的合适活化能的选择；④ 电解质–电极界面形成的 SEI 的影响。

(3) 电池结构方面：① 电池结构的设计；② 电池组成成分的优化。

13.1.1 材料层面

13.1.1.1 正极材料–静电相互作用

与 Li^+ 和 Mg^{2+} 相比，Al^{3+} 的半径较小 (Al^{3+} 的半径为 53.5 pm, Li^+ 和 Mg^{2+} 的半径分别为 76 pm 和 72 pm)，导致 Al^{3+} 容易电化学嵌入，这与两个基本因素相反: ① 离子的水合半径；② 多价离子的电荷密度较高，由于高电荷半径比会导致多价阳离子在主体结构晶格中的迁移率有限，所以 Al^{3+} 较大的水合半径 (Al^{3+} 为 4.75 Å, Zn^{2+} 为 4.30 Å, Li^+ 为 3.82 Å) 很可能使其更难嵌入正极材料中，需要去水合化 [1]。对于 TiO_2 正极材料来说，水合 Al^{3+} 很难嵌入 TiO_2 中，除非在嵌入过程中溶剂化水分子的水合作用部分或全部从嵌入离子中剥离。

另外，Al^{3+} 具有更大的电荷密度，这意味着与任何其他同等大小的单/二价离子相比，Al^{3+} 在嵌入过程中将面临更大的阻力。尽管如此，如果能够通过水合水分子或宿主晶体结构中已有的水分子来提供屏蔽，这个问题可以得到缓解。因此，考虑到较小的离子更容易进入晶格隧道，但屏蔽效应对晶格内多价离子的迁移是必要的，部分水化似乎是最容易嵌入的情况。在一个低的 pH 体系中，Liu 等 [2] 的研究中所用的 $AlCl_3$ 水系电解液，热力学的 H_2 演变应该发生在 0 V 附近 (对标准氢电极 (SHE))。对于 TiO_2 等活性材料，其离子嵌入发生在较低的电压下 (如 0.8 V *vs.* SHE)，施加的电势可能优先诱导 H_2 演化而不是铝离子嵌入。

Al^{3+} 插入 TiO_2 中发生在相对较低的电压下，这使得 TiO_2 材料特别容易受到质子共插入的影响。Sang 等 [3] 提出了两种电化学机制，H^+ 在 TiO_2 纳米管上/纳米管中的反应：① 循环初始阶段在 TiO_2 表面上发生平行羟基化–脱羟基过程的质子嵌入；② H^+ 嵌入–脱嵌成 TiO_2 而不进行 OH^- 介入。嵌入现象在较高的 H^+ 浓度下占主导地位。建议使用较低酸度 (pH⩾3) 的电解质，以确保在 TiO_2 中有效嵌入 Al^{3+}。

与 TiO_2 的情况类似，水合水分子可能在嵌入 CuHCF 的过程中起到重要作用。但是 CuHCF 在电化学反应中存在复杂的嵌入机制和不良的嵌入动力学。较差的动力学可能是较大尺寸的溶剂化 Al^{3+} 试图嵌入主体材料框架的结果导致的，并且嵌入期间可能发生去溶剂化现象 [4]。因此建议通过水合壳中的水分子或主体结构中预先存在的结晶水进行高度电荷筛选来降低反应的不良嵌入动力学 [5]。

13.1.1.2 正极材料–结构稳定性

尽管水合离子可以降低电荷密度，提高反应动力学，但由于 Al^{3+} 与主体晶格的强静电相互作用，一旦嵌入，很难从主体中提取 Al^{3+}，这会导致不可逆的体积膨胀、较差的结构可逆性以及可能需要酸性条件将 Al^{3+} 推出，但无意中也会溶解正极结构。如对于铁氰化铜来说 [4]，在 1000 次循环后，只能保持 54.9% 的初始容量，容量较低，循环稳定性较差，这可能是由于循环过程中电极材料的结构稳定性发生了改变，如电极材料的溶解、不可逆的相变结构等因素。

Nacimiento 等 [6] 报道了用于水系铝电池的正极材料钠超离子导体结构 $Na_3V_2(PO_4)_3$，以 0.1 M $AlCl_3$ 为电解液，在 60 mA·g^{-1} 的电流密度下，$Na_3V_2(PO_4)_3$ 的首周放电比容量为 100 mA·h·g^{-1}，循环 20 周后，容量保持率不足 40%，容量的衰减归因于正极材料的部分溶解和结构崩塌。第 1 周充电时 Na^+ 从 $Na_3V_2(PO_4)_3$ 中脱出，放电时 Al^{3+} 嵌入材料中。Al^{3+} 替换了 Na^+ 形成新的 Al—O 键削弱了 Na—O 键，从而导致了材料的结构不稳定。

具有多种形貌的纳米 MoO_3 被用作电极材料广泛地应用于储能器件，其显著增强了超级电容器和各种金属离子电池的动力学性能。Lahan 等 [7] 以 1 M $AlCl_3$

为电解液，在 2.5 A·g^{-1} 的电流密度下，MoO_3 第 1 周的放电比容量可达到 680 mA·h·g^{-1}，但容量衰减迅速，直至 20 周后达到稳定，比容量为 170 mA·h·g^{-1}，可稳定循环 350 周，这主要是由于不可逆的相变结构。

虽然，这种容量的快速衰减多数是正极材料的不稳定结构造成的，但是也与负极电化学反应以及电解质溶液有关系。

13.1.1.3　负极材料

金属铝具有较负的标准电极电势 (-1.66 V $vs.$ 标准氢电极) 其电化学当量为 2.98 A·h·g^{-1}，可以直接作为铝电池负极，如 Das 和 Zhu 等分别以 MoO_3[8] 和 Bi_2O_3[9] 为正极，在 $AlCl_3$ 水系电解液中与铝金属负极组成铝电池。但是在自然环境中，金属铝会受到表面厚度约为 5 nm 的氧化铝钝化膜的保护，这使得金属铝具有较低的电化学活性。氧化铝钝化膜的存在使得金属铝负极反应不会过于剧烈，但同时也限制了金属铝负极的活性表面与电解质的接触，甚至会导致一些电池不能运行。为了解决铝负极的钝化问题，Archer 等 [10] 提出，在惰性气氛中使用 $AlCl_3$ 和离子液体 [EMIm]Cl 的混合物处理金属铝电极，发现在金属铝的界面上形成了一层紧密结合的富离子液体膜，该界面膜腐蚀金属铝表面的氧化铝钝化膜，这样可以在表面上形成导电层，改变表面化学性质，保护金属铝不被后续氧化，从而显著降低 Al 溶解/沉积的过电势。用 $AlCl_3$/[EMIm]Cl 离子液体处理后的金属铝在水系铝电池中展现了良好的电化学性能，电池的界面阻抗降低，极化减小。

另外，由于金属铝的溶解/沉积电势低于水的析氢电势，因此在水系电解液中，金属铝将发生析氢腐蚀而不能稳定存在，这会限制电池的循环稳定性。使用高浓度的 "盐包水" 电解液能扩展水系电解液的稳定电势窗口，进而使金属铝可以在水系电解液中稳定存在。Leung 团队 [1] 使用高浓度的 $AlCl_3$ 作为水系电解液，能将稳定电压窗口扩大到约 4 V，组装的 Al-石墨电池在 0.5 A·g^{-1} 电流密度下循环 1000 次后保持 95% 的初始比容量；此外，Wan 团队 [11] 则以 $Al(OTF)_3$+LiTFSI+HCl 为混合电解液，首次组装了 Al-S 电池，稳定电压窗口约为 3 V。

考虑到水电解质的低成本和高安全性，深入了解该领域的反应机理具有重要意义。水的电化学副反应在水系电解质中发生是不利的。在水电解方面，水系电解质的电势窗口和输出电势受到严格限制。根据水系铝电池的作用机理，电化学反应总是依赖于在适当条件下 Al^{3+} 的转移。尽管近年来正极设计取得了巨大成功，但在这一领域仍存在巨大挑战。据报道，电解质的 pH 影响铝负极的活化。除了常用的铝负极外，许多其他材料也显示出作为水系铝电池负极的高性能。

电极合金化也能抑制金属铝的腐蚀和钝化。Yu 等 [12] 在 Zn 基底上沉积铝得到 Zn-Al 合金负极。形成的锌合金能减缓铝的钝化和自放电行为，抑制析氢副反应,提高库仑效率。同时,Al^{3+} 的电荷屏蔽效应抑制了 Zn^{2+} 的沉积,进而抑制了枝晶的产生。同时,Zn-Al 合金负极的电化学电势更低。组装的对称电池能循环 1500 h 以上而不发生短路,且极化电势小于 25 mV(0.2 mA·cm^{-2})。此外,Wang 课题组 [13] 制备了 Al-2Mg 合金,合金负极电势降低 (-1.81 V $vs.$ SCE),并在 NaOH 碱性电解液中加入了 Na_2SnO_3 锡酸盐,使锡均匀沉积在 Mg 掺杂的氧化薄膜上,能抑制负极 95% 的析氢腐蚀。

另一种策略是用电势较低的 Al^{3+} 嵌入型氧化物材料替代金属负极作为水系铝电池的负极材料。例如,Ostrikov 等 [14] 设计的 MoO_3 纳米线负极材料,Kazazi 等设计的 TiO_2 纳米球 [15] 和 TiO_2/碳纳米管 [16] 复合材料,以及 Huang 团队 [17] 以铁氰化铜 (CuHCF) 为正极与聚吡咯 (PPy) 包覆的 MoO_3 负极组成的柔性水系铝电池。

有机高聚物具有良好的结构稳定性,反应活性位点多,比容量大,可以作为嵌入型水系铝电池负极材料。Cao 课题组 [18] 合成了 PPTCDI [poly(3,4,9,10-perylenetetracarboxylic diimide)] 材料,并作为铝离子嵌入型负极,在 0.1 mA·g^{-1} 下循环 1000 次后几乎无容量衰减。

13.1.1.4   总结

发展廉价、安全、大容量的水系铝电池在大规模储能领域有广泛的应用前景,尽管近年来水系铝电池取得许多研究进展,但未来仍存在着许多问题和挑战。合适的水系多价金属离子电池正极材料需要具有高容量、长循环寿命和合适的氧化还原电势,然而目前的正极材料都还存在一些问题。

首先,许多过渡金属正极材料晶体结构的稳性较差,在多价金属离子嵌入脱出的过程中往往伴随着晶体结构的破坏、不可逆的相变或电极材料的溶解,进而导致充放电循环过程中容量的迅速衰减,氧化锰、氧化钒、普鲁士蓝类似物等材料存在这种现象。其次,正极材料中的离子和电子传输速率较低。大部分正极材料导电能力弱,限制了电子的传输;并且多价金属离子电荷密度高,导致嵌入的离子与正极材料中的阴离子之间具有静电相互作用,限制了离子的扩散速度;此外,虽然多价金属离子的离子半径小于 Li^+ 等一价离子,但其在水溶液中的水合离子半径往往大于一价离子,进而导致多价离子更难嵌入正极材料中 (可能需去水合化)。因此多价金属离子电池的正极材料倍率性能往往较差,功率密度较低。

尽管目前电极材料的纳米结构设计,以及与导电性较好的材料复合等策略能够在一定程度上提高正极材料的结构稳定性和循环稳定性,但是目前电极材料的研究远不能达到商业应用的要求,未来的研究除了对现有材料进行改良,设计新型材料也是重要的研究方向。如高分子和有机分子可以通过精准的设计与合成得到高性能材料,在未来是十分有前景的研究方向。

对于负极金属铝来说，由于铝的溶解/沉积电势低于水的析氢电势，在水系电解液中，由于析氢腐蚀金属铝而不能稳定存在，进而限制电池的循环性能。虽然很多负极材料能很好地抑制枝晶产生或副反应的发生，但是一些负极的制备方法较为复杂，难以规模化生产，不利于水系铝电池的广泛应用。目前很多研究都关注如何抑制枝晶的产生，研究不同电流、电压条件下枝晶产生和变化的现象，研究其机理，设计"自修复"的负极材料，或者发展消除已产生的枝晶的电化学方法，也许是另一种延长电池寿命的可行思路。

13.1.2　电解质方面

电化学电池的电解质为完成电路所需的离子传输提供路径，并在控制电池内部的整体化学反应中发挥重要作用。在铝电池中，电解质需要在操作的过程中适应铝的可逆的电化学沉积。由于电镀铝来自于电解液中的含铝物质，因此所用电解液的体积和相应的电活性物质的可用性是作为电池容量的有效限制条件。到目前为止，已经报道了一些用于水系铝电池的功能性电解质，主要基于对 $AlCl_3$ 基电解质的研究和最近对 $Al(OTF)_3$ 溶液的探索。这突出表明电解质是水系铝电池发展的主要障碍之一。盐包水电解质已成功应用于含水锂离子电池 (LIB)、钠离子电池 (NIB) 和锌离子电池 (ZIB)，其中化学组成扩大了电势窗口，重新配置了阳离子配位环境，改变了 SEI 的溶剂化–去溶剂化过程，促进了离子传输，因此有利于金属阳极的可逆剥离/电镀 [19-21]。但 $Al(OTF)_3$ 的溶解度有限是 Al 电化学获得类似盐包水电解质的内在制约因素。混合盐，如 1 M $Zn(TFSI)_2$ 和 20 M LiTFSI(TFSI，双 (三氟甲基磺酰) 酰亚胺) 可作为水系铝电池形成盐包水电解液的一种选择 [22]。此外，还可以选择无机熔盐 [23,24]。

因此，正如 Kravchyk 等所建议的，铝电池的电解质可以被认为类似于液体阳极或阳极电解液，并且为铝电池选择合适的电解质需要仔细考虑几个不同的影响因素，如下所列。

(1) 宽的电化学稳定性窗口可防止电解质的分解，从而实现长期循环稳定性。为了能够进行铝电沉积，稳定性窗口需要大于 1.66 V，但是对于电池电解质应用，更高的电势 (>4 V) 是优选的，以允许使用更大范围的电极材料，并增加电池的比功率和能量。

(2) 需要具有高库仑效率的可逆铝电沉积，以避免电活性物质因副反应而损失，这将不利于电池系统的容量保持。沉积物必须光滑，没有枝晶生长，因为粗糙的枝晶铝沉积物可能会脱落，导致电活性材料损失。同时，任何枝晶的形成都可能导致电极之间的接触和随后的电池短路。

(3) 高效的离子传输对于降低由质量传输限制导致的过电势和提高电池系统的整体性能至关重要。理想情况下，对于实际应用，电解质的离子电导率应大于

10^{-4} S·cm^{-1}，以便在高驱动电流下以可忽略的浓度梯度维持离子迁移率。大多数液体电解质的离子电导率远远超过这个阈值。然而，这些考虑对于可能阻碍离子迁移的准固体和固体电解质变得特别重要。此外，活性离子种类的离子迁移数 (其对总电流贡献的指标) 也要足够高以获得最佳的离子迁移率。

(4) 电极和电解质之间良好的黏附和界面接触是降低内阻所必需的。差的界面性质通常是循环不稳定性和电池失效的关键前兆，并随循环过程中的体积变化而加剧。这对于柔性电池和固态系统尤其重要，因为电极的膨胀和收缩之间的差异可能是有害的，并导致电池组件的断裂。

(5) 安全、不易燃和无毒电解质的设计对于新兴电池系统在其预期应用中的成功实施至关重要。在这方面，有必要考虑其物理化学性质，以提供对内部和外部因素的抵抗力，如气体释放、机械变形、极端温度和辐射。此外，当电池过度充电时，气体在小且不通气的电池中的释放和积聚会导致接触损失和电池故障、电池膨胀甚至排气，这可能是相当剧烈和危险的。准固体和固体电解质可增强对气体析出的抑制作用，而低蒸气压的液体，如深共晶溶剂和离子液体也是有利的。

(6) 其他实际因素，如成本、制造、可持续性和回收，往往在研究中被忽视，这些研究往往将重点放在电化学性能上。实际上，在许多情况下，这些考虑是阻碍替代电池化学物质大规模和大批量商业化的潜在因素。例如，铝电池中常用的氯铝酸盐离子液体价格昂贵，对湿气敏感，并与常规电池外壳材料以及电极材料如五氧化二钒反应；因此，需要可以在空气中安全处理的电解质，以简化生产过程，降低成本，便于大规模生产。

铝电池中的电解质：虽然基于咪唑的氯铝酸盐离子液体是目前铝电池研究中最常用的电解质，但它们存在几个缺点，如高成本、吸湿性和腐蚀性。因此，分析电解质的研究现状和新概念至关重要，以便确定替代品和进一步改进的机会。

含水液体电解质：一直到最近，水系电解质在铝电池中的应用主要限于原电池或二次电池，它们在低于 1.5 V 的放电电势下工作，或者不包括金属铝，因为它的标准电极电势为 1.66 V ($vs.$ SHE)。尽管水系电解质具有很高的离子传导性 ($\sigma \approx 10^1 \sim 10^2$ mS·cm^{-1})，相对便宜、不易燃且通常对环境的影响较小，但铝的电沉积的非常负的电势超过了水的电化学稳定性的狭窄极限，导致伴随氢的释放和电解质的随后分解。此外，氧化膜还引入了接触电阻，导致大的反应过电势，严重影响电池的库仑效率。同时使用高度碱性和酸性电解质，尽管使用高浓度的碱性 (pH>8.6) 和酸性电解质 (pH<4) 可以防止氧化膜的形成，但是由于腐蚀，金属铝负极仍然伴随着氢气的释放。为此，最近出现了一些策略，如铝负极的预处理和使用高浓度盐包水电解质，以减轻这些问题并提高电池性能。通

过浸入路易斯酸性离子液体中对铝电极进行预处理，导致人工 SEI 的形成，该界面取代了钝化氧化膜，并随后提高了铝在水介质中沉积的可逆性。当与氧化锰正极结合时，组合电池的比能超过 500 W·h·kg^{-1}，这是一种低容量保持率的电池。

盐包水电解质：盐包水电解质可视为含水电解质的一个子类，其盐浓度极高或接近溶解度极限。显著的离子间相互作用抑制了氢和氧的析出，并有利于阳离子转运，同时使电解质具有类似于传统的、浓度较低的水包盐电解质的离子电导率。在由 5 M Al(OTF)$_3$ 组成的盐包水电解质中 [1]，电化学窗口加宽至 2.65 V，而在 AlCl$_3$·6H$_2$O(AlCl$_3$·6H$_2$O/H$_2$O = 12) 中记录到高达 4 V 的电化学稳定性窗口，两者均为盐包水电解质，结构类似于离子液体，其中可用的水分子形成松散和紧密的离子簇。离子簇的形成被认为是抑制氧和氢析出的原因，同时水分子的聚集体是快速阳离子传输的导电通道。虽然目前铝电池中盐包水电解质的应用有限，但对铝-石墨结构的初步研究表明，电流密度为 500 mA·g^{-1} 时的比容量高达 165 mA·h·g^{-1}，在 1000 次循环中库仑效率超过 95%，并且没有观察到枝晶生长。最近，Hu 等报道了盐包水电解质在 Al-S 电池中的第一次应用，该电解质由 1 M Al(OTF)$_3$、17 M 锂双 (三氟甲磺酰基) 酰亚胺和 0.02 M 盐酸组成，其电化学稳定性窗口为 3.1 V。盐酸的作用是提供一个温和的酸性环境，以去除和防止铝钝化氧化层的形成，使电池在 30 次循环后保持 97% 的库仑效率和 420 mA·h·g^{-1} (相对于硫的质量) 的比容量。与传统的离子液体相比，无水电解质的成本低得多，这使得它们成为开发更便宜、更安全电解质的进一步研究非常有意义的候选材料。

13.1.3　电池结构方面

与离子液体电解质相比，基于水系电解质的铝电池在成本上占据很大优势，还具有一定的环保作用。但是铝负极的钝化、水系电解质的析氢析氧等副反应问题仍然会严重影响电池的性能。因此，在保证电池的有效储能条件下，设计可靠、合理的电池结构保证电池安全稳定的运行是非常有必要的。

13.1.3.1　电池结构设计

1) 正负极极片及隔膜的设计

尺寸设计方面：与其他金属离子电池类似，铝电池主要有软包、世伟洛克电池和扣式电池三类。根据电池类型不同，电极极片及隔膜尺寸也不相同。目前，在世伟洛克电池中，实验室使用较多的正负极极片的直径一般在 10~14 mm，隔膜直径在 12~16 mm。

软包电池一般会根据电池大小设计不同尺寸的极片和隔膜。一般来说，正极尺寸小于负极，负极小于隔膜。这主要关乎电池电极容量的配比。

2) 安全性设计

目前，基于水系的铝电池，由于析氧等副反应问题严重，因此，在软包类电池中，容易产生鼓包现象。在安全性方面，除了优化电极材料、电解质等方面，工艺上可以在软包电池上安装安全阀一类的装置来提高安全性。

13.1.3.2 电池组成成分优化

1) 电池正负极优化

水系铝电池正极材料是决定铝电池能量密度的重要因素。合适的水系铝电池正极材料需要具有高容量、长循环寿命和合适的氧化还原电势，然而目前的正极材料都普遍存在一些问题 [25]，如结构稳定性差、正极材料中的离子和电子传输速率较低等。目前可以通过以下方法提高材料的循环稳定性：① 纳米结构设计，具有微观纳米结构的材料通常表现出更好的结构稳定性，例如 δ-MnO_2 纳米片的循环稳定性优于 δ-MnO_2 微球 [26]；② 使用导电聚合物薄膜包覆电极材料，避免电极材料与电解液直接接触，起保护作用，例如用聚 3,4-乙二氧噻吩 (PEDOT) 薄膜包覆 MnO_2；③ 嵌入其他金属柱撑离子 (如 Li^+、Na^+、K^+、Mg^{2+}、Ca^{2+}) 来提高正极材料的结构稳定性 [27]。

其次，为了提高正极材料的电荷传输速率，可以① 与导电性良好的碳材料组成复合材料，大大提高正极材料的导电性；② 晶体结构中的水分子能在一定程度上屏蔽多价离子的电荷，减少静电作用，提高扩散速率；③ 扩大正极材料的结构空隙，促进多价金属离子的嵌入和在主体材料中的快速传输，如引入柱撑离子、制备膨化石墨等。

而负极金属铝片不适合直接用作水系铝电池的负极，这是由于金属铝的溶解/沉积电势低于水的析氢电势，在水系电解液中，金属铝将发生析氢腐蚀而不能稳定存在，进而限制电池的循环稳定性。此外，在中性条件下，金属铝电极还易形成钝化膜，阻断铝离子的传输，限制电池的倍率性能。目前主要的解决策略是：① 使用高浓度的电解质扩展水的稳定电势窗口，如以高浓度 $AlCl_3$ 作为电解质；② 对铝负极进行预处理，抑制钝化现象；③ 使用铝合金代替纯铝金属作为负极，如 Zn-Al 合金负极；④ 使用嵌入型电极材料代替金属负极，如使用 MoO_3 等金属氧化物或有机聚合物电极。

2) 电池电解液优化

电解液为电池的重要组成部分，其成分与性能直接关系着电池性能的优劣以及稳定性，因此，在研发新电池的过程中，必须要着重对电解液进行优化。从电解液的反应机理来看，只要解决稳定性以及导电性方面的问题，就能够使二次电池的技术升级以及大规模生产应用。出于对提升电解液性能的考量，若将水作为电解液则能够收获更好的效果，但是必须要着重解决其稳定性的问题，当前的研究也普遍集中于这一方面。

因此在电解质优化方面, 从理论角度来说, 水系电池电解液在应用过程中会发生析氢氧化反应, 所以水系电池电解液的电化学窗口会受到较为明显的限制, 一般稳定在 1.23 V 以内。为了打破这一限制, 可以从抑制析氢氧化反应方面入手, 而调节电解液的 pH 就能够达到这一效果, 促使电化学稳定窗口得以有效拓宽。另外, 采用高浓度的盐包水电解质或者具有低游离水的电解质, 在一定程度上可以避免水的分解, 提高水系铝电池的稳定性。在超高浓度水溶液中, 溶质的质量、体积均明显大于溶剂, 因此, 相比于一般水系电解质而言, 在超高浓度水溶液中存在的离子周边所具备的水分子数量极少, 所以离子之间的相互作用力呈现出显著的高水平。室温条件下, 高浓度的盐包水电解液可以发挥出较好的抑制析氢反应的作用, 并且, 此类电解液还可以形成更高稳定性的界面, 能够达到有效抑制材料溶解以及水活性的效果。除此之外, 水合物熔融盐电解质也能够达到上述效果, 实践中, 该电解液中所有的水分子会与金属阳离子配位, 且同时保持较为理想的流动性。

13.2　水系铝电池的发展方向

13.2.1　铝电池实际评估与应用

目前二次电池领域中以铅酸电池 (VRLA) 和锂离子电池为主。铅酸电池的主要优势包括: 技术成熟、价格便宜、工艺简单、维护方便。铅酸电池主要应用于汽车 SLI(引擎启动、照明、点火) 电池、工业系统、通信后备电源、不间断电源 (UPS)、应急通信车、电动自行车、电动汽车等领域。铅酸电池的主要缺点有: 铅环境污染, 质量及体积能量密度均较低, 循环寿命较短。锂离子电池的优势有: 输出电压高、能量密度高、循环寿命长、功率特性好、免维护、环保等。锂离子电池已主导便携式电子类 (手机、相机、笔记本等数码产品) 市场, 近些年在动力电池市场 (电动工具、电动汽车) 及通信后备电源等方面也脱颖而出。但是, 易燃易爆的有机电解液引起的安全性问题, 以及锂/钴资源引起的成本问题限制着其进一步应用。

铝基电池技术已被广泛认为是大幅改进并可能取代现有电池系统的最具吸引力的选择之一, 这主要是因为它具有质量轻、可靠性高、使用安全、价格低廉且资源丰富等优点, 并且有可能以低成本实现极高的能量密度。但是, 目前铝电池中可用的电解质与电极材料中的许多主要问题使得它们的实际应用不可行。对于电池性能的实际评估, 一般主要从寿命和能量密度方面进行衡量。事实上, 没有任何铝基电池显示出所需的稳定性或吹捧的能量密度。一般来说, 文献中铝基电池可以实现高的容量和能量密度实际上是被夸大了, 主要是因为没有考虑到在实际的全电池中全部的化学反应，并且很多文献报道的可实现的电池级容量和能量密度不精确的计算导致不能公平地评估实际可达到的能量密度。因此，考虑整个电池的化学反应，精确计算铝基电池的容量和能量密度，对于评估铝电池在实际生活中的应用具有重要的作用[28]。

除了电化学储能性能 (能量密度)，从电池的循环寿命分析水系铝电池的耐久性也是非常重要的。当然，商用电池的寿命范围很广，这取决于应用所决定的电流密度。出于公平的比较，对一次铝电池也进行了对比。考虑了一次商用电池的中等电流速率 (0.1~1 mA)，并且假设二次商用电池每年 250~300 次循环，与文献中的铝电池测试条件相当。因此，可以计算电池寿命和能量密度的特定范围。在图 13.1 中，可以看到，与商业领域的主要竞争对手锌–二氧化锰碱性电池相比，水系一次电池的能量密度和使用寿命要低得多。

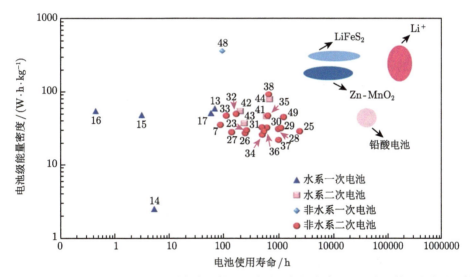

图 13.1　最先进的铝基电池与成熟的电池技术的电池级能量密度和估计电池使用寿命的比较

在可充电水系铝电池中，利用三氯化铝基盐包水电解质可能很有前途，目前可提供 79 W·h·kg^{-1} 的电池级能量密度。含有 Al(OTF)$_3$ 基水系电解质的电池显示出与铅酸电池相当的能量密度。然而，水系碱性电池的使用寿命明显低于铅酸电池。阻碍水系铝电池商业应用的另一个因素是，基于 Al(OTF)$_3$ 的水系电解质比基于三氯化铝基的水系电解质贵约 130 倍，并且是非水系 AlCl$_3$/[EMIm]Cl 的两倍[1]。对于具有 Al/AlCl$_3$-[EMIm]Cl/石墨的非水系铝电池，可实现的寿命远低于现有技术锂离子电池，锂离子电池比任何其他非水系铝电池具有更长的工作寿命。

水系和非水系铝电池性能的比较表明，水系体系可以提供高容量，但循环寿命短、容量保持性差。相比之下，非水系铝电池具有更高的运行和循环寿命，但容量有限。并且非水系铝电池还依赖于电解液，因为它们价格高，具有腐蚀性，对于实现大多数工业化应用有一定的阻碍。尽管可以开发涂层以实现不锈钢硬件和更稳定的集流体，但仍需要高度专业化的材料来避免腐蚀 (Ti、Ta、Mo)。此外，离子液体尚未按要求规模生产，可能需要非环境电池结构和材料加工。非水系铝电池的另一个问题是质量传输，因为离子的运动方向与扩散方向相反。最后，现有离子液体中铝的基本化学组成要求携带大量电解质，这限制了可实现的能量密度值。例如，Al/AlCl$_3$-[EMIm]Cl/石墨铝电池的实际能量密度为 27~50 W·h·kg^{-1}。该电池系统中大量电解液质量的贡献是一个不可避免的事实，所以其未来的部署受到了怀疑。

此外，电池的发展还应该从根本上关注电池系统的安全性、成本和实际意义。调整电解质的物理性质以形成准固态电解质，可以降低电解液泄漏的风险，抑制枝晶的生长，并有助于开发轻质、柔性和可弯曲的电池。

13.2.2　未来发展预期

铝电池的研究目前正在世界范围内展开。尽管可充电铝负极已经被开发出并具有良好的性能，但是水系铝电池目前仍处于初级研究阶段，只有有限数量的电极材料得到了开发和测试。此外，铝金属负极具有高度负的标准还原电势，即如 −1.662 V (*vs.* SHE)，与其他候选金属负极相比，这甚至低于析氢反应的电势。这表明在电化学还原过程中，铝电镀之前会发生本征析氢，如图 13.2(a) 所示。此外，稀水电解质会分解，从而破坏离子传输。根据这一论点，基于纯铝金属负极和水电解质 (在盐水中) 的可再充电铝电池是不可行的。

与不同类型的水系金属–离子电池相比，水系铝电池的功率密度和能量密度指标具有巨大潜力，如图 13.2 (b)。面对可逆铝剥离/电镀的巨大挑战，寻求新的铝电解质体系可能会协同打开更多理解和应用铝化学/电化学的机会。

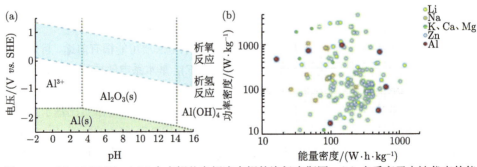

图 13.2　(a) 25 ℃ 下，1 M 含水铝盐电解液中铝的泡佩克斯图；(b) 水系离子电池代表的能量密度和功率密度概述

对于电解质，理想的配方是能够允许可逆的铝剥离/电镀，并且最重要的是控制钝化层的形成。盐包水电解质、准固态电解质和深共晶溶剂被证明是通过抑制析氢反应来扩大电化学电势窗口的选择。然而，与此同时，电解质液体所赋予的腐蚀性质的程度也不容忽视。

对于铝金属负极，一些基本信息对于报道的电解质是有用的甚至是必不可少的：① 显示铝剥离/电镀的循环伏安曲线；② 前几圈电压曲线的去耦，可以指示电极–电解质界面的可能形成；③ 长期循环寿命或者可能的失效机制的证明。未来几年的一项激烈研究可能是在铝金属上构建人工 SEI 层，同时与 Al_2O_3 钝化层竞争。上述策略的发展可能会被大量关于铝化学/电化学的研究报道所强调。

必须强调的是，在水系铝电池中水可能在三种情况下起作用：① 参与电极活性材料的晶体结构，影响插层和转化反应；② 作为铝离子水合壳的一部分；③ 作为在电极–电解质界面上发生的影响 Al^{3+} 去溶剂化行为的电化学的一部分。当质子或水合氢离子参与电池化学反应时，可能会出现更复杂的情况。

关于水系铝电池，在电解质优化和电极开发方面也取得了重大进展。特别是，水系铝–空气电池因其高能量密度和复杂的基础设施而被认为是大规模储能和电动汽车的有前途的选择，尽管仍有许多基础科学问题 (即自放电、钝化层) 需要解决。总体而言，虽然铝电池的发展仍处于初级阶段，需要付出很大努力，但是，铝的巨大可用性以及通过铝价值链和基础设施的商业可用性，加上高安全性，水系铝电池成为重要的后锂概念。

参 考 文 献

[1] Pan W, Wang Y, Zhang Y, et al. A low-cost and dendrite-free rechargeable aluminium-ion battery with superior performance. Journal of Materials Chemistry A, 2019, 7 (29): 17420-17425.

[2] Liu S, Hu J J, Yan N F, et al. Aluminum storage behavior of anatase TiO_2 nanotube arrays in aqueous solution for aluminum ion batteries. Energy & Environmental Science, 2012, 5 (12): 9743-9746.

[3] Sang S, Liu Y, Zhong W, et al. The electrochemical behavior of TiO_2-NTAs electrode in H^+ and Al^{3+} coexistent aqueous solution. Electrochimica Acta, 2016, 187: 92-97.

[4] Liu S, Pan G L, Li G R, et al. Copper hexacyanoferrate nanoparticles as cathode material for aqueous Al-ion batteries. Journal of Materials Chemistry A, 2015, 3 (3): 959-962.

[5] Jia X, Liu C, Neale Z G, et al. Active materials for aqueous zinc ion batteries: synthesis, crystal structure, morphology, and electrochemistry. Chemical Reviews, 2020, 120 (15): 7795-7866.

[6] Nacimiento F, Cabello M, Alcántara R, et al. NASICON-type $Na_3V_2(PO_4)_3$ as a new positive electrode material for rechargeable aluminium battery. Electrochimica Acta,

2018, 260: 798-804.

[7] Lahan H, Das S K. Al^{3+} ion intercalation in MoO$_3$ for aqueous aluminum-ion battery. Journal of Power Sources, 2019, 413: 134-138.

[8] Nandi S, Das S K. An electrochemical study on bismuth oxide (Bi$_2$O$_3$) as an electrode material for rechargeable aqueous aluminum-ion battery. Solid State Ionics, 2020, 347: 115228.

[9] Sun S, Tang C, Jiang Y, et al. Flexible and rechargeable electrochromic aluminium-ion battery based on tungsten oxide film electrode. Solar Energy Materials and Solar Cells, 2020, 207: 110332.

[10] Zhao Q, Zachman M J, Sadat W I A, et al. Solid electrolyte interphases for high-energy aqueous-aluminum electrochemical cells. Science Advance, 2018, 4(11):1-7.

[11] Hu Z, Guo Y, Jin H, et al. A rechargeable aqueous aluminum-sulfur battery through acid activation in water-in-salt electrolyte. Chemical Communications, 2020, 56 (13): 2023-2026.

[12] Yan C, Lv C, Wang L, et al. Architecting a stable high-energy aqueous Al-ion battery. J. Am. Chem. Soc., 2020, 142 (36): 15295-15304.

[13] Gao J, Li Y, Yan Z, et al. Effects of solid-solute magnesium and stannate ion on the electrochemical characteristics of a high-performance aluminum anode/electrolyte system. Journal of Power Sources, 2019, 412: 63-70.

[14] Joseph J, O'Mullane A P, Ostrikov K. Hexagonal molybdenum trioxide (h-MoO$_3$) as an electrode material for rechargeable aqueous aluminum-ion batteries. ChemElectroChem, 2019, 6(24): 6002-6008.

[15] Kazazi M, Abdollahi P, Mirzaei-Moghadam M. High surface area TiO$_2$ nanospheres as a high-rate anode material for aqueous aluminium-ion batteries. Solid State Ionics, 2017, 300: 32-37.

[16] Kazazi M, Zafar Z A, Delshad M, et al. TiO$_2$/CNT nanocomposite as an improved anode material for aqueous rechargeable aluminum batteries. Solid State Ionics, 2018, 320: 64-69.

[17] Wang P, Chen Z, Ji Z, et al. A flexible aqueous Al ion rechargeable full battery. Chemical Engineering Journal, 2019, 373: 580-586.

[18] Cang R, Song Y, Ye K, et al. Preparation of organic poly material as anode in aqueous aluminum-ion battery. Journal of Electroanalytical Chemistry, 2020, 861: 113967.

[19] Suo L, Borodin O, Gao T, et al. "Water-in-salt" electrolyte enables high-voltage aqueous lithium-ion chemistries. Science, 2015, 350 (6263): 938-943.

[20] Han S D, Rajput N N, Qu X, et al. Origin of electrochemical, structural, and transport properties in nonaqueous zinc electrolytes. ACS Applied Materials & Interfaces, 2016, 8 (5): 3021-3031.

[21] Xu M, Ivey D G, Xie Z, et al. The state of water in 1-butly-1-methyl-pyrrolidinium bis(trifluoromethanesulfonyl)imide and its effect on Zn/Zn(II) redox behavior. Electrochimica Acta, 2013, 97: 289-295.

[22] Wang F, Borodin O, Gao T, et al. Highly reversible zinc metal anode for aqueous batteries. Nature Materials, 2018, 17 (6): 543-549.

[23] Zhang C, Ding Y, Zhang L, et al. A sustainable redox-flow battery with an aluminum-based, deep-eutectic-solvent anolyte. Angewandte Chemie, 2017, 56 (26): 7454-7459.

[24] Zhang L, Zhang C, Ding Y, et al. A low-cost and high-energy hybrid iron-aluminum liquid battery achieved by deep eutectic solvents. Joule, 2017, 1 (3): 623-633.

[25] Verma V, Kumar S, Manalastas W, et al. Progress in rechargeable aqueous zinc- and aluminum-ion battery electrodes: challenges and outlook. Advanced Sustainable Systems, 2019, 3 (1): 1800111.

[26] Guo C, Liu H, Li J, et al. Ultrathin δ-MnO_2 nanosheets as cathode for aqueous rechargeable zinc ion battery. Electrochimica Acta, 2019, 304: 370-377.

[27] Tang B, Shan L, Liang S, et al. Issues and opportunities facing aqueous zinc-ion batteries. Energy & Environmental Science, 2019, 12 (11): 3288-3304.

[28] Faegh E, Ng B, Hayman D, et al. Practical assessment of the performance of aluminium battery technologies. Nature Energy, 2020, 6 (1): 21-29.

第四部分
非水系铝电池

第 14 章 非水系铝电池基础与原理

14.1 非水系铝电池的电化学反应原理

非水系铝电池除了资源丰富、成本低廉外，与传统的单离子"摇椅"式电池 (锂离子电池或钠离子电池) 不同，它有两种以上的活性离子参与正极和负极过程。因此，在正极和负极上的电极动力学应该受到关注。在 $AlCl_3$ 酸性基电解质中，阴离子主要是 $AlCl_4^-$ 和 $Al_2Cl_7^-$，随着 $AlCl_3$ 摩尔含量的增加，电解质中 $Al_2Cl_7^-$ 含量随之增加，酸性增强。其中负极侧的电化学反应如下 [1]：

$$4Al_2Cl_7^- + 3e^- \rightleftharpoons Al + 7AlCl_4^- \tag{14-1}$$

在充电过程中，$Al_2Cl_7^-$ 阴离子还原为金属 Al 和 $AlCl_4^-$ 阴离子，其中金属 Al 在负极上沉积；在放电过程中，$AlCl_4^-$ 阴离子与 Al 金属反应生成 $Al_2Cl_7^-$，从而完成可逆的循环充放电过程。

目前，基于酸性 $AlCl_3$ 基电解质的非水系铝电池正极的储能机理可分为三大类：可逆嵌入/脱出反应、吸附/脱附反应和电化学转化 (变价) 反应三种类型 [1]。根据客体离子的不同，前者又可分为 $AlCl_4^-$ 阴离子和 Al^{3+} 阳离子的嵌入。众所周知，基于嵌入/脱出反应机理的电极材料通常允许电子转移数不大于 1，导致电池能量密度有限。与嵌入/脱出型正极相比，电化学转化反应突破了充放电过程中电极材料相态和结构变化的限制。因此，如果可以可逆地进行多相转化反应，通常每摩尔转化型材料可以存储 2~3 个电子。因此，基于这种转化机制的非水系铝电池有望通过多电子氧化还原反应获得更高的容量。

14.1.1 嵌入/脱出机理

14.1.1.1 $AlCl_4^-$ 阴离子脱嵌反应

$AlCl_4^-$ 阴离子的可逆脱嵌过程主要发生在石墨类材料上，包括石墨、石墨烯等，金属有机框架衍生物及共价有机框架 (COF) 中 [2-6]。以石墨为例，其反应方程表示为 [3]

$$C_n + AlCl_4^- \rightleftharpoons C_n[AlCl_4] + e^- \tag{14-2}$$

如图 14.1 所示，在充电过程中，$AlCl_4^-$ 阴离子嵌入石墨层间；在放电过程中，$AlCl_4^-$ 阴离子从石墨层间脱出进入电解质，从而完成可逆的循环充放电过程。

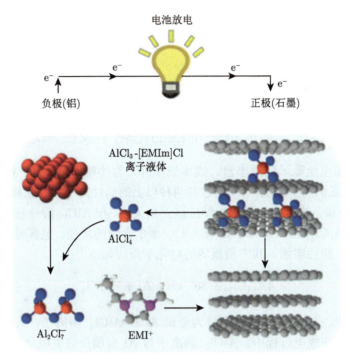

图 14.1   以石墨为例的 $AlCl_4^-$ 阴离子嵌入/脱出机理示意图 [3]

此外，导电聚合物 (聚苯胺 (PAn)、聚吡咯 (PPy)、聚噻吩 (PTh) 等) 与石墨材料具有相似的脱嵌机理 [7,8]，有望在 $AlCl_3$/EMIC 电解质中应用，在不同电压范围内可获得 30~100 $mA·h·g^{-1}$ 的比容量。此外，基于一类廉价芘聚合物的新型正极材料，聚硝基芘–共芘的平均放电比容量为 100 $mA·h·g^{-1}$，高于纯聚芘 (70 $mA·h·g^{-1}$) 或结晶芘 (20 $mA·h·g^{-1}$)，表明芘和硝基芘的共聚物具有优异的电化学性能 [9]。在电流密度为 200 $mA·g^{-1}$ 的条件下，放电电压为 1.7 V，经过 1000 次循环，可逆比容量可达 85 $mA·h·g^{-1}$。

14.1.1.2 Al^{3+} 阳离子脱嵌反应

Al^{3+} 阳离子的可逆脱嵌过程通常是指 Al^{3+} 与某些氧化物、硫化物和硒化物等的反应，如 VO_2、V_2O_5、Mo_6S_8、MoS_2、TiS_2、α-MnSe、$MoSe_2$ 等，其反应方程表示如下 [1]：

$$M + 4nAl_2Cl_7^- + 3ne^- \rightleftharpoons Al_nM + 7nAlCl_4^- \tag{14-3}$$

其中 M 代表正极材料。

2015 年，Wang 等采用一系列电化学测试和实验表征，揭示了 Al-V_2O_5 电池的充放电反应过程，如图 14.2 所示 [10]。放电时 Al^{3+} 嵌入 V_2O_5 晶体中；充电

时 Al^{3+} 从 V_2O_5 晶体中脱出。正极侧发生的反应方程式为

$$Al^{3+}+V_2O_5+3e^- \Longleftrightarrow AlV_2O_5(\text{正极}) \tag{14-4}$$

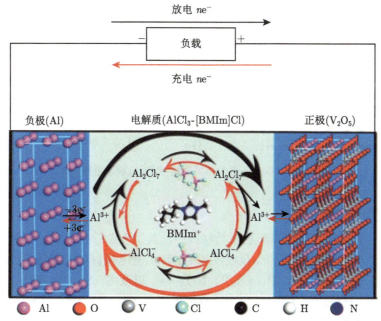

图 14.2 以 V_2O_5 为例的 Al^{3+} 阳离子嵌入/脱出机理示意图 [10]

除了典型的过渡金属氧化物外，近年来具有层状结构的 MXene 也被证实具有良好的嵌入/脱出可逆性。Beidaghi 等证实了碳化钒 (V_2CT_x) 二维无机化合物 (MXene) 作为非水系铝电池正极时 Al^{3+} 阳离子在 MXene 层间的可逆脱嵌机理 [11]。其中，四丁基氢氧化铵 (TBAOH) 的嵌入可将多层 V_2CT_x 剥离为少层 2D V_2CT_x 并作为正极材料，在电流密度为 100 $mA\cdot g^{-1}$ 时，电池的比容量可达 300 $mA\cdot h\cdot g^{-1}$ 以上。当增大倍率时 (200 $mA\cdot g^{-1}$)，100 次循环后的容量相对较低，约 85 $mA\cdot h\cdot g^{-1}$，表明该电极在高倍率下循环时仍存在严重的容量衰减。

14.1.2 吸附/脱附机理

如图 14.3 所示，$AlCl_4^-$ 阴离子的可逆吸附/脱附反应主要发生在活性材料的微孔和中孔中，如 N 掺杂微孔碳、碳纳米管、有序多孔碳 (CMK-3) 等 [1]。基于吸附/脱附机理的非水系铝电池通常具有极大的电化学双电层电容、优异的循环稳定性和较长的循环寿命。研究发现，多孔配位聚合物衍生的 N-掺杂微孔碳作为超电容电极时，在 1000 $mA\cdot g^{-1}$ 电流密度下具有 280 $F\cdot g^{-1}$ 的高比电容，循环 2000 次后仍具有 96.3% 的电容保持率 [12]。

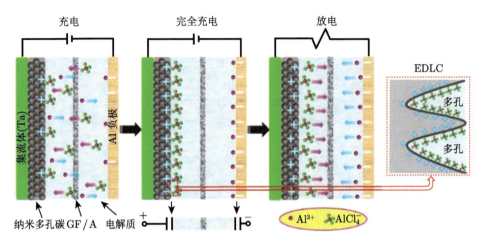

图 14.3　以多孔碳为例的吸附/脱附机理示意图[12]

14.1.3　电化学转化机理

除部分氧化物、硫化物和石墨类材料外，其余大部分已报道的正极材料均是基于可逆的电化学转化 (变价) 反应实现的。转化型电极材料主要包括过渡金属化合物，如 FeS_2、VS_4、Ni_2P、Cu_3P、$NiTe$ 等，以及 S、Se、Te 等[1]。

以 FeS_2 材料为例 (图 14.4)[13]，放电过程中 FeS_2 与 Al^{3+} 反应生成 FeS 和 Al_2S_3，而在随后的充电过程中又被氧化为 FeS_2。

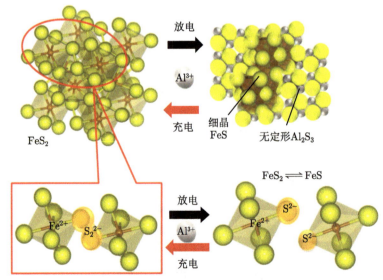

图 14.4　以 FeS_2 为例的电化学转化机理示意图[13]

14.2　非水系铝电池的热力学与动力学

14.2.1　非水系铝电池热力学分析

热力学研究是基于电化学体系的平衡状态，涉及的主要问题是电能和化学能之间的转换规律。在电化学体系中，电势差与该体系自由能的变化有关，这将为测定各种化学信息开辟道路，包括吉布斯自由能变、电势、平衡常数等。

电化学反应的吉布斯自由能如下 [14]：

$$\Delta G = \Delta H - T\Delta S \tag{14-5}$$

式中，ΔG 是吉布斯自由能变；ΔH 是焓变；T 是温度 (开尔文)；ΔS 是熵变。

吉布斯自由能可用基本的热力学表示 (14-6)[14]：

$$\Delta G = \Delta G^{\ominus} - RT\ln Q \tag{14-6}$$

式中，$\Delta G^{\ominus}$ 为标准吉布斯自由能变；R 为气体常数；Q 为活度系数。根据 $\Delta G = -zFE$ 和 $\Delta G^{\ominus} = -zFE^{\ominus}$ 可得到如下所示的能斯特方程 [14]：

$$E = E^{\ominus} + \frac{RT}{zF}\ln Q \tag{14-7}$$

式中，E 为实际电势；$E^{\ominus}$ 为平衡条件下的电势；z 为涉及反应的电子转移数；F 为法拉第常数。以下将以铝–石墨电池的电化学反应过程为例进行说明。

正极反应：

$$C_n + AlCl_4^- \rightleftharpoons C_n\,[AlCl_4] + e^- \tag{14-8}$$

负极反应 [15,16]：

$$Al_2Cl_7^- + Cl^- \rightleftharpoons 2AlCl_4^- \tag{14-9}$$

$$AlCl_4^- + 3e^- \rightleftharpoons Al + 4Cl^- \tag{14-10}$$

铝负极的总反应为

$$4Al_2Cl_7^- + 3e^- \rightleftharpoons Al + 7AlCl_4^- \tag{14-11}$$

因而，整个电池反应为

$$3C_n + 4Al_2Cl_7^- \rightleftharpoons 4AlCl_4^- + 3C_n\,[AlCl_4] + Al \tag{14-12}$$

正、负极氧化还原反应的能斯特方程分别表示如下：

$$E_+ = E_+^\ominus + \frac{RT}{F} \ln \frac{a_{C_n[AlCl_4]}}{a_{C_n} a_{AlCl_4^-}} \tag{14-13}$$

$$E_- = E_-^\ominus + \frac{RT}{3F} \ln \frac{(a_{Al_2Cl_7^-})^4}{a_{Al}(a_{AlCl_4^-})^7} \tag{14-14}$$

式中，$a_{C_n[AlCl_4]}$、a_{C_n}、$a_{AlCl_4^-}$、$a_{Al_2Cl_7^-}$ 和 a_{Al} 分别是 $C_n[AlCl_4]$、C(graphite)、$AlCl_4^-$ 和 Al 的活度。假设固态物质的活度为 1，则 $a_{C_n} = 1$、$a_{C_n[AlCl_4]} = 1$，且 $a_{Al} = 1$。由此，公式 (14-13) 和 (14-14) 可简化为

$$E_+ = E_+^\ominus + \frac{RT}{F} \ln \frac{1}{a_{AlCl_4^-}} \tag{14-15}$$

$$E_- = E_-^\ominus + \frac{RT}{3F} \ln \frac{(a_{Al_2Cl_7^-})^4}{(a_{AlCl_4^-})^7} \tag{14-16}$$

在一定温度下，石墨电极的电势与 $AlCl_4^-$ 阴离子的浓度有关，而负极的电势与 $AlCl_4^-$ 和 $Al_2Cl_7^-$ 阴离子的浓度有关。在室温 (298.15 K) 下，公式 (14-15) 和 (14-16) 可进一步简化为

$$E_+ = E_+^\ominus + 0.0592 \lg \frac{1}{a_{AlCl_4^-}} \tag{14-17}$$

$$E_- = E_-^\ominus + \frac{0.0592}{3} \lg \frac{(a_{Al_2Cl_7^-})^4}{(a_{AlCl_4^-})^7} \tag{14-18}$$

因而，电池电压 $(E = E_+ - E_-)$ 可以表示为

$$E = E^\ominus + \frac{0.2368}{3} \lg \frac{a_{AlCl_4^-}}{a_{Al_2Cl_7^-}} \tag{14-19}$$

可以看出，铝–石墨电池的电压与不同比例的 $AlCl_4^-$ 和 $Al_2Cl_7^-$ 阴离子浓度的对数呈线性关系。基于密度泛函理论的第一性原理模拟，Agiorgousis 等计算了平衡状态时的电池电压 $(E^\ominus)$。基于铝–石墨电池的电化学氧化还原反应，电池电压计算为 [17]

$$E^\ominus = \frac{3(E_{C_n[AlCl_4]} - E_{C_n}) + 4\left(E_{AlCl_4^-} - E_{Al_2Cl_7^-}\right) + E_{Al}}{3e} \tag{14-20}$$

式中，$E_{C_n[AlCl_4]}$、$E_{AlCl_4^-}$、$E_{Al_2Cl_7^-}$、E_{C_n} 和 E_{Al} 分别是 $AlCl_4^-$ 嵌入石墨体系、$AlCl_4^-$ 阴离子、$Al_2Cl_7^-$ 阴离子、石墨和 Al 的总能量。可以观察到，电池电压与 $AlCl_4^-$ 和 $Al_2Cl_7^-$ 阴离子之间的总能量差以及 $AlCl_4^-$ 阴离子嵌入石墨的摩尔数有关。此处，引入石墨层间化合物 (GIC) 阶 (n) 的概念，即 n 层石墨烯与一层插层物交替堆叠。根据前人的研究，计算出 4 阶石墨层间化合物的平均电压为 2.01 V[18]。基于 Hussey 等在 $AlCl_3$ 基离子液体中铝配离子浓度的研究结论 [19]，当采用 $AlCl_3$/EMIC(摩尔比 1.3) 离子液体电解质时，$AlCl_4^-$ 和 $Al_2Cl_7^-$ 阴离子的体积浓度分别计算为 2.67 M 和 1.14 M。由此，铝–石墨电池的电池电压可被推断为 2.04 V。

14.2.2 非水系铝电池动力学分析

对于特定的电极过程，一般包括液相传质、固–液界面的电子转移、可能的相形成/转变以及固相中的传输。为了更好地理解非水系铝电池的动力学过程，引入了单电子反应的可充电池 (锂离子电池) 作为参考体系。锂离子电池是一种典型的"摇椅"式电池，在充放电过程中锂离子在正负极之间传输。另一方面，在具有双阴离子反应的非水系铝电池中，$Al_2Cl_7^-$ 阴离子在负极转化为金属铝和 $AlCl_4^-$ 阴离子，同时 $AlCl_4^-$ 阴离子嵌入到正极 (作为铝–石墨电池的原型)。在非水系铝电池中，Al 在负极表面的沉积涉及三个电子的同时转移，而 Li 沉积是单电子转移 [1]。因此，在非水系铝电池中，传质、电子转移和固相中的传输等三种电极动力学与锂离子电池不同。我们将以基于金属负极的锂离子电池和非水系铝电池为原型 (锂离子电池为金属 Li，非水系铝电池为金属 Al)，讨论这三种过程的电极动力学。

14.2.2.1 质量传输

离子的质量传输过程首先在正负极之间的区域 (以隔膜中的电解质为典型形式) 进行讨论，如图 14.5(a) 所示 [1]。在不考虑对流过程的情况下，用能斯特–普朗克方程描述离子在溶液中的扩散和电迁移过程 [20,21]：

$$J_1 = -D_1 \nabla C_1 - \frac{z_1 F}{RT} D_1 C_1 \nabla \Phi_1 \tag{14-21}$$

式中，J_1 是离子通量；D_1 是离子在整个溶液中的扩散系数；∇C_1 是离子的浓度梯度；z_1 为物种的电荷；C_1 为物种的浓度；$\nabla \Phi_1$ 为溶液中的电势梯度。由于非水系铝电池的传输活性电荷携带相反的电荷，且对扩散和电迁移过程的贡献是不同的，因此在锂离子电池和非水系铝电池中质量传输行为是不同的。

实际情况下，由于隔膜的存在，质量传输将受到影响，采用如下两个几何参数，即孔隙率 (ε) 和扭曲度 (τ)。前者是孔隙体积占总体积的分数，后者是描述隔膜形貌对离子流影响的无量纲量。这两个参数被用来阐述孔隙空间的数量和微观结构之间的有效扩散行为。因此，在有隔膜存在的情况下，离子通过本体溶液的有效扩散系数 (D_{eff}) 可以简单描述为 [22]

$$D_{eff} = D_1 \frac{\varepsilon}{\tau} \tag{14-22}$$

由于 Li^+ 具有较小的离子半径，在嵌入过程中很难引起嵌入型正极材料的结构膨胀 ($LiFePO_4$、$LiCoO_2$、$LiMn_2O_4^{[23,24]}$、$NCM^{[25]}$、$NCA^{[26]}$ 作为正极时，组装的多孔电极体积膨胀率一般 <10%)。因此，锂离子电池中正极的膨胀尺寸 (Δd_1) 几乎可以忽略，表明锂离子通过隔膜的传输过程在整个电化学过程中几乎是稳定的。然而，在非水系铝电池中，电极的体积膨胀对传质行为有很大的影响，特别是在铝–石墨电池中。实际上，$AlCl_4^-$ 阴离子的尺寸 (5.28 Å) 要大于原始石墨的层间距 (3.34 Å)。当 $AlCl_4^-$ 阴离子嵌入本体石墨层间时，随着嵌入量的增加，石墨层间距明显增大。$AlCl_4^-$ 阴离子嵌入后，石墨的膨胀 (Δd_2) 在石墨粉涂布的多孔电极中达 50%～60%[27]，在 100% 荷电状态 (SOC) 下甚至高达 110%～650%[28]。这将显著增加隔膜的变形，并从改变几何参数方面减少离子传输路径。因此，随着充电过程的进行，离子穿过隔膜时的有效扩散系数逐渐减小。

图 14.5(b) 所示 [1] 是正极和负极之间离子浓度梯度的示意图。在锂离子电池中，Li^+ 在有机极性溶剂中存在溶剂化效应，因此 Li^+ 的实际有效尺寸远大于 PF_6^- 阴离子。由于 Li^+ 的电荷密度高于 PF_6^- 的分散电荷密度，Li^+ 的迁移数 (t) 将大大减小，且 Li^+ 的迁移占主导地位 [29,30]。在充电过程中，Li^+ 沿一个方向从正极迁移到负极，即 Li^+ 的扩散方向和电迁移方向相同。因此，随着 Li^+ 的嵌入，浓度梯度逐渐呈上升趋势。然而，$AlCl_4^-$ 和 $Al_2Cl_7^-$ 阴离子沿正极和负极之间呈现出相反的迁移方向。根据非水系铝电池的电化学反应，一方面，$AlCl_4^-$ 阴离子将在正极处聚集，参与嵌入过程。随着石墨电极逐渐膨胀，假设电池两端机械固定良好，负极与正极之间的距离将会缩短。另一方面，$Al_2Cl_7^-$ 阴离子在负电极上积累，并在铝箔上发生沉积反应。特别是铝负极附近的扩散对铝剥离过程有很大的影响。在非水系铝电池体系中，$AlCl_4^-$ 阴离子在石墨正极侧的扩散方向和电迁移方向相同，而在负电极侧 $Al_2Cl_7^-$ 阴离子的两个方向相反。同时，这两种活性阴离子在传质过程中的扩散和迁移行为会更加复杂，特别是随着负极和正极间距的变化而变化。因此，非水系铝电池中的浓度梯度变化比锂离子电池中的浓度梯度变化更为复杂。此外，浓度梯度的增加会导致离子的迁移数减少，传质电阻 (R_1) 增大，从而增加欧姆降。因此，过电势 ($\eta = E - E_0$) 增加，这将会导致容量降低。当 Al^{3+} 在正极侧参与转化反应时，Al^{3+} 在正极附近的扩散方向和电迁移方向均相反。由于转化型材料可逆性差、溶解度高，因此，在传质过程中 Al^{3+} 阳离子和

$Al_2Cl_7^-$ 阴离子的浓度梯度变化与 $AlCl_4^-$ 阴离子作为客体时的反应同样复杂。

此外，离子在多孔电极表面的液相扩散过程也被对比讨论，如示意图 14.5(c) 所示 [1]。在不受对流和电迁移过程对多孔电极表面的干扰情况下，多孔电极的扩散行为主要受结构变化的影响。对于电极变化有限的锂离子电池 (<10%)，多孔电极的主要几何参数，即孔隙率和弯曲度不会明显改变。因此，多孔电极中的扩散系数 (D_s) 几乎保持不变。然而，$AlCl_4^-$ 阴离子嵌入后石墨的体积膨胀会显著影响多孔电极的孔隙率和弯曲度。因此，铝–石墨电池在 $AlCl_4^-$ 阴离子嵌入的不同阶段的 D_s 都会发生变化。目前，考虑传质变化的相关研究是非常有限的，这就需要极大的努力来深入研究多孔电极中的传质过程。

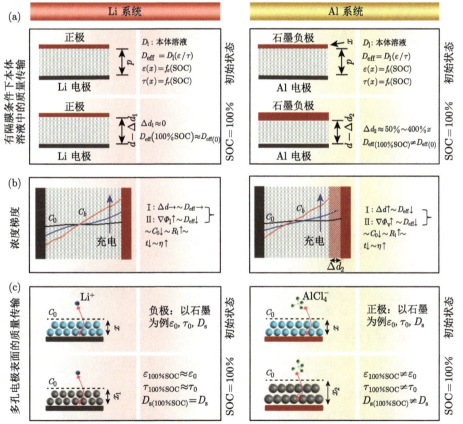

图 14.5　可充电锂和铝电池系统中 (a) 隔膜和 (c) 多孔电极中离子传输过程的示意图；(b) 正负极间离子浓度梯度示意图 [1]

14.2.2.2   电子转移

图 14.6 显示了可充电锂电池和铝电池系统中液固界面电子转移过程的示意图 [1]。首先，比较了锂离子电池和铝电池负极中金属沉积过程。锂电极表面发生反应的电子转移动力学基于浓度相关的 Bulter-Volmer 模型，如公式 (14-23) 所示 [31-34]：

$$j_{Li} = j_{Li}^0 [e^{-\alpha_1 f\eta} - e^{(1-\alpha_1)f\eta}] \tag{14-23}$$

$$j_{Li}^0 = Fk_{Li}(C_{Li^+})^{1-\alpha_1} \tag{14-24}$$

$$f = F/RT \tag{14-25}$$

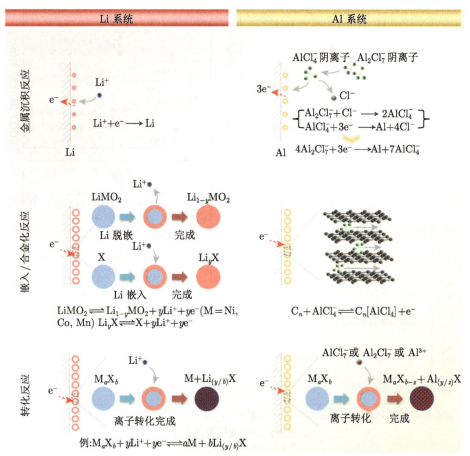

图 14.6   可充电锂电池和铝电池系统中电子转移过程的示意图。这种电子转移过程在不同的反应机理中是不同的 [1]

式中, j_{Li} 是电化学反应的电流密度; j_{Li}^0 是 Li 的交换电流密度; α_1 是传递系数; f 是热电压的倒置; η 是过电势, 指电极电势与平衡电势的偏差; k_{Li} 是标准速率常数; C_{Li^+} 是 Li^+ 的本体浓度。随着过电势的变化, 锂离子电池电极上的反应速率与 Li^+ 浓度是相关的。

另一方面, 在铝-石墨电池中, $Al_2Cl_7^-$ 阴离子在充电过程中在负极转化为 Al 和 $AlCl_4^-$ 阴离子。负电极上的反应可描述如下 [15,16]:

$$Al_2Cl_7^- + Cl^- \underset{k_{1-}}{\overset{k_{1+}}{\rightleftharpoons}} 2AlCl_4^- \tag{14-26}$$

$$AlCl_4^- + 3e^- \underset{k_{2-}}{\overset{k_{2+}}{\rightleftharpoons}} Al + 4Cl^- \tag{14-27}$$

如果反应 (14-26) 如此容易发生, 以至于它始终与溶液处于平衡状态, 那么

$$k_{1+}C_{Al_2Cl_7^-}C_{Cl^-} = k_{1-}(C_{AlCl_4^-})^2 \tag{14-28}$$

平衡常数 (K) 表示为正向和反向速率常数 (k_{1+}/k_{1-}) 的比值

$$K = (C_{AlCl_4^-})^2/C_{Al_2Cl_7^-}C_{Cl^-} \tag{14-29}$$

考虑到反应 (14-27) 是速率控制步骤, 负极处的电流密度 (j_{Al}) 为

$$j_{Al} = 3F[k_{2+}C_{AlCl_4^-} - k_{2-}(C_{Cl^-})^4] \tag{14-30}$$

在界面处于平衡的情况下, 正向 (k_{2+}) 和反向 (k_{2-}) 速率常数呈现相同的标准速率常数 (k_{Al})。则其他电势下的速率常数可表示为

$$k_{2+} = k_{Al}e^{-3\alpha_2 f\eta} \tag{14-31}$$

$$k_{2-} = k_{Al}e^{3(1-\alpha_2)f\eta} \tag{14-32}$$

因此, 电流密度和过电势之间的关系可以写成

$$j_{Al} = 3Fk_{Al}C_{AlCl_4^-}[e^{-3\alpha_2 f\eta} - (1|K)^4\left((C_{AlCl_4^-})^7|(C_{Al_2Cl_7^-})^4\right)e^{3(1-\alpha_2)f\eta} \tag{14-33}$$

式中, j_{Al} 为电流密度; $C_{AlCl_4^-}$ 为 $AlCl_4^-$ 阴离子浓度; $C_{Al_2Cl_7^-}$ 为 $Al_2Cl_7^-$ 阴离子浓度; α_2 为传递系数; k_{Al} 为标准速率常数。因此, 反应动力学将随 $AlCl_4^-$ 和 $Al_2Cl_7^-$ 阴离子浓度的变化而变化。

此外, 进一步阐述了正极材料的嵌入、合金化和转化过程。由于充电反应过程中电极材料的一系列复杂行为 (多电子转移、相变、电化学腐蚀、溶解、SEI 膜形成等) 的影响, 对于锂、铝二次电池体系中反应速率与过电势之间的关系还未得到广泛研究。

14.2.2.3 离子在本体材料中的固相扩散

本小节对电极材料中的固相扩散过程进行讨论,以石墨为典型示例进行说明 (图 14.7)[1]。为了评估石墨层间化合物的稳定性,引入铝电池中 $AlCl_4^-$ 阴离子与石墨的结合能 (E_b),如下 [18]:

$$E_b = \frac{E_{C_n[AlCl_4]_x} - E_{C_n} - xE_{AlCl_4^-}}{x} \tag{14-34}$$

式中,x 是 $AlCl_4^-$ 阴离子的嵌入数。负的 E_b 值意味着 $AlCl_4^-$ 嵌入石墨是放热过程,因此 $AlCl_4^-$ 阴离子倾向于与石墨结合。4 阶石墨层间化合物是热力学最稳定的石墨层间化合物,因此在充电时最有利于生成,这与以前研究的 X 射线衍射 (XRD) 结果是非常一致的 [34,35]。进一步嵌入可以生成 3 阶石墨层间化合物,然后生成 2 阶石墨层间化合物,最后生成 1 阶石墨层间化合物。具体而言,3 阶石墨层间化合物可以在较低温度下观察到,相关实验已观察到这一现象 [34]。除了 3 阶外,2 阶和 1 阶的石墨层间化合物在室温下难以观察到,可能是外部能量不足或石墨主体剥落所致。而在锂离子电池石墨电极中,Li^+ 嵌入引起的分阶现象则不同,在电化学嵌锂过程中可以检测到从 4 阶到 1 阶的所有阶段产物 [36-38]。其中,液相阶段 2(2L 阶) 和致密阶段 2(2 阶) 保持相同的 c 轴顺序。然而,该阶段会发生一定的转变。从 2L 阶 (被填充的每 2 层石墨从无面内有序 (2L 阶) 转移到 LiC_6 面内有序的致密阶段 2[39]。

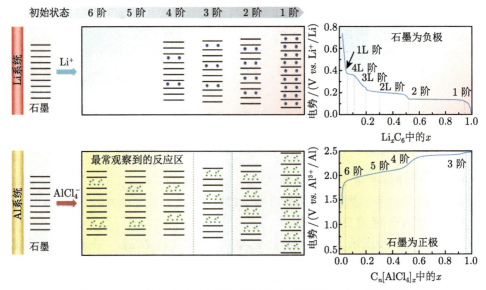

图 14.7 锂和铝电池系统固体材料中离子的扩散过程示意图 [1]

本体材料中离子的理论扩散系数 (D_0) 可使用以下方程式 [40,41]：

$$D_0 = \frac{d^2\nu}{b} = \frac{d^2}{b}\nu_0 \mathrm{e}^{-\Delta G/k_\mathrm{B}T} \tag{14-35}$$

式中，d 是两个相邻站点之间的跳变距离；ν 是成功跳变的跳变频率；b 是 1D、2D 或 3D 扩散的几何因子 (分别为 2、4 或 6)；ν_0 是尝试频率；ΔG 是活化能垒；k_B 是玻尔兹曼常量；T 是温度 (K)。Jung 等计算了 AlCl_4^- 阴离子在石墨中的扩散速率，结果表明 AlCl_4^- 阴离子在石墨中的扩散速率呈非线性增长 [41]。理论计算表明，从 6 阶到 2 阶石墨层间化合物，扩散系数在 $10^{-9} \sim 10^{-7}$ cm²·s⁻¹ 内变化。进一步的实验结果也证实了在非水系铝电池中石墨电极的实际扩散系数，该值可达 $\sim 10^{-8}$ cm²·s⁻¹ [42]。随着 AlCl_4^- 阴离子嵌入的持续进行，该值逐渐减小。

对于几何因子 b 为 6 的三维扩散，扩散系数可写成 [40]

$$D_0 = \frac{d^2\nu}{6} = \frac{d^2}{6\gamma} \tag{14-36}$$

式中，γ 是跳跃时间 (跳跃频率 ν 的倒数)。因此，离子从本体溶液迁移到电极内部的总时间可表示为式 (14-37)：

$$\gamma = \frac{d_\mathrm{l}^2}{6D_\mathrm{l}} + \frac{d_\mathrm{s}^2}{6D_\mathrm{s}} + \frac{d_0^2}{6D_0} \tag{14-37}$$

式中，D_l 为离子在本体电解质中的液相传质系数；D_s 为离子在多孔电极表面的扩散系数；D_0 为离子在本体材料中的固相扩散系数。可以看出，离子在固体中的扩散系数受液相传质、离子在多孔电极表面的扩散和固相扩散的共同影响。

14.2.3 热力学和动力学理解

根据热力学和动力学的综合分析，计算结果表明高电势电极材料和结构设计允许电极材料在非水系铝电池中具有快速离子扩散和电子转移行为。电极动力学研究结果表明，传统的锂离子电池涉及锂离子在正、负电极之间的迁移 (摇椅型)，而 AlCl_4^- 和 $\mathrm{Al}_2\mathrm{Cl}_7^-$ 阴离子同时参与非水系铝电池 (双阴离子型) 中的反应，或为 Al^{3+} 阳离子和 $\mathrm{Al}_2\mathrm{Cl}_7^-$ 阴离子 (双离子型) 反应。总之，非水系铝电池在固相中表现出不同的传质、电子转移和内部扩散行为。由于非水系铝电池过程复杂，电极动力学中的速率控制步骤不易确定，或者速率决定步骤可能被多个步骤改变或影响。关于理解电极动力学的更多讨论如下。

(1) 在传质过程中，Li^+ 在有机极性溶剂中被广泛地溶剂化，因此锂离子电池中电解质的离子迁移数和电导率主要受 Li^+ 影响。Li^+ 的电迁移方向是沿电场方向的，浓度梯度随离子的嵌入而呈增大趋势。另一方面，在 $AlCl_4^-$ 和 $Al_2Cl_7^-$ 阴离子存在的情况下，以 $AlCl_4^-$ 阴离子或 Al^{3+} 阳离子为客体的扩散和电迁移过程将是不同的。当 $AlCl_4^-$ 阴离子作为客体时，$AlCl_4^-$ 阴离子在正极中的扩散方向和电迁移方向相同，在充电过程中没有价态变化。而当 Al^{3+} 在正极上参与转化过程时，Al^{3+} 的扩散方向和电迁移方向相反，导致了价态的变化。这些复杂的变化导致了迁移数的变化。此外，电极的体积膨胀随着 SOC 的增加而增大，这也影响了电极的传质过程，改变了电极的反应速率。因此，在电极的设计和电解液的选择上应充分考虑传质的影响。更重要的是，还应考虑阴离子反应速率与电极过电势的匹配条件。另外，由于正极材料及其结构引起的膨胀变化，电解质的迁移数和电导率应引起重视。

(2) 在电子转移过程中，与锂离子电池中正、负极上的单电子反应不同，铝–石墨电池在负极上是三电子反应，在正极上通常是单电子反应。这种现象会导致正负极之间电子转移速率的不匹配。此外，锂离子电池与非水系铝电池反应所涉及的离子 (单个阳离子或阴离子团簇) 的空间构型也有很大差异。电子在团簇上的分布受团簇结构介电性质的影响，导致电子转化过程的差异。为了进一步提高电子转移速率，有必要设计正负电极间的匹配反应机制。

(3) 在本体电极材料离子的固相扩散方面，由于离子尺寸较大，非水系铝电池的内阻相较于锂离子电池更大，从而导致扩散速率的显著变化。由于正极膨胀对传质过程的影响，内部扩散过程的变化可能更大。为了降低电极材料的扩散阻力，实现电极材料的结构稳定性，有必要设计电极材料的微纳米结构，优化电极材料的本征结构和扩散通道。

根据以上讨论，非水系铝电池热力学和动力学参数的结果表明，明晰电极动力学对电化学过程的影响具有重要意义。显然，有必要在实验上评估相关参数，包括本体电解质和电极中的传输和扩散过程，以及结合能、电极电势、交换电流密度、扩散系数、离子迁移时间等相关参数。因此，非水系铝电池的热力学和动力学分析对于指导设计更宽电化学窗口和更高电导率的电解质，以及更高电势、更小迁移距离和更多扩散路径的电极材料至关重要。

参 考 文 献

[1] Tu J, Song W L, Lei H, et al. Nonaqueous rechargeable aluminum batteries: progresses, challenges, and perspectives. Chemical Reviews, 2021, 121: 4903-4961.

[2] Sun H, Wang W, Yu Z, et al. A new aluminium-ion battery with high voltage, high safety and low cost. Chemical Communications, 2015, 51: 11892-11895.

[3] Lin M, Gong M, Lu B, et al. An ultrafast rechargeable aluminium-ion battery. Nature, 2015, 520: 324-328.

[4] Chen H, Xu H, Wang S, et al. Ultrafast all-climate aluminum-graphene battery with quarter-million cycle life. Science Advances, 2017, 3: eaao7233.

[5] Li C, Dong S, Tang R, et al. Heteroatomic interface engineering in MOF-derived carbon heterostructures with built-in electric-field effects for high performance Al-ion batteries. Energy & Environmental Science, 2018, 11: 3201-3211.

[6] Lu H, Ning F, Jin R, et al. Two-dimensional covalent organic frameworks with enhanced aluminum storage properties. ChemSusChem, 2020, 13: 3447-3454.

[7] Hudak N S. Chloroaluminate-doped conducting polymers as positive electrodes in rechargeable aluminum batteries. The Journal of Physical Chemistry C, 2014, 118: 5203-5215.

[8] Liao Y, Wang D, Li X, et al. High performance aluminum ion battery using polyaniline/ordered mesoporous carbon composite. Journal of Power Sources, 2020, 477: 228702.

[9] Walter M, Kravchyk K V, Böfer C, et al. Polypyrenes as high-performance cathode materials for aluminum batteries. Advanced Materials, 2018, 30: 1705644.

[10] Wang H, Bai Y, Chen S, et al. Binder-free V_2O_5 cathode for greener rechargeable aluminum battery. ACS Applied Materials & Interfaces, 2015, 7: 80-84.

[11] Vahidmohammadi A, Hadjikhani A, Shahbazmohamadi S, et al. Two-dimensional vanadium carbide (MXene) as a high-capacity cathode material for rechargeable aluminum batteries. ACS Nano, 2017, 11: 11135-11144.

[12] Wang S, Kang Z, Li S, et al. High specific capacitance based on N-doped microporous carbon in [EMIm]Al_xCl_y ionic liquid electrolyte. Journal of the Electrochemical Society, 2017, 163: A3319-A3325.

[13] Mori T, Orikasa Y, Nakanishi K, et al. Discharge/charge reaction mechanisms of FeS_2 cathode material for aluminum rechargeable batteries at 55 ℃. Journal of Power Sources, 2016, 313: 9-14.

[14] Bard A J, Faulkner L R. Electrochemical Methods: Fundamentals and Applications. New York: John Wiley & Sons, Inc., 2001.

[15] Torsi G, Mamantov G. Potentiometric study of the dissociation of the tetrachloroaluminate ion in molten sodium chloroaluminates at $175° \sim 400°$. Inorganic Chemistry, 1971, 10: 1900-1902.

[16] Karpinski Z J, Osteryoung R A. Potentiometric studies of the chlorine electrode in ambient-temperature chloroaluminate ionic liquids: determination of equilibrium constants for tetrachloroaluminate ion dissociation. Inorganic Chemistry, 1985, 24: 2259-2264.

[17] Agiorgousis M L, Sun Y Y, Zhang S. The role of ionic liquid electrolyte in an aluminum-graphite electrochemical cell. ACS Energy Letters, 2017, 2: 689-693.

[18] Bhauriyal P, Mahata A, Pathak B. The staging mechanism of $AlCl_4$ intercalation in a graphite electrode for an aluminium-ion battery. Physical Chemistry Chemical Physics, 2017, 19: 7980-7989.

[19] Wang C, Creuziger A, Stafford G, et al. Anodic dissolution of aluminum in the alu-

minum chloride-1-ethyl-3-methylimidazolium chloride ionic liquid. Journal of the Electrochemical Society, 2016, 163: H1186-H1194.

[20] Yoon G, Moon S, Ceder G, et al. Deposition and stripping behavior of lithium metal in electrochemical system: continuum mechanics study. Chemistry of Materials, 2018, 30: 6769-6776.

[21] Zhao Q, Stalin S, Zhao C Z, et al. Designing solid-state electrolytes for safe, energy-dense batteries. Nature Reviews Materials, 2020, 5: 229-252.

[22] Lagadec M F, Zahn R, Wood V. Characterization and performance evaluation of lithium-ion battery separators. Nature Energy, 2019, 4: 16-25.

[23] Mukhopadhyay A, Sheldon B W. Deformation and stress in electrode materials for Li-ion batteries. Progress in Materials Science, 2014, 63: 58-116.

[24] Chen R, Li Q, Yu X, et al. Approaching practically accessible solid-state batteries: stability issues related to solid electrolytes and interfaces. Chemical Reviews, 2020, 120: 6820-6877.

[25] Liang C, Longo R C, Kong F, et al. Obstacles toward unity efficiency of $LiNi_{1-2x}Co_x Mn_xO_2$ ($x = 0 \sim 1/3$) (NCM) cathode materials: insights from *ab initio* calculations. Journal of Power Sources, 2017, 340: 217-228.

[26] Ryu H H, Park N Y, Seo J H, et al. A highly stabilized Ni-rich NCA cathode for high-energy lithium-ion batteries. Materials Today, 2020, 36: 73-82.

[27] Chen L L, Li N, Shi H, et al. Stable wide-temperature and low volume expansion Al batteries: integrating few-layer graphene with multifunctional cobalt boride nanocluster as positive electrode. Nano Research, 2020, 13: 419-429.

[28] Zhang C, He R, Zhang J, et al. Amorphous carbon-derived nanosheet-bricked porous graphite as high-performance cathode for aluminum-ion batteries. ACS Applied Materials & Interfaces, 2018, 10: 26510-26516.

[29] Xu K. Nonaqueous liquid electrolytes for lithium-based rechargeable batteries. Chemical Reviews, 2004, 104: 4303-4418.

[30] Choobar B G, Modarress H, Halladj R, et al. Multiscale investigation on electrolyte systems of [(solvent + additive) + $LiPF_6$] for application in lithium-ion batteries. The Journal of Physical Chemistry C, 2019, 123: 21913-21930.

[31] von Lüders C, Keil J, Webersberger M, et al. Modeling of lithium plating and lithium stripping in lithium-ion batteries. Journal of Power Sources, 2019, 414: 41-47.

[32] Krauskopf T, Richter F H, Zeier W G, et al. Physicochemical concepts of the lithium metal anode in solid-state batteries. Chemical Reviews, 2020, 120: 7745-7794.

[33] Boyle D T, Kong X, Pei A, et al. Transient voltammetry with ultramicroelectrodes reveals the electron transfer kinetics of lithium metal anodes. ACS Energy Letters, 2020, 5: 701-709.

[34] Pan C J, Yuan C, Zhu G, et al. An operando X-ray diffraction study of chloroaluminate anion-graphite intercalation in aluminum batteries. Proceedings of the National Academy of Sciences of the United States of America, 2018, 115: 201803576.

[35] Yu Z, Tu J, Wang C, et al. A rechargeable Al/graphite battery based on $AlCl_3$/1-butyl-3-methylimidazolium chloride ionic liquid electrolyte. ChemistrySelect, 2019, 4: 3018-3024.

[36] Reynier Y, Yazami R, Fultz B. XRD evidence of macroscopic composition inhomogeneities in the graphite-lithium electrode. Journal of Power Sources, 2007, 165: 616-619.

[37] Druee M, Seyring M, Rettenmayr M. Phase formation and microstructure in lithium-carbon intercalation compounds during lithium uptake and release. Journal of Power Sources, 2017, 353: 58-66.

[38] Schweidler S, de Biasi L, Schiele A, et al. Volume changes of graphite anodes revisited: a combined operando X-ray diffraction and in situ pressure analysis study. The Journal of Physical Chemistry C, 2018, 122: 8829-8835.

[39] Heß M, Novák P. Shrinking annuli mechanism and stage-dependent rate capability of thin-layer graphite electrodes for lithium-ion batteries. Electrochimial Acta, 2013, 106: 149-158.

[40] Gao Y, Nolan A M, Du P, et al. Classical and emerging characterization techniques for investigation of ion transport mechanisms in crystalline fast ionic conductors. Chemical Reviews, 2020, 120: 5954-6008.

[41] Jung S C, Kang Y J, Yoo D J, et al. Flexible few-layered graphene for the ultrafast rechargeable aluminum-ion battery. The Journal of Physical Chemistry C, 2016, 120: 13384-13389.

[42] Han D, Cao M S, Li N, et al. Initial kinetics of anion intercalation and de-intercalation in nonaqueous Al-graphite batteries. Chinese Journal of Chemistry, 2021, 39: 157-164.

第 15 章　非水系铝电池电解质

15.1　非水系铝电池电解质简介

对于非水系铝电池而言，电解质作为贯穿体系内部的"血液"，提供电池反应所需的活性离子。不仅如此，电解质的种类很大程度上决定着非水系铝电池的工作机制，影响着电池的能量密度、循环寿命等电化学性能，起着比在"摇椅"式电池中更为重要的作用。此外，电解质还影响着电池的稳定性和安全性，是电池体系最重要的决定性组成部分之一。为了选择合适的电解质，实现高性能、长寿命、低内阻、低成本和高安全性的非水系铝电池，电解质的选择需要考虑众多重要因素。一般来说，非水系铝电池电解质体系应当满足以下基本要求：

(1) 高的离子电导率，离子能在正负极之间快速转移，确保电池高倍率性能；

(2) 良好的化学稳定性，不会发生分解，确保电池高稳定性；

(3) 宽的电化学窗口，赋予电池高工作电压；

(4) 良好的热稳定性，使得电池可在较宽温度范围内工作；

(5) 低成本，使得铝电池具有价格优势；

(6) 电极反应过程中具有平衡的多离子传输能力。

在铝电池的发展历程中，最早的研究集中在干电池以及铝空气电池领域 [1-3]。在此期间，以水作为溶剂的水溶液电解质常被用来构建一次铝电池体系 [4]。难以消除的钝化层以及严重的腐蚀导致了铝负极差的可逆性，阻碍了一次铝电池的发展。直至 20 世纪 70 年代，科学家们在非水系氯铝酸熔融盐电解质中实现了铝的电化学可逆沉积和剥离 [5,6]，开启了二次铝电池的研究时代。而后，涌现了以 $AlCl_3/NaCl$、$AlCl_3/$丁基氯化吡啶 (BPC) 等为例的许多铝电池电解质体系 [7-10]，并在不同正极材料的基础上展开了详细的研究 [11-14]。

经过随后的几十年，尤其是近十年，针对铝电池体系的科学研究、涉及该领域的分析成果及总结归纳不断丰富与完善，进一步地为今后多离子电池科学体系的优化与革新提供科学的指导和帮助。本章节系统探讨了铝电池非水系电解质，分别从离子液体、熔融盐、固态电解质等几个方面展开论述，以期对广大储能工作者有所裨益。

15.2　非水系电解质物理化学性质

非水系电解质相关研究主要集中在氯铝酸盐类体系，铝在其中以氯铝酸根阴离子形式存在。氯化铝在氯铝酸盐中的比例决定了电解质体系的碱酸性，同时也影响着体系中的离子组成。具体来说，氯化铝的摩尔占比小于 1 时，体系呈碱性，此时体系中存在 $AlCl_4^-$ 和 Cl^- 离子；氯化铝的摩尔比等于 1 时，体系呈中性，阴离子只有 $AlCl_4^-$ 存在；氯化铝的摩尔占比大于 1 时，此时占主导地位的则是 $Al_2Cl_7^-$ 离子。对于 $Al_2Cl_7^-$ 的形成，存在着以下平衡反应 [15]：

$$AlCl_4^- + AlCl_3 \rightleftharpoons Al_2Cl_7^- \tag{15-1}$$

在碱性和中性体系中，主要的阴离子是 $AlCl_4^-$，故电沉积过程主要发生的反应为

$$AlCl_4^- + 3e^- \longrightarrow Al + 4Cl^- \tag{15-2}$$

而在酸性体系中，电沉积铝的反应式为

$$4Al_2Cl_7^- + 3e^- \rightleftharpoons Al + 7AlCl_4^- \tag{15-3}$$

反应式 (15-2) 是不可逆的，而反应式 (15-3) 是可逆的 [16]，因此，酸性氯铝酸盐可实现铝的可逆电剥离/沉积 [5,17]，故而可作为铝电池的电解质。

15.3　离子液体电解质

室温离子液体是非水系铝电池中研究得最多、最深入的电解质体系，它允许电池在室温下正常工作，并拥有许多优异的性能，如高离子电导率、不燃性、低蒸气压以及良好的电化学活性和稳定性，曾被广泛地应用于电池 [18,19]、电容器 [20] 和合成染料太阳能电池 [21] 等电化学器件中。铝电池应用的离子液体电解质通常由 M+X- 和 AlCl₃ 混合而成 [22-25]，其中 M+ 表示有机阳离子，比如吡咯烷盐或咪唑盐，X- 表示卤素阴离子 (Cl-、Br- 或 I-) 或有机阴离子 (TFSI- 或 OTF-)。研究中最常见的主要是由不同烷基侧链的咪唑阳离子和氯阴离子组成的，比如氯化 1-丁基-3-甲基咪唑 ([BMIm]Cl)[26] 和氯化 1-乙基-3-甲基咪唑 ([EMIm]Cl)[27,28]。关于铝电池室温离子液体体系的主要研究结果如表 15.1 所示。

表 15.1　非水系铝电池研究中的主要室温离子液体电解质体系

电解质	摩尔比	离子电导率/(mS·cm^{-1}, RT)	正极材料	截止电势上限/V	文献
AlCl$_3$/MEIC	0.6:1, 2:1	—		2.2	[29]
AlCl$_3$/DMPrICl	1.5:1	—	石墨	2.3~2.4	[9]
AlCl$_3$/BPC	2:1	6.99	聚苯胺	1.8	[11]
AlCl$_3$/EMIC		14.2			
AlCl$_3$/[BIm]Br	0.5:1	—	氟化石墨	1.5	[30]
AlCl$_3$/二丙砜/甲苯	1:10:5	—	V$_2$O$_5$/C	2.0	[31]
AlCl$_3$/BMIC	1.1:1	~8	V$_2$O$_5$	2.5	[10]
AlCl$_3$/EMIC	1.3:1	—	石墨	2.3	[27]
AlCl$_3$/EMIC	1.3:1	—	热解石墨	2.45	[28]
AlCl$_3$/Et$_3$NHCl	1.5:1	—	石墨烯气凝胶	2.62	[33]
	1.5:1	—	膨胀石墨	2.54	[34]
	1.7:1	13.5	石墨	2.4	[35]
AlCl$_3$/尿素	1.5	2.1	石墨碳纸	2.2	[36]
AlCl$_3$/尿素/EMIC	13.5:9:0.8	3.4	石墨碳纸	2.4	[37]
AlCl$_3$/尿素衍生物	1.4:1	1.26(Me-Ur)	石墨	2.35	[38]
		1.56(Et-Ur)			
AlCl$_3$/乙酰胺	1.3:1	—	热解石墨	2.45	[39]
			S	1.8	[40]
AlCl$_3$/CPL	1.85:1	—	石墨	2.7	[41]
AlCl$_3$/Py$_{13}$Cl	1.5:1	5	石墨	2.4	[42]
AlCl$_3$/4-乙基吡啶	1.3:1	0.89	石墨	2.2	[43]
Al(OTF)$_3$-NMA-甲苯	0.05:0.76:0.19	2.5	—	2.8	[44]
Al(OTF)$_3$/二甘醇二甲醚	5:1	—	CuHCF	—	[45]
Al(OTF)$_3$/[BMIM]OTF	0.5 M	1~2	V$_2$O$_5$	3	[46]
AlCl$_3$/咪唑蓝酸盐	1.5:1	0.279	石墨	2.5	[47]
AlCl$_3$/TEBAC	2.4:1	0.539	石墨	2.4	[48]

15.3.1　AlCl$_3$/咪唑类离子液体

1985 年，首个室温铝二次电池体系建立在由 AlCl$_3$ 与氯化 1-甲基-3-乙基咪唑 (MEICl) 组成的电解质体系基础上 [29]。随后，基于金属铝负极、石墨正极，以 AlCl$_3$ 和氯化 1,2-二甲基-3-丙基咪唑 (DMPrICl) 的混合物作为电解质成功组装了二次电池 [9]。1993 年，基于聚苯胺 (PANI) 正极体系 AlCl$_3$/BPC 和 AlCl$_3$/[EMIm]Cl 电解质体系进行了研究 [11]。2013 年，一种由 AlCl$_3$ 和溴化 1,3-二丁酯咪唑混合而成的电解质被提出 [30]，并应用于铝/氟化石墨电池系统。此外，AlCl$_3$：二丙砜：甲苯以 1：10：5 的摩尔比混合而成的溶液也应用到

以 V_2O_5/C 作为复合正极的可充放电铝电池中[31]。总地来说，由卤化咪唑鎓盐和 $AlCl_3$ 组成的离子液体电解质在铝电池研究中出现得最为频繁。不同卤素离子对离子液体结构和理化性质的影响被详细研究[10]。从图 15.1 可以看到，卤素原子的尺寸强烈影响着电解质的离子电导率和电化学稳定窗口，更大的卤素原子对应着更低的阴阳离子稳定性和更低的离子电导率。由 [BMIm]Cl 组成的电解质表现出最宽的电化学窗口以及最高的电导率，且从电荷分布和能级来看，$[BMIm]^+$-$[AlCl_4]^-$ 也表现出最高的氧化分解电压和最宽的电化学窗口。同时，阴离子的组成和浓度对离子液体的稳定窗口和电导率有很大影响，进而决定了其电化学性能。当 $AlCl_3$：[BMIm]Cl 摩尔比小于 1 时，存在 $AlCl_4^-$ 和 Cl^-，电解质表现为碱性；当 $AlCl_3$：[BMIm]Cl 摩尔比等于 1 时，阴离子只有 $AlCl_4^-$ 存在 (中性)；当 $AlCl_3$：[BMIm]Cl 摩尔比大于 1 时，$Al_2Cl_7^-$ 或更大的配离子的存在使得电解质呈酸性。这些前期的探索研究为后续铝电池电解质体系的发展延伸奠定了科学基础。

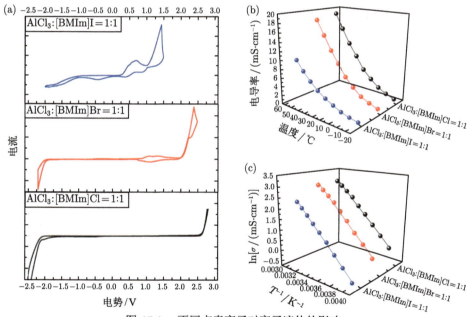

图 15.1　不同卤素离子对离子液体的影响
(a) 电化学窗口测试；(b) 电导率与温度关系曲线；(c) 阿伦尼乌斯曲线[10]

引人注目的是，以 $AlCl_3$/[EMIm]Cl 离子液体为电解质体系的铝–石墨二次电池可以实现优异的循环稳定性、较高的放电电压和充放电比容量以及良好的电池可逆性等电化学性能，在储能领域具有极大的应用前景。此外，基于该电解质体系，也发展了诸多具有应用潜力的其他类铝电池正极材料，如氧化物、硫及硫化物、硒及硒化物、碲及碲化物、锑及锑化物、有机类材料等[32]。这些材料因其元素的多价性等优势，在 $AlCl_3$/[EMIm]Cl 离子液体电解质中多数具有较高的电化学活性，可展现较高的充放电比容量。但是，这类材料在这种强的路易斯酸性电解质体系中，材料本身或中间产物大多难以维持稳定结构，存在化学溶解与电化学溶解等问题还未根本消除或解决，因此电池容量衰减严重，循环寿命普遍较短，这部分内容在本书后续概述正极材料章节会详细展开讨论。总之，非水系铝电池新型电解质体系的开发以及电解质与正极材料的相互适配性等研究还需要进一步系统性的科学探索与发展。

15.3.2　$AlCl_3$/季铵盐类离子液体

考虑到未来非水系铝电池的大规模应用对电解质体系的更高要求，科学家开始探索新型离子液体电解质体系。为解决 [EMIm]Cl 的高成本问题，研究者开发出 $AlCl_3$/盐酸三乙胺 (Et_3NHCl) 离子液体[33-35]，并将其作为铝–石墨电池电解质。如图 15.2(a) 和 (b) 所示[33]，对 $AlCl_3$/Et_3NHCl 电解质体系结构进行密度泛函理论计算，$[Et_3NH]^+$-$AlCl_4^-$ 的成键能大于 $[EMIM]^+$-$[AlCl_4]^-$，使其在 $AlCl_3$/Et_3NHCl 体系中更加稳定 (图 15.2(a))。同时，$[Et_3NH]^+$-$AlCl_4^-$ 表现出更低的 HOMO 能和更高的 LUMO 能，表明其具有更高的分解电势和更宽的电势窗口 (图 15.2(b))。如图 15.2(c)，该电池体系在 5 $A·g^{-1}$ 电流密度下的比容量为 112 $mA·h·g^{-1}$，循环 30000 圈后容量保留率为 97.3%，几乎没有衰减。有趣的是，本来难以处理的工业废物 (Et_3NHCl) 得以转化成高价值的电解质，既环保又节能。

与此同时，离子液体类似物，如尿素 (urea) 与 $AlCl_3$ 混合物，也被作为非水系铝电池电解质进行了研究[36-38]。以石墨碳纸为正极时[36]，在充电过程中，正极发生 $AlCl_4^-$ 的嵌入反应，而在负极上发生 $[AlCl_2 \cdot n(urea)]^+$ 被还原为铝的反应。在 $AlCl_3$/尿素摩尔比为 1.5 时，电池在 200 $mA·g^{-1}$ 电流密度下循环 500 圈后比容量依然可维持在 75 $mA·h·g^{-1}$ (120 ℃)，库仑效率接近 100%，说明该尿素体系具有良好的电化学可逆性。此外，通过加入少许 [EMIm]Cl 来提高原尿素体系的离子电导率，形成了三元的 $AlCl_3$/urea/[EMIm]Cl 电解质[37]，并得到最佳的摩尔比例为 13.5 : 9 : 0.8，此时该三元尿素体系的离子电导率可达 3.4 $mS·cm^{-1}$。后续，N-甲基尿素 (Me-Ur) 和 N-乙基尿素 (Et-Ur) 对 $AlCl_3$/[尿素衍生物] 电解质在铝电池应用方面的影响被引申研究[38]。结果显示，与尿素体系相比，Me-Ur 和 Et-Ur 基电解液的黏度降低，电导率提高。

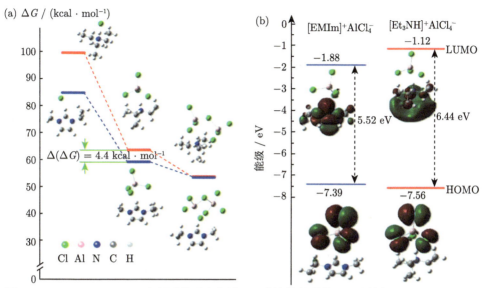

图 15.2 AlCl$_3$/Et$_3$NHCl 电解质体系密度泛函理论计算得到的 (a) 成键能；(b) HOMO 和 LUMO 图 [33] (1 cal = 4.1868 J)

类似地，共熔的 AlCl$_3$/乙酰胺 (AcA) 液体也被提出作为非水系铝电池电解质以替代传统的咪唑鎓盐电解质 [39,40]。Chu 等 [40] 成功将 AlCl$_3$/AcA 电解质应用到 Al-S 二次电池中，如图 15.3(a) 为不同摩尔配比电解质的 ^{27}Al NMR 核磁共振分析谱图。AlCl$_3$/AcA 摩尔比为 1.0 时，在 104 ppm、92 ppm 和 76 ppm 处有三个特征峰分别代表着 AlCl$_4^-$、中性分子和 [AlCl$_2$·(AcA)$_2$]$^+$。当摩尔比增加到 1.3 时，中性分子显著降低，[AlCl$_2$·(AcA)$_2$]$^+$ 增加，说明此时更多中性分子转化为离子。根据密度泛函理论计算研究 [AlCl$_2$·(AcA)$_2$]$^+$ 阳离子的配位生成机制，如图 15.3(c) 所示，AcA 倾向于通过 O 原子与 AlCl$_2^+$ 配位，生成 [AlCl$_2$·(AcA)$_2$]$^+$ 的单配位阳离子。该体系中，Al-S 电池表现出良好的循环性能和倍率性能 (图 15.3(c) 和 (d))，100 mA·g^{-1} 电流密度下其初始比容量超过 1500 mA·h·g^{-1}，循环 60 圈后保有比容量约为 500 mA·h·g^{-1}。良好的电化学性能可能得益于电池反应中 AlCl$_4^-$、Al$_2$Cl$_7^-$ 以及 [AlCl$_2$·(AcA)$_2$]$^+$ 的共同作用。研究者根据电解质中活性离子种类和解离能研究，探讨了该体系中分别以 Al$_2$Cl$_7^-$ 或 [AlCl$_2$·(AcA)$_2$]$^+$ 作为负极反应活性离子的两种可能途径。如图 15.3(e)，以 Al$_2$Cl$_7^-$ 为活性离子参与反应时，具有更低的能量势垒，因此反应更偏向于途径一。此外，还开发了 AlCl$_3$/己内酰胺 (CPL) 电解质并应用于铝–石墨二次电池 [41]，结果显示该体系中最佳摩尔比为 1.85，且截止电势可以提高到 2.7 V。有趣的是，当加入适量 (9.5%) 尿素形成 AlCl$_3$/urea/CPL 三元体系时，在 1000 mA·g^{-1} 电流密度条件下，电池比容量可以从 138 mA·h·g^{-1} 提高

到 $161\ \mathrm{mA \cdot h \cdot g^{-1}}$。

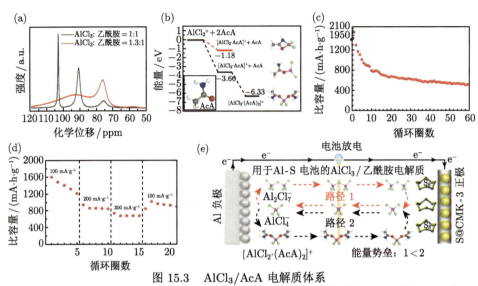

图 15.3　AlCl₃/AcA 电解质体系

(a) $^{27}\mathrm{Al}$ NMR 核磁共振分析谱图；(b) AcA 通过不同位点与 $\mathrm{AlCl_2^+}$ 配位的能量情况 (Al: 粉色; Cl: 绿色; O: 红色; C: 灰色; N: 蓝色; H: 白色); (c) Al-S 电池循环曲线; (d) 倍率性能; (e) AlCl₃/AcA 电解质中可能的放电过程 [40]

15.3.3　AlCl₃/吡啶类离子液体

为探索离子液体电解质的组成、物理性质和电池性能之间的关系，研究人员开发了新型电解质体系以提升非水系铝电池发展空间，一种 AlCl₃/氯化 1-甲基-1-丙基吡咯烷盐 ($\mathrm{Py_{13}Cl}$) 离子液体电解质被报道 [42]。研究显示，电解质中阳离子/阴离子的大小决定了它的物理性质，包括密度、黏度和电导率，以及电池的过电势、倍率性能和能量效率等。因此，相比 [EMIm]Cl 基离子液体，其表现出更低的密度、更高的黏度和更低的电导率，这是由其中尺寸较大的阳离子所决定的。相类似地，最近，还提出一种新型的中性 AlCl₃/4-乙基吡啶 (4-ethylpyridine) 电解质 [43]，通过引入中性的 4-乙基吡啶作为配体首次实现了无 $\mathrm{Al_2Cl_7^-}$ 也可在铝二次电池中实现铝的可逆沉积/剥离 (图 15.4(a))。所发生的氧化还原过程与 AlCl₃/酰胺体系中类似，可表示为如下公式：

$$2\left[\mathrm{AlCl_2}\left(4\text{-ethylpyridine}\right)_n\right]^+ + 3e^- \rightleftharpoons \mathrm{Al} + \mathrm{AlCl_4^-} + 2n4\text{-ethylpyridine} \quad (15\text{-}4)$$

AlCl₃/4-乙基吡啶电解质在摩尔比为 1.3 时，表现出最好的电化学性能。如图 15.4(b)，当电流密度为 $25\ \mathrm{mA \cdot g^{-1}}$ 时，石墨正极最大比容量为 $95\ \mathrm{mA \cdot h \cdot g^{-1}}$。并且当电流密度为 $100\ \mathrm{mA \cdot g^{-1}}$ 时，稳定循环 1000 圈后容量保有率约为 85%，库仑

效率一直稳定在 ≈99.5％(图 15.4(c))。值得注意的是，相比以往使用的酸性离子液体电解质体系中金属铝的严重腐蚀，该体系中的铝片没有明显的形态变化。如图 15.4(d) 所示，中间泡在 AlCl₃/[EMIm]Cl 离子液体中的铝片肉眼可见严重的腐蚀，而右边 AlCl₃/ 4-乙基吡啶电解质中的铝片即使是微观形貌也没有太大变化。此外，在该体系中，金属铜 (Cu) 和镍 (Ni) 的溶解速率也要低得多，这种化学优势可能归功于无高腐蚀性的 $Al_2Cl_7^-$ 阴离子，这使得集流体材料的选择范围也得到扩大。同时，得益于 $Al_2Cl_7^-$ 阴离子的缺失和活性铝中心被 4-乙基吡啶中性配体屏蔽等因素，该离子液体在空气环境中也相对稳定，电池仍可表现出较为稳定的充放电特性，这种优势可以降低铝电池电解质制备和电池组装所需的环境要求，并减少安全隐患。

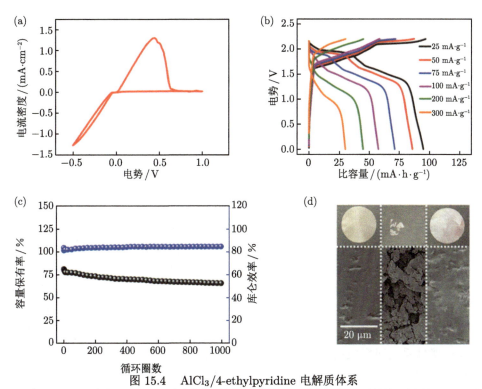

图 15.4   AlCl₃/4-ethylpyridine 电解质体系

(a) 铝的可逆沉积/剥离曲线；(b) 不同电流密度下的充放电曲线；(c) 摩尔比为 1.3 时的循环稳定性；(d) Al 电极分别浸泡于中性和酸性电解质后的形貌对比 [43]

15.3.4 其他新型常温电解质

综上，显然目前非水系铝电池电解质中,研究得最广泛的室温氯铝酸盐类体系多是由无水 AlCl₃ 和各种有机盐混合而成的强路易斯酸性液体。然而无水 AlCl₃

的高活性和强腐蚀性非常不利于铝电池的实际应用。因此，人们提出采用对空气和水分不敏感的三氟甲烷磺酸铝 (Al(OTF)$_3$) 作为 AlCl$_3$ 的替代品 [44-46]。采用 N-甲基乙酰胺 (NMA)/尿素混合物作为 Al(OTF)$_3$ 的溶剂 [44]，且当该三元电解质比例为 Al(OTF)$_3$:NMA:尿素 =0.05:0.76:0.19 时，表现出最高的离子电导率和相对较低的黏度 (图 15.5(a))。与 AlCl$_3$/[EMIm]Cl 离子液体相比，该电解质具有更宽的电压窗口 (图 15.5(b)) 和更高的离子电导率，但是其电化学活性较低，这可能是由于 NMA 和尿素溶剂分子对 Al^{3+} 的强溶剂化作用。

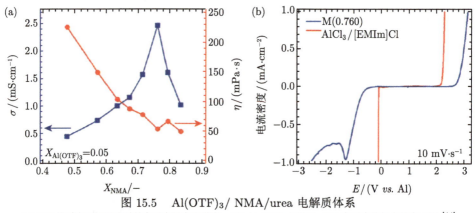

图 15.5   Al(OTF)$_3$/ NMA/urea 电解质体系

(a) 三元体系在不同配比时的离子电导率和黏度；(b) 与 AlCl$_3$/[EMIm]Cl 离子液体的电势窗对比 [44]

同时，以铁氰化铜作正极的铝电池报道中使用了以二甘醇二甲醚 (diglyme) 作溶剂形成的 Al(OTF)$_3$/diglyme 电解质体系 [45]。此外，还研究了一种具有高氧化分解电势，无腐蚀性且遇水稳定的电解质体系 [46]，该电解质由 1-丁基-3-甲基三氟甲烷磺酸盐 ([BMIm]OTF) 和 Al(OTF)$_3$ 组成，有望作为非水系铝电池的高压电解质。总地来说，对于无 AlCl$_3$ 的电解质体系，其电化学性能与基于 AlCl$_3$ 的体系相比还有很大差距，有些甚至很难实现完整的循环。然而，针对这一类体系的研究依然至关重要，它为非水系铝电池电解质体系的研究开辟了一个新的思路以及发展方向。

此外，还有 AlCl$_3$/咪唑盐酸盐 (ImidazoleHCl)、AlCl$_3$/苄基三乙基氯化铵 (TEBAC) 等离子液体作为高倍率、长循环铝–石墨二次电池的电解质体系曾被报道 [47,48]。然而，其电化学性能较传统的 AlCl$_3$/[EMIm]Cl 离子液体并没有太大优势，且依然表现为强路易斯酸性，对电极材料以及电池装配与工作条件提出了苛刻要求，故在此不再具体赘述。

综上，非水系铝电池离子液体类电解质体系具有较长的研究历史，且表现突出。它使非水系铝电池得以实现较高容量与电压以及超长循环等优良的电化学性能，在未来铝电池储能工作中具有长远的发展和应用前景。

15.4 熔融盐电解质

熔融盐电解质通常由不同摩尔配比的 $AlCl_3$ 和 XCl (X = Na, K, Li, ···) 组成，最初是作为金属铝电沉积的媒介。与离子液体电解质相比，无机熔盐的低黏度和相对较高的工作温度不仅大大提高了电解质的离子电导率，而且有利于加快离子嵌入/脱嵌的动力学，极化更少。因此，熔融盐电解质铝电池有望获得优异的高倍率和循环性能。从大规模工业应用的角度来看，电池的工作温度可以通过其自身的充电/放电过程产生的焦耳热来维持，或者通过工业过程的废热来维持。

1971 年，Del Duca[49] 首次阐述在 $AlCl_3/NaCl$ 或 $AlCl_3/LiCl/KCl$ 混合熔融盐中的铝沉积动力学。她表示，在低过电势时，控速步骤为扩散限制，而在高过电势时，控速步骤为电荷转移。她的结果证实在阳极溶解过程中，低价铝离子的产生为控速步骤。Holleck 和 Giner[6] 于 1972 年分别在 100 ℃ 和 160 ℃ 下测试了 $AlCl_3/KCl/NaCl$ 共熔盐中铝电极的电化学性能，发现其是可逆的，并且能在大电流密度下工作。此外，其工作温度在加入 LiCl 后还可以得到降低。自此，诸如 $AlCl_3/KCl/NaCl$、$AlCl_3/NaCl$ 等无机氯铝酸熔融盐成为了可充放电铝电池可能的电解质体系之一。

20 世纪 70~90 年代，科研工作者们围绕高温熔融盐为非水系铝电池电解质体系，做出了许多有启发性的工作 (表 15.2)。1980 年，以 $AlCl_3/NaCl$ 熔融盐为电解质组装了 $Al-FeS_2$ 二次电池 [7]，在工作温度为 180~300 ℃ 范围时得到两个位于 0.6 V 和 0.9 V 的放电平台。同时对电解质添加物也进行了一定研究，发现加入 $SnCl_2$ 对电池性能表现出正面的影响。此外，还讨论了 FeS 在含溶解 Al_2S_3 的

表 15.2　非水系铝电池研究中的主要熔融盐电解质体系

电解质	正极	放电电压平台/V	工作温度/℃	参考文献
$AlCl_3/NaCl$	FeS_2	0.9/0.6	180~300	[7]
$AlCl_3/NaCl/Al_2S_3$	FeS	—	200	[50]
$AlCl_3/NaCl/BPC$	FeS_2	1.3~1.0	90~140	[8]
$AlCl_3/LiCl/BPC$		1.1~1.0		
$LiAlCl_4/NaAlCl_4/NaAlBr_4/KAlCl_4$	Ni_3S_2	—	100	[12]
$AlCl_3/NaCl$	石墨碳纸	1.95~1.8/1.6~1.5/1.2~1.0	120	[51,52]
$AlCl_3/LiCl/KCl$	石墨碳纸	1.8/1.6/1.35/1.0	96~100	[53]
$AlCl_3/NaCl/LiCl/KCl$	石墨碳纸	1.8~0.95	75~90	[55]

NaCl 饱和的 AlCl$_3$/NaCl 熔融盐中的电化学行为[50]。正极上发生的从 FeS 到 FeS$_2$ 的氧化反应, 在较小阳极过电势时, 由 AlSCl$_2^-$ 的扩散控制。随后, 科学研究又发现将 BPC 加入 AlCl$_3$/NaCl 或者 AlCl$_3$/LiCl 熔融盐可以将 Al-FeS$_2$ 电池的工作温度降低到 100 ℃[8]。然而, 当温度进一步降低时, 电池虽然可以充放电, 但是库仑效率却显著降低 (40 ℃ 时为 50%~80%)。此外, 低熔点电解质 LiAlCl$_4$/NaAlCl$_4$/NaAlBr$_4$/KAlCl$_4$ 被证实在 100 ℃ 时可用于 Ni$_3$S$_2$ 正极的铝电池体系[12]。

15.4.1　AlCl$_3$ 基二元体系

早期的熔融盐电解质体系很少表现出长周期的寿命, 这可能是由活性物质在熔融盐中的不稳定性以及铝枝晶的形成等因素造成的。直至 2016 年, 以 AlCl$_3$/NaCl 熔融盐作电解质的铝-碳电池表现出突出的循环稳定性以及较高的能量密度和比容量[51]。根据 AlCl$_3$ 和 NaCl 共晶熔体的最低熔化温度, 研究者选择采用 AlCl$_3$/NaCl 摩尔比为 1.63 的熔融盐进行研究。该熔体以 NaAlCl$_4$ 形式存在, 如图 15.6(a) 为熔融盐电解质的 Raman 图谱, 可以看出体系中阴离子主要为 AlCl$_4^-$ 和 Al$_2$Cl$_7^-$。不同温度下该熔盐电解质的离子电导率如图 15.6(b) 所示。结果表明, 从 110 ℃ 到 120 ℃, 离子电导率随着温度的升高而迅速升高。而当温度高于 120 ℃ 时, 离子电导率增长相对缓慢。考虑到过高的温度不易于操作, 因而将电池工作温度选择为 120 ℃。

从图 15.6(c) 可以看出, AlCl$_3$/NaCl 熔融盐体系中, 铝-碳电池分别在 1.95~1.8 V、1.6~1.5 V 以及 1.2~1.0 V 处出现明显的放电平台。如图 15.6(d), 100 mA·g^{-1} 电流密度下, 电池比容量高达 190 mA·h·g^{-1}, 随着电流密度增大, 电池比容量呈下降趋势, 但即使在 4000 mA·g^{-1} 大电流密度下, 比容量依然保有 60 mA·h·g^{-1}。同时, 该二元熔融盐铝电池具有极为优异的循环性能, 稳定循环圈数接近 10000 圈, 库仑效率维持在 (97.7±2.2)% (图 15.6(e))。同时, AlCl$_3$/NaCl 熔融盐电解质体系中循环后的铝负极也表现出相对稳定的状态, 没有明显枝晶产生, 10000 次循环后的回收率为 90%, 且铝负极质量对电池性能影响非常小, 说明了该熔盐体系中铝溶解/沉积的高度可逆性。

这种以氯化钠为基础的电解质体系, 杜绝了采用有机物对环境造成的污染, 且成本低廉, 来源广泛, 使得熔融盐铝电池在可再生能源的电网规模存储中具有非常大的优势, 加之上述 AlCl$_3$/NaCl 二元熔融盐电解质在铝电池中的成功应用, 引起了一波针对高温无机熔融盐体系的研究热潮。采用石墨材料为正极, 铝片为负极, 以降低熔融盐体系工作温度为目标, 构建高稳定性、低成本的铝电池为宗旨, 研究者又展开了关于 AlCl$_3$ 基二元、三元乃至四元电解质体系的深入探索工作。

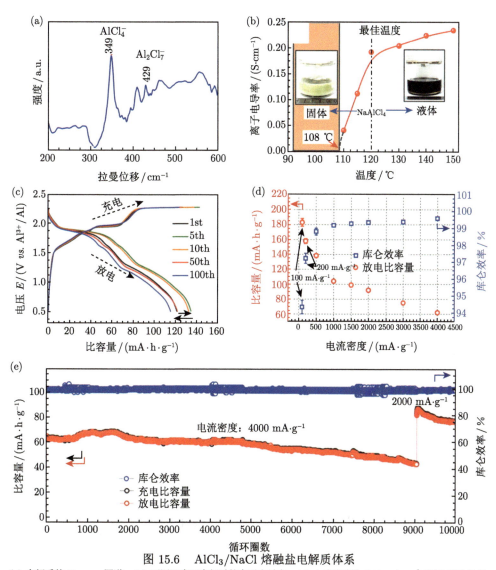

图 15.6 AlCl₃/NaCl 熔融盐电解质体系

(a) 电解质的 Raman 图谱；(b) 不同温度下电解质的离子电导率；(c) 电流密度为 500 mA·g⁻¹ 时铝–碳电池的充放电曲线；(d) 不同电流密度对应的放电比容量和库仑效率；(e) 循环稳定性 [51]

2017 年，AlCl₃/NaCl 熔融盐电解质体系的工作温度、AlCl₃ 浓度对非水系铝电池性能的影响规律被详细研究 [52]。同样以石墨碳纸为正极，结果如图 15.7 所示，在温度为 130 ℃，AlCl₃∶NaCl 摩尔比为 1.8 时，电池表现出最突出的长循环、高容量以及高库仑效率等性能。特别地，在小电流密度 (100 mA·g⁻¹) 下，该体系中甚至可以实现超出 200 mA·h·g⁻¹ 的可逆比容量，在大电流密度 (1000

mA·g^{-1}) 下，也可以实现约 111.4 mA·h·g^{-1} 的比容量，完美印证了该无机熔融盐体系的高离子电导、低极化、低电阻等优势。此外，研究者认为，在充电过程中，AlCl$_4^-$ 和 Al$_2$Cl$_7^-$ 阴离子都会参与石墨正极的层间嵌入过程，同时 Al$_2$Cl$_7^-$ 阴离子在 Al 负极表面转化为金属 Al 和 AlCl$_4^-$ 阴离子。放电过程则发生相应的可逆反应并提供能量。

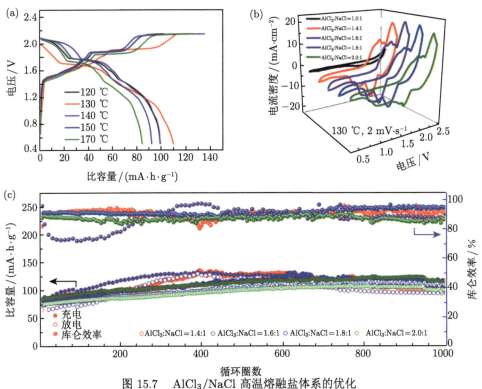

图 15.7　AlCl$_3$/NaCl 高温熔融盐体系的优化

(a) 不同温度下的充放电曲线；(b) 不同摩尔比时电池循环伏安曲线；(c) 不同摩尔比时电池的循环性能 [52]

综上研究，研究者们设计了一类基于高温无机熔融电解质体系的非水系铝电池。以石墨碳纸为正极、铝为负极、AlCl$_3$/NaCl 熔融后的熔体为电解质，这种二元熔融盐电池体系具备了一系列适应可持续发展主题的优良特征，诸如安全无毒、成本低廉、绿色环保等。其研究工作为熔盐铝电池的实用化提供了扎实的基础。

15.4.2　AlCl$_3$ 基三元体系

前面所论述的二元熔融盐电解质体系要求的工作温度都相对较高 (≥120 ℃)，

在实际应用中增加了室外热供应操作难度，且进一步提高了成本。因此，为更有利于铝电池的大规模化和普遍化，研究者一直致力于降低电池体系运行温度。由于具有易于达到的沸点 (100 ℃)，水在室外可以作为一个方便的热源。同时，由于烧伤、着火甚至蒸气爆炸的风险降低，在低于 100 ℃ 的温度下工作的电池也更为安全。因此，将无机熔融盐电解质基铝电池的工作温度降低到 100 ℃ 以下对其实际应用评估来说是非常重要的。

　　无机氯铝酸共晶混合熔融盐在高温下变成液体，其熔点取决于其前驱体及成分。典型的二元 $AlCl_3/NaCl$ 和 $AlCl_3/KCl$ 体系可以分别在 108 ℃ 和 128 ℃ 以上熔化，而在二元电解质中引入第三种盐是实现降低共熔混合物熔点的有效手段。2019 年，一种新型的三元 $AlCl_3/LiCl/KCl$ 熔融盐电解质体系被提出 (摩尔比：59∶29∶12)，其显示出约 95 ℃ 的低熔点，工作温度可以维持在 100 ℃ 以下 [53]。从图 15.8(a) 的光学照片可以清晰看出该三元体系在 99 ℃ 呈现为液态。以石墨纸为正极组装铝电池，循环伏安曲线如图 15.8(b) 所示，初始三个循环

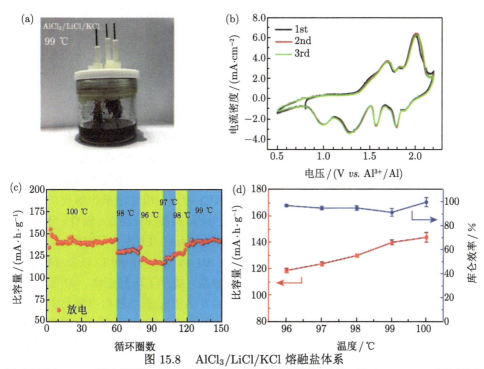

图 15.8　$AlCl_3/LiCl/KCl$ 熔融盐体系

(a) 电解质在 99 ℃ 时的光学照片；(b) 三元熔融盐铝–石墨电池的循环伏安曲线；(c) 在 96~100 ℃ 的放电比容量；(d) 平均放电比容量和库仑效率随温度变化的曲线图 [53]

的曲线良好重叠，表明反应的高度可逆性。高的氧化 (2.0 V 和 1.83 V) 和还原电势 (1.78 V 和 1.56 V) 对应着氯铝酸根阴离子在不同阶段的嵌入/脱出，石墨纸的结构重排也发生在这些过程中。相比之下，低的氧化 (1.69 V) 和还原电势 (0.98 V 和 1.31 V) 可能归因于氯铝酸盐在电极中的吸附/脱吸附 [54]。此外，由于嵌入电势与观察到的峰值不匹配，K^+ 和 Li^+ 的可能嵌入也可以被排除。如图 15.8(c) 为 96~100 ℃ AlCl$_3$/LiCl/KCl 熔融盐电池体系的电化学性能。电流密度为 200 mA·g^{-1}，当温度从 100 ℃ 降低至 98 ℃ 时，电池比容量从 144 mA·h·g^{-1} 降低到 130 mA·h·g^{-1}。而更进一步随着温度下降，电池比容量尽管依然呈现下降趋势，当温度降低为 96 ℃ 时，电池比容量衰减至 119 mA·h·g^{-1}，但这对于石墨材料正极的铝电池而言，仍然是一个可观的容量数值，并且随着温度回升至 99 ℃，比容量可以增加至 140 mA·h·g^{-1}。图 15.8(d) 显示了放电比容量和库仑效率与温度的关系，可以看出，放电比容量几乎随着温度的升高而线性增加。众所周知，温度会影响电解质的极化、活性离子转移的能垒以及石墨插层化合物的结构稳定性，所有这些都会影响容量。相比之下，库仑效率与温度没有明显的关系，这可以归因于正极和电解质的稳定性、电解质的良好导电性、铝剥离/沉积的可逆性以及钝化层的缺乏。总之，该三元熔融盐电解质体系的开发，使得熔融盐铝电池更进一步接近了采用温水加热装置实现工作温度的目标。

15.4.3　AlCl$_3$ 基四元体系

为更进一步接近实际应用，降低熔融盐电解质体系的工作温度依然是非常重要的问题。焦树强等基于对无机盐中铝电化学的大量研究经验，设计了不同的 AlCl$_3$ 基熔融盐作为铝电池电解质体系 [55]，详细研究了这一系列熔融盐电解质的物理化学性质，发现采用 AlCl$_3$/NaCl/LiCl/KCl 四元无机熔融盐电解质的电池的工作温度可以低至 75 ℃，并对其进行了系统分析。根据 FactSage 软件，分别计算得到 AlCl$_3$/LiCl/KCl、AlCl$_3$/NaCl/KCl、AlCl$_3$/NaCl/LiCl、AlCl$_3$/NaCl/LiCl/KCl 熔融盐的最低共晶熔点分别为 94.09 ℃、91.44 ℃、81.98 ℃ 以及 74.91 ℃，并依据最低共晶点的质量比制备四种无机熔融盐，展开了研究工作。如图 15.9(a) 显示了不同温度下离子电导率的数值变化，四种 AlCl$_3$ 基熔融盐电解质的离子电导率随温度升高均呈现逐渐升高的趋势，基本都在 0.1 S·cm^{-1} 以上。值得注意的是，在不同温度下，四元 AlCl$_3$/NaCl/LiCl/KCl 熔融盐的电导率明显高于其他三元体系，这意味着它更有利于铝络合阴离子的传输。

同时，为了更清楚地识别石墨在不同熔盐中氧化还原峰的位置，在 100 ℃ 下分别对基于该四种电解质体系的铝–石墨电池进行循环伏安扫描。如图 15.9(b) 所示，在 0.5~2.3 V 的电势窗范围内，四种 AlCl$_3$ 基熔融盐体系表现出相似的氧化还原特征。但可以很明显地看出，基于四元熔融盐电解质的电池拥有更显著的峰形和更大的峰值电流，证明了更为高效的电化学反应发生。可以观察到，位于 1.8 V 的氧化峰以及 1.20 V 和 0.92 V 的还原峰都属于电极附近铝配阴离子的吸-脱附，而位于 2.15 V 的氧化峰以及 1.78 V 和 1.55 V 的还原峰归因于铝配阴离子的嵌入-脱出。基于这种四元 $AlCl_3/NaCl/LiCl/KCl$ 熔融盐电解质体系，表征了电池在 75~100 ℃ 范围内的电化学性能变化。如图 15.9(c) 所示，不同工作温度下的电池都具有相似的充放电行为，且随着温度升高，充电电压平台降低，放电

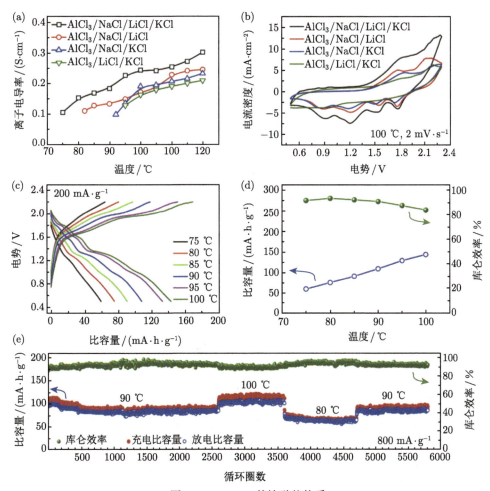

图 15.9 $AlCl_3$ 基熔融盐体系

(a) 不同无机盐体系离子电导率随温度变化的曲线；(b) 100 ℃ 中不同无机盐体系铝-石墨电池循环伏安曲线；(c)、(d) $AlCl_3/NaCl/LiCl/KCl$ 四元熔融盐电解质下铝-石墨电池电化学性能随温度变化的情况；(e) 四元熔融盐体系电池在不同温度下的循环性能 [55]

电压平台升高, 容量也相应增加。从图 15.9(d) 中可以更直观地观察到, 随着温度升高, 容量逐渐增加, 库仑效率却显著降低。在 90 ℃ 实现 109.6 mA·h·g⁻¹ 的比容量对于石墨正极铝电池而言已经非常理想, 并且在此温度下, 电池在 800 mA·g⁻¹ 的大电流密度下, 保持 ~85 mA·h·g⁻¹ 的比容量稳定循环超过 2600 次。因此, 为了同时确保高比容量和高库仑效率, 该四元体系最佳的工作温度为 90 ℃。更重要的是, 该体系即使在 80 ℃ 和 100 ℃ 下循环, 当温度回到 90 ℃, 循环 5800 圈后也几乎可以实现 100% 的容量保持率 (图 15.9(f))。此工作充分论证了具有低共熔温度的四元无机熔融盐作为铝-石墨可充电铝电池电解质的可行性及应用前景。

熔融盐电解质是非水系铝电池最早采用的电解质体系, 针对该体系的研究也是二次铝电池得以萌芽发展的基础。本小节所列举的研究工作说明了在一定温度条件下, 无机熔融盐作为非水系铝电池电解质体系的良好应用前景, 对熔融盐电解质的全面了解可以帮助科研工作者在未来正确选择和优化铝电池电解质体系。

15.5　固态电解质

目前, 有关非水系铝电池电解质的研究, 主要以氯铝酸盐类电解质体系为主, 这一类电解质具有高的离子电导率、良好的热稳定性等诸多优势, 作为电池中重要的组成部分, 其良好的特性赋予非水系铝电池优异的电化学性能。然而, 这类液态电解质存在如下问题:

(1) 低的电化学窗口, 导致副反应 (电解质分解) 的发生和不利气体的释放, 正极不能充电到更高的电压, 限制了电池的能量密度;

(2) 腐蚀性强, 导致电极 (正负极)、集流体和黏结剂材料的分解或溶解;

(3) 活性阴离子半径大, 这要求插层型正极材料具有高稳定性结构, 同时电解质体系中离子电导率和离子传输速率低;

(4) 电解质-电极界面不稳定, 造成高的界面电阻和缓慢的电子/离子传输。

当使用非水系液态电解质时, 由于可能的机械变形, 铝-石墨电池中的正极-电解质界面难以维持稳定状态。同时, 电解质吸水分解、泄漏挥发和机械变形附加多孔纺织结构隔膜引起的内部界面不稳定等问题也使得电池性能下降, 阻碍了非水系铝电池的实际应用。此外, 无论正极材料还是负极材料溶解在酸性电解质中, 都会导致阴阳离子比例失衡, 电解质黏度增加, 从而导致离子迁移率降低, 电池容量进一步降低。因此, 针对电解质体系的研究和进一步设计对未来铝电池技术的成功至关重要。科学研究亟须解决液体电解质存在的制约性问题, 以使得铝电池更接近未来的实际应用需求。

固态电解质, 一般以固态或半固态的形式存在, 基本没有流动性, 漏液问题也得到解决, 且几何形状多变, 抗外力形变, 产气少, 可以提供更高的安全性和稳定性, 这在锂离子电池研究中已经得到证实。因此, 发展铝电池用固态电解质似乎是一个更好的选择 (图 15.10)。值得注意的是, 在锂离子电池中使用固态电解质是为了缓解由可燃有机电解质和锂金属负极引起的安全问题, 以及达到显著提高能量密度的目标。相对来说, 不可燃的离子液体电解质、石墨正极和金属铝负极组装的非水系铝电池体系基本上是安全的。然而, 在当前的液态电池体系中, 存在机械变形和气体的产生以及使用多孔厚玻璃纤维隔膜而导致的内部界面不稳定、液体电解质的利用不足等关键问题。

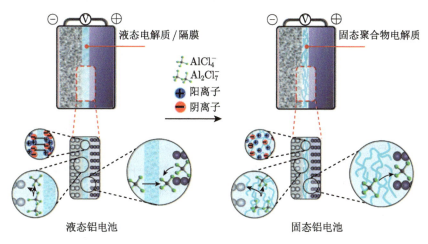

图 15.10 传统的液态铝电池和固态铝电池对比示意图 [58]

因此, 在过去几年, 固态电解质也逐渐被引入铝电池电解质研究框架中 (表 15.3)。2017 年, 开发了一种混合 PEO_{20}(聚氧化乙烯)/$AlCl_3$/5% SiO_2/70% EMIm FSI(1-乙基-3-甲基咪唑鎓双 (氟磺酰基) 酰亚胺) 的固态电解质 [56], 通过交流阻抗谱得到其在室温下 0.96 mS·cm^{-1} 的离子电导率, 且在室温下连续 8 天内都维持稳定, 同时电化学窗口稳定在 3 V 左右。此外, 使用 PVDF(聚偏二氟乙烯) 作为聚合物基体、$AlCl_3$ 作为铝盐, 也制备了一种固态聚合物电解质 [57]。将 $AlCl_3$ 溶于 PVDF 中, 随着 $AlCl_3$ 含量的进一步增加, 观察到 $AlCl_3$ 和 PVDF 的相分离。且 PVDF 的熔化和结晶化温度也受到 $AlCl_3$ 含量的影响, 随着 $AlCl_3$ 含量的增加, 熔化和结晶温度增加。室温下, 该固态电解质可得到的最高离子电导率为 0.44 mS·cm^{-1}。然而, 这些固态电解质都没有用于实现固态铝电池模型并评估其电化学性能。

表 15.3 非水系铝电池研究中的主要固态聚合物电解质体系

电解质	聚合物骨架	增塑剂	离子电导率/ $(mS \cdot cm^{-1}, RT)$	电化学稳定窗口/V	文献
PEO$_{20}$/AlCl$_3$/SiO$_2$/ EMIm FSI	PEO$_{20}$	AlCl$_3$/EMIm FSI	0.96	3	[56]
PVDF/AlCl$_3$	PVDF	—	0.44	2.4	[57]
PAM/AlCl$_3$/[EMIm]Cl	PAM	AlCl$_3$/[EMIm]Cl	5.77	2.5	[58], [59]
PAM/AlCl$_3$/Et$_3$NHCl	PAM	AlCl$_3$/Et$_3$NHCl	4.52	2.96	[60]
PA/AlCl$_3$/[EMIm]Cl	PA	AlCl$_3$/[EMIm]Cl	6.61	2.6	[65]
PA/AlCl$_3$/Et$_3$NHCl	PA	AlCl$_3$/Et$_3$NHCl	3.86	2.6	[66]
PEA/AlCl$_3$/[EMIm]Cl	PEA	AlCl$_3$/[EMIm]Cl	1.39	2.5	[67]
PVDF-HFP/Al(OTF)$_3$/EMITf	PVDF-HFP	Al(OTF)$_3$/EMITf	1.6	4.8	[68]

在非水系铝电池研究领域，根据铝离子固态电解质的骨架，可以将其区分为聚合物固态电解质和金属-有机框架化合物基固态电解质。聚合物电解质的广泛定义为：含有聚合物材料且能发生离子迁移的电解质。非水系铝电池聚合物电解质的概念与锂离子电池类似，但是其聚合物与铝盐的适配性、离子在聚合物链段的迁移机制等有许多不同之处。下面将会详细论述。

15.5.1 聚合物骨架的选择

聚合物电解质为固态电解质的主要分支，其依赖于聚合物基体构成，具有质量轻、易成薄膜、黏弹性好等优点，从而使得电池具有安全稳定、耐压、抗形变等特性。同时，聚合物电解质中聚合物链将活性成分包裹，有利于降低水分敏感性。并且多数情况下，聚合物电解质既是离子导体又是电子绝缘体，具有一定的机械强度，还可以同时充当隔膜材料。

目前，聚合物电解质的研究主要还是针对锂离子电池领域的应用居多，它们主要由聚合物框架和锂盐组成。其中锂盐提供活性因子 Li$^+$，参与电池充放电过程的氧化还原反应。但是对于非水系铝电池而言，活性因子在电解质中主要以氯铝酸根阴离子形式存在，这里本节也主要以该情况为例进行讨论。非水系铝电池实现可逆充放电的前提条件是负极可以发生铝的可逆沉积/溶解反应，在常见的酸性氯铝酸盐体系中表现如 15.2 节公式 (15.3) 所示，在 AlCl$_4^-$ 与 Al$_2$Cl$_7^-$ 阴离子的配合下实现可逆过程。

与锂盐直接提供 Li$^+$ 不同，聚合物铝电池电解质中活性因子氯铝酸根阴离子可以有两个提供渠道：① 酸性氯铝酸盐的加入；② 氯化铝与聚合物活性基团可能的反应所得。由此，可以得出铝电池固态电解质聚合物框架的选取规律，即聚合物需满足以下条件中至少一个：

(1) 可以与酸性氯铝酸盐共存；

(2) 具有与 AlCl$_3$ 络合可以形成氯铝酸根阴离子的活性基团。

对于常见的几种聚合物——聚氧化乙烯 (PEO)、聚丙烯腈 (PAN)、聚甲基丙烯酸甲酯 (PMMA) 及聚偏氟乙烯 (PVDF)，它们分别具有强极性基团，因此非常适合作为路易斯碱用于锂离子电池中传导 Li$^+$。然而，当面临铝电池体系，活性阴离子 AlCl$_4^-$ 与 Al$_2$Cl$_7^-$，同样作为路易斯碱与聚合物活性基团相斥，相反，AlCl$_3$ 极易与这些活性基团结合发生不可逆反应，使得体系中 AlCl$_4^-$ 与 Al$_2$Cl$_7^-$ 阴离子减少甚至被消耗完全失活。因此，适用于铝电池固态电解质体系的聚合物骨架，需要根据具体情况进行深入的讨论分析。

此外，根据酰胺类离子液体电解质的研究报告，总结发现，某些具有酰胺基团的有机物与氯化铝作用，可以发生络合反应得到 AlCl$_4^-$、Al$_2$Cl$_7^-$ 等氯铝酸根阴离子，其反应机理为酰胺基团上的氧原子与 AlCl$_2^+$ 结合，反应中离子变化趋势与咪唑离子液体电解质大致相同。因此，带有酰胺基团的聚合物具有作为铝电池固态电解质框架的可能，且这种聚合物可以直接与铝盐 (AlCl$_3$) 络合提供活性氯铝酸根阴离子。

在此，需要明确的是，以 Al^{3+} 作为活性因子的体系并不受以上关于聚合物骨架讨论结果的限制。

15.5.2 增塑剂的影响

由于全固态电解质通常具有较低的室温离子电导率，难以满足电池正常工作需求。在聚合物电解质的研发中，将一种或几种液态增塑剂引入全固态电解质中时，离子电导率可以得到提高，原先电解质的表现形态由固态变成介于固体和液体之间的一种特殊状态——凝胶态。形成的这种电解质被称为凝胶电解质，由聚合物、增塑剂和无机盐等组成，通常由范德瓦耳斯力或氢键、结晶以及聚合物间化学交联等凝胶化作用而成。所使用的增塑剂基本上是常见的有机液体电解质，在起到增塑作用的同时，又可以作为离子源提高体系中的载流子浓度，从而使凝胶电解质体系的电导率得到提高。因此，在凝胶聚合物电解质中，聚合物基体起支撑作用，提供良好的力学性能，而离子导电主要发生在液相增塑剂，即有机液体电解质中。因此，凝胶聚合物电解质具有液体电解质和固体电解质的双重优势，既有液体的一些性质，如快速的离子扩散速率，也有固体的某些性质，如一定的机械强度、几何外形等，并且电化学窗口宽、热稳定性好，与电极材料相容性好，还能充当隔膜，应用范围广泛。

对于活性离子为氯铝酸根阴离子的非水系铝电池而言，全固态电解质很难实现高的室温离子电导率和离子传输。而引入液态增塑剂，可以起到如下许多有效的作用：减小聚合物的结晶度、提高聚合物链段的运动能力、降低离子传输的活化能、促进铝盐的离解、增加自由离子的浓度、提高体系的自由体积分数等。因此，设计开发凝胶电解质是非常可观的折中办法。与传统的液态体系相比，自支撑凝胶聚合物电解质 (GPE) 能够很好地适应机械弯曲的应变，期望通过构建更坚固的电极–电解质界面来释放应变以提升电池的稳定性，如图 15.11(a) 所示。同时，与液态系统相比，凝胶铝电池中的不利产气值期望被大量抑制，示意图如图15.11(b) 所示。

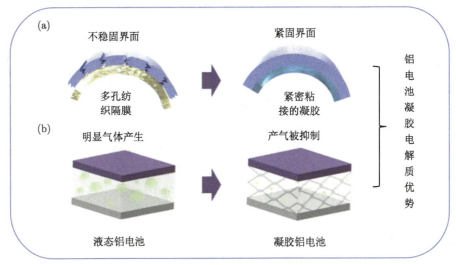

图 15.11　液态与凝胶两种体系的界面与产气对比

(a) 液态系统中基于玻璃纤维隔膜的不稳定界面和凝胶系统中基于 GPE 电解质的紧密界面；(b) 两种电池系统中气体产生的示意图[58]

同时，凝胶电解质体系需具备较高的离子传输能力、较宽的电化学窗口以及稳定的物理化学性质等，由此在一定程度上对增塑剂提出了要求：

(1) 具有良好的化学稳定性，不与正极、负极、聚合物发生化学反应；

(2) 具有高电化学稳定性，在宽的电势范围内不发生还原反应 (负极) 和氧化反应 (正极)；

(3) 对聚合物复合物具有可混性，对盐具有良好溶解性；

(4) 具有高介电常数、低挥发性；

(5) 在较宽的温度范围内，增塑剂的状态为液体；

(6) 无毒、安全、成本低等。

15.5.2.1　PAM/AlCl$_3$/[EMIm]Cl

由于种种原因，前期针对铝离子固态电解质的研究并没有深入到完整的固态铝电池模型范畴。近几年，才开始出现基于聚丙烯酰胺基体框架、离子液体增塑剂的凝胶电解质[58-60]，成功组建固态铝电池模型，并对这种固态铝电池的综合性能进行了较为全面的考察与评估。如图 15.12 为 PAM/AlCl₃/[EMIm]Cl 凝胶电解质的合成制备工艺示意图，在充满氩气的手套箱中，将丙烯酰胺慢慢加入含 AlCl₃ 的二氯甲烷溶液中，得到澄清的淡黄色液体，然后加入事先配制好的离子液体，搅拌均匀后再加入引发剂，最后浇注得到凝胶膜。

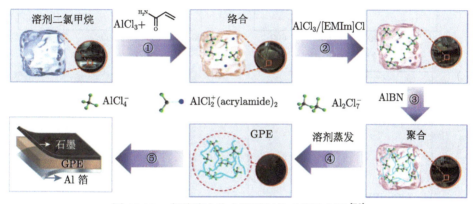

图 15.12　凝胶聚合物电解质制备工艺示意图[58]

对凝胶电解质及其制备过程中间产物的结构进行分析。Raman 图谱中 (图 15.13(a))，波长 288 cm⁻¹ 处的特征峰代表溶剂二氯甲烷[61]。当丙烯酰胺和氯化铝溶解后，出现了 $AlCl_4^-$ 和 $Al_2Cl_7^-$ 的峰 (350 cm⁻¹、311 cm⁻¹、432 cm⁻¹)。加入离子液体后，依然可以清楚地看到 $AlCl_4^-$ 和 $Al_2Cl_7^-$ 的特征峰，位于 598 cm⁻¹ 的峰对应着 $[EMIm]^+$。进一步引发聚合，$AlCl_4^-$ 和 $Al_2Cl_7^-$ 依然稳定共存，且凝胶成膜后二氯甲烷的峰随其挥发而消失。²⁷Al NMR 谱图中 (图 15.13(b)) 位于 106.03 ppm，99.97 ppm，92.71 ppm 以及 78.11 ppm 的特征峰分别代表着 $AlCl_4^-$、$Al_2Cl_7^-$、$[AlCl_3(acrylamide)_n]$ 以及 $[AlCl_2(acrylamide)_n]^{+[62,63]}$。引发剂加入后，$[AlCl_3(acrylamide)_n]$ 和 $[AlCl_2(acrylamide)_n]^+$ 的特征峰消失，这是由于此时发生了聚合反应。如图 15.13(c) 所示的红外光谱，当丙烯酰胺与氯化铝络合后，处于 1673 cm⁻¹、1654 cm⁻¹、1613 cm⁻¹ 的 C＝O、C＝C、C—C 键的特征峰，分别移动到 1660 cm⁻¹、1625 cm⁻¹、1580 cm⁻¹ 处。此外，NH₂ 中的 C—N 拉伸振动特征峰分别由 1426 cm⁻¹ 和 1347 cm⁻¹ 转变为 1540 cm⁻¹ 和 1456 cm⁻¹[64]。这些频移明显地归因于缺电子 AlCl₃ 与酰胺基中氧的孤对电子络合，这些孤对电子通过 C＝C 键和 NH₂ 基团离域[62]。凝胶电解质中，C＝C 键的特征峰消失，表明最终聚合成功。此外，场发射扫描电镜图 (FESEM) 显示凝胶电解质表面平坦光滑，几乎没有气泡 (图 15.13(d))。

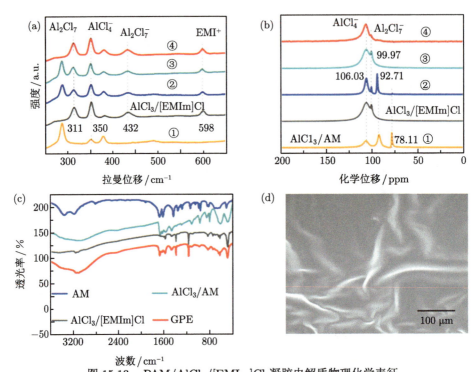

图 15.13　PAM/AlCl₃/[EMIm]Cl 凝胶电解质物理化学表征

(a) Raman 光谱；(b) ²⁷Al NMR 核磁图谱；(c) 丙烯酰胺 (AM)、AlCl₃/AM、AlCl₃/[EMIm]Cl 离子液体以及凝胶电解质的红外光谱；(d) 凝胶电解质的 FESEM 图[58]

对凝胶电解质的电化学窗口进行研究，如图 15.14(a)，在 −0.50 V 和 0.20 V 有两个明显的氧化还原峰，分别对应于铝的沉积和溶解。而图 15.14(b) 中，Al/GPE/Mo 测试体系在 2.50 V 左右时，极化电流才开始快速增大，对应电解质的分解。由此得出，该凝胶电解质可以在一个较宽的电压范围内 (0~2.5 V) 工作。同时，该凝胶电解质具有较高的离子电导率 (图 15.14(c))，常温下表现为 5.77×10^{-3} S·cm⁻¹，达到目前商品化锂离子电池电导率的要求 (10^{-3} S·cm⁻¹ 数量级以上)。随着温度升高，100 ℃ 时离子电导率为 2.9×10^{-2} S·cm⁻¹。组装的铝–石墨电池，首圈放电比容量可达约 123 mA·h·g⁻¹，循环 100 圈后，容量仍稳定保持在 110 mA·h·g⁻¹ 左右 (图 15.14(d))。且凝胶电解质允许电池在低于冰点的温度下工作，并可维持良好的工作状态，即使在 −10 ℃ 下，也保有大于 60% 的常温比容量 (图 15.14(e))。此外，温度随机起伏变化，电池在温度回升时仍能提供超过约 77 mA·h·g⁻¹ 的比容量，循环稳定性良好，库仑效率超过 98%(图 15.14(f))。研究者还考察了弯曲应变、机械切割等条件下半固态铝–碳二次电池工作状态。结果表明，该凝胶电解质具有较好的缓冲弯曲应力的能力，使得经历机械弯曲变形时出现的波动较小。暴露于空气中或者切割掉一部分电池依然能维持工作的稳定安全。最重要的是，采用实时高分辨率质谱仪对基于 $AlCl_3/[EMIm]Cl$ 离子液体和凝胶电解质的电池产气分别进行在线监测，发现凝胶电解质铝电池的产气明显降低，说明使用该凝胶电解质可以有效改善铝电池鼓包胀袋等问题。

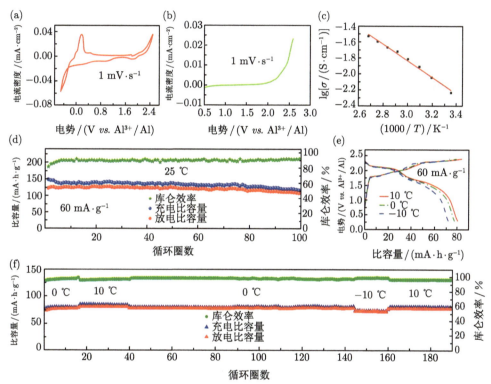

图 15.14　PAM/$AlCl_3$/[EMIm]Cl 凝胶电解质及对应固态铝电池的电化学性能
(a)、(b) 电化学窗口测试；(c) 离子电导率与温度的关系；(d) 电池循环稳定性曲线；(e) 低温下充放电曲线；
(f) 低温下循环稳定性[58]

综上，铝离子凝胶电解质有效改善了传统液态电解质存在的制约问题，提高了安全性和稳定性，还保留了铝-碳电池较高的充放电电压和充放电比容量等优点，有望为推动非水系铝电池应用提供有力支撑。

15.5.2.2　PAM/$AlCl_3$/Et_3NHCl

一般来说，电解质的电化学窗口是加在电解质体系上最正电势和最负电势的限制区间的，在这个区间内充放电，电解质体系稳定，否则会发生分解反应。因而，理想的电解质体系，不仅要求具有快速的离子传输能力，同时需拥有更大的电势窗口，这对进一步提高电池的能量密度具有极大的意义。因此，为了满足具有高氧化电压电极材料的需求，耐高压电解质一直是电池领域不懈追求和研究的热点之一。然而，对于非水系铝电池的电解质体系而言，拓宽电化学窗口也是一个亟待解决的问题。

在前期 PAM/AlCl₃/[EMIm]Cl 凝胶电解质 (简称 EM-GPE) 基础上，从增塑剂角度进行优化，具有相对宽电化学窗口的 PAM/AlCl₃/Et₃NHCl 凝胶电解质 (简称 ET-GPE) 被提出 [60]。追踪该凝胶电解质配制过程，发现随着增塑剂的加入，该电解质样品表面趋于平坦光滑，同时，热分析测试也表明，以聚丙烯酰胺为聚合物骨架的电解质在较高温度 (150 ℃) 下依然保持了高度稳定性。图 15.15(a)、(b) 为三种电解质 (ET-GPE、EM-GPE 和 ET-IL) 的 Raman 光谱和 ^{27}Al NMR 谱图。其中，Raman 数据可以看出，ET-GPE 具有和 ET-IL 离子液体相类似的离子组成。^{27}Al NMR 核磁共振光谱结果也同样说明了这一点，通过将 ET-GPE、EM-GPE 和 ET-IL 电解质对比，三种体系中都可以看到 $AlCl_4^-$ 和 $Al_2Cl_7^-$ 共存

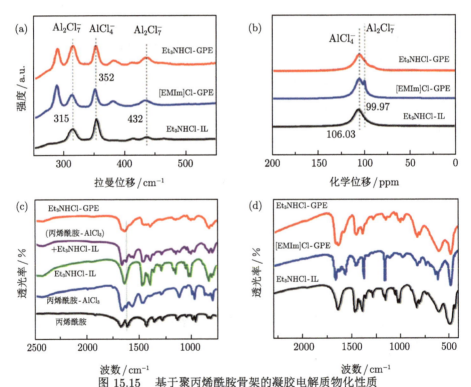

图 15.15　基于聚丙烯酰胺骨架的凝胶电解质物化性质

(a) Raman 光谱；(b) ^{27}Al NMR 核磁图谱；(c) 制备过程中产物的红外光谱；(d) 三种电解质红外谱对比 [60]
(图中 Et₃NHCl-GPE、[EMIm]Cl-GPE 和 Et₃NHCl-IL 分别简称为 ET-GPE、EM-GPE 和 ET-IL，下同)

的现象。为分析配制过程中官能团的变化，对其进行了傅里叶变换红外光谱测试。如图 15.15(c) 所示，可以看到由于氯化铝和丙烯酰胺络合而出现的典型频移。处于 1652 cm^{-1} 的 C==C 键的特征峰移动到 1625 cm^{-1} 处，最后由于聚合作用，在 ET-GPE 的曲线中消失。通过如图 15.15(d) 中的对比，ET-GPE 同时保留了 ET-IL 离子液体的特性和 EM-GPE 的部分特征。这些结果说明 ET-GPE 凝胶电解质具有和 ET-IL 电解质类似的离子组成，并具有和 EM-GPE 电解质相同的聚合物骨架。

　　如图 15.16(a) 所示，在 2.96 V 以下电流密度没有出现大幅增加的趋势，说明采用具有较高分解电势的 AlCl$_3$/Et$_3$NHCl 离子液体作增塑剂，电化学窗口明显拓宽，可达到 0~2.96 V。同时室温下离子电导率保持在 4.52×10^{-3} S·cm^{-1}（图 15.16(b)）。离子电导率与温度关系基本符合 Arrhenius 方程，由拟合方程可以

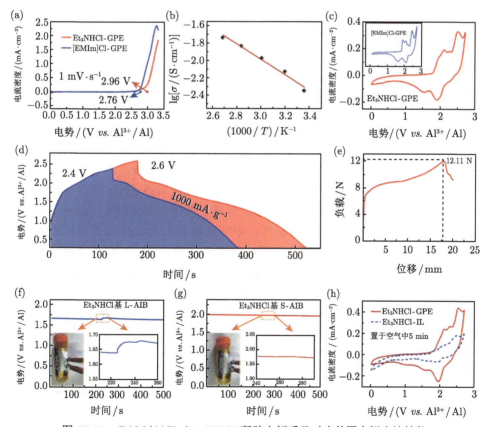

图 15.16　PAM/AlCl$_3$/Et$_3$NHCl 凝胶电解质及对应的固态铝电池性能

(a) 电化学窗口测试对比；(b) 离子电导率与温度的关系；(c) 循环伏安曲线对比；(d) 充放曲线；(e) 电极–电解质黏附力测试；(f)、(g) 固液态体系机械弯曲稳定性测试；(h) 吸水性对比[60]

推算得出活化能 $E_a=16.88$ kJ·mol^{-1}。对比基于两种离子液体增塑剂的凝胶电解质体系，铝–碳电池循环伏安曲线 (图 15.16(c)) 在高电势时快速上升的电流表明此时 AlCl$_3$/[EMIm]Cl 型凝胶电解质的不稳定性。在 PAM/AlCl$_3$/Et$_3$NHCl 型凝胶电解质的循环伏安曲线中，氧化峰出现在 2.05 V 和 2.46 V，还原峰出现在 1.52 V 和 1.92 V，分别对应于氯铝酸根阴离子在正极石墨层间的可逆嵌入与脱嵌。基于 PAM/AlCl$_3$/Et$_3$NHCl 凝胶电解质的铝–碳电池表现出高充电截止电势下的充放电优势 (图 15.16(d))。在放电电流密度为 1000 mA·g^{-1} 时，放电比容量达 90 mA·h·g^{-1}，且电极产物表征显示在高电势下发生嵌入反应更加充分。同时，凝胶电解质构建了稳固紧密的电极–电解质界面，在测试的某个时刻分别将基于固液态电解质的电池弯曲绕于圆管上，其开路电压的数据变化表明凝胶膜在机械弯曲时的高稳定性 (图 15.16(e)~(g))。空气暴露测试也非常明显地可以看出，凝胶膜吸水性大大低于液态电解质，其电池体系依然具有较高的电化学活性 (图 15.16(h))。此外，基于 AlCl$_3$/Et$_3$NHCl 增塑剂的凝胶电解质体系可以在一定程度上抑制充放电过程中副反应发生，有效避免产气现象。

综上，PAM/AlCl$_3$/Et$_3$NHCl 凝胶电解质具有宽的电势窗口，且能够高效地传输氯铝酸根阴离子，赋予非水系铝电池更高的能量密度和优异的倍率性能。

15.5.2.3 PA/AlCl$_3$/[EMIm]Cl

类似地，研究发现聚酰胺 (PA) 也可以作为聚合物骨架 [65]。采用 AlCl$_3$/[EMIm]Cl 离子液体作为增塑剂，通过简单的温度控制制备了基于聚酰胺的凝胶聚合物电解质。强氢键键合的聚酰胺大分子链在搅拌加热条件下在酸性离子液体中展开，然后在冷却时重组为缔合构型。与离子液体电解质相比，这种基于聚酰胺的凝胶聚合物电解质在水分敏感性、电解质渗漏和腐蚀性方面有所改善。如图 15.17(a) 所示，当向该凝胶电解质中加入一定量的 H$_2$O 时，其反应将滞后至 3 min 时才发生，且剩余凝胶仍然能够实现可逆的铝沉积/剥离。而离子液体中加入 H$_2$O 后将立即产生大量带热量的白色刺鼻烟雾，体系完全被破坏。

对于图 15.17(b) 呈现的该凝胶及对应离子液体体系的线性扫描伏安 (linear sweep voltammetry, LSV) 曲线，从开路电压到 2.6 V 凝胶都没有出现明显的峰值或明显的氧化电流，表明凝胶电解质比 AlCl$_3$/[EMIm]Cl ($r = 1.7$) 离子液体具有更宽的电化学稳定性窗口。由图 15.17(c) 可知该凝胶电解质在不同温度下的离子电导率，其中常温下为 6.61×10^{-3} S·cm^{-1}。在图 15.17(d) 中，对称的 Al/PA-GPE/Al 电池的极化电压在 0.1 mA·cm^{-2} 和 0.5 mA·cm^{-2} 下均保持稳定 800 h，证明了该凝胶电解质在低速和高速充放电下的长期稳定性。

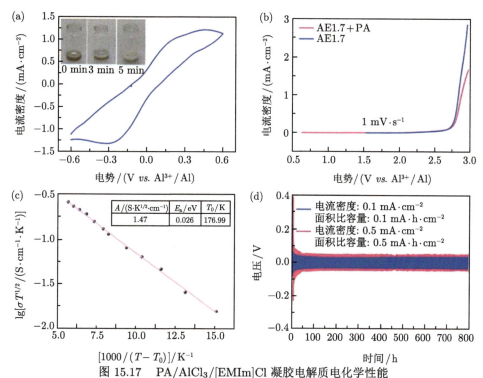

图 15.17   PA/AlCl₃/[EMIm]Cl 凝胶电解质电化学性能

(a) 铝的可逆沉积/剥离行为；(b) 电化学窗口；(c) 离子电导率与温度的关系；(d) Al/PA-GPE/Al 对称电池的恒电流循环 [65]

此外，所组装铝–石墨电池性能也非常稳定。当电流密度为 500 mA·g⁻¹ 时，常温下可以实现 ~100 mA·h·g⁻¹ 的比容量，且能稳定循环 4200 圈。同时，该凝胶铝–石墨电池在 −30 ~45 ℃ 的较宽温度范围内也能工作良好。这项工作为促进可充电铝电池的发展提供了一个有前景的策略。

15.5.2.4   PA/AlCl₃/Et₃NHCl

低成本的 AlCl₃/Et₃NHCl 离子液体同样作为增塑剂被应用于聚酰胺作聚合物骨架的电解质体系中 [66]，通过相同的方法制备得到凝胶聚合物电解质。如图 15.18(a) 为不同摩尔比的 AlCl₃/Et₃NHCl 混合物及分别采用摩尔比 (r)1.3、1.5、1.7、2.0 的离子液体作增塑剂得到的凝胶电解质光学照片。$r = 1.5$、1.7 或 2.0 时，得到棕色胶体，而 $r = 1.3$ 时得到产物更偏向于固体。图 15.18(b) 为相应电解质的 Raman 图谱，$Al_2Cl_7^-$ / $AlCl_4^-$ 的比值随着 AlCl₃/Et₃NHCl 的摩尔比增加，这是因为 $AlCl_4^-$ 和 $AlCl_3$ 将转化为 $Al_2Cl_7^-$。

同样，PA/AlCl₃/Et₃NHCl 凝胶 (PA-GPE) 具有比 AlCl₃/Et₃NHCl 离子液体稍高的电化学稳定窗口 (2.6 V，图 15.18(c))，并在常温下表现出 $3.86×10^{-3}$ S·cm⁻¹

的良好离子电导率 (图 15.18(d))。Al/PA-GPE/Al 对称电池在 0.1 mA·cm^{-2} 电流密度下的恒电流循环行为显示凝胶可以稳定工作超过 3800 h(图 15.18(e))，具有良好的界面稳定性。组装铝–石墨电池具有相当高的倍率性能和出色的循环性能，如图 15.18(f) 所示，电流密度为 200 mA·g^{-1} 时，放电比容量为 94.6 mA·h·g^{-1}，且循环 2000 圈后衰减不超过 3%，保持高库仑效率 >99.2%。此外，由于离子液体被聚酰胺聚合物基质完全包封，凝胶聚合物电解质极大减轻了湿气敏感性并解决了泄漏腐蚀问题，同时不需要使用有机溶剂，制备工艺简单、可持续、环保，有望推动非水系铝电池的实际应用。

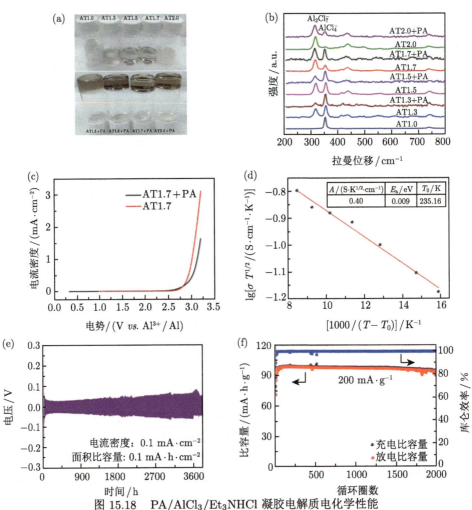

图 15.18　PA/AlCl$_3$/Et$_3$NHCl 凝胶电解质电化学性能

(a) 离子液体与凝胶的光学照片；(b) Raman 光谱；(c) 电化学稳定窗口；(d) 离子电导率与温度的关系；
(e) Al/PA-GPE/Al 对称电池的恒电流循环；(f) 铝–石墨电池循环性能 [66]

15.5.2.5 PEA/AlCl$_3$/[EMIm]Cl

为构建高度安全且能够快速充放电的铝电池, 还可以通过在 AlCl$_3$/[EMIm]Cl离子液体中原位聚合丙烯酸乙酯来开发聚合物凝胶电解质 [67], 如图 15.19(a)。采用丙烯酸乙酯 (EA) 为单体, N, N'-亚甲基双丙烯酰胺 (MBAA) 为交联剂, 根据 AlCl$_3$ 和 [EMIm]Cl 的摩尔比, 制备了 GPE-1.3、GPE-1.7 和 GPE-1.9 三种凝胶电解质, 并针对液态体系存在的关键问题, 对半固态铝电池性能进行了评价。

图 15.19(b) 是单体、离子液体、各合成步骤的混合溶液以及凝胶电解质的 FT-Raman 光谱。EA 单体在 1637 cm^{-1} 和 1732 cm^{-1} 处出现特征峰, 分别代表乙烯基团 (C=C) 和羰基基团 (C=O) 的伸缩模式 (橙色曲线)。AlCl$_3$ 与 EA 混合后, 羰基伸缩对应的拉曼峰 (1732 cm^{-1}) 消失, 表明羰基与 AlCl$_3$ 发生反应 (绿色曲线)。在 EA-AlCl$_3$ 溶液中加入离子液体后, 可以观察到明显的 AlCl$_4^-$、Al$_2$Cl$_7^-$、EMI$^+$、C=C 以及二氯甲烷的特征峰 (蓝线)。而聚合后得到凝胶电解质, 其 C=C 双键伸缩峰消失。对 Al/GPE/Mo 电池在 0~3.0 V 的宽电压范围内进行了研究, 如图 15.19(c) 所示, 只有一个高于 2.5 V 的氧化峰是由离子液体的分解引起的, 表明凝胶电解质是电化学稳定的, 在 Mo 集电体上没有副反应, 在实际工作电势窗口内也没有副反应。在 25~90 ℃ 温度范围内, 研究了凝胶电解质离子电导率与温度的关系, 如图 15.19(d), 三种比例凝胶电解质的离子电导率均随温度升高而增大。在 25 ℃ 和 90 ℃ 下, 计算可得 GPE-1.7 的离子电导率分别为 1.39×10^{-3} S·cm^{-1}、7.93×10^{-3} S·cm^{-1}。

此外, 采用 GPE-1.7 电解质装配铝–石墨电池, 其不同电流密度下的充放电曲线如图 15.19(e), 在 100 mA·g^{-1} 的电流密度下实现比容量大于 90 mA·h·g^{-1}, 拥有位于 1.8 V、2.08 V 以及 2.20 V 处的三个放电平台, 对应于氯铝酸根阴离子在石墨层间的脱嵌。同时, 在该工作条件下, 电池可以稳定循环 500 圈, 且容量保持率为 95%。图 15.19(f) 为半固态电池的倍率性能, 在 100 mA·g^{-1}、200 mA·g^{-1}、300 mA·g^{-1}、400 mA·g^{-1} 和 500 mA·g^{-1} 的各种电流密度下进行评估, 电池分别实现了 93 mA·h·g^{-1}、85 mA·h·g^{-1}、77 mA·h·g^{-1}、70 mA·h·g^{-1} 和 63 mA·h·g^{-1} 的稳定比容量, 库仑效率在 500 mA·g^{-1} 高电流密度下达到约 100%。通过该固态电解质可以解决当前液态铝电池体系中的关键问题, 包括电解质泄漏、负极腐蚀和湿度敏感性, 在恶劣的操作条件下 (如折叠、弯曲和切割) 也表现出卓越的操作稳定性和安全性。上述结果表明, 这种固态电解质对解决液态储能系统中存在的问题具有积极的意义, 为高性能柔性可充电电池的设计开发提供参考。

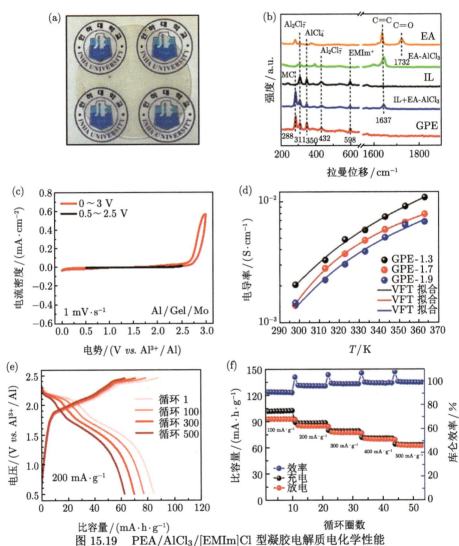

图 15.19　PEA/AlCl$_3$/[EMIm]Cl 型凝胶电解质电化学性能

(a) PEA 凝胶的光学照片；(b) FT-Raman 光谱；(c) 电化学稳定窗口；(d) 离子电导率与温度的关系；
(e) 铝-石墨电池充放电曲线；(f) 电池倍率性能 [67]

15.5.2.6　PVDF-HFP/Al(Tf)$_3$/EMITf

此外，一种高热稳定性的基于聚偏氟乙烯共六氟丙烯 (PVDF-HFP)/1-乙基-3-甲基咪唑三氟甲磺酸盐 (EMITf)/三氟甲磺酸铝 (Al(Tf)$_3$) 体系的新型防冻凝胶聚合物电解质膜被提出 [68]，并应用于固态铝离子超级电容器。

电解质及其不同成分的 XRD 谱图如图 15.20(a) 所示，纯 PVDF-HFP 在 $2\theta =\sim18.5°(100)$、$20.2°(110)$、$26.6°(021)$ 和 $39.2°(200)$ 处具有特征峰，与 PVDF

相的 α 晶体有关，反映了 PVDF-HFP 的半结晶性质。将 EMITf 引入 PVDF-HFP 基质后 (PEIL)，26.6°、36.3° 和 42.1° 的衍射峰消失，表明电解质膜中无定形域的增加。此外，在主体聚合物和 EMITf 的混合物中引入 Al(Tf)$_3$ 后，聚合物电解质的衍射峰强度进一步降低。这些结果表明，聚合物电解质的结晶度因 EMITf 和 Al(Tf)$_3$ 的引入而显著降低。EMITf 和 Al(Tf)$_3$ 可以与 PVDF-HFP 的链段相互作用并增强链段的运动，从而降低电解质的结晶度并增加其非晶性。此外，Al(Tf)$_3$ 的 XRD 峰在 PVDF-HFP/EMITf/Al(Tf)$_3$ 电解质体系中消失，表明其完全溶解在体系中。进行热重分析以研究聚合物电解质膜的热稳定性，结果如图 15.20(b) 所示。显然，PVDF-HFP 的热分解温度约为 425 ℃。然而，加入 Al(Tf)$_3$ 和 EMITf 后，电解质的热稳定性变差。这种现象可能是 Al(Tf)$_3$、EMITf 和主体聚合物之间的相互作用导致 PVDF-HFP 聚合物中的无序结晶相和非晶区增加所致。所制备的 PEAl-2 电解质表现出高热稳定性 (热分解温度：~205 ℃)。如图 15.20(c) 所示，优化后的凝胶电解质在室温下显示出约 1.6×10^{-3} S·cm^{-1} 的高离子电导率，在 −20 ℃ 的低温下依然保持在 0.8×10^{-3} S·cm^{-1} 的高水平。同

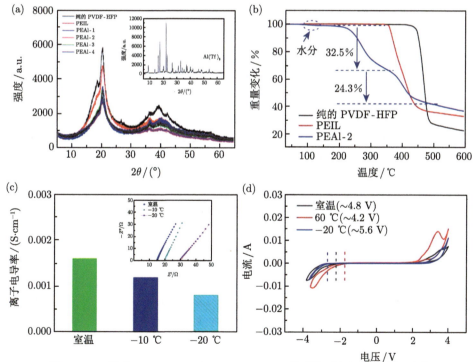

图 15.20　基于 PVDF-HFP/EMITf/Al(Tf)$_3$ 体系的耐低温凝胶电解质膜

(a) 不同成分的聚合物电解质膜的 XRD 图谱；(b) 聚合物不同成分的热重曲线；(c) 不同温度下的离子电导率；(d) 不同温度下的电化学稳定窗口 [68]

时，电解质的电化学稳定性窗口随温度变化。如图 15.20(d)，低温时电化学窗口可以增加至 5.6 V 左右，这可能是低温下分解反应的动力学受到抑制导致的，相反当温度升高，电化学窗口则相对变窄，60 ℃ 时为 4.2 V 左右。但总地来说，在 20~60 ℃ 的温度范围内都表现出宽的电化学稳定性窗口 (4.2~5.6 V)。

用这种凝胶电解质和石墨烯纳米片电极设计的超级电容器在室温下也显示出优异的电容性能 (323.9 F·g^{-1}, 2 V) 和循环稳定性 (>50000 圈)。尤其是在 −20 ℃ 的低温下，该体系仍能保持良好的电容性能和出色的循环稳定性。此外，所设计的柔性超级电容器在各种弯曲条件下都能保持优异的电化学性能和低温耐受性。该研究为高性能柔性超级电容器在恶劣环境下的应用提供了新的途径。由此，这种基于 PVDF-HFP/EMITf/Al(Tf)$_3$ 体系的耐低温凝胶电解质膜在柔性超级电容器中具有潜在的应用价值，同时也具有应用于铝电池体系的潜力。

综上，合理应用固态电解质可以规避铝电池液态电解质体系的一系列弊端，实现更为安全、稳定的铝基储能系统。然而，非水系铝电池用固态电解质体系的研究工作还处于摸索阶段，未来还有很长一段路要走，希望在不久的将来能开发出更高性能的固态或半固态电解质，以推动非水系铝电池大规模应用及产业化。

参 考 文 献

[1] Cahoon N, Korver M. A new separator for the aluminum dry cell. Journal of the Electrochemical Society, 1959, 106: 469.

[2] Zaromb S. The use and behavior of aluminum anodes in alkaline primary batteries. Journal of the Electrochemical Society, 1962, 109: 1125.

[3] Bockstie L, Trevethan D, Zaromb S. Control of Al corrosion in caustic solutions. Journal of the Electrochemical Society, 1963, 110(4): 267.

[4] Li Q, Bjerrum N J. Aluminum as anode for energy storage and conversion: a review. Journal of Power Sources, 2002, 110: 1-10.

[5] Holleck G L. The reduction of chlorine on carbon in AlCl$_3$-KCl-NaCl melts. Journal of the Electrochemical Society, 1972, 119: 1158-1161.

[6] Holleck G L, Giner J. The aluminum electrode in AlCl$_3$-alkali-halide melts. Journal of the Electrochemical Society, 1972, 119: 1161-1166.

[7] Koura N. A preliminary investigation for an Al/AlCl$_3$-NaCl/FeS$_2$ secondary cell. Journal of the Electrochemical Society, 1980, 127: 1529-1531.

[8] Takami N, Koura N. Al/FeS$_2$ secondary cells using molten AlCl$_3$-MCl-1-butylpyridinium chloride electrolytes operated around 100 ℃. Journal of the Electrochemical Society, 1989, 136: 730-731.

[9] Gifford P, Palmisano J. An aluminum/chlorine rechargeable cell employing a room temperature molten salt electrolyte. Journal of the Electrochemical Society, 1988, 135: 650-654.

[10] Wang H, Gu S, Bai Y, et al. Anion-effects on electrochemical properties of ionic liquid electrolytes for rechargeable aluminum batteries. Journal of Materials Chemistry A, 2015, 3: 22677-22686.

[11] Koura N, Ejiri H, Takeishi K. Polyaniline secondary cells with ambient temperature molten salt electrolytes. Journal of the Electrochemical Society, 1993, 140: 602-605.

[12] Hjuler H A, Von Winbush S, Berg R W, et al. A novel inorganic low melting electrolyte for secondary aluminum-nickel sulfide batteries. Journal of the Electrochemical Society, 1989, 136: 901-906.

[13] Mori T, Orikasa Y, Nakanishi K, et al. Discharge/charge reaction mechanisms of FeS$_2$ cathode material for aluminum rechargeable batteries at 55 °C. Journal of Power Sources, 2016, 313: 9-14.

[14] Jayaprakash N, Das S, Archer L. The rechargeable aluminum-ion battery. Chemical Communications, 2011, 47: 12610-12612.

[15] Grjotheim K, Krohn C, Malinovsky M, et al. Aluminium Electrolysis: Fundamentals of the Hall-Heroult Process. Etal: Aluminium-Verlag, 1982.

[16] Qin Q X, Skyllas-Kazacos M. Electrodeposition and dissolution of aluminium in ambient temperature molten salt system aluminium chloride n-butylpyridinium chloride. Journal of Electroanalytical Chemistry and Interfacial Electrochemistry, 1984, 168: 193-206.

[17] Weaving J S, Orchard S W. Experimental studies of transition metal chloride electrodes in undivided cells using molten NaAlCl$_4$ electrolyte. Journal of Power Sources, 1991, 36: 537-546.

[18] Armand M, Endres F, MacFarlane D R, et al. Ionic-liquid materials for the electro-chemical challenges of the future. Nature Materials, 2009, 8: 621-629.

[19] Gebresilassie E G, Armand M, Scrosati B, et al. Energy storage materials synthesized from ionic liquids. Angewandte Chemie, International Edition, 2014, 53: 13342-13359.

[20] Brandt A, Balducci A. Theoretical and practical energy limitations of organic and ionic liquid-based electrolytes for high voltage electrochemical double layer capacitors. Journal of Power Sources, 2014, 250: 343-351.

[21] Wang P, Zakeeruddin S M, Comte P, et al. Gelation of ionic liquid-based electrolytes with silica nanoparticles for quasi-solid-state dye-sensitized solar cells. Journal of the American Chemical Society, 2003, 125: 1166-1167.

[22] Wilkes J S, Levisky J A, Wilson R A, et al. Dialkylimidazolium chloroaluminate melts: a new class of room-temperature ionic liquids for electrochemistry, spectroscopy and synthesis. Inorganic Chemistry, 1982, 21: 1263-1264.

[23] Vestergaard B, Bjerrum N, Petrushina I, et al. Molten triazolium chloride systems as new aluminum battery electrolytes. Journal of the Electrochemical Society, 1993, 140: 3108-3113.

[24] Lang C M, Kim K, Guerra L, et al. Cation electrochemical stability in chloroaluminate ionic liquids. Journal of Physical Chemistry B, 2005, 109: 19454-19462.

[25] Zheng Y, Dong K, Wang Q, et al. Density, viscosity, and conductivity of Lewis acidic

1-butyl- and 1-hydrogen-3-methylimidazolium chloroaluminate ionic liquids. Journal of Chemical & Engineering Data, 2012, 58: 32-42.

[26] Wang H, Bai Y, Chen S, et al. Binder-free V_2O_5 cathode for greener rechargeable aluminum battery. ACS Applied Materials & Interfaces, 2015, 7: 80-84.

[27] Sun H, Wang W, Yu Z, et al. A new aluminium-ion battery with high voltage, high safety and low cost. Chemical Communications, 2015, 51: 11892-11895.

[28] Lin M, Gong M, Lu B, et al. An ultrafast rechargeable aluminium-ion battery. Nature, 2015, 520: 324-328.

[29] Reynolds G, Dymek C, Jr. Primary and secondary room temperature molten salt electrochemical cells. Journal of Power Sources, 1985, 15: 109-118.

[30] Rani J V, Kanakaiah V, Dadmal T, et al. Fluorinated natural graphite cathode for rechargeable ionic liquid based aluminum-ion battery. Journal of the Electrochemical Society, 2013, 160: A1781-A1784.

[31] Chiku M, Takeda H, Matsumura S, et al. Amorphous vanadium oxide/carbon composite positive electrode for rechargeable aluminum battery. ACS Applied Materials & Interfaces, 2015, 7: 24385-24389.

[32] Tu J, Song W L, Lei H, et al. Nonaqueous rechargeable aluminum batteries: progresses, challenges, and perspectives. Chemical Reviews, 2021, 121: 4903-4961.

[33] Xu H, Bai T, Chen H, et al. Low-cost $AlCl_3/Et_3NHCl$ electrolyte for high-performance aluminum-ion battery. Energy Storage Materials, 2019, 17: 38-45.

[34] Dong X, Xu H, Chen H, et al. Commercial expanded graphite as high-performance cathode for low-cost aluminum-ion battery. Carbon, 2019, 148: 134-140.

[35] Gan F, Chen K, Li N, et al. Low cost ionic liquid electrolytes for rechargeable aluminum/graphite batteries. Ionics, 2019, 25: 4243-4249.

[36] Jiao H, Wang C, Tu J, et al. A rechargeable Al-ion battery: Al/molten $AlCl_3$-urea/graphite. Chemical Communications, 2017, 53: 2331-2334.

[37] Li J, Tu J, Jiao H, et al. Ternary $AlCl_3$-urea-[EMIm]Cl ionic liquid electrolyte for rechargeable aluminum-ion batteries. Journal of the Electrochemical Society, 2017, 164: A3093-A3100.

[38] Angell M, Zhu G, Lin M C, et al. Ionic Liquid analogs of $AlCl_3$ with urea derivatives as electrolytes for aluminum batteries. Advanced Functional Materials, 2020, 30(4): 1901928.

[39] Canever N, Bertrand N, Nann T. Acetamide: a low-cost alternative to alkyl imidazolium chlorides for aluminium-ion batteries. Chemical Communications, 2018, 54: 11725-11728.

[40] Chu W, Zhang X, Wang J, et al. A low-cost deep eutectic solvent electrolyte for rechargeable aluminum-sulfur battery. Energy Storage Materials, 2019, 22: 418-423.

[41] Xu C, Zhang W, Li P, et al. High-performance aluminum-ion batteries based on $AlCl_3$/caprolactam electrolytes. Sustainable Energy & Fuels, 2020, 4: 121-127.

[42] Zhu G, Angell M, Pan C J, et al. Rechargeable aluminum batteries: effects of cations

in ionic liquid electrolytes. RSC Advances, 2019, 9: 11322-11330.

[43] Li C, Patra J, Li J, et al. A novel moisture-insensitive and low-corrosivity ionic liquid electrolyte for rechargeable aluminum batteries. Advanced Functional Materials, 2020, 30(12): 1909565.

[44] Mandai T, Johansson P. Al conductive haloaluminate-free non-aqueous room-temperature electrolytes. Journal of Materials Chemistry A, 2015, 3: 12230-12239.

[45] Reed L D, Ortiz S N, Xiong M, et al. A rechargeable aluminum-ion battery utilizing a copper hexacyanoferrate cathode in an organic electrolyte. Chemical Communications, 2015, 51: 14397-14400.

[46] Wang H, Gu S, Bai Y, et al. High-voltage and noncorrosive ionic liquid electrolyte used in rechargeable aluminum battery. ACS Applied Materials & Interfaces, 2016, 8: 27444-27448.

[47] Xu C, Zhao S, Du Y, et al. A high capacity aluminum-ion battery based on imidazole hydrochloride electrolyte. ChemElectroChem, 2019, 6: 3350-3354.

[48] Xu C, Li J, Chen H, et al. Benzyltriethylammonium chloride electrolyte for high-performance Al-ion batteries. ChemNanoMat, 2019, 5: 1367-1372.

[49] Del Duca B S. Electrochemical behavior of the aluminum electrode in molten salt electrolytes. Journal of the Electrochemical Society, 1971, 118: 405-411.

[50] Takami N, Koura N. Anodic sulfidation of FeS electrode in a NaCl saturated AlCl3-NaCl melt. Electrochimica Acta, 1988, 33: 1137-1142.

[51] Song Y, Jiao S, Tu J, et al. A long-life rechargeable Al ion battery based on molten salts. Journal of Materials Chemistry A, 2017, 5: 1282-1291.

[52] Tu J, Wang S, Li S, et al. The effects of anions behaviors on electrochemical properties of Al/graphite rechargeable aluminum-ion battery *via* molten AlCl3-NaCl liquid electrolyte. Journal of the Electrochemical Society, 2017, 164: A3292-A3302.

[53] Wang J, Zhang X, Chu W, et al. A sub-100 ℃ aluminum ion battery based on a ternary inorganic molten salt. Chemical Communications, 2019, 55: 2138-2141.

[54] Lantelme F, Alexopoulos H, Chemla M, et al. Thermodynamic properties of aluminum chloride solutions in the molten LiCl/KCl system. Electrochimica Acta, 1988, 33: 761-767.

[55] Tu J, Wang J, Zhu H, et al. The molten chlorides for aluminum-graphite rechargeable batteries. Journal of Alloys and Compounds, 2020, 821: 153285.

[56] Song S, Kotobuki M, Zheng F, et al. Al conductive hybrid solid polymer electrolyte. Solid State Ionics, 2017, 300: 165-168.

[57] Kotobuki M, Lu L, Savilov S V, et al. Poly(vinylidene fluoride)-based Al ion conductive solid polymer electrolyte for Al battery. Journal of the Electrochemical Society, 2017, 164: A3868-A3875.

[58] Yu Z, Jiao S, Li S, et al. Flexible stable solid-state Al-ion batteries. Advanced Functional Materials, 2019, 29: 1806799.

[59] Sun X G, Fang Y, Jiang X, et al. Polymer gel electrolytes for application in aluminum

deposition and rechargeable aluminum ion batteries. Chemical Communications, 2016, 52: 292-295.

[60] Yu Z, Jiao S, Tu J, et al. Gel electrolytes with a wide potential window for high-rate Al-ion batteries. Journal of Materials Chemistry A, 2019, 7: 20348-20356.

[61] Hofmann M, Graener H. Time resolved incoherent anti-Stokes Raman spectroscopy of dichloromethane. Chemical Physics, 1996, 206: 129-137.

[62] Hu P, Zhang R, Meng X, et al. Structural and spectroscopic characterizations of amide-AlCl₃-based ionic liquid analogues. Inorganic chemistry, 2016, 55: 2374-2380.

[63] Coleman F, Srinivasan G, Swadźba-Kwaśny M. Liquid coordination complexes formed by the heterolytic cleavage of metal halides. Angewandte Chemie, International Edition, 2013, 52: 12582-12586.

[64] Sundaraganesan N, Puviarasan N, Mohan S. Vibrational spectra, assignments and normal coordinate calculation of acrylamide. Talanta, 2001, 54: 233-241.

[65] Liu Z, Du H, Cui Y, et al. A reliable gel polymer electrolyte enables stable cycling of rechargeable aluminum batteries in a wide-temperature range. Journal of Power Sources, 2021, 497: 229839.

[66] Liu Z, Wang X, Liu Z, et al. Low-cost gel polymer electrolyte for high-performance aluminum-ion batteries. ACS Applied Materials & Interfaces, 2021, 13: 28164-28170.

[67] Kim I, Jang S, Lee K H, et al. *In situ* polymerized solid electrolytes for superior safety and stability of flexible solid-state Al-ion batteries. Energy Storage Materials, 2021, 40: 229-238.

[68] Liu J, Khanam Z, Ahmed S, et al. A study of low-temperature solid-state supercapacitors based on Al-ion conducting polymer electrolyte and graphene electrodes. Journal of Power Sources, 2021, 488: 229461.

第 16 章　非水系铝电池正极材料

16.1　非水系铝电池正极材料简介

目前，对非水系铝二次电池的研究主要集中在正极材料上。理想的非水系铝电池电极材料的选择和锂电池类似，应具备以下性质：

(1) 在反应过程中，可逆性强，能保证良好的循环性。

(2) 具有高的氧化还原电势和比容量，使电池能有较高的能量密度。

(3) 在整个电压范围内具有良好的热力学稳定性和电化学稳定性。

(4) 具有良好的电子电导率和离子电导率，使得电极极化率减小，以便于大电流充放电。

(5) 氧化还原电势随离子含量变化小，以利于保持平台平稳。

(6) 原料丰富，价格低廉，对环境无污染。

(7) 选用合理的正极材料和电解液，使电池在使用过程中不会发生爆炸，安全性高。

根据以上条件，当前对非水系铝电池的研究主要集中在碳材料、氧化物、硫及硫化物、硒及硒化物、碲及碲化物、锑及锑化物、有机类材料、少量的其他材料。

16.2　碳　材　料

16.2.1　石墨纸

碳材料具有特殊的层状结构，而且成本低和丰度高，其作为电池储能材料已经被广泛研究。焦树强等 [1] 开发了一种低成本、高安全性的以碳纸为正极的高工作电压的非水系铝电池，电池外观如图 16.1 所示，并提出了铝配离子在正极材料层间嵌入–脱嵌的工作机制。电池反应可表示为

$$充电反应：负极 \quad Al^{3+} + 3e^- \longrightarrow Al \tag{16-1}$$

$$正极 \quad Al_xCl_y - e^- \longrightarrow Al^{3+} + Al_aCl_b^- \tag{16-2}$$

$$放电反应：负极 \quad Al - 3e^- \longrightarrow Al^{3+} \tag{16-3}$$

$$正极 \quad Al^{3+} + Al_aCl_b^- + e^- \longrightarrow Al_xCl_y \tag{16-4}$$

图 16.1　Al-C 电池实物图 [1]

这种非水系铝电池的原理类似于"摇椅"锂电池。Al^{3+}、$Al_aCl_b^-$ 两种离子在充电和放电过程中参与嵌入–脱嵌反应过程。

此研究通过在不同条件下测试 $Al|AlCl_3\text{-}[EMIm]Cl|C_n$ 电池的恒流充放电曲线，细致地研究了电池的各方面性能，包括充放电性能、自放电率及活化性等。具体为：碳纸因其层状结构可以使离子嵌入/脱嵌、导电性好、稳定性高、满足正极材料的选取条件。该研究以碳纸为正极，以 $AlCl_3$ 和 1-乙基-3-甲基氯化咪唑为电解液，以高纯铝为负极，组装非水系铝电池，然后进行恒流充放电测试。循环伏安曲线显示碳纸具有高的放电平台，约 1.8 V(图 16.2(a))。由图 16.2(b) 可见，由于电池存在内阻，不同的电流密度对电池的充放电性能有较大的影响，首先体现在充放电平台上。当电流变大时，内阻变大，表现在恒流充放电图像上就是充电平台上移；相反，放电平台下移。由图 16.2(c)，可知此电池有明显的充放电平台，充电平台在 2.1 V，放电平台约在 1.8 V。由图 16.2(d) 可知电池在 50 $mA\cdot g^{-1}$ 电流密度下 100 圈后放电比容量约为 74 $mA\cdot h\cdot g^{-1}$。经过研究，证明了此种新型可充电非水系铝电池拥有优良的电化学性能，此种电池拥有良好的研究前景。

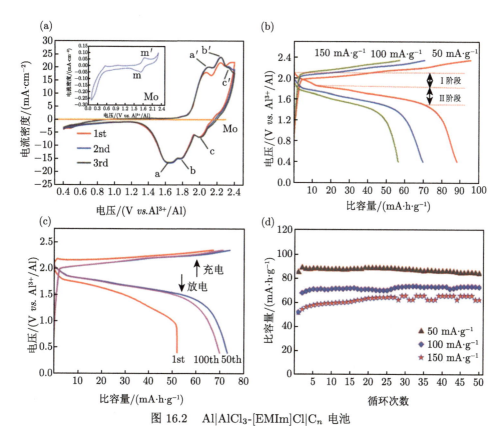

图 16.2 Al|AlCl₃-[EMIm]Cl|C_n 电池

(a) 循环伏安曲线；(b) 不同电流密度下恒电流充放电曲线；(c) 100 mA·g⁻¹ 电流密度下的充放电曲线；(d) 不同电流密度下的循环稳定性

图 16.3 (a) 和 (b) 显示了原始碳纸和循环后碳纸的 TEM 图像。可以清楚地看到直径数百纳米的超薄皱缩纳米片。尽管经历了 100 次充电和放电循环，在碳纸的表面上几乎看不到差异。如图 16.3 (c) 和 (d) 所示，相邻石墨层的距离约为 0.33 nm，这是石墨晶体的特征。然而，在 100 次循环后，碳纸的相邻石墨嵌入空间大大扩大，为 0.455 nm。经过 100 次循环后，碳纸的体积与原来相比急剧膨胀，这与高分辨率的 TEM 图像的分析一致。同时，表面形貌仍保持不变。图 16.3 (e) 和 (f) 中显示了原始和循环碳纸的相应选区电子衍射图像，这两个图都是相似的，并且展示了石墨晶体的特征。从上面的描述中，可以总结如下：① 皱缩的纳米片提供了大的表面积，这有利于活性材料和液体电解质之间的充分接触；② 在充放电过程中，电化学反应仅发生在石墨的夹层中，并且石墨的表面不参与反应；③ 由于良好的结晶，即使经过几十次循环，石墨的结构也保持稳定，这可以提高循环寿命；④ 考虑到相邻石墨嵌入空间的急剧增加，嵌入的离子可能涉及大的配位离子，而不仅仅是单一的 Al³⁺ (小的离子半径)。

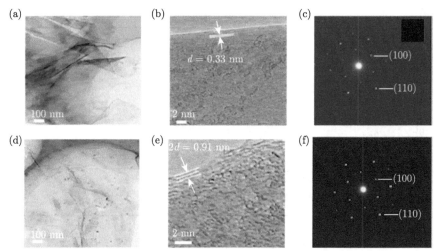

图 16.3　原始碳纸的 (a) TEM，(b) HRTEM 和 (c) 相应的选区电子衍射；100 次循环后循环碳纸的 (d) TEM，(e) HRTEM 和 (f) 相应的选区电子衍射 [1]

图 16.4(a)~(c) 显示了原始碳纸的 XPS 光谱，并在第 100 次循环中充放电一次。原始碳纸和循环碳纸的 C 1s XPS 峰保持不变，这表明石墨表面在充放电过程中没有参与。如图 16.4(b) 所示，在 Cl 2p 的 XPS 峰中可以看到轻微的差异。但 Al 2p 的 XPS 峰差异明显。经过一个充电过程后，出现一个新的峰，这可能是由于一种新的氯化铝的形成，命名为 Al_xCl_y。

这种以碳纸为正极、铝为负极的非水系铝电池具有高能量密度、低成本、长循环寿命和高安全性等优点，在动力电池、储能器件、移动设备等领域拥有无限的潜力。非水系铝电池工作机制的研究表明，铝配离子在石墨层之间的嵌入–脱嵌为铝–碳电池可充放电性提供了运行基础，非水系铝电池的超快充性能更是取决于 Al^{3+} 形成的铝配离子在电极材料内部的嵌入–脱嵌速度，电子在电解液和电极材料表面跃迁交换能力，以及电子在电极材料内部的迁移速度等。

16.2.2　泡沫石墨

Dai 课题组 [2] 采用化学气相沉积法，以泡沫镍 (Ni) 为 3D 支架模板制备了泡沫石墨。在世伟洛克电池或软包电池中构建了铝–石墨电池，使用铝箔负极、石墨正极和由真空干燥的氯化铝/1-乙基-3-甲基咪唑氯化物 ([EMIm]Cl 离子液体。泡沫石墨表现出典型的石墨结构，在 26.55° 处具有尖锐的 (002)X 射线衍射 (XRD) 石墨峰 (层间距，3.35 Å))。

泡沫石墨中的晶须宽度为 100 μm (图 16.5(a))，其间有较大的空间，这大大缩短了插层电解质阴离子的扩散长度，并促进了电池更快的运行。值得注意的是，铝–石墨泡沫电池 (软包电池结构) 可在高达 5000 mA·g^{-1} 的电流密度下充电和放电, 其电流密度约为 Al-PG 电池的 75 倍 (在 75C 速率下, 1 min 充电/放电时间), 同时保持相似的电压分布和放电比容量 (60 mA·h·g^{-1})(图 16.5(b))。在 7500 次循环中观察到了令人印象深刻的循环稳定性和 100% 的容量保持率, 库仑效率为 97%(图 16.5(c))。这是超快非水系铝电池首次在数千次循环中稳定运行。铝–石墨泡沫电池在一系列充放电速率 (1000~6000 mA·g^{-1}) 内保持相似的容量和优异的循环稳定性 (图 16.5(d)), 库仑效率为 85%~99%。还发现该电池可在 34 min 内快速充电 (5000 mA·g^{-1}, 约 1 min) 并逐渐放电 (降至 100 mA·g^{-1}), 同时保持高比容量 (60 mA·h·g^{-1})。这种快速充电/可变放电速率在许多实际应用中都很有吸引力。

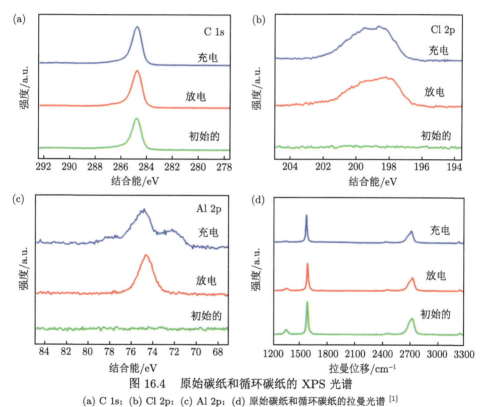

图 16.4 原始碳纸和循环碳纸的 XPS 光谱

(a) C 1s; (b) Cl 2p; (c) Al 2p; (d) 原始碳纸和循环碳纸的拉曼光谱 [1]

使用新型泡沫石墨正极材料, 在超高电流密度下, 其稳定的循环寿命高达 7500 次充放电循环, 且不会衰减。目前的铝–石墨电池可提供 40 W·h·kg^{-1} 的能量密度 (与铅酸和镍氢电池相当, 通过优化石墨电极和开发其他新型正极材料有改进的余地) 和高功率密度, 高达 3000 W·kg^{-1}(类似于超级电容器)。能量/功率密度是根据测量的 65 mA·h·g^{-1} 正极比容量以及电极和电解液中活性材料的质量计算的。这种可充电非水系铝电池具有潜在的成本效益和安全性, 并具有高功率密度。

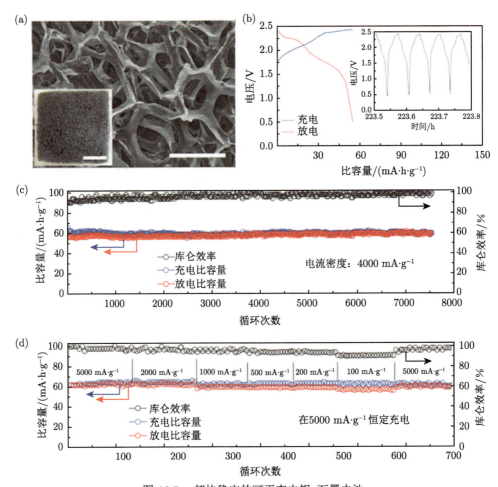

图 16.5　超快稳定的可再充电铝-石墨电池

(a) SEM 图像显示具有开放框架结构的石墨泡沫 (比例尺：300 mm) 插图：石墨泡沫照片 (比例尺：1 cm)；(b) 电流密度为 4000 mA·g^{-1} 时铝-石墨泡沫软包式电池的恒电流充放电曲线；(c) 在 4000 mA·g^{-1} 电流密度下，对铝-石墨泡沫软包电池进行 7500 次充放电循环的长期稳定性实验；(d) 铝-石墨泡沫软包式电池，在 5000 mA·g^{-1} 下充电，在 100~5000 mA·g^{-1} 的电流密度下放电 [2]

16.2.3　膨胀石墨

Gao 课题组 [3] 实现了一个低成本和高性能的非水系铝电池系统，由商业膨胀石墨 (EG) 正极和 AlCl$_3$-三乙胺盐酸盐 (AlCl$_3$-ET) 电解质组成。膨胀石墨的形貌如图 16.6(a) 所示。组装的非水系铝电池在 5 A·g^{-1} 电流密度下，经过 3 万次循环后，放电比容量仍可达到 (78.3±4.1) mA·h·g^{-1}((156.6±8.2) mA·h·cm^{-3})，保持率为 77.5%(图 16.6(b))。即使是在 6.16 mg·cm^{-2} 的高活性物质负载量下，经过 11500 次循环后，放电比容量仍可达到 101 mA·h·g^{-1}(207 mA·h·cm^{-3}，1 A·g^{-1})，保持率为 95.5%(图 16.6(c))。同时也证实了该体系的正极容量部分是由 $AlCl_4^-$ 沉积贡献的，新体系的反应机理是由 EG 的特殊结构产生的，这是经典非水系铝电池机理的重要补充。EG-AIB 的高容量是由 $AlCl_4^-$ 的沉积和第 4 阶段的插入所贡献的 (图 16.6(d))。在 EG-EMI 系统中，$AlCl_4^-$ 的嵌入和沉积电势的升高加速了正极材料结构的破坏，导致容量的快速衰减。这也说明了在非水系铝电池系统中，正极与电解质的相容性是至关重要的。这项工作为建立低成本、高性能和高质量负载的非水系铝电池系统提供了一个非常有前途和简单的策略，具有很大的商业价值。

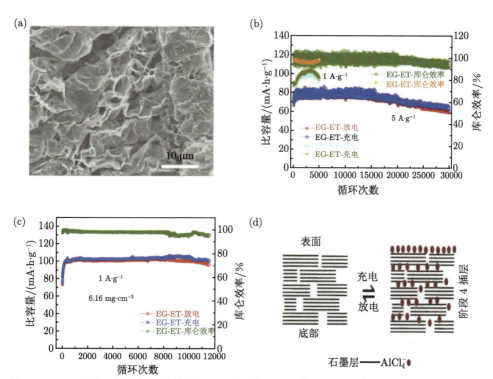

图 16.6 (a) 膨胀石墨的扫描电镜图；(b) 分别在 1 A·g⁻¹ 和 5 A·g⁻¹ 的电流密度下电池的循环性能图；(c) 高负载量的电池循环性能图；(d) 膨胀石墨的嵌入机制 [3]

16.2.4 自然石墨

Kostiantyn 等 [4] 提出了铝 | 离子液体 | 自然石墨结构的电池。利用 ^{27}Al 核磁共振，证实了 $AlCl_4^-$ 嵌入石墨层间。本研究发现 $AlCl_3$ 基离子液体是一种容量限制负极材料。通过聚焦于石墨正极和 $AlCl_3$ 基电解质，可提高总能量密度。首先，石墨正极容量高达 150 mA·h·g⁻¹，库仑效率为 90%，电极负载高达 10 mg·cm⁻²；其次，离子液体中的 $AlCl_3$ 含量增加到其最大值，这实质上使电池的能量密度增

加了一倍，使得电池级的能量密度可达到 62 W·h·kg^{-1}。此外，电池还具有至少 489 W·kg^{-1} 的高功率密度。

16.2.5　无定形碳转化石墨

16.2.5.1　纳米片状多孔石墨

Jin 课题组 [5] 采用熔盐电解的方法制备了纳米片状多孔石墨。将 0.5 g 炭黑压成圆柱形颗粒，然后用多孔泡沫镍填充以形成阴极，通过施加 2.6 V 的电压在熔融氯化钙 (1093 K) 体系中电解 30 min、60 min 或 120 min 后取出阴极，冷却至室温，洗涤并干燥，形貌如图 16.7(a) 所示。通过电化学性能测试证明了具有高结晶度和纳米片状多孔结构的石墨可以是非水系铝电池的优良正极。这种多孔石墨是由炭黑在熔融氯化钙中通过简单的电化学石墨化得到的，高结晶度和薄层特性有助于铝配离子的嵌入和脱出，在 10 A·g^{-1} 的电流密度下可提供 104 mA·h·g^{-1} 的比容量和超过 3000 次循环的稳定性 (图 16.7(b))。此外，片状多孔结构赋予所制造的电极足够大的孔隙率，以完美匹配石墨的巨大体积膨胀，因此这种电化学石墨在循环过程中表现出综合的高质量容量和体积容量以及高结构稳定性。

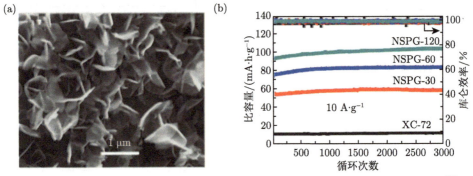

图 16.7　(a) 纳米片状多孔石墨的形貌图；(b) 10 A·g^{-1} 电流密度下的循环性能图 [5]

16.2.5.2　纳米花状石墨

近年来，将无定形碳转化为具有高石墨化度和结晶度良好的石墨成为了研究热点；然而，关键问题，包括高加工温度、石墨化不足、催化剂杂质的引入、复杂的后净化程序以及温室气体的产生，仍然不能实现大规模的应用。为了应对这些挑战，焦树强等 [6] 提出了一种高效的无催化剂、生态友好的低温电化学转化策略，用于制备高度石墨化的多孔石墨纳米片。在氯化钙–氯化锂熔盐中使用惰性二氧化锡作为阳极，可在 700 ℃ 实现非晶碳材料的石墨化转变，接近高效转化非晶碳为石墨的纪录；此外，系统分析了无定形碳向高度石墨化石墨纳米片的电化学转化。为了扩展其有价值的应用，所制备的石墨纳米片被进一步用作非水系铝电池的正极，其表现出非常有希望的能量存储性能。图 16.8(a) 为纳米花状石墨作为非水系铝电池正极材料时的循环伏安曲线，可以看到在 1.8 V 左右具有明显的还原峰，而 100 mA·g^{-1} 的电流密度下，充放电曲线具有明显的放电平台，而且具有超过 300 圈的循环寿命 (图 16.8(b) 和 (c))，在不同的电流密度下，电池容量衰减不严重，具有良好的倍率性能 (图 16.8(d))。此外，在 200 mA·g^{-1} 的电流密度下，获得了 63.6 mA·h·g^{-1} 的初始放电比容量，1000 次循环后容量仍保持在 55.5 mA·h·g^{-1}，库仑效率为 95.4%(图 16.8(e))。低温电化学转化和随后这些纳米片在储能中的高性能应用的结合表明，所提出的策略对于转化和利用丰富的无定形碳资源以实现高附加值应用是有效的。

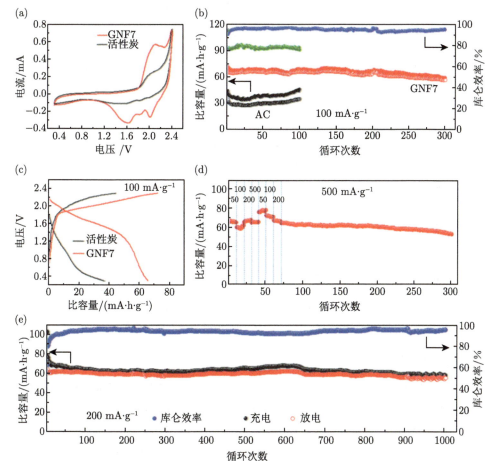

图 16.8　(a) 扫描速率为 0.5 mV·s^{-1} 时活性炭和 GNF7 正极的循环伏安曲线；(b) 在 100 mA·g^{-1} 的电流密度下，活性炭和 GNF7 的充放电曲线和 (c) 循环性能；(d) 在 50~500 mA·g^{-1} 不同电流密度下的倍率性能；(e)GNF7 正极在 200 mA·g^{-1} 下的循环性能 [6]

16.2.6   石墨烯

16.2.6.1   多孔石墨烯泡沫

石墨烯材料因其具有特殊的纳米结构及性能, 如比表面积高、电导率高和独特的石墨平面结构等, 在电池储能领域显示出巨大的应用潜能。Huang 等 [7] 采用独立的整片纳米多孔石墨烯泡沫 (形貌如图 16.9(a) 和 (b) 所示) 作为正极材料组装了非水系铝电池, 这种多孔石墨烯具有较高的比表面积, 使得电池体积容量达到 12.2 mA·h·cm^{-3}。如图 16.9(c), 在电流密度为 500 mA·g^{-1} 时, 其第一圈和第一百圈的放电比容量几乎没有变化, 都在 150 mA·h·g^{-1} 左右。电池的循环性能也较好, 在电流密度为 2000 mA·g^{-1} 时, 比容量为 120 mA·h·g^{-1} 左右, 且几乎没有衰减 (图 16.9(d)), 同时这种电池在低温下有良好的性能。

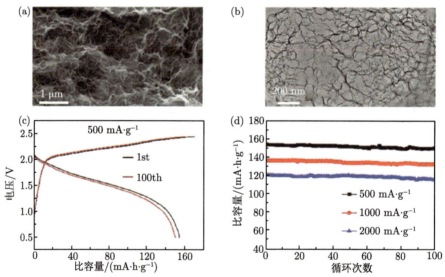

图 16.9   (a)、(b) 多孔石墨烯泡沫的形貌图；(c) 多孔石墨烯泡沫正极在 500 mA·g^{-1} 电流密度下的充放电曲线；(d) 不同电流密度下的循环性能 [7]

16.2.6.2   大尺寸少层石墨烯

Liu 课题组 [8] 发现氯铝酸根阴离子在石墨材料 (石墨和石墨烯) 中的嵌入强烈依赖于石墨材料在 ab 平面和 c 方向上的尺寸。垂直尺寸 (c 方向) 的急剧减小有利于阴离子嵌入/脱出的动力学。同时, 增加水平尺寸 (ab 面) 可以增强嵌入/脱出过程中的结构稳定性。在氯铝酸根阴离子嵌入/脱出过程中, 石墨和石墨烯材料都存在类似的分级行为。在阴离子嵌入后, 发现 L-石墨、L-石墨烯和 S-石墨烯为 4 级石墨层间化合物, 而 S-石墨为 5 级石墨层间化合物。L-石墨烯可以在低电流密度和高电流密度下经历阴离子嵌入/脱出的大量循环, 而没有任何结构损伤。相反，长时间循环后，S-石墨烯被阴离子嵌入剥离。最后，基于大尺寸的少层石墨烯作为正极和铝金属作为负极，验证了具有超长寿命的超快非水系铝电池。

16.2.6.3 石墨烯纳米带

Lu 等 [9] 首次报道了等离子体刻蚀石墨烯纳米带作为非水系铝电池的正极材料。在 5000 mA·g^{-1} 的电流密度下，独立的柔性袋式电池 (图 16.10(a)) 具

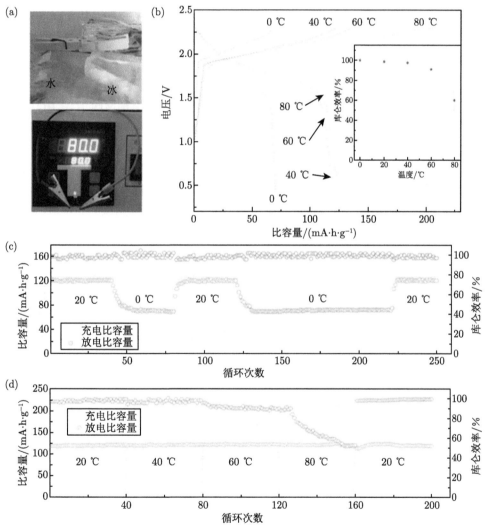

图 16.10 (a) 在 0 ℃ 和 80 ℃ 时，3D 石墨烯基非水系铝电池表面形成的石墨烯纳米带分别点亮了 LED 指示灯；(b) 不同温度下的充放电曲线；(c), (d) 低温 (0 ℃) 和高温 (40 ℃、60 ℃ 和 80 ℃) 下的循环性能 [9]

有低充电电压平台 (截止电压为 2.3 V, 低于此电压时电池没有副反应)、高放电电压平台 (接近 2 V)、高比容量约 123 mA·h·g^{-1}(图 16.10(b)), 库仑效率高于98%, 循环寿命长 (超过 10000 次循环后容量不衰减), 高倍率性能 (148 mA·h·g^{-1}、125 mA·h·g^{-1}、123 mA·h·g^{-1}、119 mA·h·g^{-1}、116 mA·h·g^{-1} 和 111 mA·h·g^{-1},电流密度分别为 2000 mA·g^{-1}、4000 mA·g^{-1}、5000 mA·g^{-1}、6000 mA·g^{-1}、7000 mA·g^{-1} 和 8000 mA·g^{-1})。此外, 该电池还具有良好的电化学性能, 具有快速充电和缓慢放电的特点, 电池可在 80 s 内充满电, 放电时间超过 3100 s。更重要的是, 非水系铝电池在容量和循环寿命方面表现出卓越的高温性能 (40 ℃、60 ℃ 和80 ℃)。此外, 在 0 ℃ 电池仍具有较高的库仑效率和较长的循环寿命 (图 16.10(c), (d))。

16.2.6.4 "3H3C" 石墨烯

Gao 课题组[10] 设计了一种 "三高三连续"(3H3C) 石墨烯薄膜 (GF-HC), 具有高质量、高取向、高沟道 (3H) 和石墨烯基体连续电子导体、连续电解质/离子通道网络渗透方式等特点。连续活性材料的少层石墨烯框架 (3C) 结构, 如图16.11(a) 所示。用氧化石墨烯 (GO) 薄膜制备 GF-HC 薄膜, 然后化学还原制备还原氧化石墨烯薄膜 (图 16.11(b))。rGO 薄膜在 2850 ℃ 退火以恢复原子缺陷, 转化为几十厘米长的连续银色玻璃纤维 (图 16.11(c))。3H3C 结构使正极具有更强的电子和阴离子反应动力学, 表现出前所未有的优异电化学性能。在 6 A·g^{-1} 的高电流密度下, GF-HC 正极具有 120 mA·h·g^{-1} 的高比容量和 98% 以上的库仑效率, 即使在 16000 次循环后容量仍然保持 100%。值得注意的是, GF-HC 正极在 400 A·g^{-1} 时保持了可逆的高比容量 (111 mA·h·g^{-1}) 和超长循环寿命 (25 万次循环, 图 16.11(d)), 宽操作温度范围 (−40∼120 ℃, 图 16.11(e)) 和独特的灵活性 (甚至在 180° 弯曲下)。结果表明, 3H3C 设计有利于阴离子嵌入石墨烯薄膜中, 有利于增加活性位点, 提高嵌入深度。

16.2.6.5 致密石墨烯纸

Yang 课题组[11] 通过氢碘酸还原氧化石墨烯, 然后进行超高温 (2850 ℃) 退火处理, 成功制备了自支撑且无缺陷的石墨烯正极 (RHG-P-2850)。RHG-P-2850 正极能够在电流密度为 2 A·g^{-1} 时提供相当高的比容量 27.1 mA·h·cm^{-3}(85 mA·h·g^{-1})。更重要的是, 在 8000 次循环中仅有 20% 的衰减, 性能非常稳定。研究结果启发和促进了致密堆积石墨烯正极的设计和制备, 以开发高性能的铝–石墨烯电池。

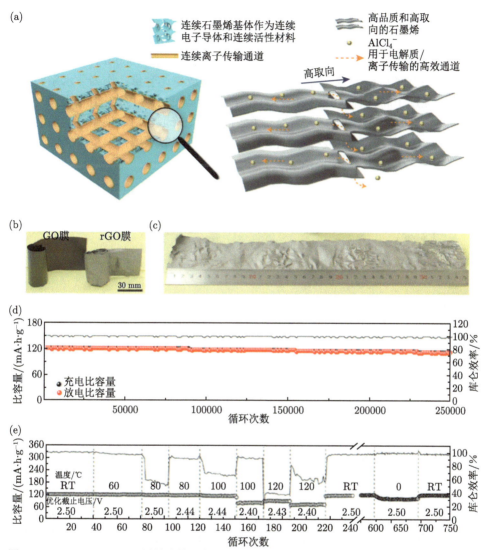

图 16.11 (a) "3H3C" 石墨烯结构示意图；(b)、(c) GO-rRO 膜光学照片；(d) 循环稳定性图；(e) 不同温度下的循环图[10]

16.2.7 碳纳米笼

Lu 课题组[12] 提出了一种无须催化剂的微波脉冲辐射方法，可以简单快速地将 Ketjen 炭黑转化为相互连接的碳纳米笼 (CCN)。将 Ketjen 炭黑 (KB, EC600JD) 磨成粉末，置于石英烧杯中，在空气中微波 15 min(CHIGO 微波炉，700 W)。微波辐照后，在前 10 min 内观察到剧烈的氧化反应，氧化反应结束后粉末周围产生少量电弧。继续照射至 15 min，冷却几分钟并收集碳纳米笼。该产品具有三维互联网络框架，比表面积大，结构稳定性好，有利于工业开发应用。此外，分子动力学模拟表明，当相互连接的碳纳米笼用于 $AlCl_4^-$ 阴离子的存储时，它具有自我保护机制，可以避免阴离子过度包埋导致结构崩塌。在 1000 mA·g⁻¹ 电流密度下，相互连接的碳纳米笼具有 117 mA·h·g⁻¹ 的放电比容量；作为非水系铝电池的正极，经过 1000 次循环后，在 2000 mA·g⁻¹ 电流密度下，放电比容量高达 105 mA·h·g⁻¹(图 16.12)。该研究大大提高了生产速度，降低了对碳纳米笼实验条件的要求，为非水系铝电池正极材料的快速、大规模生产等领域带来重大突破。

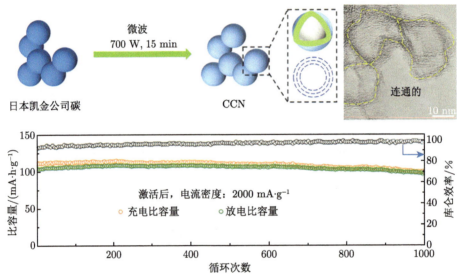

图 16.12   碳纳米笼合成示意图及在 2 A·g⁻¹ 的电流密度下的循环性能 [12]

16.2.8   碳纳米纤维

Wang 课题组 [13] 报道了碳纳米纤维 (形貌如图 16.13(a) 所示) 作为非水系铝电池正极材料。获得了具有超高倍率比容量 (在高电流密度为 50 A·g⁻¹ 时大于 95 mA·h·g⁻¹) 和高能量密度 (214 W·h·kg⁻¹) 的非水系铝电池 (图 16.13(b))。此外，在电流密度为 10 A·g⁻¹ 的情况下，无黏结剂的独立电极在 20000 次循环后呈现出可忽略不计的容量衰减。本报道强调了一种新型实用碳基正极用于可伸缩和柔性非水系铝电池的潜力。密度泛函理论计算和详细的分析表征技术表明，该方法具有优异的性能主要可归因于两个方面：切割的石墨外壳暴露出大量边缘丰富的纳米单元，具有短程扩散的特性，有利于动力学过程；独立的无黏结剂的材料极大地减少了副反应和电极粉末化，具有良好的长周期循环稳定性。通过对商用 CNF 材料的简单处理得到的材料具有很高的电化学性能，表明其在可伸缩性和可扩展性方面具有很好的实际应用前景。

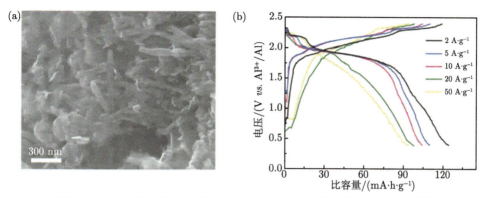

图 16.13　(a) 碳纳米笼的形貌图；(b) 不同电流密度下的充放电曲线 [13]

16.2.9　金属-有机框架化合物衍生多孔碳

面对促进非水系铝电池中铝离子快速扩散和插层的挑战，合理设计具有理想内建界面电势的梯度异质界面对提高电荷扩散和转移动力学至关重要。Yin 课题组 [14] 报道了一种有效的策略来实现 C@N-C@N，P-C 分级异质结构中金属-有机框架化合物衍生的多孔碳中的梯度杂原子氮和磷掺杂的精确调节 (图 16.14)。重

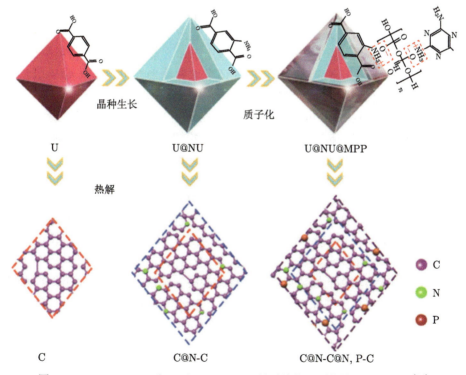

图 16.14　C, C@N-C 和 C@N-C@N,P-C 异质结构八面体的合成示意图 [14]

要的是, 梯度氮和磷掺杂可以改变经密度泛函理论计算证明的金属–有机框架化合物衍生碳的电子结构, 并导致电荷再分布, 从而在 C@N-C@N, P-C 分级杂原子界面诱导分级能级和内置电场, 从而促进界面电荷转移和加速反应动力学。此外, C@N-C@N, P-C 分级异质结构的大表面积和高孔隙率可以有效地吸收电解质并增强阴离子传输动力学。不出所料, 设计的具有内置界面电场的梯度 N、P 掺杂 C@N–C@N、P–C 异质结构可以促进电子和四氯化铝的生长。阴离子在氮、磷、碳、氮碳和碳梯度组分之间自发转移, 在 15 mA·g^{-1} 的高电流密度下, 经过 2500 次循环后显示出 98 mA·h·g^{-1} 的比容量。这一策略揭示了设计高性能电化学储能器件的梯度能带的新见解。

16.2.10 多孔碳材料

16.2.10.1 碳纳米管

碳纳米管是单层或多层石墨片卷曲而成的中空纳米级管状材料, 管间孔隙相互连通, 不存在 “死孔”。根据石墨管壁的层数, 碳纳米管可分为单壁碳纳米管 (SWCNT) 和多壁碳纳米管 (MWCNT)。

碳纳米管具有大的比表面积和易渗透的中空结构, 与石墨纳米管相比, 其具备更高的比容量[15]。同时, 其管状结构可充当各种分子和原子的宿主[16], 且中空腔可提供一定空间, 减少重复插层/脱出引起应变相关的结构变化, 有利于提高电池的循环稳定性。为了探究碳纳米管应用于非水系铝电池正极材料的可行性, Bhauriyal 等[17] 采用密度泛函理论研究了单壁碳纳米管作为非水系铝电池正极材料的性能。结果表明, 单壁碳纳米管是一种很有前途的高性能正极材料, 能提供 1.96 V 的放电电压, 放电比容量为 275 mA·h·g^{-1}。但是, 由于缺乏实验支持, 限制了单壁碳纳米管正极材料的发展。接着, 焦树强等[18] 报道了一种以多壁碳纳米管作为正极的铝离子不对称超级电容器, 提出了两种储能机制: 一是涉及电化学双层电容, 即 AlCl$_4^-$ 在管状结构表面的吸附/脱附; 另一个是在低电流密度下有限的插层电容, AlCl$_4^-$ 在管状结构石墨层中的插层/脱出。

基于前期的理论研究, Zhang 等[19] 采用自上而下的化学/机械剥离方法制备了柔性开合的碳纳米管 (UMWCNT) 作为非水系铝电池的正极材料。柔性开合的碳纳米管外层开放的多壁碳纳米管提供大量的活性插层位, 中心闭合式的碳纳米管负责电子快速传输到活性位点以及保持结构的完整性。因此, 柔性开合的碳纳米管表现出优良的电化学性能, 在大电流密度 5 A·g^{-1} 充放电 5500 次后仍能维持约 75 mA·h·g^{-1} 的放电比容量。然而, 在不同电流密度充放电, 柔性开合的碳纳米管均未观察到明显的电压平台, 这表明 AlCl$_4^-$ 在碳纳米管石墨烯层中的插层/脱层机制尚未明确。Han 等[20] 进一步研究了石墨–多壁碳纳米管 (G-MWCNT) 正极材料, 对 AlCl$_4^-$ 在碳纳米管石墨烯层中的插层机理做出了补充说明。G-MWCNT

正极材料在 2 V 左右表现出良好的放电平台；并且通过能量色散 X 射线光谱仪 (EDX) 测定，完全带电的 G-MWCNT 显示 C、Al、Cl 元素共存，证明 $AlCl_4^-$ 在充电过程中插入 G-MWCNT 的石墨烯层中，而不是简单地吸附在其表面。G-MWCNT 不仅经过 1000 次充放电循环后，电池的放电比容量基本保持在 58 mA·h·g^{-1}，库仑效率约为 99.5%，而且具有较低的自放电速率，剩余容量约 0.4% 时可放电超过 72 h(图 16.15)。此外，Liu 等[21] 报道了由几层石墨烯缠绕成的开合式空心碳纳米卷，提供了电子传输的快速通道，表现出优越的负离子存储能力，充分发挥了碳纳米卷正极的超级快充的优异性能，在 50 A·g^{-1} 的超高电流密度下可逆放电比容量为 101.24 mA·h·g^{-1}，循环 55000 次，容量保持率接近 100%。

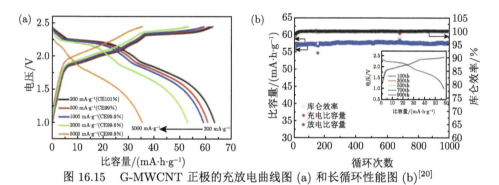

图 16.15 G-MWCNT 正极的充放电曲线图 (a) 和长循环性能图 (b)[20]

16.2.10.2 有序介孔碳

Zhang 课题组[22] 提出了一种商用有序介孔碳 (CMK-3) 作为 RAB 的正极，其显示出 >36000 次充/放电循环的超长寿命，具有 >97% 的高库仑效率和高达 3000 mA·g^{-1} 的优异倍率性能。此外，CMK-3 具有约 45 W·h·kg^{-1} 的高能量密度。

16.3 氧 化 物

从极性相互作用的角度来考虑，能够在室温离子液体中发生 Al^{3+} 嵌入的正极材料应当是具有极性键的过渡金属硫化物或氧化物。然而，Al^{3+} 与正极材料的嵌入反应不会单独发生，随着 Al^{3+} 向晶格中的迁移通常会发生相转移反应。钒氧化物是非水系铝电池中常用的嵌入型正极材料。Jayaprakash 等发现 V_2O_5 在有机电解液体系中不会发生储 Al 行为，而在室温离子液体中于 125 mA·h·g^{-1} 的电流密度下循环 20 周后的比容量仍然有 273 mA·h·g^{-1}。通过高分辨透射电镜可以观察到在 Al^{3+} 嵌入后 V_2O_5 中出现了无定形层，表明嵌入反应破坏了材料的主体晶格并发生了相转移反应，这一现象后来通过恒电流间歇滴定技术也得到了证实。

虽然 Al^{3+} 相比 Li^+ 的半径更小，但是锂电池中常用的 TiO_2、SnO_2 等氧化物材料不能实现 Al^{3+} 的嵌入，这与 Al^{3+} 表面的高电荷密度有强烈关联。Koketsu 等通过对 TiO_2 等进行刻蚀制造其内部的阳离子空位实现了 Al^{3+} 的嵌入。

16.3.1 氧化钒

焦树强等 [23] 采用溶剂热法制备了 VO_2。将 4 mmol 五氧化二钒和 12 mmol 的 $H_2C_2O_4 \cdot 2H_2O$ 溶解在 20 mL 去离子水中，在 80 °C 下连续搅拌 1 h，形成蓝色透明溶液。然后将溶液冷却至室温。新形成的悬浮液用去离子水和酒精洗涤数次，并在 80 °C 下干燥过夜。将制备好的粉末在玛瑙砂浆中研磨 30 min，溶解于 20 mL 的 0.1 $g \cdot mL^{-1}$ 的 PEG-600 溶液，持续搅拌 1 h。然后将溶液转移到 25 mL 聚四氟乙烯内衬不锈钢外壳的高压釜中，在 200 °C 下进行 24 h 的水热反应。制备的 VO_2 形貌如图 16.16(a) 所示。以 VO_2 为正极材料的具体反应如下：

在放电过程：

$$负极反应 \quad xAl - 3xe^- \longrightarrow xAl^{3+} \tag{16-5}$$

$$正极反应 \quad VO_2 + xAl^{3+} + 3xe^- \longrightarrow Al_xVO_2 \tag{16-6}$$

在充电过程：

$$负极反应 \quad xAl^{3+} + 3xe^- \longrightarrow xAl \tag{16-7}$$

$$正极反应 \quad Al_xVO_2 - xAl^{3+} - 3xe^- \longrightarrow VO_2 \tag{16-8}$$

$$总反应 \quad VO_2 + xAl \Longrightarrow Al_xVO_2 \tag{16-9}$$

与锂离子"摇椅"电池类似，铝离子会在电池的电解质和电极之间来回反应。当一个铝离子从负极移动到正极时，三个电荷作为补偿，将在外部电路中传输 (图 16.16(b))。

电池首圈放电比容量有 165 $mA \cdot h \cdot g^{-1}$，电池的放电平台约 0.5 V。该电池的循环性能良好，在电流密度为 50 $mA \cdot g^{-1}$ 下，循环 100 圈后，其放电比容量保留在 116 $mA \cdot h \cdot g^{-1}$ (图 16.16(c) 和 (d))。

Jayaprakash 等 [24] 合成了钒氧化物纳米线作为正极材料，形貌如图 16.17(a) 所示，以 $AlCl_3 : [EMIm]Cl=1.1 : 1$ 离子液体为电解液，金属铝为负极构成的非水系铝二次电池。该研究首次为非水系铝电池在持续的循环寿命中具有稳定的电化学性能提供了证据。对其做循环伏安测试表明，在 2.5~0.02 V 的电化学窗口，具有一对氧化还原峰，还原峰～0.45 V，氧化峰～0.95 V，这可能是铝离子在 V_2O_5 纳米线结构中嵌入/脱出所产生的电势。

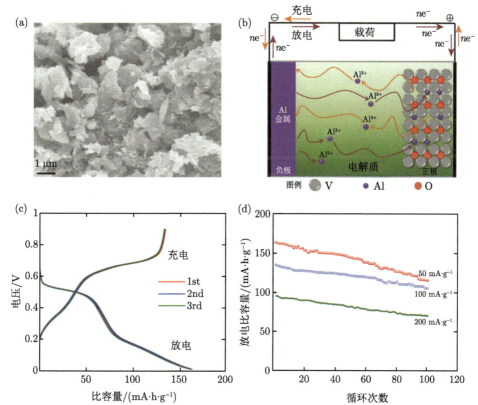

图 16.16 (a) VO$_2$ 的形貌图；(b) 充电/放电过程示意图；(c) VO$_2$ 的充放电曲线；(d) 不同电流密度下的循环性能 [23]

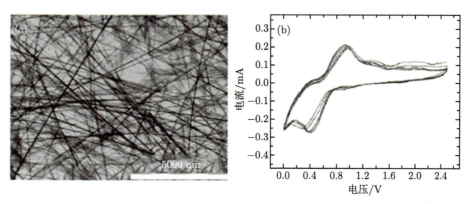

图 16.17 (a) V$_2$O$_5$ 纳米线的 TEM 图；(b) 使用 V$_2$O$_5$ 纳米线的循环伏安图 [24]

Amine 等 [25] 报告了一种用于可充电非水系铝的无黏结剂正极材料。这种正极是通过在泡沫镍集流体上直接沉积 V$_2$O$_5$ 来合成的 (图 16.18(a))。使用合成的无黏结剂正极组装的可充电非水系铝电池的初始放电比容量为 239 mA·h·g^{-1}，远高于使用由 V$_2$O$_5$ 纳米线和黏结剂组成的电池 (图 16.18(b),(c))。Ni-V$_2$O$_5$ 的放电电压平台出现在 0.6 V，略高于使用普通黏结剂的 V$_2$O$_5$ 纳米线正极。这种改善归因于电化学极化的降低。

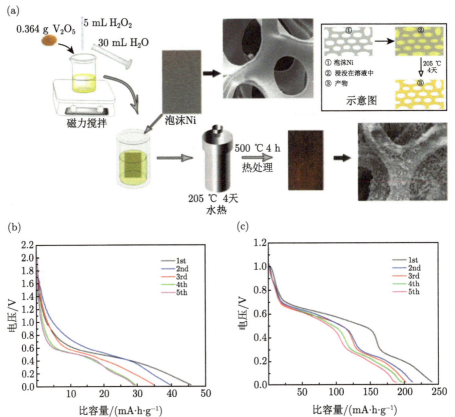

图 16.18   (a) Ni-V$_2$O$_5$ 的合成示意图；(b) 使用 PVDF 黏结剂的放电曲线；(c) 无黏结剂的放电曲线 [24]

16.3.2 氧化钛

2017 年，Koketsu 等 [26] 使用了具有阳离子空位的锐钛矿相 TiO$_2$ 作为非水系铝电池的正极，他们通过高分辨透射图清晰地看到晶格中的钛原子缺失 (图 16.19)。与初始 TiO$_2$ 相比，具有阳离子空位的 TiO$_2$ 的非水系铝电池性能有所提高，在 20 mA·g^{-1} 电流密度下的放比电容量约为 120 mA·h·g^{-1}。通过第一性原理计算可以得出，该 TiO$_2$ 材料中的阳离子空位可以作为 Al^{3+} 嵌入的活性位点。使用缺陷化学来设计用于多价离子电池的先进电极材料可以开发大量的材料。

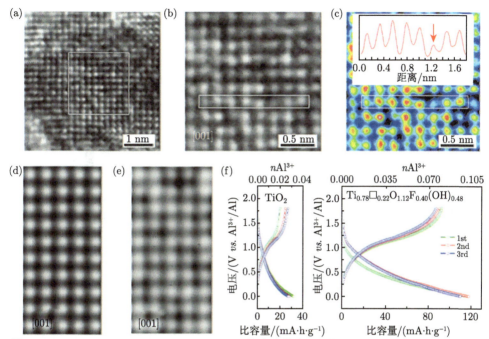

图 16.19 (a) $Ti_{0.78}\square_{0.22}O_{1.12}F_{0.40}(OH)_{0.48}$ 的高分辨率 Cs 校正 TEM 图像；(b) 沿 [001] 轴定向的锐钛矿晶体 (空间组 $I4_1/amd$) 的原子分辨率图像；(c) 彩色高分辨率 TEM 图像，带有一条原子线 (白色矩形) 的剖面图，显示出原子柱和其间暗斑的清晰强度变化；(d), (e) 使用 MactempasX-2 软件计算沿 [001] 轴定向的锐钛矿结构的高分辨率 TEM 图像，平均 Ti 占有率为 78%：均匀 (d) 和随机 (e) 分布，计算的图像显示出与实验高分辨率图像中观察到的特征相似的特征，这表明结构中 Ti 占据的不规则性；(f)TiO$_2$ 和含空位锐钛矿在非水系铝电池中的恒电流充放电曲线 [26]

16.3.3 氧化钴

Co$_3$O$_4$@MWCNT 的合成过程主要包括三个步骤：① 多壁碳纳米管活化；② ZIF-67@MWCNT 的合成；③ 氧化法合成 Co$_3$O$_4$@MWCNT。合成示意图如图 16.20 所示。

焦树强等 [27] 报道了一种使用金属–有机框架化合物衍生的 Co$_3$O$_4$@MWCNT 多面体复合材料 (图 16.21(a)) 作为正极的新型高性能 RAIB 系统。Co$_3$O$_4$@MWC-NT 多面体提供 266.3 mA·h·g^{-1} 的初始放电比容量，可逆比容量在 100 mA·g^{-1} 的电流密度时，超过 150 个循环后仍然可达到 125 mA h·g^{-1}(图 16.21(b) 和 (c))。储能机制已被证实是 Co$_3$O$_4$ 和 Co 之间的可逆价态变化反应。这些发现可以为未来将金属–有机框架化合物衍生物升级为 RAIB 的先进正极材料提供启发。

$$正极：\quad 9Co + 4Al_2O_3 - 24e^- \rightleftharpoons 3Co_3O_4 + 8Al^{3+} \tag{16-10}$$

$$负极：\quad 4Al_2Cl_7^- + 3e^- \rightleftharpoons Al + 7AlCl_4^- \tag{16-11}$$

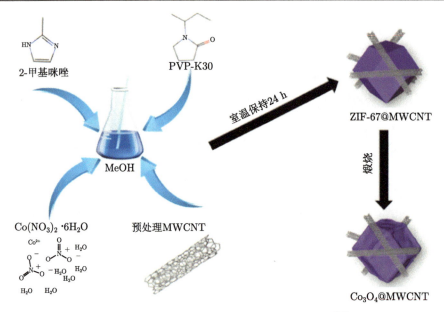

图 16.20　Co$_3$O$_4$@MWCNT 的合成示意图[27]

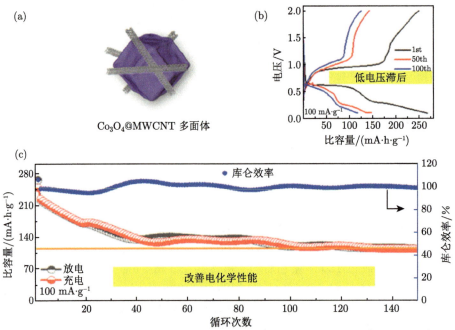

图 16.21　(a) Co$_3$O$_4$@MWCNT 结构图；(b) Co$_3$O$_4$@MWCNT 在非水系铝电池体系下的充放电曲线；(c) 循环性能[27]

16.3.4 氧化锡

Wang 课题组 [28] 报道了一种多孔碳负载的 SnO_2 纳米复合材料作为正极材料，其形貌如图 16.22(a) 所示。电池在 50 mA·g^{-1} 的电流密度下，显示出 370 mA·h·g^{-1}(初始 434 mA·h·g^{-1}) 的放电比容量 (图 16.22(b))。在 2 A·g^{-1} 的超高电流密度下，电池保持稳定放电比容量为 72 mA·h·g^{-1}，以 100% 的库仑效率进行 2 万次循环 (图 16.22(c))。由于其显著的纳米结构，可以避免副反应导致的结构粉碎等不良情况发生。结果表明，SnO_2/C 纳米复合材料是一种良好的非水系铝电池正极材料，为高性能非水系铝电池的设计开辟了新的机遇。反应机制如下：

$$正极: SnO_2 + 4nAl_2Cl_7^- + 3ne^- \rightleftharpoons Al_nSnO_2 + 7nAlCl_4^- \tag{16-12}$$

$$负极: Al + 7AlCl_4^- - 3e^- \rightleftharpoons 4Al_2Cl_7^- \tag{16-13}$$

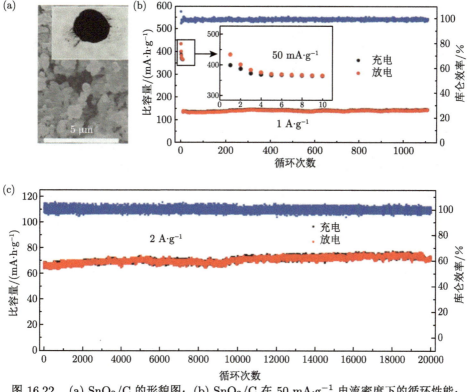

图 16.22　(a) SnO_2/C 的形貌图；(b) SnO_2/C 在 50 mA·g^{-1} 电流密度下的循环性能；
(c) SnO_2/C 在 2 A·g^{-1} 电流密度下的循环性能 [28]

16.3.5　氧化铜

焦树强等[29] 合成了由无数小纳米棒堆积而成的多孔氧化铜微球 (PM-CuO) 用于非水系铝电池 (图 16.23(a) 和 (b))。合成的 PM-CuO 具有 21.61 $m^2 \cdot g^{-1}$ 的比表面积，孔隙体积为 0.179 $cm^3 \cdot g^{-1}$，这些独特的多孔特性使得 PM-CuO 改善了非水系铝电池的电化学性能，在电流密度为 50 $mA \cdot g^{-1}$ 时，其初始充放电比容量分别为 270.62 $mA \cdot h \cdot g^{-1}$ 和 250.12 $mA \cdot h \cdot g^{-1}$。在循环性能中，电流密度为 50 $mA \cdot g^{-1}$、100 $mA \cdot g^{-1}$ 和 200 $mA \cdot g^{-1}$ 时，放电比容量分别保持在 130 $mA \cdot h \cdot g^{-1}$、121 $mA \cdot h \cdot g^{-1}$ 和 112 $mA \cdot h \cdot g^{-1}$ (图 16.23(c) 和 (d))。PM-CuO 正极材料独特的多孔结构使其具有良好的性能，是一种极具潜力的储能材料。反应机制如下：

$$\text{正极：} 6CuO + 2Al^{3+} + 6e^- \Longleftrightarrow 3Cu_2O + Al_2O_3 \tag{16-14}$$

$$\text{负极：} Al + 7AlCl_4^- - 3e^- \Longleftrightarrow 4Al_2Cl_7^- \tag{16-15}$$

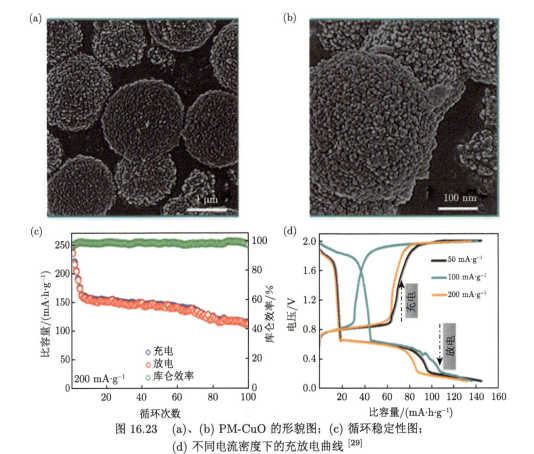

图 16.23　(a)、(b) PM-CuO 的形貌图；(c) 循环稳定性图；
(d) 不同电流密度下的充放电曲线[29]

16.3.6　氧化锰

Almodóvar 等 [30] 通过简单、低成本的溶胶凝胶法合成了 δ-MnO$_2$ 纳米纤维。δ-MnO$_2$ 纳米纤维显示出作为可充电非水系铝电池正极的高电化学性能。其初始放电比容量为 59 mA·h·g^{-1}，以 100 mA·g^{-1} 的电流密度放电，经过 100 次循环后放电比容量稳定在 37 mA·h·g^{-1}，超过 100 次循环的库仑效率几乎达到 99%（图 16.24(a) 和 (b)）。充电/放电曲线中的不同平台，揭示了电池的 Al^{3+} 嵌入/脱出和电化学稳定性。

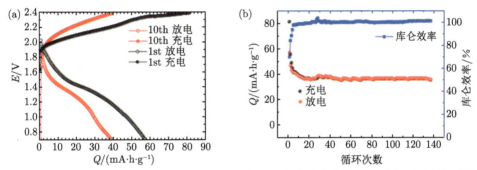

图 16.24　(a) δ-MnO$_2$ 作为非水系铝电池正极材料时的充放电曲线；(b) 循环稳定性图 [30]

16.3.7　氧化钨

焦树强等 [31] 通过简单的水热过程合成了有序的 WO$_3$ 纳米棒，如图 16.25(a) 所示。通过随后的热还原过程得到了一系列具有氧空位的 WO$_{3-x}$ 纳米棒，并提

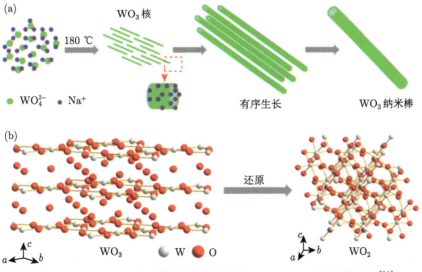

图 16.25　(a) WO$_3$ 纳米棒的合成示意图；(b) WO$_{3-x}$ 的形成机制 [31]

出了不同氧空位的 WO$_{3-x}$ 纳米棒的形成机制，如图 16.25(b) 所示。电化学结果显示，WO$_{3-x}$ 由于热还原产生的氧空位，纳米棒的比容量有所提高。更重要的是，WO$_{3-x}$ 纳米棒作为非水系铝电池正极的反应过程已被证实。反应机制如下：

$$WO_{3-x} + AlCl_4^- - e^- \rightleftharpoons [AlCl_4] WO_{3-x} \qquad (16\text{-}16)$$

16.3.8　氧化碲

焦树强等 [32] 通过两步热处理合成的珊瑚状 TeO$_2$ 微丝可以作为优异的非水系铝电池正极。具体合成方法如下：将金属 Te 粉 (99.99%) 放入卧式石英管式炉中心的石英舟中，并在距舟 15 cm 处放置石英基板。在高纯氩气载气下将管式炉加热至 600 ℃ 并保持 75 min。然后将所制备的 Te 在氧气流下于 470 ℃ 热处理 4 h。最后，可以获得珊瑚状的 TeO$_2$ 微米线 (H-TeO$_2$)。在电流密度为 200 mA·g^{-1} 时比容量为 214.2 mA·h·g^{-1}，达到约 1.3 V 的高电压平台，并在 100 次循环中保持在 88.5 mA·h·g^{-1}。此外，还验证了 TeO$_2$ 的反应机理为放电过程中 Al^{3+} 的插入。更重要的是，基于乙炔黑改性隔膜的设计，在电流密度为 200 mA·g^{-1} 下，可实现 150 次以上循环，可逆比容量为 152.0 mA·h·g^{-1}，库仑效率高达 98.4%。在 500 mA·g^{-1} 更高的电流密度下，700 次循环后电池的稳定比容量为 91.1 mA·h·g^{-1}，显示出优越的长期循环稳定性、高容量和良好的倍率能力 (图 16.26)。

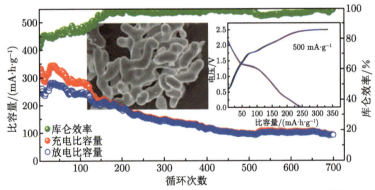

图 16.26　TeO$_2$ 的形貌图、充放电曲线及循环稳定性图 [32]

16.4　硫及硫化物

16.4.1　硫单质

Al-S 电池的硫正极具有很多独特的优势。目前非水系铝电池正极材料大多选用碳材料和过渡金属化合物,然而碳材料的放电比容量较低,过渡金属化合物虽然比容量高于碳材料,但是这些元素的原子序数较大,材料的密度也比较大,不利于实现电池高的质量能量密度。而硫单质具有轻质的特点,将铝金属负极与硫正极匹配得到的 Al-S 电池具有高的理论能量密度 (1300 W·h·kg^{-1})。

此外,单质硫来源丰富、价格低廉且制备过程环保。硫是石油精炼和工业生产的副产品,也可以直接从硫酸盐矿中提取出来,因此硫资源非常丰富,在制备硫的同时还可以减少废气中硫的含量,与目前控制工业废气排放,实现可持续发展的理念不谋而合。然而,硫的导电性极差,Al-S 电池的电极反应动力学缓慢,严重限制了充放电电流密度的提高。使用硫正极导致的穿梭效应使硫的利用率下降,长循环稳定性变差。这些问题使 Al-S 电池的实际性能远低于其理论水平,严重阻碍了 Al-S 电池的发展。

为了解决上述硫正极材料中存在的问题,研究人员对正极材料的各组分 (活性物质、基本材料、添加剂) 进行了系统的研究和优化,以改善硫的电子和离子传导性,降低穿梭效应造成的危害,从而提高 Al-S 电池的电化学性能。

Guo 课题组[33] 报道了一种在硫正极中具有降低放电电压滞后作用的电化学催化剂 Co^{II,III},可显著提高 Al-S 电池的保有容量和倍率性能。结构和电化学分析表明,Co^{II,III} 的催化效果与钴硫化物的形成密切相关。在硫的电化学反应中,Co^{II,III} 价态的变化改善了正极反应动力学和硫利用率。当硫正极采用含 Co^{II,III} 的碳材料修饰后,Al-S 电池的电压滞后明显降低了 0.8 V。在 1 A·g^{-1} 电流密度下,可逆比容量达到 500 mA·h·g^{-1}。当电流密度继续升高,达到 3 A·g^{-1} 时,经过 200 圈的循环后仍然可以保持 300 mA·h·g^{-1} 的比容量 (图 16.27)。

16.4.2 硫化铁

Li 课题组[34] 报道了一种结合硫化策略的溶剂热法合成新型纳米片组装的多层结构 FeS$_2$@C 杂化材料。多层结构形态的独特优势在于大的比表面积,以确保电解质有效渗透到电极中,从而调动阳离子迁移和电子传输。此外,二维 (2D) 纳米片表面的薄碳层可以有效地提高电导率并机械地限制活性材料的体积膨胀,这有利于在循环时保持结构的完整性。使用多层结构的 FeS$_2$@C,获得了显著改善的铝离子存储性能,具有高比容量、优异的倍率性能和长期循环稳定性。在电流密度分别为 0.1 A·g^{-1}、0.2 A·g^{-1}、0.5 A·g^{-1}、1 A·g^{-1}、2 A·g^{-1} 和 5 A·g^{-1} 时,在 ~0.33 V 和 0.6 V 下观察到两个平台,并提供 212 mA·h·g^{-1}、192 mA·h·g^{-1}、160 mA·h·g^{-1}、137 mA·h·g^{-1}、122 mA·h·g^{-1} 和 95 mA·h·g^{-1} 的可逆比容量。此外,多层结构 FeS$_2$@C 的比容量可维持在 ~120 mA·h·g^{-1}(1 A·g^{-1}),在 1000 次长期循环中几乎没有衰减。反应机制如下:

$$FeS_2 + \frac{2}{3}Al^{3+} + 2e^- \Longleftrightarrow FeS + \frac{1}{3}Al_2S_3 \qquad (16-17)$$

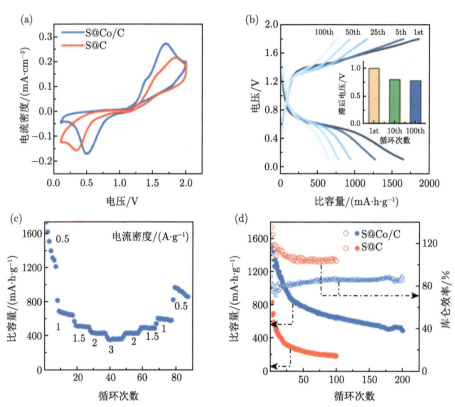

图 16.27　(a) 用 S@Co/C 和 S@C 正极组装的 Al-S 电池的循环伏安曲线；(b) S@Co/C 正极在电流密度为 1 A·g^{-1} 时的恒流充放电曲线及其电压滞后曲线；(c) S@Co/C 正极倍率性能；(d) S@Co/C 和 S@C 正极在 1 A·g^{-1} 电流密度下的循环性能；采用没有添加 CoCl$_2$ 的离子液体 [EMIm]Cl：AlCl$_3$ 电解质进行的电化学性能测试 [33]

16.4.3　硫化镍

焦树强等 [35] 对 Ni$_3$S$_2$ 复合石墨烯材料的性能进行了研究。该研究构建了以 Ni$_3$S$_2$/石墨烯薄膜复合材料为正极和高纯度的铝箔作为负极的基于 Al^{3+} 嵌入和脱嵌机理的可充电非水系铝电池。在电流密度为 100 mA·g^{-1} 时，该电池的首圈放电比容量为 350 mA·h·g^{-1}，其放电电压在 1 V 左右。循环 100 圈后，库仑效率较好，高达 99%，但是电池的放电比容量仅保留在 60 mA·h·g^{-1}，衰减严重 (图 16.28)。

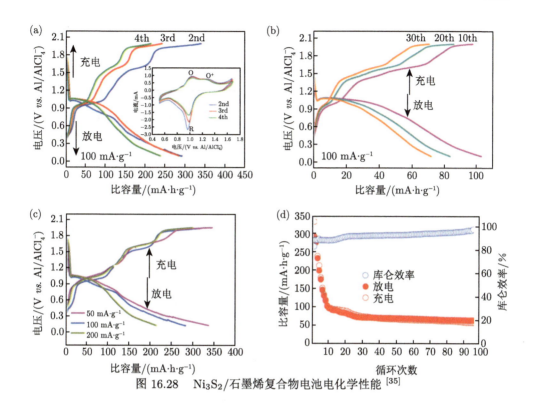

图 16.28　Ni_3S_2/石墨烯复合物电池电化学性能 [35]

　　焦树强等 [36] 对 NiS 与碳纳米管复合的正极材料在非水系铝电池中的性能进行了研究。Al-NiS 电池在 200 mA·g^{-1} 电流密度下，循环 100 圈后还保留有 100 mA·h·g^{-1} 的比容量，还有 90% 以上的容量保留 (图 16.29(a))，但是其放电平台较低，在 1.15 V 左右 (图 16.29(b))。

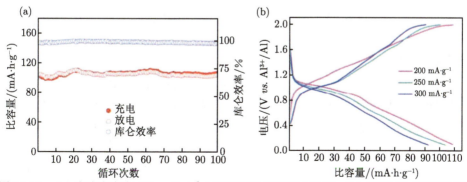

图 16.29　(a) 电流密度为 200 mA·g^{-1} 时的循环性能和库仑效率；(b) 在不同电流密度下第 10 圈的充放电曲线 [36]

16.4.4　硫化铜

焦树强等 [37] 以三维分层硫化铜 (CuS) 微球为正极材料,以含 AlCl$_3$ 和 [EMIm]Cl 的室温离子液体为电解液,制备了可充电非水系铝电池。CuS 的制备过程如图 16.30 所示:首先将 CuCl$_2$·2H$_2$O 加入到乙二醇溶液中,在烧杯中搅拌并加热至 120 ℃。然后将 (NH$_2$)$_2$CS 缓慢加入乙二醇溶液中,同时搅拌。将烧杯中形成的溶液混合搅拌约 30 min。混合物溶液在 140 ℃ 烘箱中溶剂热处理 90 min,然后自然冷却到室温。用去离子水和无水酒精洗涤几次得到黑色沉淀,即为 CuS 微球。

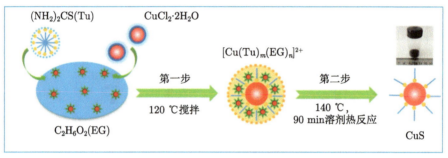

图 16.30　CuS 的合成示意图 [37]

基于 CuS 微球电极的非水系铝电池表现出高达约 1.0 V 的平均放电电压 (图 16.31(a),(b)),电流密度为 20 mA·g^{-1} 时的可逆比容量约为 90 mA·h·g^{-1},100 次循环后的良好循环性能接近 100% 的库仑效率 (图 16.31(c))。这种显著的电化学性能归功于正极材料明确的纳米结构,促进了电子和离子的转移,特别是对于氯铝酸盐离子的大尺寸。反应机制如下:

$$正极: 6CuS + 2Al^{3+} + 6e^- \rightleftharpoons 3Cu_2S + Al_2S_3 \qquad (16\text{-}18)$$

$$负极: Al + 7AlCl_4^- - 3e^- \rightleftharpoons 4Al_2Cl_7^- \qquad (16\text{-}19)$$

16.4.5　硫化钒

焦树强等 [38] 采用典型的水热法制备了花朵状的 VS$_4$/rGO(还原氧化石墨烯) 复合材料,并研究了其作为非水系铝电池正极材料 (含不燃不爆炸离子液体电解质)。VS$_4$/rGO 的合成方法,如图 16.32 所示:第一步,在 120 mL 去离子水中加入 1.65 g 钒酸钠和 3.37 g CH$_3$CSNH$_2$,在室温下搅拌至少 2 h。随后,在上述均匀溶液中加入 30 mg 石墨烯。将所得悬浮液转移到 150 mL 的高压釜中,在 160 ℃ 下加热 24 h,然后用去离子水洗涤几次,在 60 ℃ 下真空干燥 12 h。

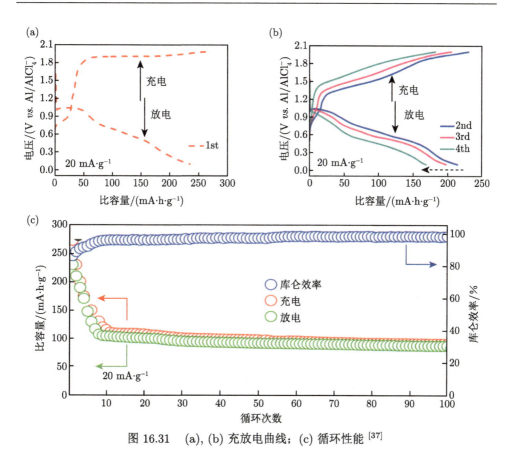

图 16.31   (a), (b) 充放电曲线；(c) 循环性能 [37]

在 0.1~2.0 V 电压范围内对 VS$_4$/rGO 进行充放电性能测试，结果表明，在 100 mA·g^{-1} 电流密度下，初始充放电比容量分别接近 491.57 mA·h·g^{-1} 和 406.94 mA·h·g^{-1}。此外，在循环性能中，电流密度为 100 mA·g^{-1}、200 mA·g^{-1} 和 300 mA·g^{-1} 时，放电比容量分别保持在 80 mA·h·g^{-1}、70 mA·h·g^{-1} 和 60 mA·h·g^{-1} 以上。100 次循环后库仑效率达到 90% 以上，且容量保持良好，为新型可充电非水系铝电池提供了良好的正极材料 (图 16.33)。

Mai 课题组 [39] 报道了 VS$_2$ 纳米片作为正极材料的可充电的非水系铝电池。VS$_2$ 的合成：首先将 0.232 g NH$_4$VO$_3$ 分散在 30 mL 去离子水中，同时加入 2 mL NH$_3$·H$_2$O，在持续搅拌下慢慢加入。接着，伴随着连续搅拌，将 1.503 g 硫代乙酰胺 (TAA) 分散在溶液中。最后，得到均匀的棕色溶液。之后在 180 ℃ 下加热 20 h 后冷却至室温，悬浮液用乙醇和蒸馏水洗涤几次。最终的黑色粉末通过在 60 ℃ 真空烘箱中干燥 8 h 获得。为了使 VS$_2$ 具有更好的电化学性能，石墨烯被用来修饰 VS$_2$。在 100 mA·g^{-1} 下，获得的 G-VS$_2$ 复合物提供了 186 mA·h·g^{-1} 的高初始放电比容量。在循环过程中，经过 50 次循环放电比容量保持在 50 mA·h·g^{-1}，库仑效率约为 100%(图 16.34)。此外,采用先进的表征技术探索了 VS_2 的反应机理,表明 Al^{3+} 在插层过程中存在轻微的结构变化。反应机制如下:

$$正极: VS_2 + xAl^{3+} + 3xe^- \rightleftharpoons Al_xVS_2 \tag{16-20}$$

$$负极: Al + 7AlCl_4^- - 3xe^- \rightleftharpoons 4Al_2Cl_7^- \tag{16-21}$$

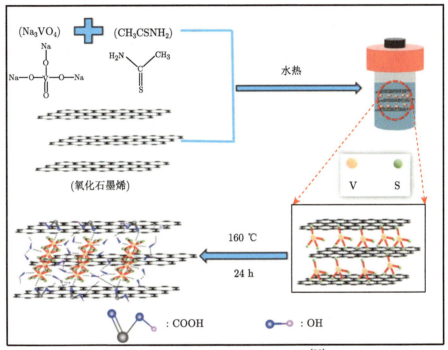

图 16.32 VS_4/rGO 的合成示意图 [38]

16.4.6 硫化钼

Geng 等 [40] 首次将 Mo_6S_8(形貌如图 16.35(a)) 作为正极材料运用到非水系铝电池中,所用到的电解液分别在室温和 50 ℃ 下按 $AlCl_3$:[BMIm]Cl 为 1.5:1 摩尔配比。研究发现:室温下,由于 Mo_6S_8 颗粒粗大,反应缓慢,电池库仑效率不高;相反,在 50 ℃ 下,电池库仑效率接近 100%。电池的放电比容量在循环 50 圈后保持在 75 $mA\cdot h\cdot g^{-1}$(图 16.35(b))。循环 50 圈后 Mo_6S_8 的 SEM 图显示,颗粒表面出现了裂痕,说明在充放电过程中其承受了离子嵌入脱出所导致的机械应力。通过原位 X 射线衍射测试,对 Mo_6S_8 在非水系铝电池中的应用进行了详细的研究。电池反应机理如下:

$$Al + 7AlCl_4^- - 3e^- \rightleftharpoons 4Al_2Cl_7^- \tag{16-22}$$

$$8Al_2Cl_7^- + 6e^- + Mo_6S_8 \rightleftharpoons Al_2Mo_6S_8 + 14AlCl_4^- \tag{16-23}$$

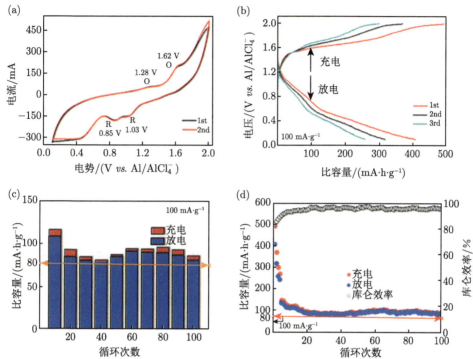

图 16.33　(a) VS$_4$ 作为非水系铝电池正极材料时的循环伏安曲线；(b) 充放电曲线；(c) 循环不同圈数后的充放电比容量对比图；(d) 循环稳定性图 [38]

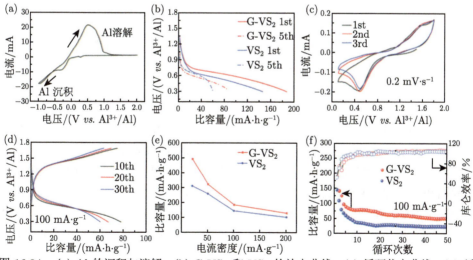

图 16.34　(a) Al 的沉积与溶解；(b) G-VS$_2$ 和 VS$_2$ 的放电曲线；(c) 循环伏安曲线；(d) 循环不同圈数的充放电曲线；(e) 不同电流密度下的比容量；(f) 循环稳定性图 [39]

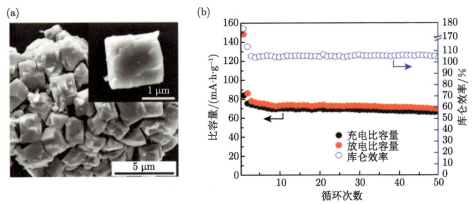

图 16.35　(a) Mo_6S_8 的 SEM 图；(b) Mo_6S_8 电极的循环稳定性 [40]

Li 等 [41] 采用简单水热法合成了 MoS_2 微球，如图 16.36 所示。以七钼酸铵 $((NH_4)_6Mo_7O_{24}·4H_2O)$ 为 Mo 源，以硫脲 $((NH_2)_2CS)$ 为 S 源，在 200 ℃ 下水热反应 24 h，自然冷却至室温。获得的黑色粉末在 450 ℃ 的 N_2 气氛中煅烧 6 h，得到 MoS_2 微球。

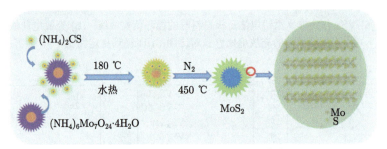

图 16.36　MoS_2 的合成示意图 [41]

MoS_2 是一种层状过渡金属硫族化合物，具有三明治状结构，其中每个 MoS_2 层通过强离子/共价键由 S-Mo-S 三层组成。层间距为 0.62 nm，MoS_2 层与层之间靠由范德瓦耳斯力结合。在电化学反应过程中，Al^{3+} 嵌入到 MoS_2 中，而电极材料界面和内部的存储机制有很大的不同。同时，该非水系铝电池也表现出了良好的电化学性能，在 20 mA·g^{-1} 电流密度下的放电比容量为 253.6 mA·h·g^{-1}，循环 100 次后在 40 mA·g^{-1} 电流密度下的放电比容量为 66.7 mA h·g^{-1}[41]。充电反应

$$负极: 4xAl_2Cl_7^- + 3xe^- \longrightarrow xAl + 7xAlCl_4^- \tag{16-24}$$

$$正极: Al_xMoS_2 - 3xe^- \longrightarrow xAl^{3+} + MoS_2 \tag{16-25}$$

放电反应

$$负极: x\mathrm{Al} + 7x\mathrm{AlCl}_4^- \longrightarrow 4x\mathrm{Al}_2\mathrm{Cl}_7^- + 3xe^- \tag{16-26}$$

$$正极: x\mathrm{Al}^{3+} + \mathrm{MoS}_2 + 3xe^- \longrightarrow \mathrm{Al}_x\mathrm{MoS}_2 \tag{16-27}$$

Lu 课题组[42] 通过静电纺丝和退火处理成功地合成了柔性自支撑 MoS_2/碳纳米纤维复合材料，并将其作为可充电非水系铝电池的正极材料进行了研究，在电流密度为 100 $\mathrm{mA\cdot g^{-1}}$ 时，其初始放电比容量为 293.2 $\mathrm{mA\cdot h\cdot g^{-1}}$，经过 200 次循环后，放电比容量保持在 126.6 $\mathrm{mA\cdot h\cdot g^{-1}}$。这种新型的自支撑 MoS_2/碳纳米纤维复合材料为过渡金属硫化物作为铝储能正极材料的应用提供了新的思路，并促进了非水系铝电池的商业化应用 (图 16.37)。

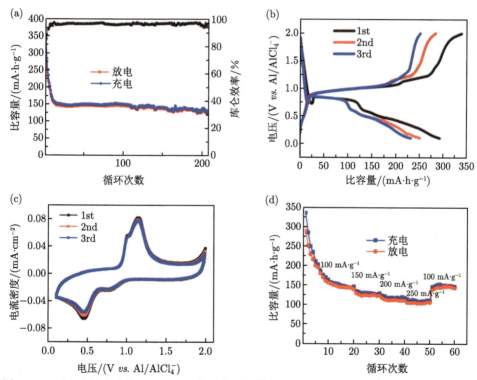

图 16.37　(a) 电流密度为 100 $\mathrm{mA\cdot g^{-1}}$ 时的循环性能和相应的库仑效应；(b) 前 3 圈的充放电曲线；(c) 循环伏安曲线；(d) 不同电流密度下的倍率性能[42]

16.4.7　硫化钛

Guo 课题组[43] 研究了层状钛酸盐和立方 $\mathrm{Cu}_{0.31}\mathrm{Ti}_2\mathrm{S}_4$ 作为可充电非水系铝电池潜在正极材料的电化学铝嵌入–脱出行为。这两种钛硫化物都表现出对铝嵌入–脱出的电化学活性。其中层状钛酸盐似乎比立方 $\mathrm{Cu}_{0.31}\mathrm{Ti}_2\mathrm{S}_4$ 具有更好的电化学性能, 这是由其更高的比容量所证明的 (图 16.38)。通过晶体学研究, 发现 Al^{3+} 占据了层状 TiS_2 的八面体位置。通过恒电流间歇滴定技术分析, 实现高铝嵌入容量的主要障碍是 Al^{3+} 通过硫化钛晶体结构的低扩散系数。

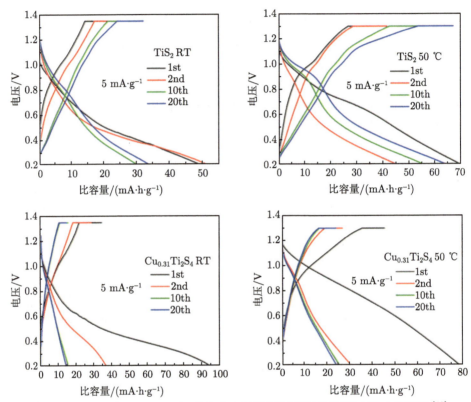

图 16.38　　TiS_2 和 $Cu_{0.31}Ti_2S_4$ 作为非水系铝电池正极材料时的充放电曲线图 [43]

16.4.8　硫化锡

Yang 课题组 [44] 报道了自支撑硫化锡多孔膜 (PF) 作为非水系铝电池的柔性正极材料, 其提供 406 $mA·h·g^{-1}$ 的高比容量 (图 16.39(a))。每个循环仅有 0.03% 的容量衰减率, 表明稳定性良好。自支撑和柔性的 SnS 膜在动态和静态弯曲实验中也显示出突出的电化学性能和稳定性。原位 TEM 显示, SnS 的多孔结构有利于减小充放电过程中的体积膨胀 (图 16.39(b))。这导致改善的结构稳定性和优越的长期循环能力 (图 16.39(c))。

$$正极:\ SnS + nAlCl_4^- \rightleftharpoons ne^- + SnS\,[AlCl_4]_n \tag{16-28}$$

$$负极:\ 4Al_2Cl_7^- + 3e^- \rightleftharpoons Al + 7AlCl_4^- \tag{16-29}$$

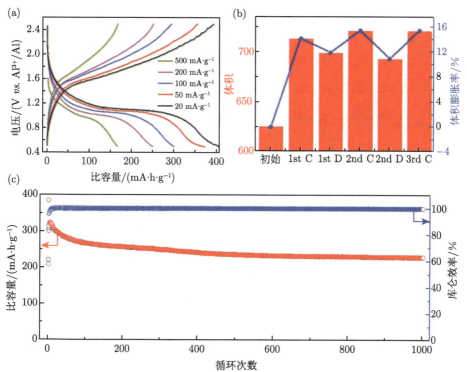

图 16.39 （a）SnS 作为非水系铝电池正极时的充放电曲线；（b）容量与体积膨胀率；（c）循环稳定性图[44]

Wang 课题组[45] 报道了 3D 还原氧化石墨烯负载 SnS_2 纳米片杂化材料 (G-SnO_2)，作为新型的非水系铝电池正极材料。该材料在 100 $mA·g^{-1}$ 时的比容量为 392 $mA·h·g^{-1}$，且具有良好的循环稳定性。研究发现，锚定在 3D 还原氧化石墨烯网络上的层状 SnS_2 纳米片不仅赋予了复合材料高的电子导电性，还赋予了复合材料快速的动力学扩散途径。结果表明，复合材料表现出较高的倍率性能，电流密度为 1000 $mA·g^{-1}$ 时为 112 $mA·h·g^{-1}$，如图 16.40 所示。详细的实验表征也验证了在充放电过程中，较大的氯铝酸盐阴离子嵌入和脱嵌到层状 SnS_2 中，这对更好地理解非水系铝电池的电化学过程具有重要意义。

16.4.9 镍钴硫化物

焦树强等[46] 采用两步水热法合成了六方结构的 $NiCo_2S_4$ 纳米片。具体合成示意图如图 16.41 所示。将 8 mmol 的 $CoCl_2·6H_2O$ 和 4 mmol 的 $C_4H_6NiO_4·4H_2O$ 溶解在 80 mL 去离子水中。在室温下磁力搅拌 1 h 将 6.4 g NaOH 添加到上述浅粉色溶液中。随后在 160 ℃ 下反应 20 h。冷却至室温后，灰色沉淀物用去离子水和乙醇洗涤数次。所获得的前驱体加入到 60 mL 去离子水中，在上述悬浮液中加入 10 mL 0.5 M Na$_2$S 水溶液。最后，将悬浮液转移到衬有聚四氟乙烯的高压釜中，在 160 ℃ 下进行 12 h。黑色沉淀用乙醇和去离子水洗涤数次，60 ℃ 真空干燥。

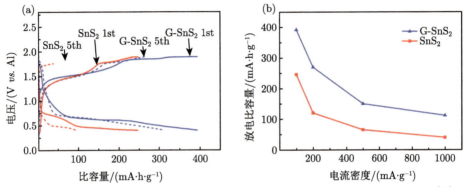

图 16.40　(a) SnO$_2$、G-SnO$_2$ 的充放电曲线；(b) 不同电流密度下的比容量变化 [45]

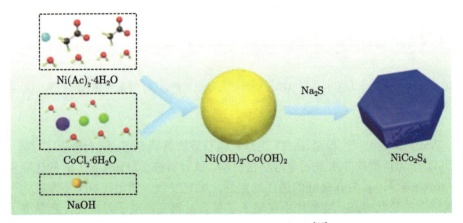

图 16.41　NiCo$_2$S$_4$ 的合成示意图 [46]

作为可充电非水系铝电池正极材料，在 100 mA·g^{-1} 电流密度下，NiCo$_2$S$_4$ 提供的初始比容量高达 165.08 mA·h·g^{-1}，并且具有良好的循环稳定性，循环 100 次后可逆比容量为 143.81 mA·h·g^{-1}，库仑效率在 90% 以上。更重要的是，非水系铝电池 NiCo$_2$S$_4$ 正极的氧化还原反应机理表明，在放电过程中，NiCo$_2$S$_4$ 正极中的 Ni^{3+} 和 Co^{3+} 分别转化为 Ni^{2+}(NiS) 和 Co^{2+}(CoS)。反应机制如下：

$$正极：3NiCo_2S_4 + 2Al^{3+} + 6e^- \Longleftrightarrow 3NiS + 6CoS + Al_2S_3 \tag{16-30}$$

$$负极：Al + 7AlCl_4^- - 3e^- \Longleftrightarrow 4Al_2Cl_7^- \tag{16-31}$$

16.5 硒及硒化物

非水系铝二次电池的研究历程较短,目前对于非水系铝电池的研究主要集中在正极,旨在寻找更合适的正极活性材料。基于 $AlCl_3$-[EMIm]Cl 离子液体电解质,已报道的正极活性材料包括氧化物,硫及其过渡金属化合物,硒及其过渡金属化合物,以石墨为代表的碳质材料、有机材料等,但仍不足以提供理想的能量密度。基于氧化还原转化机制的硫族单质 (S、Se、Te) 正极已被证实比硫属元素化合物 (特别是硫化物和硒化物) 具有更高的比容量 (超过 1000 mA·h·g^{-1})。其中,S 被认为是最具有潜力的电极活性材料,所构建的金属电池具有超高的理论能量密度以及功率密度。然而,到目前为止,Al-S 电池体系仍存在诸多方面的挑战。其关键挑战有以下两个方面: ① 硫电导率仅为 $5×10^{-30}$ S·cm^{-1},导电能力极差,几乎是一种绝缘体;② 充放电过程中的中间产物会发生严重的穿梭效应,导致差的循环稳定性、低的库仑效率、低的活性材料利用率等。显然,寻求具有高容量 (高能量密度) 的新型正极材料以及探索合理的优化策略来构建稳定的非水系铝二次电池仍存在着巨大的挑战。

16.5.1 硒正极材料

Se 是 S 的化学类似物,与 S 有着相似的物理化学性质。相对于 S 单质而言,Se 具有更高的导电性 ($1×10^{-3}$ S·m^{-1}) 和更低的电势 (Se: 9.7 eV, S: 10.4 eV)。因此,理论上 Se 作为金属电池的正极材料时能够表现出更高的电化学活性。早在 20 世纪 70 年代,研究发现单质 Se 电极在 $AlCl_3$/NaCl 熔盐体系中可以被氧化到稳定的氧化态 ($SeCl_2$),表明单质 Se 正极是可以直接作为金属电池的正极活性材料 [47-49]。然而,Se 电极的氧化产物 $SeCl_2$ 是以液态形式存在的,因此在氧化还原过程中会逐渐向电解质中扩散,从而造成活性材料的不可逆损失。另一方面,$AlCl_3$/NaCl 熔盐电解质是一种高温环境下的离子液体,在室温下难以应用。

最近,就有研究者采用 $AlCl_3$-[EMIm]Cl 室温离子液体作为电解质,Se 纳米线与有序介孔碳 (CMK-3) 的混合物作为正极,Al 箔作为负极,首次构建了室温下的 Al-Se 电池 [50]。当纯 Se 作为正极活性材料时,在 Al-Se 化学过程中,Se 可被氧化至 Se_2Cl_2,实现了单电子转移,表现出 339 mA·h·g^{-1} 的理论比容量。不可避免的 $SeCl_2$ 的产生与扩散,造成了 Al-Se 电池严重的容量衰减、低的库仑效率和差的循环稳定性。

CMK-3 是一种具有大的比表面积和强的吸附特性的介孔碳材料,石墨化程度较低,因此具有较低的电化学活性。当 Se 与 CMK-3 混合并作为正极活性材料时,可溶性的 $SeCl_2$ 可被吸附到 CMK-3 的孔道中,从而避免了活性材料的大量损失，有效地提升了 Al-Se 电池的电化学性能，如图 16.42 所示。

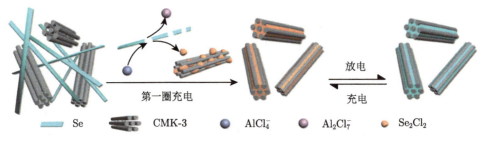

图 16.42 Al-Se 电池的机理示意图[50]

后来研究者发现，实际上介孔碳 CMK-3 具有较小的孔径尺寸 3.4 nm 和较长的孔道 >1.0 μm，而铝配离子具有相对更大的半径尺寸 ($AlCl_4^- \approx 0.53$ nm，$Al_2Cl_7^- \approx 0.93$ nm)。显然，这不利于 Al 活性离子的传输，从而降低了 Se_2Cl_2 的进一步可逆化，造成了低的放电比容量和差的循环性能。有鉴于此，有研究者提出在碳纳米管表面构筑孔道较短且孔径尺寸 (2.7~8.9 nm) 可调的介孔碳层作为正极添加剂[51]。研究发现，介孔尺寸与电解质离子扩散率呈正相关。当孔径增加到 8.9 nm 时，内部的碳纳米管与表面的介孔碳层之间产生了较大的孔隙，从而导致了电极电导率的下降。当介孔尺寸调节至 7.1 nm 时，离子扩散率与电极电导率达到了最优，并与单质 Se 按照质量比为 1:2 混合形成了复合 Se 正极，如图 16.43 所示。由于合适的孔径，可溶性 Se_2Cl_2 在孔道中能够得到更完全的转化与利用，从而实现了更优异的电化学性能。当电流密度为 500 mA·g^{-1} 时，放电比容量可达到 366 mA·h·g^{-1}。

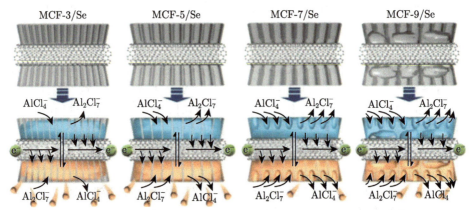

图 16.43 MCF-n/Se 正极在 Al-Se 电池中的电化学转化过程[51]

在 Al-Se 电化学体系中，Se^0 不仅可以被氧化到 Se_2Cl_2，同时也可被还原到更低的价态 (Al_2Se_3)。Amine 等 [52] 从电解质的设计角度出发，通过 EMIBr 盐和 $AlCl_3$ 的混合形成了室温离子液体电解质。相对于 $EMICl/AlCl_3$ 电解质而言，$Al_2Cl_6Br^-$ 的解离较 $Al_2Cl_7^-$ 需要更低的活化能，从而更容易实现 Al^{3+} 的解离。通过 Br 的取代，进一步降低了 Al^{3+} 与 Se 整个电化学过程的活化能，加快了 Al-Se 转化过程，从而诱导了 Se^0/Se^{2-} 电化学氧化还原对的可逆循环，如图 16.44 所示。另外，作者通过将 Se 与介孔碳 CMK-3 在 260 °C 的条件下通过熔融法制备了负载 Se 的复合正极材料。通过二电子转移过程，实现了 607 $mA·h·g^{-1}$ 的初始放电比容量。

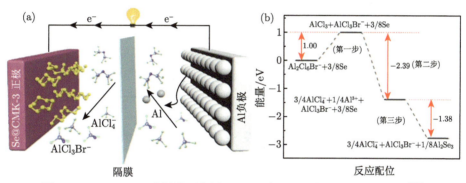

图 16.44 (a) Al-Se 电池的示意图；(b) 反应物的解离和缔合的能量图 [52]

尽管通过 Br 端基取代的 EMIBr 与 $AlCl_3$ 形成了稳定的室温离子液体，并验证了其作为 Al-Se 电池电解质的可行性，但电化学性能并未得到显著的改善。最近，Chueh 等试图采用新型低共晶溶剂 thiourea-$AlCl_3$ 来改善 Se 正极的电化学转化 [53]。在电解质中存在 $[AlCl_2(SUr)_2]^+$ 阳离子和 $AlCl_4^-$、$Al_2Cl_7^-$ 阴离子。其正极反应方程式为

$$Al_2Se_3 + 14AlCl_4^- \rightleftharpoons 8Al_2Cl_7^- + 3Se + 6e^- \tag{16-32}$$

由于电解质的电导率较低，相对于 $EMICl/AlCl_3$ 电解质，Al-Se 电池表现出了极大的极化电压。

为了改善电极导电性，Li 等通过两步法 [54]，合成了碳包覆的 Se 空心纳米管，Se 负载量为 87%，如图 16.45(a) 所示。其中，碳包覆层的厚度为 25 nm，Se 纳米管的直径为 180 nm。通过表面包覆策略，电极导电性得到了有效改善，加快了电极反应动力学。另外，碳包覆也可有效控制中间产物 Se_xCl_y 的扩散，从而有效地提升了电极活性材料的利用率。当电流密度为 200 $mA·g^{-1}$ 时，其初始放电比容量达到了 447.2 $mA·h·g^{-1}$；当电流密度为 500 $mA·g^{-1}$ 时，循环 200 圈后，放

电比容量为 162.9 mA·h·g^{-1}，如图 16.45(b) 所示。

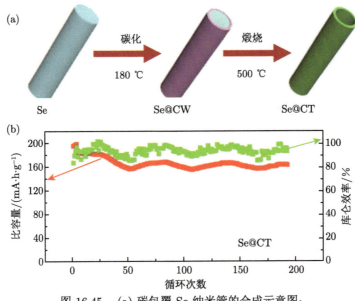

图 16.45　(a) 碳包覆 Se 纳米管的合成示意图；
(b) 电流密度为 500 mA·g^{-1} 时的循环性能 [54]

　　Se 正极的动力学缓慢以及抑制可溶性硒化物向电解质中的扩散仍是 Al-Se 电池所面临的重要挑战。Li 等通过 TiO$_2$ 多孔纳米球和 rGO 作为 Se 负载体 [55]，通过两步过程合成了 TiO$_2$@Se-rGO 复合材料，并作为 Al-Se 电池的正极活性材料，如图 16.46(a) 所示。其中 rGO 的包覆有效地提升了电极导电性，增强了电子和离子传输和扩散速率；另一方面，rGO 的有效包覆可缓解 Se 在转化过程中的体积膨胀，从而在一定程度上抑制了可溶性硒化物的溶解扩散。作者通过理论计算发现，TiO$_2$(101) 和 Se(101) 对 AlCl$_4^-$ 具有较大的吸附能和较低的扩散势垒，因而更有利于电极的转化过程。当电流密度为 200 mA·g^{-1} 时，其初始放电比容量可达 1127.3 mA·h·g^{-1}；当电流密度为 1000 mA·g^{-1} 时，放电比容量为 208.7 mA·h·g^{-1}，如图 16.46(b) 和 (c) 所示。尽管如此，TiO$_2$@Se-rGO 电极仍存在明显的容量衰减，对于可溶性硒化物的扩散以及不可逆的相转变仍需进一步改善和增强。

　　最近，焦树强等 [56] 通过隔膜改性的策略，旨在抑制可溶性硒化物向电解质中的扩散。首先通过 CMK-3 作为 Se 负载体形成了复合正极，同时借助于吸附性较强的 CMK-3 作为改性隔膜的内夹层，并置于正极一侧，如图 16.47(a) 和 (b)。研究结果显示，当采用传统隔膜时，严重的穿梭效应导致了容量的快速衰减和差的循环稳定性。而当采用改性隔膜时，其内夹层可有效地阻隔可溶性产物向负极一侧扩散。被阻隔在正极一侧的可溶性产物随着正极的氧化还原过程发生可逆转化，表现出了较为明显的抑制效果，从而有效提升了活性材料利用率，改善了 Al-Se 电池的电化学性能。

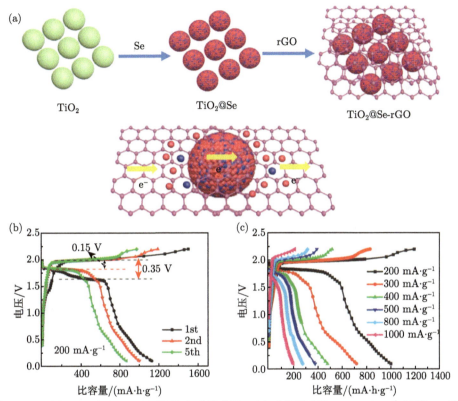

图 16.46　(a) TiO$_2$@Se-rGO 正极的合成示意图；(b) 电流密度为 200 mA·g^{-1} 时第 1、第 2 和第 5 圈的充放电曲线图；(c) 电流密度分别为 200~1000 mA·g^{-1} 时的充放电曲线图 [55]

16.5.2　非水系硒化物正极材料

近年来，过渡金属硫属化合物作为非水系铝电池的正极材料得到了广泛的研究。相对于氧化物和硫化物正极材料，过渡金属硒化物具有更高的电子电导率、结构多样、高放电电势等，在非水系铝电池中表现出了更加优异的电化学性能。

Zhang 等 [57] 设计了一种多孔微球 α-MnSe，该微球是由准立方纳米晶粒组成的，具有相对 Al^{3+} 和 AlCl$_4^-$ 更大的孔隙度，从而允许活性离子的深度传输，避免氧化还原过程中严重的体积膨胀。另外，纳米结构的设计可有效增加活性材料与电解质的接触面积，并且有利于缩短活性离子的传输路径。研究结果表明在 AlCl$_3$/[EMIm]Cl 离子液体电解质体系下，Al^{3+} 可在 α-MnSe 孔道中进行可逆的嵌入和脱出过程，实现了较为优异的铝存储性能。除此之外，由于 Al^{3+} 的嵌入存在明显的赝电容特性，这有利于加快 α-MnSe 正极的动力学。该电池在 200 mA·g^{-1} 电流密度下实现了 408 mA·h·g^{-1} 的放电比容量。当电流密度为 1000 mA·g^{-1} 时，循环 150 圈后，放电比容量可维持在 131 mA·h·g^{-1}。

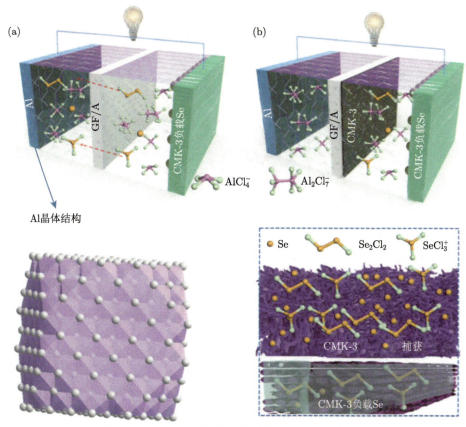

图 16.47   (a) 采用传统隔膜时的 Al-Se 的示意图；
(b) 采用改性隔膜时的 Al-Se 电池的示意图 [56]

有鉴于此，Zhang 等通过简单的水热法合成了二维层状结构的 MoSe$_2$，同时在煅烧过程中引入葡萄糖形成了无定形碳包覆的 MoSe$_2$@C 复合材料 [58]。所制备的 MoSe$_2$ 是由 Se-Mo-Se 三明治层组成的，具有 6.46 Å 的层间距。这些单分子层是由较弱的范德瓦耳斯力组成的，可提供大量的反应活性位点并允许活性离子的自由嵌入和脱出。此外，MoSe$_2$ 也是一种较小禁带宽度 (1.41 eV) 的半导体材料，具有较高的电子电导率，当作为非水系铝电池活性材料时，具有较好的电极动力学过程。当电流密度为 100 mA·g^{-1} 时，连续循环 3000 圈后，放电比容量仍保持在 110.3 mA·h·g^{-1} 以上，表现出了优异的 Al^{3+} 可逆脱嵌。

焦树强等 [59] 通过简单的水热法合成了四面体结构的 VSe$_2$，并将其应用于以

AlCl₃/[EMIm]Cl 为电解质的非水系铝电池体系。研究发现,相对于 Al³⁺ 嵌入/脱出机制,通过电化学转化过程的 VSe₂ 表现出了 650 mA·h·g⁻¹ 高初始放电比容量。在氧化过程中,Se²⁻ 可以被氧化到 Se⁰,同时 V⁴⁺ 被氧化到了 V⁵⁺。在放电过程中 V 元素发生了可逆的转化过程,而 Se⁰ 的还原则存在着 Seₙ²⁻ 的中间可溶相。因而循环过程中,可溶相的产生导致了严重的容量衰减和差的循环稳定性。

通过与上述相似的合成步骤,Kang 等合成了碳包覆的六边形结构的 CuSe@C 纳米片复合正极材料[60]。研究发现,AlCl₄⁻ 在氧化还原过程中的嵌入/脱出过程导致了 Cu 和 Se 的价态变化,从而实现了可逆的电化学转化。无定形碳层的包覆极大地提升了电极的导电性,实现了 668.7 mA·h·g⁻¹ 的初始放电比容量。然而,在连续的循环过程中,CuSe@C 产生了较大的体积变化,同样表现出了严重的容量衰减和差的循环稳定性。

有鉴于此,Zhao 等通过调节 Cu 和 Se 原子比例合成了一维纳米棒 Cu₂₋ₓSe,并作为非水系铝电池的正极活性材料[61]。相对于其他大部分过渡金属化合物而言,Cu₂₋ₓSe 具有较大的空间体积,这有利于 AlCl₄⁻ 的嵌入和脱出。在 0.1~1.1 V 的电势窗下,表现出了 ~ 0.4 V 的低放电平台,但其具有优异的循环稳定性,如图 16.48 所示。与其他过渡金属硒化物正极材料相比,随着 AlCl₄⁻ 嵌入/脱出过程的发生,主要表现为 Cu⁺/Cu²⁺ 氧化还原电对的转化。因此,相对于其他正极活性材料表现出了更稳定的循环性能。

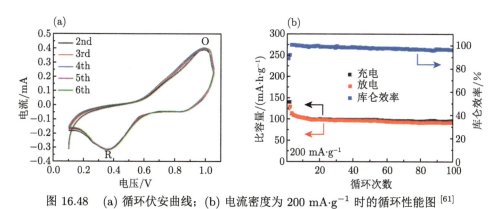

图 16.48　(a) 循环伏安曲线;(b) 电流密度为 200 mA·g⁻¹ 时的循环性能图[61]

Sb₂Se₃ 是一种 p 型半导体材料,具有较小的禁带宽度和良好的电子导电能力。焦树强等通过简单的水热法合成了单晶结构的 Sb₂Se₃ 纳米棒,并引入氮掺杂氧化还原石墨烯与 Sb₂Se₃ 形成复合材料,将其作为非水系铝电池的正极活性材料[62]。该电池体系表现出了 1.75 V 的高放电电压和 229.4 mA·h·g⁻¹ 的初始放电比容量,如图 16.49(a),(b) 所示。当电流密度为 500 mA·g⁻¹ 时,循环至 100 圈后,其放电比容量衰减至 48 mA·h·g⁻¹。与上述其他过渡金属硒化物正极材料类似，转化过程中的体积膨胀以及溶解行为的存在导致了差的循环稳定性。针对上述问题，研究者采用乙炔黑修饰的改性隔膜，旨在抑制溶解产物向电解质深处扩散，从而进一步提高了活性材料的利用率和改善了电池的循环稳定性。结果显示，其初始放电比容量提升到了 343.3 mA·h·g^{-1}。当电流密度为 1000 mA·g^{-1} 时，循环 1000 圈后，放电比容量保持在 110 mA·h·g^{-1} 以上，如图 16.49(c) 所示。可见，通过隔膜的简单修饰，循环稳定性得到了明显的改善。

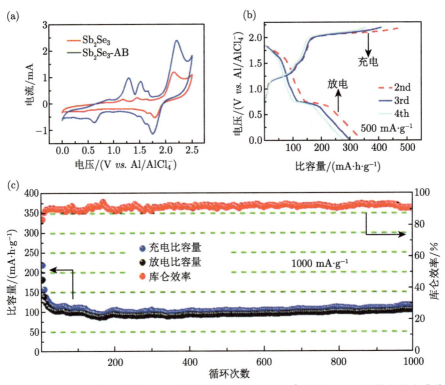

图 16.49　(a) 循环伏安曲线；(b) 电流密度为 500 mA·g^{-1} 时第 2 ∼ 4 圈的充放电曲线图；(c) 采用改性隔膜时电流密度为 1000 mA·g^{-1} 的循环性能图 [62]

钴基金属有机骨架与单质硒粉通过一步煅烧过程可形成形貌均匀的多孔纳米 CoSe$_2$，并可作为非水系铝电池的正极活性材料 [63]。与其他研究结果不同，在该电池体系中，研究者论证了在氧化过程中，Al^{3+} 取代 CoSe$_2$ 中的部分 Co^{2+} 形成了新的 Al$_m$Co$_n$Se$_2$ 相，同时有单质 Co 的析出。循环过程中，由于活性 Co 的溶解和 CoSe$_2$ 结构的粉化，从而导致了电池差的循环性能。为此，研究者提出采用氧化还原石墨烯导电包裹层的结构设计 (图 16.50(a))，旨在保护 CoSe$_2$/碳纳米片复合材料在电化学转化过程中免受活性 Co 的溶解和 CoSe$_2$ 的结构粉化，从而进一步提升电池的电化学性能。当电流密度为 1000 mA·g^{-1} 时，循环 500 圈后，其放电比容量依然维持在 143 mA·h·g^{-1} 以上，如图 16.50(b) 所示，表现出了优异的循环稳定性。

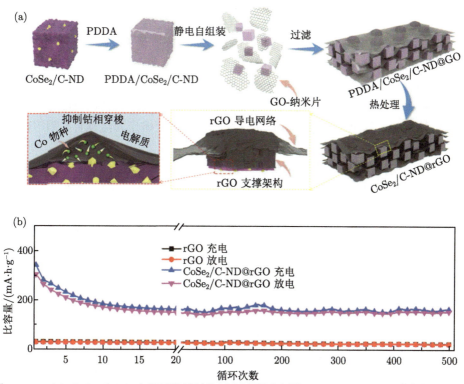

图 16.50　(a) CoSe$_2$/rGO 电极活性材料的制备过程示意图；(b) CoSe$_2$/rGO 膜电极在电流密度为 1000 mA·g^{-1} 时的循环性能图 [63]

上述研究结果表明，由于 CoSe$_2$ 中存在着严重的活性 Co 溶解行为，导致了放电比容量的严重衰减。为此，Xing 等 [64] 提出改变活性材料中的 Co 和 Se 的原子比，通过两步煅烧过程，合成了形貌均匀的碳包覆的 CoSe(Co:Se=1:1) 纳米颗粒。研究者发现，通过改变活性材料元素的原子比可有效地规避活性 Co 的溶解行为，在氧化还原过程中只存在 Se 价态的可逆转化。因此，随着氧化过程的进行，形成了 AlCoSe 新相，而在放电过程中，发生了可逆的 AlCoSe 还原过程。当采用 1000 mA·g^{-1} 的电流密度时，获得了 427 mA·h·g^{-1} 的放电比容量。即使是在 5000 mA·g^{-1} 的电流密度下，循环 100 圈后，依然能够得到 62.4 mA·h·g^{-1} 的放电比容量。可见，通过活性材料的原子适度设计，可有效地改善电池的电化学性能。

16.6　碲及碲化物

16.6.1　碲正极材料

16.6.1.1　碲反应机理

碲 (Te) 本质上是一种硫属元素，也是金属性最强的非金属元素，电导率 ($\sim$ 2×10^{-4} S·m^{-1}) 远高于硫单质。由于其高的电导率，在电极的制备过程中，理论上无须引入更多的非活性导电材料以提升电极转换动力学，从而在某种程度上有利于提升整个电池的能量密度。与硫正极不同的是，未修饰的 Te 可直接用作正极活性材料，以 $AlCl_3$:[EMIm]Cl=1.3 室温离子液体作为电解质，铝箔作为负极 [65]。

然而，研究发现 Te 在该电解质体系下存在着严重的化学与电化学溶解行为，其化学溶解过程可表示为

$$3Te + AlCl_4^- + Al_2Cl_7^- \rightleftharpoons TeCl_3 \cdot AlCl_4 + 2AlTeCl + 2Cl^- \tag{16-33}$$

可溶性的氯铝酸碲化合物在电解质中以 Te^{2-} 和 $TeCl^{3+}$ 的形式存在，并不断地从正极一侧向电解质深处扩散最后到达负极并以单质的形式析出，此过程称之为穿梭效应，析出过程可表示为

$$4Te^{2-} + 5Te^{4+} + 4Al + 16Cl^- \longrightarrow 9Te + 4AlCl_4^- \tag{16-34}$$

Al-Te 电池的循环伏安曲线 (图 16.51(a)) 表现出了三对氧化还原峰，分别为 ~ 0.6 V/0.42 V(A/A′)、~ 1.50 V/1.0 V(B/B′)、~ 2.0 V/1.4 V(C/C′)，表明在电化学氧化还原过程中存在三个阶段的逐步氧化还原过程。电池的转化反应如下：

正极反应：

$$Te + 2e^- \rightleftharpoons Te^{2-} \tag{16-35}$$

$$Te^{2-} + AlCl_4^- \rightleftharpoons AlTeCl + 3Cl^- \tag{16-36}$$

$$nTe^{2-} + 2AlCl_4^- \rightleftharpoons Te_n(AlCl_4)_2 + 2e^- \quad (n = 2,4,6,8,10) \tag{16-37}$$

$$Te_n(AlCl_4)_2 + (7n-2)AlCl_4^- \rightleftharpoons nTeCl_3 \cdot AlCl_4 + 3nAl_2Cl_7^- + (4n-2)e^- \tag{16-38}$$

负极反应：

$$4Al_2Cl_7^- + 3e^- \rightleftharpoons 7AlCl_4^- + Al \tag{16-39}$$

总反应:

$$5Al_2Cl_7^- + Te^{2-} \rightleftharpoons 7AlCl_4^- + 2Al + TeCl_3 \cdot AlCl_4 \tag{16-40}$$

通过计算, 得出其理论比容量为 ~ 1260.27 mA·h·g^{-1}, 放电电势为 ~ 1.5 V。在宽的电化学窗口 (2.4~0.01 V) 下, 当电流密度为 20 mA·g^{-1} 时, 得到了 912 mA·h·g^{-1} 的初始放电比容量 (图 16.51(b))[66]。显然, 其初始放电比容量较理论值相差甚远, 且容量衰减较快, 循环寿命较短, 主要是 Te 在路易斯酸性的电解质中的化学不稳定性造成的。

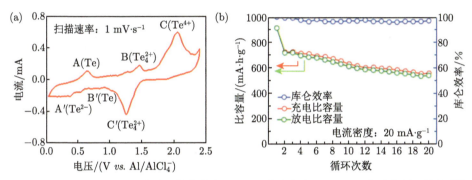

图 16.51 (a) Al-Te 电池的循环伏安曲线; (b) 电流密度为 20 mA·g^{-1} 时的循环性能 [66]

16.6.1.2 正极材料改性策略优化 Al-Te 电池

金属有机骨架衍生的多孔碳石墨化程度较低、导电性较好, 具有大的体积分布和均匀的金属催化活性中心。通常作为硫族单质正极的载体, 期望通过空间及化学限域的方式有效改善穿梭效应。Te 本身存在的严重的化学溶解行为导致了活性材料的大量损失。因此, 亟须有效的正极改性策略来改善 Te 的溶解问题。

有鉴于此, 焦树强等 [67] 提出了以 ZIF-67(沸石咪唑酯骨架) 十二面体为前驱体和牺牲模板, 在惰性气氛下高温碳化得到了以 CoN$_x$ 为催化活性位点的氮掺杂多孔衍生碳, 然后经过酸洗过程去除大部分的金属活性中心, 并以此作为 Te 载体, 通过稍高于 Te 熔点 (452 ℃) 的温度进行熔融过程形成了 Te@ 碳复合材料 (N-PC-Te)。研究发现, 在高倍率充放电循环过程中 N-PC-Te 结构会发生不同程度的破损, 导致了空间限域的失效。为此, 引入了具有大比表面积及良好柔韧性的氧化还原石墨烯 (rGO), 形成了包覆效果的 N-PC-rGO-Te 正极结构。另外 CoN$_x$ 催化活性中心的原位催化转化, 在 Te 的电化学转化过程中通过化学限域的方式有效地控制了穿梭效应, 如图 16.52 所示。

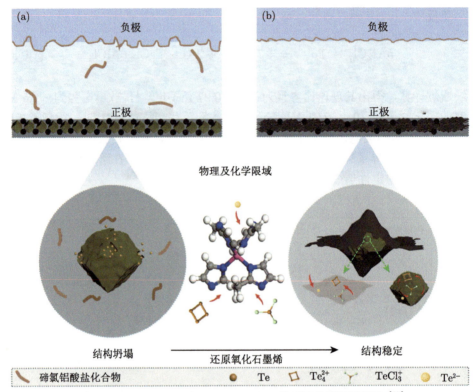

图 16.52　N-PC-Te 及 N-PC-rGO-Te 物理及化学限域设计 [67]

　　由于空间限域与化学限域的共同作用，溶解问题得到了有效的控制，Al-Te 电池的性能也得到了明显的改善。当电流密度为 500 mA·g^{-1} 时，循环 150 圈后，放电比容量仍然能够维持在 467 mA·h·g^{-1} 以上，库仑效率超过 90%（图 16.53(a)）。图 16.53(b) 是 N-PC-rGO-Te 正极的倍率循环性能及对应的库仑效率图，电池的充放电电流密度为 500 mA·g^{-1}、1000 mA·g^{-1}、1500 mA·g^{-1}、2000 mA·g^{-1}。随着电流密度的增大，放电比容量逐渐降低，分别为 632 mA·h·g^{-1}、306 mA·h·g^{-1}、264 mA·h·g^{-1} 和 239 mA·h·g^{-1}，其库仑效率均超过 90%，主要是电流急剧增大引起的极化现象加剧所致。当电流密度从 2000 mA·g^{-1} 再次恢复到 500 mA·g^{-1} 时，其放电比容量同样可以恢复到初始状态 (图 16.53(b))。图 16.53(c) 和 (d) 是不同电流密度下的最高放电平台以及极化电压的对比图。随着电流密度的增加，最高放电平台逐渐降低，同时极化电压也在逐渐增大，但相对于 N-PC-Te 正极具有更缓慢的趋势。另外，自放电行为通过有效的结构设计也得到了显著改善，如图 16.53(e) 所示。由此可见，抑制 Te 的化学溶解是 Al-Te 电池的主要问题，也是首要解决的问题。

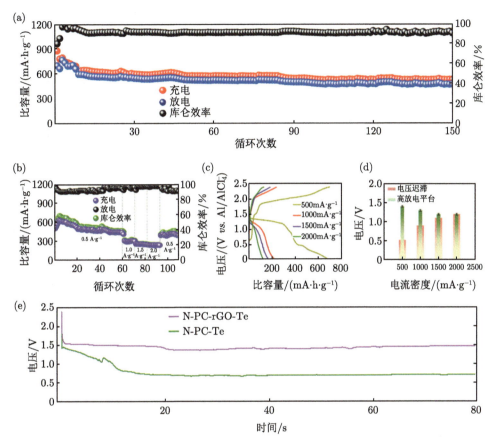

图 16.53　(a) N-PC-rGO-Te 正极的循环性能图；(b) N-PC-rGO-Te 正极的倍率性能图；
　　　　(c) 对应的充放电曲线；(d) 不同倍率下的电压迟滞情况；(e) 自放电行为 [67]

16.6.1.3　隔膜改性策略优化 Al-Te 电池

　　解决 Al-Te 电池的穿梭效应的另一个策略是，将可溶性的中间产物通过改性隔膜阻隔在正极一侧，防止可溶性产物发生扩散。改性隔膜的设计思路是将具有强化学吸附能力的吸附剂或高导电性的碳材料置于隔膜与正极之间，并通过化学吸附或物理阻隔的方式实现了对中间产物的阻隔，是一种解决穿梭效应高效可行的方案。然而在 Al-M(M=S、Se、Te) 电池中，由于电解质的局限性，目前在非水系铝二次电池的研究中基本都采用 AlCl₃-[EMIm]Cl 的电解质和厚度及孔隙度均较大的 GF/A 商业隔膜。另外，该电解质具有较强的路易斯酸性，一般化学稳定性差的化学吸附剂都难以适用于隔膜的改性设计。具有较高导电性以及化学稳定性的碳材料是一种较好的选择，可通过物理阻隔的方式来改善中间产物的穿梭效应。在碳材料的选择上，应考虑到可能出现的双电极效应。由于电解质中的

$AlCl_4^-$ 阴配离子在充放电过程中会在石墨层间进行嵌入/脱出过程，因此石墨类材料难以实现改性隔膜的设计要求。无定形碳是一类较好的物理阻隔屏障，如炭黑、有序介孔碳 (CMK-3) 等，具有较低的石墨化度和电化学活性。乙炔黑是炭黑的一种，通常被用来作为导电剂，增加电极导电性，不会直接与活性离子发生电化学过程，同时具备较高的导电性。

有鉴于此，焦树强等[68] 选择乙炔黑来进行改性隔膜的制备 (图 16.54(a))，可借助乙炔黑的高导电性内夹层使可溶性 Te 相具有更高的动力学特征，从而在正极一侧发生进一步的氧化还原循环过程，以此来提高活性材料的利用率，同时改善 Al-Te 电池的电化学性能。为了验证改性隔膜的阻隔效果，研究者将商业隔膜 (GF/A) 和改性隔膜 (AB-PVDF-MS) 分别夹在 H 型电解槽中间 (图 16.54(b))。经过 12 h 静置后，当采用商用隔膜时，溶解了 Te 的电解质 (图 16.54(c), 右) 表现出了明显的穿梭效果；而当采用改性隔膜时，无明显穿梭效果，表明所制备的改性隔膜具有较好的阻隔效果 (图 16.54(d))。

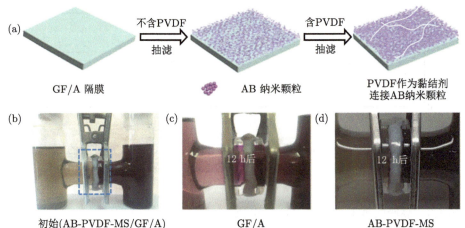

图 16.54　(a) 多孔碳基改性隔膜的制备过程；(b) 采用改性和未改性隔膜时的初始情况；(c), (d) 分别采用 AB-PVDF-MS 和 GF/A 两种隔膜时搁置 12 h 后电解液的扩散情况[68]

16.6.2　过渡金属碲化物正极材料

16.6.1 节中总结了 Te 单质正极所面临的关键挑战与机遇，即其本身具有高的电导率、高的理论比容量和放电电势，同时也存在着严重的化学溶解，这导致了较低的放电比容量和较差的倍率性能。通常情况下，与过渡金属元素形成金属化合物是改善其导电性及稳定性的有效策略。

焦树强等[69] 通过简单的水热法合成了形貌均匀的多晶 NiTe 纳米棒，并以此直接作为非水系铝电池的正极活性材料。研究发现，当电流密度为 $200\,\mathrm{mA\cdot g^{-1}}$

时，其初始放电比容量可以达到 570 mA·h·g⁻¹，但依然存在着严重的容量衰减现象，当循环至 100 圈时，放电比容量衰减至 105 mA·h·g⁻¹。此外，NiTe 在氧化过程中会形成 Te、Te$_n$ (AlCl$_4$)$_2$、TeCl$_3$AlCl$_4$ 的可溶相，因此在循环过程中，随着穿梭效应的发生，活性材料逐渐流失，最终造成了严重的容量衰减，如图 16.55(a) 所示。

为了解决上述溶解性问题，研究者采用了单壁碳纳米管修饰的隔膜，并放置在正极一侧，旨在抑制可溶性产物向电解质中扩散，以此提升活性材料的利用率，如图 16.55(b) 所示。由于单壁碳纳米管表面存在着大量的含氧官能团，如—OH、—COOH 等，能够与可溶性产物形成稳定的化学吸附作用，从而有效地控制穿梭效应的发生。通过简单的隔膜修饰策略，Al-NiTe 电池的容量及稳定性得到了明显的改善，如图 16.55(c) 所示。

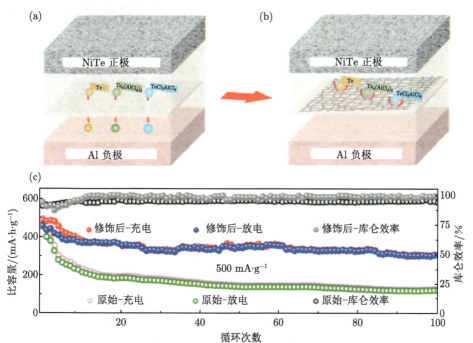

图 16.55　(a) Al-NiTe 电池结构示意图；(b) 采用单壁碳纳米管改性隔膜的 Al-NiTe 电池结构示意图；(c) 分别采用传统隔膜和改性隔膜的 Al-NiTe 电池的循环性能图[69]

除此之外，NiTe 正极在氧化还原过程中，Ni 元素并未发生化合价的变化。同样，研究者发现 Sb$_2$Te$_3$ 正极中也存在着相似的现象，Sb 元素本身也并未发生化合价的变化[70]。由于 Sb$_2$Te$_3$ 纳米片的纯度较低，在合成过程中不可避免地形成了单质 Te 相。因此，在 Al-Sb$_2$Te$_3$ 电池体系中表现出了更快的容量衰减和更差的循环稳定性。

有鉴于此，研究者通过界面工程构建了单晶 Bi_2Te_3/Sb_2Te_3 纳米片异质结构，并作为非水系铝电池的正极材料 [71]，如图 16.56(a) ~(c) 所示。研究发现，Bi_2Te_3/Sb_2Te_3 电极在氧化还原过程中，随着 Al^{3+} 的嵌入和脱出，存在 Bi^{3+}/Bi^{5+} 氧化还原电对，而 Sb 元素并未发生化合价的变化。此外，研究者通过密度泛函理论模拟计算发现，Bi_2Te_3 的禁带宽度为 0.28 eV、Sb_2Te_3 的禁带宽度为 0.26 eV、Bi_2Te_3/Sb_2Te_3 的禁带宽度为 0.2 eV，表明 Sb_2Te_3 具有相对 Bi_2Te_3 更高的电导率。通过在两相界面间引入内建电场，实现了电荷的快速转移、离子的快速扩散和性能的极大提升 (图 16.56(d)~(e))。

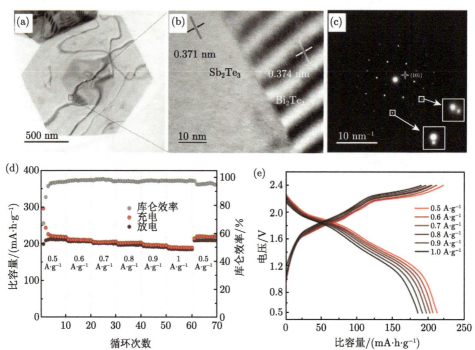

图 16.56　(a) ~ (c) Bi_2Te_3/Sb_2Te_3 纳米片异质结构的 TEM 图、HTEM 图、选区电子衍射图；(d) 倍率性能；(e) 所对应的充放电曲线图 [71]

16.7　锑　单　质

锑是一种金属元素，通常与硫族元素 (S、Se、Te) 形成 Sb_2S_3、Sb_2Se_3 和 Sb_2Te_3 的 p 型半导体。而这类化合物具有合适的禁带宽度，通常被用来作为光催化固氮、电解水等的光敏剂。锑本身也具有较强的金属活泼性，易与氯、氧等元素进行配位,形成不同价态的氯化物或氧化物。由于目前较为成熟的铝电池电解质是一种以 $AlCl_4^-$、$Al_2Cl_7^-$ 阴配离子组成的室温离子液体,存在大量的含氯基团。

有鉴于此,焦树强等[72]试图直接使用单质锑作为非水系铝电池的正极活性材料,以金属铝为负极,构建了 Al-Sb 金属电池。研究发现,Sb 正极在该电池体系中具有 660 $mA·h·g^{-1}$ 的放电比容量,同时由于其本身具有较高的导电性,因此是一种潜在的非水系铝电池正极活性材料。在电化学转化过程中,Sb 表现出了 Sb^{3+}、Sb^{5+} 和 $SbCl_6^-$ 多种价态的演化过程,具体电化学过程如下式所示:

$$Sb + 6AlCl_4^- \rightleftharpoons SbCl_3 + 3Al_2Cl_7^- + 3e^- \tag{16-41}$$

$$Sb + 10AlCl_4^- \rightleftharpoons SbCl_5 + 5Al_2Cl_7^- + 5e^- \tag{16-42}$$

$$3SbCl_5 + AlCl_3 \rightleftharpoons Al(SbCl_6)_3 \tag{16-43}$$

该电池体系表现出了较低的放电电压 (~0.6 V),相对于其他硫化物或氧化物正极材料,并没有体现出输出电压的优势 (图 16.57(a))。另外,尽管 Al-Sb 电池具有较高的理论比容量,由于 Sb 在电解质中存在着严重的化学溶解现象,Al-Sb 电池在 300 $mA·g^{-1}$ 的电流密度时,容量迅速衰减,初始比容量远低于其理论比容量,如图 16.57(b), (c) 所示。为了进一步改善锑的溶解产物向电解质深处的扩散,研究者提出采用无定形乙炔黑对 GF/A 隔膜进行改性,旨在将可溶性产物阻隔在正极一侧,从而进一步提升活性材料的利用率,如图 16.57(d) 所示。当采用改性隔膜时,容量得到了显著的改善,表现出了良好的阻隔效果,如图 16.57(e) 所示。

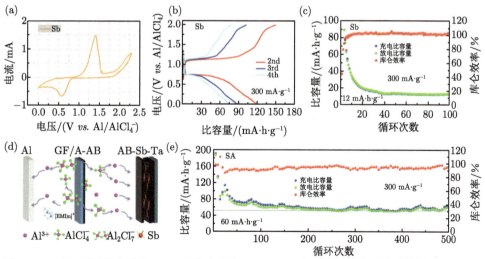

图 16.57　(a) 循环伏安曲线;(b) 电流密度为 300 $mA·g^{-1}$ 时的初始充放电曲线图;(c) 所对应的循环性能图;(d) 采用改性隔膜时 Al-Sb 电池的结构示意图;(e) 所对应的循环性能图[72]

16.8　有机类材料

有机物可分为有机小分子、高分子、高分子有机框架、2D 有机材料等，可以从生物质、化学化工厂废料等中提取，资源丰富。另外，有机物还具有价格便宜，环境友好，高的可持续性和循环再利用等优势，是一种理想的电极材料。由于其具有丰富的官能团，较强的分子可设计性，作为电极材料时可与活性离子进行配位，能够表现出可观的能量密度。近年来，有机物电极材料得到了广泛的关注。

16.8.1　导电高分子

高分子材料具有大的分子结构，有利于提升有机材料在电解质中严重的溶解性问题。另外，大的分子链可为有效官能团提供更多的接枝位点，从而能够络合更多的活性离子。

Xing 等采用聚噻吩与氧化石墨烯的复合物作为非水系铝电池的正极材料[73]。氧化还原石墨烯的引入不会造成大量的聚噻吩活性位点的覆盖，在提升电极导电性的同时也能够有效地改善聚噻吩结构的坍塌。研究发现，将其作为正极活性材料时，大量的 $AlCl_4^-$ 可在聚合物链上进行络合，因而表现出了较高的放电比容量 (图 16.58(a))。然而，该电池的放电电势较低 (~1.0 V，图 16.58(b))，但其表现出了良好的倍率性能和循环稳定性，如图 16.58(c) 和 (d) 所示。当电流密度为 1000 mA·g^{-1} 时，循环 4000 圈后其放电比容量仍能够维持在 100 mA·h·g^{-1} 以上，并具有 99.5% 的高库仑效率。相对于其他硫化物及氧化物正极材料，在电池的循环稳定性方面具有明显的竞争优势。

另外，聚 (3,4-乙二氧噻吩) 作为铝有机电池的正极材料时也得到了研究[74]。聚 (3,4-乙二氧噻吩) 的合成是将溶解在中性 AlCl$_3$-[EIMm]Cl 离子液体中的单体进行电化学聚合过程实现的，并以三维网络状玻碳作为基底，形成了聚 (3,4-乙二氧噻吩) 复合有机正极。当聚 (3,4-乙二氧噻吩) 被氧化时，由于聚 (3,4-乙二氧噻吩) 具有离域的 π-电子结构，所产生的正电荷并非位于聚合物链的某个单个原子上，而是在特定单体单元上产生正电荷。因而，在充电过程中可与 $AlCl_4^-$ 阴离子进行配位，而在放电时发生解离。由于其在酸性电解质中具有较为稳定的晶体结构，因此表现出了较为优异的电化学性能，可实现 5~64 W·h·kg^{-1} 的能量密度和 32~40 W·kg^{-1} 的功率密度。

聚苯胺是一种常见的导电高分子材料，具有共轭化学键、长链共轭结构和良好的导电性。此外，带有负电性的—NH 基团可作为离子配位活性中心。研究者将氧化石墨烯与苯胺单体通过简单的原位聚合方法合成了 PANI/rGO(氧化还原石墨烯) 复合材料并作为非水系铝电池的正极活性材料[75]。通过原位聚合后，纳米棒状的聚苯胺均匀地分散在了石墨烯表面，暴露出了尽可能多的活性位点，如

图 16.59(a),(b) 所示。研究者采用 [EMIm]Cl : AlCl$_3$=1 : 1.3 作为电解质, Al 箔作为负极构建了 Al-PANI 电池。该电池在 0.1~2.4 V 的电压窗口下, 具有接近 1.0 V 的放电电压和良好的倍率性能, 如图 16.59(c) 所示。此外, 研究发现在充放电过程中活性离子 AlCl$_4^-$ 可与—NH 基团通过静电吸附作用实现电荷的存储。在 1000 mA·g^{-1} 的电流密度下, 循环 4000 圈放电比容量仍可达 180 mA·h·g^{-1}, 表现出了良好的循环性能, 如图 16.59(d) 和 (e) 所示。

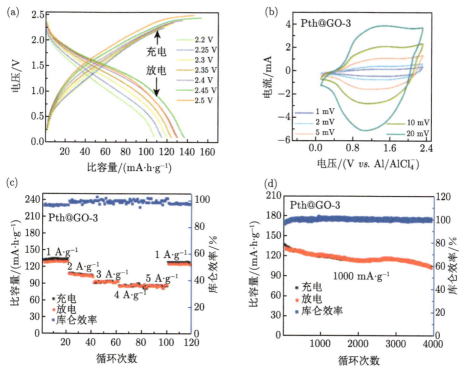

图 16.58　(a) 不同截止电压时的充放电曲线; (b) 循环伏安曲线; (c) 倍率性能; (d) 循环性能 [73]

有序介孔碳 (OMC) 是一种具有大的比表面积和低的石墨化度的无定形碳材料, 通常用来作为复合电极的支撑材料。为了使聚苯胺有更多大的暴露活性位点, Xing 等 [76] 采用与上述类似的方法, 制备了 PANI/OMC 复合材料, 其中聚苯胺可均匀地生长在有序介孔中, 极大地提升了电解质与活性位点的接触面积, 如图 16.60(a) 所示。研究发现, 该电池在 0.1~2.45 V 的电压窗口下表现出了两对明显的氧化还原峰, 具有更明显的扩散行为, 这与活性离子 AlCl$_4^-$ 和聚苯胺的—NH基团的电化学过程相关, 如图 16.60(b) 所示。相对于纯聚苯胺, 复合电极表现出了更高的放电比容量, 由此可见, 更多的活性位点的暴露有利于更多活性离子的配位，如图 16.60(c) 所示。进一步研究发现，在单次氧化还原过程中，可以实现三个活性离子的配位/去配位。当电流密度为 1000 mA·g⁻¹ 时，循环 5000 圈后，比容量仅损失 12%，并保持 99% 的高库仑效率，如图 16.60(d) 所示。

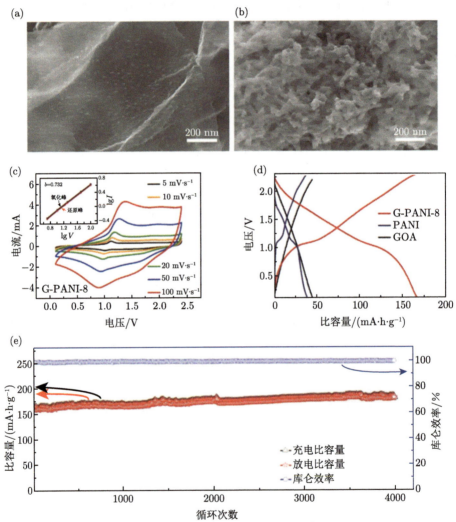

图 16.59　(a)、(b) PANI/rGO 的 SEM 形貌图；(c) Al-PANI 电池的循环伏安图；(d) 充放电曲线图；(e) 循环性能图 [75]

上述研究均已证明活性离子 AlCl₄⁻ 可于聚苯胺的—NH 基团发生相互作用，从而实现了快速的动力学转化。但其官能团数量较少，不足以实现更多活性离子的配位与解离。此外，相对于 AlCl₄⁻，AlCl₂⁺ 甚至 AlCl²⁺ 更有利于快速的电化学转化。有鉴于此，研究人员利用—N= 官能团向—NH⁺—官能团的转化实现了聚苯胺的质子化[31]。高度质子化的聚苯胺和单壁碳纳米管集成在一起构筑了自支撑的 PANI(H$^+$)/SWCNT 复合薄膜电极。质子化的聚苯胺不仅能够提供更多的活性位点，而且有助于进一步提高复合薄膜电极的电子电导率。研究人员发现，质子化的聚苯胺中能够通过两步配位/解离过程实现高度可逆的 AlCl$_2^+$ 的嵌入与脱出，如图 16.61(a) 所示。因此，Al–PANI(H$^+$) 电池在 1.0 A·g^{-1} 的电流密度下能够实现大约 200 mA·h·g^{-1} 的高放电比容量，是非质子化聚苯胺活性材料的两倍。此外，PANI(H$^+$)/SWCNT 自支撑电极表现出了优异的循环稳定性，电流密度为 10 A·g^{-1} 时，在 8000 圈的长循环过程中平均每周容量衰减仅为 0.003%

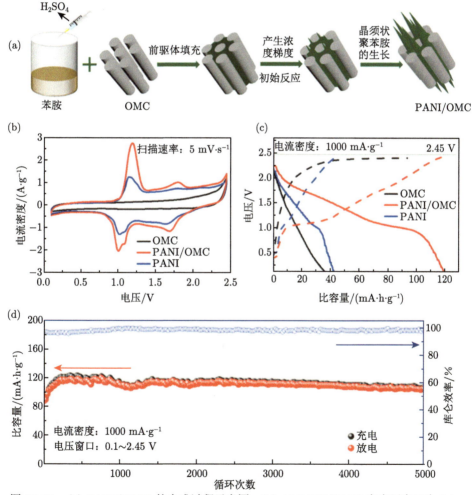

图 16.60　(a) PANI/OMC 的合成过程示意图；(b) Al-PANI/OMC 在电压窗口为 0.1~2.45 V 的循环伏安曲线；(c) 充放电曲线；(d) 循环性能图[76]

且库仑效率高达 100%，如图 16.61(b) 所示。除此之外，研究者还研究了自支撑 PANI(H$^+$)/SWCNT 薄膜电极优异的机械性能使其能够在柔性可充电非水系铝电池中发挥作用。该电池在各种弯曲条件下都表现出优异的稳定的循环过程，如图 16.61(c) 所示。

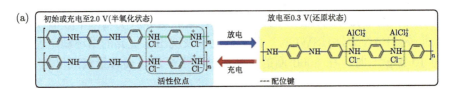

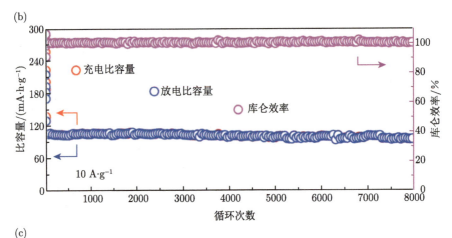

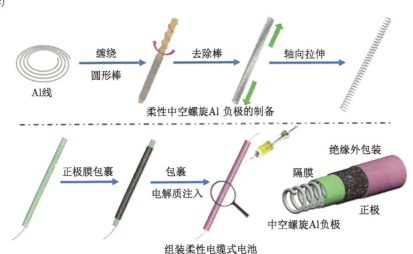

图 16.61　(a) 柔性 Al-PANI(H$^+$) 电池的充放电机理示意图；(b) 电流密度为 10 A·g^{-1} 时的循环性能图；(c) 柔性电池的制备示意图 [77]

聚吡咯是另一类常见的导电高分子材料,在 20 世纪 80 年代就已发现聚吡咯在 $AlCl_3$: 氯化 1-甲基-3-乙基咪唑碱性电解质中存在着可逆的电化学活性[78]。而多孔结构的聚吡咯电极具有更快的离子迁移速率和更高的法拉第电流响应。与大多数有机材料相似,聚吡咯在酸性电解质中存在着明显的溶解行为。阴离子原位掺杂策略可有效缓解溶解问题。具体为直接采用中性 $AlCl_3$: [EMIm]Cl 与吡咯单体作为电聚合溶液,在聚吡咯的电化学聚合过程中进行阴离子掺杂[79]。尽管掺杂型聚吡咯具有相对较为稳定的化学结构,但其作为铝有机电池的正极活性材料时仍表现出较低的放电比容量和循环寿命。因此,除了其氧化还原产物在酸性电解质中稳定性差外,电极本身较小的比表面积以及黏结剂本身的稳定性也是造成电池失效的重要原因。

聚苊是一种较为廉价的聚合物材料,可通过蒸馏煤焦油获得,并在商业上大量用于生产燃料和燃料前驱体。每个单苊分子包括四个缩合芳香环,是一种结晶性小分子有机材料。当作为铝有机电池的正极材料时,在电化学氧化过程中可获得一个正电荷使其转变为带正电的阳离子,同时与电解质中的 $AlCl_4^-$ 进行配位和解离,从而实现了电池的有效电荷存储[80]。然而,单苊分子在电解质中具有较大的溶解度,又由于缺乏扩展的共轭 II 结构,因此其具有较低的电子电导率。此外单苊分子的层间距仅为 3.5~4 Å,循环过程中,不利于大尺寸 $AlCl_4^-$ (5.3~5.9 Å) 的扩散,因而表现出了较差的电化学性能。通过单苊分子的聚合过程形成的聚苊以及聚 (硝基苊–共苊) 衍生物可有效改善其在电解质中的溶解性问题。另外,非晶态和柔性聚苊链可允许 $AlCl_4^-$ 的自由扩散,因而表现出相对单体分子更好的电化学性能,平均放电电势可达 1.7 V,如图 16.62(a) 所示。其中聚 (硝基苊–共苊) 衍生物正极材料表现出了相对更高的放电比容量、倍率性能和循环稳定性。当电流密度为 200 $mA \cdot g^{-1}$ 时,循环 1000 圈后放电比容量仍维持在 100 $mA \cdot h \cdot g^{-1}$ 以上,如图 16.62(b) 和 (c) 所示。

聚酰亚胺 (polyimide, PI) 也是一类工业上成熟的有机聚合物材料,当作为铝–有机电池的正极材料时,可通过 Al^{3+} 的有效配位进行电荷存储[81]。该电池体系表现出了快速的电荷存储,相对无机正极材料具有更高的功率密度。碳纳米管的引入形成了 PI/CNT 复合正极材料,从而进一步提高了电极导电性和活性阳离子的动力学过程。在 1C(1C=150 $mA \cdot g^{-1}$) 电流密度下,实现了 ~140 $mA \cdot h \cdot g^{-1}$ 的放电比容量,循环 100 圈后其放电比容量仍维持在 ~100 $mA \cdot h \cdot g^{-1}$ 以上,如图 16.63(a) 和 (b) 所示。尽管该电极材料表现出了可观的容量,但其放电电势相对于其他高分子导电材料较低,仅为 ~0.6 V。

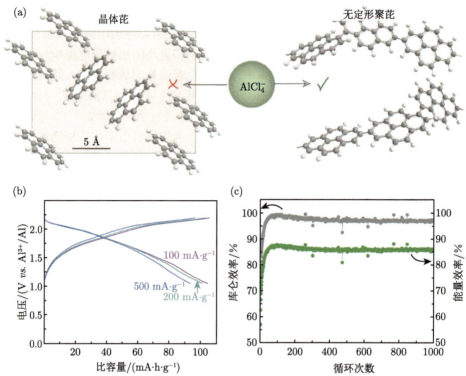

图 16.62　(a) 单体芘与聚合芘的结构示意图及对嵌入 $AlCl_4^-$ 的影响；(b) 聚芘衍生物正极材料在不同倍率时的充放电曲线；(c) 聚芘衍生物正极的循环性能 [80]

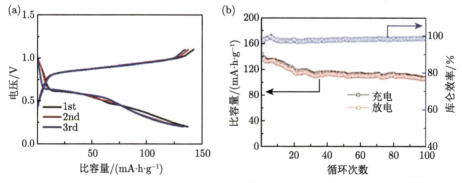

图 16.63　(a) Al-PI/CNT 电池的充放电曲线；(b) 所对应的循环性能图 [81]

16.8.2　含 C=O 有机材料

目前，[EMIm]Cl-AlCl$_3$(1:1.3) 离子液体仍然是金属铝基电池中应用最为广泛且稳定的电解质。这类电解质的活性离子主要是 $AlCl_4^-$ 配阴离子，而 Al^{3+} 由于具有较大的电荷密度，对于 Al^{3+} 的成功裂解至今仍存在着争议。显然，对于带有负电性官能团的有机物与阳离子的相互作用来进行电荷存储面临着严峻的挑战。

Stoddart 等[82] 在 [EMIm]AlCl$_4$-AlCl$_3$(1 : 1.5) 配比的离子液体中发现了 AlCl$_2^+$ 的存在，这也为带有负电性官能团的正极材料的发展提供了新的机遇。菲醌 (PQ) 是一种带有两个 C═O 官能团的有机小分子，当作为铝–有机电池的正极材料时，在氧化还原过程中 AlCl$_2^+$ 可与 C═O 进行配位/去配位，从而实现电荷的存储，如图 16.64(a) 所示。研究者发现，与其他大多无机化合物正极不同的是，在氧化还原过程中 PQ 能够保持结构的稳定性，是该电池体系具有长循环寿命的基础。从以往的多价金属离子电池来看，通过小分子共价结合形成的大分子结构的正极材料具备更多的活性位点和结构稳定性。因而，研究者通过简单的聚合过程制备了 PQ-△ 的三角环正极活性材料。该电池体系表现出了 1.3 V 的放电电势、94 mA·h·g^{-1} 的可逆放电比容量和超过 5000 圈的循环寿命，如图 16.64(b), (c) 所示。

另一方面，在 [EMIm]AlCl$_4$-AlCl$_3$(1 : 1.5) 电解质体系中，除了存在 AlCl$_2^+$ 外，还存在着大量的 AlCl$_4^-$ 阴配离子。然而，PQ 并未提供有效的 AlCl$_4^-$ 嵌入/脱出活性位点。也就是说阴配离子在正极上并未参与电化学过程，因而不可避免地缺失了由 AlCl$_4^-$ 的嵌入/脱出过程产生的电荷存储量。为了使电极过程的效率最大化，作者进一步提出了将 PQ-△ 与石墨进行混合并作为金属铝基电池的正极活性材料，在电化学过程中可同时实现 AlCl$_2^+$ 与 PQ-△ 的键合作用和 AlCl$_4^-$ 在石墨层中的嵌入/脱出过程，从而进一步提升了电池的电荷存储量 (500 圈后，放电比容量保持在 114 mA·h·g^{-1} 以上)，如图 16.64(d), (e) 所示。

尽管 PQ 在氧化还原过程中具有稳定结构，但其放电比容量相对于纯石墨电极并未表现出明显的优势。有鉴于此，Dominko 等[83] 采用同样具有对称的 C═O 活性官能团的蒽醌 (AQ) 作为正极材料。在氧化还原过程中 AlCl$_2^+$ 与 C═O 进行配位/去配位，在循环初期表现出两个可逆的氧化还原过程。然而，AQ 具有较差的结构稳定性，在多圈循环后仅表现出一对可逆的氧化还原过程。由于结构的不稳定性，所以有较明显的容量衰减，其初始放电比容量可达 183 mA·h·g^{-1}，循环至 50 圈后，比容量低于 100 mA·h·g^{-1}(图 16.65(a) 和 (b))。针对 AQ 的结构坍塌问题，作者进一步通过原位聚合方法制备了大分子的 PAQS，并与多壁碳纳米管进行复合。多壁碳纳米管的引入可进一步提升电极导电性以及结构稳定性 (图 16.65(c))。当 PAQS/MWCNT 作为正极材料时，其初始放电比容量可达 190 mA·h·g^{-1}，循环 500 圈后，容量保持率高达 60%，如图 16.65(d),(e) 所示。

金属铝电极的理论比功率密度相对于其他金属电极具有明显的优势。众所周知，包括锂金属在内的其他金属电极在电池中的直接应用都存在着巨大挑战，例如，2D 金属箔电极具有较低的比表面积和严重的枝晶问题，从而会导致高的过电势和安全性问题。金属电极/隔膜一体化的 3D 设计是一个有效的策略，可通过磁控溅射法在隔膜界面形成致密稳定的铝金属薄层来实现 [84]。在 Al-PAQS 电池体系中，相对于 2D 电极，大比表面积的 3D 电极的应用实现了更低的过电势、更高的功率密度以及更高的能量密度，体现了电极结构优化的重要性。

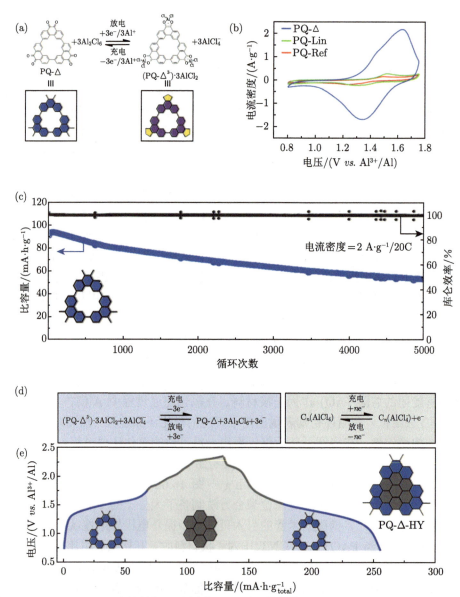

图 16.64　(a) Al-PQ-△ 电池的机理示意图；(b) 循环伏安曲线；(c) Al-PQ-△ 电池的循环性能图；(d) 混合电极的电极过程方程式；(e) 充放电曲线 [82]

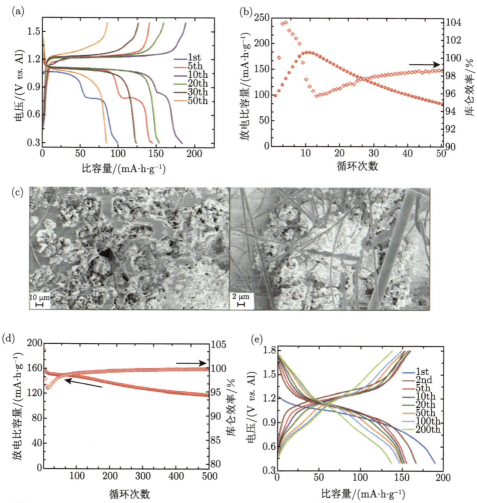

图 16.65 (a) Al-AQ 电池不同圈数的充放电曲线；(b) 对应的循环性能图；(c) PAQS/MWCNT 的 SEM 图；(d) Al-PAQS/MWCNT 电池的循环性能图；(e) 所对应的不同圈数的充放电曲线[83]

16.8.3 含 C≡N 有机材料

上述研究已证明带有 C=O 官能团的小分子或聚合大分子醌类有机材料能够与 $AlCl_2^+$ 发生配位/解离，从而实现了有效的电荷存储。然而，该类有机材料仍面临着较低的能量密度和差的循环稳定性。C≡N 是一种典型的强极性官能团，研究发现，$AlCl_2^+$ 可与还原的 C≡N 基团进行可逆配位/解离[85]。现已研究的带有 C≡N 极性基团的小分子有机材料包括四氰基乙烯 (TCNE)、醌二甲烷 (TCNQ)、四基 (4-氰基苯基) 甲烷 (TCPM)。其共同的特点是带有四个 C≡N 基团，但其所含苯环数不同，因而对于活性离子 $AlCl_2^+$ 的吸附性和配位结构的稳定性有所差异。研究发现，TCNQ 具有更高的电子电导率及与 $AlCl_2^+$ 配位后结构更加稳定，因而作为非水系铝电池正极材料时表现出最佳的电化学性能，如图 16.66(a) 所示。Al-TCNQ 可实现 115 $mA\cdot h\cdot g^{-1}$ 的初始比容量和 1.6 V 的高放电电势。然而，在循环过程中，TCNQ 本身及其氧化产物在 Lewis 酸性电解质中存在着明显的溶解现象，进而造成了快速的容量衰减和较低的库仑效率。为了改善 TCNQ 的溶解性问题，采用乙炔黑改性隔膜来抑制可溶性产物向电解质中的扩散，从而有效地提升了电池的容量、倍率性能和循环稳定性，如图 16.66(b) 所示。当电流密度为 500 $mA\cdot g^{-1}$ 时，循环 2000 圈后放电比容量仍保持在 115 $mA\cdot h\cdot g^{-1}$，库仑效率 ~100%，如图 16.66(c) 所示。

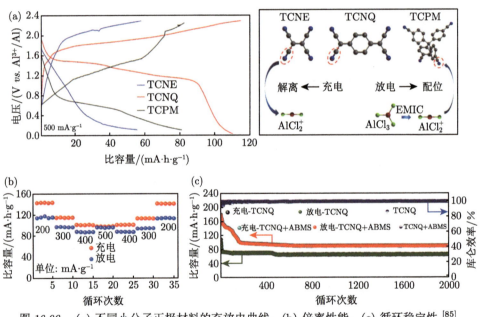

图 16.66   (a) 不同小分子正极材料的充放电曲线；(b) 倍率性能；(c) 循环稳定性[85]

16.8.4   其他有机材料

除了上述所提到的含 C=O 基团和 C≡N 基团的有机小分子或长链聚合物外，卟啉是另一类具有芳香 π 共轭的有机小分子。在芳香 π 共轭平面大环的存在下，在最高占据轨道 (HOMO) 和最低占据轨道 (LUMO) 之间空隙很小，表明其具有较窄的禁带宽度，可通过快速的电子吸收和释放，使其具有较高的氧化还原活性。研究发现，与其他有机电极材料不同的是，卟啉环中带有孤对电子的氮原子负责离子配位化学反应。其中 5,10,15,20-四苯基卟啉 (H_2TPP) 和 5,10,15,20-四苯基

(4-羧基苯基) 卟啉 (H₂TCPP) 作为铝–有机电池的正极材料在 AlCl₃/[EMIm]Cl 酸性电解质中都表现出了明显的电化学行为 (图 16.67(a) 和 (b))[86]。然而，相对于 H₂TCPP，H₂TPP 表现出了最佳的电化学性能，当电流密度为 100 mA·g⁻¹ 时，可产生 101 mA·h·g⁻¹ 的放电比容量，甚至在 200 mA·g⁻¹ 时可稳定循环 5000 圈并具有 84.8 mA·h·g⁻¹ 的放电比容量 (图 16.67(c))。产生这一现象的主要原因是具有吸电子效应的羧基会降低 π 共轭体系的电子云密度，从而降低了卟啉的 Lewis 碱度，抑制了与 AlCl₂⁺ 的配位反应。显然，卟啉分子的结构操纵对卟啉基活性材料的理化和电化学性能有很大的影响。因此，有机分子的合理结构设计是未来开发稳定、高容量有机非水系铝电池的关键策略。

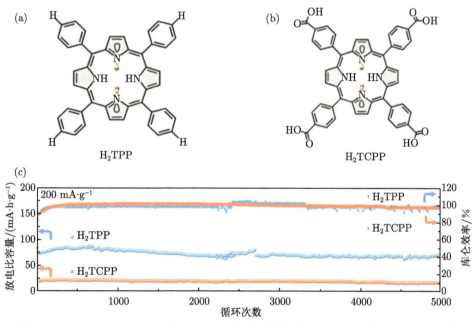

图 16.67　(a)、(b) H₂TPP 和 H₂TCPP 的分子结构式；(c) 所对应的循环性能图 [86]

16.9　其 他 材 料

16.9.1　金属有机骨架

金属有机骨架是由无机金属中心 (金属离子或金属簇) 与有机配体通过自组装相互连接，形成的一类具有周期性网络结构的晶态多孔材料。介于无机材料与有机材料之间，兼具刚性和柔性的特征。由于其具有丰富的孔结构和三维架构，为活性离子的传输提供了便利的扩散通道，是一种特殊的正极活性材料。

普鲁士蓝类似物是金属有机骨架中的一种，其通式可表示为 $A_2M_1M_2(CN)_6$，$A_2 =$ 碱金属离子；$M_1 =$ Fe、Ni、Mn、V、Mo、Cu、Co；$M_2 =$ Fe、Co。普鲁士蓝类似物 (PBA) 具有丰富的碳源，合成简单，易于在室温下在水溶液中通过简单的湿化学方法批量生产。由于 PBA 中氰基与金属离子的共价键较弱，因而直接作为非水系铝电池的正极材料在路易斯酸性的电解质中具有较差的结构稳定性。众所周知，酸性电解质一直是阻碍非水系铝电池发展的重要屏障，为了进一步研究更加实用的非水系铝电池用电解质，有研究者提出了铝有机电解质，以三氟甲磺酸铝盐和二甘醇二甲醚溶剂按照摩尔比为 5:1 进行配制，其中活性离子为 $Al(Di)_2^{3+}$[87]。正极采用六氰合铁酸铜 (CuHCF) 时验证了该电解质在非水系铝电池中存在着明显的电化学行为。然而，由于较大的 $Al(Di)_2^{3+}$ 半径及缓慢的动力学过程，对于 $Al(Di)_2^{3+}$ 的嵌入和脱出较为有限，因而表现出了较差的电化学性能。具体表现为低的放电电势、低的放电比容量以及差的循环性能，如图 16.68 所示。

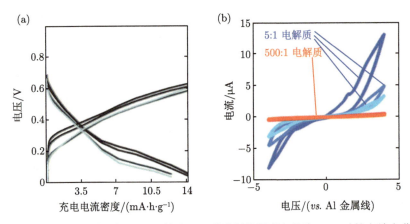

图 16.68　(a) 三氟甲磺酸铝盐和二甘醇二甲醚溶剂按照摩尔比为 5:1 时的充放电曲线；
(b) 不同摩尔比时的循环伏安曲线 [87]

其中一种有效的方法是将其在高温下进行碳化，形成金属离子簇的碳包覆结构 [42]。在充放电过程中，Al^{3+} 可与金属离子簇发生电化学转化并形成 $A_2M_1M_2$ 金属间化合物，因而可以实现有效的电荷存储。其中 $CoFe(CN)_6$ 在 900 ℃ 下进行碳化后形成了 CoFe@C，作为非水系铝电池正极材料时表现出了 ~1.0 V 的放电电势和明显的充放电平台 (图 16.69(a) 和 (b))，循环 1000 圈后放电比容量保持在 ~50 mA·h·g^{-1}，如图 16.69(c) 所示。很明显，尽管该类材料具有较为稳定的循环能力，其放电比容量仍然较低，相对于石墨类碳质材料，仍未展现出明显的竞争优势。

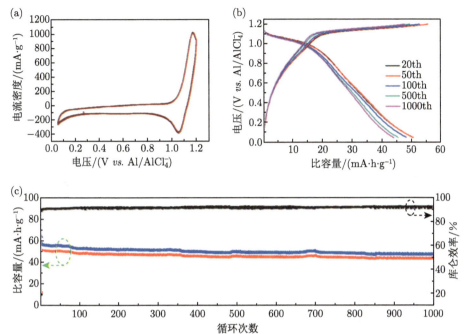

图 16.69　(a) CoFe@C 正极的循环伏安曲线；(b) CoFe@C 正极的充放电曲线；(c) 所对应的循环性能图 [88]

16.9.2　硼化钴

硼化钴 (CoB) 在结构上是一种类似于其他过渡金属硫化物、氧化物等的过渡金属硼化物，可通过高温下的 LiCl/KCl 共晶熔融盐诱导 CoB 团簇的合成。与其他过渡金属化合物相比，CoB 作为非水系铝电池正极材料时具有稳定的晶体结构，不易发生体积膨胀；另一方面，其表现出了 >1.5 V 的高放电电势，但放电比容量较低 [89]。大量研究表明，基于 Lewis 酸性电解质的循环能力和放电电势而言，石墨类碳质材料是非水系铝电池正极材料的最佳候选者。然而，石墨类材料具有较低的能量密度和严重的体积膨胀。

为了缓解石墨材料在循环过程中的体积膨胀，将 CoB 纳米团簇少层石墨烯 (FLG) 通过简单的混合形成稳定的复合正极材料，如图 16.70(a) 所示。研究发现，CoB 纳米团簇作为多功能纳米团簇与 FLG 具有良好的兼容性，包括提供稳定的速率和循环稳定性，有效地缓解了 $AlCl_4^-$ 插入 FLG 所引起的体积膨胀。另外，在较低温度下，$AlCl_4^-$ 插入 FLG 的能力因其扩散和插入障碍的增加会受到极大限制，而 CoB 纳米团簇的非晶态纳米通道可在较低温度下保持有效的离子传输路径。因而，CoB/FLG 复合材料中 CoB 的引入使其能够完全适应于 −30~60 °C 的宽温度运行范围，如图 16.70(b) 所示。

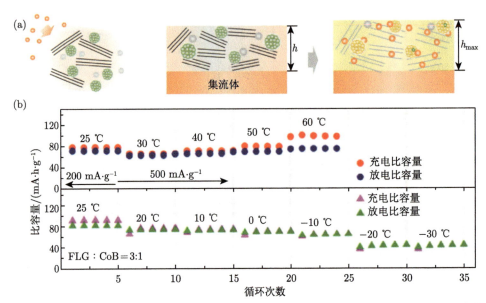

图 16.70　(a) CoB/FLG 复合电极中的离子电子传输路径示意图；(b) −30∼60 ℃ 范围内的
循环性能图 [89]

16.9.3　磷及磷化物

16.9.3.1　蓝磷与黑磷

磷 (P) 类似于碳，具有多种不同的同位素异构体，如白磷、红磷、黑鳞、蓝磷。由于其具有相对碳材料更高的理论比容量，因此被广泛地应用于锂、钠电池等 [90]。当黑磷和蓝磷作为非水系铝电池的正极材料时，通过密度泛函理论计算发现，$AlCl_4^-$ 离子与两种磷同素异构体都有很强的结合，并伴有显著的电荷转移 [91]。对于黑磷，在 $(AlCl_4)_8P_{16}$ 化合物中实现了半导体到金属的转变。蓝磷的禁带宽度从 1.971 eV (原始蓝磷) 降至 0.817 eV。此外，随着 $AlCl_4^-$ 浓度的增加，这两种磷同素异构体都表现出了良好的结构完整性，同时对黑色 $(AlCl_4)_8P_{16}$ 和蓝色磷 $(AlCl_4)_8P_{18}$ 分别具有 432.29 mA·h·g^{-1} 和 384.25 mA·h·g^{-1} 的理论比容量。动力学计算表明，$AlCl_4^-$ 在黑磷和蓝磷表面迁移的能量势垒分别为 0.19 eV 和 0.39 eV，且两种磷同素异构体均具有各向异性迁移性质。因此，黑磷和蓝磷因其强的离子吸附能、不显著的体积变化、良好的导电性和快速的动力学特性，都显示了作为非水系铝电池正极材料的巨大潜力。

16.9.3.2　磷化物

过渡金属化合物 (包括氧化物、硫化物) 得到了广泛的研究。大量研究表明，这类正极材料往往表现出较高的初始容量和差的循环稳定性，其主要原因是在氧化还原过程中较大的 $AlCl_4^-$ 的电化学转化会导致严重的体积膨胀。因此，对于高能量密度和更加稳定的过渡金属化合物正极材料的探索仍面临着巨大挑战。

Ni$_2$P 是过渡金属磷化物 Ni$_x$P$_y$($x/y \geqslant 1$) 中的一种，具有较强的金属特性、良好的电导率和高的活性，通常可通过简单的水热法来合成。与富磷磷化物相比，富金属磷化物，特别是 Ni$_2$P 磷化物具有比富磷磷化物更好的化学稳定性和热稳定性。然而，纯 Ni$_2$P 的导电性较差，因此，在充放电过程中容量衰减严重且具有较短的循环寿命。为了解决这一问题，将活性材料与高导电碳材料复合以提高 Ni$_2$P 的动力学性能，有利于提高其电子导电性，从而改善活性材料的导电路径。在连续充放电循环过程中，碳材料还可以缓解活性材料的团聚和粉化，从而提高活性材料的结构完整性。Ni$_2$P/rGO 是通过水热反应结合后续的磷酸化过程合成的由还原氧化石墨烯支撑的磷化镍纳米片复合正极材料[92]。Ni$_2$P/rGO 复合正极与纯 Ni$_2$P 正极表现出了相似的充放电平台和放电比容量，如图 16.71(a) 和 (b) 所

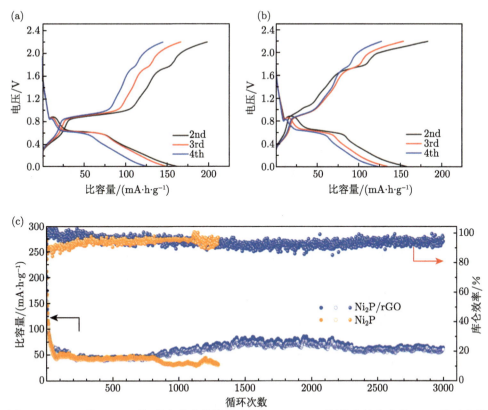

图 16.71　(a) 纯 Ni$_2$P 正极的充放电曲线；(b) Ni$_2$P/rGO 正极的充放电曲线；(c) 所对应的循环性能图[92]

示。在电化学转化过程中，其初始放电比容量可达 274.5 mA·h·g⁻¹(100 mA·g⁻¹)。同时，在 200 mA·g⁻¹ 时，循环 3000 圈后可逆比容量保持在 60 mA·h·g⁻¹ 以上。如图 16.71(c) 所示，氧化还原石墨烯的引入并未提升其放电比容量，但其循环性能得到了显著改善。

Cu₃P 是另一类过渡金属磷化物，因其相对于石墨电极更出色的质量容量和体积容量作为锂电池的负极材料时得到了广泛的研究。当作为非水系铝电池的正极材料时，表现出了 ~0.6 V 的放电电势和 ~60 mA·h·g⁻¹ 的初始放电比容量，如图 16.72(a) 所示 [93]。除此之外，在氧化还原过程中被还原的单质磷的部分不可逆导致了容量的快速衰减和差的循环性能。为了进一步改善电极的动力学及结构的稳定性，研究者通过高温球磨法合成了 Cu₃P@C(C 源为乙炔黑) 复合材料并作为非水系铝电池的正极活性材料时，循环性能得到了显著提升。在电流密度为 50 mA·g⁻¹ 时，循环 50 圈后其放电比容量仍维持在 146.7 mA·h·g⁻¹ 以上，并具有 ~100% 的库仑效率，如图 16.72(b) 所示。

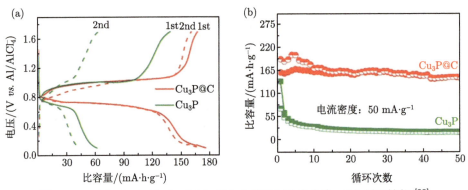

图 16.72　(a) Cu₃P 及 Cu₃P@C 复合电极的充放电曲线；(b) 循环性能 [93]

上述研究发现，实际上过渡金属化合物在充放电过程中也存在着明显的体积膨胀甚至粉化现象。在工作电极的制备中，通常是将粉末活性材料通过黏结剂和导电剂混合并涂覆在集流体上，这样的电极制备方法会产生大量的无效质量，不利于电池能量密度的提升。因此，有研究者采用电沉积及后续的磷化煅烧在碳布上制备了自支撑的 Co₂P@C 自支撑电极，如图 16.73(a) 所示 [94]。自支撑 Co₂P 电极具有结构调整方便、三维导电结构、活性位点丰富、附着力强等优点。该电极直接作为非水系铝电池的正极时具有高活性负载量 (4.1 ~ 13.8 mg·cm⁻²)、大接触面积和多级多孔结构，能够适应体积变化、具有高可逆比容量和良好的循环稳定性。当电流密度为 200 mA·g⁻¹ 时，其初始放电比容量可达 257.9 mA·h·g⁻¹，循环 400 圈后，放电比容量可维持在 85.1 mA·h·g⁻¹ 以上并具有 99.6% 的库仑效率，如图 16.73(b), (c) 所示。

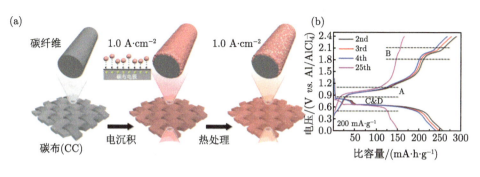

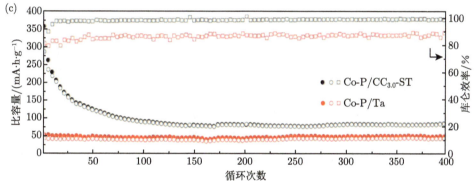

图 16.73 (a) Co₂P@C 一体化电极的制备过程示意图；(b) Al-Co₂P@C 电池的充放电曲线；(c) 循环性能[94]

除了过渡金属磷化物外，过渡金属亚磷化物具有灵活的化学计量可调性以及丰富的化学结构。例如，$Ni_{11}(HPO_3)_8(OH)_6$ 也被提出并作为非水系铝电池的正极材料得到了研究[95]。这类化合物也可通过简单的溶剂热法合成，根据不同的温度及时间条件的控制可形成不同形貌的纳米材料。然而，研究发现，实际上该类材料作为活性材料时在酸性的电解质氧化还原过程中也存在着严重的体积变化，因而表现出差的循环性能。为了进一步改善其综合电化学性能，采用溶液自组装技术引入卷曲还原氧化石墨烯薄膜制备了 $Ni_{11}(HPO_3)_8(OH)_6/rGO$ 复合材料。该电极具有较高的导电性、良好的微观组织分布和较高的结构稳定性。在 200 $mA·g^{-1}$ 的电流密度下 $Ni_{11}(HPO_3)_8(OH)_6/rGO$ 通过氧化还原转化过程实现了 182.0 $mA·h·g^{-1}$ 的初始比容量，循环 1500 圈后，比容量保持在 49.2 $mA·h·g^{-1}$ 以上，如图 16.74(a) 和 (b) 所示。

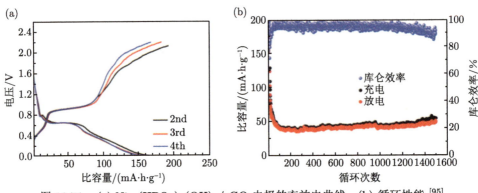

图 16.74　(a) $Ni_{11}(HPO_3)_8(OH)_6/rGO$ 电极的充放电曲线；(b) 循环性能 [95]

16.9.4　氯化物

实际上，早在 20 世纪 80 年代就对金属氯化物作为非水系铝二次电池的正极材料进行了研究。例如，在碱性电解质中证明了 Al/WCl_6 的电化学可逆行为 [96]。1991 年，研究者采用 $AlCl_3$:[EMIm]Cl=0.58 的室温离子液体作为电解质，$FeCl_3$ 作为正极活性材料，发现该电池体系的理论放电电势可达 1.85 V，当在 3.0 mA·cm^{-2} 的电流密度下进行放电时，可获得 ~15 mA·h 的放电容量 [97]。然而，在 Fe^{3+}/Fe^{2+} 的氧化还原过程中，产物或反应物在电解质中存在严重的溶解，从而导致了该电池体系较差的循环稳定性。除此之外，鉴于 Fe^{3+}/Fe^{2+} 氧化还原对对空气极为敏感，因而对于电池的构建也存在着极大挑战。同样地，$NiCl_2$ 作为非水系铝电池正极材料得到了研究，其理论能量密度为 301.5 W·h·kg^{-1}。与 $FeCl_3$ 正极相似，在 $AlCl_3$-BPC(1-丁基氯化吡啶) 电解质中存在严重的溶解行为，同时具有极低的放电电势 <0.5 V[98]。VCl_3 也是一种过渡金属氯化物，当用作非水系铝电池的正极材料时，发现氧化还原过程中会通过 V^{3+}/V 转化过程进行电荷的存储，且 VCl_3 和还原产物在电解质中都能够保持稳定 [99]。然而，VCl_3 具有较低的理论能量密度 177.1 W·h·kg^{-1} 和较低的放电电压 ~1.2 V。在 3.33 mA·g^{-1} 的电流密度下，其初始放电比容量为 76 mA·h·g^{-1}。

16.9.5　MXene

MXene 是通过刻蚀方法去除 MAX 中的 A 得到的一种类似石墨烯结构的 2D 材料，其中 M 是过渡金属，A 是主族元素，X 是 C 和/或 N 元素。近年来在催化、光热转化、能量存储方面得到了广泛的研究。在储能领域，因 MXene 具有类石墨的层状结构、表面丰富的官能团和大的层间距被视为石墨材料的代替者。有研究者通过将钒粉、铝粉、石墨粉的混合物在 1500 ℃ 的高温下煅烧后获得了 V_2AlC 相，通过氢氟酸刻蚀掉 Al 层后得到了 $V_2CT_x(x$ 为不同的表面官能团)[100]。为了

继续扩大 V_2CT_x 层间距，通过大尺寸的四丁基氢氧化铵在 NMP 液体中进行插层，如图 16.75(a) 所示。当其作为非水系铝电池正极材料时具有较石墨更大的放电比容量，超过 300 mA·h·g^{-1}。研究发现，不同于石墨电极的 $AlCl_4^-$ 的嵌入/脱出过程，在充放电过程中 Al^{3+} 伴随着 V_2CT_x 中的 V^{3+}/V^{4+} 转化过程来进行嵌入/脱出。然而，该电极表现出了相对石墨电极较低的放电电压 (~1.2 V) 和差的循环稳定性，如图 16.75(b) 和 (c) 所示。因此，对于 MXene 正极材料的研究仍存在巨大挑战。

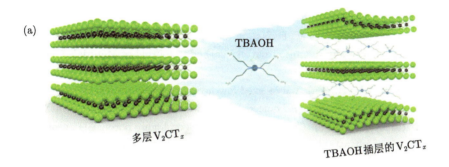

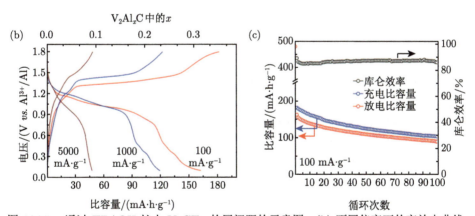

图 16.75 通过 TBAOH 扩大 V_2CT_x 的层间距的示意图；(b) 不同倍率下的充放电曲线；(c) 循环性能 [100]

参 考 文 献

[1] Sun H, Wang W, Yu Z, et al. A new aluminium-ion battery with high voltage, high safety and low cost. Chemical Communications, 2015, 51: 11892-11895.

[2] Lin M, Gong M, Lu B, et al. An ultrafast rechargeable aluminium-ion battery. Nature, 2015, 520: 324-328.

[3] Dong X, Xu H, Chen H, et al. Commercial expanded graphite as high-performance cathode for low-cost aluminum-ion battery. Carbon, 2019, 148: 134-140.

[4] Kravchyk K, Wang S, Piveteau L, et al. Efficient aluminum chloride-natural graphite battery. Chemistry of Materials, 2017, 29: 4484-4492.

[5] Zhang C, He R, Zhang J, et al. Amorphous carbon-derived nanosheet-bricked porous graphite as high-performance cathode for aluminum-ion batteries. ACS Applied Materials Interfaces, 2018, 10: 26510-26516.

[6] Tu J, Wang J, Li S, et al. High-efficiency transformation of amorphous carbon into graphite nanoflakes for stable aluminum-ion battery cathodes. Nanoscale, 2019, 11: 12537-12546.

[7] Huang X, Liu Y, Zhang H, et al. Free-standing monolithic nanoporous graphene foam as a high performance aluminum-ion battery cathode. Journal of Materials Chemistry A, 2017, 5: 19416-19421.

[8] Zhang L, Chen L, Luo H, et al. Large-sized few-layer graphene enables an ultrafast and long-life aluminum-ion battery. Advanced Energy Materials, 2017, 7(15): 1700034.

[9] Yu X, Wang B, Gong D, et al. Graphene nanoribbons on highly porous 3D graphene for high-capacity and ultrastable Al-ion batteries. Advanced Materials, 2017, 29: 1604118.

[10] Chen H, Xu H, Wang S, et al. Ultrafast all-climate aluminum-graphene battery with quarter-million cycle life. Science Advances, 2017, 3: eaao7233.

[11] Qiao J, Zhou H, Liu Z, et al. Dense integration of graphene paper positive electrode materials for aluminum-ion battery. Ionics, 2020, 26: 245-254.

[12] Zhang E, Wang B, Wang J, et al. Rapidly synthesizing interconnected carbon nanocage by microwave toward high-performance aluminum batteries. Chemical Engineering Journal, 2020, 389: 124407.

[13] Hu Y, Debnath S, Han H, et al. Unlocking the potential of commercial carbon nanofibers as free-standing positive electrodes for flexible aluminum ion batteries. Journal of Materials Chemistry A, 2019, 7: 15123-15130.

[14] Li C, Dong S, Tang R. Heteroatomic interface engineering in MOF-derived carbon heterostructures with built-in electric-field effects for high performance Al-ion batteries. Energy Environmental Science, 2018, 11: 3201-3211.

[15] Gao B, Bower C, Lorentzen J, et al. Enhanced saturation lithium composition in ball-milled single-walled carbon nanotubes. Chemical Physics Letters, 2000, 327: 69-75.

[16] Eliseev A A, Yashina L V, Brahezinskaya M M, et al. Structure and electronic properties of AgX (X = Cl,Br,I)-intercalated single-walled carbon nanotubes. Carbon, 2010, 48: 2708-2721.

[17] Bhauriyal P, Mahata A, Patha B. A computational study of a single-walled carbon-nanotube-based ultrafast high-capacity aluminum battery. Chemistry-An Asian Journal, 2017, 12: 1944-1951.

[18] Jiao H, Wang J, Tu J, et al. Aluminum-ion asymmetric supercapacitor incorporating carbon nanotubes and an ionic liquid electrolyte:Al/AlCl₃-[EMIm]Cl/CNTs. Energy

Technology, 2016, 4: 1112-1118.

[19] Zhang E, Wang J, Wang B, et al. Unzipped carbon nanotubes for aluminum battery. Energy Storage Materials, 2019, 23: 72-78.

[20] Han M, Lv Z, Hou L, et al. Graphitic multi-walled carbon nanotube cathodes for rechargeable Al-ion batteries with well-defined discharge plateaus. Journal of Power Sources, 2020, 451: 69-77.

[21] Liu Z, Wang J, Ding H, et al. Carbon nanoscrolls for aluminum battery. ACS Nano, 2018, 12: 8456-8466.

[22] Zafar Z, Imtiaz S, Li R, et al. A super-long life rechargeable aluminum battery. Solid State Ionics, 2018, 320: 70-75.

[23] Wang W, Jiang B, Xiong W, et al. A new cathode material for super-valent battery based on aluminium ion intercalation and deintercalation. Scientific Reports, 2013, 3: 3383.

[24] Jayaprakash N, Das S K, Archer L A. The rechargeable aluminum-ion battery. Chemical Communication, 2011, 47: 12610-12612.

[25] Wang H, Bai Y, Chen S, et al. Binder-free V_2O_5 cathode for greener rechargeable aluminu battery. ACS Applied Materials Interfaces, 2015, 7: 80-84.

[26] Koketsu T, Ma J, Morgan B J, et al. Reversible magnesium and aluminium ions insertion in cation-deficient anatase TiO_2. Nature Materials, 2017, 16: 1142-1150.

[27] Xiao X, Wang M, Tu J, et al. Metal-organic framework-derived Co_3O_4@MWCNTs polyhedron as cathode material for a high-performance aluminum-ion cell. ACS Sustainable Chemistry & Engineering, 2019, 7: 16200-16208.

[28] Lu H, Wan Y, Wang T, et al. A high performance SnO_2/C nanocomposite cathode for aluminum-ion batteries. Journal of Materials Chemistry A, 2019, 7: 7213-7220.

[29] Zhang X, Zhang G, Wang S, et al. Porous CuO microsphere architectures as high-performance cathode materials for aluminum-ion batteries. Journal of Materials Chemistry A, 2018, 6: 3084-3090.

[30] Almodóvar P, Giraldo D A, Chancón J, et al. δ-MnO_2 nanofibers: a promising cathode material for new aluminum-ion batteries. ChemElectroChem, 2020, 7: 2102-2106.

[31] Tu J, Lei H, Yu Z, et al. Ordered WO_{3-x} nanorods: facile synthesis and their electrochemical properties for aluminum-ion batteries. Chemical Communications, 2018, 54: 1342-1346.

[32] Tu J, Wang M, Luo Y, et al. Coral-like TeO_2 microwires for rechargeable aluminum batteries. ACS Sustainable Chemistry & Engineering, 2020, 8: 2416-2422.

[33] Guo Y, Hu Z, Wang J, et al. Rechargeable aluminum-sulfur battery with improved electrochemical performance by cobalt-containing electrocatalyst. Angewandte Chemie, 2020, 59: 22963-22967.

[34] Zhao Z, Hu Z, Jiao R, et al. Tailoring multi-layer architectured FeS_2@C hybrids for superior sodium-, potassium- and aluminum-ion storage. Energy Storage Materials, 2019, 22: 228-234.

[35] Wang S, Yu Z, Tu J, et al. A novel aluminum-ion battery: Al/AlCl$_3$-[EMIm]Cl/ Ni$_3$S$_2$@graphene. Advanced Energy Materials, 2016, 6: 1600137.

[36] Yu Z, Kang Z, Hu Z, et al. Hexagonal NiS nanobelts as advanced cathode materials for rechargeable Al-ion batteries. Chemical Communications, 2016, 52: 10427-10430.

[37] Wang S, Jiao S, Wang J, et al. High-performance aluminum-ion battery with CuS@C microsphere composite cathode. ACS Nano, 2016, 11:469-477.

[38] Zhang X, Wang S, Tu J, et al. Flower-like vanadium suflide/reduced graphene oxide composite: an energy storage material for aluminum-ion batteries. ChemSusChem, 2018, 11: 709-715.

[39] Wu L, Sun R, Xiong F, et al. A rechargeable aluminum-ion battery based on a VS$_2$ nanosheet cathode. Physical Chemistry Chemical Physics, 2018, 20: 22563-22568.

[40] Geng L, Lv G, Xing X, et al. Reversible electrochemical intercalation of aluminum in Mo$_6$S$_8$. Chemistry of Materials, 2015, 27: 4926-4929.

[41] Li Z, Niu B, Liu J, et al. Rechargeable aluminum-ion battery based on MoS$_2$ microsphere cathode. ACS Applied Materials & Interfaces, 2018, 10: 9451-9459.

[42] Yang W, Lu H, Cao Y, et al. A flexible free-standing MoS$_2$/carbon nanofibers composite cathode for rechargeable aluminum-ion batteries. ACS Sustainable Chemistry & Engineering, 2019, 7: 4861-4867.

[43] Geng L, Scheifers J, Fu C, et al. Titanium sulfides as intercalation-type cathode materials for rechargeable aluminum batteries. ACS Applied Materials & Interfaces, 2017, 9: 21251-21257.

[44] Liang K, Ju L, Koul S, et al. Self-supported tin sulfide porous films for flexible aluminum-ion batteries. Advanced Energy Materials, 2019, 9: 1802543.

[45] Hu Y, Luo B, Ye D, et al. An innovative freeze-dried reduced graphene oxide supported SnS$_2$ cathode active material for aluminum-ion batteries. Advanced Materials, 2017, 29: 1606132.

[46] Li S, Zhang G, Wang M, et al. NiCo$_2$S$_4$ Nanosheet with hexagonal architectures as an advanced cathode for Al-ion batteries. Journal of the Electrochemical Society, 2018, 165: A3504-A3509.

[47] Marassi R, Mamantov G, Matsunaga M, et al. Electrooxidation of sulfur in molten AlCl$_3$-NaCl (63-37 mole percent). Journal of The Electrochemical Society, 1979, 126: 231.

[48] Robinson J, Osteryoung R A. The electrochemical behavior of selenium and selenium compounds in sodium tetrachloroaluminate melts. Journal of the Electrochemical Sociaty, 1978, 125: 1454.

[49] Fehrmann R, Bjerrum N J, Andreasen H A. Lower oxidation states of selenium. I. Spectrophotometric study of the selenium-selenium tetrachloride system in a molten sodium chloride-aluminum chloride eutectic mixture at 150 ℃. Inorganic Chemistry, 1975, 14: 2259-2264.

[50] Huang X, Liu Y, Liu C, et al. Rechargeable aluminum-selenium batteries with high

capacity. Chemical Science, 2018, 9: 5178-5182.

[51] Kong Y, Nanjundan A K, Liu Y, et al. Modulating ion diffusivity and electrode conductivity of carbon nanotube@mesoporous carbon fibers for high performance aluminum-selenium batteries. Small, 2019, 15: 1904310.

[52] Liu S, Zhang X, He S, et al. An advanced high energy-efficiency rechargeable aluminum-selenium battery. Nano Energy, 2019, 66: 104159.

[53] Wu S C, Ai Y, Chen Y Z, et al. High-performance rechargeable aluminum-selenium battery with a new deep eutectic solvent electrolyte: thiourea-AlCl$_3$. ACS Applied Materials & Interfaces, 2020, 12: 27064-27073.

[54] Li Z, Liu J, Huo X, et al. Novel one-dimensional hollow carbon nanotubes/selenium composite for high-performance Al-Se batteries. ACS Applied Materials & Interfaces, 2019, 11: 45709-45716.

[55] Li Z, Wang X, Li X, et al. Reduced graphene oxide (rGO) coated porous nanosphere TiO$_2$@Se composite as cathode material for high-performance reversible Al-Se batteries. Chemical Engineering Journal, 2020, 400: 126000.

[56] Lei H, Tu J, Song W L, et al. A dual-protection strategy using CMK-3 coated selenium and modified separators for high-energy Al-Se batteries. Inorganic Chemistry Frontiers, 2021, 8: 1030-1038.

[57] Du Y, Zhao S, Xu C, et al. Porous α-MnSe microsphere cathode material for high-performance aluminum batteries. ChemElectroChem, 2019, 6: 4437-4443.

[58] Zhou Q, Wang D, Lian Y, et al. Rechargeable aluminum-ion battery with sheet-like MoSe$_2$@C nanocomposites cathode. Electrochimica Acta, 2020, 354: 136677.

[59] Lei H, Wang M, Tu J, et al. Single-crystal and hierarchical VSe$_2$ as an aluminum-ion battery cathode. Sustainable Energy & Fuels, 2019, 3: 2717-2724.

[60] Huo X, Liu J, Li J, et al. Hexagonal composite CuSe@C as a positive electrode for high-performance aluminum batteries. ACS Applied Energy Materials, 2020, 3: 11445-11455.

[61] Jiang J, Li H, Fu T, et al. One-dimensional Cu$_{2-x}$Se nanorods as the cathode material for high-performance aluminum-ion battery. ACS Applied Materials & Interfaces, 2018, 10: 17942-17949.

[62] Guan W, Wang L, Lei H, et al. Sb$_2$Se$_3$ nanorods with N-doped reduced graphene oxide hybrids as high-capacity positive electrode materials for rechargeable aluminum batteries. Nanoscale, 2019, 11: 16437-16444.

[63] Cai T, Zhao L, Hu H, et al. Stable CoSe$_2$/carbon nanodice@reduced graphene oxide composites for high-performance rechargeable aluminum-ion batteries. Energy & Environmental Science, 2018, 11: 2341-2347.

[64] Xing W, Du D, Cai T, et al. Carbon-encapsulated CoSe nanoparticles derived from metal-organic frameworks as advanced cathode material for Al-ion battery. Journal of Power Sources, 2018, 401: 6-12.

[65] Zhang X, Jiao S, Tu J, et al. Rechargeable ultrahigh-capacity tellurium-aluminum

batteries. Energy & Environmental Science, 2019, 12: 1918-1927.

[66] Jiao H, Tian D, Li S, et al. A rechargeable Al-Te battery. ACS Applied Energy Materials, 2018, 1: 4924-4930.

[67] Zhang X, Wang M, Tu J, et al. Hierarchical N-doped porous carbon hosts for stabilizing tellurium in promoting Al-Te batteries. Journal of Energy Chemistry, 2021, 57: 378-385.

[68] Zhang X, Tu J, Wang M, et al. A strategy for massively suppressing the shuttle effect in rechargeable Al-Te batteries. Inorganic Chemistry Frontiers, 2020, 7: 4000-4009.

[69] Yu Z, Jiao S, Tu J, et al. Rechargeable nickel telluride/aluminum batteries with high capacity and enhanced cycling performance. ACS Nano, 2020, 14: 3469-3476.

[70] Zheng C, Tu J, Jiao S, et al. Sb_2Te_3 hexagonal nanosheets as high-capacity positive materials for rechargeable aluminum batteries. ACS Applied Energy Materials, 2020, 3: 12635-12643.

[71] Du Y, Zhang B, Zhang W, et al. Interfacial engineering of Bi_2Te_3/Sb_2Te_3 heterojunction enables high-energy cathode for aluminum batteries. Energy Storage Materials, 2021, 38: 231-240.

[72] Guan W, Wang L, Tu J, et al. Rechargeable high-capacity antimony-aluminum batteries. Journal of the Electrochemical Society, 2020, 167: 080541.

[73] Kong D, Fan H, Ding X, et al. β-hydrogen of polythiophene induced aluminum ion storage for high-performance Al-polythiophene batteries. ACS Applied Materials & Interfaces, 2020, 12: 46065-46072.

[74] Schoetz T, Craig B, de Leon C P, et al. Aluminium-poly (3, 4-ethylenedioxythiophene) rechargeable battery with ionic liquid electrolyte. Journal of Energy Storage, 2020, 28: 101176.

[75] Wang D, Hu H, Liao Y, et al. High-performance aluminum-polyaniline battery based on the interaction between aluminum ion and —NH groups. Science China Materials, 2021, 64: 318-328.

[76] Liao Y, Wang D, Li X, et al. High performance aluminum ion battery using polyaniline/ordered mesoporous carbon composite. Journal of Power Sources, 2020, 477: 228702.

[77] Wang S, Huang S, Yao M, et al. Engineering active sites of polyaniline for $AlCl_2^+$ storage in an aluminum-ion battery. Angewandte Chemie, 2020, 132: 11898-11905.

[78] Pickup P G, Osteryoung R A. Charging and discharging rate studies of polypyrrole films in $AlCl_3$: 1-methyl-(3-ethyl)-imidazolium chloride molten salts and in CH_3CN. Journal of Electroanalytical Chemistry and Interfacial Electrochemistry, 1985, 195: 271-288.

[79] Hudak N S. Chloroaluminate-doped conducting polymers as positive electrodes in rechargeable aluminum batteries. The Journal of Physical Chemistry C, 2014, 118: 5203-5215.

[80] Walter M, Kravchyk K V, Böfer C, et al. Polypyrenes as high-performance cathode materials for aluminum batteries. Advanced Materials, 2018, 30: 1705644.

[81] Fan X, Wang F, Ji X, et al. A universal organic cathode for ultrafast lithium and

multivalent metal batteries. Angewandte Chemie, 2018, 130: 7264-7268.

[82] Kim D J, Yoo D J, Otley M T, et al. Rechargeable aluminium organic batteries. Nature Energy, 2019, 4: 51-59.

[83] Bitenc J, Lindahl N, Vizintin A, et al. Concept and electrochemical mechanism of an Al metal anode-organic cathode battery. Energy Storage Materials, 2020, 24: 379-383.

[84] Lindahl N, Bitenc J, Dominko R, et al. Aluminum metal-organic batteries with integrated 3D thin film anodes. Advanced Functional Materials, 2020, 30: 2004573.

[85] Guo F, Huang Z, Wang M, et al. Active cyano groups to coordinate $AlCl_2^+$ cation for rechargeable aluminum batteries. Energy Storage Materials, 2020, 33: 250-257.

[86] Han X, Li S, Song W L, et al. Stable high-capacity organic aluminum-porphyrin batteries. Advanced Energy Materials, 2021, 11: 2101446.

[87] Reed L D, Ortiz S N, Xiong M, et al. A rechargeable aluminum-ion battery utilizing a copper hexacyanoferrate cathode in an organic electrolyte. Chemical Communications, 2015, 51: 14397-14400.

[88] Zhang K, Lee T H, Bubach B, et al. Graphite carbon-encapsulated metal nanoparticles derived from Prussian blue analogs growing on natural loofa as cathode materials for rechargeable aluminum-ion batteries. Scientific Reports, 2019, 9: 1-9.

[89] Chen L L, Li N, Shi H, et al. Stable wide-temperature and low volume expansion Al batteries: integrating few-layer graphene with multifunctional cobalt boride nanocluster as positive electrode. Nano Research, 2020, 13: 419-429.

[90] Mayo M, Griffith K J, Pickard C J, et al. *Ab initio* study of phosphorus anodes for lithium- and sodium-ion batteries. Chemistry of Materials, 2016, 28: 2011-2021.

[91] Xiao X, Wang M, Tu J, et al. The potential application of black and blue phosphorene as cathode materials in rechargeable aluminum batteries: a first-principles study. Physical Chemistry Chemical Physics: PCCP, 2019, 21: 7021-7028.

[92] Tu J, Wang M, Xiao X, et al. Nickel phosphide nanosheets supported on reduced graphene oxide for enhanced aluminum-ion batteries. ACS Sustainable Chemistry & Engineering, 2019, 7: 6004-6012.

[93] Li G, Tu J, Wang M, et al. Cu_3P as a novel cathode material for rechargeable aluminum-ion batteries. Journal of Materials Chemistry A, 2019, 7: 8368-8375.

[94] Lu S, Wang M, Guo F, et al. Self-supporting and high-loading hierarchically porous Co-P cathode for advanced Al-ion battery. Chemical Engineering Journal, 2020, 389: 124370.

[95] Tu J, Lei H, Wang M, et al. Facile synthesis of $Ni_{11}(HPO_3)_8(OH)_6$/rGO nanorods with enhanced electrochemical performance for aluminum-ion batteries. Nanoscale, 2018, 10: 21284-21291.

[96] Reynolds G F, Dymek C J, Jr. Primary and secondary room temperature molten salt electrochemical cells. Journal of Power Sources, 1985, 15: 109-118.

[97] Donahue F M, Mancini S E, Simonsen L. Secondary aluminium-iron (III) chloride batteries with a low temperature molten salt electrolyte. Journal of Applied Electrochemistry,

1992, 22: 230-234.

[98]　Nakaya K, Nakata A, Hirai T, et al. Oxidation of nickel in AlCl$_3$-1-butylpyridinium chloride at ambient temperature. Journal of the Electrochemical Society, 2014, 162: D42-D48.

[99]　Suto K, Nakata A, Murayama H, et al. Electrochemical properties of Al/vanadium chloride batteries with AlCl$_3$-1-ethyl-3-methylimidazolium chloride electrolyte. Journal of the Electrochemical Society, 2016, 163: A742-A747.

[100]　VahidMohammadi A, Hadjikhani A, Shahbazmohamadi S, et al. Two-dimensional vanadium carbide (MXene) as a high-capacity cathode material for rechargeable aluminum batteries. ACS Nano, 2017, 11: 11135-11144.

第 17 章　非水系铝电池负极材料

17.1　非水系铝电池负极材料简介

非水系铝电池负极材料通常由纯铝箔组成。但铝表面上的保护性氧化层会降低电池性能,导致不可逆电极电势和电极激活延迟 (在电池达到其最大工作电压之前的时间延迟)。由于熔盐电解质和室温离子液体的出现,铝电池的困境被打破。1972 年,铝二次电池的概念被首次提出[1],采用氯化物为正极,金属铝为负极,以 AlCl₃-KCl-NaCl 共晶熔盐为电解质,组成了以离子嵌入脱出为原理的可充电铝电池。20 世纪 80 年代开始,以 AlCl₃/[BMIm]Br 和 AlCl₃/[EMIm]Cl 为代表的离子液体开始被作为电解液,实现了铝在室温下的可逆脱嵌[2,3]。熔融盐或离子液体等非水系介质作为电解质,解决了铝表面氧化膜的问题,实现了铝的可逆沉积和剥离。

但铝金属负极的研究仍面临着枝晶、腐蚀和粉碎等问题。到目前为止,有效的策略包括铝箔负极改性和开发可同时解决上述挑战的新型负极材料,但进展非常有限。为了缓解铝箔负极的溶解对电池周期寿命的影响,增加铝箔负极厚度的方法在之前的研究中被广泛使用。然而,这种方法限制了电池的能量密度,且未从本质上解决铝负极溶解的问题。因此,开发非水系铝电池的可替代稳定负极是一个亟待解决的问题。同时,满足无枝晶、抗腐蚀、抗粉化条件是非水系铝电池负极材料研究的关键。

依据目前的研究,非水系铝电池负极材料可分为铝金属负极材料、碳基负极材料、合金及其他负极材料。目前大部分研究选用铝箔作为负极,但为非水系铝电池寻找合适的负极材料永远不会停止。铝箔、不锈钢和膨胀石墨等几种典型负极材料首先被选作研究对象,并探究了其化学性质和几何形状对反应可逆性和电池性能的影响[4]。从图 17.1 可以看出,铝箔和膨胀石墨中铝的剥离和沉积均是可逆的,但不锈钢作为负极是不可逆的。此外,在施加负电流密度,长期还原各种负极后,铝沉积层均匀紧凑地覆盖在铝箔和膨胀石墨表面,而不锈钢上的铝沉积层不粘合且不均匀。此外,经过长时间的沉积周期后,膨胀石墨负极的库仑效率从 80% 提高到 100%。因此,除铝金属外,石墨作为铝电池的负极是有很大希望的。与平面膨胀石墨相比,三维碳纸表现出较高的库仑效率和较低的沉积/剥离反应过电势,这意味着三维结构有利于负极铝的沉积。这可以扩展到其他电极 (包括铝网等), 三维结构负极的开发为实现非水系铝电池更高功率密度奠定了基础。

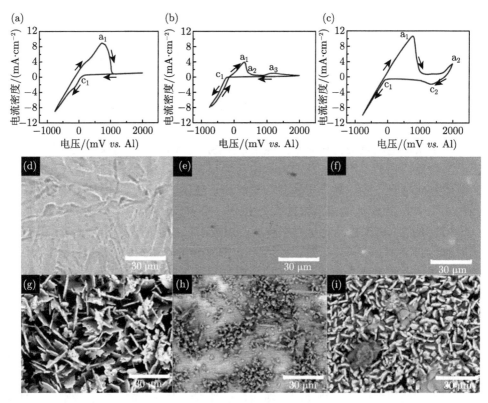

图 17.1　在室温下 (a) 铝箔、(b) 不锈钢箔和 (c) 膨胀石墨在 AlCl$_3$/BMIC(2:1) 电解液中的循环伏安曲线和长时间铝电沉积前后基底的扫描电镜图像: (d)、(g) 铝箔、(e)、(h) 不锈钢和 (f)、(i) 膨胀石墨 [4]

17.2　铝负极腐蚀机理

目前, 基于非水系电解质, 铝金属作为负极材料虽然避免了 Al 表面钝化造成的电池电压和效率降低, 但铝盐中的氯 (Al$_2$Cl$_7^-$) 具有相当强的腐蚀性。因此, 在非水系铝电池负极材料的研究中, 传统的铝箔负极面临着巨大的挑战。首先, 由于充电过程中不均匀镀层的不可控扩散, 铝负极表面形成了铝枝晶, 降低了电池安全性和循环使用寿命。此外, 酸性电解质的高腐蚀性和金属铝的不均匀剥离会导致不可避免的点腐蚀。最后, 在重复充放电过程中, 铝负极粉化形成 "死铝", 造成不可逆铝消耗, 从而降低铝电极的利用率。腐蚀和粉化问题逐渐破坏铝负极的框架, 最终导致铝电池的容量衰减和循环寿命缩短 [5,6]。铝箔负极关键问题的演化机理如图 17.2 所示 [5]。

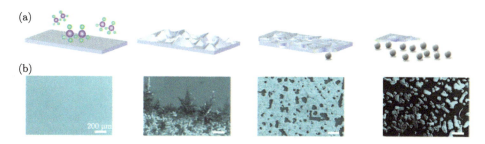

图 17.2　铝箔负极关键问题演化机理

(a) 铝箔负极关键问题演化机理示意图；(b) 原始铝箔负极、沉积 5 mA·h·cm^{-2} 后的铝箔负极、沉积 28 次后的
铝箔负极、沉积 100 次后的铝箔负极的扫描电镜图像 (铝箔厚度：50 μm；电流密度：1 mA·cm^{-2})[5]

17.2.1　钝化膜

铝电极表面的氧化膜在钝化和保护方面起着双面作用。一方面,铝金属上的钝化膜 (Al_2O_3) 是一种电子/离子绝缘体,它会干扰电极表面的氧化还原反应,阻碍了电化学反应进程。有学者在探索电极/电解质界面方面进行了研究,以了解界面上的枝晶生长、表面氧化铝和 SEI 膜等现象。据报道,在未经处理的 [BMIm]OTF/Al(OTF)$_3$ 电解质表面,电化学剥离/沉积过程被氧化铝膜阻断,而在去除氧化膜后反应开始进行 [7],如图 17.3(a) 所示。重要的是, 在铝的沉积/溶解中, 观察到使用预处理 6 h 的铝金属负极电池电压滞后远低于未处理的铝金属负极,如图 17.3(b)。这表明铝金属的预处理可以有效地将更活跃的铝暴露在电解质中,并产生 SEI 层,进一步提高循环性能。

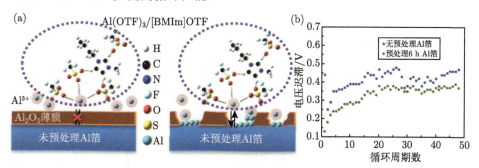

图 17.3　(a) 未处理和处理后的铝负电极表面铝沉积/溶解示意图；[7](b) 在 0.04 mA·cm^{-2} 的电流密度下,以未处理和 6 h 预处理的铝金属作为参比电极和对电极的电池平均电压滞后 [8]

另一方面,这种氧化膜在抑制电化学活性的同时,也进一步保护了铝金属在酸性电解质中的严重溶解。惰性铝电极上的氧化膜可以有效地减少成核位点,抑制金属枝晶的生长和铝电极的粉化。许多研究已经证实了氧化膜对铝电极溶解和枝晶生长的影响。如图 17.4(a)～(b) 所示,普通铝箔在 10000 次循环后转变为夹层结构 [9],具有两个厚度小于 50 nm 的超薄保护薄膜,这些薄膜来源于普通铝箔上的天然氧化膜。

因此，可以确定在铝–石墨烯电池的长期稳定循环中，表层氧化膜在保护铝金属负极方面起着关键的作用。铝箔负极受氧化膜的保护机制，如图 17.4(c) 所示。

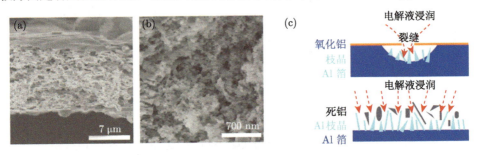

图 17.4　(a)10000 次循环后正常铝箔的扫描电镜图像；(b)1000 次循环后的表面扫描电镜图像；(c) 铝箔受氧化膜保护的机理 [9]

17.2.2　腐蚀溶解

酸性电解质的高腐蚀性和金属铝的不均匀剥离导致的不可避免的点腐蚀同样是铝负极研究面临的重要问题。图 17.5 反映了抛光铝箔和天然铝箔浸入酸性 $AlCl_3$/EMIC 离子液体电解质中表面形态的变化。抛光铝箔由纯铝组成，表面光滑。浸泡 24~96 h 后，在表面观察到越来越多的裂缝和凹坑。相比之下，由于天然氧化物薄膜的存在，天然铝箔的表面有些粗糙和凹凸不平。随着浸泡时间的增加，天然铝表面出现线性裂纹和表面扭曲，甚至轻微断裂 [10]。

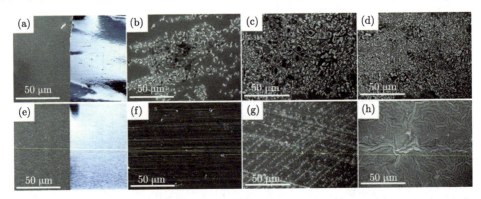

图 17.5　浸入 $AlCl_3$/EMIC(摩尔比为 1.3:1) 离子液体电解质中铝箔的扫描电镜图像 [10]
(a) 抛光铝浸入 0 h；(b) 抛光铝浸入 24 h；(c) 抛光铝浸入 48 h；(d) 抛光铝浸入 96 h；(e) 天然铝浸入 0 h；(f) 天然铝浸入 24 h；(g) 天然铝浸入 48 h；(h) 天然铝浸入 96 h

铝箔预处理的简单过程如图 17.6(a) 所示。图 17.6(b)、(c) 中类似的结果表明，铝金属表面的氧化膜被酸性 $AlCl_3$/BMIC 离子液体剧烈腐蚀。这意味着，尽管氧化膜可以在一定程度上抑制大块铝的溶解，但铝箔仍然容易受到电解质中酸性氯化物的腐蚀 [8]。

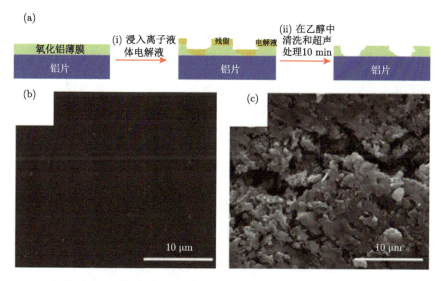

图 17.6　(a) 铝箔预处理的简单过程示意图；(b)、(c) 浸入 AlCl₃/EMIC(摩尔比为 1.3:1) 离子液体电解质中 48 h 前后铝箔的扫描电镜图像 [8]

同时，在图 17.7(a)～(d) 中可以观察到，随着浸入时间的增加，8 周后铝表面发生了严重的腐蚀。此外，随着 $Al_2Cl_7^-$ 阴离子浓度的升高，腐蚀变得更为严重 [11]，这表明 $Al_2Cl_7^-$ 阴离子表现出更高的电化学活性。值得注意的是，铝表面沿着特定的晶格平面溶解，由于酸性电解能够穿透裂解位点，与金属/氧化物界面内部的铝金属发生反应，裂缝变得更深。特别是，新形成的氧化铝在开裂点周围堆积。

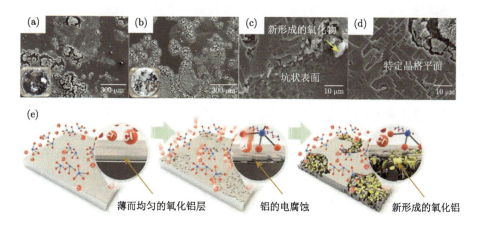

图 17.7　(a)、(c) 浸入摩尔比为 1.3:1 的 AlCl₃/EMIC 离子液体电解质中 8 周后铝箔扫描电镜图像；(b)、(d) 浸入摩尔比为 1.7:1 的 AlCl₃/EMIC 离子液体电解质中 8 周后铝箔扫描电镜图像；(e) 酸性离子液体电解质电流腐蚀和氧化过程引起铝表面形态变化示意图 [11]

这可以解释为具有氧化物薄膜的铝金属表面受到氯铝酸阴离子的局部攻击，然后在具有特定晶格平面的缺陷位点上形成一个新的氧化铝层，如图 17.7(e) 所示。

17.2.3　枝晶

由于非水系铝电池中铝负极的枝晶问题与锂电池中锂枝晶阻碍锂金属负极的实际应用类似，因而铝枝晶的问题开始被人们关注。铝的金属性质可能会诱导铝枝晶的生长，这可能导致电极崩解和电池短路。部分研究清晰地记录了铝枝晶的生长。如图 17.8 所示，与图 17.4(a)、(b) 中的普通铝箔相比，去除氧化膜的铝箔在 1000 次循环后可以直接观察到许多铝枝晶的生长，未形成任何保护膜 [8]。

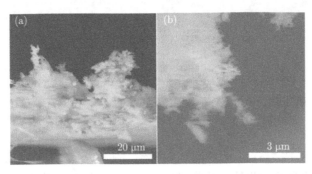

图 17.8　(a)1000 次循环后铝负电极横截面扫描电镜图像；(b) 铝枝晶高倍率扫描电镜图像 [8]

目前，对于与铝负极相关的枝晶问题仍然未得到彻底的解决。同时，铝金属负极还存在一些不可避免的问题，包括钝化膜、电化学腐蚀和粉碎等。为了从根本上解决这些关键问题，开发可替代稳定负极是一个紧迫的课题。

17.3　碳基负极材料

17.3.1　石墨负极

关于非金属材料作为非水系铝电池负极的研究，目前取得的进展非常有限。在早期的工作中，石墨是铝电池负极的良好候选材料，并通过构建以高纯度石墨纸和导电碳纸作为正极和负极、以摩尔比为 1.3 的 $AlCl_3/[EMIm]Cl$ 离子液体为电解液的双石墨软包铝电池证实了这一概念 [12]。如图 17.9(a) 和 (b) 所示，双石墨电池在 2.2~2.3 V 和 1.8~2.0 V 下呈现出两个放电电压平台，在电流密度 20 mA·g^{-1} 下的 600 次循环中表现出优异的循环稳定性，容量保持率高达 98.5%。此外，当电池分别充电到 2.4 V、2.2 V 和 2.0 V 时，电压差分别在 0.166 V、0.232 V 和 0.190 V 左右，如图 17.9(c)。自放电行为是电池实际应用的关键参数，该电池在不同充电电压下的自放电曲线非常相似。

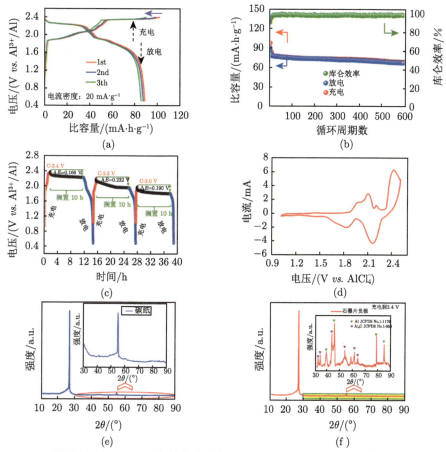

图 17.9 双石墨电池在 20 mA·g^{-1} 的电流密度下 (a) 初始三个周期的充放电曲线和 (b) 循环性能；(c) 不同充电电势下电池的自放电行为 (间歇时间：10 h)；(d) 1 mV·s^{-1} 扫描速率下电池的循环伏安曲线；(e) 原碳纸负极的 XRD 图谱；(f) 完全充电后碳纸负极 XRD 图谱及其扣除碳纸特征峰后黄色框区域的 XRD 图谱[12]

在 1 mV·s^{-1} 扫描速率下，初始四个周期的循环伏安曲线显示了电池的嵌入/脱出行为，如图 17.9(d) 所示。在 2.20 V 和 2.35 V 时分别观察到两个氧化峰，对应于阴离子插入石墨层。同时，位于 1.90 V 和 2.15 V 处的相应还原峰归因于石墨层中阴离子的脱出。此外，石墨正极在充放电过程中的原位 XRD 结果证明，沉积产物为 Al 和 Al$_x$C，与之前报道的铝–碳电池的机制相同。充电后，电解质中的阴离子插入石墨正极。重要的是，碳纸 (作为负极) 所涉及的可逆反应是铝的沉积和溶解，伴随复合阴离子的解离，Al^{3+} 不断沉积在负极表面形成 Al，并且在随后的反应过程中部分过量的 Al(过度沉积) 逐渐扩散到负极中，碳纸通过与部分沉积的金属铝发生反应，产生 Al$_x$C 化合物。

同时，基于 AlCl$_3$/EMIC 室温离子液体电解液，以石墨纸作为正、负极材料的石墨–石墨可充电铝电池也被提出 [13]。如图 17.10，石墨负极的电池反应机制与纯铝负极及其他碳负极的电池反应机制一致，即铝在石墨负极表面的沉积/溶解。与石墨正极不同的是，石墨负极在充放电后呈现出明显的裂纹外观。此外，该石墨–石墨电池在电流密度为 200 mA·g^{-1} 时，初始比容量为 76.5 mA·h·g^{-1}。在 500 mA·g^{-1} 的电流密度下，1000 个循环后比容量保持在 62.3 mA·h·g^{-1}，具有 98.4% 的高容量保留率。因此，石墨作为非水系铝电池负极的性能可与铝负极相媲美。

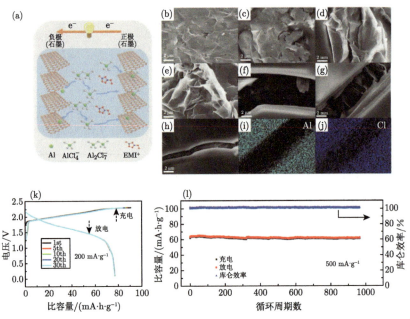

图 17.10　(a) 基于 AlCl$_3$/[EMIm]Cl 离子液体电解质的石墨–石墨可充电铝电池充放电机理示意图；(b) 原始石墨纸、(c) 第 1 周期、(d) 第 10 周期、(e) 第 30 周期的石墨纸正极扫描电镜图像；(f) 第 1 周期、(g) 第 10 周期、(h) 第 30 周期的石墨纸负极扫描电镜图像；石墨负极在第 10 周期的 (i)Al 和 (j)Cl 的映射图；(k) 在电流密度为 200 mA·g^{-1} 时，电池的充放电曲线；(l) 在电流密度为 500 mA·g^{-1} 时，电池的循环性能和库仑效率 [13]

17.3.2　碳布负极

此外，碳布也被应用于非水系铝电池负极的开发 [14]。首先，将羧甲基纤维素加入石墨烯水分散液中，形成黏弹性流体，以碳布作为基底浸入其中，通过搅拌将活性材料负载到碳布的多孔介质中，制备了注入石墨烯的碳纤维正极。然后，以摩尔比为 1.3 的 AlCl$_3$/EMIC 室温离子液体为电解液，碳布为负极材料，组装了石墨烯–碳布扣式铝电池。如图 17.11 所示，铝在碳布纤维表面的电沉积颗粒通常在 100~200 nm 范围内。然而，在平面不锈钢和非平面镍泡沫上，铝沉积物的平均尺寸为几十微米。随着碳布表面沉积物的增加，纳米级 Al 晶体呈横向生长，即沿着碳表面膨胀，生成厚度为 10^2 nm 量级的铝涂层，且 Al 沉积形态高度均匀，没有可观察到的 Al 枝晶生长证据。这是由于金属–基底键合促进的初始均匀成核起着主导作用。图 17.11(d)~(i) 证实了强金属–基底键 (Al-O-C) 的存在，铝沉积物和底物之间强氧介导的化学键能够利用强相互作用精确地引导金属均匀沉积，促进纳米尺度成核和横向生长，从而形成紧凑的铝薄膜。在由碳纤维组成的基底上，Al 电沉积产生的负极在 0.8~8 mA·h·cm^{-2} 比容量范围内表现出高可逆性 (99.6%~99.8%)。这种可逆性持续了超长的周期时间 (>3600 h)。在碳布纤维上，铝的镀/剥离反应是稳定的，在 3600 h 的循环过程中过电势缩小，并且没有任何恶化的趋势。由碳纤维负极组成的"无负极"全电池没有任何预存储的 Al，在数千个循环中显示出稳定的循环性能和良好的比容量保留率。因此，碳布作为非水系铝电池负极具有良好的应用前景。

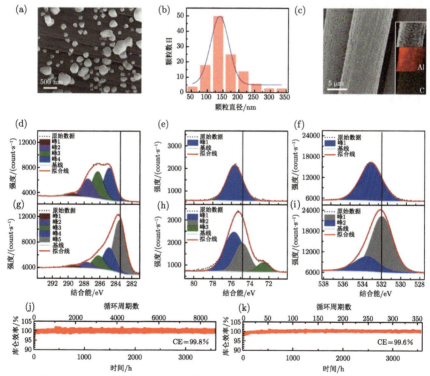

图 17.11　面积比容量为 (a)0.2 mA·h·cm^{-2} 和 (c)3 mA·h·cm^{-2} 时，在碳布上铝沉积形态的扫描电镜图像；在 0.2 mA·h·cm^{-2} 时，(b) 碳纤维上铝沉积颗粒粒径分布 (平均粒径 =139 nm)；在 3 mA·h·cm^{-2} 时，碳纤维上铝沉积样品及 Ar$^+$ 溅射后样品的 ((d)、(g))C 1s、((e)、(h))Al 2p、((f)、(i))O 1s 的 XPS 图谱；在面积比容量为 (j)0.8 mA·h·cm^{-2} 和 (k)8 mA·h·cm^{-2} 时铝的镀/剥离效率，测量电流密度分别为 (j)4 mA·cm^{-2} 和 (k)1.6 mA·cm^{-2}[14]

17.3.3　氮掺杂碳棒阵列负极

自支撑氮掺杂碳棒阵列 (NCRA) 作为一种耐腐蚀、无粉碎和使用寿命长的负极具有轻质的特点 [5]。自支撑 NCRA 的制备过程如图 17.12(a) 所示,通过铜箔与

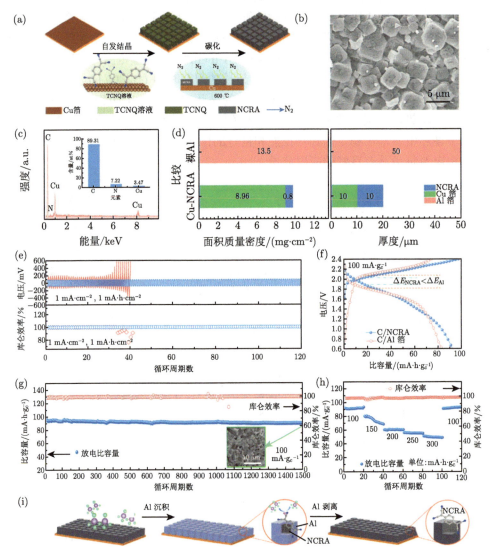

图 17.12　(a)NCRA 制备工艺示意图;NCRA 的 (b) 扫描电镜图像和 (c)EDS 图谱;(d) 裸铝箔负极与 NCRA 负极的质量密度和厚度比较; (e) 在电压范围为 $-0.6 \sim 0.6$ V($vs.$ Al^{3+}/Al) 之间时,1.0 mA·cm^{-2} 的电流密度下铝箔 (红色) 和 NCRA(蓝色) 对称电池的循环性能比较;(f)100 mA·g$_c^{-1}$ 的电流密度下,铝箔 (红色) 和 NCRA(蓝色) 全电池的充放电曲线、NCRA 全电池的 (g) 循环性能和 (h) 倍率性能;(i)NCRA 表面的铝沉积/剥离示意图 [5]

TCNQ 在乙腈中的自发氧化还原反应得到 Cu-TCNQ,并碳化得到自支承 NCRA 负极。图 17.12(b) 中 Cu-NCRA 负极的扫描电镜图像显示,NCRA 均匀地包裹在铜箔表面。NCRA 纳米棒直径为 2~5 μm,高度约为 5 μm,间距为 1~2 μm,与铜箔基板垂直,形成三维多孔阵列骨架。NCRA 的三维空间形态具有较大的比表面,为铝的沉积和剥离提供了一个框架,有助于降低局部电流密度。这些特征可以使 NCRA 作为一个理想的宿主,同时减少枝晶生长、电极腐蚀和粉碎的问题。图 17.12(c) 是 NCRA 的 EDS 图谱,结果表明 NCRA 由大量的 C 和少量的 N 组成,且 C 和 N 元素均匀分布在 NCRA 表面。自支撑 NCRA 面积质量密度是铝箔的 72%,厚度是铝箔的 40%(图 17.12(d))。如图 17.12(e),在 $-0.6\sim$ 0.6 V 的电压范围内,1.0 mA·cm^{-2} 的电流密度下,从 42 h 开始,铝箔对称电池的电压分布和 CE 有明显的波动,表明循环稳定性较差。相比之下,在整个 120 h 的周期中,NCRA 对称电池提供了约 80 mV 的稳定电压迟滞和接近 100% 的库仑效率。同时,以摩尔比为 1.3 的 AlCl$_3$/EMIC 室温离子液体为电解液,利用碳纸和 Cu-NCRA 作为正极和负极,组装了软包全电池。全电池的充放电曲线、循环性能和倍率性能如图 17.12(f)~(h)。在 100 mA·g^{-1} 的电流密度下,全电池初始放电比容量为 94.4 mA·h·g^{-1},库仑效率为 99.4%。值得注意的是,它展现出超过 1500 个周期的长循环性能,且仍然可以提供 90.7 mA·h·g^{-1} 的高放电比容量 (约为初始放电比容量的 96%) 和理想的库仑效率 (100%)。同时,在 100~ 300 mA·g^{-1} 的电流密度下,全电池显示出良好的倍率性能。NCRA 表面的铝沉积/剥离原理如图 17.12(i) 所示。由于含 N 的功能基团和基质结构可以很好地调节铝金属的成核,有效地缓解铝枝晶的生长,因此自支撑 NCRA 负极可以表现出更长的周期寿命,是铝箔的 4 倍以上。

17.4 其他负极材料

合金化通常被用于非水系铝电池负极的设计,以调控 SEI 层的形成或影响负极表面的极化和界面反应来提高电池性能。尽管合金负极在铝电池系统中的应用是铝电池优化的常用方法,但关于非水系铝电池系统中合金负极的报道却很少。

17.4.1 合金负极

值得关注的是,一种新型铝合金 |AlCl$_3$+ 尿素 | 热解石墨电池被开发 [15],如图 17.13。该非水系铝电池系统以铝合金为负极,热解石墨纸为正极,AlCl$_3$/尿素液体为电解质,采用聚四氟乙烯电解罐密封。在图 17.13(a) 中可以观察到,当电池的截止电压为 2.18 V 时,电池的库仑效率最高 (>90%),截止电压在 2.18 V 以上时,电解质中产生副反应导致库仑效率较低。该电池的放电电压约为 1.9 V 和 1.6 V,在不同的电流密度 (100 mA·g^{-1}、150 mA·g^{-1}、200 mA·g^{-1}) 下,铝合金/热解石墨

电池在 30 个循环中几乎保持了 (90±5)% 的库仑效率, 在电流密度为 100 mA·g^{-1} 时, 可提供 105 mA·h·g^{-1} 的比容量, 如图 17.13(b), (c) 所示。此外, 从图 17.13(d), (e) 可以观察到, 原始铝合金负极是平坦的, 经过 80 个循环的负极有部分腐蚀, 但电极仍然是光滑的, 在电池的循环过程中没有枝晶形成。根据以往的研究, 铝合金比纯铝箔更便宜, 耐腐蚀性更好。众所周知, 合金中含镁化合物比铝基质具有更强的电负性,

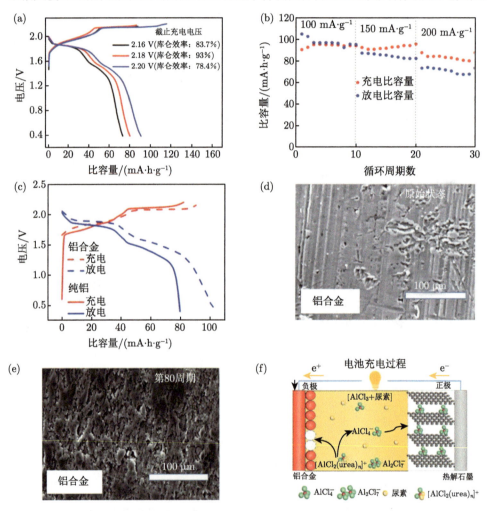

图 17.13　(a) 在聚四氟乙烯电解槽中, 以 100 mA·g^{-1} 的电流密度进行充放电, 获得的不同截止充电电压下铝合金 |AlCl$_3$+ 尿素 | 热解石墨电池充放电曲线; (b) 在电流密度为 100~200 mA·g^{-1} 时, 电池的倍率性能; (c) 铝 |AlCl$_3$ + 尿素 | 热解石墨和铝合金 | AlCl$_3$+ 尿素 | 热解石墨电池的充放电曲线对比; (d) 原始铝合金负极和 (e) 经过 80 个循环的铝合金负极的扫描电镜图像; (f) 以 AlCl$_3$| 尿素液体为电解质的铝电池充电示意图 [15]

铝基质作为负极在电化学反应中最先溶解。低含量的镁可以降低粒间腐蚀、氢的演化和腐蚀速率，从而提高铝负极的电化学性能。因此，与纯铝箔相比，铝合金的腐蚀较小，从而提高了电池的容量，且该非水系铝电池系统价格低廉。在 $AlCl_3$/尿素液体电解质中，铝合金 $|AlCl_3+$ 尿素 $|$ 热解石墨电池的反应机制如图 17.13(f) 所示。在充电过程中，$[AlCl_2(urea)_n]^+$ 在负极处转化为金属 Al 和 $AlCl_4^-$，同时在正极处以 $AlCl_4^-$ 插入石墨层之间。在放电过程中，发生反向反应。

同时，一种新型镀铝铜箔作为非水系铝电池的合金负极被提出，以减少裸铝负极中的粉碎问题，实现铝的沉积剥离，如图 17.14[16]。在 $AlCl_3$/EMIC 室温离子液体体系中，制备了镀铝铜箔负极。由于铜箔具有优异的耐腐蚀性，且铝可以在铜基底上实现沉积和剥离，因此可以很好地减少裸铝负极的基本粉碎问题，其演化机理如图 17.14(a)。与传统的铝箔负极相比，其厚度和面积质量密度仅为铝箔负极的 30% 和 76%(图 17.14(b))。在图 17.14(c) 的对称电池测试结果中，裸铜箔在放电过程中 (铝沉积)，电势保持稳定，但在充电过程的后期 (铝从铜箔中剥离)，电势迅速增加。使用裸铝箔的对称电池在最初的 45 个周期中展现出 100 mV 的电压滞后。然而，在随后的周期中，观察到突然的电压下降和剧烈的库仑效率波动，这可能是由腐蚀和粉碎问题导致的铝箔电极面积减小引起的。在 500 个循环中，镀铝铜箔负极显示了接近 100% 的库仑效率，明显优于传统的铝箔。此外，在图 17.14(d) 和 (e) 的扫描电镜图像中可以观察到粗糙的表面和明显的铝粉，这说明了铝箔电极在反复循环过程中的腐蚀和粉碎问题。图 17.14(f) 和 (g) 循环前后裸铜箔电极的形态没有明显变化，说明铜箔在 −0.6~0.6 V 的电压范围内具有良好的耐腐蚀性。图 17.14(h) 和 (i) 为镀铝铜箔负极循环前和 500 次循环后的扫描电镜图像，在循环后的镀铝铜箔负极上可以观察到 Al 的存在，即使经过长期循环后仍能保持完整性，说明铜箔可以作为循环过程中可逆铝沉积/剥离的 "宿主"。同时，以摩尔比为 1.3 的 $AlCl_3$/EMIC 室温离子液体为电解液，利用碳纸和镀铝铜箔作为正极和负极，组装了软包铝电池。在 100 mA·g^{-1} 的电流密度下，该全电池在第 3、10、100 个周期的充放电曲线与初始周期中观察到的高度相似，表明镀铝铜箔负极具有良好的循环稳定性。图 17.14(k) 显示，该全电池在 1000 个周期的充放电循环中表现出长循环性能，库仑效率为 (99 ± 1)%。同时，与 82.07 mA·h·g^{-1} 的初始比容量相比，即使经过 1000 个循环，放电比容量 (82.3 mA·h·g^{-1}) 也几乎没有下降。因此，镀铝铜箔负极具有显著的稳定性和较长的循环寿命。重要的是，镀铝的厚度和面积质量密度小于裸铝，从而增强了电池的能量密度。与裸铜和铝箔电极相比，镀铝铜箔电极具有显著的稳定性、循环寿命长、电压滞后较慢的特点。镀铝铜箔电极在循环前后的形态没有显著变化，而裸铝和铝箔都显示出腐蚀和粉碎问题。电化学性能清楚地表明，使用镀铝铜箔负极保持了良好的长期循环稳定性，这是因为镀铝铜箔具有良好的结构稳定性和可逆性。与纯铝负极相比，铝合金在高效、低成本的储能器件方面具有广阔的发展前景。然而，并不是所有具有良好耐腐蚀性能和高可逆铝沉积/剥离性能的金属都适用于酸性离子液体电解质。这仍需要进行进一步的研究，以获得更多的了解。

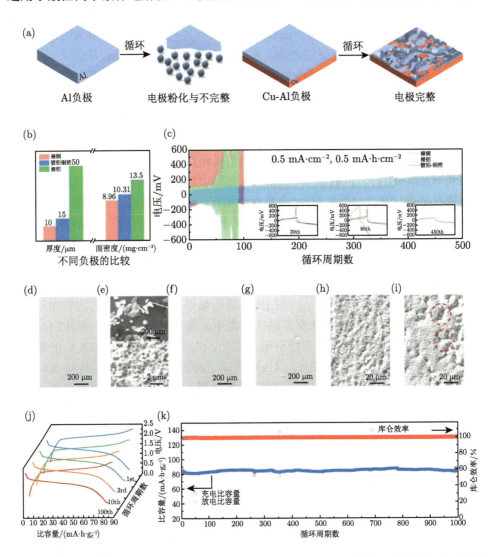

图 17.14 (a) 铝箔和镀铝铜箔负极的循环机制示意图；(b) 裸铜、裸铝和镀铝铜箔负极的厚度和面密度的比较；(c)0.5 mA·cm^{-2} 下裸铜、裸铝和镀铝铜箔负极的对称电池循环性能比较；(d) 裸铝负极、(e)90 次循环后裸铝负极、(f) 裸铜负极、(g)100 次循环后裸铜负极、(h) 镀铝铜箔负极、(i)500 次循环后镀铝铜箔负极的扫描电镜图像；在 100 mA·g^{-1} 下，以镀铝铜箔为负极的全电池的 (j) 充放电曲线和 (k)1000 次长期循环性能 [16]

17.4.2 液态金属镓负极

此外，为了解决 Al 负极的枝晶、腐蚀和粉碎等关键问题，一种新型的无枝晶、耐腐蚀、不易粉碎的液体镓 (Ga) 作为非水系铝电池的负极被提出[17,18]。Al 和 Ga 之间可以实现合金化/去合金化的可逆转化，如图 17.15(a) 所示。在电化学测试过程中，电解质通过一个电极孔进入橡胶软管，并与液体 Ga 接触。液体 Ga 负极可回收利用，有助于实际应用，有利于铝废料回收。与 Al 对称电池相比，Ga-Al 对称电池表现出相对较低的电压滞后 (约 100 mV)，并提高了在 200 h 内的循环稳定性 (图 17.15(b))。在图 17.15(c) 中可以观察到，即使在 1000 次循环后，Ga 负极仍保持液态，无枝晶、腐蚀和粉碎现象。液体 Ga 负极的表面演化机理如图 17.15(d) 所示。在临界电流密度 ($7 \ \mathrm{mA \cdot cm^{-2}}$) 下，Al 在液体 Ga 中的扩散速率接近或大于 Al 的还原速率，从而在合金化过程中 Ga 负极可以保持液态。在去合金化过程中，铝可以从液体 Ga 负极中可逆地释放出来。然而，当阳极电流密度大于 $7 \ \mathrm{mA \cdot cm^{-2}}$ 时，通过合金化过程将 Al 沉积在 Ga 电极表面。由于电沉积的 Al 不能及时扩散到 Ga 电极中，Ga 的表面会凝固，进一步导致枝晶的形成和腐蚀问题。与传统的 Al 负极相比，液体 Ga 负极提高了稳定性和循环寿命。由于液体 Ga 负极的特殊性，设计了 Ga||C 罐式全铝电池。采用玻璃纤维隔膜 (GF/D) 包裹的碳纸 ($15 \ \mathrm{mm} \times 15 \ \mathrm{mm}$) 作为正极，将液体 Ga 注入玻璃电解槽 (直径 50 mm)，并覆盖容器底部作为负极，用钼片连接液体 Ga，并注入摩尔比为 1.3 的 $AlCl_3$/EMIC 室温离子液体作为电解液，用聚四氟乙烯密封盖密封电解槽，如图 17.15(e) 所示。图 17.15(f) 显示了 Ga||C 全电池的充放电曲线，第 3、第 10 和第 100 周期的轮廓与初始周期观察到的高度相似，表明液体 Ga 负极具有良好的循环稳定性。全铝电池在 $50 \sim 300 \ \mathrm{mA \cdot g^{-1}}$ 的充放电速率范围内，保持了相似的容量和良好的循环稳定性，平均库仑效率为 $(99 \pm 2)\%$，如图 17.15(g) 所示。该全电池表现出了超过 1000 个周期的循环性能和优异的库仑效率 $(98 \pm 1)\%$，如图 17.15(h) 所示。同时，在 $100 \ \mathrm{mA \cdot g^{-1}}$ 的电流密度下，放电比容量在 1000 个循环后没有明显下降，仍能提供 $67.3 \ \mathrm{mA \cdot h \cdot g^{-1}}$ 的比容量，与初始比容量 $72.5 \ \mathrm{mA \cdot h \cdot g^{-1}}$ 相比，其比容量保留率超过 92.8%。

目前关于非水系铝电池负极方面的研究很少，探索更多的负极材料是极其重要的。因此，开发合适的材料作为负极是非水系铝电池研究应关注的问题。负极材料进一步的探索研究将使非水系铝电池在安全性能和稳定性能方面的发展取得重大突破。

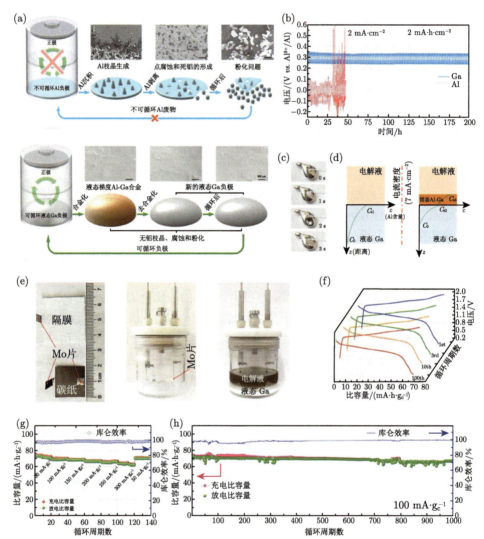

图 17.15　(a) 以 Al 箔和液态 Ga 作为铝电池负极的无枝晶、耐腐蚀、无粉化和可回收等关键问题；(b) 在 2 mA·cm^{-2} 下铝箔与液态 Ga 的对称电池循环性能比较；(c) 液体 Ga 负极 1000 次循环后的照片 (显示液体 Ga 的良好流动性)；(d) 不同电流密度下液体 Ga 负极合金时表面凝固演化过程；Ga|AlCl$_3$+EMIC|C 全铝电池 (e) 电池结构的数码照片；(f) 在 100 mA·g^{-1} 电流密度下的充放电曲线；(g) 在 50 mA·g^{-1}、100 mA·g^{-1}、150 mA·g^{-1}、200 mA·g^{-1}、250 mA·g^{-1}、300 mA·g^{-1} 和 50 mA·g^{-1} 电流密度下的倍率性能；(h) 在 100 mA·g^{-1} 电流密度下 1000 周期的长期循环性能 [17]

参 考 文 献

[1] Holleck G L. The reduction of chlorine on carbon in AlCl$_3$-KCl-NaCl melts. Journal of

the Electrochemical Society, 1972, 119(9): 1158-1161.

[2] Dymek C J, Williams J L, Groeger D J, et al. An aluminum acid-base concentration cell using room temperature chloroaluminate ionic liquids. Journal of the Electrochemical Society, 1984, 131(12): 2887-2892.

[3] Auborn J J, Barberio Y L. An ambient temperature secondary aluminum electrode: its cycling rates and its cycling efficiencies. Journal of the Electrochemical Society, 1985, 132(3): 598-601.

[4] Muñoz-Torrero D, Leung P, García-Quismondo E, et al. Investigation of different anode materials for aluminium rechargeable batteries. Journal of Power Sources, 2018, 374: 77-83.

[5] Jiao H, Jiao S, Song W L, et al. Al homogeneous deposition induced by N-containing functional groups for enhanced cycling stability of Al-ion battery negative electrode. Nano Research, 2021, 14: 646-653.

[6] Tu J, Chang C, Wang M, et al. Stable and low-voltage-hysteresis zinc negative electrode promoting aluminum dual-ion batteries. Chemical Engineering Journal, 2022, 430: 132743.

[7] Wang H, Gu S, Bai Y, et al. High-voltage and noncorrosive ionic liquid electrolyte used in rechargeable aluminum battery. ACS Applied Materials & Interfaces, 2016, 8(41): 27444-27448.

[8] Wu F, Zhu N, Bai Y, et al. An interface reconstruction effect for rechargeable aluminum battery in ionic liquid electrolyte to enhance cycling performances. Green Energy & Environment, 2018, 3(1): 71-77.

[9] Chen H, Xu H, Zheng B, et al. Oxide film efficiently suppresses dendrite growth in aluminum-ion battery. ACS Applied Materials & Interfaces, 2017, 9(27): 22628-22634.

[10] Choi S, Go H, Lee G, et al. Electrochemical properties of an aluminum anode in an ionic liquid electrolyte for rechargeable aluminum-ion batteries. Physical Chemistry Chemical Physics, 2017, 19(13): 8653-8656.

[11] Lee D, Lee G, Tak Y. Hypostatic instability of aluminum anode in acidic ionic liquid for aluminum-ion battery. Nanotechnology, 2018, 29(36): 36LT01.

[12] Wang S, Jiao S, Song W L, et al. A novel dual-graphite aluminum-ion battery. Energy Storage Materials, 2018, 12: 119-127.

[13] Li Z, Liu J, Niu B, et al. A novel graphite-graphite dual ion battery using an AlCl$_3$-[EMIm]Cl liquid electrolyte. Small, 2018, 14(28): 1800745.

[14] Zheng J, Bock D C, Tang T, et al. Regulating electrodeposition morphology in high-capacity aluminium and zinc battery anodes using interfacial metal-substrate bonding. Nature Energy, 2021, 6(4): 398-406.

[15] Wang C, Li J, Jiao H, et al. The electrochemical behavior of an aluminum alloy anode for rechargeable Al-ion batteries using an AlCl$_3$-urea liquid electrolyte. RSC Advances, 2017, 7(51): 32288-32293.

[16] Jiao H, Jiao S, Song W L, et al. Cu-Al composite as the negative electrode for long-life

　　　　Al-ion batteries. Journal of the Electrochemical Society, 2019, 166(15): A3539-A3545.

[17]　Jiao H, Jiao S, Li S, et al. Liquid gallium as long cycle life and recyclable negative electrode for Al-ion batteries. Chemical Engineering Journal, 2020, 391: 123594.

[18]　Wang J, Jiao H, Song W L, et al. A stable interface between a NaCl-AlCl$_3$ melt and a liquid Ga negative electrode for a long-life stationary Al-ion energy storage battery. ACS Applied Materials & Interfaces, 2020, 12: 15063-15070.

第 18 章　非水系铝电池非活性材料

18.1　非水系铝电池非活性材料简介

非水系铝电池传统正极的制备通常采用浆料涂覆的方式，将正极活性材料与黏结剂和导电剂均匀混合制备成浆，并涂覆在集流体上。非水系铝电池商业化的障碍包括缺乏廉价、氧化稳定、耐腐蚀的集流体和可在酸性 $AlCl_3$ 基电解质中稳定运行的不分解的黏结剂 [1]。含 $Al_2Cl_7^-$ 的酸性电解质的高反应性和腐蚀性限制了集流体和黏结剂的稳定性，从而对非水系铝电池的整体电化学性能产生了负面影响。而铝箔或不锈钢作为集流体可能会导致错误的结果，通常采用涂层不锈钢或其他可替代集流体 (如 Mo 或 Ta 等)。

在开发具有可商业化前景的铝电池时，需要考虑的一个重要方面是正极制备过程。这个过程必须具有成本效益，最好是使用价格优廉且地球上丰度较高的元素。此外，与商用锂电池相比，值得注意的是，非水系铝电池中使用的隔膜通常更厚，这需要添加更多的电解质，从而降低了整个电池的质量能量密度。上述所有这些可能导致较差的循环性能和较低的能量密度。因此，铝电池的优化需要综合考虑电极、集流体、黏结剂、隔膜和电解质等因素。集流体、黏结剂、隔膜等作为非水系铝电池的非活性材料对铝电池的影响也是不容忽视的。在非水系铝电池活性材料的设计中，对这些因素的综合考虑将提供更令人信服的结果。

18.2　集　流　体

铝箔或铜箔作为商用集流体应用于锂离子电池和钠离子电池中，但由于其在氯铝酸盐的离子液体中的电化学稳定性差，不能应用于基于氯铝酸盐离子液体电解质的铝电池研究中。基于 $AlCl_4^-$-$Al_2Cl_7^-$ 氧化还原偶对子的化学反应具有氧化各种金属的强烈倾向，因为 $Al_2Cl_7^-$ 的路易斯酸度和 Cl^- 的氧化催化作用限制了集流体的选择。事实上，集流体与电解质反应造成的腐蚀会导致被观察到的活性材料比容量存在潜在的不准确性。由于集流体腐蚀会造成不必要的电化学反应，这可能会导致对正极中发生的电化学反应的误解。因此，集流体的选择在非水系铝电池的研究中是不能忽视的。

如图 18.1 所示，从当前集流体选择的统计结果来看，非水系铝电池中使用最广泛的集流体是镍，其次是钼、不锈钢和碳纸 [2]。

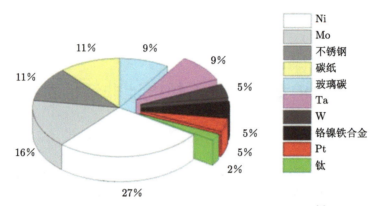

图 18.1　非水系铝电池中不同集流体类型的比较分析 [2]

18.2.1　金属集流体

虽然镍 (Ni) 是最常用的集流体，但镍集流体在酸性离子液体中具有电化学和化学反应性 [3]。由于镍的溶解和镍合金的形成及溶解，镍集流体在铝电池的实际应用中是不稳定的。同时，镍已被证实可作为非水系铝电池的正极材料，并在酸性离子液体电解质中实现了可逆反应 [4,5]。分别以 Ni 箔、Al 箔为正极和负极，摩尔比为 1.09 的酸性 AlCl$_3$/EMIC 离子液体为电解质的 Al/Ni 电池结构如图 18.2(a) 所示。在图 18.2(b) 中，Al/Ni 电池在 0.5 mA·cm^{-2} 的电流密度下，50 个循环后面积比容量为 0.44 mA·h·cm^{-2}，在 1.0 mA·cm^{-2} 的电流密度下，100 个循环后面积比容量为 0.27 mA·h·cm^{-2}。图 18.2(c) 和 (d) 显示了电流密度在 0.1～1.0 mA·cm^{-2} 范围内的 Al/Ni 电池倍率性能及充放电曲线。在循环过程中，随着电流密度的增加，电池的充放电比容量减小，库仑效率提高。当电流密度从 1.0 mA·cm^{-2} 降至 0.1 mA·cm^{-2} 时，放电比容量上升至 0.38 mA·h·cm^{-2}，库仑效率为 91.0%。如图 18.2(e) 在 0.5 mV·s^{-1} 扫描速率下，Al/Ni 电池的循环伏安曲线在 0.5 V/ 0.2 V(A/A′)、0.8 V/0.5 V(B/B′) 和 1.0 V/0.8 V(C/C′) 处观察到 3 对氧化还原峰。酸性 AlCl$_3$/EMIC 电解质系统中，Al/Ni 电池的电化学过程，如图 18.2(f)。在放电过程中，Ni 正极上会产生一系列的镍铝合金 Al$_x$Ni$_y$，在 C′、B′ 和 A′ 阶段分别形成 AlNi$_3$、Al$_3$Ni$_5$ 和 AlNi。因此，Ni 在酸性离子液体电解质铝电池中表现出正极活性，作为集流体是不稳定的。

Ni 作为集流体在酸性 AlCl$_3$/EMIC 电解质系统中的不稳定性在以 Ni 粉作为正极活性材料的 Al/Ni$_p$(涂覆 Ni 粉正极记作 Ni$_p$) 电池研究中也得到了证明 [5]。基于摩尔比为 1.3 的酸性 AlCl$_3$/EMIC 电解质，在 200 mA·g^{-1} 电流密度下，Al/Ni$_p$ 电池前 5 个循环的充放电曲线如图 18.3(a)。初始放电比容量高达 189.7 mA·h·g^{-1}，库仑效率为 78.4%，大约在 1.0 V / 0.6 V 处有一对充放电平台。第 5 个循环的放电比容量为 110.1 mA·h·g^{-1}，库仑效率为 98.8%。在循环过程中

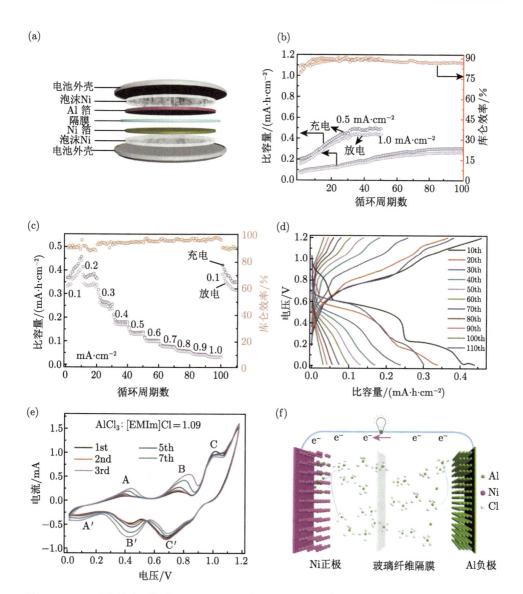

图 18.2　(a) 以镍箔为正极的 Al/Ni 电池结构示意图；在摩尔比为 1.09 的酸性 AlCl₃/EMIC 离子液体电解质中，Al/Ni 电池的 (b) 在 0.5 mA·cm⁻² 和 1.0 mA·cm⁻² 电流密度下的循环性能；(c) 在 0.1～1.0 mA·cm⁻² 电流密度下的倍率性能及 (e) 充放电曲线；(d) 循环伏安曲线；(f) 酸性 AlCl₃/EMIC 电解质系统中 Al/Ni 电池的电化学过程示意图 [4]

可以观察到，涂覆 Ni 粉正极显示出明显的容量下降，这与酸性电解质中 Ni 的溶解有关。图 18.3(b) 为涂覆 Ni 粉正极在摩尔比为 1.3 的酸性 AlCl₃/EMIC 离子液体电解质中的循环伏安曲线，可以观察到 1.05 V 处有一个阳极峰，在 0.49 V 处有一个阴极峰。随着循环的增加，阳极和阴极电流密度逐渐降低，表明部分 Ni 可能溶解在酸性电解质中，进一步导致活性物质的质量损失。这在摩尔比为 1.3 的酸性 AlCl₃/EMIC 离子液体中 Ni(粉) 随时间的溶解行为变化中得到了证明，如图 18.3(c) 所示。随着时间的推移，AlCl₃/EMIC 离子液体中 Ni 的浓度不断升高。图 18.3(d) 中的照片是 Ni 是否在酸性电解质中发生显著变化的一个视觉指示，可以观察到，含 Ni 的 AlCl₃/EMIC 离子液体颜色随时间的推移呈现黄色，这可能是 Ni 在酸性氯铝酸盐溶液中溶解形成的 $[Ni(Al_2Cl_7)_4]^{2-}$ 阴离子 [6]。因此，以镍作为集流体的电池数据可能会由于腐蚀而具有误导性，在今后的研究中应该避免镍集流体的使用。

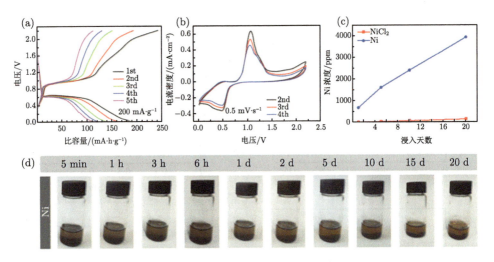

图 18.3　以 Ni 粉作为正极活性物质的 Al/Ni_p 电池

(a) 在电流密度为 200 mA·g⁻¹ 时，涂覆 Ni 粉正极的前 5 个循环的充放电曲线；(b) 在第 2~4 个周期的循环伏安曲线 (扫描速率为 0.5 mV·s⁻¹)；(c)NiCl₂ 和 Ni 粉浸入酸性 AlCl₃/EMIC 离子液体后电解质中 Ni 的浓度随时间变化曲线；(d)Ni 粉浸入酸性 AlCl₃/EMIC 离子液体电解液随时间变化的照片 [5]

基于酸性 AlCl₃/EMIC 电解质系统，不锈钢作为集流体同样存在由于腐蚀而使数据具有误导性的问题。研究表明，不锈钢在酸性离子液体电解质中是有活性的，该电化学活性可能来自于不锈钢中的铁 (Fe) 和铬 (Cr) 在充放电过程中与 $Al_2Cl_7^-$ 发生的反应 [7]。将正极浆料 (V₂O₅:炭黑:PVDF = 90:5:5) 分别涂覆在铂 (Pt) 和不锈钢集流体上，制备 V₂O₅ 涂覆的 Pt 集流体正极和 V₂O₅ 涂覆的不锈钢集流体正极，并以摩尔比为 1.2 的酸性 AlCl₃/EMIC 离子液体为电解质，铝箔为负极，组装罐式铝电池，其在扫描速率为 1 mV·s⁻¹ 时的循环伏安曲线如图 18.4(a) 和 (b)。如图 18.4(a) 所示，在金属 Pt 集流体的循环伏安曲线中没有观察到氧化还原峰，而从图 18.4(b) 不锈钢集流体的循环伏安曲线中可以观察到明显的氧化还原峰。这表明不锈钢集流体在酸性 AlCl₃/EMIC 电解质系统中有明显的电化学活性，且该活性与 V_2O_5 无关，完全依赖于不锈钢集流体。同时，该体系下的 Swagelok 铝电池在大约 20 个周期后失效。失效后电池拆解的隔膜扫描电镜图像如图 18.4(c) 和 (d)，拆解隔膜不再是多孔玻璃纤维，致密的金属枝晶生长到了隔膜中。拆解隔膜的 EDS 图谱显示该枝晶主要是由 Al、Fe 和 Cr 组成的，如图 18.4(e) 所示。因此，不锈钢在酸性 $AlCl_3$/EMIC 电解质系统中的反应性限制了不锈钢集流体在非水系铝电池中应用的有效性。

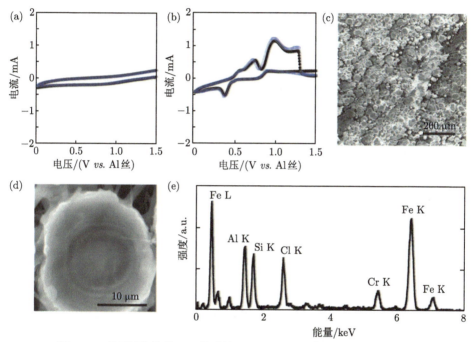

图 18.4　基于摩尔比为 1.2 的酸性 $AlCl_3$/EMIC 离子液体电解质系统

(a) 不锈钢和 (b)Pt 作为集流体的 V_2O_5 涂覆正极罐式铝电池的循环伏安曲线 (正极涂覆浆料比为 V_2O_5:炭黑:PVDF = 90:5:5)；将 Swagelok 铝电池循环到失效 (约 20 个循环) 后，拆卸隔膜的 (c) 低倍率扫描电镜图像、(d) 高倍率扫描电镜图像及 (e) 对应的 EDX 图谱 [7]

　　铜 (Cu) 和钛 (Ti) 作为集流体，在离子液体为电解质的非水系铝电池中，与 Ni、不锈钢具有相似的不稳定性。Cu、Ni、不锈钢、Ti 集流体在离子液体中的线性扫描伏安曲线结果表明，它们在与铝沉积/溶解相关的电势处均表现出不稳定的氧化还原行为，如图 18.5 所示 [8]。这使得 Cu、Ti 集流体在酸性 $AlCl_3$/EMIC 电解质系统非水系铝电池中的应用受到限制。

　　在前期研究中，还讨论了铝 (Al)、银 (Ag)、锆 (Zr)、铌 (Nb)、钛 (Ti)、铂 (Pt)、钼 (Mo)、钽 (Ta) 等金属作为集流体在酸性室温离子液体电解质中的电化学稳定性，如图 18.6 所示 [9]。可以观察到，Ta、Mo 和 Pt 在 2.0 V 以上表现出良好的稳定性，而其他金属 (Al、Ag、Zr、Nb、Ti 等) 在 2.0 V 以下都表现出明显的氧化峰值。因此，Ta、Mo 和 Pt 在基于酸性离子液体电解液的非水系铝电池的研究中可以作为稳定的集流体来使用，但作为稀有金属矿产资源，其价格昂贵限制了非水系铝电池大规模量化生产的可行性。

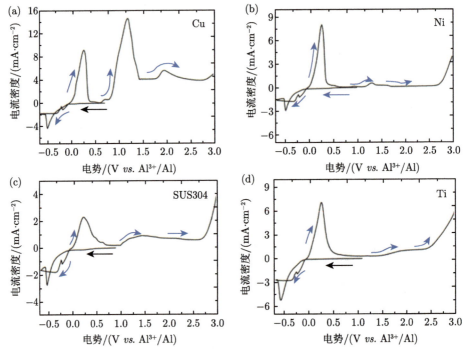

图 18.5　酸性 AlCl$_3$/EMIC 电解质系统中 (a)Cu、(b)Ni、(c) 不锈钢 (SUS304)、(d)Ti 集流体的线性扫描伏安曲线 [8]

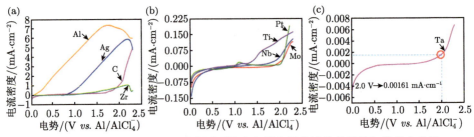

图 18.6　酸性 AlCl$_3$/EMIC 电解质系统中各种金属集流体的线性扫描伏安曲线

(a)Al、Ag、C 和 Zr；(b)Pt、Ti、Nb 和 Mo；(c)Ta[9]

18.2.2　碳质集流体

非水系铝电池还开发了一系列的碳基集流体。然而，值得注意的是，不是所有的碳基材料都能成为集流体，高石墨化碳基材料在酸性 AlCl$_3$ 基电解质中是具有电化学活性的。

玻璃碳集流体在酸性 AlCl₃/EMIC 电解质系统中表现出电化学稳定性, 其线性扫描伏安曲线证明了玻璃碳作为集流体的可行性, 如图 18.7(a) 所示 [8]。同时, 还有研究使用玻璃碳棒正极 (集流体) 和铝负极, 以摩尔比为 1.3 的 AlCl₃/EMIC 离子液体为电解液, 组装了 Swagelok 电池, 并在 0∼2.9 V 电压范围内, 以 10 mV·s⁻¹ 的扫描速率进行了两电极循环伏安测试, 如图 18.7(b) 所示 [10]。玻璃碳棒的制备方法如下: 72 g 苯酚和 4.5 mL 的 30%氢氧化铵在回流状态下溶于 100 mL 的 37%甲醛溶液, 同时在 90 ℃ 下将溶液快速搅拌至乳白色。采用旋转蒸发法去除水中的水分, 得到酚醛树脂。酚醛树脂在 1/2 英寸①玻璃管模具中以 100 ℃ 固化, 然后在 850 ℃ 氩气气氛下碳化 4 h, 得到玻璃碳棒。该玻璃碳棒的循环伏安曲线也证实了类似的结果, 玻璃碳棒的稳定电化学窗口范围为 0∼ 2.45 V(vs. Al³⁺/Al)。然而, 玻璃碳太脆, 难以处理, 通常只能用于实验研究。

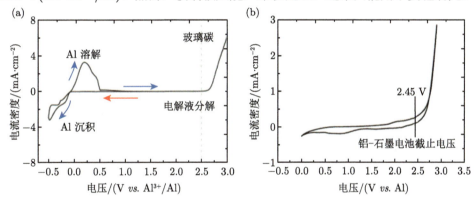

图 18.7 (a) 酸性 AlCl₃/EMIC 电解质系统中玻璃碳集流体的线性扫描伏安曲线 [8]; (b) 在 Swagelok 型电池中, Al/玻璃碳棒电池在 10 mV·s⁻¹ 扫描速率下的循环伏安曲线 [10]

碳纸等二维碳集流体在酸性室温离子液体电解质中并不是很稳定。在摩尔比为 1.3 的酸性 AlCl₃/EMIC 室温离子液体电解质中, 碳集流体的线性扫描伏安曲线如图 18.6(a) 所示 [9]。由于 AlCl₄⁻ 阴离子的嵌入/脱出造成体积膨胀, 碳集流体很不稳定。因此, 通常以碳纤维构造多孔结构来缓解碳集流体的体积膨胀问题, 如气体扩散层碳集流体 [11](图 18.8(a)) 和碳布 (CC)[12] 等 (图 18.8(c))。气体扩散层作为可充电铝电池中经济有效且稳定的碳集流体, 表现出 2.4 V(vs. Al³⁺/Al) 的高电化学稳定性, 如图 18.8(b) 所示 [11]。在酸性 AlCl₃/EMIC 电解质中, 碳布集流体在 0.01 mV·s⁻¹ 扫描速率下的循环伏安曲线如图 18.8(d) 所示。尽管碳布作为集流体的电化学稳定性没有玻璃碳和气体扩散层集流体表现优异, 但碳布集流体可作为柔性基底负载大量活性物质, 为发展柔性非水系铝电池奠定了基础。此外, 其他碳基集流体, 包括碳纤维 (CF)[13]、碳纳米管涂覆的 CNF 薄膜 (CNT-CNF)[14]

① 1 英寸 =2.54 厘米。

等已被用于可充电铝电池有效的超轻型集流体。与金属集流体相比，碳基集流体具有轻质的特点，有利于高能量密度的非水电铝电池开发。同时，集流体是目前非水电铝电池成本中最昂贵的元素，碳基集流体在减少非水电铝电池成本方面也更具优势。

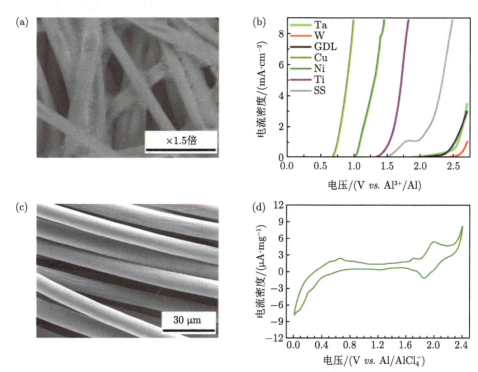

图 18.8　(a) 气体扩散层的扫描电镜图像；(b) 酸性 AlCl$_3$/EMIC 中气体扩散层与其他集流体在 10 mV·s^{-1} 扫描速率下的线性扫描伏安曲线比较 [11]；(c) 碳布的扫描电镜图像；(d) 摩尔比为 1.3 的酸性 AlCl$_3$/EMIC 中，碳布集流体在 0.01 mV·s^{-1} 扫描速率下的循环伏安曲线 [12]

18.2.3　其他非金属集流体

除金属与碳基集流体外，具有一定导电能力的氮化钛 (TiN) 和氮化铬 (Cr$_2$N) 作为集流体，具有至少 2.5 V($vs.$ Al^{3+}/Al) 的高氧化稳定性，如图 18.9 所示 [15]。通过在不锈钢或柔性的聚酰亚胺基底上磁控溅射氮化钛薄膜来制备的 TiN 集流体应用于扣式和软包非水系铝电池正极，将石墨材料压制在 TiN 集流体表面得到无黏结剂的正极，并以酸性 AlCl$_3$/EMIC 室温离子液体为电解质，组装 AlCl$_3$-GB 电池。该电池具有 99.5% 的高库仑效率，功率密度为 4500 W·kg^{-1}，表现出至少为 500 个周期的循环稳定性。以不锈钢和聚酰亚胺为基底的 TiN 涂层的照片如图 18.9(a) 和 (b) 所示，薄膜厚度为 500 nm。图 18.9(c) 为沉积在聚酰亚胺基板上 TiN 横截面的扫描电镜图像。图 18.9(d) 显示了酸性 AlCl$_3$/EMIC 室温离子液体中各种集流体的循环伏安曲线，在图 18.9(e) 中总结了其氧化稳定性。对于铬 (Cr)、不锈钢 (SS)、铝 (Al) 和钛 (Ti) 集流体，电化学氧化分别发生在 0.62 V、0.92 V、1.0 V 和 1.1 V($vs.$ Al^{3+}/Al)，即使是金 (Au) 和铂 (Pt) 集流体在 2.0 V 以上的电势下也不稳定。TiN 在酸性 $AlCl_3$/EMIC 室温离子液体中的氧化稳定性超过了钼 (Mo)、钨 (W) 和玻璃碳，在高达 2.5 V 的电势时没有任何氧化反应，Cr_2N 集流体也表现出类似的氧化稳定性。TiN 和 Cr_2N 集流体在 2.5~3 V ($vs.$ Al^{3+}/Al) 时电流的增长主要是由于离子液体的氧化，这导致了氯气的产生。

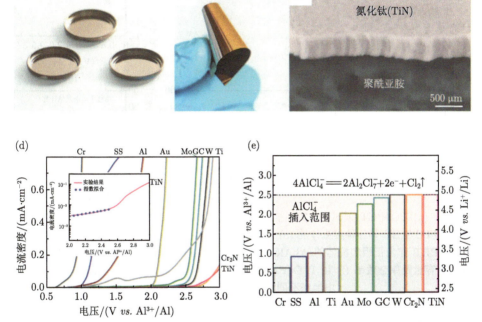

图 18.9 以 (a) 不锈钢和 (b) 聚酰亚胺为基底的 TiN 涂层的照片 (薄膜厚度 500 nm)；(c) 沉积在聚酰亚胺基板上 TiN 横截面的扫描电镜图像；(d) 酸性 $AlCl_3$/EMIC 电解质中各集流体在 10 mV·s^{-1} 扫速下的循环伏安曲线 (插入图：TiN 集流体的电流–电势关系)；(e) 在酸性 $AlCl_3$/EMIC 电解质中各集流体的电压 ($vs.$ Al^{3+}/Al 和 Li^+/Li) 氧化稳定性 [15]

此外，采用磁控溅射法将致密的铟锡氧化物 (indium tin oxide，ITO) 溅射在聚对苯二甲酸乙二醇酯 (polyethylene glycol terephthalate，PET) 基底上，得到的非金属 ITO/PET 集流体，如图 18.10 所示 [16]。与用于非水系铝电池的金属集流体相比，ITO/PET 集流体不仅表现出 2.75 V($vs.$ Al^{3+}/Al) 的高氧化电势，还具有较低的密度 (<2 g·cm^{-3})。以羧甲基纤维素为黏合剂，炭黑为导电剂，石墨粉为正极活性材料制备浆料，并涂覆于 ITO/PET 集流体上，得到基于 ITO/PET 集流体的石墨正极。以 Al 箔为负极，基于摩尔比为 1.3 的酸性 $AlCl_3$/EMIC 室温离

子液体电解质，组装 Al|AlCl$_3$+EMIC| 石墨软包电池。在电流密度为 50 mA·g^{-1} 时，基于 ITO/PET 集流体的软包电池可以提供约 120 mA·h·g^{-1} 的可逆比容量，接近石墨正极的理论比容量值 (105~116 mA·h·g^{-1})。与使用 Mo 集流体相比，使用 ITO/PET 集流体时，正极容量在不同电流密度下大大增强。这为高能量密度非水系铝电池提供了一种新的策略。

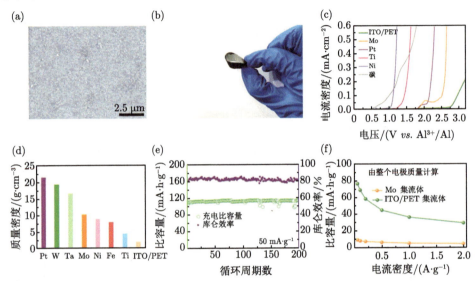

图 18.10　(a)ITO/PET 顶部视角的扫描电镜图像；(b) 基于 ITO/PET 集流体的石墨涂覆正极照片；ITO/PET 等各种集流体的 (c) 极化曲线 (AlCl$_3$:EMIC=1.3:1) 和 (d) 质量密度；(e) 以 ITO/PET 作为正极集流体的 Al|AlCl$_3$+EMIC| 石墨软包电池在 50 mA·g^{-1} 电流密度下的充电比容量及库仑效率 (f) 以 ITO/PET 和 Mo 作为正极集流体的 Al|AlCl$_3$+EMIC| 石墨电池在不同电流密度下的比容量 [16]

18.3　黏　结　剂

　　黏结剂在非水系铝电池中的作用往往会被忽视，通过改进现有黏结剂系统和开发新黏结剂来改善电池性能的研究也较少。由于酸性氯铝酸盐电解质具有腐蚀性，选择在电解质中具有适当化学稳定性的聚合物黏结剂对复合正极的制备非常重要。聚偏氟乙烯 (polyvinylidene fluoride，PVDF) 具有优异的电化学稳定性和黏合强度，是商业锂离子电池中应用得最广泛的黏结剂。同时，它也是非水系铝电池中常用的黏结剂。然而，PVDF 黏结剂在酸性 AlCl$_3$ 基电解质中并不稳定。

18.3.1　PVDF 失活机理

　　图 18.11 为 PVDF 和聚四氟乙烯黏结剂在离子液体中的稳定性的比较结果 [17,18]。AlCl$_3$/[BMIm]Cl 离子液体电解质与 PVDF 和聚四氟乙烯黏结剂之间

的相容性如图 18.11(a)。在酸性氯铝酸盐离子液体 (AlCl₃:[BMIm]Cl=1.1:1) 中，含 PVDF 的离子液体迅速变暗，而聚四氟乙烯在离子液体中并无明显变化。相比之下，PVDF 和聚四氟乙烯黏结剂对中性离子液体 (AlCl₃:[BMIm]Cl=1.1:1) 均无明显的反应作用。这是由于 [BMIm]⁺ 和 AlCl₄⁻ 对酸性离子液体与 PVDF 黏结剂之间的反应没有影响，但离子液体中的 Al₂Cl₇⁻ 与 PVDF 会发生反应。因此，PVDF 黏结剂与酸性氯铝酸盐离子液体不相容，而聚四氟乙烯黏结剂更适合使用酸性氯铝酸盐离子液体电解质的电池。值得注意的是，基于酸性氯铝酸盐离子液体 (AlCl₃:[BMIm]Cl=1.1:1) 电解液，使用 PVDF 黏结剂的 V₂O₅ 纳米线正极的铝电池的初始放电比容量 (46 mA·h·g⁻¹) 远低于使用聚四氟乙烯黏结剂的铝电池 (86.5 mA·h·g⁻¹)，如图 18.11(b) 和 (c)。这一结果表明，不同的黏结剂会对电池性能产生影响。同时，PVDF 在离子液体电解液中进行循环伏安测试后，其 XPS 结

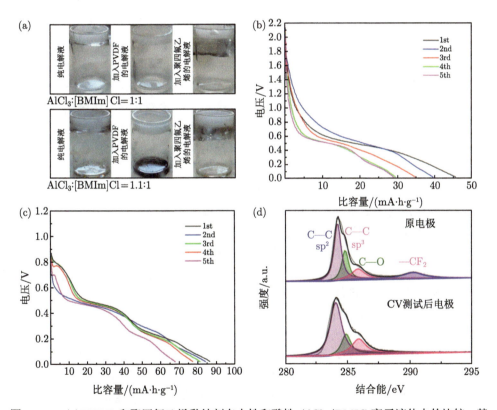

图 18.11　(a)PVDF 和聚四氟乙烯黏结剂在中性和酸性 AlCl₃/BMIC 离子液体中的比较；基于酸性 AlCl₃/BMIC 离子液体电解液，(b) 为使用 PVDF 黏结剂和 (c) 为使用聚四氟乙烯黏结剂制备的 V₂O₅ 纳米线正极的铝电池放电曲线 [17]；(d) 为使用 PVDF 黏结剂的电极在循环伏安测试前后的 XPS 图谱 [18]

果显示 CF$_2$ 的键断裂，这进一步证明了 PVDF 在离子液体电解液中的不稳定性，如图 18.11(d) 所示 [18]。

18.3.2　其他黏结剂

聚酰亚胺 (polyimide，PI)、聚砜 (polysulfone，PSF)、聚四氟乙烯 (polyte-trafluoroethylene，PTFE)、聚偏氟乙烯 (polyvinylidene difluoride，PVDF) 和聚偏氟乙烯–六氟丙烯共聚物 (polvinydene fluoride-hexafluoropropylene copolymer，PVDF-HFP) 黏结剂在酸性 60.0mol%[①]~40.0mol%AlCl$_3$-[C$_2$mim]Cl 电解液中进行浸泡实验的结果如图 18.12(a) 所示 [19]。PVDF 和 PVDF-HFP 黏结剂在加入离子液体后不久便出现剧烈变化，聚四氟乙烯、聚酰亚胺和聚砜黏结剂在 4 周内保持视觉上无变化。对于这些宏观上稳定的黏结剂，采用红外光谱法 (infrared spectroscopy，IR) 测定其化学结构，如图 18.12(b) 所示。在离子液体中存储 24 周后，聚四氟乙烯、聚酰亚胺和聚砜黏结剂的光谱变化可以忽略不计，这意味着这些黏结剂具有应用于铝电池的巨大潜力。但由于在石墨烯纳米片涂覆正极制备的过程中，聚四氟乙烯与石墨烯纳米片的质量比超过了电极的 50%，因此聚四氟乙烯黏结剂不利于电极制备。基于酸性 60.0mol%~40.0mol%AlCl$_3$-[C$_2$mim]Cl 电解液，以聚酰亚胺和聚砜黏结剂制备的石墨烯纳米片涂覆正极，组装的 Al/石墨烯纳米片电池的循环伏安曲线如图 18.12(c)。聚酰亚胺和聚砜黏结剂制备的石墨烯纳米片涂覆正极表现出几乎相同的电化学行为，在 1.5~2.4 V 的电压范围内出现了 4 对氧化还原峰。以聚酰亚胺和聚砜为黏结剂的石墨烯纳米片复合电极为正极、Al 为工作电极和参比电极的三电极电池，在电流密度为 2 A·g^{-1} 时的充放电曲线和循环性能如图 18.12(d) 和 (e) 所示。聚酰亚胺黏结剂复合电极的放电比容量为 70 mA·h·g^{-1}，略高于聚砜黏结剂复合电极。此外，聚酰亚胺黏结剂更有效地保持了可逆比容量，聚酰亚胺和聚砜黏结剂复合电极均实现了 1000 次循环，平均库仑效率接近 99%。在经过 100 次循环后，观察到聚砜黏结剂复合正极材料明显脱落，而聚酰亚胺黏结剂复合正极材料没有明显脱落，扫描电镜图像在循环实验前后几乎保持不变，如图 18.12(f)。这些结果表明，聚砜黏结剂复合材料与钼集流体之间的黏附失效导致了循环时比容量的下降。在非水系铝电池的应用中，聚酰亚胺黏结剂具有良好的表面覆盖能力，并在活性材料和集流体之间提供了很强的附着力。

除此之外，羧甲基纤维素黏结剂 [16] 也被应用在非水系铝电池的研究中。以 ITO/PET 作为集流体，选择 PVDF 和羧甲基纤维素黏结剂制备涂覆石墨正极，以摩尔比为 1.3 的 AlCl$_3$/EMIC 离子液体为电解液，组装软包电池。图 18.13(a) 为 PVDF 和羧甲基纤维素黏结剂在酸性 AlCl$_3$/EMIC 离子液体 (AlCl$_3$:EMIC=1.3:1) 中膨胀后的形态变化示意图。从图 18.13(b) 中可以观察到，PVDF 黏结剂的膨

---

① mol%代表摩尔百分。

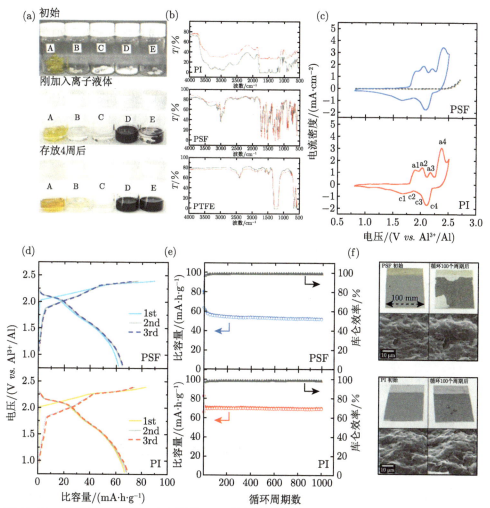

图 18.12 (a)(A) 聚酰亚胺、(B) 聚砜、(C) 聚四氟乙烯、(D)PVDF 和 (E)PVDF-HFP 黏结剂在酸性 60.0mol%~40.0mol%AlCl₃-[C₂mim]Cl 电解液中进行浸泡实验前后的照片；(b) 聚酰亚胺、聚砜和聚四氟乙烯黏结剂在酸性 60.0mol%~40.0mol%AlCl₃-[C₂mim]Cl 电解液中存储 24 周前后的红外光谱；基于聚酰亚胺和聚砜黏结剂制备的 Al/石墨烯纳米片电池 (c) 循环伏安曲线 (扫描速率 5 mV·s⁻¹)、(d) 充放电曲线和 (e) 循环性能 (电流密度为 2 A·g⁻¹)、(f) 在 100 个循环测试前后 (电流密度为 2 A·g⁻¹) 的照片和扫描电镜图像[19]

胀率较大，在电解液中浸泡 50 h 后膨胀率接近 50%，而羧甲基纤维素的膨胀率较小，约为 10%。如图 18.13(d) 所示，PVDF 经浸泡后膨胀，形成凝胶样。在没有有效机械约束的情况下，这种溶胀特性会导致活性材料与集流体的分离。此外，图 18.13(c) 中傅里叶变换红外光谱表明，PVDF 黏结剂中存在—CF₂ 官能团，羧甲基纤维素黏结剂中存在羧酸钠基团 (—COO—Na⁺) 和醚基团 (C—O—C)。

图 18.13(e) 和 (f) 反映了在膨胀前后黏结剂的组成变化，在 PVDF 黏结剂薄膜的 XPS 图谱中—CF$_2$ 变化明显。羧甲基纤维素黏结剂的成分也有变化，但 C—C、C—O 和—COO 等主要的官能团被保留。图 18.13(g) 中 PVDF 和羧甲基纤维素黏结剂正极在循环伏安测试前后的光学显微镜照片显示，使用 PVDF 黏结剂的电极有明显的形态变化。在电化学循环前后，正极的组成变化如图 18.13(h) 和 (i) 所示。PVDF 黏结剂在电化学过程中发生了成分变化 (—CF$_2$ 官能团消失)，这与在膨胀实验中观察到的变化相似。在电化学过程中，羧甲基纤维素黏结剂中的主要官能团发生了轻微的变化。因此，羧甲基纤维素黏结剂在酸性离子液体电解质中更稳定，具有应用在铝电池中的潜力。

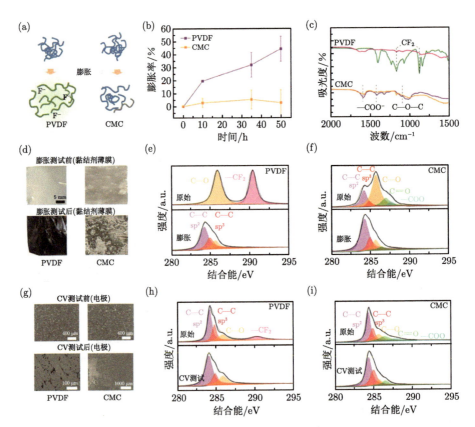

图 18.13　(a) 黏结剂膨胀前后的示意图；(b) 黏结剂膨胀率随时间的变化；(c) 黏结剂的傅里叶变换红外光谱图谱 (羧甲基纤维素：膨胀实验前-紫线，膨胀实验后-黄线；PVDF：膨胀实验前-绿线，膨胀实验后-粉线)；(d) 膨胀实验前后不同黏结剂薄膜的光学显微镜图像；(e)PVDF 和 (f) 羧甲基纤维素薄膜膨胀前后 C 1s 的 XPS 图谱；在循环伏安实验前后，(g) 使用不同的黏结剂的正极光学显微镜图像、(h)PVDF 和 (i) 羧甲基纤维素黏结剂正极的 C 1s 的 XPS 图谱[16]

在路易斯酸性电解质中，PVDF 明显具有可逆的电化学活性，稳定窗口较窄。由于聚苯乙烯 (polystyrene, PS) 主链仅由碳和氢组成，具有明显的电化学惰性，较为稳定，因此，聚苯乙烯可作为黏结剂取代 PVDF[20]。

虽然非水系铝电池最常用的黏结剂是 PVDF，但许多研究指出它在酸性离子液体电解液中并不稳定，聚酰亚胺、羧甲基纤维素、聚苯乙烯等黏结剂有望成为候选者。然而，关于这些黏结剂在离子液体中的稳定性及其对非水系铝电池的性能影响的研究仍是不完善的。黏结剂在离子液体中的稳定性问题是目前关于非水系铝电池黏结剂研究的关键，它直接对电池性能产生影响。因此，关于已有黏结剂的性能研究仍需完善，开发新的黏结剂也是迫切需要解决的。此外，制造无黏结剂的自支撑正极材料也是减少集流体和黏结剂产生副反应的有效方法。

18.4　　隔　　膜

隔膜是组装铝电池的重要部件，但却是最容易被忽视的部分。为了进一步推进非水系铝电池的发展，设计合适的隔膜是必要的。然而，到目前为止，对隔膜的研究鲜少，远远不能满足铝电池发展的需求。非水系铝电池隔膜材料的研究必须要对材料的厚度、孔隙度、电解质润湿性、热稳定性、力学性能等因素进行系统比较。此外，制备工艺和经济效益等方面也是制造稳定可靠的隔膜需要考虑的因素。

18.4.1　玻璃纤维隔膜

目前，玻璃纤维 (glass fiber, GF) 隔膜是非水系铝电池最常用的隔膜。然而，玻璃纤维隔膜具有高厚度和低机械性能的缺陷，这使其在铝电池的实际应用中受到了限制。关于目前广泛使用的商用隔膜包括聚丙烯 (polypropylene, PP)、纤维素、聚乙烯 (polyethylene, PE)、聚乙烯醇和聚酰亚胺，然而这些在 AlCl$_3$/EMIC 电解质中的稳定性有限 [21]。

18.4.2　聚丙烯腈隔膜

值得关注的是，利用静电纺丝工艺制备的聚丙烯腈 (polyacrylonitrile, PAN) 隔膜的特性 (包括厚度、孔隙率和可弯曲性等) 符合商用隔膜的要求，在 AlCl$_3$/EMIC 电解质中表现出很好的稳定性 [21]。静电纺丝聚丙烯腈隔膜制备过程如图 18.14(a) 所示。用 10wt% 聚丙烯腈溶液制备的隔膜纤维直径均匀，团聚较小。图 18.14(b)、(c) 显示了使用玻璃纤维隔膜和静电纺丝聚丙烯腈隔膜进行 50 次剥离/沉积循环的铝负极扫描电镜图像。使用玻璃纤维隔膜的铝负极表面粗糙度增加，使用静电纺丝聚丙烯腈隔膜的铝负极表面光滑且平坦。聚丙烯腈隔膜对铝的溶解/沉积过程影响较大，与玻璃纤维隔膜相比，聚丙烯腈隔膜上 Al 的沉积更加均匀，对铝电池的电化学性能有积极影响。图 18.14(d) 为 Al 对称电池进行剥离/沉积测试的电压 – 时间曲线，使用聚丙烯腈隔膜的电池显示出比使用玻璃纤维隔膜的电池更低的电压极化值，表明使用聚丙烯腈隔膜的电池进行了更高效的剥

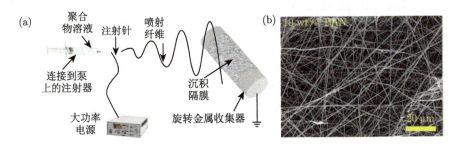

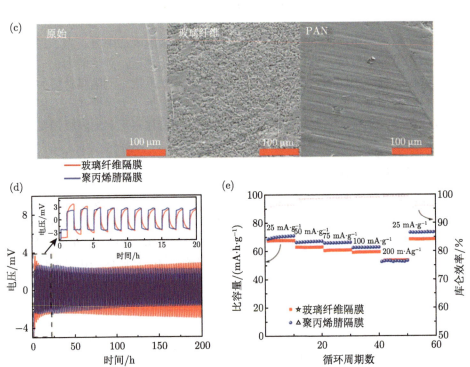

图 18.14　(a) 静电纺丝聚丙烯腈隔膜的合成策略；(b) 在 N,N-二甲基甲酰胺中由 10wt%聚丙烯腈溶液制备的聚丙烯腈静电纺丝隔膜的扫描电镜图；(c) 初始铝箔 (左)、使用玻璃纤维隔膜 (中) 和聚丙烯腈隔膜 (右) 进行 50 次剥离/沉积后 Al 负极的扫描电镜图像；(d) 采用玻璃纤维隔膜 (红色曲线) 和聚丙烯腈隔膜 (蓝色曲线) 的 Al|EMIC:AlCl₃|Al 电池进行的剥离/沉积测试的电压与时间曲线；(e)Al|EMIC:AlCl₃|PG 电池在 25 mA·g⁻¹、50 mA·g⁻¹、75 mA·g⁻¹、100 mA·g⁻¹ 和 200 mA·g⁻¹ 电流密度下的循环性能 [21]

离/沉积过程。以热解石墨作为正极，Al 为负极，以摩尔比为 1.5 的 $AlCl_3$/EMIC 离子液体为电解质，使用聚丙烯腈和玻璃纤维隔膜组装的 Al/PG 电池的电化学性能如图 18.14(e)。聚丙烯腈隔膜对铝金属的界面具有较好的稳定作用，有利于铝金属沉积/剥离，作为 Al/PG 电池的隔膜具有一定的适用性。与使用玻璃纤维隔膜的 Al/PG 电池相比，使用聚丙烯腈隔膜的铝电池可以提供更高的容量，具有更优越的电化学特性。因此，聚丙烯腈隔膜作为非水系铝电池的隔膜是适合的，该策略为可靠的非水系铝电池隔膜提供了新的发展方向。

18.4.3　CMK-3 涂层改性隔膜

在铝–硒 (Al/Se) 电池的开发中，一种简单的商业 GF/A 隔膜修饰方法被提出 [22]。介孔碳 (CMK-3) 涂层改性隔膜的制备方法如图 18.15(a) 所示。将质量比为 16:1 的 CMK-3 和 PVDF 溶解在 N-甲基吡咯烷酮 (NMP) 中，在室温下连续搅拌 30 min，并超声 1 h 后，得到 CMK-3 分散液。用 GF/A 隔膜作为滤膜，每个隔膜取 5 mL 或 10 mL 的 CMK-3 分散液进行真空过滤，然后用 NMP 洗涤，在 60 ℃ 下干燥 12 h，得到 CMK-3 涂层改性隔膜。每个 GF/A 隔膜上 CMK-3 负载分别约为 3 mg 或 6 mg。CMK-3 涂层改性隔膜横截面扫描电镜图像如图 18.15(b)，CMK-3/PVDF 夹层可以很好地附着在 GF/A 隔膜上。夹层厚度约为 200 μm，面积密度为 0.7 $mg·cm^{-2}$。CMK-3 涂层改性隔膜大大提高了 Al/Se 电池的容量和循环性能，如图 18.15(c)。在使用普通 GF/A 隔膜的传统电池配置中，由于 Al/Se 电池在电化学反应过程中产生的可溶性氯铝酸硒化物引起穿梭效应，电池在 20 个周期内出现了显著的容量衰减。而使用 CMK-3 改性隔膜后，大大提高了 Al/Se 电池的可逆充电比容量和循环稳定性。在 1000 $mA·g^{-1}$ 的电流密度下，比容量高达 1009 $mA·h·g^{-1}$，表明 CMK-3 改性隔膜很好地抑制了可溶性氯铝酸硒化物引起的穿梭效应。该隔膜改性策略为正极材料上活性材料的再活化和再利用提供了一种简单高效的方法，为推进非水系铝电池提供了巨大的机会，并可扩展应用于其他类型的铝电池与相关的能源存储机制。

非水系铝电池的发展正在进入一个新的阶段，有更多的机会和挑战。尽管目前的非水系铝电池发展受到了诸多因素的限制，但预计将会实现更高的能量密度。在这种情况下，铝电池系统将成为电力储存应用一个很有前途的替代方案。从实际角度看，包括集流体、黏结剂和隔膜在内的非水系铝电池的非活性材料研究值得深入探讨，这有利于提高非水系铝电池的能量密度，实现非水系铝电池的突破性发展。

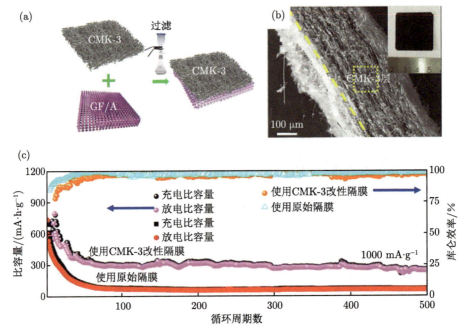

图 18.15　(a)CMK-3 改性隔膜的制备示意图；(b) 低质量负载 CMK-3 的 GF/A 隔膜横截面扫描电镜图像；(c) 使用 CMK-3 改性隔膜的 Al/Se 电池循环性能 [22]

参 考 文 献

[1]　Tu J, Song W L, Lei H, et al. Nonaqueous rechargeable aluminum batteries: progresses, challenges, and perspectives. Chemical Reviews, 2021, 121(8): 4903-4961.

[2]　Zhang Y, Liu S, Ji Y, et al. Emerging nonaqueous aluminum-ion batteries: challenges, status, and perspectives. Advanced Materials, 2018, 30(38): 1706310.

[3]　Oh Y, Lee G, Tak Y. Stability of metallic current collectors in acidic ionic liquid for rechargeable aluminum-ion battery. ChemElectroChem, 2018, 5(22): 3348-3352.

[4]　Du Y, Zhao S, Li J, et al. Rechargeable high-capacity aluminum-nickel batteries. ChemistrySelect, 2019, 4(45): 13191-13197.

[5]　Tu J, Kou M, Wang M, et al. Electrochemical behaviors of NiCl₂/Ni in acidic AlCl₃-based ionic liquid electrolyte. Inorganic Chemistry Frontiers, 2020, 7(9): 1909-1917.

[6]　Nakaya K, Nakata A, Hirai T, et al. Oxidation of nickel in AlCl₃-1-butylpyridinium chloride at ambient temperature. Journal of the Electrochemical Society, 2015, 162(1): D42-D48.

[7]　Reed L D, Menke E. The roles of V₂O₅ and stainless steel in rechargeable Al-ion batteries. Journal of the Electrochemical Society, 2013, 160(6): A915-A917.

[8]　Yoo D J, Kim J S, Shin J, et al. Stable performance of aluminum-metal battery by incorporating lithiumion chemistry. ChemElectroChem, 2017, 4(9): 2345-2351.

[9]   Wang S, Yu Z, Tu J, et al. A Novel aluminum-ion battery: Al/AlCl$_3$-[EMIm]Cl/Ni$_3$S$_2$@ graphene. Advanced Energy Materials, 2016, 6(13): 1600137.

[10] Lin M-C, Gong M, Lu B, et al. An ultrafast rechargeable aluminium-ion battery. Nature, 2015, 520: 324-328.

[11] Muñoz-Torrero D, Anderson M, Palma J, et al. Unexpected contribution of current collector to the cost of rechargeable Al-ion batteries. ChemElectroChem, 2019, 6(10): 2766-2770.

[12] Lu S, Wang M, Guo F, et al. Self-supporting and high-loading hierarchically porous Co-P cathode for advanced Al-ion battery. Chemical Engineering Journal, 2020, 389: 124370.

[13] Wang Y, Chen K. Low-cost, lightweight electrodes based on carbon fibers as current collectors for aluminum-ion batteries. Journal of Electroanalytical Chemistry, 2019, 849: 113374.

[14] Hu Y, Ye D, Luo B, et al. A binder-free and free-standing cobalt sulfide@carbon nanotube cathode material for aluminum-ion batteries. Advanced Materials, 2018, 30(2): 1703824.

[15] Wang S, Kravchyk K V, Filippin A N, et al. Aluminum chloride-graphite batteries with flexible current collectors prepared from earth-abundant elements. Advanced Science, 2018, 5(4): 1700712.

[16] Chen L L, Song W L, Li N, et al. Nonmetal current collectors: the key component for high-energy-density aluminum batteries. Advanced Materials, 2020, 32(42): 2001212.

[17] Wang H, Bai Y, Chen S, et al. Binder-free V$_2$O$_5$ cathode for greener rechargeable aluminum battery. ACS Applied Materials & Interfaces, 2015, 7: 80-84.

[18] Chen L L, Li N, Shi H, et al. Stable wide-temperature and low volume expansion Al batteries: integrating few-layer graphene with multifunctional cobalt boride nanocluster as positive electrode. Nano Research, 2020, 13: 419-429.

[19] Uemura Y, Chen C Y, Hashimoto Y, et al. Graphene nanoplatelet composite cathode for a chloroaluminate ionic liquid-based aluminum secondary battery. ACS Applied Energy Materials, 2018, 1(5): 2269-2274.

[20] Geng L, Scheifers J P, Fu C, et al. Titanium sulfides as intercalation-type cathode materials for rechargeable aluminum batteries. ACS Applied Materials & Interfaces, 2017, 9(25): 21251-21257.

[21] Elia G A, Ducros J B, Sotta D, et al. Polyacrylonitrile separator for high-performance aluminum batteries with improved interface stability. ACS Applied Materials & Interfaces, 2017, 9(44): 38381-38389.

[22] Lei H, Jiao S, Tu J, et al. Modified separators for rechargeable high-capacity selenium-aluminium batteries. Chemical Engineering Journal, 2020, 385: 123452.

第 19 章　非水系铝电池原位表征技术与模拟仿真

19.1　简　　介

在理解关键材料电化学反应机理的基础上，探索电池实际运行时动态的电极动力学过程也很重要。由于非水系铝电池内工作电极及电解液等对空气和水分十分敏感，有关于电化学过程的离位测量结果，如价态变化、表面和界面反应等，可能无法完全反映电极反应的真实情况。因此，在电池实际工作的条件下获得相关信息对非水系铝电池的开发至关重要。原位测量可以在不拆卸测试电池的情况下，提供更多关于电极材料变化的信息，并有助于探索材料结构特性和电化学性能之间的相关性。基于此，研究人员开发了一系列无损检测的原位表征技术，可以对电池内部的电化学反应过程进行实时观测。

非水系铝电池是一种新型的电池体系，其动力学更为复杂，不同于传统"摇椅电池"的反应机理，它涉及不同的电极反应、副反应、反应动力学和界面化学。因此，通过原位表征技术探索非水系铝电池的基本演化行为具有重要意义。本章对目前应用于非水系铝电池的原位表征技术进行了概括。其中，原位成像技术被应用于实时观测正极材料结构和形貌的演变以及负极铝枝晶的形成和破碎过程；原位光谱技术被应用于研究电极材料在动力学演化过程中的相变和反应机理；在线气体分析技术被应用于揭示电解液的分解机制和电池不可逆反应的机理。此外，第一性原理计算和模拟仿真技术也已广泛应用于非水系铝电池中，这为直观描述反应过程、分析实验结果、重新设计电池体系提供了参考依据。

19.2　原位成像技术

为了观测非水系铝电池中电极材料在电化学过程中的结构和形貌演变，迫切需要实时可视化检测技术。近年来，由于电镜技术的发展，成像技术在电池中的应用越来越成熟。通过辅以特殊的原位测试装置，可以实现对电池充放电过程中活性材料的表面形态变化进行实时观测。原位测试装置通常是一个由工作电极、对电极和电解液组成的模型电池，它集成在一个先进的模组化设备中。将此设备放入电镜监控区域，再与外电路连接就可以实现原位监测电极材料在充放电过程中的形貌变化。本节将介绍原位扫描电子显微镜 (scanning electron microscope, SEM)、原位透射电子显微镜 (transmission electron microscopy, TEM)、原位 X

射线层析成像技术、原位原子力显微镜 (atomic force microscope，AFM) 和原位光学成像技术在非水系铝电池中的应用。

19.2.1 原位 SEM

SEM 是表征电池材料颗粒大小和形貌的有效工具，原位 SEM 技术在电池研究中有广泛的应用。对于非水系铝电池材料的原位测试，样品的观测须避免接触空气。因此在原位 SEM 测试中，可以直接将 SEM 连至手套箱，或者通过一个原位 SEM 专用的测试装置进行测试，这样可以避免样品接触空气。如图 19.1(a) 和 (b) 所示为一个原位 SEM 测试装置示意图 [1]。将非水系铝电池体系组装于上述密封装置中，再放置于 SEM 测试腔体中，同时将组装好的电池体系与外测试系统连接，可实现原位实时观测铝电池活性材料在充放电过程中的形貌结构变化。王迪彦等 [1] 基于上述装置对铝–石墨电池进行了原位 SEM 测试。可以清晰地观测到，当从 1.54 V 充电至 2.45 V 时，石墨颗粒粒径从 13.02 μm 膨胀至 15.38 μm(图 19.1(c))，放电时石墨颗粒可收缩至初始粒径大小 [1]。石墨颗粒可逆的结构演变对

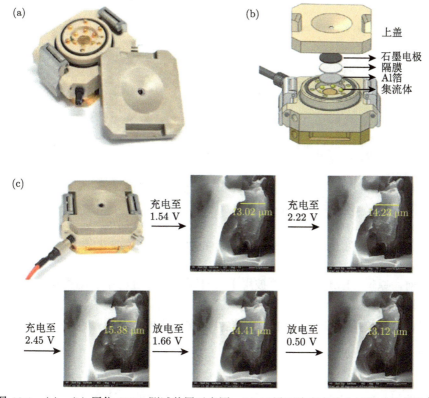

图 19.1 (a)、(b) 原位 SEM 测试装置示意图；(c) 石墨颗粒在充放电过程中的变化 [1]

应于 $AlCl_4^-$ 阴离子实时的嵌入和脱出过程，这也从侧面证实了石墨正极是基于离子脱嵌的反应机制。

单一颗粒的膨胀和收缩不足以研究石墨正极在长循环过程中的稳定性及性能衰退机制。焦树强等 [2] 采用原位 SEM 技术对整体石墨层进行实时观测，进一步研究了石墨正极在循环过程中的变化。主要观测了三种正极材料 (少层石墨、硼化钴和少层石墨/硼化钴复合材料) 在循环过程中的厚度变化，如图 19.2 所示 [2]。观察到在充电过程中，阴离子的嵌入引起少层石墨出现巨大的体积膨胀 (50%)，而硼化钴和复合材料的体积膨胀分别约为 5% 和 10%。这一结果说明硼化钴纳米团簇的掺入大大提高了石墨正极的力学稳定性，限制了阴离子插入引起的巨大体积变化。此结果表明，石墨正极性能的衰减正是阴离子的嵌入引起石墨颗粒巨大的体积膨胀，导致在循环过程中石墨层不可逆的剥离。同时也说明在石墨中掺入稳定的纳米材料 (体积膨胀小) 可有效抑制石墨在循环过程中的体积膨胀，提升其稳定性。此原位 SEM 观测结果为明确石墨类材料的性能衰退机制提供了直观依据及为此类材料的性能优化提供了参考思路。

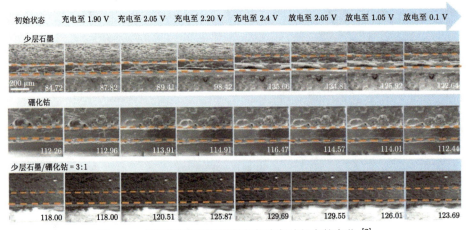

图 19.2　不同石墨正极界面在充放电过程中的变化 [2]

目前，原位 SEM 技术主要被用于实时观测循环过程中石墨类正极的形貌变化，并辅助研究其储能机制，同时用以分析石墨类材料性能衰退的原因，为明确此类材料的充放电机制以及性能优化提供可靠的依据。

19.2.2　原位 TEM

原位 TEM 是一项非常实用的实时表征技术，其极高的分辨率非常适于对各种储能材料的微观形貌进行 "原位动态" 观察。此外，结合选区电子衍射技术，电子能量损失谱 (electron energy loss spectroscopy，EELS) 和能谱仪 (energy dispersive X-ray spectrometer，EDX)，还可以获得材料的结构和化学信息。因此，整个电极材料在充放电过程中微观结构的变化以及电化学反应过程都得以清晰地呈现。近年来，利用可操纵的原位样品杆和氮化硅窗口保护的液态样品池以及环境腔体，可以在 TEM 电镜腔体中组装多种用于原位 TEM 表征的电池测试装置。

图 19.3(a) 所示为一种用于非水系铝电池的原位 TEM 测试装置。尉海军等 [3] 在这种微型装置中，以碳纳米管包裹的 Se 纳米线 (Se@CNT) 作为正极，Al 棒作为负极，电解液则采用空气稳定性较好的 EMIBr/AlCl$_3$ 体系组装非水系铝电池，并将装置连接外测试电路，放入 TEM 电镜腔内实时观测 Se@CNT 在充放电过程中的结构变化。结果显示，对于初始状态下的 Se@CNT 正极材料，Se 纳米线包裹在碳纳米管中，其初始直径 ~130 nm。随着反应的进行，Se 纳米线的直径逐渐增大到 151 nm(图 19.3(b))；同时，TEM 图像还表明 Se 由晶态转变为非晶态，其相变均匀且快速，沿着纳米线方向相变速度约为 30 nm·s^{-1}。对反应前端结构变化的观测表明，首次放电时 Se 纳米线前端体积膨胀 ~35%，微小于理论值 (从 Se 转变为 Al$_2$Se$_3$，理论值为 40%)，这是由于碳纳米管的约束作用。当 Al^{3+} 从 Al$_2$Cl$_6$Br$^-$ 中解离出来后，立即与 Se 反应生成 Al$_2$Se$_3$，而 Al$_2$Se$_3$ 进而溶入电解液中。经过一段时间的反应，Se 纳米线会逐渐变短 (图 19.3(c))。EDX 元素分布结果显示，放电产物中存在 AlSe$_x$ 物像 (图 19.3(d))，进一步表明在放电过程中 Se 逐渐转变为 Al$_2$Se$_3$。

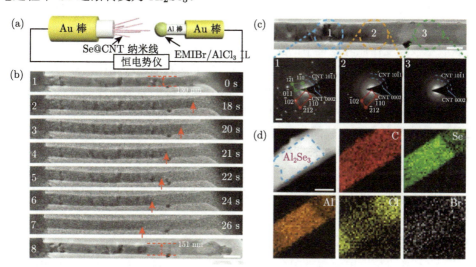

图 19.3　(a) Al-Se 电池原位 TEM 测试装置示意图；(b)~(d) Al-Se 电池原位 TEM 测试结果 [3]

相对于 SEM，TEM 具有更高的分辨率，可以对电池中活性材料的结构相变进行更准确的检测,清晰反映出材料的反应机制及特性。原位 TEM 测试非常适用于探测基于转化反应机制的正极材料在循环过程中的结构及相变。但原位 TEM 测试对样品的制备及测试装备具有更高的要求，这是其面临的最大困难。

19.2.3　原位 X 射线层析成像技术

X 射线层析成像是一种利用数位几何处理后重建三维放射线医学影像的技术。该技术主要通过单一轴面的 X 射线旋转照射物体，由于不同的结构 X 射线的吸收不同，可以用电脑的三维技术重建出断层面影像。将断层影像层层堆叠，即可形成立体影像。近年来，由于该技术逐渐向微米级和纳米级发展，其作为一种先进的无损检测技术在电池材料科学方面的应用越来越多。再结合原位手段，可以有效地得到电池工作过程中电极材料内部的形貌结构变化信息，这为探索电池材料反应机理以及电池失效分析提供了有效的依据。原位 X 射线层析成像技术是一种分析电池内部结构变化的重要分析技术。无论是在微/纳米级别的电极材料层面，还是对于毫/厘米级别的电池层面，X 射线层析成像技术都能给予准确的信息，可以为新材料体系的开发和电池的工业化应用提供有效信息。

Elia 等 [4] 采用原位 X 射线层析成像技术研究了铝–石墨电池中天然石墨和热解石墨电极在充放电过程中微观尺度上的体积变化。图 19.4(a) 和 (b) 显示了天然石墨和热解石墨电极首次充放电过程中的三维 X 射线层析重构图像。天然石墨电极表面很粗糙，其平均电极厚度为 (47.9±20.0) μm。相比之下，热解石墨电极表面非常均匀，其平均电极厚度为 (32.5±3.1) μm。由于采用的 X 射线层析成像技术分辨率有限，不能对电极内部结构 (如孔隙率、颗粒粒径等) 进行分析，只能获取电极厚度在循环过程中的变化数据，如图 19.4(c) 和 (d) 所示。两种材料的电极厚度在阴离子嵌入过程中均有所增加。与天然石墨电极相比，热解石墨电极的电极厚度增加幅度更大，这种行为与热解石墨特殊的石墨晶体的择优平面取向有关。在阴离子脱出过程中，热解石墨电极的厚度减小，但没有恢复到初始状态，这是由于插入的 $AlCl_4^-$ 被部分保留，导致了不可逆的厚度变化。严重的体积膨胀会导致铝–石墨电池体系在长期循环时的电化学稳定性有限，但实验证明铝–石墨体系可以在有限的容量退化的情况下维持长期的循环。通过原位 X 射线层析成像技术，可以发现，对于铝–石墨电池的实际应用来说，石墨电极体积的不可逆膨胀是目前面临的最大的一个挑战。

19.2.4　原位 AFM

AFM 是一种可用来研究固体材料表面结构的分析技术。它通过检测待测样品表面和一个微型力敏感元件之间的极微弱的原子间相互作用力来研究物质的表面结构及性质。将对微弱力极端敏感的一微悬臂一端固定，另一端的微小针尖接近样品，这时它将与其相互作用，作用力将使得微悬臂发生形变或运动状态发生变化。扫描样品时，利用传感器检测这些变化就可获得作用力分布信息，从而以纳米级分辨率获得表面形貌结构信息及表面粗糙度信息。由于 AFM 能在多种环境，包括空气、液体和真空中运作，也可对样品进行实时动态观察，所以十分适合在非水系铝电池中进行原位测试。

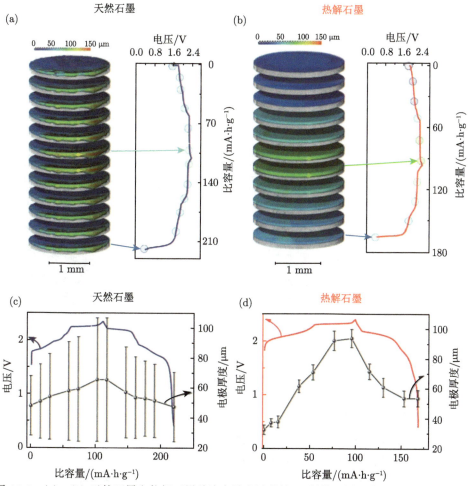

图 19.4　(a)、(b) 天然石墨和热解石墨首次充放电过程的 X 射线层析成像图；(c)、(d) 天然石墨和热解石墨首次充放电过程的电极厚度变化 [4]

傅强等 [5] 采用如图 19.5(a) 所示的原位 AFM 装置研究了充电过程中非水系铝电池中石墨的膨胀情况。在这种装置中，超薄石墨纳米片负载于玻碳电极上作为正极，测试时 AFM 的探针完全浸泡于电解液中，可以实时测试石墨片的厚度。采用的超薄石墨纳米片厚度为 52.6 nm(图 19.5(b))，满充后，石墨片厚度增长至 267.9 nm(图 19.5(c))，阴离子的插入导致石墨超过 5 倍的体积膨胀。原位 AFM 结果从另一个角度证实石墨电极在离子插入时存在较大的体积膨胀。

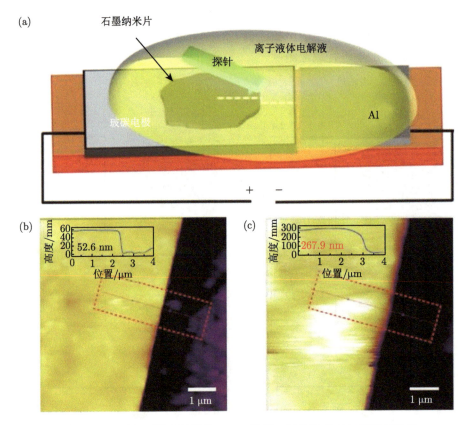

图 19.5　(a) 铝–石墨电池原位 AFM 装置；初始状态 (b) 及满充状态
(c) 的石墨 AFM 图像 [5]

19.2.5　原位光学成像技术

　　光学显微镜是利用光学原理，把人眼所不能分辨的微小物体放大成像，以供人们提取微细结构信息的光学仪器。由于采用自然光为光源，光学显微镜的分辨率要远远小于 SEM 和 TEM 等电镜技术，但可供人们更直观地观测电极形貌的变化，这对于电极材料结构的研究仍然是一种有效的检测手段。原位光学成像技术虽然不能提供原子尺度下材料结构的变化信息，但可更直观地观测电极整体层面的形貌变化，这为理解电极表面发生的反应及所带来的影响提供了更直观的数据，为改善电极表面反应过程而提升电池性能提供思路。

　　傅强等 [5] 将构造好的微型铝–石墨电池 (采用高度有序的石墨作为正极) 放置于配备有石英玻璃窗的测试罐中，用铜线连接于电池正负极引出，并由聚四氟乙烯绝缘圈密封，装配出用以原位光学显微镜观测的非水系铝电池，如图 19.6(a) 和 (b) 所示。图 19.6(c) 为用此种装置测试得到的离子插入石墨中的光学显微镜图像。可以看出，石墨表面的明暗反差是由离子插层引起的，扩散边界可以被光学显微镜清晰地区分出来。因此，通过原位光学显微镜测量直接证实了石墨表面下嵌入离子的超高速 (约 3.7 μm·s^{-1}) 和超长路径 (高达厘米) 的扩散。

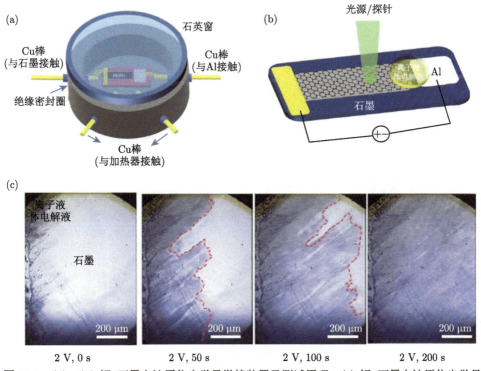

图 19.6 (a)、(b) 铝–石墨电池原位光学显微镜装置及测试原理；(c) 铝–石墨电池原位光学显微镜测试结果 [5]

　　此外，原位光学显微镜技术还被用以观测铝电池中铝负极在循环过程中的形貌变化。焦树强等 [6] 利用原位光学显微镜技术展示了铝电极在不同电流密度下经过不同沉积和剥离时间后的光学显微图像，结果如图 19.7(a) 所示。可以看到，铝电极表面的枝晶分布不均匀，枝晶在一定区域优先成核和生长。随着铝沉积量的增加，金属表面的枝晶明显增多。同时，发生铝沉积和溶出的区域在循环过程中也发生了变化，此区域的范围逐渐增大。而且，随着电流密度的增加，一些小孔逐渐变大并结合在一起，使铝箔在多次循环后破碎。同时，原位光学显微镜还被 Archer 等 [7] 用于观测铝在不同基底上的沉积过程，如图 19.7(b) 所示。可以看到，在不锈钢基底上，其表面会逐渐出现非平面的、不均匀的铝枝晶，而在金基体上可观察到非常均匀的铝沉积。结果表明，引入不同的基底可调控铝的沉积过程，这为采用合适的基底材料改善铝电池的循环寿命提供了思路。

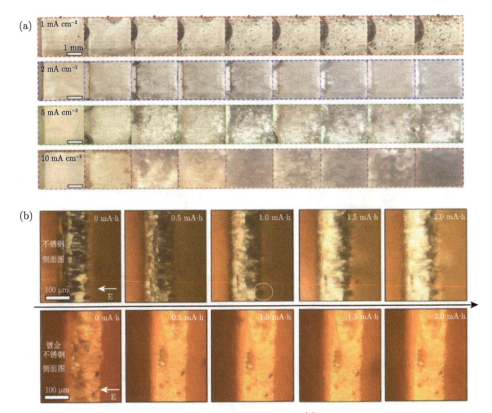

图 19.7　(a) 铝电极在不同电流密度下的光学显微镜图像 [6]；(b) 铝在不同基底上沉积的光学
显微镜图像 [7]

19.3　原位光谱技术

　　由于每种原子都有自己的特征谱线，因此可以根据光谱来鉴别物质和确定它的化学组成，这种方法叫做光谱分析技术。光谱分析技术的优点是非常灵敏而且迅速，其在电化学电池检测方面有广泛的应用。引入原位光谱表征技术可实时监测电池在充放电过程中电极材料的结构、元素价态和物相转变，进而深入分析电极材料的储能机理。根据信号源的不同，光谱技术可以分为光谱和电子谱。目前，在非水系铝电池中应用的原位光谱技术有原位 XRD、原位 Raman 和原位 XPS 等。

19.3.1　原位 XRD

　　X 射线投射到晶体中时会受到晶体中原子的散射，由于原子在晶体中是周期排列的，这些散射波会在某些方向上相互加强，而在某些方向上相互抵消，从而出现衍射现象。每种晶体内部的原子排列方式是唯一的，其对应的衍射花样是唯一的，因此可以进行物相分析。在电池充放电过程中原位测试电极材料的 XRD 图谱，可以直接观测到电极材料的物相、结构随着充放电进行的变化过程，有利于研究电极过程的机理。应用于原位 XRD 测试的电化学反应池，既要保证良好的密封性，也要保证足够的透光度，信噪比太低会无法观测到较弱的衍射峰，从而影响所获取信息的完整性。由于非水系铝电池的电解质具有很强的腐蚀性，目前的原位 XRD 所用的反应池都是特殊设计的，主体材料有钼或钽、聚四氟乙烯、Be 窗片或 Kapton 膜等。

焦树强等[8] 利用原位 XRD 技术以探究石墨正极在充放电过程中的结构变化。结果显示，电池在充电至 1.9 V 以前，石墨的 (002) 峰 ($2\theta = 26.55°$) 未发生偏移，表明石墨结构未发生变化；随后，石墨 (002) 峰的强度降低且逐渐发生偏移；直至充电至 2.4 V 时，(002) 峰分裂成 23.41° 和 28.12° 处的两个峰，这是 $AlCl_4^-$ 阴离子的嵌入引起石墨层间距的变化导致的。在随后的放电过程中，石墨的 (002) 峰会逐渐恢复。同时，戴宏杰等[9] 采用原位 XRD 进一步探索了在 −10 ℃ 下石墨正极的阴离子嵌入和脱出行为，结果如图 19.8 所示。在充电过程中，石墨的 (002) 峰逐渐分裂成位于 22°~23.5° 和 27°~28° 的两个峰，同时处于

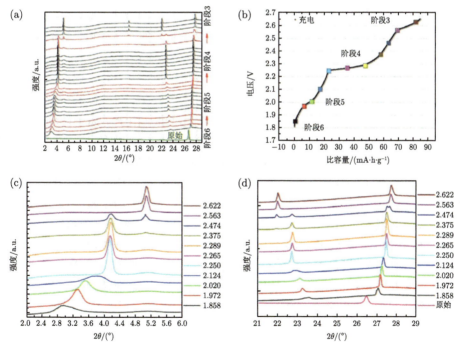

图 19.8 (a) 铝–石墨电池在 −10 ℃ 下的原位 XRD 结果；(b) 铝–石墨电池离子嵌入阶段比容量与电压的关系；小角度 (c) 和大角度 (d) 下铝–石墨电池的原位 XRD 结果[9]

小角度 $2\theta = 2.8°$ 的峰向高角度偏移至 $4.9°$。值得注意的是，当充电至 2.6 V 时，在 $16.3°$ 处出现一个新峰。这些原位 XRD 数据都说明了阴离子嵌入石墨时的结构演变过程。XRD 峰裂变偏移及新峰的出现都对应不同的阴离子嵌入阶段。在常温下，石墨正极一般只能充电至 2.4 V 左右，对应于阴离子嵌入的阶段 4；而在低温下，石墨正极可充电至 2.6 V，这对应于阶段 3。结合密度泛函理论计算显示，在低温下具有更高能量的阶段 3 是稳定且可逆的，而常温下较低能量的阶段 4 是稳定而可逆的。由此可见，原位 XRD 测试技术为非水系铝电池材料反应机理的研究提供了重要的参考信息。

19.3.2　原位 Raman

Raman 光谱是一种散射光谱。Raman 光谱分析法是基于印度科学家 C. V. Raman 所发现的拉曼散射效应，对与入射光频率不同的散射光谱进行分析以得到分子振动、转动方面的信息，并应用于分子结构研究的一种分析方法。Raman 光谱技术通过检测分子的振动，不仅可以检测非原位的物质组成与结构，而且可直接在反应条件下得到电极反应界面层物质的组成与结构信息。通过一定的实验设计，Raman 光谱技术可以对电化学体系进行原位检测分析。原位 Raman 技术也是一种被广泛采用分析活性材料反应机制的检测手段。同样地，原位 Raman 技术用于非水系铝电池表征采用的电化学反应池也需要良好的密封性和足够的透光度。

傅强等 [5] 采用原位 Raman 技术对石墨正极在充电过程中的结构变化进行了研究，如图 19.9(a) 所示。在充电过程中，石墨的 G 键 (G_{uc}) 逐渐向高波数方向移动；充电至 2.2 V 时，此峰处在 ~ 1620 cm^{-1} 处 (G_{c1})；继续充电至 2.35 V，出现一个位于 ~ 1635 cm^{-1} 的新峰 (G_{c2})，以上结果是由于阴离子的嵌入导致了石墨层间结构的变化。与此同时，当充电至 2.1 V 时，分别位于 ~ 350 cm^{-1} 和 600 cm^{-1} 处的 $AlCl_4^-$ 和 EMI^+ 的峰也被检测到，这说明在充电过程中 $AlCl_4^-$ 和 EMI^+ 共同嵌入到石墨层间内。同样地，原位 Raman 技术还被应用于探测凝胶电解质基铝–石墨电池在充放电过程中的结构变化 [8]。图 19.9(b) 和 (c) 的结果显示，随着阴离子的嵌入，石墨的 G 峰 (E_{2g}) 逐渐减弱且分裂成两个峰 (1583 cm^{-1} 的 $E_{2g2}(i)$ 和 1604 cm^{-1} 的 $E_{2g2}(b)$)。在较高的电势下，$E_{2g2}(i)$ 振动模式消失了，而 $E_{2g2}(b)$ 振动模式越发显著。在随后的放电过程中，以上观测到的 Raman 光谱峰可逆地消失并回复到初始状态。放电发生时，$E_{2g2}(b)$ 峰逐渐减弱，伴随着 $E_{2g2}(i)$ 出现并逐渐增强 (放电至 2.12 V)。当放电至 1.21 V 时，石墨 G 峰 (E_{2g}) 完全恢复。以上结果显示，充电时，石墨正极发生的是 $AlCl_4^-$ 嵌入机制，同时伴随着少量的 EMI^+ 的嵌入。

同时，焦树强等 [10] 采用原位 Raman 技术研究了基于转换反应的 Sb 正极的储能机制。结果显示，在充电过程中，Sb 位于 110 cm^{-1} 的峰会消失，而位于 148 cm^{-1} 的峰会变弱。同时，位于 121.2 cm^{-1}、112.9 cm^{-1}、136.9 cm^{-1}、158.9 cm^{-1} 和 163.3 cm^{-1} 处出现一些新的峰，这些峰均对应 SbCl$_3$。此外，还出现位于 170.8 cm^{-1} 处对应于 SbCl$_6^-$ 和位于 178.8 cm^{-1} 处对应于 SbCl$_5$ 的峰。此结果表明，充电时 AlCl$_4^-$ 与 Sb 反应生成了 SbCl$_3$ 和 SbCl$_5$。在随后的放电过程中，出现的新峰逐渐消失而 Sb 的峰逐渐明显，这对应 SbCl$_3$/SbCl$_5$ 被还原成 Sb 的过程。

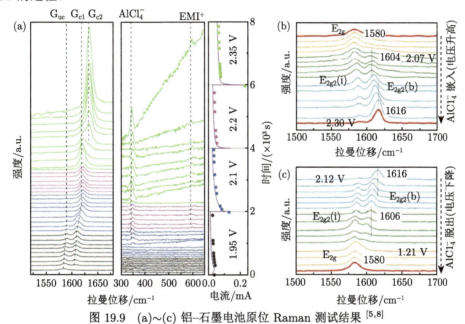

图 19.9 (a)～(c) 铝–石墨电池原位 Raman 测试结果 [5,8]

此外，武湛君等 [11] 利用原位 Raman 技术研究了铝负极表面反应过程。图 19.10 为采用原位 Raman 技术检测 Al-Ga 液态金属负极表面反应物质变化的装置及其结果。在此装置中将平行的电极密封于透明的玻璃装置内，在负极上方激发 $\lambda = 532$ nm 的 Raman 激光用以监控其表面物质变化。铝电极表面存在等离子体，Raman 信号的强度很大程度上取决于局域电场的强度。由于电场的衰减特性，电场强度随与负极的距离呈指数衰减，穿透到周围介质的距离很短 (nm 级数)，从而能够有选择地探测发生在活性铝负极附近的反应。结果显示，当采用纯铝作为负极时，整个过程只能检测到 AlCl$_4^-$、Al$_2$Cl$_7^-$ 和 EMI$^+$ 离子，表明此时发生的是 AlCl$_4^-$ 与 Al$_2$Cl$_7^-$ 之间的转化反应，即 $4\text{Al}_2\text{Cl}_7^- + 3e^- \Longleftrightarrow 7\text{AlCl}_4^- + \text{Al}$。

但在 Al-Ga 液态金属负极上观测到了铝的三重配合物 (Al$_3$Cl$_{10}^-$) 的 Raman 信号。Al$_3$Cl$_{10}^-$ 峰值消失的速率并不完全与放电速率一致，相反，这些峰需要更长的时间才能完全消失。表明 Al-Ga 液态金属负极上发生了不一样的反应过程，可能更易形成铝的多重配合物。

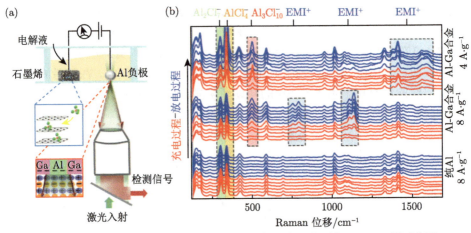

图 19.10　用以检测 Al-Ga 液态金属为负极的铝电池的原位 Raman 测试装置
(a) 及结果 (b)[11]

19.3.3　原位 XPS

XPS 能准确地测量原子内层电子的束缚能及其化学位移，它不但为化学研究提供分子结构和原子价态方面的信息，还能为电子材料研究提供各种化合物的元素组成和含量、化学状态、分子结构、化学键方面的信息。在分析电子材料时，它不但可提供总体方面的化学信息，还能给出表面、微小区域和深度分布方面的信息。XPS 在电池材料方面的应用越来越广泛，特别是用以研究材料的反应机理。通过搭建特定的原位 XPS 装置，可以清楚地了解在充放电过程中材料的价态变化，进而明确其储能机制，为探索新型的电池材料提供有价值的信息。

图 19.11 为采用原位 XPS 装置测试铝–石墨电池的结果 [5]。可以看到，在充电过程中，Al 2p、N 1s 和 Cl 2p 的信号的结合能向较小的方向偏移，同时强度逐渐增大。充电至 2.45 V 时，其结合能相比于初始值偏离约 −1.7 eV。与此相反，C 1s 信号强度逐渐减弱。采用开尔文扫描探针显微镜测量满充状态下石墨电极表面的逸出功，显示增加了 1.7 eV。所以，正是阴离子的嵌入导致了石墨的费米能级降低，从而引起 Al 2p、N 1s、Cl 2p 和 C 1s 信号出现偏移。此外，对嵌入离子的化学成分进行了计算，显示 Al:Cl = 1:4.1，Al:N = 1:1.6，而满充状态下，Al:C = 1:1.7。由此可以得到，嵌入石墨电极的是 $AlCl_4^-$，并且每嵌入 1 个 $AlCl_4^-$ 需要 1.7 个 C，这比理论极限值 (Al:C = 1:24) 要高出一个数量级。总地来说，原位 XPS 为探索非水系铝电池中活性材料详细的价态变化及其反应机制提供了有效的信息。

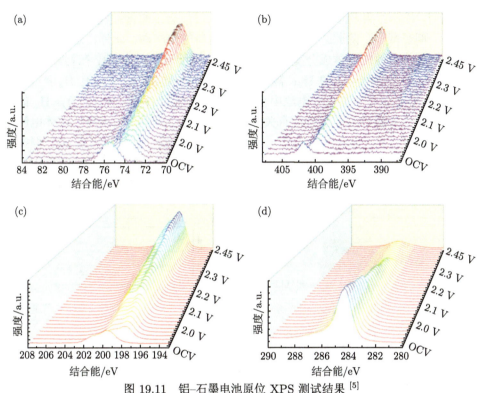

图 19.11　铝–石墨电池原位 XPS 测试结果 [5]

(a)Al 2p; (b)N 1s; (c)Cl 2p; (d)C 1s

19.4　在线气体分析技术

在充放电过程中，非水系铝电池会不可避免地产生气体，这与所采用的离子液体电解质有关。气体的产生会导致电池膨胀，电池内阻增大，对电池的循环稳定性和容量产生负面影响。因此，有必要对非水系铝电池产生的气体成分进行检测，明确气体产生机理，以便更好地指导电池的研发和电池结构设计的改进。通过实时在线监测电池内生成的气体产物的组成和含量，可以明晰电解液分解和不可逆反应的机理。同时，还可以分析电解液组成和充放电方式对电池内部气体生成的影响，从而可以通过采取相应的措施有效地抑制电池内部气体的产生。因此，开发应用于非水系铝电池的在线气体检测技术很有必要。

如图 19.12(a) 和 (b) 为一种应用于非水系铝电池的在线气体检测装置 [8]。其具体工作原理如下：在充放电过程中，将电池内的气态产物抽入质谱仪进行分析，通过比较抽入气体的质谱结果和标准质谱来进行气体组成和含量的实时分析。采用这种装置联合高分辨率质谱仪可实时测定充放电过程中非水系铝电池中的气体成分演变。检测结果显示，在电池充电过程中，H_2 会不断地被检测到，而在放电过程中会明显减少。除此之外，没有检测到其他气体产物。此外，还对液态和凝胶态非水系铝电池的气体成分变化进行了对比。对于凝胶态电池，在初始的充–放电过程中，会检测到少量的 H_2；随着充放电次数的增加，几乎没有 H_2 产生 (图 19.12(c))。相比之下，在液态电池中会检测到更明显的 H_2(图 19.12(d))。H_2 的产生与离子液体电解质强吸水特性有关。在电池制备过程中，由于离子液体电解质极强的吸湿性，不可避免地吸入了一小部分水，在充放电时会分解成 H_2。根据以上的在线气体分析结果，可以认为凝胶聚合物减缓了离子液体电解质的吸湿特性，从而有效抑制了充放电过程中气体的产生。因此，在线气体分析技术为明确非水

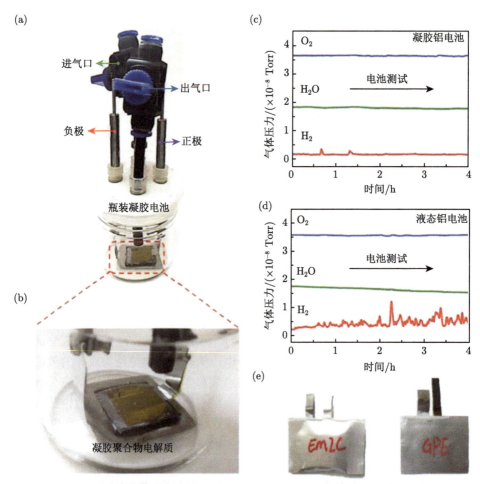

图 19.12　(a)、(b) 非水系铝电池在线气体测试装置；(c)~(e) 液态和凝胶态非水系铝电池在线气体检测结果 [8](1 Torr=1.333×10^2 Pa)

铝电池的产气机理提供了理论依据，同时也为开发长期稳定的新型电解质体系提供了思路。

19.5 第一性原理计算

受限于现存的检测技术，很多电极材料无法准确地得到其储能机理。基于此，人们以超级计算机为载体，结合物理、化学、材料等学科知识为基础，通过理论计算得到材料作为电池活性材料时的性质参数变化及其储能机理，同时还可以预测材料的电化学性能。对物质建立合理的结构模型，并针对结构模型进行理论计算，是理解电池电极反应热力学和动力学过程的一种有效手段。

Pathak 等 [12] 通过第一性原理计算对 $AlCl_4^-$ 嵌入石墨正极的过程进行了模拟。首先构建了 $AlCl_4^-$ 嵌入石墨的空间构型，如图 19.13 所示。在石墨层中，呈四面体的 $AlCl_4^-$ 比呈平面型的能量要低 0.73 eV，说明 $AlCl_4^-$ 是以呈四面体的构型嵌入到石墨中。同时，嵌入的 $AlCl_4^-$ 在石墨中占据的最稳定的位置是 Al 离子在两个相邻且不存在连接键的 C 桥上 (B2 位置，图 19.13(d))。

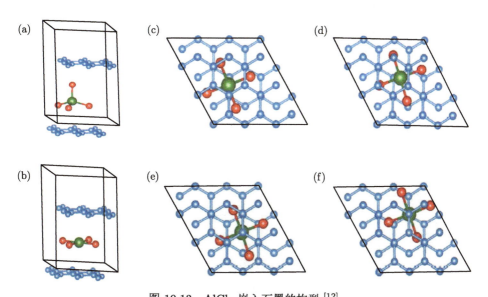

图 19.13 $AlCl_4$ 嵌入石墨的构型 [12]

(a) 四面体型；(b) 平面型；优化后的 $AlCl_4$ 嵌入位置：(c)B1，(d)B2，(e)H，(f)T

$AlCl_4^-$ 嵌入石墨层时必须克服石墨层间的范德瓦耳斯力，不同插层间的静电斥力也促使同一石墨层内进一步插层，而不是进一步插层到另一个未插入层。因此在充放电过程中 $AlCl_4^-$ 嵌入过程并不是在每一个石墨层同时进行的，而是分为不同的阶段，一般认为存在四个阶段。不同的插层阶段可以用已插层的石墨层数

量 n 或未被插入的石墨层数量 $n-1$ 来表示。例如，stage-1 表示所有石墨层均已插入 $AlCl_4^-$。基于以上认识，构建一个 $6\times6\times2$ 的超胞 (共 288 个碳原子) 用以模拟 stage-1，stage-2，stage-4 三个不同的离子嵌入阶段；构建 $6\times6\times3$ 的超胞 (共 632 个碳原子) 用以模拟 stage-3 阶段的离子嵌入过程，如图 19.14(a)~(d) 所示。通过计算，对于 stage-1 阶段，每一层最多可以插入 4 个 $AlCl_4^-$。基于此，可以计算得到石墨的最大比容量为 $69.62\ mA\cdot h\cdot g^{-1}$。

之后，进一步分析了 $AlCl_4^-$ 嵌入石墨之后的迁移行为。基于上面提到的最稳定的 B2 位置，构建了四种 $AlCl_4^-$ 迁移路径，如图 19.14(e)~(h) 所示。计算结果显示，这四种离子迁移路径能垒均小于 0.01 eV，这可能是由于较大的嵌入空间 8.26~8.76 Å。此外，$AlCl_4^-$ 在石墨内部扩散的整个过程中，$AlCl_4^-$ 的化学键没有变化，第三个驱动力可能是 $AlCl_4^-$ 在扩散路径上不同结合点的结合能相当，有助于降低 $AlCl_4^-$ 扩散的扩散势垒。

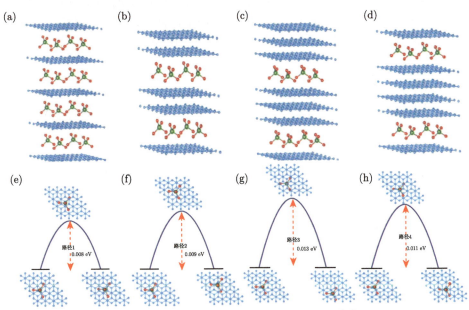

图 19.14　$AlCl_4^-$ 嵌入石墨的四个阶段模型 [12]

(a)、(e)stage-1；(b)、(f)stage-2；(c)、(g)stage-3；(d)、(h)stage-4

最后是对不同阶段对应的放电电压的计算。依据下面的反应式对不同阶段的放电电压进行计算：

$$\frac{3}{x}\left[(AlCl_4)_x\,C_n\right] + 4\left(EMI^+AlCl_4^-\right) + Al \Longleftrightarrow \frac{3}{x}\left(C_n\right) + 4\left(EMI^+Al_2Cl_7^-\right) \quad (19\text{-}1)$$

放电电压 (V) 可以依据上面的反应吉布斯自由能 (ΔG) 计算得到

$$V = \frac{\Delta G}{zF} \tag{19-2}$$

式中，z 为反应的电子数；F 为法拉第常数。反应的吉布斯自由能由下式计算：

$$\Delta G = \Delta E + P\Delta V - T\Delta S \tag{19-3}$$

在常温下，$P\Delta V$ 项在 10^{-5} eV 数量级，而 $T\Delta S$ 项约为 26 meV，这两项可以忽略。因此反应的 ΔG 约等于反应体系的能量变化 (ΔE)，由如下计算：

$$\Delta E = \left\{ \frac{3}{x}E_{C_n} + 4E_{[EMI^+Al_2Cl_7^-]} \right\} - \left\{ \frac{3}{x}E_{[(AlCl_4)C_n]} + 4E_{[EMI^+AlCl_4^-]} + E_{Al} \right\} \tag{19-4}$$

式中，E_x 表示体系 x 的能量。因此，放电电压由下式计算：

$$V = \frac{\left\{ \frac{3}{x}E_{C_n} + 4E_{[EMI^+Al_2Cl_7^-]} \right\} - \left\{ \frac{3}{x}E_{[(AlCl_4)C_n]} + 4E_{[EMI^+AlCl_4^-]} + E_{Al} \right\}}{z} \tag{19-5}$$

基于以上分析，可计算得到离子嵌入不同阶段的放电电压，进而得到石墨正极平均电压在 2.01~2.3 V。

此外，焦树强等[13] 对黑磷和蓝磷作为非水系铝电池正极材料的应用潜力进行了理论计算，如图 19.15 所示。先通过结构优化得到黑磷和蓝磷吸附 $AlCl_4^-$ 的最佳位点分别为六边形 P 原子中心 (H-site) 和稍低位置的 P 原子上 (V-site)，结合的垂直距离分别为 4.68 Å 和 4.01 Å。此外不同离子浓度下单层 P 同素异构体的结合能均为正，表明在 $(AlCl_4)_xP_y$ 上存在着多重吸附。同时，两种磷同素异构体的预测晶格变形较小，不会随 $AlCl_4^-$ 的增加而恶化，呈现优异的结构完整性。此外，计算得到黑磷和蓝磷的比容量分别为 432.29 mA·h·g^{-1} ($[AlCl_4]_8P_{16}$) 和 384.25 mA·h·g^{-1}($[AlCl_4]_8P_{18}$)。动力学计算表明 $AlCl_4$ 在黑磷和蓝磷内迁移的最

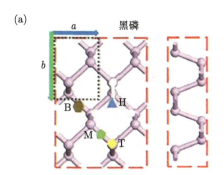

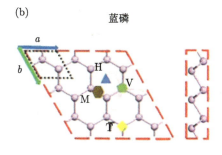

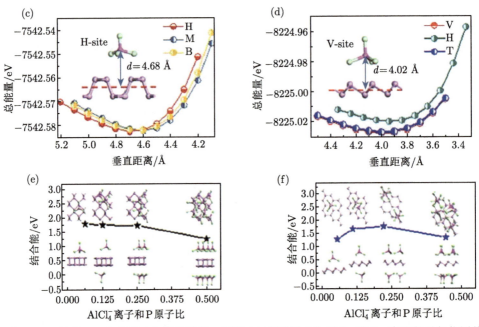

图 19.15　黑磷 (a) 和蓝磷 (b) 的结构图；黑磷 (c) 和蓝磷 (d) 结合 AlCl$_4^-$ 离子能量与位置关系图；黑磷 (e) 和蓝磷 (f) 结合 AlCl$_4^-$ 离子能量图

小能垒分别为 0.19 eV 和 0.39 eV，其对应的扩散系数分别为 6.41×10^{-7} cm$^2\cdot$s^{-1} 和 3.21×10^{-10} cm$^2\cdot$s^{-1}。此项工作作为预测或筛选合适的非水系铝电池正极材料提供了参考。

19.6　模拟仿真在非水系铝电池中的应用

随着人类对于科学的不断探索研究，对于电池体系的研究不再只依赖于实验，也可以通过软件对电池进行建模，让电化学仿真对电池进行各方面性能的预测。根据预测结果再制订详细的实验方案，进行实验验证。作为实验的补充工具，模拟仿真软件可以通过电池建模对各个实验方案进行模拟，预估实验结果；还可以模拟电池工作过程中内部的电化学过程，并与实验数据结合，更准确地分析电化学过程，明确电极材料电化学反应机理。目前，电池体系的电极/电解质界面问题、极化现象、热管理、SEI 膜的稳定性等研究热点都可以通过软件进行仿真模拟。

对于非水系铝电池来说，在充放电过程中，铝负极上发生的是铝的沉积和溶解反应。铝负极上发生反应的质量会影响到铝电池整体的性能，比如铝枝晶的形成，铝电极的粉化等。不同实验条件下的铝沉积过程可采用 COMSOL Multiphysics 软件进行模拟 [6]。

在模拟过程中，铝电极上的化学反应可以写成

$$2AlCl_4^- \underset{k_2}{\overset{k_1}{\rightleftharpoons}} Al_2Cl_7^- + Cl^- \tag{19-6}$$

$$Al + 4Cl^- \underset{k_b}{\overset{k_f}{\rightleftharpoons}} AlCl_4^- + 3e^- \tag{19-7}$$

铝电极的整体反应方程为

$$Al + 7AlCl_4^- \rightleftharpoons 4Al_2Cl_7^- + 3e^- \tag{19-8}$$

如果反应 (19-6) 很容易，它总是处于平衡状态，那么

$$k_1 C_{AlCl_4^-}^2 = k_2 C_{Al_2Cl_7^-} C_{Cl^-} \tag{19-9}$$

反应的 Nernst 方程为

$$E = E^{\ominus} - \frac{RT}{nF} \ln \frac{C_{Cl^-}^4}{C_{AlCl_4^-}} \tag{19-10}$$

净反应速率为

$$v_{net} = k_f C_{Cl^-}^4 - k_b C_{AlCl_4^-} = i_{loc}/nFA \tag{19-11}$$

考虑特殊情况，界面与溶液处于平衡状态，有 $\left(C_{Cl^-}^4\right)^* = \left(C_{AlCl_4^-}\right)^*$。此时，$E = E^{\ominus}$，$k_f = k_b$。

正向速率常数和反向速率常数具有相同的 k_0，则 $k_{0f} = k_{0b} = k_0$。

$$k_f = k_0 e^{-\alpha f\left(E - E^{\ominus}\right)} \tag{19-12}$$

$$k_b = k_0 e^{(1-\alpha)f\left(E - E^{\ominus}\right)} \tag{19-13}$$

$$f = nF/RT \tag{19-14}$$

结合上述方程，完整的电流–电势关系为

$$i_{loc} = nFAk_0 \left[C_{Cl}^4 - e^{-\alpha f\left(E - E^{\ominus}\right)} - C_{AlCl_4^-} e^{(1-\alpha)f\left(E - E^{\ominus}\right)}\right] \tag{19-15}$$

因此，电流与过电势的关系为

$$i_{loc} = nFAk_0 C_{AlCl_4^-} \left[(k_1/k_2)^4 \left(C_{AlCl_4^-}^7/C_{Al_2Cl_7^-}^4\right) e^{-\alpha f\eta} - C_{AlCl_4^-} e^{(1-\alpha)f\eta}\right] \tag{19-16}$$

$$i_0 = nFAk_0 C_{AlCl_4^-} \tag{19-17}$$

$$i_{loc} = i_0 \left[(k_1/k_2)^4 \left(C_{AlCl_4^-}^7/C_{Al_2Cl_7^-}^4\right) e^{-\alpha f\eta} - C_{AlCl_4^-} e^{(1-\alpha)f\eta}\right] \tag{19-18}$$

式中，过电势 $\eta = E = E^{\ominus}$；i_{loc} 是电极的电流密度；k_0 是标准速率常数；R 是气体常量；T 是温度；α 是传递系数。

根据以上描述，采用 COMSOL Multiphysics 软件按式 (19-9) 给出了 Al 在负极的沉积速率。以此实时描述了模型在负极处的网格变形，反映了形态的演化：

$$R_{deposited} = Mi_{loc}/\rho nF \tag{19-19}$$

式中，M 和 ρ 分别是铝的摩尔质量和密度。

在曲面建模中，建立了各种形态特征，包括椭圆、矩形和三角形，由三角形得到的代表性结果如图 19.16 所示。在图中所示的模型中，D、L_1、L_2 和 R 的

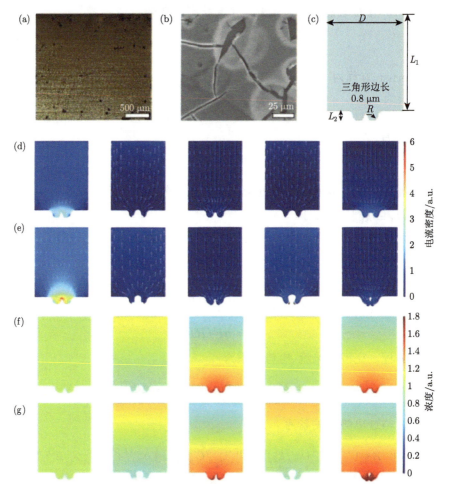

图 19.16　在电解液中浸泡 10 min 后的铝箔的光学图像 (a) 和 SEM 图像 (b)；在 COMSOL 中用于考虑曲面的仿真模型 (c)；在 1 mA·cm^{-2}(d)、(f) 和 2 mA·cm^{-2}(e)、(g) 电流密度下初始和三次沉积/剥离后的几何形状；(d) 和 (e) 是电流密度场；(f) 和 (g) 是离子浓度场 [6]

值分别为 8 μm、10 μm、1 μm 和 0.5 μm。经过多次循环模拟，考虑到沉积和剥离 (以及腐蚀)，很明显金属沉积局部集中在表面缺陷或活性部位 (图 19.16(c) 所示的三角形)。图 19.16(d) 和 (e) 表明，电流密度在顶部的角落更高，促进了沉积反应。而在剥离过程中，电流密度容易集中在镀层与衬底接触区域的拐角，这意味着剥离行为优先发生在镀层的底部。图 19.16(f) 和 (g) 中的离子浓度场分布也表现出上述现象。根据不同电流密度下的结果，可以发现变形几何形状有显著的差异。可见，在高电流密度下，有更严重的形态变化。在相同的电流密度下，随着沉积/剥离次数的增加，几何形态的变化比初始形态更明显。此外，还发现电极上的尖锐形状表现出集中的电流密度，初始形状影响最终形状。同时，三种形状共存时的演化形态也得到了相同的结果。因此，原位观察的结果可以理解为由酸性电解质的存在而引起的腐蚀的各种表面形状的联合效应。这项工作将有助于理解铝负极的循环行为，并为铝电池负极的设计提供思路。

参 考 文 献

[1] Lee T S, Patil S B, Kao Y T, et al. Real-time observation of anion reaction in high performance Al ion batteries. ACS Applied Materials & Interfaces, 2020, 12(2): 2572-2580.

[2] Chen L L, Li N, Shi H, et al. Stable wide-temperature and low volume expansion Al batteries: integrating few-layer graphene with multifunctional cobalt boride nanocluster as positive electrode. Nano Research, 2020, 13(2): 419-429.

[3] Liu S, Zhang X, He S, et al. An advanced high energy-efficiency rechargeable aluminum-selenium battery. Nano Energy, 2019, 66: 104159.

[4] Elia G A, Greco G, Kamm P H, et al. Simultaneous X-ray diffraction and tomography operando investigation of aluminum/graphite batteries. Advanced Functional Materials, 2020, 30(43): 2003913.

[5] Wang C, Ning Y, Huang H, et al. Operando surface science methodology reveals surface effect in charge storage electrodes. National Science Review, 2021, 8(3): 289.

[6] She D M, Song W L, He J, et al. Surface evolution of aluminum electrodes in non-aqueous aluminum batteries. Journal of the Electrochemical Society, 2020, 167(13): 130530.

[7] Zhao Q, Zheng J, Deng Y, et al. Regulating the growth of aluminum electrodeposits: towards anode-free Al batteries. Journal of Materials Chemistry A, 2020, 8(44): 23231-23238.

[8] Yu Z, Jiao S, Li S, et al. Flexible stable solid-state Al-ion batteries. Advanced Functional Materials, 2019, 29(1): 1806799.

[9] Pan C J, Yuan C, Zhu G, et al. An operando X-ray diffraction study of chloroaluminate anion-graphite intercalation in aluminum batteries. Proceedings of the National Academy of Sciences, 2018, 115(22): 5670-5675.

[10] Jiao S, Guan W, Wang L, et al. Rechargeable high-capacity antimony-aluminum batteries. Journal of the Electrochemical Society, 2020, 167(8): 080541.

[11] Shen X, Sun T, Yang L, et al. Ultra-fast charging in aluminum-ion batteries: electric double layers on active anode. Nature Communications, 2021, 12(1): 820.

[12] Bhauriyal P, Mahata A, Pathak B. The staging mechanism of $AlCl_4$ intercalation in a graphite electrode for an aluminium-ion battery. Physical Chemistry Chemical Physics, 2017, 19(11): 7980-7989.

[13] Xiao X, Wang M, Tu J, et al. The potential application of black and blue phosphorene as cathode materials in rechargeable aluminum batteries: a first-principles study. Physical Chemistry Chemical Physics, 2019, 21(13): 7021-7028.

第 20 章 非水系铝电池未来挑战与展望

20.1 非水系铝电池总结

本部分从热力学、电极动力学、电解质、正极材料、负极材料、集流体和黏结剂等方面全面梳理了近年来非水系铝电池的研究进展。但电极材料普遍存在如下难题：脱嵌反应时比容量低、体积膨胀大，转化反应时固有电导率差、溶解严重，耐腐蚀负极材料缺乏，低成本、宽电化学窗口电解液不足，以及高稳定集流体和黏结剂的局限性等，迫切需要解决。为探讨有效的办法，科学家做出了许多努力。所采取的措施涉及电池的所有部件，包括材料多尺度结构 (尺寸减小、形貌控制、材料复合、涂层和掺杂等)、柔性电极设计、负极改进、集流体设计、黏结剂优化、电解质改性和混合系统设计等，这也是铝基电池通行的研究趋势。正如前述章节所论述的，通过一定的改性方法能显著提高非水系铝电池的储能性能，使其具有高比容量、长循环寿命、优良的倍率性能、良好的灵活性、高安全性、低成本以及宽的工作温度范围。最重要的是，借鉴其他可充电金属电池的成功经验，采用新的实验和建模方法，有助于获得更好的电化学性能和增强的兼容性。

20.2 非水系铝电池面临的挑战

20.2.1 材料层面

尽管非水系铝电池有很好的应用前景，近年来也取得了显著的突破，但在反应动力学不足、能量密度低、容量衰减严重等方面仍面临着巨大的挑战 [1]。主要涉及以下五个方面：正极、负极、电解质、集流体和黏结剂。

20.2.1.1 正极材料

1) 嵌入型正极材料

众所周知，正极材料通常面临着巨大的挑战，包括低电导率 (可能导致离子扩散缓慢、容量利用率低、可逆性差、电压滞后大和能效低)，以及结构解体。在获得所需的性能特征之前需要解决这些挑战。嵌入型材料在循环过程中发生的体积变化，除了具有不良的导电特性外，还会导致电极的溶胀解体、活性物质的粉化、裂纹的产生，甚至电极与集流体的断开。

此外，嵌入型过渡金属化合物仍存在放电电压低、容量低、容量衰减快的问题，比锂离子电池中严重得多。低容量通常是 Al^{3+} 的嵌入作用导致初始相的结构破坏和动力学迟滞所致。与单电子转移的锂离子相比，多价 Al^{3+} 与材料主体晶格的电荷密度较高，静电相互作用更强，这必然阻碍离子扩散和嵌入过程[2-6]。而且，由于固有的电导率低，所以离子扩散缓慢，动力学较差。一般来说，降低颗粒尺寸和用导电炭材料复合通常能增加活性材料与电解质之间的接触面积，有利于 Al^{3+} 的快速可逆嵌入/脱出。同时，它可以缩短离子的迁移路径，降低离子的扩散阻力。然而，纳米颗粒具有较高的表面活性，这常常导致电极材料与电解质之间的表面反应。因而，须合理调控电极材料的表观形貌和颗粒尺寸。

2) 转化型正极材料

转化型材料普遍面临着反应不可逆和库仑效率低等问题。放电比容量在最初的几次循环后急剧下降，表现出快速的容量衰减和较差的循环稳定性。有许多原因，包括：①复杂的多步反应，其中速率决定步骤可能导致反应的不可逆性；②本征电子导电性差，导致过电势高，可逆过程的极化增加，这可以通过掺杂异质元素、包覆和复合一定量的导电添加剂来解决；③在强酸性电解液中通常发生大量的化学溶解，导致活性物质失活和电极失效；④发生典型的电化学分解和溶解，引起正极结构崩塌和活性物质损失，导致循环过程中电池内阻增加和不可逆的相变反应。

值得注意的是，转化型电极材料中的典型——硫族元素材料，包括硫、硒、碲及其化合物，由于自身的化学溶解和正极上的氧化产物溶解到电解液中，以及由此引起的结构变化，一直遭受着巨大的容量损失。因此，有必要从电极材料结构设计、隔膜修饰、电解质改性等方面综合改善电池的电化学性能。

20.2.1.2　负极材料

与广泛发展的非水可充电铝电池正极相比，具有高稳定性的负极还没有获得深入的研究和开发。在传统的电池结构中，铝以诸多优点得到了广泛的应用。但仍存在一些不可避免的问题：①铝电极表面的钝化层会降低电池电压和效率；②铝的严重腐蚀，会导致不可逆的铝消耗，从而降低铝电极的利用率；③在循环过程中铝枝晶生长会降低电池的安全性和循环寿命。

铝金属表面的钝化膜 (Al_2O_3) 是一种极强的电/离子绝缘体，可以干扰电极表面的氧化还原反应。这种氧化膜在一定程度上抑制了电化学活性，进一步保护铝金属免受酸性电解液中的腐蚀溶解。另一方面，研究者倾向于认为铝表面的氧化膜需要去除才能获得良好的电化学活性。因此，铝表面的氧化膜在铝电极的保护和钝化中起着双重作用，有必要对铝电极表面氧化膜的作用机理有更深入的认识。

20.2.1.3　电解质

在非水系电解液中，除了昂贵的电解质成本外，还需要考虑以下问题：①电化学窗口低，导致不利的副反应 (电解液分解) 和气体析出，使正极不能充电到更高电压，进而导致能量密度低；②严重的腐蚀作用，导致电极 (正、负极)、集流体与黏结剂的分解和溶解；③阴离子物种半径大，要求嵌入型正极材料结构稳定性高，同时导致离子电导率和转移速率变低；④弱电解质–电极界面，将导致高的界面电阻和低的电子、离子转移。其中，电解液–电极界面包括正极–电解液界面和负极–电解质界面两个方面。采用室温离子液体时，由于机械变形，铝–石墨电池的正极–电解质界面不稳定。相反，聚合物电解质下，机械弯曲时的应力会被释放，从而形成更坚固的电解质–电极界面 [7]。此外，铝负极上的钝化膜可以保护原生铝不被电解质溶解，同时也抑制了电化学活性，这不利于铝的沉积 [8,9]。因此，还应考虑负极–电解液界面来提高循环性能。其他问题，包括电解液中的水分、电解液泄漏和机械变形引起的内部界面不稳定，再加上不利的多孔隔膜，阻碍了非水可充电铝电池的实际应用。

在酸性 $AlCl_3$ 基电解质中，阳极极化电势通常不超过 2.6 V($vs.$ Al^{3+}/Al)，并且会随着 $AlCl_3$ 摩尔浓度的增加而减小。当电池充电时，截止电势过高的话可能会造成电解质的分解，伴随着 Cl_2 的析出。这将增加不可逆容量，使得电池库仑效率和循环稳定性降低，也不利于电池的安全运行。因而有必要设计具有更宽电化学窗口的电解质体系。

为了设计具有宽电化学窗口的电解质，它应具有较低的 HOMO 和较高的 LUMO 能 (即较大的 HOMO-LUMO 能隙)[10-12]。同时，电极材料的费米能级应位于 HOMO-LUMO 能隙范围，代表了其在酸性 $AlCl_3$ 基电解液中的化学稳定性。一般来说，正极材料的费米能级应高于电解质的 HOMO 能，同时负极材料的费米能级应低于 LUMO 能 [11,13-15]。此外，在充电过程中，Al^{3+} 阳离子或氯铝酸盐阴离子向正极材料的扩散必然伴随着 $Al_2Cl_7^-$ 阴离子的 Al—Cl 键的去溶剂化。而且，无论正、负极材料是否溶解在酸性电解液中，都会引起阴、阳离子比例失衡，电解液黏度增大，从而导致离子迁移率降低，电池容量进一步减小。因此，对电解质的理解和进一步的设计是未来非水系铝电池技术成功的关键。

20.2.1.4　集流体与黏结剂

此外，非水系铝电池商业化的一些障碍包括缺乏廉价、氧化稳定、耐腐蚀的集流体和可在酸性 $AlCl_3$ 基电解质中稳定运行的不分解黏结剂。含 $Al_2Cl_7^-$ 的酸性电解液具有高电化学活性和腐蚀性，限制了集流体和黏结剂的稳定性，对非水系铝电池的整体电化学性能产生了不利影响。集流体和黏结剂在酸性电解液中的意外副反应可能会进一步影响整体电化学性能，今后应避免。合适的集流体应具有高的本征电导率、高的化学稳定性和电化学稳定性，更重要的是成本低廉。目前，除玻璃碳、钽、钼、铂等昂贵材料外，可作为集流体的稳定、便宜的材料很少。

在非水系铝电池中，黏结剂的作用一直被忽视，通过对现有黏结剂体系的改性和新型黏结剂的开发来改善电池性能的研究较少。非水系铝电池中常用的黏结剂是聚偏二氟乙烯 (PVDF)，它也是商业锂离子电池中应用得最广泛的黏结剂，因为它具有优异的电化学稳定性和黏结强度。然而，PVDF 黏结剂在酸性 AlCl$_3$ 基电解质中是不稳定的 [16,17]。与 PVDF 相比，聚四氟乙烯是一种很有前途的黏结剂。然而，目前还没有足够的证据表明聚四氟乙烯的稳定性。因此黏结剂的稳定性亟待研究。此外，制备无黏结剂的自支撑活性材料是减少集流体和黏结剂副反应的有效途径。

总之，与商业锂离子电池相比，非水系铝电池中使用的隔膜通常更厚，这需要添加更多的电解质，从而导致整个电池的能量密度降低。这些都可能导致循环性能变差和能量密度变低。

20.2.2 电池结构层面

在实现实际电池的放大过程中，电池结构设计也是电池运行的关键因素。根据锂离子电池中结构设计的当前特点 [18,19]，我们分析了将其扩展到可非水系铝电池时的优缺点，如图 20.1 所示。特别选择了六个用于评估结构设计的代表性参数，即容量设计灵活性 (CF)、电极变形的机械约束 (MC)、循环寿命 (CL)、电池性能一致性 (BC)、封装效率 (PE) 和冷却效率 (CE)。根据图中的直接比较，显然仍有很大的改进空间，因为锂离子电池中这三种已建立的电池结构不能很好地匹配非水系铝电池的独特电化学系统。与方形和柱形电池相比，软包电池由于其易于组装的特点，在实验室中得到了广泛的应用。此外，容量设计的灵活性和包装效率是软包电池的优势。然而，在安时级电池中，软包非水系铝电池在对电极变形的机械约束、循环寿命、电池性能一致性等方面存在不足，尤其是铝–石墨电池中阴离子嵌入/脱嵌引起的大变形。由于机械约束条件差，反复充放电会使电池内部结构发生很大变化，导致电池电极动力学发生不可逆的变化。相反，加强机械约束的方形和柱形电池结构有利于抑制非水系铝电池电极的变形，有利于延长循环寿命，降低整体成本。不幸的是，如果扩展到装配非水系铝电池，这两种结构 (方形和柱形结构电池) 需要重新设计。对于具有快速充放电特性的非水系铝电池，还应考虑结构配置的冷却效率，特别是对于大型电网应用的时候。大电池内部温度分布的不均匀性也会导致电极动力学的不均匀性。单个电池中电极动力学的较大差异会加速整个电池甚至电池组的衰变。因此，从实验室规模的软包电池到以优化合理的电池结构组装成实用的安时级电池，仍需付出很大的努力。

在未来，利用电池的原位表征和智能传感器监测电池内外的信号将成为进一步获取电化学过程演化信息的有力工具。从电池尺度特征考虑，利用三维电池结构随时变演化行为进行结构设计和优化，并对后续的制造技术和工艺进行升级。

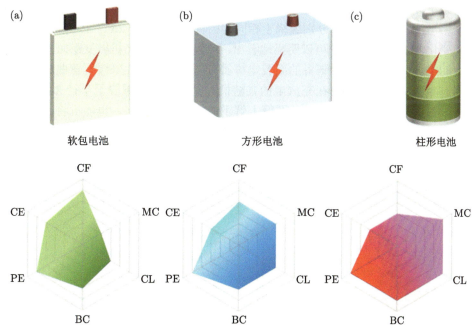

图 20.1　不同类型电池结构的雷达图比较及其对应的六个参数，并对发展电池尺度的可充电铝电池进行了展望。三种结构形态：(a) 软包电池；(b) 方形电池；(c) 柱形电池。结构设计中的代表性参数：容量设计灵活性 (CF)、电极变形的机械约束 (MC)、循环寿命 (CL)、电池性能一致性 (BC)、封装效率 (PE) 和冷却效率 (CE)[1]

20.3　非水系铝电池发展预测

20.3.1　非水系铝电池实际评估

20.3.1.1　稳定性分析

可穿戴电子器件和柔性屏的蓬勃发展推动着对先进柔性储能器件的不断研究。为了满足柔性和便携性的双重要求，柔性电池需要在电极材料选取和电池结构设计上同时具备良好的柔性、高能量密度和较好的安全性能。在实际应用过程中，柔性电池的工作状态可能会多样化，如弯曲、折叠等。当出现这样的情况时，电池具有一定的结构稳定性就显得尤为重要。

浙江大学高超团队研制出 $AlCl_3$/[EMIm]Cl 基新型液态铝–石墨烯电池。这种新型电池是柔性的，将它弯折一万次后，容量完全保持；而且，即使电芯暴露于火焰中也不会起火或爆炸[20]。传统的铝电池液态电解液流动性大，且使用玻璃纤维隔膜，所以在外力作用时，电极–电解质界面非常不稳固，对电池的安全性和稳定性极为不利。北京科技大学焦树强团队进一步研究了离子液体电解质与凝胶电解质体系下非水系铝电池的稳定性。图 20.2 是将 AlCl$_3$/[EMIm]Cl 基液态铝电池和凝胶铝电池在测试过程中分别缠绕于相同的圆管 (半径，14 mm) 上，开路电势的波动变化曲线 [7]。从图中可以明显地看出，半固态铝电池在机械变形时呈现出更稳定的电势曲线，表明所制备的凝胶电解质有更好的柔韧性来缓解弯曲应力。在半固态凝胶铝电池中，先在充放电的某随机时刻，将电池缠绕于半径 14 mm 的圆管，然后随机选取时刻将其从圆管上解下并恢复平直状态，再随机将其缠绕于半径 7 mm 圆管上。研究发现，弯曲状态的改变对电池的充放电情况几乎没有任何影响，再一次证明了所制备的凝胶电解质具有良好的柔性和稳定性。

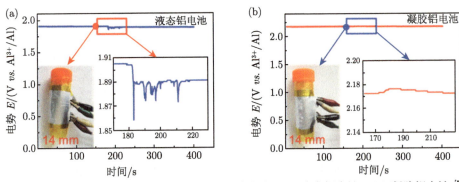

图 20.2　AlCl$_3$/[EMIm]Cl 基铝电池开路电势的波动：(a) 液态铝电池；(b) 凝胶铝电池 [7]

目前大部分柔性电池的研究主要针对柔性材料和组件的开发，在电池整体结构上仍旧沿袭传统单极型设计，并且为了维持电池整体的柔性、导电性和连接性，往往引入大量额外的非活性组件，致使电池能量密度大大降低。鉴于此，针对可穿戴电池的应用特点进行电池结构上的创新设计尤为重要。中科院物理所索鎏敏团队提出了一体式可穿戴叠层双极电池原型，也证实了可以根据不同的应用要求自由设计叠层双极电池的形状 [21]。此种电池即使在 120° 弯曲角度下，仍能保持80% 以上的放电比容量，证实了优异的兼容性和适应性 (图 20.3)。并巧妙地设计了14 cm 长的具有双层堆叠电极结构的可穿戴表带，可为 3 V 以上电子表供电工作。该研究中的双极型电池展现出了良好的电化学稳定性和较好的柔性，并显示出相比于传统单极型电池更高的能量密度，这为柔性电池的能量密度提供了新思路。

20.3.1.2　高低温性能分析

对于电动汽车在寒冷/炎热气候或高空无人机和热带地区的实际应用，低温和高温电化学性能对于确定储能系统的实用可行性至关重要。高超团队开发的铝–石墨烯电池可以在 −40 ℃ 到 120 ℃ 的环境中工作，可谓既耐高温，又抗严

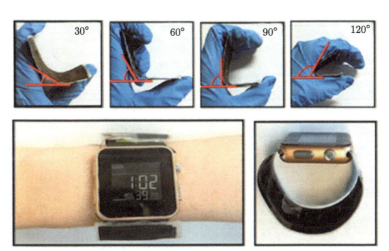

图 20.3　不同弯曲角度的铝电池柔韧性示意图及叠层双极电池驱动的商业手表照片 [21]

寒 [20]。得益于理想的正极结构设计和离子液体电解质的热稳定性，由此产生的铝–石墨烯电池在高温和低温下表现出稳定电池性能的特殊优势 (图 20.4(a))，代表了实用的 "全气候电池"。石墨烯膜电极在 60 ℃ 时能实现与 25 ℃ 下相同的比容量和库仑效率。当温度进一步升高到 80 ℃ 或 100 ℃ 时，可以发现稳定的放电比容量 (>115 mA·h·g^{-1}) 和略有降低的库仑效率。为了减轻电解液分解并提高库仑效率，采用了截止电压优化策略来提高循环稳定性。当在 80 ℃ 下充电，截止电压优化到 2.44 V 时，石墨烯膜电极的比容量下降不明显 (117~119 mA·h·g^{-1})，但库仑效率有很大提高 (从 53% 到 90%)。在 12000 次循环后，库仑效率高于 97%，容量可以 100% 保留 (图 20.4(b))。当温度进一步提高到 100 ℃ 或 120 ℃ 时，这种截止电压优化策略也是有效的，在 100 ℃ 下能实现稳定的 45000 次超长循环。石墨烯膜电极在低温下也具有显著的性能：在 0 ℃ 至 −30 ℃ 时，保留了 70% 以上的原始容量，甚至在 −40 ℃ 时达到了 55% 以上的容量保持率 (图 20.4(c))。此外，在 −30 ℃ 时，石墨烯膜电极在 0.2 A·g^{-1} 和 0.5 A·g^{-1} 电流密度下的比容量仍高于 85 mA·h·g^{-1}，在 1000 次循环后保持 100% 的容量 (图 20.4(b))。其中，铝–石墨烯电池优异的低温性能不仅得益于离子液体电解质的高离子电导率 (室温下 15 mS·cm^{-1})，也受益于独特结构设计的石墨烯膜电极。因此，铝–石墨烯电池实现了比锂离子电池和超级电容器更出色的耐温性 (图 20.4(d))。这使得铝–石墨烯电池适用于较宽的温度范围。例如，铝–石墨烯电池在冰盐浴或 100 ℃ 烘烤下成功地驱动了 LED 灯。

极寒和高温环境中优异的电化学性能意味着该电池适用于全气候可穿戴能源设备。同时，这种独特的设计为未来的超级电池打开了一扇门窗。

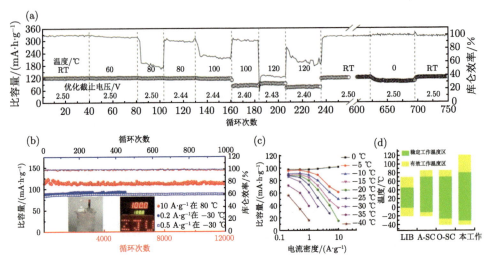

图 20.4　(a) 铝–石墨烯电池在不同温度、截止电压下的比容量和库仑效率；(b) 铝–石墨烯电池在 80 ℃ 和 −30 ℃ 下的稳定循环性能；(c) 铝–石墨烯电池在 0 ℃ 以下的比容量和倍率性能；(d) 铝–石墨烯电池与锂离子电池、超级电容器的宽温性能对比 [20]

20.3.1.3　放大验证

目前，关于非水系铝电池从实验室到大规模应用的可扩展性研究还很少。北京科技大学焦树强团队设计了一种 A·h 级的原型软包电池，使用石墨碳纸作为正极，铝箔作为负极，在 10 mA·g^{-1} 下的放电容量达到 1.3 A·h，放电电压平台为 2.0 V[22]。充满电的串联电池组可以驱动小型卡丁车并显示强劲的牵引力，证实了其可行性和良好的工业应用前景。然而，由于电解液中残留的水分导致析氢反应，电池的膨胀现象明显。此外，A·h 级电池的自放电率由第 1 次的 7.23%/天变为第 10 次的 5.89%/天，明显高于商用锂离子电池的自放电率 [23-25]。其原因可能是：①铝负极在酸性电解液中发生不可逆腐蚀反应；②电解质分解产生的不可逆容量；③杂质引起的不可逆反应；④电解液中残留的水分导致电池膨胀。自放电性能改善应该涉及到电池生产的方方面面，从原材料、杂质和粉尘控制、电极制造工艺、电池组装工艺，到电解液注入。

北京金吕能源科技有限公司基于北京科技大学焦树强团队在铝电池方面的相关理论基础和前沿研究，展开了对非铝电池放大验证的相关研发工作。通过结构设计，开发出基于离子液体电解质的系列模组电池，包括 4 V 1 A·h、12 V 1 A·h、24 V 1 A·h 等，如图 20.5 所示。此外，针对 2 个单体电芯串联后的电池模组进行完全充电至 4.6 V，并恒压 30 min，初始电压为 4.32 V。接上 LED 灯，经过 96 h 照明后，电池电压缓慢下降，最终电压显示为 3.1 V。相关工作为非铝电池工业化生产和应用提供了基础。

图 20.5 非水系铝电池模组

(a)4 V 1 A·h；(b)12 V 1 A·h；(c)24 V 1 A·h

20.3.2 电池能量密度估算

能量密度 (energy density，ED) 是衡量电池体系性能最重要的指标，它指单位质量 (体积) 的电池所能存储或释放的能量，单位为 $W\cdot h\cdot kg^{-1}$(或 $W\cdot h\cdot L^{-1}$)。电池的能量密度通常可以按下式估算：

$$C_{\text{cell}} = \frac{Q}{m_{\text{p}} + m_{\text{n}} + m_{\text{e}} + m_{\text{s}} + m_{\text{package}}} \tag{20-1}$$

$$\text{ED} = C_{\text{cell}} \times V_{\text{avg}} \tag{20-2}$$

式中，C_{cell} 表示电池容量；Q 表示正极 (或负极) 总负载的容量；m_{p}、m_{n}、m_{e}、m_{s}、m_{package} 分别表示正极、负极、电解液、隔膜和包装袋质量；V_{avg} 表示电池的平均电压。

由于非水系铝电池 A·h 级别的电池报道较少，大部分研究工作都集中在材料层面。因此，采用简化的方式对不同体系的非水系铝电池 (电池级别) 的能量密度进行估算。具体方式如下 [26]：先假定正负极总负载比 (负极和正极总容量比) 为 1；再考虑电解液分子质量及配比浓度，在大多数情况下，电解液用量为正极材料的 3 倍；最后隔膜和包装材料的质量按大约分别为总质量的 5% 和 10% 进行估算。在获取不同电极材料的容量值后，就可由此推断出不同体系下非水系铝电池的电池级的能量密度。

对于铝负极来说，发生如下反应：

$$\text{Al} + 7\text{AlCl}_4^- \rightleftharpoons 4\text{Al}_2\text{Cl}_7^- + 3\text{e}^- \tag{20-3}$$

　　依据上式反应，并不是发生简单的 Al 溶解生成 Al^{3+} 伴随 3 电子的转移，而事实上是 8 个 Al 原子发生反应转移 3 个电子。基于此计算 Al 负极的理论比容量为 67 $mA·h·g^{-1}$，而不是 2980 $mA·h·g^{-1}$。

　　非水系铝电池主要有两类正极材料，基于离子嵌入反应的石墨类材料和发生转换反应的材料 (包括金属化合物和有机材料)。对于石墨材料其反应如下：

$$C_n\,[AlCl_4] + e^- \rightleftharpoons C_n + AlCl_4^- \qquad (20\text{-}4)$$

　　由于 $AlCl_4^-$ 体积较大，估计需要 8~72 个碳原子去容纳每一个嵌入的 $AlCl_4^-$。因此，对于铝–石墨电池来说，整个电池的能量密度受到石墨正极质量的限制。一般情况下，按 36 个碳原子容纳一个 $AlCl_4^-$ 估算石墨材料的容量。由此估算石墨类材料电池的比容量为 20~30 $mA·h·g^{-1}$。对于转化反应机理的材料，根据文献报道的容量，再依据上面公式就可以推断出对应电池层面的容量。例如，Co_3S_4 和 Ni_3S_2 报道的比容量分别为 702.8 $mA·h·g^{-1}$ 和 462 $mA·h·g^{-1}$，转换成电池层面的比容量分别为 36 $mA·h·g^{-1}$ 和 28 $mA·h·g^{-1}$。

　　需要注意的是，当 $AlCl_4^-$ 阴离子在石墨正极中作为客体时，在充电过程中，$Al_2Cl_7^-$ 的浓度和氯铝酸盐熔体的质量/体积应重新平衡。此时，氯铝酸盐熔体被当作阳极液，充当负极，而实际的铝负极被认为不贡献容量。因此，石墨正极和氯铝酸盐离子液体阳极液的电荷储存容量共同决定了铝–石墨电池的能量密度[27,28]。只有当电解液的用量与充满电状态下正极的充电容量相匹配时，才能达到铝–石墨电池的最大能量密度。图 20.6(a) 显示了铝双离子体系电池级能量密度的理论值和实验值对比。可以看出，当电解液酸度增加时，电池能量密度随之增加。但由于阳极液的重量比容量有限，电池的能量密度仍然受到严格限制。当采用摩尔比 1.3 的氯铝酸离子液体时，不管石墨电极的比容量有多高，电池的能量密度不超过 30 $W·h·kg^{-1}$。即使离子液体摩尔比例增加到 2，电池的实际能量密度也不会超过 62 $W·h·kg^{-1}$[26,27]。

　　另一方面，当 Al^{3+} 参与电极反应时，氯铝酸离子液体不再贡献容量。因而，电池的能量密度与正、负极的比容量相关。图 20.6(b) 显示了 Al^{3+} 参与反应的电池能量密度的实验计算值对比。采用氧化物和硫化物作电池正极时，电池的能量密度可达到 90~350 $W·h·kg^{-1}$。同时，S 具有最高的能量密度，达到 1400~1500 $W·h·kg^{-1}$。但铝–硫电池的循环稳定性普遍较差，有待进一步提升。

　　目前非水系铝电池的局限性在于能量密度相对较低，价格较高。除了硫系材料具有更高的能量密度 >500 $W·h·kg^{-1}$ 和随之而来的良好前景之外，大多数已报道的正极材料能量密度小于 200 $W·h·kg^{-1}$[26]。然而，非水系铝电池具有更大的优势，包括长期的循环寿命，并且具有优越的宽温性能和良好的安全性，非常有利于大规模的商业化。考虑到非水系铝电池的综合性能，非水系铝电池在不久的将来很有可能得到实际应用。

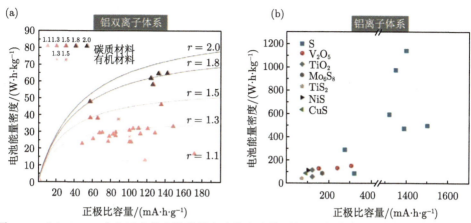

图 20.6   (a) AlCl$_4^-$ 参与反应的电池能量密度的理论值 (线) 和实验值 (点) 对比图；(b)Al^{3+}
参与反应的电池能量密度的实验计算值对比图 [27]

20.3.3   未来发展预期

从基础性和实用性的角度来看，非水系铝电池应表现出更多的储能优势，包括高能量密度、长循环寿命、低成本和宽温度性能。未来有希望发展的研究方向应包括以下五个方面。

20.3.3.1   电化学动力学机理的深入探讨

事实上，关于非水系铝电池中阴离子的电化学机理已有很多开创性的研究。然而，还有许多不明确的问题没有得到解决。因此，有必要对反应动力学和容量退化机理进行系统的研究。与锂离子电池不同，各种离子 (AlCl$_4^-$ 和 Al$_2$Cl$_7^-$ 阴离子、Al^{3+}、AlCl^{2+} 和 AlCl$_2^+$ 阳离子) 可能参与到铝电池活性材料的反应，在反复充放电过程中，会导致其形貌、微观结构、离子扩散模式和电子转移机制发生不可逆的变化。由于所涉及的阴、阳离子种类繁多，离子在固相中迁移的扩散系数有待进一步确定。此外，选择合适的材料和采用界面改性的方法来构建稳定、紧密的电极/电解质界面也是科学家们迫切探索的课题。

20.3.3.2   高能量密度、低成本电池的化学设计

随着可充电铝电池的发展，高能量密度的电池化学将成为合适选择，这将为可充电铝电池的设计打开另一扇窗。就目前的研究而言，碳基材料和硫族材料 (S、Se 和 Te) 似乎是未来电池活性材料的首选。尤其是碳基材料，电压几乎是所有正极材料中最高的，达到 2.0 V 以上。此外，尽管碳基材料的大体积膨胀，以及 S、Se 和 Te 材料的严重溶解和不可逆相转移等问题尚未得到有效解决，但由于其高

电压和高容量的特性，这些问题都值得进一步探索改进。此外，新型铝基混合电池由于其高电压，甚至不使用腐蚀性离子液体电解液的优势，可以进一步发展以提高能量密度。此外，非水系铝电池还应具备低成本的特点，以赢得市场竞争优势。这将涉及所有电池组件，包括正极材料、负极材料、电解液、集流体、黏结剂、隔膜、电池外壳、电极片等。以集流体为例，通常采用的集流体可以是钼、钽、铂、玻碳或溅射氮化钛，但存在价格非常昂贵、柔韧性差等问题。为避免氯铝酸盐电解质强路易斯酸性的腐蚀，合金或碳基材料是设计机械稳定性好、导电性高、成本低的集流体的可靠方案。

20.3.3.3　新型电解质的应用

各种离子液体电解质已被广泛应用于非水系铝电池中，但在低成本、低腐蚀性领域的研究尚属空白。为了满足实际需要，迫切需要新型电解质来推动可充电铝电池的发展。三氯化铝–尿素体系具有价格低廉、离子传输能力强等优点，是一种很有前途的电解质。此外，新型"盐包水"电解质在降低价格和扩大潜在电化学窗口方面令人印象深刻。另外，电解液改性可以有效地解决电极/电解液界面问题、副反应和溶解问题。合适的凝胶和固体电解质可以极大地促进固态可充电铝电池的发展，使其具有优异的能量密度和安全特性，因为它可以减少界面阻碍并增加灵活性。

20.3.3.4　关键材料的多尺度体系结构

电池性能的提高很可能取决于单个材料组分的进步、合理的充放电模式以及电极的工程设计和电池的一致性装配。从基础研究的角度出发，提高可充电铝电池的能量密度和延长其循环寿命的策略应包括多尺度正极材料和嵌入/转化杂化材料的设计、无枝晶负极材料的改进、新型稳定电解质的开发等。此外，隔膜的优化、集流体和黏结剂的设计已被证明是有效的。以正极材料为例，一维、二维和三维结构、多孔和多层结构、纳米尺寸设计、核壳和封装形态、柔性电极和表面电镀等技术已成功应用于非水系铝电池的性能改进中。未来，或许可以将多种方法结合起来以获得具有竞争力的电池性能特征。

20.3.3.5　原位多尺度特征

由于原位表征技术具有动态、实时、直观的特点，研究者更倾向于利用它们来研究二次电池，以获得电池材料的形态、结构演化和氧化还原反应过程。虽然表征技术在非水可充电铝电池的研究中得到了广泛的应用，并且取得了很大的进步，但从材料层面到电极再到电池级别，涉及纳米尺度、微观尺度到宏观尺度的变化，仍有许多基本的科学问题需要深入研究。由于离子液体电解质强酸性引起的电池组分副反应，目前除了石墨正极的原位 XRD、Raman、SEM 和 TEM 表征外，非水系铝电池研究中报道的电极材料大多采用非原位技术。在充放电过程中，这将不可能实时地确定电池的物理和化学行为的变化，以及电池在操作状态下的热特性和热失控行为。因此，电池的原位结构设计对于获得深刻、正确的表征结果具有重要意义。此外，各种原位分析方法特别适用于表征酸性电解质中的非石墨电极材料，如原位 XRD、原位 Raman、原位 XPS、原位 SEM、原位 TEM、原位 AFM、原位红外光谱、原位应力测试、原位红外热成像等。目前迫切需要识别非水系铝电池活性材料的离子扩散和反应过程、界面现象、电极的结构演化和化学稳定性以及热、力学行为。另一方面，单一表征技术在研究电池机理上存在着很大困难。因此，需要通过对各种原位和非原位技术的结合，实现多尺度特征的表征，以期提供更具价值的见解。例如，为了阐明活性材料中铝配离子嵌入/脱出过程中的电–化学–机械耦合机理，可以研究和测量离子传输和扩散过程中的实时应变。总之，要在这一领域取得更大的进步，还有很长的路要走。

如上所述，尽管非水系铝电池取得了重大进展，但对未来的发展仍存在一些瓶颈和实质性的研究空间。在本书中，我们认为，在全球范围内科学家们作出巨大努力后，铝基储能系统将成为高性能储能系统的潜在候选。更重要的是，希望本书的回顾能够对高性能铝电池的未来发展提供参考。

参 考 文 献

[1] Tu J, Song W-L, Lei H, et al. Nonaqueous rechargeable aluminum batteries: progresses, challenges, and perspectives. Chemical Reviews, 2021, 121: 4903-4961.

[2] Zhang Y, Liu S, Ji Y, et al. Emerging nonaqueous aluminum-ion batteries: challenges, status, and perspectives. Advanced Materials, 2018, 30: e1706310.

[3] Yang H, Li H, Li J, et al. The Rechargeable aluminum battery: opportunities and challenges. Angewandte Chemie International Edition, 2019, 58: 11978-11996.

[4] Geng L, Lv G, Xing X, et al. Reversible electrochemical intercalation of aluminum in Mo_6S_8. Chemistry of Materials, 2015, 27: 4926-4929.

[5] Li H, Yang H, Sun Z, et al. A highly reversible Co_3S_4 microsphere cathode material for aluminum-ion batteries. Nano Energy, 2019, 56: 100-108.

[6] Liang K, Ju L, Koul S, et al. Self-supported tin sulfide porous films for flexible aluminum-ion batteries. Advanced Energy Materials, 2019, 9: 1802543.

[7] Yu Z, Jiao S, Li S, et al. Flexible stable solid-state Al-ion batteries. Advanced Functional Materials, 2019, 29(1): 1806799.

[8] Wu F, Zhu N, Bai Y, et al. An interface-reconstruction effect for rechargeable aluminum battery in ionic liquid electrolyte to enhance cycling performances. Green Energy & Environment, 2018, 3: 71-77.

[9] Yang H, Wu F, Bai Y, et al. Toward better electrode/electrolyte interfaces in the ionic-liquid-based rechargeable aluminum batteries. Journal of Energy Chemistry, 2020, 45: 98-102.

[10]　Ponrouch A, Dedryvère R, Monti D, et al. Towards high energy density sodium ion batteries through electrolyte optimization. Energy & Environmental Science, 2013, 6: 2361-2369.

[11]　Peljo P, Girault H H. Electrochemical potential window of battery electrolytes: the HOMO-LUMO misconception. Energy & Environmental Science, 2018, 11: 2306-2309.

[12]　Ogawa H, Mori H. Lithium salt/amide-based deep eutectic electrolytes for lithium-ion batteries: electrochemical, thermal and computational study. Physical Chemistry Chemical Physics, 2020, 22: 8853-8863.

[13]　Chen S, Wen K, Fan J, et al. Progress and future prospects of high-voltage and high-safety electrolytes in advanced lithium batteries: from liquid to solid electrolytes. Journal of Materials Chemistry A, 2018, 6: 11631-11663.

[14]　Hu J, Ouyang C, Yang S A, et al. Germagraphene as a promising anode material for lithium-ion batteries predicted from first-principles calculations. Nanoscale Horizons, 2019, 4: 457-463.

[15]　Binninger T, Marcolongo A, Mottet M, et al. Comparison of computational methods for the electrochemical stability window of solid-state electrolyte materials. Journal of Materials Chemistry A, 2020, 8: 1347-1359.

[16]　Wang H, Bai Y, Chen S, et al. Binder-free V_2O_5 cathode for greener rechargeable aluminum battery. ACS Applied Materials & Interfaces, 2015, 7: 80-84.

[17]　Chen L L, Li N, Shi H, et al. Stable wide-temperature and low volume expansion Al batteries: integrating few-layer graphene with multifunctional cobalt boride nanocluster as positive electrode. Nano Research, 2020, 13: 419-429.

[18]　Kwade A, Haselrieder W, Leithoff R, et al. Current status and challenges for automotive battery production technologies. Nature Energy, 2018, 3: 290-300.

[19]　Schmuch R, Wagner R, Hörpel G, et al. Performance and cost of materials for lithium-based rechargeable automotive batteries. Nature Energy, 2018, 3: 267-278.

[20]　Chen H, Xu H, Wang S, et al. Ultrafast all-climate aluminum-graphene battery with quarter-million cycle life. Science Advances, 2017, 3: eaao7233.

[21]　Lin Z, Mao M, Yue J, et al. Wearable bipolar rechargeable aluminum battery. ACS Materials Letters, 2020, 2: 808-813.

[22]　Jiao S, Lei H, Tu J, et al. An Industrialized prototype of the rechargeable Al/AlCl₃-[EMIm]Cl/graphite battery and recycling of the graphitic cathode into graphene. Carbon, 2016, 109: 276-281.

[23]　Zimmerman A H. Self-discharge losses in lithium-ion cells. IEEE Aeroapace and Electronic Systems Magazine, 2004, 19: 19-24.

[24]　Redondo-Iglesias E, Venet P, Pelissier S. Global model for self-discharge and capacity fade in lithium-ion batteries based on the generalized eyring relationship. IEEE Transactions on Vehicular Technology, 2018, 67: 104-113.

[25]　Seong W M, Park K Y, Lee M H, et al. Abnormal self-discharge in lithium-ion batteries. Energy & Environmental Science, 2018, 11: 970-978.

[26] Faegh E, Ng B, Hayman D, et al. Practical assessment of the performance of aluminium battery technologies. Nature Energy, 2021, 6: 21-29.

[27] Kravchyk K V, Kovalenko M V. The pitfalls in nonaqueous electrochemistry of Al-ion and Al dual-ion batteries. Advanced Energy Materials, 2020, 10(45): 2002151.

[28] Kravchyk K V, Kovalenko M V. Building better dual-ion batteries. MRS Energy and Sustainability, 2020, 7: e36.